# 典型复材模压制品
# 生产技术及工艺指南

## ——看中国复材模压行业发展六十年

黄家康 ◎ 编著

U0283628

中国建设科技出版社 有限责任公司

China Construction Science and Technology Press Co., Ltd.

北 京

图书在版编目（CIP）数据

典型复材模压制品生产技术及工艺指南：看中国复材模压行业发展六十年/黄家康编著．--北京：中国建设科技出版社有限责任公司，2025.1． -- ISBN 978-7-5160-4322-6

Ⅰ. TB33

中国国家版本馆 CIP 数据核字第 2024833PL3 号

典型复材模压制品生产技术及工艺指南——看中国复材模压行业发展六十年
DIANXING FUCAI MOYA ZHIPIN SHENGCHAN JISHU JI GONGYI ZHINAN
——KAN ZHONGGUO FUCAI MOYA HANGYE FAZHAN LIUSHINIAN
黄家康　编著
出版发行　中国建设科技出版社有限责任公司
地　　址：北京市西城区白纸坊东街 2 号院 6 号楼
邮　　编：100054
经　　销：全国各地新华书店
印　　刷：天津中恒印务有限公司
开　　本：889mm×1194mm　1/16
印　　张：33.5
字　　数：1000 千字
版　　次：2025 年 1 月第 1 版
印　　次：2025 年 1 月第 1 次
定　　价：398.00 元

# 本书编委会

编　　著：黄家康

参　　编（排名不分先后）：
　　　　杨　红　郑学森　王大勇　岳晓东　高红梅　郑小龙
　　　　李勋成　蔡卫社　吕国龙　马明博　黄克敏　余桐柏

支持单位：
　　　　广东百汇达新材料有限公司
　　　　威海光威复合材料股份有限公司
　　　　无锡市鹏达海卓智能装备有限公司
　　　　毕克助剂（上海）有限公司
　　　　德州海力达模塑有限公司
　　　　常熟市华邦汽车复合材料有限公司
　　　　泰州高意诚复合材料有限公司
　　　　河北福润达新材料科技有限责任公司
　　　　山东新明玻璃钢制品有限公司
　　　　台州华诚模具有限公司
　　　　常州日新模塑科技有限公司
　　　　河南东海复合材料有限公司
　　　　河南泰田重工机械制造有限公司
　　　　台州市黄岩天骐机械设备有限公司
　　　　莱州耀胜自动化设备有限公司
　　　　成都正西智能装备集团股份有限公司
　　　　河北益泽电讯科技有限公司

参编单位（排名不分先后）：
　　　　北京一诺智赢信息咨询中心
　　　　广东百汇达新材料有限公司
　　　　江苏澳明威环保新材料有限公司
　　　　佛山市顺德区荔昌五金电子复合材料有限公司
　　　　衡水优捷特新材料科技有限公司

河北福润达新材料科技有限责任公司

华缘新材料股份有限公司

浙江杉盛模塑科技有限公司

世泰仕塑料有限公司

AOC 中国/金陵力联思树脂有限公司

浙江天顺玻璃钢有限公司

山东格瑞德集团有限公司

山东元德复合材料有限公司

振石集团华美新材料有限公司

江苏兆鋆新材料股份有限公司

惠达住宅工业设备（唐山）有限公司

无锡新宏泰电器科技股份有限公司

郑州翎羽新材料有限公司

北京国材汽车复合材料有限公司

河北恒瑞复合材料有限公司

湖北通耐复合材料科技有限公司

湖北大雁玻璃钢有限公司

德州盛邦体育产业集团有限公司

这是黄家康先生的第六本专著，实现了他每十年出版一本书的愿望，其精神与成就令人敬佩。《典型复材模压制品生产技术及工艺指南——看中国复材模压行业发展六十年》即将付梓，可喜可贺。

黄先生对复合材料模压技术的研究深入而系统，六十年来一直从事玻璃钢、复合材料模压成型等材料及工艺的研究、试制、生产、管理及其市场应用研究、开发工作，对模压产品全流程都有着丰富的实践经验和独到见解，是一流的行业权威。1963 年，黄先生在北京玻璃钢研究设计院（原北京二五一厂）开启了精彩的职业生涯之旅，因所作贡献成为我国 SMC 工艺技术的创始人之一，先后荣获首届全国科学大会先进工作者（1978 年）等诸多荣誉，其影响力贯穿中国复材模压行业发展六十年。

本书上下两篇共七章，内容丰富，涵盖了复合材料模压发展历程及各领域典型复合材料模压制品生产技术及工艺的各个方面，是难得一见的好书。在这个加快实现高水平科技自立自强的时代，黄先生以其卓越的专业素养和深厚的行业经验，为我们呈现了一部极具价值的著作，打开了通往复合材料模压领域世界的大门。

这是一本历史书。六十年，在人类历史的长河中，只不过是短短一瞬，但过去的六十年，中国复材模压行业从无到有、从弱到强，实现了跨越式发展。黄先生对我国复合材料模压发展历程进行了简述，六十年风雨兼程、六十年砥砺前行，行业发展的不易以及一代代中国复材模压人的伟大跃然纸上。

这是一本工具书。结合亲身实践经验，黄先生详细介绍了复合材料模压制品生产过程中的各技术要点和操作方法，同时还配有大量的图表和实例，使读者能够更加直观地理解掌握相关技术和工艺。无论行业新手，还是专业人士，本书都具有很高的参考价值。

黄先生对当前复合材料模压行业进行深入分析的同时，还对行业未来发展趋势进行了展望，为相关企业战略规划和技术创新提供了有益启示。本书是黄先生多年心血的结晶，也是行业的宝贵财富。

此次专著出版，为中国复材模压行业发展注入了新的活力，推动行业向更高水平迈进。通过阅读，我相信广大从业者一定能从中收获智慧和力量。

是为序。

中国复合材料工业协会副会长
中国建材股份有限公司党委常委、副总裁　　薛忠民
北新集团建材股份有限公司董事长

2024 年 9 月

本书内容分为上篇和下篇两大部分。上篇是根据本人在我国模压行业的工艺技术开发及其应用推广的亲身经历及当年所收集到的各种信息、资料进行整理，旨在对我国复合材料模压成型工艺技术、应用从20世纪60年代初诞生至今60多年来的发展历程进行综合论述，对我国模压行业SMC/BMC在各个阶段的发展动态及相关数据进行了归纳性的总结。

就材料工业而言，其应用扩展史即它的历史，没有应用也就无所谓其发展史。复合材料在各个领域应用范围不断扩大，促进了复合材料及其成型工艺的不断发展。本书上篇中，本人试图通过介绍我国模塑料在不同历史时期的应用情况，让读者了解模压成型工艺相应的发展过程。本书下篇中，为了促进复材模压行业的高质量发展，用较大篇幅分析了复材模压材料近年来在我国各领域的应用，尤其是较为突出的应用，重点介绍了典型模压制品的市场前景、制造工艺和性能检测方法等。

针对全球复合材料的现状及各国模压行业的发展状况，本书也做了简要介绍，希望对从事复合材料行业及相关行业的同仁有所帮助。

在本书编写过程中，得到了行业同仁的大力支持。与其说是本人在编写本书，不如说是在中国复合材料工业协会模压材料专业委员会各相关会员企业的大力支持和无私提供各典型应用相关资料的情况下，才成就了本书的出版。为了感谢各相关企业的支持，本书特别将上述企业列为本书的参编单位，对做出较多工作的个人列为本书的参编人员，以表谢意。

另外，本书原计划分为上、中、下三篇。其中一篇主要讨论与模压工艺密切相关的原材料、设备的基本知识和要求，相关企业也按不同的编写提纲及要求提供了部分基础内容，但由于本书的篇幅过大而未被采用，在此对以下企业表示歉意：在玻璃纤维、树脂、助剂方面，如巨石集团有限公司、泰山玻璃纤维有限公司、重庆国际复合材料股份有限公司、AOC中国/金陵力联思树脂有限公司、北京玻璃钢研究院有限公司、济南圣泉集团股份有限公司、深圳市郎博万先进材料有限公司、天津诺力昂过氧化物有限公司、新阳科技集团有限公司、肇庆福田化学工业有限公司、毕克化学、海门埃夫科纳化学有限公司；在模压专用设备方面，如天津锻压机床总厂；在模具方面，如台州市黄岩双盛塑模有限公司；在SMC片材机方面，如莱州耀胜自动化设备有限公司等。

在本书编写过程中，由于模压行业发展速度较快、跨越时间较长、企业数量较多，有些产品的性能检测标准版本有所变化，有些企业名称有较大变化，但考虑到产品的实际生产和使用时期，即使部分标准已有替代或者已经废止，文中仍按原来采用的标准来释义。

由于本人的水平所限，疏漏、错误在所难免，敬请读者多多指正。

编著者
2024年4月

黄家康，中国复合材料行业泰斗、享有"中国 SMC 之父"美誉，中国复合材料工业协会特邀顾问、原中国复合材料工业协会模压材料专业委员会主任，曾任北京玻璃钢研究设计院（原北京二五一厂）专职副总工程师、原北京汽车玻璃钢制品总公司总经理，曾担任的社会职务有：

1975—2001 年，中国玻璃钢学会理事

1986—1999 年，中国汽车工程学会相关工业分会常务理事、副主任

1989—1995 年，中国兵工学会非金属学会特邀委员

1989—2001 年，中国玻璃钢工业协会理事、常务理事

1992—2011 年，中国复合材料工业协会模压材料专业委员会主任

1993—1996 年，国家纤维增强模塑料工程中心副主任，学术委员会委员、副主任

2015—2020 年，中国玻璃纤维工业协会、中国复合材料工业协会顾问

2020 年至今，中国复合材料工业协会特邀顾问

1963 年从西北工业大学航空非金属材料专业毕业并分配至北京玻璃钢研究设计院起，近六十年来一直从事玻璃钢、复合材料模压成型等材料及工艺的研究、试制、生产、管理及其市场应用研究工作。所开发的模塑料及工艺主要有：酚醛烧蚀预混（浸）料、各种酚醛及其改性预混（浸）料、环氧及其改性高强预混（浸）料和 SMC/BMC。由其所开发的功能材料主要有：烧蚀材料、高真空/超低温材料、透波材料、高介电/甚高频材料、炭/玻混杂复合材料、高弹/高强模压材料等，其产品涉及航空航天、铁路、建筑、电气和汽车等领域。

1978 年，首届全国科学大会授予先进工作者称号

1985 年，全国国防军工协作工作会议上被授予先进个人称号

1988 年，星火科技奖

1992 年，政府特殊津贴

除了近三十年军工产品和材料、工艺开发以外，在"六五""七五"时期主持过国家重点科技攻关项目"SMC 成套技术""SMC 应用开发研究"和国家重点技改项目"SMC 引进工程"，多项成果获国家级、省部级科技成果奖。

1978 年获首届全国科学大会先进工作者称号（享受全国劳模待遇）、1985 年在全国国防军工协作工作会议上被授予先进个人称号、1988 年获首届国家星火科技奖、1988 年受聘武汉工业大学兼职教授、1992 年荣获国务院政府特殊津贴。2014 年和 2018 年分别获中国硅酸盐学会玻璃钢分会颁发的中国玻璃钢/复合材料行业历史贡献杰出人物、中国复合材料工业协会授予的中国纤维复合材料行业终身杰出贡献奖等。2019 年荣获庆祝中华人民共和国成立 70 周年纪念章。

多年来，发表过多篇学术性论文，出版过多部技术专著。

在 1975 年，带领团队研发成功中国第一条 SMC 生产线，成功生产出国内第一批 SMC 片材及其生产设备（SMC 机组），填补了复合材料在这一项上的工艺技术、材料及设备空白。随后成功向市场推出国内第一批使用该材料生产的排椅（1977 年）、空气自动断路器（1978 年），安装了第一台商品化SMC 水箱（1989 年）、第一批 SMC 浴缸（1989 年）。经过 8 年（1976—1984 年）的开发研究，使我国从 1986 年起全部 22 型铁路客车及 B17 冷藏列车采用 SMC 窗框。

1989 年起经过近十年的努力建成我国第一个汽车玻璃钢的研发、生产基地，即北京汽车玻璃钢制品总公司，使其成为多家汽车厂玻璃钢零件的合格供应商，研发成功 13 种国家级新产品。1989—1992年该公司与太原重型机械集团有限公司共同开发了国内首批 SMC 专用液压机，并于 1997 年获机械工业部科技成果二等奖。

以上种种成果大大促进了 SMC 行业在我国的技术进步和发展，使我国 SMC 技术从无到有，全国SMC 年产量从 2000 年的 4 万～5 万吨快速发展到 2011 年的近 40 万吨、2018 年的 60 万吨、2019 年的100 万吨，从 2020 年到 2023 年我国 SMC/BMC 总销量年均达到 150 万吨，远超美、欧、日的产量水平。

2014 年，中国玻璃钢/复合材料行业
历史贡献杰出人物

2018 年，中国纤维复合材料行业
终身杰出贡献奖

2019 年，庆祝中华人民共和国成立 70 周年纪念章

# 目　录

**上篇　我国复合材料模压发展历程**

1　全球复合材料现状及模压成型工艺的地位 ……………………………… 3

　1.1　复合材料现状及前景 ………………………………………………… 4

　1.2　中、美、欧复合材料概况 …………………………………………… 23

　1.3　复合材料工艺概况 …………………………………………………… 40

　1.4　复合材料模压成型工艺 ……………………………………………… 42

2　我国复合材料模压工艺发展的历史回顾 ……………………………… 45

　2.1　我国模压成型工艺的分类概述 ……………………………………… 45

　2.2　我国模压成型工艺发展概况 ………………………………………… 50

　2.3　酚醛、环氧及其改性型模塑料的发展 ……………………………… 53

　2.4　聚酯模塑料（SMC/BMC）的发展概况 …………………………… 67

3　SMC/BMC 在发展中期的应用 ………………………………………… 101

　3.1　在电力/电器中的应用 ……………………………………………… 101

　3.2　在交通运输中的应用 ……………………………………………… 104

　3.3　在建筑中的应用 …………………………………………………… 115

　3.4　在其他领域中的典型应用 ………………………………………… 118

4　我国 SMC/BMC 的现状 ……………………………………………… 122

　4.1　SMC/BMC 在应用方面的进展 …………………………………… 122

　4.2　国内 SMC/BMC 部分生产企业现状 ……………………………… 132

　4.3　SMC 生产成型方面的进展 ………………………………………… 143

　4.4　SMC 生产成型自动化的进展 ……………………………………… 143

5 SMC/BMC 在交通运输领域中的应用 ·················· 151

5.1 在汽车工业中的应用 ························· 151

5.2 在国内重卡汽车中的应用及相关技术 ··············· 165

5.3 在其他车型中的应用 ························· 190

5.4 在国内铁路运输车辆中的应用 ··················· 299

6 SMC/BMC 在电气/电器工业中的应用 ················· 346

6.1 SMC 在绝缘板材中的应用 ····················· 346

6.2 SMC 在低压电气/电器中的应用 ·················· 356

6.3 BMC 在白色家电中的应用 ····················· 366

7 SMC 在建筑领域中的应用 ······················· 395

7.1 SMC 在卫浴、厨房的应用 ····················· 396

7.2 SMC 在沼气池、化粪池/净化槽等产品中的应用 ·········· 413

7.3 SMC 在其他建筑领域中的应用 ··················· 436

后记 ·································· 521

# 上 篇
## 我国复合材料模压发展历程

　　本篇根据编者在对我国模压行业的工艺技术开发及其应用推广的亲身经历及当年所收集到的已出版发行的各种信息、资料，进行综合整理的基础上，重点对我国复合材料模压成型工艺技术、应用，从20世纪60年代初诞生至今近60年的发展历史做一综述，并对近几年我国模压行业的发展动态及相关数据进行了归纳性的总结。在本书的开始部分，对全球复合材料的现状及各国模压行业的发展状况做一简要讨论。与此同时，用较大篇幅对近年来在我国各应用领域中获得较为突出应用的典型模压制品的制造技术要点做了归纳总结。

# 1 全球复合材料现状及模压成型工艺的地位

近几年来，"复合材料"这个词汇在我国好像已经成为玻璃钢的一个比较时髦的代名词。甚至在国内，在各类学术、报刊等公开资料中，传统的在国内用了几十年的"玻璃钢"一词基本上已经被"复合材料"所取代。复合材料在国民经济及国防建设中的重要性已经是不言而喻的。尽管它是一个小行业，但它的发展及其先进程度，可以说是国家综合实力的象征之一，也是世界各国一直高度关注并在高速发展的一个行业。

复合材料市场的未来仍然很有吸引力，在交通运输、建设、风能、能源、海洋、消费品、电气/电子、航空航天等领域对其他竞争材料，都有着强有力的渗透机会。据 ACMA 网站的资料乐观估计：2022 年的全球复合材料市场规模为 1136 亿美元，预计到 2027 年将达到 1686 亿美元，2022—2027 年期间年均复合增长率为 8.2%。另有来自 Lucindle 的资料认为，2021—2026 年期间全球复合材料市场年均复合增长率为 5%，产量达 1550 万吨；由于全球的政治经济环境变化的复杂性，新的预测则认为，2022—2027 年期间的全球复合材料市场的年均复合增长率为 3%~4%，产量约为 1510 万吨。

一般认为，复合材料的应用领域大致分为八个大类十五个细分领域，见表 1-1-1。

表 1-1-1　复合材料应用领域的分类和细分领域

| 类别 | 序号 | 细分领域 |
|---|---|---|
| 能源 | 1 | 可再生能源 |
| | 2 | 石油和天然气（管道和储罐） |
| 电气/电子 | 3 | 电气、电子、电信和家用电器 |
| 建设 | 4 | 建筑和土木工程 |
| | 5 | 管道、水箱、水处理和污水处理 |
| 海洋 | 6 | 海洋运输和船舶 |
| 消费品 | 7 | 运动、休闲和娱乐 |
| | 8 | 设计、家具和家庭 |
| 交通运输 | 9 | 汽车和道路运输 |
| | 10 | 铁路车辆和基础设施 |
| 航空航天 | 11 | 航空航天（商用和军用飞机） |
| 其他 | 12 | 医疗和假肢 |
| | 13 | 设备和机械 |
| | 14 | 国防、安全等 |
| | 15 | 其他复合材料的最终用途领域 |

复合材料未来市场增长的主要驱动因素是：航空航天、国防和汽车工业对轻质材料的需求增加；建筑和管道及罐体工业对耐腐蚀和耐化学性材料的需求增加；电气和电子工业对高电阻率和高阻燃材料的需求增加。

原材料发展的新兴趋势对复合材料行业的发展也有直接影响，包括开发低成本碳纤维、高性能玻璃纤维和快速固化树脂系列产品。

# 1.1 复合材料现状及前景

近几年来，关于全球复合材料现状及发展有不少的文章和专著发表。诸如 AVK、JEC、ACMA (CM)、Lucintel、Industri Market Insight 和 Grand View Research Inc 等组织和公司，均发表过不少讨论全球复合材料现状及发展趋势的文章。但在涉及复合材料及各细分领域的统计数据方面不太一致。究其原因，作者认为主要是由于这个行业还比较"年轻"，近年来发展速度较快，各方所用的其他成熟行业的统计数据平台各不相同，因而数据会有一定的差别。但对于了解和综观整个行业的动态及发展趋势还是基本相同的，仍有较大的参考价值。本文以下引用的数据大多出自以上组织 2019—2023 年间公开发表的有关资料。

## 1.1.1 复合材料发展概述

回顾复合材料从 1960—2022 年的发展进程，其总趋势是逐年在以较快的速度增长。1960—2022 年期间全球复合材料市场的发展，如图 1-1-1 所示。

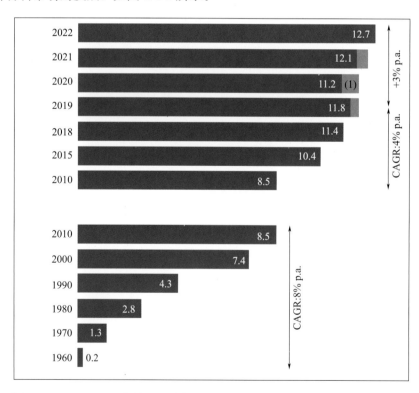

图 1-1-1　1960—2022 年期间全球复合材料市场的发展［按产量（百万吨）计］
注：CAGR＝年均复合增长率；（1）指因新冠疫情而失去的机会。
数据来源：JEC, Lucintel, Compositesworld, Estin & Co analyses and estimates.

从图 1-1-1 中可以看出，复合材料在 1960—2022 年期间的发展，按增长率看，大致可分为三个阶段。第一阶段（1960—2010 年）可以称之为复合材料的高速增长阶段，在此阶段，全球复合材料年产量从 20 万吨增长到 850 万吨。其年均复合增长率为 8%。第二阶段即从 2010—2019 年，复合材料发展速度比前一阶段明显趋缓，也可以称之为复合材料进入了稳步发展的相对成熟阶段。复合材料年产量从 850 万吨增长到 1180 万吨。在此期间，其年均复合增长率为 4%。可以认为，在此之后，复合材料的发展要想再实现较高速度的发展，技术上必须有颠覆性的突破。从而，在中、高端市场上与竞争性新材料如轻质钢、高强铝等的较量中争取更大的市场份额。第三阶段（2019—2022 年）明显表明了新型病毒感染疫情（以下简称"新冠疫情"）对全球经济带来影响，从而波及复合材料行业的发展。在此期间，复合材料产量从 1180 万吨增长到 1270 万吨，其年均复合增长率为 3%。从图中明显看出，受新冠疫情的影响，复合材料产量在 2020 年出现明显的下降，到 2021 年开始复苏。

### 1.1.2　新冠疫情对复合材料行业的影响

复合材料未来的发展与全球宏观经济的健康状态密切相关。全球宏观经济继 2020 年新冠疫情蔓延并在 2021 年经济出现反弹后，2022 年全球经济出现放缓（从 2021 年的 5.7% 下降到 2022 年的 2.9%）。未来全球经济的不确定性主要受到：疫情是否会再次发生、能源短缺危机、俄乌冲突何时结束等造成全球经济危机的因素的不确定性影响。例如，我国经济增长出现了放缓；在欧洲，自 2008 年以来人均国内生产总值总体停滞，2022 年以来，能源供应短缺，天然气和电力等能源价格强劲上涨，俄乌冲突加剧了高通货膨胀；在美国，由于对来自欧洲液化天然气的更强劲的需求，能源价格（天然气和电力）不断上涨，导致高通货膨胀。另外，在全球范围内，石油供应数量紧张，导致油价上涨。这些因素都导致了未来全球宏观经济的不稳定性，从而导致近几年来复合材料行业的增长出现了下降或减缓。

复合材料行业各个细分应用领域受到新冠疫情影响的程度不同，同时在 2022 年也在以不同的速度恢复。2020 年新冠疫情对复合材料应用市场产生了强烈的差异性影响。在 2020—2021 年期间，新冠疫情对复合材料航空航天领域应用的负面影响最大（由于全球各地的疫情防控政策对商业航班管制带来的强烈影响，客运量 2021 年较 2019 年下降 45%），交通运输应用领域也受到了严重的影响；2021 年汽车生产量和销量较 2019 年下降 16%。

到 2022 年，复合材料在这两个行业的应用尚未完全复苏。复合材料在航空航天的应用在 2022 年出现了强劲反弹（与 2021 年相比为 30%），然而这还不足以恢复到新冠疫情暴发前的水平；同样，2022 年复合材料在交通运输领域的应用也出现了显著反弹（7%），但这仅部分弥补了 2020 年和 2021 年市场的下降。

在 2020—2022 年期间，复合材料的其他应用部门已经恢复弹性或恢复，甚至超过了新冠疫情前的水平。能源行业由于各国对可持续发展的风能的应用，包括政府监管法规以及对风能补贴等公共政策的推动，使复合材料的增长产生了强烈反弹。2019—2021 年间增量变化为 +40%，2021—2022 年一年为 +6%。油价上涨推动了国家和市场对管道和储罐的投资。在建设方面，在 2020 年之后，得益于基础设施建设和对建筑的维护、维修和升级的推动，复合材料市场趋于平稳。海洋领域复合材料的复苏，来自人们对"无新冠环境"的强烈需求的积极影响，和公众"逃离城市"的愿望。连带产生对户外活动用品如休闲船等复合材料制品的强烈需要，导致 2019—2022 年三年间头两年及最后一年的增量变化均为 +8%。电气/电子和消费品市场也有显著增长，电子产品（计算机、智能手机……）的需求持续甚至加速。其持续增长集中在快速增长的亚洲市场；2020 年新冠疫情对这一行业的负面影响有限。消费品领域由于电子商务的持续发展（抵消了实体店的暂时关闭）和骑自行车等有弹性的体育活动，其发展甚至超过了 2020 年的水平。电气/电子及消费品市场在 2021—2022 年的增量变化均为 +7%。图 1-1-2 显示了 2019—2022 年期间新冠疫情对复合材料各细分市场的影响。

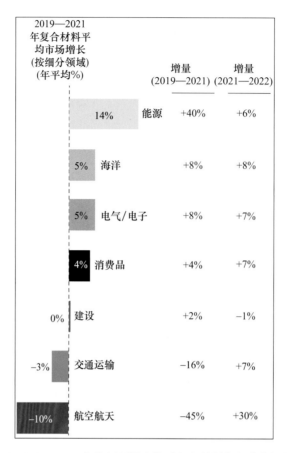

图 1-1-2　2019—2022 年期间新冠疫情对复合材料各细分市场的影响

数据来源：JEC，Lucintel，Estin & Co analyses and estimates

复合材料行业是一个非常活跃的行业，在各行业的应用具有非常强劲的增长前景。从图 1-1-1 中，可以看出从 1960 年到 2010 年，全球复合材料工业表现出长期增长的态势，年均复合增长率达 8%。到 2019 年全球复合材料的产量达到 1180 万吨，价值 334 亿美元，其终端产品价值 930 亿美元。在整个 2010—2020 年十年中，年均复合增长率为 4%。在 2020 年增长出现下降，全球复合材料的产量为 1120 万吨，对使用复合材料的行业产生了负面影响。其后，2021 年复合材料行业开始复苏，增长率达到了 2%。根据对复合材料工业在 15 个应用部门所生产的零部件和产品的应用统计，在 2021 年，复合材料产量超过 1200 万吨，比 2020 年增长了 8%，本身的产值约为 370 亿美元，终端产品产值预计超过 1000 亿美元。然而，在 2021 年出现反弹后，全球经济在 2022 年经历了增长放缓，到 2022 年底，全球复合材料市场产量估计为 1270 万吨，价值 410 亿美元，其终端产品价值达 1050 亿美元。2023 年及以后仍存在很大的不确定性。

### 1.1.3　复合材料对各应用领域的渗透率

总体来说，复合材料行业正面临着一个积极的未来，各方将其直接与应用行业加强联系，寻求可持续的解决方案。复合材料的渗透率在多个行业都达到了显著的水平，复合材料现在是能源、海洋和机电领域的主要材料。图 1-1-3 为 2022 年复合材料在各细分领域中的渗透率（按销量计）。图中所列举的在各细分市场中的竞争材料包括：钢、铝及其合金、玻璃、钛及其合金、木材、混凝土及砌体、塑料、铜、纺织品和复合材料。图中显示，复合材料在风能市场中有最大的渗透率，达 73%；海洋（休闲船舶）为 52%；电气/电子为 37%；消费品及航空航天分别为 16% 和 17%。而目前应用量最大的交通运输、建设领域中复合材料的渗透率仅为 8% 和 1%。反之，正说明复合材料未来在这些领域有更大的增长潜力。

据报道，2022年全球从事复合材料行业的人员大约200万人。该行业所需要的人员，应该是受过专业教育，经过培训的技能人才。从事复合材料加工、设计、分析和试验等的工作。2022年全球复合材料行业劳动力数量级分布，其中：中国约0.8百万员工，其他亚洲地区0.5百万员工，北美洲0.3百万员工，欧洲0.2百万员工，非洲和中东0.1百万员工，南美洲0.1百万员工。

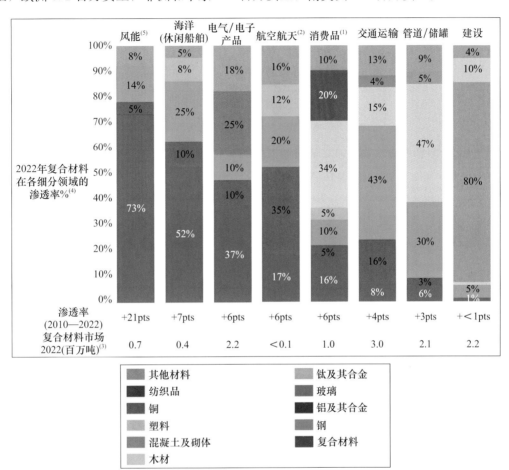

图1-1-3　2022年复合材料在各细分领域中的渗透率（按销量计）

注：（1）主要是运动和运动设备；（2）指航空航天的"飞行质量"；（3）不包括其他用途（0.7Mt）；（4）渗透率指在每个应用行业中所用的复合材料与所用的所有材料的质量比；（5）风能：涡轮机和叶片（不包括塔筒）。

数据来源：JEC，Lucintel，interviews，Estin & Co analyses and estimates.

### 1.1.4　全球复合材料发展概况

全球复合材料的发展状况与各地区、各细分市场、成型工艺等方面密切相关，有很大的差异。前已指出，到2022年年底，全球市场估计为1270万吨。其价值410亿美元，对应于由复合材料部件制成的组件市场价值为1050亿美元。全球复合材料市场分布在三个主要的大陆市场，见表1-1-2。其中亚洲是销量最大的市场，其销量占全球市场份额的47%，达600万吨。价值（按汇率EUR/USD＝0.947计）占全球市场总额的37%。美洲市场占全球市场销量的29%，达370万吨，价值占全球市场总额的34%。EMEA（欧洲、中东和非洲）占全球市场总销量的24%，达300万吨，价值占全球市场总额的29%。2022年，亚洲是全球最大的复合材料市场，但是其附加值指数［即销量与价值之比（%）］仅为78%，美洲和EMEA的附加值指数分别为117%和121%。说明该两地区复合材料应用的附加值更高。

表 1-1-2　2022 年全球各地区复合材料应用市场概况

| 地区 | 亚洲 | | 美洲 | | EMEA（欧洲、中东和非洲） | | 合计 |
|---|---|---|---|---|---|---|---|
| 销量（百万吨） | 6.0 | | 3.7 | | 3.0 | | 12.7 |
| 所占总销量的百分数（%） | 47 | | 29 | | 24 | | 100 |
| 所占总价值的百分数（%）(1) | 37 | | 34 | | 29 | | 100 |
| 附加值指数（%）(2) | 78 | | 117 | | 121 | | — |
| 地区 | 中国 | 亚洲其他地区 | 北美洲 | 南美洲 | 欧洲 | 中东、非洲 | |
| 销量（百万吨） | 3.5（28%） | 2.4（19%） | 3.4（27%） | 0.3（3%） | 2.5（19%） | 0.6（4%） | 12.7 |
| 价值（十亿美元） | 22% | 14% | 32% | 2% | 26% | 3% | 41 |

注：（1）价值按汇率 EUR/USD＝0.947 计；（2）销量与价值之比（%）

数据来源：JEC，Lucintel，interviews，Estin & Co analyses and estimates.

### 1.1.4.1　2022 年全球复合材料在各细分市场销量

表 1-1-3 为 2022 年全球复合材料在各细分市场，如建设、交通运输、电气/电子、能源、消费品和航空航天等方面的应用比较。按销售总量计，建设、交通运输、电气/电子和能源是位于前四位销量较大的应用部门，分别占到总销量的 26%、23%、17% 和 14%。值得一提的是，由于在欧洲复合材料的销量统计中，与往年不同的是，把短纤维增强热塑性材料的销量也计算在内，从而影响到整个复合材料的统计结果。从表中可以看出，短纤维复合材料应用量最大的市场是在交通运输部门。在该细分市场中短纤维复合材料用量占到了 69%，而长纤维复合材料在该市场的用量仅占到 31%。其次是消费品和电气/电子市场，短纤维复合材料的用量占到了 35% 和 30%。

表 1-1-3　2022 年全球复合材料在各细分市场销量

| 复合材料细分市场 | 建设 | 交通运输 | 电气/电子 | 能源 | 消费品 | 海洋（休闲船舶） | 航空航天 | 其他 | 合计 |
|---|---|---|---|---|---|---|---|---|---|
| 所占市场份额（%） | 26 | 23 | 17 | 14 | 8 | 3 | — | 9 | 100 |
| 长纤维在市场总销量中所占份额（%） | 33 | 10 | 16 | 18 | 4 | 4 | <1 | 12 | 100 |
| 长纤维在各细分市场中所占份额（%） | 96 | 31 | 70 | — | 65 | | | | |
| 短纤维在各细分市场中所占份额（%） | 4 | 69 | 30 | — | 35 | | | | |
| 销量合计（百万吨） | 12.7 | | | | | | | | |

注：短纤维长度为<5mm（通常长度为<1mm），长纤维长度为>5mm。

数据来源：JEC，Lucintel，interviews，Estin & Co analyses and estimates.

### 1.1.4.2　2022 年复合材料在各地区及细分领域的应用情况（按价值计）

2021—2022 年全球复合材料在各地区及细分领域的应用情况（按价值计）见表 1-1-4、表 1-1-5。从表中可以看出，2022 年全球复合材料的总销售价值达 408 亿美元。其中，位居前三位的国家和地区为：北美地区为 118.32 亿美元，中国为 102.00 亿美元，欧洲地区为 93.84 亿美元。我国虽然在销量上位居首位，达 350 万吨，占比 28%。但按价值比，仅占到 25%。说明我国复合材料市场的附加值与其他两个地区相比还不算高。今后应该在高附加值的应用领域，加大开发力度。从细分领域的销售价值看，前四位依次是建设、交通运输、能源和电气/电子行业，分别占到总销售额的 20%、19%、14%、13%。其先后排序和按销量相比个别领域略有不同。

表 1-1-4　2021—2022 年全球复合材料产量/价值及各地区份额占比

| 年 | 总销量/价值 | 中国 | 亚洲其他地区 | 北美 | 欧洲 | 中东、非洲 | 南美 | 合计 |
|---|---|---|---|---|---|---|---|---|
| 2021 年 | 1200 万吨 | 30% | 19% | 25% | 19% | 4% | 3% | 100% |
| 2022 年 | 1270 万吨 | 28% | 19% | 27% | 19% | 4% | 3% | 100% |

| 年 | 总销量/价值 | 中国 | 亚洲其他地区 | 北美 | 欧洲 | 中东、非洲 | 南美 | 合计 |
|---|---|---|---|---|---|---|---|---|
| 2021 年 | 370 亿美元 | 27% | 17% | 29% | 21% | 4% | 3% | 100% |
| 2022 年 | 408 亿美元 | 25% | 16% | 29% | 23% | 4% | 3% | 100% |

数据来源：JEC，Lucintel，Estin & Co analyses and estimates.

表 1-1-5　2021/2022 年全球复合材料总价值/销量在各细分市场应用份额占比

| 细分领域 | 总价值/销量 | 交通运输 | 建设(1) | 能源 | 电气/电子 | 航空航天 | 消费品 | 海洋（休闲船舶） | 其他 | 合计 |
|---|---|---|---|---|---|---|---|---|---|---|
| 2021 年 | 370 亿美元 | 21% | 21% | 15% | 14% | 12% | 7% | 3% | 7% | 100% |
| 2022 年 | 408 亿美元 | 19% | 20% | 14% | 13% | 16% | 7% | 3% | 8% | 100% |
| 2021 年 | 1200 万吨 | 23% | 27% | 13% | 17% | <1% | 8% | 3% | 9% | 100% |
| 2022 年 | 1270 万吨 | 23% | 26% | 14% | 17% | <1% | 8% | 3% | 9% | 100% |

注：(1) 包括住宅（浴缸、浴室部件和固定装置、面板、游泳池、预制住宅）和商业/基础设施（电线杆、桥梁和桥梁部件、结构框架系统、桩结构、格栅、栏杆、T 台等）。

数据来源：JEC，Lucintel，Estin & Co analyses and estimates.

2022 年和 2021 年相比，从各地区分析，我国无论是销量占比还是销售价值占比都有所下降，下降幅度约为 2%。北美地区销量占比虽然有所增加，但销售价值占比却没有提升。欧洲恰恰与北美洲相反，销量占比没有变化，但销售价值占比却有所提升。从各细分市场分析，总销量占比变化都不大，仅有能源和建设两个细分市场稍有变化，其占比变化率为 ±1%。在总销量占比方面，仅有航空航天市场占比有较低幅度的增加，达 4%。建设、能源、电气/电子市场的占比均略有下降，为 1%。交通运输市场的占比下降 2%。

**1.1.4.3　2022 年复合材料在各再细分领域的应用情况（按销量计）**

2022 年全球复合材料在各再细分领域的应用情况（按销量计）见表 1-1-6。从表中我们可以更加详细地看出复合材料在更细分的领域中的应用情况。如：建设领域 330 万吨的应用中，建筑及工程占比 19%，管、罐及工程占比 7%；按销量计，建设部门、交通运输、电气/电子是最大的细分市场。

表 1-1-6　2022 年复合材料在各再细分领域的应用情况（按销量计）

| 细分市场 | 建设 | | 交通运输 | | 电气/电子(5) | 能源 | | 消费品 | | 海洋 | 航空航天(1) | 其他(2) | | | | 合计 |
|---|---|---|---|---|---|---|---|---|---|---|---|---|---|---|---|---|
| | 建筑及工程(9) | 管罐及工程(8) | 汽车、公路(7) | 铁路(6) | | 油气（管、罐） | 再生能源(4) | 运动、娱乐 | 设计、家具和家庭 | 休闲船舶 | | 设备、机械 | 国防、安全(3) | 医疗、假肢 | 其他 | |
| 销量（百万吨） | 3.3 | | 3.0 | | 2.2 | 1.7 | | 1.0 | | 0.4 | <1 | 1.2 | | | | 12.7 |
| 总销量占比（%） | 19 | 7 | 18 | 5 | 17 | 8 | 6 | 6 | 2 | 3 | <1 | 5 | 2 | 2 | 1 | 100 |
| 占比小计（%） | 26 | | 23 | | 17 | 14 | | 8 | | 3 | <1 | 9 | | | | 100 |

注：(1) 航空航天（商用和国防，规模：0.027，市场份额：1%）；(2) 其他复合最终用途领域；(3) 国防、安全等；(4) 体育、休闲和娱乐；(5) 电气/电子、电信和电器；(6) 铁路车辆和基础设施；(7) 汽车以及道路运输；(8) 管/罐、水处理和污水处理；(9) 建筑和土木工程。

数据来源：JEC，Estin & Co interviews，analyses and estimates.

**1.1.4.4　2022 年复合材料在各再细分领域的应用情况（按价值计）**

2022 年全球复合材料在各再细分领域内的应用情况（按价值计）见表 1-1-7。从表中我们可以更加详细地看出复合材料在更细分的领域中的应用情况。如，销量前五位的细分市场分别是交通运输、建设、航空航天、能源和电气/电子市场。尤为突出的是航空航天市场，虽然它的销量占比非常小，但是由于其产品附加值较高，因此在进行销售价值比较时，就一跃而居第 3 位。其次，建设部门中的建筑及土木工程、交通运输部门中的陆地交通也占比较突出。

表 1-1-7　2022 年复合材料在各再细分领域的应用情况（按价值计）

| 细分市场 | 建设 | | 交通运输 | | 电气电子 (4) | 能源 | | 消费品 | | 海洋 | 航空航天 (9) | 其他(1) | | | | 合计 |
| --- | --- | --- | --- | --- | --- | --- | --- | --- | --- | --- | --- | --- | --- | --- | --- | --- |
| | 建筑及工程 (8) | 管罐及工程 (7) | 汽车、公路 (6) | 铁路 (5) | | 油气（管、罐） | 再生能源 | 运动、娱乐 (3) | 设计、家具和家庭 | 休闲船舶 | | 设备、机械 | 国防、安全 (2) | 医疗、假肢 | 其他 | |
| 价值（十亿美元） | 7.9 | | 8.3 | | 5.4 | 5.9 | | 2.8 | | 1.0 | 6.5 | 3.1 | | | | 40.8 |
| 总价值占比（%） | 15 | 4 | 17 | 3 | 13 | 9 | 6 | 5 | 1 | 3 | 16 | 3 | 2 | 2 | 1 | 100 |
| 占比小计（%） | 19 | | 20 | | 13 | 15 | | 6 | | 3 | 16 | 8 | | | | 100 |

注：（1）其他复合最终用途领域；（2）国防、安保等；（3）体育、休闲和娱乐；（4）电气、电子、电信和电器；（5）铁路车辆和基础设施；（6）汽车和道路运输；（7）管道、储罐、水处理和污水；（8）建筑和土木工程；（9）航空航天（商业和军用飞机）
数据来源：JEC，Estin & Co interviews，analyses and estimates.

### 1.1.4.5　2010—2022 年期间按制造工艺看复合材料市场的演变（按销量计）

图 1-1-4 表明在 2010—2022 年期间，不同的制品制造工艺过程在不同的细分市场的使用量比例的变化。从图中可以看出，随着年代的变迁，各种成型工艺在不同的应用部门中的使用占比有所不同。

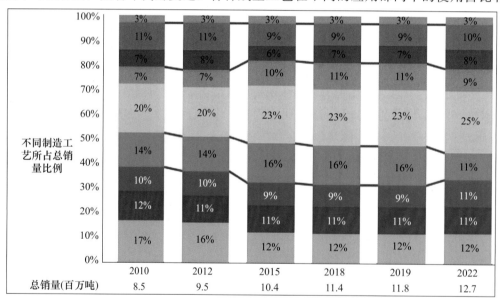

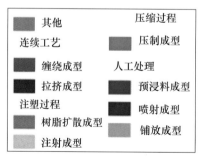

图 1-1-4　各制造工艺在 2010—2022 年期间随应用市场的演变
数据来源：Lucintel，interviews，Estin & Co analyses and estimates.

在同一应用市场中其使用的占比差异也很大。但是，在此期间，注射成型在制品应用占比中，始终均位列首位。该工艺之所以应用占比较大是因为它的生产效率较高，而且主要在汽车领域和电气/电子领域这两个大市场获得应用有关。就机械化成型工艺而言，其他工艺占比较大的依次是压制成型和缠绕成型。其他非机械化的成型工艺，从发展的眼光来看，除非在非常特殊的产品制造中仍然有应用市场外，其应用占比会出现逐渐下降的趋势。

### 1.1.4.6　2022 年制造工艺在复合材料不同应用市场中使用比例（按销量计）

图 1-1-5 显示 2022 年各制造工艺在复合材料不同应用市场中使用占比情况。从图中我们可以看出，复合材料制品不同的制造工艺在不同的细分市场的应用有较大的使用量的差别。其中，注射成型工艺主要应用在交通运输、电气/电子和消费品领域。喷射成型、缠绕成型和铺放成型工艺在建设部门应用占有主导地位。树脂扩散成型在能源领域应用较为明显。压制成型在交通运输、建设、电气/电子（尤其在我国）领域应用较多。从图中看出，预浸料成型工艺在电气/电子领域中占有重要地位，这一点在我国有很大的不同。

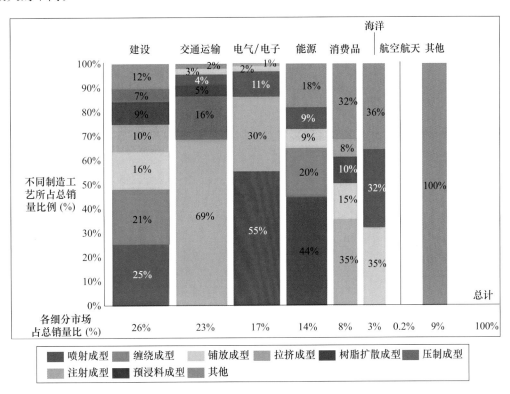

图 1-1-5　2022 年各制造工艺在复合材料不同应用市场中使用占比

数据来源：Lucintel, Estin & Co analyses and estimates.

### 1.1.4.7　2022 年全球热固性塑料和热塑性塑料在各细分市场中的销量比较（估算）

热固性塑料和热塑性塑料的使用因应用市场的不同而有很大的不同。从表 1-1-8 中可以看出，以上两大类材料在 2022 年的总销量基本相同，年销量都在 630 万～640 万吨范围内，热塑性复合材料的销量略高一些。热固性复合材料主要应用于建设、电气/电子、消费品和能源市场；而热塑性复合材料的主要应用领域是交通运输、电气/电子和能源市场。

表 1-1-8　2022 年热固性/热塑性复合材料在各细分市场应用比较

| 细分市场 | 热固性塑料销量占比（%） | 热塑性塑料销量占比（%） |
| --- | --- | --- |
| 建设 | 44 | 8 |

续表

| 细分市场 | 热固性塑料销量占比（%） | 热塑性塑料销量占比（%） |
|---|---|---|
| 交通运输 | 7 | 40 |
| 电气/电子 | 13 | 21 |
| 能源 | 12 | 15 |
| 消费品 | 13 | 3 |
| 海洋 | 6 | — |
| 航空航天 | — | — |
| 其他 | 5 | 13 |
| 合计（百万吨） | 100%（6.3） | 100%（6.4） |

数据来源：AVK，Lucintel，Estin & Co analysis and estimates.

### 1.1.5 全球复合材料的发展趋势

全球复合材料的发展，在新冠疫情防控的三年中，总体上经历了 2020 年的衰退、2021 年的部分复苏和 2022 年的小幅增长的波浪式的过程走向。在此期间，能源和电气/电子市场仍然有所增长，建设、海洋、消费品领域复苏速度较快，交通运输和航空航天部门复苏较慢。2020 年新冠疫情对复合材料应用市场产生了强烈的差异性影响。多家复合材料咨询公司的调查表明，未来复合材料的发展趋向是正面的。预计在 2022—2027 期间，各地区及各细分领域复合材料的年均复合增长率为 3%～4%。

未来几年复合材料的增长与地区的经济发展水平、复合材料取代传统材料的替代率、复合材料特异性能应用的开发相关。复合市场的增长动态取决于各国的潜在经济增长。亚洲的增长速度可能比其他大陆更快，每年增长约为 4%。北美洲的增长预计在每年 3%～4%。欧洲的经济增长可能会更低，达到每年增长 1% 或 2%。自 2010 年以来，亚洲的复合材料增长强劲。这主要是由中国推动的，从 2010 年到 2019 年，中国每年的增长率为 8%。目前中国复合材料市场销量占亚洲市场的 59%。因此，在未来几年中，亚洲地区尤其是中国的发展，将成为全球复合材料生产增长的主要驱动力。

另外，从各国及地区来看，2022 年全球复合材料居民人均拥有量比较如下（均取大约中位数）：美国约 9.5kg。欧洲地区，最低位数法国约 4.0kg，最高位数德国约 7kg。中国仅约 2.5kg；其他亚洲国家均在 4.5kg 以下，其中印度还不到 1kg。可见复合材料在亚洲地区仍有很大的发展潜力。

未来几年各地区复合材料重点发展的细分领域有所不同。电气/电子行业将是亚洲复合材料增长的重要贡献者，占 20% 左右的市场。另外，中国旨在减少二氧化碳排放，新能源（特别是风能和光伏发电）开发也将继续是一个关键驱动力。目前，二氧化碳排放的很大一部分来自煤炭发电（2021 年其占中国电力结构的 63%）。再者，慑于法规关于减排的压力，电、气和氢等新能源在交通运输等领域的大规模应用，将会使轻量化成为该领域重要的课题。而复合材料又是各领域实现轻量化的最为理想的轻质高强替代材料。因此，以上方面的发展都是亚洲地区特别是中国复合材料发展的主要驱动力。

在北美洲，建设仍将是复合材料行业的巨大贡献者，占据约 20% 的市场份额，这将由基础设施建设和改造（桥梁、水网……）的大型投资项目所推动。在欧洲，交通运输预计将比其他大陆更重要，在复合材料工业中占有很高的份额，主要是由对汽车的轻量化要求，以及混合动力/电动汽车和氢动力汽车（主要用于重型机动性，如卡车……）的发展所驱动，它们比传统汽车使用更多的复合材料。

#### 1.1.5.1 2022—2027 年全球各区域复合材料应用市场展望（以销量计）

表 1-1-9 显示在 2022—2027 年期间全球复合材料的市场规模及发展预测。从图中可以看出，亚洲、北美洲和欧洲始终都保持全球复合材料前三的位置。从期间的复合年均增长率的角度衡量，亚洲和北美洲始终保持正增长，复合年均增长率均保持在 3%～4% 的范围内。从销量上看，亚洲始终都占有最大份额，在未来几年中年销量均保持在 6 百万～7 百万吨的范围内。

表 1-1-9　2022—2027 年期间全球复合材料的市场规模及发展预测**

| 地区 | | 亚洲 | 北美洲 | 欧洲 | 世界其他地区 | 合计 |
|---|---|---|---|---|---|---|
| 销售量（百万吨） | 2022 | 6.0 | 3.4 | 2.5 | 0.9 | 12.8 |
| | 2023 | 6.2 | 3.5 | 2.5 | 1.0 | 13.2 |
| | 2024 | 6.5 | 3.6 | 2.5 | 1.0 | 13.6 |
| | 2025 | 6.8 | 3.7 | 2.6 | 1.0 | 14.1 |
| | 2026 | 7.0 | 3.9 | 2.6 | 1.0 | 14.6 |
| | 2027 | 7.3 | 4.0 | 2.7 | 1.1 | 15.1 |
| 年均复合增长率（%） | 2010—2019 | 4 | 4 | 2 | 7 | 4 |
| | 2019—2022 | 3 | 4 | -1 | 4 | 3 |
| | 2022—2027 | 3 | 4 | 1-2 | 4 | 3-4 |

注：＊（1）2022 年销量是估计数。（2）2023—2027 年是预测结果。（3）2010—2021 年数据之前已经存在。

＊＊警示语：上表数据是在假定在 2023—2027 年期间没有再发生重大的经济危机（卫生、战争、能源、气候、饥荒……）的前提下预测的结果。

数据来源：JEC，Lucintel，Estin & Co analyses and estimates.

### 1.1.5.2　2022—2027 年全球复合材料各细分领域应用市场展望（以销量计）

表 1-1-10 为 2022—2027 年期间全球复合材料各细分领域应用市场规模及发展预测。从表中可以看出，在 2022—2027 年五年中建设部门、交通运输部门和电气/电子部门是各细分领域中的前三大市场，其每年的销量基本上都占当年销售总量的 65%。此后，其他细分市场按销售量的大小计，依次为能源和消费品市场。

表 1-1-10　2022—2027 全球复合材料各细分领域应用市场规模及发展预测**

| 细分市场 | | 建设 | 交通运输 | 电气/电子 | 能源 | 消费品 | 海洋 | 航空航天 | 其他 | 合计 |
|---|---|---|---|---|---|---|---|---|---|---|
| 销售量（百万吨） | 2022 年 | 3.3 | 3.0 | 2.2 | 1.7 | 1.0 | — | — | 1.2 | 12.7 |
| | 2023 年 | 3.3 | 3.1 | 2.2 | 1.8 | 1.1 | — | — | 1.2 | 13.2 |
| | 2024 年 | 3.4 | 3.2 | 2.3 | 1.9 | 1.1 | — | — | 1.2 | 13.6 |
| | 2025 年 | 3.5 | 3.4 | 2.4 | 2.0 | 1.2 | — | — | 1.3 | 14.1 |
| | 2026 年 | 3.5 | 3.5 | 2.5 | 2.0 | 1.2 | — | — | 1.3 | 14.6 |
| | 2027 年 | 3.6 | 3.7 | 2.6 | 2.1 | 1.3 | — | — | 1.3 | 15.1 |
| 复合年增长率（%） | 2010—2019 年 | 4 | 4 | 3 | 4 | 4 | 3 | 7 | 3 | 4 |
| | 2019—2022 年 | 0 | —3 | 5 | 14 | 4 | 4 | —10 | 7 | 3 |
| | 2022—2027 年 | 2 | 4 | 3 | 4 | 5 | 3 | 6 | 3 | 3~4 |

注：＊（1）2022 年销量是估计数。（2）2023—2027 年是预测结果。（3）2010—2021 年数据之前已经存在。

＊＊警示语：上表数据是在假定在 2023—2027 年期间没有再发生重大的经济危机（卫生、战争、能源、气候、饥荒……）的前提下预测的结果。

数据来源：JEC，Lucintel，Estin & Co analyses and estimates.

## 1.1.6　复合材料发展的驱动因素

复合材料是一个建立更可持续发展世界的关键推动因素。它可以帮助各应用部门实现其雄心勃勃的可持续发展的目标。如：减少二氧化碳排放、节能、增加可再生能源的使用和水资源保护等。复合材料的耐久性也为基础设施和建筑产品的建设提供使用寿命更长，在安装和使用期间所需的资源更少的材料。其在更新、维修现有建筑和城市设施时成本更低，不需要更高的劳动强度。特别指出的是，未来十年中电动汽车的发展将会给复合材料带来较大的增长空间。电动汽车电池依赖复合材料有很多原因，包括其绝缘、防水和耐火性能。目前，世界各国都在发展可再生能源，尤其是风能的利用已经在各国得到了长足的发展，随着风力发电机的功率不断加大，为了提高风的利用率和转化率，风机的叶片尺寸越来越大。复合材料在叶片制造过程中几乎可以说是唯一的备选材料。因此风能的发展同样也驱动着复合材料的发展。

### 1.1.6.1 汽车轻量化和新能源的使用是发展复合材料的驱动力之一

在汽车领域，半导体短缺和新冠疫情对生产产生了负面影响。该行业的复苏应该要到2027年左右。但是根据有关资料预测，全球乘用车和轻型商用车的产量将从2022年的8300万辆增长到2027年的9300万辆。其中以我国的产量最高，年产量从2022年的2500万辆增长到2027年的2800万辆。其间的年均复合增长率为3%，远超其他国家和地区的产量。

在上述车型中，在全球范围内，电动汽车（复合材料密集型）的产量预计在2030年达到总产量的30%。表1-1-11为2022—2027年期间各种乘用车的发展趋势预测。从表中可以看出，由于各国环保治理及监管的严格政策，燃油汽车的产量占比逐年下降。而无污染及低排放的新能源汽车，特别是纯电动车包括燃料电池电动车的产量以较快的速度增长，其在2022—2027年间的年均复合增长率达到21%，混合动力汽车达到6%。两种车型产量从2022年总产量占比17%到2027年占比达到了29%。另外，氢能源汽车的产量预计在未来十年强劲增长。氢能源汽车从2015年问世，全球当年产量仅为1000辆。到2022年就达到了3万辆。预计到2027年为85.1万辆，等到2030年将达到634.8万辆。在2015—2030年期间其年均复合增长率达到惊人的79%。有资料预测，在交通运输复合材料市场上，氢能源的相关应用应该是未来几年一个快速增长的领域。氢燃料交通运输车辆（包括卡车、火车、公共汽车、机械、车）所用的复合材料规模，在2022年为2500万美元，预计2025年为2亿美元，到2030年将超过10亿美元。

表 1-1-11  2022—2027 年期间各种乘用车的发展趋势

| 车型 | | 纯电动汽车* | 混合动力汽车 | 内燃机汽车（燃油汽车） | 合计（%，百万辆） |
|---|---|---|---|---|---|
| 销售量占比总销量（%） | 2022 年 | 8 | 9 | 83 | 100，83 |
| | 2023 年 | 10 | 10 | 80 | 100，85 |
| | 2024 年 | 12 | 10 | 78 | 100，88 |
| | 2025 年 | 14 | 10 | 75 | 100，90 |
| | 2026 年 | 17 | 10 | 73 | 100，92 |
| | 2027 年 | 18 | 11 | 72 | 100，93 |
| 年均复合增长率（%） | 2022—2027 年 | 21 | 6 | −1 | |

注：* 包括蓄电池汽车和燃料电池汽车。

数据来源：OICA，Transport and Research，Estin & Co analyses and estimates.

汽车工业之所以对复合材料的发展具有强有力的驱动作用，与以下因素有关。轻质高强材料在汽车上的应用会带来良好的节油减排的效果。图1-1-6显示汽车工业利用轻质材料的减重量、节油和减排潜力。从图中可以看出，在图中设定的条件下，采用20%或40%的FRP复合材料，可以使汽车总重减轻7.5%和15.1%；节油518美元或1036美元；每公里减少13.6g或27.2g二氧化碳排放。若同样条件下，采用CFRP复合材料可实现减重21%和42%；省油1443美元或2887美元；每公里减少37.8g或75.6g二氧化碳排放。其效果远超其他如钢材和铝材。另有数据表明，每减少10%的质量，可以减少6.5%的燃油消耗。要实现每加仑多4.5英里的额外燃油效率，汽车必须减少大约25%的质量（700～900磅）。

为了满足2025年CAFE法规（平均燃油经济性）的要求，各汽车公司都在研究如动力系统的改进、动力系统电气化、各种设计改进等方面的替代方案，以减轻汽车的质量。当前，各大汽车公司把节油15%的目标都放在采用轻质材料的替代应用上。因此，为了实现燃油效率的目标，玻纤/碳纤维

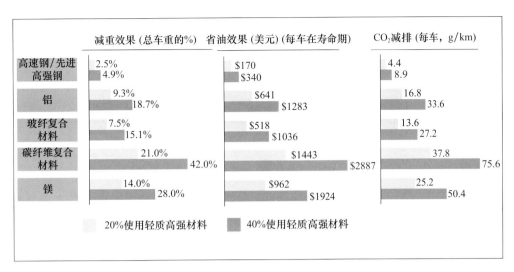

图 1-1-6　轻质材料在汽车工业中的节能减排效果

注：假设，平均车辆质量为 3962 磅（1 磅≈0.45kg）。应用的 70% 考虑轻质材料替代，不包括非结构应用，如玻璃和橡胶。

复合材料以及其他轻质材料，在实现车辆总质量减少约 25% 的目标方面将发挥重要作用。

世界汽车市场技术的发展趋势主要受两个因素所推进：

（1）改变汽车的驾驶性如电动性、车辆共享、自动驾驶等。

（2）根据巴黎协定对清洁空气的需求，大多数国家的政策是减缓二氧化碳排放的增长。

这两个因素密切相关，电动性是对清洁空气的需求的结果，但也是为了降低噪声和提高驾驶舒适性。

汽车材料的选择源于不同标准之间的权衡：动静态强度，产生所需形状的能力，耐腐蚀性，涂装性，不同材料零件组装在一起（即整合）的能力，质量和成本。要想扩大复合材料在汽车上的使用量，就要遵循"在正确的地方使用正确的材料"原则。有时在同一个零件/部件中，甚至可以由多种材料复合在一起使用。在汽车设计/工程中，钢（轻质和高耐腐钢），铝，塑料（增强或非增强复合材料）等处于竞争状态。过去 10 年，高强度钢和铝是北美 OEM 减重努力的最大受益者，分别占到了车辆质量的 6% 和 3%。而塑料（含复合材料）仅为 0.4%。反过来说，正因为它所占的比例还很小，所以塑料（含复合材料）有很大的发展空间。

复合材料汽车应用主要有以下几个方面：

（1）结构零件，把材料良好的机械性能和低密度结合在一起。

（2）用其他材料难以制造的复杂形状的零件。

（3）具有对零件实现装饰功能的零部件（主要是用碳纤维制造的表面可视的 CFRP 零件）。

具体应用示例如汽车车身框架、尾门、门框、板簧、车身下底部零件、电池盒底盘/盖等。

若按应用功能区分市场份额，复合材料在汽车结构中，主要用在外装件和内部件（分别占 36.9% 和 32.3%）、结构和动力传动零件（占 22.5%），其他零件占 8.3%。

未来，增长机会最多的是结构和动力传动零件。它们的年均复合增长率接近 10%。在 2021 年将超过 18.2 亿美元（Technavio，2016）。

2017 年在汽车复合材料市场中，亚太地区占有最大的市场份额，约 35%，紧随其后的是欧洲，接近 30%。美国大约 27%，世界其他地区约 8%。

据资料报道，受汽车工业增长驱动，亚太地区汽车复合材料增长机会最大。在 2017—2027 年期间，预计汽车复合材料应用的年均复合增长率是 13.3%（主要受中国、印度、韩国和日本驱动），美国为 8.8%，欧洲为 7.4%。

据 Visiongain 2016 预计，在未来十年，亚太地区复合材料汽车市场的价值将剧烈增长，其市场价值到 2022 年将增长到 81.5 亿美元以上，到 2027 年将达到 141 亿美元。亚太地区在全球市场所占份额也将从 35% 增长到 47%。

尽管有这些良好的增长前景，但企业家对亚太地区及其汽车复合材料市场的相关数据并不感到那么乐观。这个地区实际上对高端汽车的市场需求较低，而且更加关注的是价格而不是性能。这两种情况使汽车工业对该地区复合材料的需求降低了。企业家估计亚太地区汽车复合材料的年均复合增长率为 6%～7% 更加实际。

### 1.1.6.2 风力发电未来的增容将促进复合材料用量的增长

风力发电市场近十年来以惊人的速度在北美洲、欧洲和亚洲高速发展，从而对复合材料行业的发展起到了积极的推动作用。据资料介绍，2021 年，全球新增风电容量 93.6GW，仅比 2020 年的纪录低 1.8%，总装机容量达到 837GW。尽管 2020 年陆上风电市场的新装机容量降至 72.5GW，但这仍是历史上第二高的一年。2021 年是海上风电市场创纪录的一年，电网连接超过 21GW，是 2019 年的三倍多，成为有史以来最高的一年。由于中国（海上）和越南风电设施的惊人增长，亚太地区继续在全球风电发展中处于领先地位，2021 年的市场份额几乎与 2020 年相同。在陆上风力安装创纪录的推动下，欧洲（19%）2020 年从北美手中重新成为第二大地区新安装市场（14%）。南美洲和非洲/中东地区在 2021 年新安装设备数量也创下了历史增长纪录，其全球市场份额分别达到了 6% 和 2%。但这两个地区的处境仍与 2020 年相同。2021 年，世界五大新安装市场分别是中国、美国、巴西、越南和英国。这五个市场加起来占全球装机总量的 75.1%，比 2020 年下降了 5.5%，主要原因是中国和美国与 2020 年相比的市场份额总共下降了 10%。就累计安装量而言，截至 2021 年年底，前五大市场保持不变。这些市场包括中国、美国、德国、印度和西班牙，它们合计占世界风力发电总装机容量的 72%，比 2020 年低了 1%。截至 2021 年年底，全球累计海上风电容量达到 56GW，比 2020 年增长了 58%，海上风电在全球风电总装机中的占比为 7%。据全球风能理事会（GWEC）报道，2022 年新增并网陆上风电装机容量达到 68.8GW，使全球陆上累计装机容量达到 842GW，同比增长 8.8%。2022 年有 8.8MW 的新海上风电接入电网，到 2022 年年底，全球海上风电装机总量达到 64.8MW。据预测，2022—2026 年全球风电将新增装机 5.6 亿千瓦，2026 年全球风电将新增装机 1.3 亿千瓦。2023—2025 年，中国风电年均新增装机容量将达到 6000 万～7000 万千瓦。到"十四五"末，中国风电累计装机容量将超 5 亿千瓦。由上可见，由于复合材料是风力发电中的重要参与者，随着风力发电市场的发展，必将对复合材料的发展起到极大的促进作用。复合材料在风力发电机中的主要应用是风机叶片、机舱罩和导流罩。据资料介绍，就叶片而言 1.5MW 的风机其叶片质量达 6～8t，3MW 风机叶片质量为 8～15t，5MW 的风机叶片质量达 15～20t。一个典型的实例是 LM 公司一根长度为 61.5m 的叶片，其质量为 17.7t。另有资料报道，FRP/CFRP 材料在风机中按 t/GW 计占比为 2%。表 1-1-12 为 2001—2022 年全球及各主要地区风能年均复合增长率。表 1-1-13 为 2001—2022 年全球及各主要地区新增装机容量（GW）。从表 1-1-12 中可以看出，在此期间，其年均复合增长率达到 13%。其中，中国在此期间由于国民经济增长强劲，且呈震荡上行模式，再加上国家新能源政策的执行和严格的环境保护监管，大大加快了风能产业的发展。表 1-1-13 显示全球主要地区新装机容量变化，其中，中国自 2014 年起的近十年间，每年新增装机容量远远超过其他国家和地区。除了中国、北美洲和欧洲外，其他地区从 2012 年起，其新增装机容量也在逐年上升。

表 1-1-12  2001—2022 年全球及各地区风能年均复合增长率

| 年份 | 非洲/中东地区 | 亚洲其他地区 | 中国 | 南美洲 | 北美洲 | 欧洲 | 合计 |
|---|---|---|---|---|---|---|---|
| 2001—2022 | 51% | 13% | 40% | 27% | 11% | 7% | 13% |

表 1-1-13　2001—2022 年全球各主要地区新增装机容量（GW）

| 年份 | 中国 | 北美洲 | 欧洲 | 全球其他地区 | 全球合计 |
|------|------|--------|------|--------------|----------|
| 2001 | n. a. | n. a. | 5 | 2 | 7 |
| 2010 | n. a. | 6 | 10 | 15 | 31 |
| 2012 | 15 | 16 | 13 | 7 | 47 |
| 2014 | 20 | 7 | 13 | 9 | 49 |
| 2016 | 17 | 10 | 14 | 10 | 51 |
| 2018 | 20 | 8 | 12 | 9 | 49 |
| 2020 | 73 | 15 | 13 | 9 | 110 |
| 2022 | 48 | 14 | 15 | 22 | 99 |

注：n. a. 无数据可用。

数据来源：BP Outlook，IRENA，Global Wind Energy Council，Navigant Consulting and national sources，Wind Europe，Estin & Co analyses and estimates.

　　未来五年，风电市场仍然能保持其较好的增长势头。图 1-1-7 和图 1-1-8 分别展示了未来五年间风电新增装机容量的发展趋势。其中图 1-1-7 显示了在 2023—2027 年间全球风电新增装机容量（GW）及增长的年均复合增长率。根据全球风能理事会 2023 年的资料记载，2023 年新增风电装机容量将超过 100GW，根据现行政策，未来五年将新增 680GW。这相当于到 2027 年之前每年有超过 136GW 的新增安装量。未来五年的年均复合增长率为 15%。在未来五年内，陆上风力发电的年均复合增长率为 12%。每年预期的平均水平装机容量为 110GW，2023—2027 年总共可能达到 550GW。

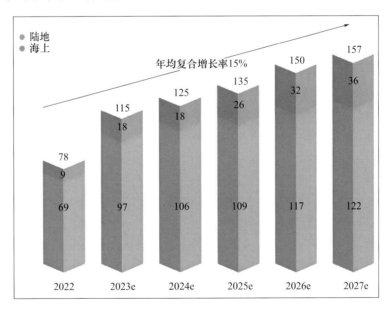

图 1-1-7　2023—2027 年间全球风电新装机容量（GW）及增长的年均复合增长率

注：GWEC 的市场展望代表了未来五年风能新增装机容量的行业展望。展望依据来自区域风能协会的输入、政府目标、现有的项目信息和行业专家的输入和 GWEC 成员。详细的数据表可在 GWEC 的仅成员区域中情报网站获得。

　　图 1-1-8 显示了 2023—2027 年间，按地区划分新增陆上和海上风机装机容量展望。未来五年全球陆上风机年均复合增长率为 12%。预计年平均装机容量为 110GW，2023—2027 年的总发电量可能达到 550GW。未来五年，中国、欧洲和美国的经济增长将成为全球陆上风能发展的支柱。预计在 2023—2027 年，它们总共将占到总新增产能的 80% 以上。全球海上风机新增容量在 2022 年同比下降 58% 后，

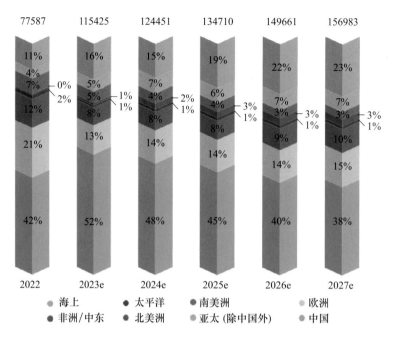

图 1-1-8　2023—2027 年按地区划分新增陆上和海上装机容量展望（MW，%）

注：GWEC的市场展望代表了未来五年风能新增装机容量的行业展望。展望依据来自区域风能

协会的输入、政府目标、现有的项目信息和行业专家的输入和GWEC成员。详细的数据表

可在GWEC的仅成员区域中情报网站获得。

预计 2023 年将反弹至 18GW。在未来五年内，全球海上风力发电的年均复合增长率为 32%。有了如此有希望的增长率，到 2027 年，新增装机容量可能会比 2023 年的水平翻一番。预计在 2023—2027 年，全球总共将增加 130GW 的海上风电，预计年平均装机容量接近 26GW。全球海上市场预计将从 2022 年的 8.8GW 增长到 2027 年的 35.5GW，到 2027 年，其占全球新装机容量的份额从今天的 11% 增长到 23%。各国及地区在 2022—2027 年间风能的年均复合增长率可以参考表 1-1-14。总而言之，未来风力发电新增容量的增长将是复合材料未来增长的重要影响因素之一。

表 1-1-14　世界各国及地区在 2022—2027 年间风能的年均复合增长率　　　　　　%

| 年份 | 非洲/中东地区 | 亚洲其他地区 | 中国 | 南美洲 | 北美洲 | 欧洲 | 合计 |
|---|---|---|---|---|---|---|---|
| 2022—2027 | 19 | 5 | 6 | —3 | 1 | 12 | 7 |

### 1.1.6.3　其他应用市场的推动因素

有文章认为，当前复合材料市场的增长，主要来自三个应用市场的驱动——风能、船舶和电气/电子。在这些市场中，复合材料所占据的份额分别为 66%、52% 和 35%。未来复合材料市场发展的主要推动因素包括新能源、基础建设、电气/电子、休闲船舶和体育用品等市场的发展。

（1）新能源市场对复合材料市场的推动力。

氢能源在交通运输车辆上的应用应该是未来几年一个快速增长的领域，尤其是在重型交通运输车辆，如卡车、火车、公共汽车、机械汽车以及未来的飞机和船舶等运输工具使用燃料电池的氢储气罐市场上，复合材料无疑会得到占优的应用。如图 1-1-9 所示，从 2015 年氢能源首次在汽车市场应用开始，其复合材料市场规模到 2022 年就达到了 2500 万美元，2015—2022 年的年均复合增长率为 62%。预计到 2030 年复合材料在氢能源交通运输车辆中的市场规模可达 10 亿美元以上。2022—2030 年复合材料在氢能源交通运输车辆中的市场规模的年均复合增长率为 95%。这意味着，在未来近十年中，氢能源的应用会有比前近十年有更大的发展，同样对复合材料的推动作用越加明显。

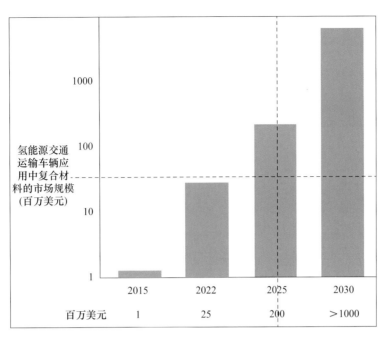

图 1-1-9　2015—2030 年复合材料在氢能源交通运输车辆中的市场规模

据《中国氢能产业发展报告 2020》规划，2022 年、2025 年和 2030 年氢燃料电池车保有量分别为 1 万、10 万和 100 万辆，氢燃料电池车将在客车、重卡、物流车等车型领域快速放量。国内业内人士指出，2022 年、2025 年和 2030 年高压储氢瓶累计市场空间分别可达 20 亿、119 亿和 1118.4 亿元，2026—2030 年单年市场空间有望超过 200 亿元（储氢瓶：推开万亿氢能赛道的第二重门，2022-04-11-1-储能网）。

另外，根据我国的长远规划，未来几年其他新能源的发展对我国复合材料的发展也会起到强有力的推动作用。到"十四五"末，中国风电累计装机容量将超 5 亿千瓦。这必将带来一系列投资需求和机会。按目前投资水平估算，到 2030 年中国风电、光伏发电将带来新增电源投资 6 万亿元，同时拉动储能投资 2 万亿元，输电通道投资 6 万亿元，氢能制备环节投资 1 万亿元，合计总投资约 15 万亿元。到 2050 年，预计风电、光伏发电项目累计将带来投资 21 万亿元，同时拉动储能投资 6 万亿元，输电通道投资 21 万亿元，氢能制备环节投资 4 万亿元，合计总投资超过 50 万亿元。如果再加上电动汽车、充电设施等终端用能电气化等零碳产业，规模将达到百万亿量级，同时创造数千万个就业岗位。国内以上各项新能源及相关行业的大量投资，将给复合材料的应用带来巨大的机会。

（2）建筑及基础设施的增长，有利于增加复合材料在该领域的应用。

在建筑和建造过程中，许多复合材料产品和应用由于其独特的性能（如耐腐蚀、绝缘、质量轻）而对建筑承包商具有越来越大的吸引力。从加固混凝土的复合材料钢筋到窗框架的拉挤型材和屋面瓦等的应用，复合材料产品不仅使设计具有更可持续性，而且为修复、升级或加强现有建筑、桥梁等提供了比其他竞争材料更为有效的解决方案。复合材料的关键性能，如耐腐蚀、耐紫外线和耐热性，允许生产的产品和基础设施能够承受最恶劣的条件（如沿海环境），并在低维护要求的情况下延长使用寿命。

在全球范围内，各国政府在基础设施上的投资支出正在增加，这将推动对复合材料的需求。2010—2018 年，美国住房开工率为 10%，预计 2019—2025 年为 2.4%。2019 年，美国政府投资约 2 万亿美元用于基础设施升级；德国政府计划到 2020 年在基础设施和住房领域投资 447 亿美元；俄罗斯政府正在推行一项耗资 960 亿美元的现代化计划，以在 2024 年之前改善该国的基础设施；2019 年，中国向基础设施项目投资 1622 亿美元，中国建筑业在新冠疫情暴发 6 个月后已开始复苏，预计 2020

年将增长 1.5%；英国政府计划到 2020—2021 年在基础设施上投资 1000 亿英镑；印度政府的目标是到 2024 年为基础设施发展投资 1.4 万亿美元；澳大利亚政府计划在 2019 年投入 1000 亿美元的基础设施支出；阿联酋政府已在 2019 年为基础设施项目投入了 25 亿美元；巴西政府已经计划投资 70.8 亿美元来开发基础设施。

改善亚洲发展中国家的基础设施、城市化和经济发展，可能会增加建筑行业中复合材料的使用。日益增长的城市化和新屋开工量的增长将推动复合材料市场。耐腐蚀性和耐久性需求的增加是复合材料建筑增长的主要驱动因素之一。与钢和铝等竞争材料相比，复合材料具有更好的耐腐蚀性和耐久性，使其生命周期更长久。复合材料也使基础设施和建筑产品的使用寿命更长，在安装和使用期间所需的资源材料更少。复合材料在更新、维修现有建筑和城市设施时成本更低，不需要更高的劳动强度。建筑领域复合材料市场的加速增长也受到了建筑市场维修、改造和升级的推动。例如，图 1-1-10 公示的美国在 2020—2021 年期间部分月份始建新的私人住房套数。

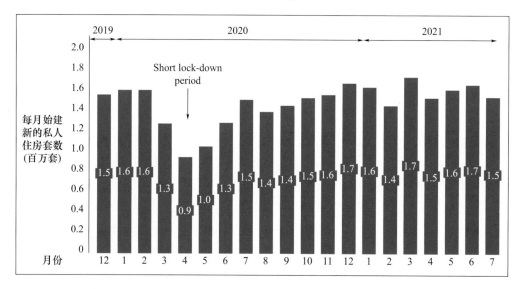

图 1-1-10　美国在 2020—2021 年期间部分月份始建新的私人住房套数

数据来源：U. S. Census Bureau, Estin & Co analyses and estimates

图 1-1-11 为某公司对美国自 2019 年到 2030 年房屋开工数的统计及预测。图中显示，在近 20 年期间，美国房屋开工数的年均复合增长率为 0.4%。

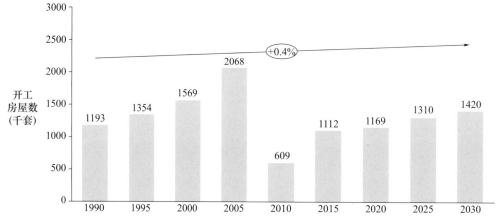

图 1-1-11　1990—2030 年期间美国房屋开工数

另外，在水网基础设施中，损失率高的国家为复合材料管制造商提供了强有力的改造机会。2021 年欧洲各国的水管网平均长度大多在十万千米左右，饮用水网损失率大体上在 15%～30%。复合材料在管网更新改造中，无疑是最佳的候选材料。

（3）复合材料的特性在电气/电子市场的发展领域能得到充分的发挥。

全球电气/电子市场在 2019—2021 年期间，终端市场以每年 4% 的速度增长。预计在 2021—2026 年，它将以每年 5% 的速度增长。复合材料在该领域的渗透率将稳定在一个高水平上，电气/电子领域新的发展趋势可能为 4G/5G（天线、盒子等）市场的扩展所驱动。图 1-1-12 表明，在电气/电子领域，在集成电路基板和通信技术分别增长了 9% 和 4% 的推动下，PCB 市场预计将在 2022—2027 年期间增长 5%。这种增长是由通信和 IC 基板细分市场所驱动的，预计这些市场的增长将可以应对智慧城市举措和日益增加的经压缩的个人设备如可穿戴设备。这些细分市场分别占市场增长的 24% 和 32%。在 2020—2021 年期间，PCB 市场因为新冠疫情推动了对计算设备的需求已经增长 11%。在未来，经济增长主要由亚洲国家来推动。2019—2022 年，全球 PCB 市场增长了 6%，主要是由于新冠疫情影响导致远程服务扩张，从而刺激了半导体封装和计算相关设备的需求增长。全球 PCB 市场在新冠疫情发生后增长了 8%，预计到 2027 年将增长 5%。

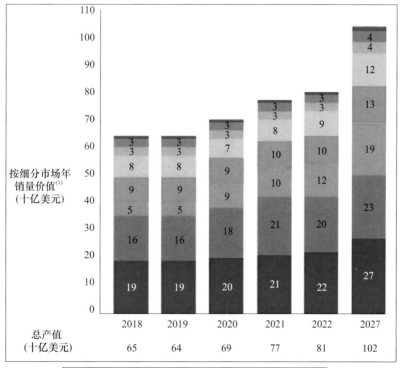

图 1-1-12  2018—2027 年间 PCB 细分市场（按价值计）

注：（1）使用公历年；（2）集成电路基板，这些基板优先考虑厚度较薄的应用，如智能手机和可穿戴设备。

数据来源：Prismark，AT&S IR Presentation，Desk Research，Estin & Co analyses and estimates.

（4）休闲船舶的发展，是复合材料加快向其渗透的机会。

在海洋行业，受客户对健康生活的需求的推动，休闲船舶市场从 2022 年后迅速反弹。图 1-1-13 表示全球休闲船舶的市场增长情况。从图中可以看出，休闲船舶的主要消费市场在北美洲和欧洲经济发达地区。在 2020—2021 年，由于各地区的交通封锁，人们都在追求安全的，能进行有利于自身健康的无疫情的环境。因此，与其他行业不同，它不仅没有受到疫情影响而发展受限，反而得到大家的青睐。在此期间，休闲船舶的年均复合增长率达到 14% 的高位。在 2021—2026 年间，其年均复合增长率仍然能保持 4% 的增长。我国在休闲船舶市场开发缓慢，按地区看是最小的，2022 生产量仅为 6000 艘。在 2019—2020 年期间基本上是负增长，在 2020—2021 年间年均复合增长率增长为 15%。预计在 2021—2026 年间，有超过北美洲和欧洲的增长率，年均复合增长率为 6%，为全球增速最快的国家。

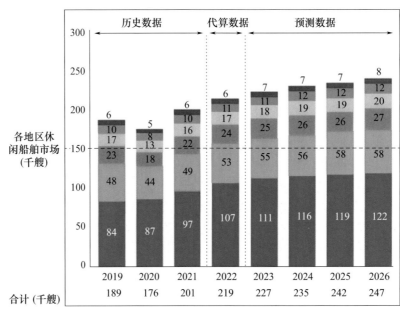

图 1-1-13  全球休闲船的市场增长

数据来源：Dufour, Interconnection Consulting, Estin & Co desk research, interviews, analysis and estimates.

（5）体育用品市场的增长，对复合材料的发展起到推动的作用。

总体而言，新冠疫情对复合材料运动器材的销售产生了积极的影响。高性能的运动用品，如雪板、帆服、防护手套、头盔等越来越受到普通的个人用户的欢迎。

图 1-1-14 显示 2018—2022 年独木舟、皮艇类产品的销售情况。在新冠疫情防控期间，开始时基础增长缓慢，然后随着人们选择了当地的假期活动而振兴。通常认为，划桨是一种社交距离的活动。在 2018—2022 年期间，年均复合增长率达 8%，每年的销售额均在 1 亿～2 亿美元之间。

图 1-1-15 显示滑雪板在 2018—2022 年的销售情况。在此期间其年均复合增长率为 3%。在 2020

年这项运动由于航班限制和度假村关闭，受到了极大的阻碍。2020 年市场收缩，其销售额仅为 3 亿美元。2021 年是有记录以来最繁忙的一年，销售额为 5 亿美元。2022 年销售额仍保持在 5 亿美元。但许多人是租而不是买。

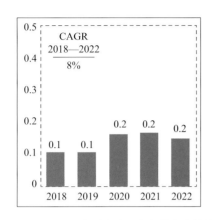

图 1-1-14　2018—2022 年独木舟、皮艇类产品的销售情况
注：独木舟和皮划艇的销售情况单位为 10 亿美元。
仅指复合材料独木舟、k1 和 k2 桨赛手、比赛回转艇和海上皮划艇。
数据来源：Grandview Research，PR Newswire，Desk Research，
Estin & Co analyses and estimates.

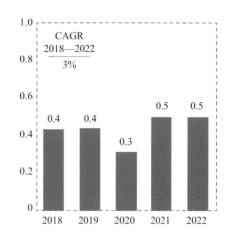

图 1-1-15　2018—2022 年滑雪板的销售情况
注：滑雪板的销售情况单位为 10 亿美元。
数据来源：Grandview Research，PR Newswire，
Desk Research，Estin & Co analyses and estimates.

新冠疫情对自行车运动起到催化剂的作用。使市场潜在增长 5%～10%。新冠疫情前期开始放缓（2020 年 3—4 月），零部件供应和制造商产能成为其增产的瓶颈。图 1-1-16 显示 2018—2022 年间自行车的销售情况。在此期间，其年均复合增长率为 12%。在 2021 年及 2022 年销售额分别达到 35 亿、36 亿美元。

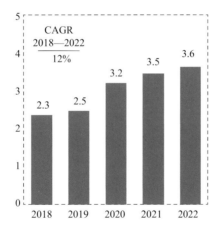

图 1-1-16　2018—2022 年自行车的销售情况
注：自行车的销售情况单位为 10 亿美元。
数据来源：Grandview Research，PR Newswire，Desk Research，Estin & Co analyses and estimates.

## 1.2　中、美、欧复合材料概况

2022 年全球复合材料总销量 1270 万吨中，中国、北美洲及欧洲地区的销量分别占全球总销量的 28%、27% 和 19%。这三个国家和地区合计占比达 74%。若加上中国以外的亚洲地区的销量，其合计

销量占到了全球总销量的93%。可见在这些国家和地区对世界复合材料行业发展的贡献和所处的重要地位。

### 1.2.1　中国复合材料概况

中国的玻璃纤维和复合材料产量在过去的几年里一直是引领世界。目前，在全球前六大玻纤企业中，中国玻纤企业占据了产能前三的位置。中国巨石、泰山玻纤、重庆国际（CPIC）三家公司共占比48%，占国内玻纤产能60%以上。国内玻纤企业产能占比见表1-2-1。据报道，全球玻纤产能已达1100万吨，我国玻纤行业产能也已达到700万吨。国内玻纤年产能占到全球玻纤总产能的60%以上。在全球复合材料总产量中，玻纤复合材料占比为94%，天然纤维复合材料占比为4%，碳纤维复合材料占比为2%。2022年，玻纤复合材料中，热塑性复合材料占比为39%，热固性复合材料占比为61%。热塑性增强材料产量占比快速提升后，近五年占比趋于稳定，主要源于全球风电市场迎来较快增长，拉动热固性复合材料的增长。

表 1-2-1　国内主要玻纤企业产能占比

| 公司 | 中国巨石 | 泰山玻纤 | 重庆国际 | 山东玻纤 | 长海股份 | 内江华原 | 其他 | 合计 |
|------|---------|---------|---------|---------|---------|---------|------|------|
| 占比（%） | 29 | 16 | 15 | 6 | 4 | 4 | 26 | 100 |

经中国玻璃纤维工业协会统计，我国近十年来玻纤纱的总产量及增速状况如图1-2-1所示。2022年我国玻纤纱总产量达到687万吨。其中池窑纱总产量达到644万吨，占比93.7%。据统计，2022年我国玻纤复合材料总产量为641万吨。占全球复合材料总产量的50%以上。

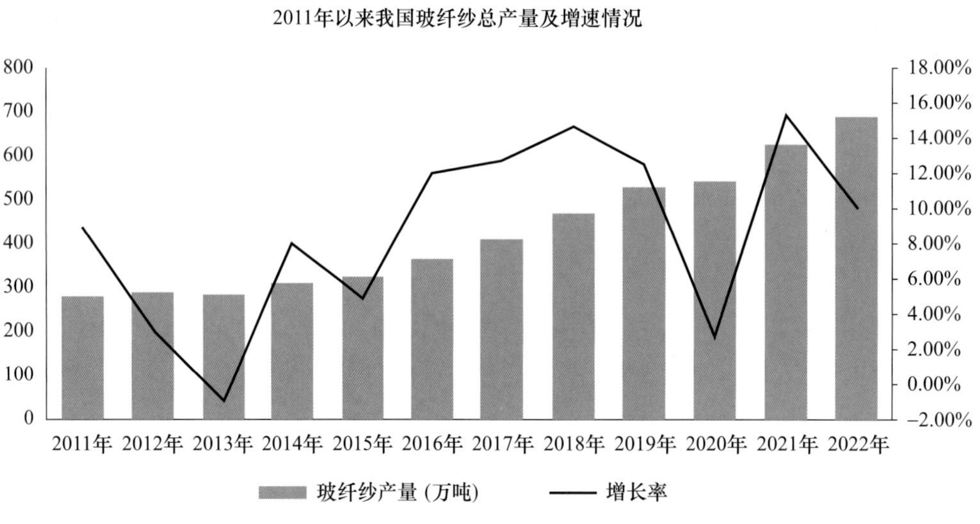

**2011年以来我国玻纤纱总产量及增速情况**

图 1-2-1　2011年以来我国玻纤纱总产量及增速情况
数据来源：中国玻璃纤维工业协会。

2022年，我国玻纤增强热固性复合材料产量为300万吨，同比下降3.2%；玻纤增强热塑性复合材料为341万吨，同比增长24.5%。主要源自汽车轻量化及绿色低碳的环保需求。2022年，我国汽车总产量达到了2748万辆，同比增长3.4%。另外，我国新能源汽车近年来在政府的大力推动下实现了高速发展。2022年，全国新能源汽车产销两旺，分别为705.8万辆和688.7万辆，同比分别增长96.9%和93.4%，远远领超世界各国。我国近十年来玻纤复合材料产量及增长情况如图1-2-2所示。据中国复合材料工业协会数据，2021年我国复合材料总产量约在600万吨，较去年增长11.1%。其中，玻纤复合材料产量在578万吨左右，高性能复合材料产量在22万吨左右，玻纤复材占比96.3%。近十年我国玻纤复合材料的年均复合增长率约为5%，低于玻纤相应的增长率。

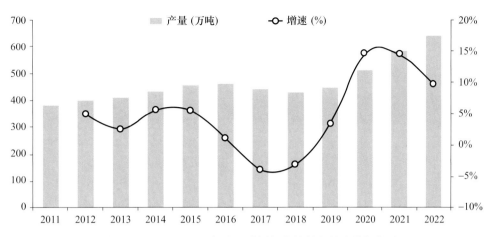

图 1-2-2　2011—2022 年我国玻纤复合材料产量及增长情况
数据来源：中国玻璃纤维工业协会、华经产业研究院。

　　根据 JEC 公布的数据，2022 年我国复合材料总产量为 350 万吨（尽管和我国玻璃纤维工业协会、复合材料工业协会的数据 641 万吨存在相当大的差距），但仍然是全球复合材料总产量第一位的国家，占世界总产量的 28％，产值占 25％。与其他发达经济体相比，我国复合材料产品的附加值仍然较低。例如，北美洲的复合材料产量占世界总产量的 27％，但产值占世界复合材料总产值的 29％。欧洲复合材料产量占世界总产量的 19％，而产值却占到了 23％。所以，增加复合材料产品的技术含量和向附加值高的终端市场迈进是我国复合材料未来的努力方向。

　　另外，一个国家生产复合材料产品采用的工艺过程，既与各国重点开发的应用市场有关，也与该国的工业发展水平密切相关。一般来说，复合材料产品市场产量越大，其实现机械化、自动化的机会越大。反之，产品规格尺寸越大、批量越少，实现机械化、自动化的可能性越小。同样，一个国家工业水平越高，实现复合材料产品生产机械化、自动化的可能性也越大。早在 20 世纪中后期，日本和美国等发达国家模压成型工艺在该国复合材料成型工艺中占比都在 45％以上。根据 2021 和 2022 年 JEC 公开的资料，2021 年 SMC/BMC、TPC 占比分别为 12％和 3％；2022 年合计为 11％。但是，按中国复合材料工业协会模压材料专业委员会多年来的传统统计法：模压成型不仅包括 SMC/BMC 和 TPC，也包括长纤维热塑性复合材料（如 LFT-D、长纤维 LFT-G）、预浸料（PCM）模压成型和 HP-RTM，即凡是成型过程中采用了金属模具和高压成型设备的工艺都属于模压成型工艺范畴。因此，按此方法统计，模压工艺在国外各工业的占比应该更高。另外，2022 年国外统计数据之所以与以前的数据相比模压工艺占比有所下降，其主要原因是，近年来的统计中，欧洲把原来没有参与统计的产量较大的注射成型的短纤维增强热塑性复合材料计算在内。无论如何，模压成型工艺即使在近两年的统计数据中，在世界上仍然是仅次于注射成型工艺之后的第二大类成型工艺。在国内仅 SMC/BMC 工艺的年产量也达到了约 150 万吨的规模。但是，根据中国复合材料工业协会的数据，我国模压工艺在各工艺中占比仅位列第三。2021 年我国复合材料各种工艺的占比见表 1-2-2。

表 1-2-2　2021 年我国复合材料各工艺占比　　　　　　　　　　　　　　　　%

| 工艺 | 灌注 | 缠绕 | 模压 | 拉挤 | 手工积层 | 其他 | 合计 |
|---|---|---|---|---|---|---|---|
| 占比（%） | 26.7 | 22.8 | 17.4 | 13.9 | 11.8 | 7.4 | 100 |

数据来源：自中国复合材料工业协会。

　　近年来，我国高性能复合材料的发展也取得了良好的进展。据我国复合材料工业协会的数据，2021 年我国碳纤复合材料产量达 8.3 万吨；芳纶纤维产量达 1.5 万吨，预计 2025 年我国芳纶纤维需求将达到 3.5 万吨；玄武岩纤维产量达 3 万吨，使用量达 2 万吨；我国超高分子量聚乙烯纤维产能占全球的 65% 左右，2021 年我国超高分子量聚乙烯纤维产量小幅增长，达到 2.5 万吨，需求量逾 5.7 万吨。

我国复合材料行业，从 2017 年起国家环保政策的严格实施和管控，一批管理不规范的小企业面临经营困难和濒临倒闭的压力。这种状况，到 2019 年后得以缓解及改善。近年来，我国复合材料工业正在发生转型，积极开拓高附加值产品，努力促进更多的技术和管理创新，以实现更高的生产效率、更低的废品率，降低生产成本，研发更加环境友好型的工艺，优化操作和实现高效的管理。

在我国，GFRP 的主要市场包括交通运输、建筑和基本建设、电气/电子领域。例如，新能源中光伏、风力发电，高铁及汽车行业（尤其是新能源汽车和汽车轻量化），石油化工的容器/储罐，船舶，新农村建设化粪池、净化槽、模块化和便携式住房、轻质建筑材料，现代农牧业，智能物流，5G 通信和其他领域等，都有着广阔的 GFRP 和 CFRP 复合材料规模化市场的发展空间。

尽管国内市场有着较好的发展前景，但未来我国的复合材料行业还将面临严格的环境条例、原材料价格上涨、劳动力成本增加和能源成本上升的压力；国际环境的不利影响还会在较长时期存在。其发展仍然是任重而道远，在前进的道路上需要努力克服各种障碍，通过创新获得竞争力才是关键。例如，传统的手工铺放工艺已经在我国被逐步淘汰。目前，需要研发先进制造设备、扩展闭模成型技术的应用范围、加速过程自动化等。

我们还要看到，未来我国复合材料工业的健康成长将更加依靠科技创新和产品质量改进，而不是靠资源、低成本劳动力和盲目扩大生产能力。政府有关农村建设、现代农业和新能源以及 5G 通信等鼓励产业政策将扩大复合材料现有应用和有利于打开复合材料及其结构新的应用领域。未来，复合材料在我国的发展，尽管困难不少，但仍有着光明的前景。

### 1.2.2 欧洲复合材料概况

欧洲复合材料市场经过 2013—2018 年的长期增长后，新冠疫情以及许多其他负面因素严重影响了复合材料市场。2018—2020 年期间，欧洲复合材料的产量下降了 15% 以上。在 2021 年，这一趋势发生了明显逆转，市场增长了 18.3%，复合材料市场总量为 2962000 吨，几乎恢复到疫情前的水平。产生此现象的原因，是在 2021 年中，复合材料的关键应用领域发展得非常积极，主要包括交通部门、建筑和基础设施，也包括体育和休闲等其他应用领域。第一大应用领域是乘用车生产领域，出现了一种不寻常的现象：尽管当年销售数据较低，但 OEMs' 的利润率正在大幅上升。第二大应用领域是建筑和基础设施，整体来看受到的影响明显较小。此外，某些特定应用领域如体育和休闲领域得到了积极的发展。总体而言，2021 年，全球复合材料市场材料增长同比仅为 8%。同年，欧洲的市场发展势头明显高于全球市场，其占全球市场的份额约为 25%，与美国相当。到了 2022 年，情况有所变化，全球复合材料市场比 2021 年增长约 5%。相比之下，2022 年欧洲复合材料的产量下降了 6.1%，产量从 2021 年的 296.2 万吨下降到 278.1 万吨，在世界市场的份额约为 22%。历年来欧洲复合材料的变化如图 1-2-3 所示。

#### 1.2.2.1 欧洲各地区复合材料发展的差异

欧洲地区复合材料的发展情况与欧洲各区域范围及国别有明显的差异。与前几年一样，欧洲内部的趋势并不一致。2021 年，从销量看，从高到低的排列次序依次是德国、东欧、西班牙/葡萄牙和意大利。这四个部分继续保持着它们在欧洲背景下的强势地位，其市场份额分别为 19.4%、18.1%、14.8%、14.2%。四个地区合计占欧洲市场交易量的 2/3。在 2022 年，以上排列顺序及在欧洲市场总量所占份额上并没有发生变化。其中仅德国就占总市场份额的近 20%，成为欧洲市场交易量最高的国家。除以上地区外，处于欧洲地区的英国/爱尔兰市场份额为 13.2%，排名在意大利之后，法国的市场份额为 10.2%。2022 年欧洲各区域复合材料市场产量占比情况如图 1-2-4 所示。欧洲各地区的这种差异主要是由于各区域和国别核心市场多样化、所用材料、制造工艺和应用领域的差异所致。

图 1-2-3　2011 年以来欧洲复合材料产量（1000t）

注：统计中不包括天然纤维增强塑料。

- 短纤维增强热塑性塑料
- 长/连续纤维增强热塑性塑料 (LFT/GMT/CFRTP)
- 长/连续纤维增强热固性塑料
- 无卷曲织物增强塑料 (NCF)
- 碳纤维增强塑料 (CFRP)

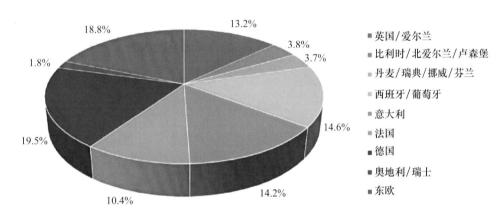

图 1-2-4　2022 年欧洲各区域复合材料产量占比情况

- 英国/爱尔兰
- 比利时/北爱尔兰/卢森堡
- 丹麦/瑞典/挪威/芬兰
- 西班牙/葡萄牙
- 意大利
- 法国
- 德国
- 奥地利/瑞士
- 东欧

### 1.2.2.2　近两年欧洲复合材料应用细分市场情况

2021—2022 年欧洲复合材料应用细分市场情况见表 1-2-3。

表 1-2-3　欧洲近两年复合材料应用细分市场情况

| 应用领域 | 交通运输 | 电气/电子 | 建筑 | 运动、休闲 | 其他 | 合计 |
|---|---|---|---|---|---|---|
| 2021 年（%） | 52.8 | 18.4 | 18.7 | 8.5 | 1.6 | 100 |
| 2022 年（%） | 51.1 | 20.4 | 19.2 | 8.3 | 1.0 | 100 |

从表 1-2-3 中可以看出，交通运输领域是欧洲复合材料应用最大的部门，占 50% 以上，主要包括汽车、商用车辆、航空、公共交通等产品；其次是建筑和基础设施，包括管道、容器、储罐、结构部件等；第三大市场是电气电子市场，包括开关、外壳、电信设备和控制柜等产品。以上三大市场占市场总量的 90% 以上。

### 1.2.2.3　欧洲热固/热塑复合材料的发展

欧洲复合材料中包括热塑性复合材料和热固性复合材料两大类。在复合材料的统计数据中，未包括 CFRP 即碳纤维复合材料的相关数据。在 2021 年和 2022 年，热固性复合材料销售总量分别为 125

万吨和113.8万吨，分别占当年复合材料总销量的43％和41.8％。同期，热塑性复合材料销售总量分别为166万吨和128.6万吨，分别占当年复合材料总销量的57％和58.2％。2022年，热固性复合材料与上年比销售量下降1.2％，而热塑性复合材料销售量却增长了1.2％。这两类材料的应用领域及占比见表1-2-4。从表中可以看出，热固性复合材料的主要应用领域依次是建筑、交通运输、电气/电子。而热塑性复合材料的主要应用领域是交通运输和电气/电子部门。其中在交通运输部门的应用所占份额达2/3以上。加上在电气/电子领域的应用，二者相加销量接近总销量的90％。热塑性复合材料在其市场中最大的材料群体是短纤维增强塑料。2022年销量从2021年的150.4万吨下降到144.4万吨，同比下降4％。其中增强纤维的长度只有几毫米。过去由于其纤维增强效果不明显，因而在增强塑料领域经常被忽视。热塑性增强塑料以聚酰胺（PA）为主，约占所用基体材料的63％。第二大类材料是LFT（长纤维增强热塑性塑料），它95％以上所用的基体材料是聚丙烯（PP）。2022年销量为10.5万吨，同比下降11.8％。以上两类材料即PA加PP占该行业总量的81％以上。GMT材料约为2.5万吨。连续纤维增强热塑性塑料总销量约为1.2万吨，比起其他热塑性增强塑料市场要小得多。

表 1-2-4　欧洲 2021 年和 2022 年热固性、热塑性复合材料应用情况

| 项目 | 应用领域 | 交通运输 | 电气/电子 | 建筑 | 运动休闲 | 其他 | 合计（千吨） | 当年复合材料销量占比（%） |
|---|---|---|---|---|---|---|---|---|
| 热固性复合材料 | 2021 年（%） | 29.9 | 16.3 | 36.8 | 15.9 | 1.0 | 1250 | 43 |
| | 2022 年（%） | 29.0 | 16.7 | 37.6 | 15.7 | 1.0 | 1138 | 41.8 |
| 热塑性复合材料 | 2021（%） | 70 | 20 | 5 | 3 | 2 | 1660 | 57 |
| | 2022（%） | 67 | 23 | 6 | 3 | 1 | 1586 | 58.2 |

### 1.2.2.4　欧洲复合材料成型工艺及产品近五年来的发展趋势

欧洲复合材料成型工艺及产品近2018—2022年的发展趋势见表1-2-5。

表 1-2-5　欧洲 2018—2022 年复合材料成型工艺及产品趋势

| 工艺/产品 | 2018 年 | 2019 年 | 2020 年 | 2021 年 | 2022 年 |
|---|---|---|---|---|---|
| SMC（千吨） | 204 | 205 | 174 | 197 | 190 |
| BMC（千吨） | 81 | 82 | 70 | 81 | 78 |
| SMC/BMC（千吨） | 285 | 287 | 244 | 278 | 268 |
| 手糊（千吨） | 140 | 139 | 121 | 135 | 120 |
| 喷射（千吨） | 99 | 98 | 88 | 97 | 85 |
| 开模工艺（千吨） | 239 | 237 | 209 | 232 | 205 |
| RTM | 148 | 148 | 131 | 138 | 130 |
| 板材（千吨） | 96 | 94 | 85 | 92 | 84 |
| 拉挤（千吨） | 55 | 56 | 50 | 56 | 52 |
| 连续工艺（千吨） | 151 | 150 | 135 | 148 | 136 |
| 纤维缠绕（千吨） | 79 | 78 | 70 | 72 | 68 |
| 离心浇注（千吨） | 69 | 68 | 60 | 65 | 62 |
| 管罐（千吨） | 148 | 146 | 130 | 137 | 130 |
| 无卷曲织物（千吨） | 320 | 320 | 270 | 302 | 255 |
| 其他（千吨） | 18 | 17 | 15 | 15 | 14 |
| 热固性复合材料总销量（千吨） | 1309 | 1305 | 1134 | 1250 | 1138 |
| GMT（千吨） | 36 | 36 | 29 | 27 | 25 |

| 工艺/产品 | 2018 年 | 2019 年 | 2020 年 | 2021 年 | 2022 年 |
|---|---|---|---|---|---|
| LFT（千吨） | 108 | 111 | 93 | 119 | 105 |
| CFRTP（千吨） | 8 | 9 | 10 | 10 | 12 |
| 短纤维增强塑料（千吨） | 1544 | 1390 | 1190 | 1504 | 1444 |
| 热塑性复合材料总销量（千吨） | 1696 | 1546 | 1322 | 1660 | 1586 |
| 碳纤维增强塑料（千吨） | 41 | 45 | 42 | 52 | 57 |
| 复合材料总销量（千吨） | 3046 | 2896 | 2498 | 2962 | 2781 |

欧洲复合材料所用材料中，应用量最大的是短纤维增强热塑性复合材料。2022 年其销量同比下降了 4%，从 150.4 万吨下降到 144.4 万吨。占热塑性复合材料市场份额约为 90%。占欧洲复合材料市场的 50%，居各单项工艺/产品之首。短纤维增强材料的性能有时与长的和连续的纤维增强系统有显著的不同。材料内的玻璃纤维的长度通常小于 2mm。然而，与非增强材料相比，它们确实提高了性能水平。但其中一个好处是对材料的弹性模量或刚度产生积极影响。此外，纤维越长，其硬度和抗冲击性就越大，所以在欧洲复合材料产量的统计中，这类材料归入后，就占据各种材料及工艺的首位。

如果在统计中不考虑这类材料，那么在考察各类材料和工艺数据后，我们发现，自 2014 年以来非卷曲织物（NCF）的应用量最大。NCF 从 2021 年的 30.2 万吨降到了 2022 年的 25.5 万吨。其次才是开模工艺的产量，位居第三，达 20.5 万吨。

然而，2022 年 SMC 和 BMC 材料首次成为最大的热固性 GRP 行业市场，材料采用压制和注塑工艺进行加工。其中许多都被用于规模化产品的应用。它的产量从 2021 年的 27.8 万吨降到 2022 年的 26.8 万吨，下降了 3.6%。而热固性的市场总量下降了 9%。这一细分市场在这一年的经济低迷中受到的影响相对较小。其中，SMC19.8 万吨，BMC7.8 万吨。在欧洲，SMC 和 BMC 主要用于规模化的生产领域。这两种材料已经成功地在电气/电子和运输部门应用了多年。这两个应用领域加起来估计占市场交易量的 90%，其中交通运输占总量的 60% 以上。典型的应用是商用车辆、汽车和公共交通车辆的前照灯系统、灯壳、控制柜、外壳和外部部件。几年来，SMC 和 BMC 行业一直致力于许多创新的产品和产品开发。它们特别包括高性能 SMCs（碳纤维增强 SMCs）以及连续纤维增强 SMCs 和天然纤维增强 SMCs。这些材料旨在提高相应零部件的可持续性，最重要的是寻求为该技术开辟新的应用领域，特别是在高应力或结构部件领域。目前，SMC 和 BMC 在电动汽车领域有重大的机会，例如，在电池外壳和罩盖以及充电基础设施中。除了其优良的通用材料性能外，它们的生产工艺也因为与现有的汽车工业大规模生产相适应，正在获得很大的好处。

NCF 主要的应用领域是风能工业和造船业。然而，这些材料在交通/公共交通、体育和休闲、建筑和基础设施等领域也有一些特殊的应用。2022 年，该市场大幅收缩了 15.6%。NCF 在各种材料/工艺中，受到 2022 年经济放缓的影响最大。有研究表明，尽管 NCF 目前还不够强势，但这个市场在未来会有高度积极的发展。主要的驱动力将是风能。如德国政府已经为自己设定了到 2030 年使可再生能源发电量翻一番的目标。到 2030 年，至少 80% 的总用电量将不得不由可再生能源替代。在 2022 年，这一比例为 46.2%。因此，他们的市场份额将在不到十年的时间内几乎翻一番。风能和太阳能的扩张速度必须是以前的 3 倍——在水上、陆地上和屋顶上。风能在这一过程中起着重要的作用。目前欧洲使用的最大的旋翼叶片长度超过 100m，重近 60t。现代涡轮机在 4～5MW 的功率范围内叶片长度约 60m，重 15～20t。它的应用无疑对复合材料市场的贡献非常明显。当然，要实现这一目标还需要克服一系列的障碍，如：新增产能、全供应链投资、安装和运输等相关配套设施及熟练劳动力的配备、审批程序效率、原材料价格上涨、投资者信心等因素。

欧洲关于 RTM 工艺数据的统计中，不包括上述 NCF 中的 RTM 工艺。欧洲 RTM 工艺自 2011 年以来，都处于一个比较稳定的发展状态。在 2022 年，下降了 5.8%，从上年的 13.8 万吨减少到 13 万吨。近年来，尽管销量有所增加，但其整个复材行业所占的市场份额几乎明显地保持不变。近年来，RTM 工艺在应用过程中产生了不同变化也即出现了不同的变异，如 HP RTM、P RTM、RTM Light 等。但它们的共同之处仍然是使用干纤维或半成品纤维（也可以使用芯材）。然后在成型模具中密封或封闭状态下，配制好的树脂在压力或真空或两者的帮助下通过封闭模具中的型腔。然后流动渗透纤维/附件成为最终产品。这种工艺的特点是有较大的灵活性。既可以适应不同数量、不同尺寸、不同量产的产品，也可以使用不同的基体树脂和纤维品种，也适合使用预成型操作。其应用的领域也相应广泛，包括车辆制造、公共交通、造船、运动和休闲以及航空等领域。

在欧洲，连续成型工艺主要指拉挤成型和连续板材成型两类工艺。拉挤工艺可以用于制作连续的型材，通常被认为是非常有前途的工艺。多年来，一直被视为拉挤工艺有希望的主要市场是建设和基础设施。在这里，重要的领域是，例如，桥梁建设和土木工程中的加固系统，窗户、楼梯和台阶梯的部分以及天线（特别是 5G）。在这些领域，关键的特点是轻质的结构和一系列进一步的特定材料性能。例如，它们可以传输无线电波、耐腐蚀，而且基本上无须维护，可以进行能够承受或分配负载和应力的设计并防止电流和热的传递。板材主要用于车辆制造，例如，卡车侧面板、商务车车身和商用车辆尤其是商用拖车的改装。它在立面建筑如泳池建设等中也有应用。2022 年，连续成型工艺产品销量为13.6 万吨，同比下降了 8.1%。其中，拉挤产品的产量下降了 7.1%，降至 5.2 万吨。平板的产量下降8.7%，降至 8.4 万吨。本来，在新冠疫情期间，商用拖车在欧洲风靡一时，而对休闲汽车的高需求，正导致该行业的订单数量非常充足。但到 2022 年，由于持续的供应链停滞和半导体短缺以及疫情影响导致的员工短缺，欧洲对汽车的需求明显超过了制造商的供应能力，从而导致销量的下降。2022 年，欧盟商用车市场收缩了 14.6%，至 160 万辆，销量低于 2020 年（170 万台）。欧洲四个主要市场法国、西班牙、德国和意大利都呈两位数的下降。

欧洲复合材料管罐产品采用的主要工艺是，离心浇铸和纤维缠绕工艺。GRP 管道和储罐的主要应用领域是工厂建设、公共和私人管道建设以及石油、天然气和化工行业。在欧洲，这一领域目前由相对较少的大型生产商主导。在这一应用领域中，GRP 材料有许多优点，例如，优良的耐腐蚀性介质如盐等性能。采用 GRP 管罐可以使操作人员显著延长维护间隔和设备的使用寿命。此外，根据不同的应用而采用专门的承载设计，也是其另一优势。2021 年，采用离心式或纤维缠绕工艺生产的 GRP 管和储罐细分市场的销量为 13.7 万吨。其中纤维缠绕工艺为 7.2 万吨，离心工艺为 6.5 万吨。同比，纤维缠绕工艺的增长（2.9%），明显低于离心工艺（8.3%）。2022 年的产量为 13 万吨，同比下降 5.1%。其中缠绕工艺 6.8 万吨，离心铸造 6.2 万吨。研究认为，在管道领域，特别是在储罐和工厂建设方面，仍有强大的增长潜力。例如，目前，使用碳纤维的缠绕工艺被应用于新能源氢气罐的制作，这是一个很有吸引力的潜在应用领域。在汽车领域有广泛的应用。它可以使氢储罐承受 35～70MPa 的压力的同时，其质量还很轻。储氢瓶技术的发展趋势是轻量化、高压力、高储氢密度、长寿命，相比传统的金属材料，高分子复合材料可以在保持相同耐压等级的同时，减小储罐壁厚，提高容量和氢存储效率，降低长途运输过程中的能耗成本。一般来说，复合材料的成本占总成本的 75% 以上，因此，复合材料的性能和成本是 IV 型储氢气瓶制备的关键。氢能源的应用是世界各国都在致力发展的课题，对复合材料市场的扩展将会起到极大的促进作用。例如，据《中国氢能产业发展报告 2020》规划，2022 年、2025 年和 2030 年氢燃料电池车保有量分别为 1 万、10 万和 100 万辆，氢燃料电池车将在客车、重卡、物流车等车型领域快速放量。有业内人士指出，2022 年、2025 年和 2030 年我国高压储氢瓶累计市场空间分别可达 20 亿、119 亿和 1118.4 亿元，2026—2030 年单年市场空间有望超过200 亿元。

欧洲长纤维和连续纤维增强热塑性塑料如 LFT、GMT 和 CFRTP，这一细分市场的发展概况如图 1-2-5 所示。从图中可以看出，连续纤维增强塑料（CFRTP）是一个小众市场，在近两年的销量也仅在 1.0 万和 1.2 万吨之间。GMT 也仅在 2.7 万和 2.5 万吨之间，都没有明显的增减。而 LFT 不同，近两年其销量都超过了10万吨。在2021年，同比增长了28％，总销量为11.9万吨，成为当年年增长最快的材料组。到2022年，总销量下降了11.8％，产量为10.5万吨。在欧洲这一细分市场中，几乎全部的应用都依赖于交通运输行业。短玻璃纤维增强热塑性塑料由于前面已经提到的原因仅在得到统计中纳入增强塑料的范围。由于它的纳入，使其成为复合材料工业中最大的单一部门。根据AMAC的资料，2021年，欧洲短纤维增强热塑性材料市场同比增长了25.6％，销量增加到150.4万吨。2022年，销量下降了4％，为144.4万吨。就材料而言，以聚酰胺（PA）为主，而第二大的一组是聚丙烯（PP）。这两种材料系统总共占了正在使用的树脂系统的80％以上。而LFT部分，其中PP的比例为95％。这类材料的应用主要在汽车行业，约占65％的市场份额，也应用在电气和电子行业，其他不那么重要的市场包括建筑/基础设施部门及体育和休闲部门。

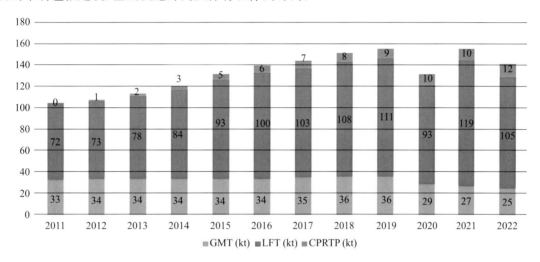

图1-2-5　历年来欧洲长/连续纤维增强塑料的发展情况

在欧洲，玻璃纤维增强复合材料的销量占整个复合材料市场的95％。而碳纤维增强塑料（CRP）和天然纤维增强塑料（NRP），尽管它们在相关应用领域仍有积极的发展，但至今只是继续作为特殊性能材料被使用。2021年CRP市场销量增长非常快，同比增长了23％以上（来源：Composites United）。全球市场销量增加到14.75万吨，其中欧洲的总销量增加到5.2万吨，占比约为1/3。2022年，欧洲CRP市场销量发展强劲，同比增长9.6％，总销量增至5.7万吨。根据AVK 2020年在NRP领域进行的一项调查，这种特殊的复合材料部分主要使用热塑性材料。估计这些材料在欧洲的市场至少是9万吨。目前还没有关于正在加工的精确产量的数据。

### 1.2.2.5　欧洲复合材料展望

一般认为，和全球经济一样，在过去的几年里，欧洲经济和复合材料市场受诸多不稳定因素影响，在不断发生变化。受疫情、交通和人流封锁及俄乌冲突等因素不可预测的影响，很难对未来复合材料的发展给出定量的数据。受以上因素的影响，欧洲的原材料价格、能源价格和物流成本大幅上涨。再加上合格的劳动力和半导体短缺等，对复合材料的发展造成了一定的负面影响。在欧洲，复合材料应用的两个中心领域一方面是建筑和基础设施，另一方面是交通运输。与复合材料密切相关的航空业在2020—2021年期间由于乘客人数的急剧下降，受到重创。而拖车和房车的情况则完全不同，增长率已经并将继续实现高于平均水平。另外，原材料和能源价格的大幅上涨以及物流成本的增加，严重影响到产品的生产成本和运输成本，给生产企业带来了发展障碍。例如，欧洲光纤的价格在一年内每吨上涨了几百欧元。苏伊士运河搁浅，导致价值数十亿欧元的货物运输停止。有估计，认为如果没有疫情和战争，从2020—2022年，仅德国的总净增值将达4200亿欧元。而在2020年危机的第一年，损失就达到了1750亿欧元。2022年第一季度经历了小幅复苏后，高能源价格和持续的供应链中断导致德国的购买力下降和消费者信心下降，从而使复苏停止。总体来说，新冠疫情的暴发和2022年俄乌冲突的成本可能是1200亿欧元。尽管如此，预测复合材料的未来是光明的。首先，由于福岛核电站事故，加速能源转型淘汰核能，德国联邦内阁决定，2022年之前关闭8座核电站，从而为风能的发展奠定了良好的基础。尤其是俄乌冲突，为摆脱能源对国外大规模依赖，欧洲加快了风能的发展。能源转型，作为减少对其他国家/区域的依赖的一种手段，这不仅适用于德国，而且适用于许多国家。汽车工业电动化这种结构上的变化也为复合材料行业带来了许多机遇。

此外，一些关键的经济因素，对事态发展和对未来的潜在预测提供一些见解。首先，制造商最关心的生产者价格指数开始下降。其原因是，电力价格从最高点的每千瓦时近59欧元的峰值，回落到每千瓦时10～14欧元的水平。尽管目前还没有传递到工业和消费者层面，但未来仍有大量的价格下跌的潜力。另外一个因素即物流成本也在下跌。集装箱运费在2021年增长了近10倍后，现在已经恢复到危机前的水平。总之，生产成本的大幅上升似乎已经暂时停止，相关指标目前正开始下降，市场正在企稳。例如，GfK的消费者气候指数（它衡量未来12个月的收入和消费者信心水平），在2022年10月的历史低点（−42.8点）之后有小幅上涨，现在是−30.5点。另一个乐观的原因是就业状况，这也对私人消费者的支出有重大影响。2023年年初，欧盟的平均失业率低于多年来的水平，当前仅在6%左右。但青年失业率为15%的问题，仍需给以特别的关注。

展望未来，我们预计最重要的是风能和商用车领域将取得积极发展。但是基础设施应用也提供了许多机会和可能性，如上述EV充电站基础设施的扩建、5G网络的扩展、急需的桥梁建设和改造，都会给复合材料的应用提供积极的机会。由于复合材料在欧洲的发展已有几十年的历史，它的特性仍然会深刻地印在人们的脑海中。它们不仅比其他材料轻，而且其具有耐腐蚀性、设计自由度、承重结构的选择、高强度和刚度、耐久性、低维护性等特性潜力，以及它们经常对可持续性产生积极影响。因而，在AVK的市场调查中，近一半的受访公司计划在未来6个月内雇用新员工，约70%的受访者正在考虑或计划机器投资，对复合材料的前景仍然充满信心。

### 1.2.3　美国复合材料概况

2022年年底，全球复合材料（用于生产复合材料制品的复合材料）市场估计为1270万吨，它代表了价值410亿美元的复合材料市场，对应于由复合材料部件制成的组件市场价值为1050亿美元。其中，美洲市场占全球市场销量的30%。北美洲约占27%，约340万吨，比2021年增加了2个百分点；南美洲约占3%。美洲市场价值约占全球总价值34%，共121亿美元。其中，北美洲占32%，比2021年增加了3个百分点。南美洲占2%。北美洲复合材料的三大市场分别是：建筑和基础建设、交通运输、航空航天。

根据ACMA网站资料，复合材料工业是推动美国经济发展的一种经济力量。该行业每年为美国经济贡献222亿美元。到2022年，复合材料的最终产品市场预计将达到1132亿美元。

未来，北美洲复合材料的发展的年增产率在3%～4%。建筑仍将是北美洲复合材料行业的巨大贡献者，占据约20%的市场份额，这是由基础设施建设和改造（桥梁、水网等）的大型投资项目所推动。

2022年全球复合材料行业劳动力数量中，北美洲0.3百万人、南美洲仅有10万人。在全球复合材料人均拥有量中美国为9.5kg，居各国首位。我国仅为2.5kg。有预测表明：2021—2026年期间，北美洲复合材料年均复合增长率为5%，仅低于我国6%的复合增产率，居全球六个地区中第二。2019—2022年美国复合材料行业制造业指数（PMI）如图1-2-6所示。2021年全球复合材料市场规模约为888亿美元，美国复合材料市场规模约为296亿美元。

2019—2022年美国复合材料行业制造业指数呈波动趋势，2020年2月受疫情影响下降至荣枯线以下，到2020年6月从疫情中恢复，自2020年7月以来，在刺激计划和工厂重新开张的推动下，美国

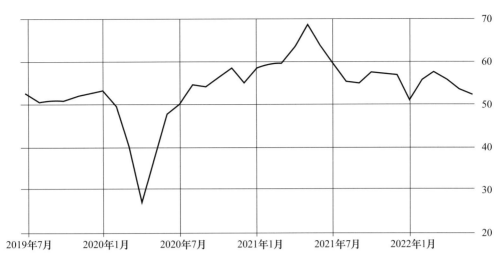

图 1-2-6　2019—2022 年美国复合材料行业制造业指数（PMI）

复合材料行业的各种最终用途行业的需求开始增长，包括汽车、船舶和建筑行业，复合材料 PMI 指数回升至荣枯线以上，并于 2021 年 3 月达到顶点。总体来讲，美国复合行业受疫情影响较小。

根据 Lucintel 预计，2022 年前，美国复合材料应用在风电行业的年均复合增长率为 9.3%，远大于其他应用领域的发展增速，如交通运输的增速为 4.9%，航空航天的增速为 5.5%，建筑的增速为 4.2%。

2022 年，北美洲复合材料工业的发展表现出一种过山车的状态。年初开始时出现了强劲的增长，1 月份的需求同比增长 5%，2 月份的需求同比增长 10%。但是，在下半年，复合材料市场在大部分月份的表现持平，较上年同期下跌了近 7%。主要是由于休闲车、公共汽车、卡车、住房相关产品、海运等行业的销售疲软。另一个因素是美联储利率的上升，它在 2022 年四次加息，以控制通胀。因此，今年上半年的显著收益在下半年被冲走了。2022 年，美国玻纤增强热固性复合材料的产量及各细分市场占比见表 1-2-6。

表 1-2-6　2022 年美国复合材料产量（仅包括玻纤增强不饱和聚酯树脂和乙烯基酯树脂）

| 细分市场 | 建筑 | 基础建设 | 交通运输 | 海洋 | 其他 | 合计 |
|---|---|---|---|---|---|---|
| 销量（万吨） | 49.93 | 39.4 | 29.9 | 17.2 | 24.7 | 160.7 |
| 销量占比（%） | 31 | 24 | 19 | 11 | 15 | 100 |
| 同比（2021年）（%） | −4.6 | 2.6 | −9.0 | 0.7 | −1.0 | −2.7 |

### 1.2.3.1　美国玻璃纤维复合材料发展概况

在美国，玻璃纤维的主要消费者是运输（包括汽车）、建筑、管道和储罐行业。它们共占总使用率的 69%。未来的趋势表明，这些关键行业为美国复合材料工业提供了显著的增长潜力。住宅的增加和商业建设，石油和天然气活动以及水/废水处理基础设施的持续增长，以及对轻型汽车的需求上升，预计将推动这一市场。

包括公共汽车、长途汽车、商用车辆和小汽车在内的交通运输市场，预计将在未来 5～10 年成为美国最大的市场之一。主要的汽车制造商正在投资开发复合材料技术，以减轻车辆质量，以达到立法规定的碳减排的目标。

在建筑业，GFRP 的常见应用包括镶板、浴室和淋浴间、门窗等。2019 年，建筑玻璃纤维的出货量增长了 1.5%。这种增长是由就业的持续增长、抵押贷款利率较低和房价通胀放缓推动的。贷款标准的持续放松以及来自州和地方建筑措施的资金支持的增加是美国建筑市场的其他主要驱动因素。

由于气候变化和自然灾害（如地震和飓风）的发生，美国基础设施面临的主要挑战需要强有力的研究努力和增加对先进技术和材料的使用。复合材料正越来越多地用于修复和改造用其他材料建造的结构。

在美国，玻璃纤维是一种主要的增强材料，玻璃纤维基复合材料占主导地位，其次才是碳纤维基复合材料。因此，玻璃纤维行业的兴衰也是复合材料行业发展的风向标。2017 年和 2022 年全球玻璃纤维需求及产能情况如图 1-2-7 所示。

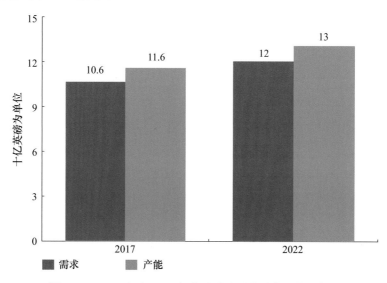

图 1-2-7　2017 年和 2022 年全球玻璃纤维需求及产能情况

从图 1-2-7 中可以看出，全球玻璃纤维产能从 2017 年的 116 亿磅增长到 2022 年的 130 亿磅，对玻璃纤维的需求从 2017 年的 106 亿磅增加到 2022 年的 120 亿磅。玻璃纤维企业的产能利用率从 2021 年的 90% 上升到 2022 年的约 92%。需求从 2021 年的 118 亿磅增长到了 120 亿磅。主要是由于复合材料在建筑、电气、电子和汽车在内的大多数主要行业在 2022 年都有所增长。

未来，随着风能、电气和电子、汽车、海洋和建筑等领域需求的不断增长，对玻璃纤维的需求将保持强劲。然而，由于美联储寻求保持高利率以控制通胀，2023 年年初有可能出现温和的衰退。主要变量是通胀将持续多久，以及它将如何影响投资和消费者行为。困扰复合材料行业的主要挑战之一是原材料价格的上涨。有许多因素影响着纤维和树脂创纪录的高价格上涨，比如新冠疫情后的消费者需求、燃料价格上涨、持续的供应链问题、地缘政治事件和俄乌冲突。Lucintel's 研究表明，大多数主要树脂，如不饱和聚酯树脂和环氧树脂，以及玻璃纤维和碳纤维，在 2021 年的价格上涨了 20%～80%。在竞争材料方面，钢铁和钢筋的价格在 2021 年上涨了 30%～35%，而铝的价格在 2021 年上涨了 60%。在 2022 年下半年，由于需求疲软，原材料价格开始企稳，甚至有所软化。美国主要的玻纤和复合材料供应商欧文斯康宁公司表示，其 2022 年的净销售额为 98 亿美元，比 2021 年的 85 亿美元增长了 15%。同期，该公司的复合材料记录的净销售额为 27 亿美元，增长了 14%。然而，在第四季度，复合材料的净销售额较 2021 年第四季度的净销售额下降了 3%，至 5.89 亿美元。2022 年第四季度，整个公司的净销售额为 23 亿美元，高于 2021 年第四季度的 21 亿美元。

在未来的 15～20 年里，玻璃纤维行业将会有重大的创新。特别是在高强度、高模量玻璃纤维的发展方面，以便其与碳纤维等其他高性能纤维展开竞争。轻量化和减少二氧化碳排放是未来各行业发展的主要趋势。如风力发电市场中，叶片尺寸越来越长，就需要更大和更强的叶片。反过来又产生了对更轻、更坚固的材料的需求。尤其是海上风场，轻量级的解决方案在风能市场上越来越重要。由于环保和轻量化需求，电动汽车市场的发展也给复合材料发展提供了重大的发展机遇。

### 1.2.3.2　美国复合材料在汽车领域的应用概况

据报道，在全球范围内，轻型汽车（汽车总质量低于8500磅）每年消耗大约50亿磅的复合材料。热塑性基体复合材料占总体积的大部分。2022年，全球轻型汽车复合材料市场增长到40亿磅。尽管这一数字比2021年增长了近7%。但由于新冠疫情期间全球汽车产量大幅下降，以及半导体供应链中断，推迟了市场复苏。仍比2018年达到的水平低10%。汽车复合材料的增长轨迹可以通过将汽车生产和汽车复合材料产量指数以2017年为基数，并预测到2025年的需求来说明，如图1-2-8所示。2022年，轻型汽车产量的增长，以及由此而导致的汽车复合材料的增长，在北美洲最为强劲，其汽车产量增长了12%，高于全球其他地区的增长和全球汽车产量6%的平均增长速度。据ACMA网站介绍，美国玻纤增强热固性复合材料（仅包括不饱和聚酯树脂、乙烯基树脂类）的主要应用领域中，汽车应用是一个重要的市场，在汽车中的应用主要是陆地和航空运输车辆的制造、维护或修理，包括乘用车、重型卡车、卡车拖车和航空航天用的零部件。2022年美国热固性复合材料在交通运输领域的应用占热固性复合材料总销量的约19%，总量约30万吨。

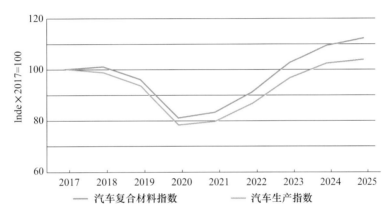

图1-2-8　轻型汽车复合材料指数与汽车生产指数的比较

数据来源：Industrial Market Insight.

2022年市场复苏的不平衡为2023年的增长留下了增长空间，有机构预计，全球汽车复合材料的需求可能还需要一到两年的时间才能恢复到2018年的水平。

尽管该行业正在向电动汽车转变，但它在很大程度上仍处于过渡状态。ICE动力传动系统仍占主导地位。2021年，电池电动汽车占全球汽车销量的不到10%。BEV普通汽车销量的85%发生在中国和欧洲。2021年，在美国销售的BEV汽车只有不到5%。混合动力汽车在北美洲继续呈现显著增长，因为它们提高了燃油经济性，同时减轻了消费者对BEV的行驶里程的焦虑。但是，与其他材料相比，汽车复合材料基于其在成本、质量和性能方面的价值将继续增长。它既可以提高ICE车辆的效率，也可以最大限度地扩大BEV的范围。复合材料具有减少部件数量和相比金属降低质量的潜力，同时提供优越的耐腐蚀和灭火的竞争成本。当然，随着BEV获得市场份额，GFRP进气歧管和阀盖等部件将开始消失。从长远来看，汽车驱动技术结构的变化将给汽车复合材料供应商带来机遇和挑战。

美国燃油经济性标准的回落，即在2026年之前维持燃油经济性法规不变只是全球汽车上采用轻质材料的一个小挫折。OEMs公司投资复合材料等轻质材料的努力将会减少。对于主要在美国销售的皮卡和大型越野车来说尤其如此。但美国以外地区的二氧化碳排放进行了更严格的监管，并将继续推动在全球车辆平台上减少车辆质量的需求。此外，减重对于扩大电池电动汽车的生产范围至关重要，在这个小但不断增长的领域，对轻质材料的追求将继续下去。尽管美国的燃油经济性法规已经"暂停"，但人们对汽车减重复合材料的兴趣仍将持续下去。为了利用这种利益，复合材料零部件供应商将不得不提高他们的价值主张。图1-2-9表明，在过去的十年里，高强度钢和铝一直是北美OEMs减重努力的最大受益者，分别增加了汽车质量的 6％和 3％。这一份额主要来自低碳钢，从成本、可制造性和强度质量比的角度来看，低碳钢是汽车用的基准级钢。从图中可以看出，高强度钢和铝的用量分别超过塑料和复合材料约 2 倍和 3 倍。显然，如果复合材料要成为主流汽车减重努力的首选，还有更多的工作要做。但是，复合材料的供应商与铝和其他替代品相比，能够表现出具有成本效益的性能，从而可以在困难的环境中赢得新的应用。最近化学品公司和德国科学研究所联合开展的一次全球调查表明，关于电动汽车（EVs），中国 58％的受访者会考虑购买纯电池驱动的电动汽车。在德国，只有 29％的人选择，在美国为 21％，日本为 18％。在所有地区的潜在汽车买家中，续航里程和充电时间是购买汽车的重要因素。调查显示，德国 39％的潜在汽车买家也考虑了汽车生产过程中的二氧化碳排放。由此可见，未来复合材料在电动汽车上的应用，在我国和欧洲会发展更快，北美洲地区次之。但后者由于汽车产量的规模较大，复合材料的应用同样会有较大的发展。

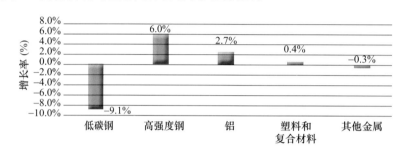

图 1-2-9　2008—2018 年间北美洲各种汽车材料占比的变化

数据来源：American chemistry council industry insight.

### 1.2.3.3　美国复合材料在建筑/基础设施上的应用概况

按照美国 ACMA 的统计资料，复合材料在建筑市场中的应用涵盖范围包括住宅、商业及工业建筑物品和建筑结构的制造、维护或修理过程中应用的复合材料；基础设施市场包括用于桥梁、道路、公用工程、水处理、化学过程、化学和配电、海堤、采矿、能源和风能的零件、部件的制造或安装、维护或修理过程中应用的复合材料。据报道，以上两项复合材料的销量占到美国热固性复合材料总销量的 50％以上。其中，建筑复合材料用量约为 50 万吨，基础设施复合材料用量约为 40 万吨。

耐腐蚀性和长寿命周期往往是建筑行业选择任何材料的最主要的标准。而复合材料优良的耐腐蚀性和耐久性正是它在建筑领域应用增长的主要驱动因素之一。与钢和铝等竞争材料相比，复合材料具有更好的耐腐蚀性和生命周期持久性。在建筑和建造过程中，许多复合材料产品和应用由于其独特的性能（如耐腐蚀、绝缘、质量轻）而获得越来越多的吸引力。从加固混凝土的复合材料钢筋到窗框架的拉挤型材和复合材料屋顶瓦等，复合材料产品不仅实现可持续发展的设计，而且为修复、升级或加强现有建筑、桥梁等提供了有效的解决方案。与此同时，在 2022 年几个私人非住宅类别的需求的回升、有史以来最大的《联邦基础设施融资法案》的颁布，以及对单户和多户住宅需求的持续回升等几方面的积极因素都为 2022 年复合材料在建筑领域应用的增长作出贡献。与此同时，制造业的扩张将继续增加承包商的订单数量；疫情的结束将导致零售业、办公室、酒店和休闲相关的支出出现温和上升；基础设施支出正走向大规模扩张，如高速公路支出可能会迅速增加，对宽带和电动汽车充电等类别的资金一旦被选中，项目可能会需要更多的时间来订购和生产材料，以及组装和培训工人。

在美国，建筑/基础设施行业必须应对三个主要挑战，即：劳动力可用性，供应链瓶颈和材料成本的增加。与 2021 年相比，承包商可能更难以派出完整、健康和合格的团队。其次，随着快餐、仓储和当地快递服务等历史上低工资行业的出现，人们大幅增加了时薪和奖金；并且，一些行业能提供更灵活的工作时间或工作地点，使得建筑行业可能很难吸引和留住工人。利率的上升也给创收的房地产类别带来了麻烦。零售、仓库、办公和酒店的开发商面临更高的融资和建设成本。尽管以上不利因素对部分建筑市场的增长带来一定的影响，但有三个细分市场有望进一步扩张，足以抵消这些负面变化：制造业、基础设施和与电力相关的建设。

美国政府的一系列立法，为建筑及基础建设的发展奠定了良好的基础。如去年8月通过的《芯片与科学法案》将使建筑制造业市场更加升温。最近颁布的《降低通胀法案》中的税收抵免和其他激励措施已经足够，那些项目需求可能会进一步增加。《2021年基础设施投资和就业法案》，应该会促进好几类基础设施建设，包括高速公路、铁路、宽带、水和废水处理等。该法案将为各种基础设施项目提供资金。最有可能为复合材料行业提供机会的领域包括：道路和桥梁（1100亿美元，其中400亿美元用于桥梁）；港口建设（170亿美元）；电网（650亿美元）；铁路（660亿美元）和抵御气候变化影响的弹性项目（470亿美元）。在以上利好的形势下，美国在2021年10月至2022年10月期间，建筑行业的支出发生了明显的利好变化。具体结果如图1-2-10所示。

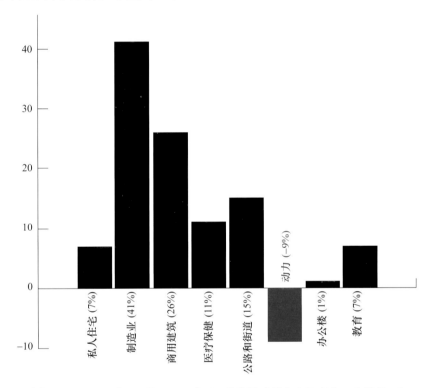

图1-2-10　2021年10月—2022年10月美国建筑支出的变化，总增长＝9
注：现值（时价）美元，经季节性因素调整后。
数据来源：Author's calculations from U. S. Census Bureau.

从图1-2-10中可以看出，在与建筑/基础工程领域相关的细分市场中，除了电站建设出现9%的负增长外，其余市场都实现了正增长。其中制造业支出增长了41%，商业市场增长了26%，公路及街道建设增长了15%，医疗保健增长了11%，私人住宅和教育支出均增长了7%。正如以上所说，这些建筑/基础建设细分市场支出增长，对复合材料在该领域的应用无疑会起到积极的推动作用。

另外，近年来美国住房的开工数也呈上升趋势。有资料报道，在2010—2018年期间，美国住房开工年均复合增长率为10%。预计2019—2025年期间，由于受金融危机、疫情的打击，其年复合增长率为2.4%。另有资料预测，1990—2030年期间美国开工房屋数的年均复合增长率为0.4%，在2020年新开工住房数为1169套。预计到2030年增加到1420套（图1-2-11）。这也意味着，复合材料在该领域的应用也会随着房屋开工数的增加而水涨船高。

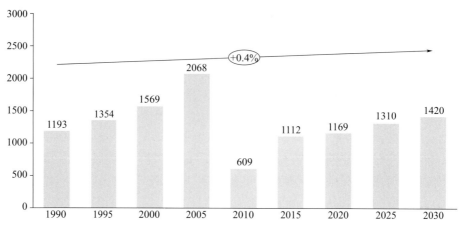

图 1-2-11　美国 1990—2030 年期间住房开工数

#### 1.2.3.4　美国碳纤维复合材料发展及其应用概况

碳纤维已经走过了很长的路，并影响了几乎所有的工业领域，从航空航天、体育用品、汽车、建筑到风能。与其他纤维（玻璃纤维和芳纶纤维）相比，碳纤维的主要优点是高抗拉强度、高刚度、低密度和高化学抗药性，从而提高了在不同领域的渗透率。2010—2019 年，碳纤维行业出现了不间断的增长。其需求量从 2010 年的 8230 万磅（3.74 万吨）增长到 2019 年的超过 1.92 亿磅（8.72 万吨，26亿美元）。2020 年，碳纤维最大市场航空航天和汽车行业受疫情的影响，总销量下降了 9.7%。全球碳纤维行业的生产能力，按碳纤维行业品牌生产商的统计，产能合计约为 16 万吨。实际对碳纤维的需求总计约为 10.5 万吨，尽管在 2021 年年初有较大的好转，但到年底由于供应链问题以及航空航天和汽车工业的需求下降，整体碳纤维需求仅增长了 4.4%。碳纤维在航空航天应用中的使用占工业总量的20% 或以上，占工业价值的 40%。随着飞机停飞，飞机制造商削减了产量，美国的碳纤维行业瞬间失去了它的发展动力。其增长的主要驱动因素是风力发电行业及高品质运动器材需求的增加。对体育用品的需求增长了 30%～40%，风力涡轮机的安装量继续按计划增长，比前一年增长了 20%。在一定程度上弥补了碳纤维在航空航天市场的损失。例如，空客 A350 和波音 B787 的产量从疫情前的每月 12和 14 架，下降到 2021 年的每月 2 架和 3 架。因此，对航空航天的碳纤维需求在 2020 年大幅下降 46%后，在 2021 年下降了 33%。由于芯片短缺，2021 年的全球汽车产量仅增长了 0.5%。虽然有以上许多不利因素影响到碳纤维复合材料的发展。但是，仍然存在有利于该行业发展的驱动因素。据卢辛特尔（Lucintel）预测，2022 年全球碳纤维市场缓慢复苏，增长 2.6%。而在 2020 年和 2021 年，碳纤维增强聚合物的需求增长了两位数。首先，航空航天市场大多表现得非常积极。由于俄乌冲突，全球防务支出处于高位，2021 年全球首次超过 2 万亿美元。我们看到它以每年 5% 的速度增长。尤其是战斗机市场的状况特别好。F-35 继续其缓慢的生产增长，并将在未来几年内达到每年 156 架飞机的水平。随后是 B-21，即将进入生产，以及美国空军的下一代空中主导战斗机计划，该计划将在本世纪末投入生产。其次，主要服务于国内市场的单通道商用飞机是最大的民用部门，需求相当强劲。A320neo 和737 MAX 将替代中程国际航线上的销售疲软的双通道机。表 1-2-7 显示 2012—2021 年和 2022—2031年间，五大航空航天项目的累计交付价值。

表 1-2-7　2012—2021 年和 2022—2031 年间五大航空航天项目的累计交付价值　　　　单位：十亿美元

| 主要机型 | Airbus 320neo | Boeing Next Generation Max | Lockheed Mardin F-35 | Boeing 787 | Airbus 350 XWB |
|---|---|---|---|---|---|
| 2012—2021 年 | $276.3 | $194.1 | $72.5 | $139.9 | $67.4 |
| 2022—2031 年 | $422.2 | $231.7 | $160.7 | $131.4 | $120.8 |

数据来源：AeroDynamic Advisory.

据报道，2022 年，全球碳纤维行业的销量增长了约 9%，达到 1.91 亿磅（8.67 万吨）。2022 年，碳纤出货量美元价值增长了约 27%（36 亿美元）。据 ReportLinker《2023 年全球航空碳纤维市场报告》称，全球航空碳纤维市场预计将从 2022 年的 22.6 亿美元增长到 2023 年的 24.7 亿美元，年均复合增长率为 9.2%。预计到 2027 年将达到 33.7 亿美元，年均复合增长率为 8.1%。其中，北美是 2022 年航空碳纤维市场最大的地区。根据国际航空运输协会（IATA）的数据，与 2021 年相比，2022 年国际客运量增长了 152.7%。航空客运量的增长正在推动航空碳纤维市场的增长。

据卢辛特尔（Lucintel）预测，到 2022 年，汽车产量预计将实现 10.5% 的两位数增长，这将为汽车领域的 CFRP 零部件带来良好的增长。碳纤维增强塑料（CFRP）部件被用于高性能和豪华汽车的各种外部和内部部件。2022 年全球轻型汽车产量复苏不均衡，产量同比增长 6%。对汽车复合材料的需求与产量相当，以及需要减轻质量以提高内燃机的燃料效率（ICE）以及电池驱动汽车（BEV）的里程提供了新的应用前景。这将推动未来超过市场的增长。2022 年，全球轻型汽车复合材料市场增长到 40 亿磅（181.6 万吨）。尽管这一数字比 2021 年增长了近 7%。轻型汽车产量的增长，以及汽车复合材料的增长，在北美洲最为强劲，其汽车产量增长了 12%。2023 年预计轻型汽车复合材料将增长 5%，汽车产量的增长将达到 4%。2021 年，在美国销售的 BEV 汽车只有不到 5%。混合动力汽车在北美洲继续出现显著增长，因为它们提高了燃油经济性，同时减轻了消费者对 BEV 的行驶里程的焦虑。与其他材料相比，汽车复合材料基于其在成本、质量和性能方面的价值将继续增长。既可以提高 ICE 车辆的效率，也可以最大限度地扩大 BEV 的范围。对于如电池托盘等部件，复合材料具有减少部件数量和相比金属降低质量的潜力，同时提供优越的耐腐蚀和灭火的竞争成本。

卢辛特尔预测，从 2023 年到 2028 年，全球碳纤维行业的需求，按销量计的年均复合增长率（CAGR）约为 7%。其中包括碳纤维在风力涡轮机叶片中的应用的增长、飞机交付的复苏、轻型汽车的生产以及对体育用品、休闲车和电气/电子产品的需求。根据应用细分市场的不同，碳纤维复合材料制品所优势选用的工业也有所不同。2021 年制造 CFRP 零件的各种制造工艺所占市场份额大致如图 1-2-12 所示。从图中可以看出，预浸料铺放、拉挤树脂灌注及纤维缠绕工艺是当前生产 CFRP 零件的优势工艺。其占比分别为 45%、19%、17% 和 10%。一般来说，航空航天、体育用品、海洋船舶和风能主要采用预浸料铺层工艺。拉挤工艺被风力叶片制造商用来生产樑帽（spar caps）。预浸料铺层和拉挤过程约占工艺过程的 64%。小批量、大型、结构较为复杂的制品大都采用 RTM 工艺。

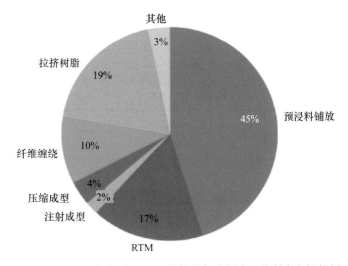

图 1-2-12　2021 年制造 CFRP 零件的各种制造工艺所占市场份额

关于碳纤维复合材料的未来，在无人机/空中出租车、氢气储存和燃料电池等三个领域有了巨大的机遇。这些技术和应用还处于起步阶段，但在未来有巨大的增长潜力。城市空中交通/空中出租车，是解决道路拥堵、节省出行时间的一种新的交通方式。电动垂直起降（eVTOL）车辆或空中出租车（Air Taxis）将依赖碳纤维复合材料作为结构和内部部件；氢气储罐用于运输（汽车、卡车、铁路、航空航天等），配送站（移动管道）和氢燃料加油站。储氢罐的压力容器（Ⅳ型）正在汽车和航空航天工业中得到应用。碳纤维复合材料是制造Ⅳ型和Ⅴ型压力容器的理想材料；便携式设备的需求不断增加，以及对氢燃料电池汽车的兴趣不断增加，这些都在推动对燃料电池的需求。碳纤维复合材料用于燃料电池堆的关键部件。主要部件，如双极性板和气体扩散层正在使用碳纤维复合材料，这不仅降低了系统的重量和部件数量，而且还提高了机械强度和耐腐蚀性。碳纤维复合材料在除了从航空航天到建筑的许多工业和应用中都找到了出路。

任何运动设备的部件都是碳纤维复合材料在驱动燃料效率、脱碳和其他性能效益中的良好目标。由于碳纤维的高强度和刚度特性，碳纤维在机器人、无人机（UAV）、3D打印、空中出租车、燃料电池、氢气罐等领域的许多新兴应用将推动未来碳纤维的增长。无人机是碳纤维复合材料未来的一个重要市场。2020年全球UAVs市场预计为150亿美元，未来6年市场年均复合增长率预计（CAGR）大于10%，2025年达到240亿美元。按地区划分在2020年和2025年，北美无人机市场分别占到市场总量的33%和36%。

美国是全球市场上无人机的最大用户，主要的原因是美国受到高军事开支和军事、边境巡逻、海上安全等对无人机采购的提议预算的推动。未来五年，北美无人机市场可能以12%的复合年增长率的速度增长。而在亚太地区增长率为10%。无人机市场的发展，同样带动了碳纤维复合材料应用的增长。预计在2020—2025年期间，无人机复合材料的用量的年均复合增长率会大于15%。

国防应用在当前及可以预见的未来均是全球无人机市场中最大的应用部门。各国军费开支的增加是无人机增长的关键驱动力，而商业、民事/政府无人机应用市场则是增长最快的部分。有资料预测，在2019—2025期间，国防/军用无人机的年均复合增长率约为8%，而商业和民用包括政府用无人机的年均复合增长率大于20%。即使是个人消费型无人机的增长率也大于5%。商用和民用（含政府用）无人机，主要用于航空摄影、建筑和房地产图像和监控、基础设施监控、邮件和小包裹交付、电影制作和其他媒体使用、石油和天然气勘探、精密农业、公共安全、天气预报和气象研究、野生动物和环境监测、应急管理和个人消费方面的娱乐用途等。

无人机一般分为：微型/迷你无人机、战术无人机、战略（高海拔长耐力）无人机和无人战斗机。其起飞质量在30kg到21t之间；飞行高度一般在150～300m到15000～20000m之间；续航性一般在2h到24～48h增加。

风能市场也是北美碳纤维复合材料未来增长驱动因素之一。2020年，全球风力涡轮机累计安装量为724GW，预计到2025年将达到1079GW，年均复合增长率约为8.3%。北美占比约为19%。2020年全球风电运维市场预计为177亿美元，预计2020年至2025年的年均复合增长率将以10%的速度增长。北美占比约为16%。随着风力发电市场的发展，将对碳纤维复合材料市场的驱动带来积极的影响。

## 1.3　复合材料工艺概况

在复合材料工业中，由于它涉及两种或两种以上不同的材料的结合，因此它的加工技术与金属加工技术有很大的不同。又由于复合材料类型及应用广泛、产品形状、结构和性能要求有很大的区别，因此也产生了各种各样不同的制造工艺，将原材料（纤维、树脂和芯材等）转化为最终产品。图1-3-1列举了热固性和热塑性两大类复合材料的主要制造工艺。当然，由于各国情况的差异，及工艺的不断改良和发展，新的工艺或称呼也会有不同的变种和叫法。

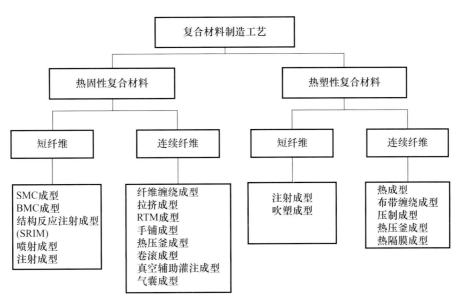

图 1-3-1　复合材料工艺分类

尽管图 1-3-1 中所列的工艺名目繁多，但从其应用量大小看，大体上分为注射成型、压制成型、缠绕成型、拉挤成型、连续板材、灌注成型和预浸料成型几大类。从表 1-3-1 中，根据已有数据的 2012 和 2018 年为例，可以看出复合材料各种主要成型工艺应用量和价值比较。

表 1-3-1　复合材料几种主要工艺的用量及价值比较

| 成型工艺方法 | 当年总产量所占百分比（%） | | 当年总价值所占百分比（%） | |
| --- | --- | --- | --- | --- |
| | 2012 年（总产量 780.7 万吨） | 2018 年（预测数）（总产量 1045.4 万吨） | 2012 年（复合材料总价值约 663 亿美元） | 2018 年（预测数）（复合材料总价值约 973 亿美元） |
| 注射成型 | 20.2 | 20.8 | 14.2 | 15.1 |
| SMC/BMC | 11.3 | 11.1 | 9.2 | 9.5 |
| TPC（热塑性模塑料）压制成型 | 2.6 | 2.8 | 2.8 | 3.2 |
| 手糊成型 | 15.6 | 15.0 | 17.5 | 15.6 |
| 喷射成型 | 11.1 | 11.0 | 8.7 | 8.5 |
| 树脂灌注（RRIM，RTM，VARTM）成型 | 7.2 | 7.8 | 6.9 | 7.0 |
| 缠绕成型 | 10.7 | 11.1 | 11.0 | 11.1 |
| 拉挤成型 | 3.2 | 3.2 | 2.0 | 2.0 |
| 板材制造 | 4.4 | 4.4 | 2.9 | 3.0 |
| 预浸料铺放成型 | 10.2 | 10.3 | 21.8 | 21.9 |
| 其他 | 3.1 | 3.0 | 3.0 | 3.2 |

从表 1-3-1 可以看出，注射、压制、开模成型、树脂灌注、拉挤和预浸料工艺是复合材料的主要成型工艺。经过多年的发展，开模成型（包括手铺和喷射）工艺由于环保压力及劳力价格的上涨已经越来越不受各国市场的欢迎。闭模成型的应用越来越广泛，尤其适合于规模化的量产产品的生产。近年来，由于市场上开发高性能和高附加值的产品的努力，预浸料工艺（不管是铺放工艺或是压制工艺）所占比例在不断上升。表 1-3-2 归纳了 2010—2022 年期间按销量计，全球各种复合材料工艺的占比变化。从表中可以看出：从十年左右的时间跨度来看，短纤维增强热塑性复合材料的注射成型（其中包括 RTM 类工艺）为用量最大的工艺。压制成型工艺，其中包括 SMC/BMC 和热塑性增强塑料的压制

成型为第二大机械成型工艺。以下依次是：缠绕和拉挤成型工艺。而手工成型法，虽然用量不小，但由于环保及生产效率等问题，仅适合于批量不大的大型制品的成型。而且多年来其占比变化不大。预浸料的手工成型和机械化成型工艺的用量略有增长。

表 1-3-2　2010—2022 年期间按销量计，各种复合材料工艺占比（％）变化

| 年份 | 手工成型 | | | 压制成型 | 注射成型 | | 连续成型 | | | 合计 | |
| | 手铺成型 | 喷射成型 | 预浸料铺放成型 | SMC/BMC/TPC | 注射成型 | 树脂扩散 | 缠绕 | 拉挤 | 其他* | 占比（％） | 当年销量（百万吨）** |
|---|---|---|---|---|---|---|---|---|---|---|---|
| 2010 | 17 | 12 | 10 | 14 | 20 | 7 | 11 | 7 | 3 | | 8.5 |
| 2012 | 16 | 11 | 10 | 14 | 20 | 7 | 11 | 8 | 3 | | 9.5 |
| 2015 | 12 | 11 | 9 | 16 | 23 | 10 | 9 | 6 | 3 | 100 | 10.4 |
| 2018 | 12 | 11 | 9 | 16 | 23 | 11 | 9 | 7 | 3 | | 11.4 |
| 2019 | 12 | 11 | 9 | 16 | 23 | 11 | 9 | 7 | 3 | | 11.8 |
| 2022 | 12 | 11 | 11 | 11 | 25 | 9 | 10 | 8 | 3 | | 12.7 |

注：* 其他：包括 TFP、吹塑、气囊成型、隔膜成型等。

　　** 全球数据仅供参考。由于其中关于中国的数据和我国复合材料协会公布的官方数据差距较大，中国复合材料产量数据被严重低估。按中国复合材料工业协会公布的数据，2021 年产量达 600 万吨。模压工艺占比 17.4％，约为 104.4 万吨；又据协会模压材料专业委员会数据，2021 年模压工艺制品仅 SMC/BMC 的产量不低于 150 万吨。与表中全球压制工艺数据仅占 11％约为 140 万吨差距较大。

数据来源：Lucintel，interviews，Estin & Co analyses and estimates.

# 1.4　复合材料模压成型工艺

按国际上流行的复合材料工艺分类方法及我国模压成型工艺的实际，压制成型（Compression Molding），可以把 SMC/BMC，Injection Molding，部分 Prepreg 和 TPC 的 Comp·Molding 工艺甚至于 HP-RTM 均可归纳为模压成型工艺的类型。它们都使用金属模具和实施高压的设备。为便于讨论模压工艺在复合材料各种工艺中的地位，结合我国的习惯，以下仅简单把 SMC/BMC 和 Injection molding（含热塑性和热固性复合材料）作为模压工艺内容进行讨论。

从 2012 年统计数据看，当年复合材料的总产量为 17195.7 百万磅（780.7 万吨），复合材料产值 19200 百万美元（192 亿美元），终端产品总产值 66300.2 百万美元（约 663 亿美元）。模压成型工艺产量占比 31.5％（其中，SMC/BMC 占 11.3％），即 5414 百万磅 245.8 万吨（其中，SMC/BMC 为 1947 百万磅约 88.4 万吨）。产值占比 23.4％，15534.1 百万美元（约 155 亿美元）（其中 SMC/BMC 为 9.2％，2780.6 百万美元～27.8 亿美元）。

到了 2018 年，复合材料工业总产量 1140 万吨，终端产品价值约 830 亿美元。其中，手工成型（含 HL、SP、预浸料铺层工艺）占 32％，压制成型（含 SMC、BMC、TPC）占 16％，注射成型（含注射、树脂扩散成型）占 34％，连续成型（含拉挤、板材、纤维缠绕）占 16％。这次统计中的项目分类与 2012 年有所不同，如果单独计算 SMC/BMC 的产量，2018 年占比 12％～13％。即 136.8～148.2 万吨。2012—2018 年间 SMC/BMC 的年均复合增长率约为 7.55％。到 2019 年全球复合材料的产量达到 1180 万吨。价值 334 亿美元，其终端产品价值 930 亿美元。各种工艺的占比仍然与 2018 年保持一致没有变化。

在 2021 年，复合材料产量超过 1200 万吨，产值约为 370 亿美元。终端产品产值预计超过 1000 亿美元。到 2022 年，复合材料工业总产量 1270 万吨，产值 408 亿美元，终端产品价值 1050 亿美元。手

工成型工艺占比略有增加为34％，主要是由于预浸料手铺工艺的增长所致。压制成型占比为11％，注射成型占比保持不变，为34％。连续成型占比为18％。总而言之，各种工艺在历年中的占比，没有太大的波动。微小的变化，是受当年各细分市场销量的变化而影响。复合材料的前四大工艺依次是：注射成型、手工成型、模压成型和连续成型。如果按照我国复合材料分类习惯，注射成型、模压成型和近几年国内产量较有规模的预浸料模压成型工艺（即PCM）都归属为模压成型工艺的话，模压成型工艺在复合材料工艺中的占比将超过50％。它特别适应现代工业化异型产品的规模化生产制造。这是其他复合材料工艺所无法比拟的。

从复合材料应用细分市场看，建筑/基本建设、交通运输、电子/电气和能源领域是最大的前四位应用市场。以2022年相关数据为例，其销量分别占比为26％、23％、17％和14％，按销售价值计分别占比为19％、20％、13％和15％。应用领域不同，所采用的主流工艺也有所不同。以2012年的数据为例（图1-4-1），当年SMC/BMC总销量约为88.4万吨。它主要应用市场为交通运输（38.5％）、电气（32.1％）和建筑（18.7％）。交通运输和电力工业是SMC/BMC材料的最大用户，每种材料的用量都超过总量的30％。

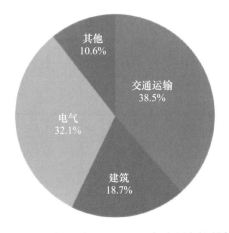

图1-4-1　2012年全球SMC/BMC各应用市场所占比例

到2022年，当年复合材料总销量1270万吨。注射成型占比25％，销量约为318万吨，模压成型从上年的16％下降到11％，销量约为140万吨，但预浸料成型工艺占比为11％，销量约为140万吨，其中含有PCM部分。主要应用细分市场销量占比及模压（含SMC/BMC及TPC）成型工艺在该市场所采用的工艺中占比分别为：交通运输23％和16％（约47万吨）、建筑市场26％和7％（约为23万吨）。另外，注射成型在交通运输市场销量占比69％，销量约为202万吨；电子/电气市场销售占比17％，销量约为64.8万吨；消费品销量占比8％，销量约为35.6万吨。预浸料主要市场是在电子/电气占比17％中的55％，销量约为118.7万吨。预浸料在消费品市场中占比10％，销量约为10.2万吨。预浸料市场销量中部分采用PCM工艺，即模压成型工艺范畴。终上所述，在2022年复合材料成型工艺中：SMC/BMC/TPC在交通运输、建筑市场的销量约为80万吨，预浸料在电子/电气及消费品市场销量约为128.9万吨，其中含部分PCM工艺销量。注射成型工艺在交通运输及电子/电气、消费品市场的销量为302.4万吨。以上数据是在我国复合材料应用数据被严重低估的情况下统计的结果。前已指出，近年来我国仅SMC/BMC的年销量均已超过了100万吨，2021年已经超过150万吨。更何况近年来崛起的长纤维增强热塑性复合材料（LFT-D）及预浸料模压成型工艺（PCM）的销量还没有统计在内。我国模压成型工艺的主要应用细分市场是：交通运输，包括高铁车厢内设施如整体卫浴、洗手间、窗口板、顶板顶侧板、车门扶手、铁路包括城铁相关设施如信号箱、电缆槽、车厢座椅、电缆支架、绝缘件等；汽车领域的重卡驾驶室覆盖件、顶部导流罩、商务车后尾门、新能源汽车电池上盖、车用板簧等；高低压电子/电气配套设施如各式配电柜（箱）体、计量柜（箱）体、5G天线、绝缘子

（板）、储能柜、充电桩等；建筑领域中的门、屋面瓦、整体卫浴、净化槽、化粪池、游泳池、城市道路排水沟、盖板、井盖和加油站设施，农村养鱼池、蓄水池、灌溉水槽、电控房、畜牧业的漏粪板等。因此，模压成型工艺在我国应用面广、量大，在复合材料成型工艺中占比较大。

如果按我国的统计习惯，短纤维增强热塑性塑料的注射成型也归类为模压成型，即使按国外数据，2022年注射成型（占总销量的25％）和模压成型（占总销量的11％）已经占到当年复合材料总销量的36％，约为458万吨。因此可以说，模压成型工艺在复合材料成型工艺中的重要性和优势地位是不言而喻了。

# 2 我国复合材料模压工艺发展的历史回顾

树脂基复合材料规模化生产的成型工艺主要包括：手糊成型、喷射成型、缠绕成型、拉挤成型、RTM 及其变种成型［如 VARTM、HP-RTM、VIMP（Vacuum Infusion Molding Process）、L-RTM、气囊辅助 RTM（bladder-assisted RTM）等］、模压成型工艺（含热塑性注射和压制、热固性塑料注射和压制、PCM 压制）等。

模压成型工艺一般都涉及成型用模具，但并非所有使用模具成型玻璃纤维增强塑料（俗称玻璃钢）制品的工艺都称为模压成型工艺。因为凡是制造玻璃钢制品，总需要各种各样的模具，从最简单的模具——成型板材的模板，到结构复杂的注射成型金属模具。因此，在国际上有时把各种千差万别的玻璃钢成型工艺统称为模塑成型（Moulding 或 Molding）。根据成型时模具是否封闭，即制品是否被包容在模具内，可把玻璃钢成型工艺分成两大类型，一是开式或开口模成型法，如手铺成型、喷射成型等。二是闭式或闭合模成型法，如注射成型、RTM 等。我们所说的模压成型也属于闭模成型，发展早期，又常称为对模模压法（Matched die Moulding）。这是为了适应大生产而从压力袋法发展起来的一种工艺方法。在这一类工艺方法中，大多采用结构比较复杂的金属对模，而模压料约束在两半模具成型面之间，在一定温度、压力下固化定型。尽管它们成型方法很多，但工艺过程都十分相似。成型压力的施加一般都通过液压机来实现。在对模模压法中，如果树脂在成型时和增强材料几乎同时加入模具内，则属于湿法成型；如果树脂在成型前就预先和增强材料充分地混合，先制成模压料，并且在成型时直接加入到模具内，则属于半干法或干法成型。

## 2.1 我国模压成型工艺的分类概述

在我国模压成型工艺六十余年的发展历史中，前期由于国家还是处于一穷二白的经济状态。复合材料行业（当时统称玻璃钢）也是处于萌芽状态。面对国外的全面封锁，既无技术又无经济实力，一切从零开始。虽然条件极其艰苦，但是面对国外的极端封锁和国家安全需要，各行各业都在自力更生、奋发图强。当时国防工业的需要，促使了我国玻璃钢工业的发展。模压成型工艺也不例外，我国玻璃钢模压工艺也是因军工产品的需要而产生和发展的。根据模压工艺的发展过程，我国模压成型工艺的分类，按照模压料（即模压用原材料的半成品）的制备方法、物理形态及成型时的工艺特点（成型原理）分类，我国从 20 世纪 60 年代初开始到目前为止，在近六十余年发展过程中所采用过的模压成型工艺方法简要介绍如下。

### 2.1.1 短纤维预混料模压

该工艺是短切玻璃纤维、树脂等组分在捏合机内一起混合并经撕松烘干后制成半成品——模压料，再进行模压成型制品的一种工艺方法。这种工艺在我国模压工艺发展初期，是一种主要的模压工艺方法。从 20 世纪 60 年代初开始就曾经在防热、国防军工及防腐行业中获得了广泛的应用。

### 2.1.2　高强度短纤维料模压成型

高强度短纤维料模压成型是一种我国在 20 世纪 60 年代开始广泛使用的工艺方法。它主要用于制备高强度异型制品，也广泛用于制造一些具有特殊性能要求的制品，如耐腐蚀、耐热、耐烧蚀零件等。它与其他模压工艺的主要区别：①具有较高的玻璃含量（一般质量含量在 50%～60%），较长的纤维长度（一般长度为 30～50mm）。②组成中，一般仅含树脂和增强纤维两种组分。树脂主要有酚醛树脂、环氧树脂、改性环氧树脂等类型。混料操作中，为了更好地实现浸渍，多需加入各种非活性溶剂，以调节树脂的浸渍黏度。这些溶剂在浸渍后期均需大部分除去。为了获得高性能制品，模具多采用半溢式或不溢式结构。这类模塑料在当时的苏联（A-Г4）和美国的预混料（Premix）中，也有相对应的等级。这种材料是我国模压工艺中最早使用，至今仍在继续使用的模压材料。

### 2.1.3　纤维预浸料模压法

这种工艺是为适应轻质高强产品的应用需要而在 20 世纪 60 年代中后期发展起来的一种模压工艺。生产过程中采用的是连续玻璃纤维经树脂浸渍、烘干、切割生产出的一种模压料，再进行模压成型制品的一种工艺方法。这种工艺曾经在常规武器、汽车零件、航空高强产品（如飞机机轮等）等获得应用。

### 2.1.4　毡料模压法

这种工艺也是根据当时高强、耐热异型制品如步枪枪托的生产需要而发展的模压成型工艺。实际上，它是用玻纤毡或用一种夹心材料（两面是玻纤布中间是玻纤毡）制成的一种模塑料。其工艺过程是，浸毡机组制备之短切玻纤毡或夹心材料经浸渍烘干后而成的模塑料，剪裁成所需的形状，再在金属对模中热压成型制品的一种工艺过程。当年这种毡料的制备方法有两种。其一是制毡/模塑料制备一步法路线，另一种是制毡/模塑料制备两步法路线。路线一设备庞大，工艺复杂。路线二相对简单、投资较少，比较适合一般企业应用。与片状模压料的主要区别是，多采用酚醛型树脂作胶粘剂，由此也产生了生产设备、工艺及成型方面的许多不同。

用这种方法制成的毡料，纤维含量较高，质量均匀性较好。压制操作时，使用方便。模压料的制备适用于连续化大生产，因而在当年应用也比较广泛。

### 2.1.5　碎布料模压法

当年开发这种工艺是为了充分利用玻璃钢板材生产过程中产生的边角废料而开发的一种模压成型工艺。该法系将浸过树脂的玻璃布（或其他织物）的下脚料，剪切成尺寸较小的碎块，或据产品的大小结构复杂性将经浸渍后的玻纤布剪裁成适当的尺寸和形状，然后在金属模具内热压成型异型玻璃钢模压制品的一种方法。这种方法仅适用于形状不太复杂和对性能仅有一般要求的玻璃钢制品，还可提高模压料的利用率及改善环境。

### 2.1.6　层压模压法

这种工艺是先将浸渍过树脂并经过指标控制的玻纤布（或其他织物），根据需要计算、剪裁成所需的形状，然后在有温度控制的金属模具上进行层叠铺层，再升温加压成型异型制品的工艺过程。该法是介于层压与模压之间的一种边缘工艺。该工艺方法适合于大型薄壁制品或形状简单及有特殊要求之制品的成型。该法在 20 世纪 60 年代中期曾用于生产制造冲压发动机中心锥等产品。

### 2.1.7　缠绕模压法

为满足某些制品的性能要求，先将浸过胶的玻纤或裁剪成一定尺寸的玻璃布（带），用缠绕法缠制在一定的金属模芯上，然后在成型压机上的金属对模中合模、加温、加压成型制品。该法是介于缠绕法与模压法之间的一种边缘工艺。这种方法适用于有特殊要求的制品及管材等。

### 2.1.8　多向织物模压法

由于产品的层间剪切强度（通常为 Z 向）一般都比其他方向（X、Y 向）较低。但产品在某些应用情况下，需要提高其层间方向的强度。因此在该类产品成型时，方法一是先将玻纤或其他纤维按设计编织成三向（或准三向）织物再进行浸胶成型制品。方法二是将浸过树脂的玻纤或其他纤维预先织成所需形状的双向或三向织物，放在金属模具内成型玻璃钢制品的一种方法。在该工艺方法中，由于在 Z 向引进了增强纤维，而且纤维的配置也能根据受力情况进行合理的安排，因此显著地改善了一般增强塑料的性能，特别是层间性能及抗热振性。与一般的模压制品相比，它有更好的重复性和可靠性，是发展具有特殊性能（如三向应力型结构件和耐烧蚀件）模压玻璃钢制品的一种有效途径。但这种工艺方法比较复杂、成本高，为实现高效率及降低劳动强度需采用复杂的机械化或自动化设备，因而，特别适合航空航天领域批量不大且有特殊性能要求的产品的试制、生产。受效率和成本的影响不太适合在量产型制品中应用。

### 2.1.9　定向铺设模压法

这是在 20 世纪 70 年代根据产品性能要求，为试制高强度、结构比较复杂的航空制品而开发的一种工艺方法。所谓定向铺设是指玻璃钢结构制品成型前，根据其在使用过程中的受力状态使玻璃纤维或其他纤维的预浸料沿制品主应力方向取向并适当顾及其他副应力方向的铺设过程。先将预浸料按产品结构及各部分的受力方向、应力值大小（注：当时在我国复合材料界还没有有限元分析等相关技术软件），进行铺层设计制成制品的半成品，然后再在金属模具中升温加压成型制品。用该种工艺也可进行不同类型的纤维、织物进行混杂铺设成型。如果把这种定向铺设后之预定形坯进行模压，成型制品，则这种成型工艺称之为定向铺设模压成型。

定向铺设模压成型能充分发挥增强材料的强度特性，通过纤维的精确排列与控制可预测制品的各向强度及在应力条件下的置信度。制品性能重复性好，工艺过程对操作者技能的依赖性小，并且能提高制品中的纤维含量（增强材料质量含量可达 70% 左右）。但由于增强材料在成型过程中，几乎不发生长程流动，因此这种工艺仅适于制造形状不是十分复杂且不含有复杂结构细节的大型高强度模压制品。

在 20 世纪 60 年代初，我们曾用玻纤/碳纤预浸料（湿法）采用定向铺设模压工艺成功用于制造直升机发动机送风器转子。

### 2.1.10　吸附预成型坯模压法

这是一种批量生产中型、高强、异型尤其是深拉制品的工艺方法。其工艺过程是，先将增强材料——短切玻璃纤维用吸附法制成与制品结构、形状、尺寸相似的预成型坯，然后再把预成型坯放入模具（一般用金属制成）内，并在其上倒入全配方之树脂，在一定的温度、压力下压制成制品。预成型坯的制备方法可分为两种，一种是空气吸附预成型法，另一种是湿浆吸附预成型法。与其他工艺相比，它的主要特点是，制造形状复杂的制品比较经济，材料成本较低，容易实现自动化，制品厚度调节比毡、布对模成型制品容易，也可埋入装饰材料或连接件。但全工艺过程设备费用较高，对人的操作技能依赖性较强，并且制品厚度一般仅在 6mm 以内。大型和结构过于复杂的制品成本过高或较难成型。在 20 世纪 60 年代初，北京化工研究院曾从国外引进了一套这类设备的生产成型线，用于制造生产工业安全帽。该生产线有四个工位：喷射/吸附、烘干定型、脱坯、复位/下一生产准备工位。

### 2.1.11　BMC/DMC 模压法

BMC/DMC（或 Premix）是一种纤维增强热固性模塑料，它是在璃纤维无捻粗纱于 1949 年间问世以后，才开始出现并在 20 世纪 50 年代开始获得较为迅速的发展的一种模压成型工艺。在通常情况下，是由不饱和聚酯树脂、短切纤维、填料、颜料、固化剂等混炼而成的一种油灰状成型材料。在英国和欧洲又常将其称其为聚酯料团（DMC），而在美国则归入预混料（Premix）中的一个类别。在开始发展阶段，由于它成型工艺性十分优良，成本低，性能易调节，因而应用十分广泛。但是，由于制品强度较低，表面往往有严重的收缩波纹，而且处于半湿态的 DMC，使操作者深感操作不便，因此它的进一步发展受到了严重的阻碍。随着聚酯树脂的化学增稠及低收缩技术在模塑料方面的实用化，就出现了人们常常称之为 BMC 的成型材料。由于在 BMC 中含有化学增稠剂和低收缩添加剂，及使用了比 DMC 更高的玻璃含量，更长的纤维长度，因此 BMC 制品比 DMC 制品有更好的物理性能。具有无波纹、无缩孔的平滑表面，而且不易产生翘曲。美国 SPI 曾经定义 BMC 为"化学增稠了的低收缩DMC"。

BMC/DMC 成型工艺的特点是可以制造结构非常复杂的制品、截面形状一般不受限制；制品可带嵌件、连接件、孔洞和螺纹；制品的尺寸精确；材料价格便宜，生产效率高。但早期 DMC 制品的机械强度不高，表面质量欠佳，加料方法受到一定的限制，很容易出现熔接线等弊病。

这些弊病由于 BMC（即化学增稠的低收缩型 DMC）的出现，已逐渐得到克服。聚酯树脂的化学增稠技术的应用使 BMC 的流动性更好，低收缩添加剂的使用，大大改善了聚酯制品外观。与其他模压工艺方法相比，BMC 模压料的特点如下：既可以模压成型也可以注射成型。更复杂的形状也可一次实现；成型速度快，适合大批量生产；和 DMC 一样，也能成型嵌件、孔洞、螺纹、筋和凸台等结构；制品的耐热性、阻燃性、耐蚀性、耐冲击性好；制品外观、尺寸精度和稳定性好；可以做到无缩孔、翘曲和表面波纹等弊病；制品电绝缘性优良，耐电弧性、耐漏电痕迹性能好；价格低廉；尤其适合结构复杂的白色家电等产品的量产化生产。

我国 DMC 模压成型是由当时的建材部立项，在 20 世纪 60 年代初从英国引进了不饱和聚酯树脂生产线后，在 20 世纪 60 年代末开始出现的。又称为团状模塑料（聚酯料团、散状或块状模塑料）。适合制造结构特别复杂的中小型制品。其制品生产过程，以注射成型为主，压制成型为辅。我国在 20 世纪 60 年代也曾用高强度 BMC 成型重达 90kg 的高压电气制品。

### 2.1.12　片状模塑料模压成型法

片状模塑料（SMC）是国外在 20 世纪 60 年代初发展起来的一种"干法"制造聚酯玻璃钢的新型模压用材料。我国的 SMC 是于 1975 年在当时的北京二五一厂（即北京玻璃钢研究设计院）立项，并于 1976 年研究成功的模压工艺。1976 年 4 月 25 号，在建材局及各兄弟单位相关领导现场观摩下，成功地用自行设计制造的设备和开发的技术在北京二五一厂生产出幅宽 1m 的 SMC 材料。该项目曾荣获 1978 年我国首届全国科学大会奖。SMC 材料在外观上是一种片状夹芯材料，中间芯材是由经树脂糊充分浸渍的短切玻璃纤维（或毡）组成，上下两面用聚乙烯薄膜覆盖。树脂糊里含有聚酯树脂、引发剂、填料、脱模剂、颜料、化学增稠剂、低收缩添加等组分。

片状模塑料综合了 B/DMC 的优良的成型性和吸附预成型制品的良好强度，而同时又克服了上述工艺的弱点。它的主要特点如下：

（1）操作处理方便，生产效率高。生产过程及成型过程容易实现机械化和自动化。

（2）成型时流动性好。即使是对于结构复杂的制品，如制品变厚度、带嵌件、孔洞、凸台、筋、螺纹等也能成型。增强材料的分布均匀，制品物理性能优良。

（3）材料损耗小，成型时作业环境好。

（4）由于材料成片状，尤其适应大面积薄壁制品的成型。

（5）制品尺寸稳定性好，外观质量佳。可实现 A 级表面。

（6）增强材料在模压制造及成型过程中损伤很小，长度均匀，制品强度高。

但是，和其他模压工艺相比，片状模塑料工艺过程所需的设备投资较高；工艺操作及过程控制比较复杂；对产品设计，尤其是筋和凸台的设计亦有较高的要求等。这种工艺特别适合制造大型薄壁异型制品。其生产过程以压制成型为主，注射成型为辅。

### 2.1.13　玻纤增强热塑性塑料的模压成型

近十几年来获得快速发展的和模压成型工艺相关的工艺有热塑性 GMT 及 LFT-D/G 模压/注射成型法等。

在以上各类模压成型中，模压料都是放在金属对模中，并受温度和压力双重作用下成型异型制品的工艺过程。大部分工艺过程中成型温度和压力都比较高。并且在成型时，模具在模压料完全充满模腔之前，一直处于非闭合状态。只有注射成型是个例外。但是，按近来国际上也有一类热塑性模塑料模压成型（TPC Comp. Molding）也归入模压工艺类别。TPC Compound 包括 SFT（短纤维热塑性模塑料）和 LFRT（长纤维增强热塑性模塑料）。

实际上，在我国复合材料行业也是将凡是在制品成型时使用到压机和金属模具的工艺，包括注射成型都归入模压成型这一大类工艺中，进行行业内的分类和管理。

纤维增强热塑性复合材料一般按增强纤维的长短分类。短纤维增强热塑性复合材料（传统的增强塑料粒料）、连续纤维/长纤维增强热塑性复合材料（GMT/LFT-G/LFT-D）。GMT 在初期（大约在 20 世纪 90 年代末）都是从韩国进口，后来国内也有生产。在 2010 年我国从德国引进了 LFT-D 生产线。随后，国内福建海源也开始自行设计制造国产的 LFT-D 生产线。近十年来，LFT-D 工艺在我国取得了较快的发展。

短切纤维增强热塑性复合材料是传统的种类，应用较为普遍。这类材料在全球复合材料中占有较大的比重。纤维增强粒料作为半成品主要经过注射或模压成型成为成品。这类热塑性复合材料的特点是韧性好、成型工艺简单、制造周期短；但在最终制品中的纤维平均长度在 1mm 左右，因此对制品的力学性能的贡献有限。在国际上，开始并没有归入增强塑料的范畴。近年来考虑到和非增强类塑料相比，其仍然有较好的增强效果，因而归纳入增强塑料的统计范畴。与此同时，它成为增强塑料应用量最大的一个细分材料类别。

连续/长纤维增强热塑性塑料主要包括 GMT/LFT-G/LFT-D 等作为模压材料半成品，它们都可以用模压成型制成最终产品。连续纤维毡增强热塑性片材（GMT）和长纤维增强热塑性粒料（LFT-G）均采用模压工艺成型。GMT/LFT-G 工艺是预先将外购的板状坯料（GMT）或 LFT-G 粒料加热至低于基材黏流温度 10～20℃，或者预热至基材的熔点以上，然后将其投入到温度在 50～70℃ 的模具型腔中快速合模压制成型。长纤维增强热塑性在线成型工艺（LFT-D）是省略了中间半成品的制作过程，而是通过双螺杆挤出机将原材料进行充分混合后直接采用注射机注射成型或压机模压成型生产制品。其全过程可以实现机械化或自动化。

当然，还有一种近年来出现的高压树脂灌注成型工艺（及 HP-RTM 工艺）和模压成型工艺相关。该工艺目前在我国还没有形成工业化的生产规模。

除了以上分类法之外，如果按树脂基体分，主要的类型有酚醛型、环氧型、环氧/酚醛型（以下统称酚醛及其改性型）和不饱和聚酯型模塑料。

以上是我国模压成型工艺发展过程中，曾经采用过而且有些至今仍在采用的各种工艺。也包括目前国际上流行的工艺。

总体来说，模压工艺与其他复合材料成型工艺相比，可以有较多的变种，且具有以下的共同特点。

（1）生产效率高，适合于产品的规模化生产。

（2）制品尺寸精确，重复性好。

（3）表面光洁，有两个光洁表面。

（4）生产成本低，易实现过程机械化和自动化。

（5）多数结构复杂的制品可一次成型，无须有损玻璃钢强度的二次加工。

但是，它初次投资，模具工装、设备要求都较高，过程控制较复杂，仅适合于大、中、小型制品的规模化生产。

本章中介绍模压成型的基本类型，一是为了总结历史，但主要是为扩展思路，在我们面对未来的各种应用中，可以有更多的选择。关于模压工艺的其他基本知识和概念可以参考编者的其他著作。

## 2.2　我国模压成型工艺发展概况

就材料工业而言，其应用扩展史即其历史，没有应用也就无所谓其发展史。复合材料在各个领域的应用范围的不断扩大，促进了复合材料及其成型工艺的不断发展。我们在本文中，试图通过对我国模塑料在不同历史时期应用概况介绍，去了解模压成型工艺相应的发展过程。

我国复合材料模压工艺在不同历史阶段材料和工艺方法的变迁与进展，都与其在不同领域的应用的不断扩展密切相关。另外，在此特别需要指出的是，在以下的发展历史回顾中，所涉及的单位名称是当时的称谓，不涉及其现在的公司名称（如果还存在的话）。本文将本着实事求是的精神，将本人六十余年来从事玻璃钢模压成型工艺研究、市场开发、管理等的工作经历和所保存及搜集到的相关历史资料和实物，汇集于此奉献给大家。算是一位行业老兵对行业发展留下的一点足迹。

我国玻璃钢模压成型工艺起始于 20 世纪 60 年代初期。至今已有六十余年的历史。我国模塑料的品种按不同的分类方法，可区分为若干种类型。按树脂基体分，主要的类型有酚醛型、环氧型、环氧/酚醛型（以下统称酚醛及其改性型）和不饱和聚酯型模塑料。按物料的制备工艺分，主要有预混料和预浸料两大类型。尽管模塑料在我国已有 60 多年的历史，但在 20 世纪 80 年代末（即 1990 年）之前，基本上是酚醛及其改性型模塑料占据着主导地位。DMC 在 20 世纪 60 年代末开始在我国出现，1976年在北京二五一厂（也叫北京玻璃钢研究设计院）开发成功了 SMC，至今已有 40 多年的历史。近 10 年来，SMC/BMC 材料及其成型工艺，从产量上讲，已经在我国复合材料模压行业各种材料及工艺中占据着重要的优势地位。

我国酚醛及其改性模塑料和它的模压工艺的开发与发展，得益于 20 世纪 60 年代初期，我国军事工业发展的急迫需求。在起始阶段，为了满足了国防工业的需要应运而生并得以快速发展。在那个年代，我国受到了来自美国和苏联多方面的压力，不仅经济的发展受到了严重的影响，而且国家的安全也受到了严重的威胁。因而需要积极发展各种武器以抵制反华势力发动的各种战争。这就是当时出现"两弹一星"的时代背景。由于酚醛模塑料具有良好的热性能和比强度，可以满足当时常规武器和尖端武器方面发展的某些性能要求。例如，用于制造常规武器中的玻璃钢步枪枪托、引信/引信体、迫击炮弹防潮筒、高炮模拟弹头、反坦克炮和 40 火箭筒的护板、护盖、握把、飞机机轮等。由于其独特的透波性能大量用于长波台建造的零件如玻璃钢螺钉、螺栓、螺母、垫圈、法兰、托架等。特别是，在当时为了国家的安全，急需发展战略性防御性武器，对耐烧蚀材料制造异形制品有着更加迫切的需求。例如，导弹端头、端头体、尾喷管、中心锥、头锥、防热部件等。由于特殊品种的酚醛模塑料具有良好的耐烧蚀性能，在整个模塑料发展的前 30 年间，酚醛模塑料及其模压成型工艺对当时我国战略武器的发展作出了杰出的贡献，而且至今仍在继续起着重要的作用。

而且由于它的耐热、轻质高强和防腐性能等方面的优点，使它在机电产品及化工防腐等领域也获得了较为广泛的应用。例如，212 吉普车的风扇皮带轮、曲轴皮带轮、无轨电车绝缘子、电气机车绝缘子、化工防腐应用中的球阀、弯头、三通、束节等。

在酚醛及其改性模塑料发展初期（20 世纪 60 年代初），从原材料（尤其是树脂的合成）的研究试制生产、改性；模塑料的混料工艺及设备的选择、模塑料指标及控制工艺、检测方法的建立；成型工艺参数的建立及控制；模具工装的设计、模具加热系统的设计及热流计算等，一切都是在没有可以借鉴的完整资料及实践经验的基础上，从头做起。比如，混料方法的建立，开始只能在实验室用手工和在简易试验器材上试验树脂黏度、含量、时间等因素对模塑料混料质量的影响和比较各种混料方法的效果。为了管控模塑料的质量，建立模塑料质量的检测方法，在无资料可循的情况下，我们仅能根据在大学和中国科学院应用化学研究所所学到的技能，到普通的化工商店购买各种简易试验仪器与设备，如天平（精度为 1/1000 和 1/10000）、回流冷凝器、恒温水浴、高温马弗炉等，建立了模塑料三项指标即含胶量、挥发性含量和不溶性的检测方法。为酚醛模塑料的生产奠定了基础。又如，当时特别需要的一种原材料——高硅氧纤维，国内还没有厂家生产供应。我们只能自己动手，用简易的办法在一个大型的酱菜缸内，用普通玻璃纤维进行小批量试验、间歇式生产，使其二氧化硅的含量达到大于 96％的要求。暂时满足了当时对制造耐瞬时超高温的产品的需要。也就是在那个年代，在那样的条件下，一套完整的酚醛及其改性模塑料的生产、质量控制工艺及其制品的模压成型工艺建立了起来。

除了酚醛类模塑料外，在 20 世纪 60 年代末和 70 年代中，我国开始探索关于团状模塑料（DMC）和片状模塑料（即 SMC）的工艺研究。实际上，在 20 世纪 50 年代，世界上的模塑料品种主要是酚醛型模塑料、三聚氰胺-甲醛和脲醛树脂型模塑料。由于上述各类模塑料受树脂基体固有特性的影响，无论在加工、成型过程中还是在其最终制品的性能方面都存在一定的困难和不足，从而严重阻碍了上述模塑料的应用和发展。这些问题直到不饱和聚酯树脂型模塑料（即 SMC/BMC 的前身）的出现才开始得以解决。在开始阶段不饱和聚酯模塑料（DMC）主要用像剑麻类的天然纤维作为增强材料。后来，当人们进一步认识到填料在模塑料成型期间在流变学方面能起重要作用，并将填料作为模塑料配方的重要组成部分时，在世界上才首次开发出真正意义上的聚酯模塑料 DMC（Dough Moulding Compounds）。为了克服 DMC 在制品表面平滑度差；厚截面易产生微裂纹，不致密；机械性能不高；易产生树脂集聚和熔接线；加料操作处理比较困难等问题，到了 20 世纪 70 年代，BMC（散状/块状模塑料）就应运而生了。实际上，BMC（Bulk Mouling Compounds）就是低收缩并化学增稠的 DMC，也开始大量采用短切玻璃纤维作为增强材料。

在 20 世纪 60 年代初，另一类聚酯模塑料——片状模塑料（即 SMC，Sheet Moulding Compounds）也在原联邦德国问世。这种模塑料的发展动机是为了寻找更高效率类似于金属冲压技术的玻璃钢工艺方法。为解决模塑料的快速模压成型必须要解决生产出来的不饱和聚酯树脂片材不粘手的问题，以便于操作等。理论上也就是说，必须解决液体不饱和聚酯树脂的化学增稠问题，使其黏度在一定的时间内能快速增加，达到既不黏手、还要保证其在成型时带动玻纤一起同时流动的程度。在 20 世纪 60 年代中，德国拜耳公司创造性地将早在 50 年代初就发现的碱土金属氧化物或氢氧化物可以使不饱和聚酯树脂产生化学增稠效应的专利成功地应用于新型模塑料的生产过程，从而产生了当时称之为预浸料（Prepreg）的一种模塑料，也就是后来为世界各国统称为 SMC 的模塑料的前身。它和 DMC/BMC 不同，SMC 的最大特点是它更适合成型大面积结构复杂的制品，它具有更优良的物理机械性能。国外的 SMC 到 20 世纪 70 年代初 开始初具规模，据统计，1973 年欧共体 SMC 总产量达 3.5 万吨，美国为 2.9 万吨，日本为 1.0 万吨。到 1999 年。欧洲 SMC/BMC 当时的产量为 9.3 万吨，美国推算约为 30 万吨，日本为 17 万吨。

我国 SMC 的研究，起始于 1974 年北京二五一厂（又叫北京玻璃钢研究设计院）四室有关技术人员，根据国际上模压材料及工艺的发展情况，向上级打报告，申请对 SMC 工艺的开发建议。北京二五一厂的 SMC 成套技术研究项目，在 1975 年经建材局批准后启动。当时，成立了由 14 位科技人员和 2 名高级技术工人组成的技术攻关组并开始攻关工作。下设工艺、树脂和设备三个小组，解决当时的树脂化学增稠、SMC 生产及成型工艺和生产设备问题。与此同时，为了解决当时的无捻粗纱存在的切不断、分不散和浸不透的问题。北京二五一厂和南京玻纤院联合攻关解决生产 "SMC 专用粗纱" 的技术问题。到 1976 年 4 月 25 日仅用了一年左右的时间。用国产原材料、自行设计的配方、工艺技术，用完全由自己设计制造的设备，首次在我国正式生产出第一批 SMC 片材，从而填补了当时我国复合材料的一项材料、技术和设备空白。

在会战期间，和酚醛模塑料开发阶段一样，面对国外的技术封锁、工作环境及条件的苛刻，只能从仅有的少量的外文资料的字里行间探寻我们所需要的点点滴滴，为我所用。在此期间，特别要指出的是，为了了解国外 SMC 等工艺及相关设备的特点，面临的第一难点是对专业的英文术语如何翻译成准确的中文。所以，至今在行业中几乎所有的中文专业术语都是当年从英文翻译过来的。如 SMC（片状模塑料），D/BMC（团状、散状、块状和聚酯料团），Chemical thickener（化学增稠/剂）、LSA/LPA 低收缩添加剂/低轮廓、低波纹度添加剂，Charge Pattern（加料方式），Class "A" Surface（A级表面），Doctor Box（刮糊区），In-mold Coating（模内涂层），Mash-off（变截面结构），Maturation（稠化/熟化），Sear Edge（剪切边），Wet out（浸透性），Wet through（浸渍性），Sink Mark（收缩痕迹/缩孔），Resin Richness（富树脂区），STW（短程波纹），LTW（长程波纹），Leveling System（四角调平系统），Press Parallelism（压机调平机制）等，涉及材料、工艺、设备（压机、模具）、二次加工、产品性能等方面，必须把国外的技术术语正确引入国内，以便同行理解和大家采用共同的技术语言。另一个更大的难点是面临国内原材料的品质和供应问题。当时国产的材料没有可供选择的余地。不饱和聚酯树脂当时只有 191、196、198 等牌号。玻纤还是硬筒拉丝工艺，无法烘干，玻纤主要采用的都是纺织型浸润剂。少有适于不饱和聚酯树脂系统的品种。按当时流行的说法就是玻纤 "切不断、分不散、浸不透"。日本某公司把国产的树脂、玻纤等原材料样品拿回日本检验后出具的报告中，明确指出 "中国的树脂和玻纤不适合用于制造 SMC"。就是在这样的背景下，我们按照自己的创新思路，使我们活性很低，按常规方法不能增稠的不饱和聚酯树脂 191/196/198 实现了化学增稠，并实现了所需的全过程各阶段的黏度控制。与此同时，对于国内没有专门供应的原材料如低收缩添加剂、理想的增稠剂、特种着色剂（浆）等，也全部自行研发、试制和生产。例如，自行开发了氯酯共聚物、PS 和 SBS 等 LS\LP 添加剂；活性度可调的 MgO 化学增稠剂；耐候性好的色浆等。特别需要指出的是，增稠剂是生产 SMC 成败的关键添加剂。当时在国内仅有上海一家工厂能生产活性氧化镁。但由于当时运输条件较差。购进的所谓活性氧化镁的活性已降低到不能使低活性的树脂系统产生理想的增稠效应。为解决此问题，工艺人员创新思路，自行制造活性氧化镁。研究结果，可以根据不同增稠速度要求，生产出不同活性的氧化镁。为解决玻纤的问题，一方面调整 SMC 生产工艺和设备；到玻纤生产车间实地考察并调整拉丝工艺及设备。首先解决浸润剂含量和水分含量的控制问题。另一方面，也和南京玻纤院合作立项，进行 SMC 专用浸润剂及拉丝工艺的研究。为适应生产的需要，设备也几经升级换代，形成了量产能力能满足市场开发要求的生产型 SMC 生产线。所有研究成果都分别在当时的玻璃钢期刊（1977 年专刊）和 1981 年部级成果鉴定会［含全套配方、生产工艺、成型工艺技术资料及宽度为 48 英寸（即 1200mm）机组设备图纸］上以及长沙国际会议（1983 年学会年会）上公开发放和发表。在 1987 年之前，由于在原材料及工艺技术等方面都存在一定的技术屏障，在我国 SMC 生产仅是一枝独秀，只有北京二五一厂一家具有生产能力。

从以上我们可以看出，我国 SMC 工艺技术的起步时间与国外 SMC 开始小规模量产的时间相差仅有 5 年左右。起步时间并不算晚。但在 20 世纪 90 年代中期之前的近 20 年间，它的发展受到当时

SMC/BMC 技术成熟度、原材料品质、设备水平和市场培育周期较长等因素的影响，在较长的一段时间里，仅靠北京二五一厂一家在孤军作战，所以发展十分缓慢。在 1987 年江苏某工厂根据在部级鉴定会上获得的北京二五一厂的 SMC 全套技术资料和设备图纸，仿制出两台小型 SMC 机组。机组宽度为 24 英寸（即 600mm）。一台交付江苏盐城玻璃钢厂，用于生产北京二五一厂研制成功的铁路 25 型车箱的 SMC 窗框用的 SMC 材料。另一台自用。其间 SMC 的生产规模并不大。到 1989 年，全国 SMC/BMC 的总产量仅为 2000t 左右，主要是来自北京二五一厂的贡献。到 1991 年约为 3000t。其后，尤其是在 2000 年以后，我国 SMC/BMC 行业得益于我国改革开放多年的成果，各有关行业纷纷引进 SMC 所急需的原材料产品的生产技术，使得材料的品种如不饱和聚酯树脂、玻璃纤维、各种助剂等 SMC 所需原材料更加丰富，质量水平也有了大幅度的提高，本行业经多年的经验积累和队伍的不断成熟、扩大，对 SMC 的市场需求的变旺及其发展取得了过去近 20 年所无法比拟的成绩。据不完全统计，到 2000 年全国 SMC/BMC 产量达到 40000t，2004 年 SMC/BMC 产量已达到六万多吨，2014 年产量已达到 40 万吨的水平。它的发展已逐渐成为我国模塑料行业的主角。年产量已跃居世界前列。

## 2.3　酚醛、环氧及其改性型模塑料的发展

在 20 世纪 60—80 年代，我国的酚醛型模塑料主要由树脂和纤维双组分组成。配方中很少加入填料等各种添加剂。主要的树脂品种有耐高温酚醛（如氨酚醛、硼酚醛、新酚树脂等）、镁酚醛、改性酚醛树脂（如羟甲基尼龙或环氧树脂改性酚醛树脂等）。增强材料有玻璃纤维开刀丝（硬筒拉丝的废丝切开而成）、加捻纱、无捻粗纱和高硅氧纤维，也有用晶须、硼纤维、高强纤维和碳纤维的事例。在那个年代，耐热玻璃钢主要使用高硅氧纤维，轻质高强玻璃钢主要使用玻璃纤维。值得一提的是，高硅氧纤维在应用初期（1963—1965 年期间），由于市场无货供应，工厂甚至不得不自行研发并小批量生产制造以应不时之需。当时采用 E 玻璃纤维经酸处理比较"土"的办法，使其二氧化硅的含量从约 56% 提升到 96% 以上，以满足对材料耐烧蚀性能的需要。我国的碳纤维在 20 世纪 70 年代初，市场上还没有连续纤维供应，国内不少单位都在开展碳纤维制备技术的研发工作。像较早试制、生产碳纤维的辽阳耐酸器材厂。后来北京航空工艺研究所（625 所）、中国科学院化学所、山西煤化所、兰州及上海碳素厂等单位也加入了研究/试制行列。大多采用的也只是定长有机纤维在张力及氮气保护下进行预氧化/碳化小批试制生产工艺。辽阳厂所生产的碳纤维产品的物理形态与玻璃纤维开刀丝十分相似。同期，625 所等单位开始在实验室小批量试制定长碳纤维。

### 2.3.1　模塑料的生产工艺

在 20 世纪 60 年代初，除了能见到极少量的俄文专业资料外，西方的资料很难见到。据到过苏联回国的人员介绍和资料查阅，就开始了酚醛模塑料制造方法的探索路程。受当时苏联的影响，从采用苏联 АГ-4 模塑料相似的方法开始试制生产。其中有相当于 АГ-4Б 的为短切纤维预混料所用的预混法，也相当于美国的 Premix 模塑料中的酚醛型模塑料品种。另一种就是相当于 АГ-4C 的定向连续纤维预浸料的预浸法。预浸料在使用时，按需要短切成不同的长度，按需要直接或按不同的方向进行物料的铺放并模压成型。还有一种工艺是用预浸法制备酚醛树脂/短切玻纤毡模塑料。它质量均匀性好，加料体积小，易装模。尤其适合制造强度要求高、厚度变化不大、结构不太复杂的制品如枪托等。

#### 2.3.1.1　预混料的制备工艺

这是一种在当时被广泛采用的强度较高的酚醛模塑料批生产的方法。所生产的模塑料在机械、运输、化工、电气和军事工业中曾经获得过广泛的应用。例如：制作新型风机叶片、精浆机导流环、叶轮、轮套等机械零件。制作泵、阀门、弯头、三通、滤板等防腐设备零件。制作封闭式熔断器、绝缘

子、保险丝盒、电器设备外壳等短切绝缘零件。制作火箭及导弹端头、端头体、喷管、飞机机轮、枪托、护盖、握把、坦克负重轮、飞机发动机冷却风扇等军工产品。

在模塑料发展初期，预混料制备短纤维模压料的方法可根据具体情况的不同分为手工法和机械法。当新品种开始试制或产品需求批量不大时，再有就是配方中某一组分不适合强烈混合时，应选择手工混合/机械疏松的方法进行。反之采用机械混合/机械疏松的工艺。后来，由于模塑料的应用日趋广泛，用量与日俱增，某些生产厂又开发了模塑料的连续生产工艺。

预混料的制备工艺流程如图 2-3-1 所示。

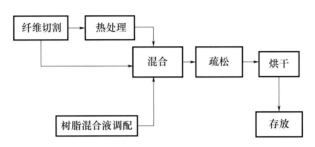

图 2-3-1　预混料制备工艺流程

1. 手工预混法制备短纤维模压料

这种方法不需用任何特殊设备，操作简单，易适应材料品种和要求的变化。以下以当年一种酚醛/玻璃纤维模压料的手工制备为例，说明手工预混法的工艺过程。

其基本操作顺序是：

（1）将玻璃纤维人工或机械裁切成一定长度的短切纤维。

（2）用热处理法除去玻璃纤维表面的石蜡乳剂型浸润剂（在当时几乎没有增强型浸润剂的纤维供应，大部分是纺织型纤维，纤维表面都含有纺织型石蜡乳液型浸润剂，在制备模塑料之前必须除去）。使其残余含量控制在一定的指标范围内；如果纤维表面是用增强型浸润剂（如 20 世纪 70 年代中期的411 型浸润剂）处理的品种，可免去此道工序。

（3）将酚醛树脂调配成一定浓度的工业酒精溶液。

（4）将配好的树脂溶液，按纤维/树脂所需的比例准确称量，并与短切纤维用手工均匀混合。

（5）用手工或机械疏松混合料，并均匀铺放于钢丝网屏上。

（6）在一定的温度条件下，烘干一定的时间以达到该品种模塑料所需控制的三项指标（指按当时设定的方法检测其树脂含量、挥发物含量和不溶性树脂含量）为准。

（7）经烘干的预混料放在塑料袋中封存待用。

2. 机械预混法批量生产短纤维模压料

这一方法所用的主要设备有捏合机和撕松机。捏合机的作用是将树脂系统与纤维系统充分混合均匀。混合桨一般采用 Z 桨式结构。在捏合过程中主要控制捏合时间和树脂系统的黏度这两个主要参数，有时在混合室结构中装有加冷热水的夹套，以实现混合温度的控制。混合时间越长，纤维强度损失越大，在有些树脂系统中，过长的捏合时间还会导致明显的热效应。混合时间过短，树脂与纤维混合不均匀。树脂黏度控制不当，也影响树脂对纤维的均匀浸润及渗透速度，而且也会对纤维强度带来一定的影响。实际上，这种制造工艺和后来的 DMC/BMC 模塑料的生产及设备，也是采用与此类似的工艺方法。机械法生产模塑料所用的设备有捏合机和疏松机。当时采用捏合机是来自食品行业的和面机的启发，而疏松机是来自棉花疏松机的灵感。捏合机的结构示意图如图 2-3-2 所示，20 世纪 60—80 年代使用的捏合机照片如图 2-3-3 所示。疏松机的作用主要是将捏合的成团物料撕松，使物料更加均匀，便于后期的操作。疏松机的结构示意图如图 2-3-4 所示，20 世纪 60—80 年代使用的疏松机照片如图 2-3-5 所示。预混料的物理形态如图 2-3-6 所示。

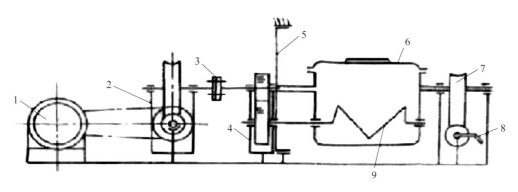

图 2-3-2　捏合机结构示意图

1—电动机；2—减速箱；3—连轴；4—传动箱；5—滑动齿圈；6—混料箱；7—蜗轮；8—手动蜗杆；9—混料桨

图 2-3-3　20 世纪 60—80 年代混料用捏合机

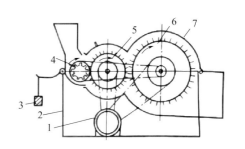

图 2-3-4　疏松机工作示意图

1—电动机；2—机体；3—配重；4—进料辊；

5、6—撕料辊；7—罩体

图 2-3-5　20 世纪 60—80 年代使用的预混料疏松机

图 2-3-6　预混料的物理形态

以下以某酚醛/短玻璃纤维模压料为例说明批机械混合法的工艺过程，其操作程序是：

（1）玻璃纤维疏松后，在一定温度下处理一定的时间，以控制浸润剂合理的残余含量；

（2）将处理过的纤维按需要切成一定长度的短切纤维；

（3）用工业酒精调配树脂黏度，控制树脂溶液的相对密度；

（4）按纤维/树脂一定的比例准确称量，并将树脂溶液和短切纤维倒入捏合机中充分混合，至无白丝裸露为止；

（5）将捏合好的预混料逐渐加入疏松机中疏松；

（6）将疏松后的预混料均匀铺放在清洁的金属网屏上，视情况控制铺层厚度；

（7）预混料经晾置后，在一定温度下的烘房中烘干一定的时间，直至模塑料三项指标满足要求为止；

（8）将烘干后的模压料放入塑料袋中封存待用。

### 2.3.1.2 连续预混法制备短纤维模压料

镁酚醛型短切玻璃纤维模压料的连续生产工艺流程如图 2-3-7 所示。其混料过程的操作程序是：将胶液用齿轮泵从釜内打入质量计量器，计量后放入捏合机内。把风丝分离器活动罩移至捏合机上，使捏合机与风丝分离器连通。启动风丝分离器上的排风器、蓬松机及切丝机。将计量过的玻璃纤维在切丝机上切断，由蓬松机把玻璃纤维逐渐送入捏合机，经过一定的时间后开动捏合机进行捏合，待切丝完毕即停切丝机、蓬松机，倒开风丝分离器上的排风器片刻，使附在风丝分离器网上的玻璃纤维下落后，再顺开排风器，移开活动罩，采用正转与反转的方法继续捏合若干分钟后，开动捏合机升降阀使其倾斜出料，料经撕松后由人工均匀地将料摊放在输送带上，进入履带式烘干炉预烘和烘干。经三段烘干，预烘干和两层烘干都要控制在不同的温度和时间内，以保证模塑料的质量指标达到该品种的要求。

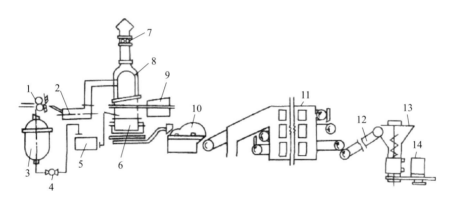

图 2-3-7  镁酚醛短切玻璃纤维模压料连续生产工艺流程

1—冲床式切丝机；2—蓬松机；3—胶液釜；4—齿轮输送泵；5—自动计量系统；6—捏合机；7—排风器；
8—风丝分离器；9—移动式风罩；10—撕松机；11—履带式烘干炉；12—皮带运输机；13—旋转式出料器；14—装料桶

烘干后的模压料由皮带运输机送入料斗，由螺旋式装料机包装入袋。

在模压料连续生产工艺所用的主要设备中，捏合机与撕松机结构与批预混法中所有的设备基本相同，而切割—蓬松系统和装料系统是其独有的（图 2-3-8），切割—蓬松系统由冲床式切丝机、卧式蓬松机和风丝分离器三部分组成。当蓬松机工作时，传动轴上的风机叶片（4）就产生一定风压，使蓬松机进料口（6）形成一个负压，经冲床式切丝机（1）切断的玻璃纤维就被吸入蓬松机内，并在传动齿、离心力和风力的作用下分散蓬松。蓬松机不断工作产生风压把蓬松的玻璃纤维吹出蓬松机，经过风管（8）进入风丝分离器。蓬松的玻璃纤维进入分离器后，粉尘通过分离器铁丝网（10）由排风机（11）抽出。由于排风机排风量和蓬松机产生的风量基本相平衡，因而在整个分离器系统中形成常压，玻璃纤维靠自重，通过移动风斗（12）沉降在捏合机（14）内。然后在捏合机内与胶液混合均匀，完成切割—蓬松浸胶过程。

短纤维模压料的连续化生产系统所用设备简单、效率高；制造方便，产品质量提高，劳动强度低。由于整个工艺过程是在一封闭系统内进行，从而大大改善了劳动条件和环境。但在操作过程中，对每一步骤都必须严格控制与细心管理，以防止局部故障而造成生产线的停顿。

### 2.3.1.3 预浸法制备短纤维模压料

当年的预浸法均采用玻璃纤维无捻粗纱经树脂浸渍烘干的湿法工艺。由于在备料过程中，纤维不像在预混法那样受到捏合和蓬松、疏松过程的强力作用，因而纤维的原始强度不会有严重的损失，而

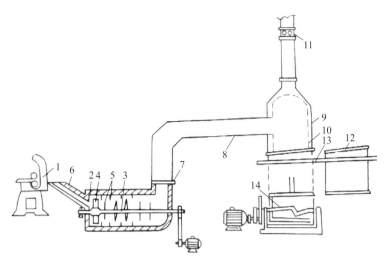

图 2-3-8　切割一蓬松系统和装料系统

1—冲床式切丝机；2—蓬松机外壳；3—传动轴；4—风机叶片；5—齿；6—进料口；7—出料口；8—风管；

9—风丝分离器外壳；10—分离器铁丝网；11—排风机；12—移动风斗；13—轨道；14—捏合机

且这种方法制成的预浸料体积小，使用方便，纤维取向性好，便于定向铺设压制成型。该法的机械化程度较高，操作简单，劳动强度小，设备结构不复杂，便于制造，可实现连续化生产。预浸法制备模塑料的方法可以分为手工预浸法和机械预浸法两种类型。区别仅在于整个过程是人工还是通过机械设备进行。手工生产的预浸料曾用于531 两栖装甲运输车诱导轮的试制生产。其工艺流程如图 2-3-9 所示。

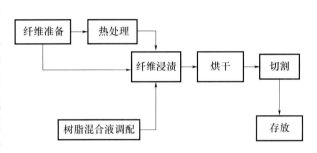

图 2-3-9　预浸法制备模塑料的工艺流程

机械预浸法制备短纤维模压料，所采用的设备有纤维预浸渍机和预浸料切割机。预浸渍机的结构示意图如图 2-3-10 所示。预浸渍机的照片如图 2-3-11 所示，玻璃纤维预浸料的生产工艺流程是：纤维从纱架导出，经集束环进浸胶槽浸渍；纤维经树脂浸渍后，通过刮胶辊控制其含胶量后，进入第 1、2 级烘箱烘干。经烘干的预混料由牵引辊引出；采用冲床式物料切割机按需要切割引出的浸料。整个过程中，需要控制的主要工艺参数有树脂溶液密度，烘干箱各级温度及牵引速度等。这种工艺方法可以生产出用于生产轻质高强产品的预浸料。

当年（20 世纪年代末）自主设计加工的预浸料裁料机、短切后的预浸料切割机和用连续预浸料制成的料坯分别如图 2-3-11～图 2-3-14 所示。

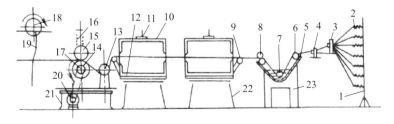

图 2-3-10　预浸渍机的结构示意

1—纱架；2—纱筒；3、4—瓷扣（集束环）；5—浸胶槽；6—张力辊；7—浸胶辊；8—刮胶辊；9—张力轮；

10—烘箱；11—温度控制；12—电热管；13—牵引张力辊；14—牵引机主动辊；15—压力辊；16—压力辊调整器；

17—牵引机链轮；18—切割机偏心轮；19—切割刀具；20—电动机；21—牵引机支架；22—烘箱支架；23—浸胶机支架

图 2-3-11　预浸渍机（1969 年）

图 2-3-12　预浸料裁料机（1969 年）

图 2-3-13　短切后的预浸料（1970 年）

图 2-3-14　用连续预浸料制成的料坯（1972 年）

其中，图 2-3-13 曾规模化生产，用于肩扛式无后座力反坦克炮的相关附件，以及某工程用各种连接件等附件，需要高强度的初教六飞机主轮、水轰五主轮及前轮等；图 2-3-14 曾用于需要超高强度的直升飞机发动机冷却风扇。

#### 2.3.1.4　浸毡法

浸毡法的工艺过程大体上和预浸法相似，所用的设备浸毡机也和预浸渍机类似。所不同的是，预浸法是用连续无捻粗纱，而浸毡法用的是短切玻纤毡，而且是浸渍前第一步是在生产线的前端先行制毡，第二步再进行毡的浸渍。毡的上下表面为玻璃布。这种工艺一般适用于酚醛及其改性酚醛树脂系统。这种材料具有良好的力学性能和成型工艺性。在 20 世纪 70 年代，秦皇岛技术玻璃厂 256 车间曾使用浸毡法大量用于常规武器特别是步枪枪托等产品。该工艺的简要流程如图 2-3-15 所示。

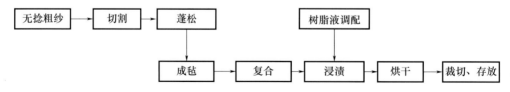

图 2-3-15　浸毡法工艺流程

### 2.3.2　酚醛模塑料的生产厂家

（1）北京二五一厂自 1963 年起开始试制预混料并随后投入生产。1969 年高强度预浸料投入应用（俗称"面条料"）。该厂生产的模塑料主要是自用。产品品种主要是耐瞬时超高温、轻质高强、耐热、耐超低温等特殊品种。也生产镁酚醛模塑料大量用于常规武器的零部件。

（2）在此期间，常州二五三厂、天津玻璃钢厂、秦皇岛工业技术玻璃厂、杭州玻璃厂、重庆塑料总厂、山东五三研究所对酚醛模塑料都进行了大量的开发和生产工作。山东化工厂、哈尔滨绝缘材料厂、长春化工二厂、扬州化工厂和常州二五三厂还专门建立了酚醛模塑料的连续生产线，并向社会销售各自生产的模塑料。

（3）酚醛模塑料的品种：在我国酚醛模塑料发展初期即 20 世纪 60—80 年代，市场上供应的品种主要有：扬州化工厂的 351-1、351-2、351-3、351-4、351-5；山东化工厂的 FX-501、FX-502、FX-503、FX-504、FX-505、FX-506、FX-507；哈尔滨绝缘材料厂的 4330-1、4330-2；长春化工二厂的 FB-711、FB-701、FB-691；常州二五三厂的 FB-3。

上述酚醛模塑料品种主要用于生产军械装备和化工防腐产品。

### 2.3.3　酚醛模塑料的初期应用

（1）我国酚醛模塑料的发展，初期主要受到军事工业强烈需求的推动并得以迅速发展。北京二五一厂在此领域及对酚醛型模塑料的开发与发展起过并且继续起着重要的作用。

（2）酚醛模塑料的应用领域主要是在航空航天、军械装备和化工防腐等方面。图 2-3-16 列举了在 20 世纪 60—80 年代，北京二五一厂批量试制和生产过的部分模压产品。主要包括航空航天、常规武器、军事通信等产品，也有交通运输、化工防腐等领域的产品。

图 2-3-16　20 世纪 60—70 年代北京二五一厂的各种模压制品

早在 20 世纪 60 年代初，耐烧蚀的酚醛模塑料就开始被用于制造各种型号的战略性、战术性导弹、火箭的零部件，为我国国防工业及尖端武器的发展作出过重大的历史性贡献。至今这类特殊的模塑料在航天等军事工业领域仍然在广泛应用。图 2-3-17 为酚醛模塑料在烧蚀、防热领域应用的典型事例。

（3）在 20 世纪 70 年代初，另一类特殊的模塑料曾成功地用于制造在超低温（−196℃、−253℃）、高真空（$10^{-10}$ mmHg）环境下使用的零件。在国内首次进行了玻璃钢在液氮和液氢温度下力学性能试验和观察并测试了玻璃钢在该条件下的特殊表现性能。也解决了玻璃钢在高真空环境下的出气问题。最后，各项性能试验均获成功。该项研究成果曾在 1974 年的中国科学院低温物理刊物发表。

图 2-3-17　模塑料在烧蚀/防热领域的应用

（4）酚醛类玻璃钢在航空工业中的应用。

1971—1973 年，北京二五一厂和三机部东安机械厂合作，用玻璃纤维/环氧酚醛、碳纤维/玻璃纤维/环氧酚醛预浸模塑料定向铺设模压 H7 发动机送风器转子。到 1980 年全部完成并通过所有的试验。经 7 小时 37 分超转循环试验，转速达 5504r/min 未发生破坏。超过旧结构镁合金转子、新结构加厚轮缘镁转子和铝合金转子。也通过了 50h 短期车台试车。发动机测振试验表明，经加入部分碳纤维后，其固有频率得以调整，其 2.5 次谐波振幅值优于其他材料转子，并在合格范围内。最后通过了 600h 长期（寿命）试车试验（新旧结构镁转子使用寿命分别为 400h 和 200h）。这也是我国首件使用碳纤维及首次在一个产品中混杂使用碳纤维和玻璃纤维并采用预浸料定向模压工艺的产品。产品照片如图 2-3-18 所示。

图 2-3-18　纯玻璃纤维增强转子（左侧）和碳纤维/玻璃纤维混杂增强转子（右侧）

北京二五一厂和三机部 609 所自 20 世纪 70 年代初起进行了近十年的合作，用高强酚醛改性模塑料试制生产飞机机轮轮毂。用于初教六的飞机主轮和水轰五的前轮、主轮。其中初教六玻璃钢机轮于 1974 年完成了全部地面试验，包括静力试验、动力试验、落震试验、滚转疲劳试验和海水老化试验。并于 1974 年 11 月起装配 3 架飞机进行性能试飞、寿命试飞的试飞试验。结果表明全部通过 29 个起落 6 个项目的性能试飞试验和经受住 1000 次起落的寿命试验。试验后其静强度值仍超过设计破坏值。其径向强度和爆破强度剩余系数为 0.2。水轰五玻璃钢前轮和主轮于 1980 年也通过了相应的试验。基本满足设计要求。前后共生产了 93 架份产品供有关方面应用（其中，水轰五装机 65 架份）。相关照片如图 2-3-19 及图 2-3-20 所示。

图 2-3-19　水轰五机轮（左侧）　　　　图 2-3-20　装有玻璃钢机轮的初教六飞机
　　　　和初教六主轮（右侧）　　　　　（左侧）在试飞及水轰五机轮安装状态（右侧）

（5）酚醛玻璃钢在常规武器及军事工程中的应用。

① 1969 年北京二五一厂与北京重型机械厂合作试制生产 37 高炮模拟弹头，以确保打靶地区居民和周围民用航线上飞机的安全。

② 在 1972 年北京二五一厂和北京照明器材厂合作，试制、生产 37 高炮群发信号指挥枪，使用效

果良好。模拟弹头及指挥枪照片如图 2-3-21 所示。

③ 自 1970 年和 1977 年，北京二五一厂和北京广播器材厂合作，分别为 6984 工程、长河四号工程大量生产酚醛玻璃钢螺钉、螺杆、螺母、垫圈、法兰和托架。其产量达数十万件，其中螺母生产用九孔模；螺钉、螺杆用四孔模生产。经工程验收会议确认，其产品性能完全满足该工程的各项要求。产品照片如图 2-3-22 所示。

图 2-3-21　37 高炮模拟弹头（左侧）　　　　　　图 2-3-22　6984 工程玻璃钢连接件
及炮群指挥枪（右侧）

④ 1969—1970 年，北京二五一厂为 137 厂试制生产肩扛式无后座力反坦克炮护板、握把、提把和手柄共 7.2 万件。同期，也曾为望江机械厂和长安机械厂试制过各类枪支的玻璃钢零件。图 2-3-23 为当年生产过的部分枪械零件。

20 世纪 60 年代中期，北京二五一厂与总后某部队协作，生产的炮弹防潮筒达十余万件，其中，两端筒盖及中隔用酚醛模塑料压制生产。每年近几十万件的产量使该厂在生产过程中，采用机械化预成型工艺，成型时采用双孔、四孔、六孔甚至九孔模。该防潮筒于 1966 年曾分别置于福建、东北、西北和内蒙古高原地带，经六年使用后检查，在福建一个潮湿山洞中存放的炮弹木箱已腐烂发霉，铁角已锈掉，玻璃钢防潮筒表面也长满了黑色霉菌，但打开防潮筒盖，筒内的炮弹无腐蚀现象，经实弹射击，效果仍然正常。此外，玻璃钢防潮筒在白蚁集中的环境中，白蚁并不蛀蚀玻璃钢防潮筒，筒结构仍然正常。图 2-3-24 为 82 迫击炮炮弹玻璃钢防潮筒。

图 2-3-23　部分玻璃钢枪械附件　　　　　　图 2-3-24　82 迫击炮炮弹玻璃钢防潮筒

⑤ 酚醛玻璃钢"82"迫击炮弹（M6）引信体。该引信体原为铜制。后改为棉纤维或棉布浸渍酚醛树脂压制。每个引信需要 1.2 市尺棉纱或棉布。1964 年开始改用酚醛玻璃钢模压成型。它强度高，吸水率低，精度高，使用可靠，早在 20 世纪 60 年代末 70 年代初已定型投入大批量生产。据常州二五

三厂、杭州、吉林三家生产厂统计，仅在1971年就生产了600多万只玻璃钢引信体，为国家节省棉布达720万市尺（相当于当时43万人口一年的棉布定量）。据报道，扬州化工厂于1966年起用该厂的351酚醛模塑料先后成功用于玻璃钢枪托、引信体、护盖、四零火箭筒护盖和握把、火箭发射管以及其他高炮和坦克零件等上百种常规武器零部件。20世纪70年代初亦已定型批生产装备部队。

⑥ 在20世纪70年代前后，酚醛玻璃钢在枪械装备方面应用的一个重要产品是"五六"式自动、半自动步枪酚醛玻璃钢枪托。在此之前，该枪托用核桃木、桦木、楸木等优质木材制作。由于我国木材资源短缺、制枪托出材率仅30%（每1m³木材最多能生产20～30支枪托）、加工工序多（加工一支木枪托需42道工序），而且在木材性能上还有许多不足。如：吸潮性大。在高温、高湿地区易变形、强度差、易损坏等。因此，当时的重庆塑料总厂、秦皇岛工业技术玻璃厂等企业纷纷投入玻璃钢枪托的研制工作。玻璃钢枪托的试制分别开始于1961年和1962年，1963年经国家军工产品二级定型委员会批准设计定型。1968年经国家轻武器军工产品定型委员会批准生产定型。当时生产玻璃钢枪托有两种成型工艺。其一是整体式模压法，它工序少，后加工工作量小，大批生产时成本较低，但模具结构、成型过程较为复杂。另一种是分片模压胶合式工艺。该工艺方法较为简单，模具不复杂，但工序稍多（单片成型后需再将两片粘合在一起）。但成型周期短，劳动生产率高。两种工艺路线在性能方面都能达到产品规定的指标要求。产品大批生产后，已在全国各军区装备使用。仅秦皇岛工业技术玻璃厂截至1970年，已先后试制生产了几万支枪托。1974年该厂曾对自1966年到1974年已经使用了八年的枪托进行了情况调查。结果表明，玻璃钢枪托尺寸精确、不易变形；经八年的使用，其射击精度没有变化；坚固耐用，而木托的损坏率有时高达10%～20%。而且玻璃钢枪托在承受枪击、手榴弹和氢弹强辐射的能力均优于木托。玻璃钢枪托易维护保养，好贮存等。成枪后连续射击15000发，枪托完好无损，适应热、潮、海水等腐蚀环境。它的不足之处是：价格比木托贵且重100g，在零下30℃使用时有时会粘肉，发射管处握把发射时有烫手现象等。这些不足在当时并不影响战士的使用。各生产厂也在不断改进，以扬长避短。"五六式"冲锋枪也曾用改性酚醛模压枪托、护木、护盖和握把。它原用楸木制，平均2.5m³楸木原材只能加工出成品62支份，材料利用率仅1.5%，98.5%变成废材和切屑。用玻璃钢后，不仅代木，而且节省169道工序，各类机床设备114台，刃、卡、量、冲具等工装装置359种，操作人员130人左右。也节省木材和木制品干燥室两处（图2-3-25）。

⑦ 1966年北京二五一厂还和北京618厂合作，成功地试制了531装甲两栖运输车负重轮。该负重轮采用预浸长纤维/环氧改性酚醛模塑料模压而成。其轴套及外轮沿均嵌入金属嵌件。它成功地经受住180km坦克试车道的试车考验。其尺寸、质量之大，至今仍为模压领域之罕见（图2-3-26）。

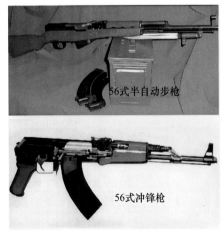

图2-3-25 曾采用玻璃钢枪托及握把的枪械

图2-3-26 531输送车模压玻璃钢负重轮

### 2.3.4　在其他工业领域中的应用

（1）1975 年北京二五一厂和青海科学研究所协作，曾试制 S18G 钻塔的天车组，原金属天车组重 85kg。在塔上安装时劳动强度较大。采用玻璃钢的目的主要是为了减轻天车组的质量，便于在塔顶现场维修。该天车组由天车轴、滑轮组、轴座、轴盖组成，全部用模压玻璃钢制造，前二者用高强酚醛模塑料，后者用酚醛模塑料制造。经试验，全部力学性能均达到设计要求，玻璃钢天车组质量为 36.5kg/台，比金属天车组质量减轻 60%。玻璃钢天车组照片如图 2-3-27 所示。

图 2-3-27　S18G 钻塔玻璃钢天车组

（2）为配合我国相分裂导线多路载波通信，北京二五一厂和东北电管局技术改造局共同设计研制的 FI-1 玻璃钢绝缘子和 FI-2 组合式绝缘子，于 1982 年年底通过鉴定。前者要求在 60kV 电压下机电联合破坏负荷设计值为 7000kg。实测数据超过 13000kg。FI-2 绝缘子在同样条件下都超过 11000kg。电容要求为 10pF，实测值均不大于 4pF，适合在 220kV 相分裂导线通信线路中使用。鉴定会后，该绝缘子已在东北铁岭电业局所属的线路上装配使用。它们是用环氧改性酚醛高强模塑料制造。当年相分裂绝缘子如图 2-3-28 所示。

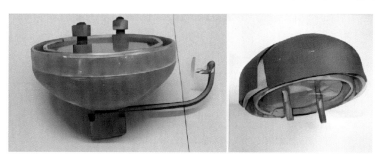

图 2-3-28　玻璃钢相分裂绝缘子（红色为硅橡胶）

（3）1981 年北京二五一厂和北京公交公司合作，开始试制无轨电车用酚醛玻璃钢绝缘子，经三年半的努力，研制成功了 16 种玻璃钢绝缘子品种，共生产了 24000 余件制品，分别在东北三省六市、武汉、成都、重庆等地投入使用。使用结果表明，玻璃钢绝缘子在机械强度、绝缘性能、防水性能、互换性及外观质量、经济效益上均优于瓷垫绝缘子。其单件质量仅为 490g。据报道，玻璃钢绝缘子在铁路电气机车上也有应用。无轨电车绝缘子如图 2-3-29 所示。

图 2-3-29　无轨电车玻璃钢绝缘子

(4) 自 1966 年起，北京二五一厂和北京内燃机总厂合作，试制北京 212 吉普车发动机用酚醛模压玻璃钢冷却风扇、风扇皮带轮、曲轴皮带轮、正时齿轮盖四个零件以取代原铝合金零件。四个玻璃钢零件装车后，经三万公里路试等检测，完全满足设计要求。这是我国首批研制成功的汽车玻璃钢制品。

它不仅在强度上满足了要求，而且节省了大量铝合金资源，简化了生产工艺。而且大大降低了发动机噪声。当时，由于成本上的原因，在 212 吉普车上只应用了风扇皮带轮和曲轴皮带轮两个零件。该产品自 1969 年开始投产，本来应由北京二五一厂试制和生产，后来研究成果辗转到由常州二五三厂、北京北郊木材厂进行生产，最后一直由北京双桥玻璃钢厂进行生产。该产品持续生产 20 余年。每年消耗酚醛模塑料 100 余吨，年产量平均 3 万～5 万套（图 2-3-30）。

图 2-3-30　212/121 吉普车发动机玻璃钢零件

(5) 酚醛模塑料在化工防腐中的应用。

① 酚醛模塑料除了在军械装备上获得广泛应用外，由于它优良的耐腐蚀、耐热和高强性能，它在石油化工防腐领域和机械制品、电机、电器上的应用也十分广泛。酚醛模塑料在化工方面的应用主要是用来模压各种类型的泵和阀门。自 20 世纪 70 年代起，沈阳塑料器材厂、浙江省临海化工器材厂、天津玻璃钢厂、秦皇岛工业技术玻璃厂、上海南汇县农机修造厂等十多个单位都先后成功研制出玻璃钢耐腐蚀泵和阀门。此外，营口塑料板材厂、山东南定玻璃厂、锦西化工机械厂、南京有机化工厂、广州塑料二十社、南京十月竹器厂、广东佛山玻璃钢厂等工厂也都曾试制和生产过酚醛模塑料的泵和阀门。

② 沈阳塑料器材厂为大庆油田生产的 100FS-B-37 环氧改性玻璃钢离心泵用在丙烯腈车间的塔循环泵，介质为硫酸、硫胺、丙烯腈，温度 80℃，压力最高达 $4kg/cm^2$，效果良好。为鞍山化工厂生产的耐酸泵，使用性能良好，原来用铜制的泵，在相同硫酸介质下，仅一个月就因腐蚀而需更换。

天津玻璃钢厂生产的 50BZS-31 型酚醛玻璃钢耐酸泵，扬程 30m，流量 20t/h。耐各种浓度的硫酸、盐酸、醋酸。

广东佛山玻璃钢厂（一说广东佛山水泵厂）用改性酚醛模塑料生产单级分段式多级离心泵——802DS12 单级分段式。可输送水及带腐蚀性的液体（50% 以下的硫酸、盐酸、30% 以下的氨水或某些溶剂等），使用温度 100℃，扬程 168m。泵的绝大部分零件如叶轮、进水段、中段、出水段、导叶和联轴器均采用酚醛玻璃钢模压成型。全泵总重只有 74kg，而铁泵为 210kg。该泵供茂名石油公司不同车间分别输送硫酸和氨水。

上海化纤三厂用环氧改性酚醛玻璃钢压制离心泵（型号仿 4K-12），扬程 27m，流量 100～110m³/h，功率 17kW，输送硫酸（浓度 10%～20%），压力 $3kg/cm^2$，使用长达 6 年，效果良好。

天津市战斗旋木厂用模压法生产 1″、2″ 环氧型、酚醛型和聚酯型玻璃钢球阀，仅在 1972 年就计划生产 7000 套。该厂生产的酚醛玻璃钢球阀，在天津红卫化工厂得以应用，该玻璃钢球阀在 120℃，盐酸 30%，硫酸 92.5% 介质中，运转情况良好。

③ 秦皇岛工业技术玻璃厂自 1972 年初开始试制改性酚醛玻璃钢球阀，经两年的工作，试制成功 Dg40、Dg50 两种玻璃钢球阀，73 年生产了 10000 多个。1973 年 4 月之前已有 5000 多个阀门送至全国 50 多个单位使用，其使用介质为酸性介质、有机溶剂和无机盐溶液，使用温度从常温到 145℃，使用压力从常压到 $6kg/cm^2$。试验表明，该厂生产的 402 改性酚醛玻璃钢球阀耐腐蚀性能良好，强度高，使用方便，密封性好，价格比不锈钢、铜阀等材质便宜。

扬州化工厂自 1965 年开始试制 351 型酚醛玻璃钢，1966 年正式投产。其产品品牌号为：351-1，351-2，351-3，351-4，351-5。前四种牌号用无碱玻璃纤维生产，用于制造机电产品，后一种用中碱玻纤，用于制造一般机械产品。该厂生产的酚醛模塑料不仅供自己使用，在当时也向社会销售。扬州化工厂用 351 酚醛玻璃钢模塑料生产各种管件（如 90°弯头、束节、法兰等）、2″玻璃钢离心泵（含叶轮、壳体、密封盖，用于酸性介质，扬程 35m，电机功率 5.5kW，2 级）、2″玻璃钢球芯阀门（主要部件全用 351 型玻璃钢，适宜酸性介质）。在电机、电器方面，也曾用于电机引出线板、刷握、换向器、滑环、槽楔等。尤其是换向器，改用 351 酚醛玻璃钢后，零件数由金属的 9 种减少到 4 种，省去多道工序及相应之设备。如上海先锋电机厂 $\phi160\times80$mm 塑料换向器与金属换向器比较，每只可节省工费 77.5 元，质量减轻 3kg，同时节约 14 个加工工时。机械设备方面，351 酚醛玻璃钢还用于生产 195 号柴油机上的滤清器总成、调速滑轮、调速支架、油箱开关座、油箱盖板、水箱漏斗等。也用于 JQB 型潜水排灌电泵的轴套，替代了铸铜，易加工，防腐性能更好。上海造纸机械厂 100 型圆柱精浆机的导流环和进出口叶轮，原来用不锈钢，加工难，成本高，用 351 酚醛玻璃钢后，工效提高 20 倍，降低成本 70％左右，节约了大批不锈钢。

当年，扬州化工厂生产的 351 酚醛玻璃钢也先后成功用于玻璃钢枪托、引信体、护盖、四 0 火箭筒、火箭发射管以及其他高炮和坦克零件等上百种常规武器零部件。

浙江嘉善玻璃钢厂从 1972 年起就与上海材料研究所、上海石油总厂研究院合作试制、生产改性酚醛玻璃钢球阀。到 1984 年就已形成从酚醛树脂合成到模塑料生产、模具制作、压制、卷管等配套生产工艺的中型玻璃钢企业。近 400 名职工，10000m² 厂房，5 台反应釜，30 台 50～500t 压机，年生产能力为 4 万套球阀，12000m 管道（含弯头、三通、束节等管件），所生产的"三方牌"球阀颇受用户欢迎。近 20 年，该厂仍在继续致力于酚醛模塑料及其制品的开发与生产。在该领域已积累了近 30 年的经验。各种代表性的模压管件如图 2-3-31 所示。

图 2-3-31　酚醛模压玻璃钢在化工防腐中的典型应用实例

（6）酚醛玻璃钢在机械设备中的应用。

长春开关厂曾用酚醛模塑料生产玻璃钢管式熔断器。除导电部分外，全部采用玻璃钢一次成型。既节省了工时，电性能又好，断流容量比老产品 PM3 高一倍，成本降低 7.68 元，平均每个节铜 1kg，仅 1971 年就节约了 27t 铜。

上海造纸机械厂用酚醛玻璃钢制造 100 型圆柱精浆机出口流向轮，原用不锈钢，加工困难。采用玻璃钢后一次成型，提高工效 25 倍，降低成本 70％，质量只有不锈钢的 1/8。

浙江宁波玻璃钢机械制品厂，从 1970 年 10 月起试制酚醛玻璃钢机械零件，1972 年正式投产。到 1974 年已生产各种酚醛玻璃钢机械零件 17 万多件，20 余个品种，供应全国近 10 个省份。其中有：290 型和 2105 型柴油机水泵叶轮；BW250/50 型泥浆泵玻璃钢密封圈座及内齿圈；190 型柴油机玻璃钢调速主动盘，在 1971 年到 1974 年间共装机 15000 台；改进型 195 柴油机的玻璃钢调速主动盘年产 2000～3000 件。调速支架 1974 年产量为 3866 台，到 1975 年已达 10000 台。

### 2.3.5 应用附表

为了便于大家简要清楚地浏览酚醛及其改性型模塑料应用的历史状况，现将以上列举的各种应用实例，简要整理为表 2-3-1～表 2-3-3。以归纳了我国该种模塑料在发展初期的主要历史应用状况。

表 2-3-1 酚醛及其改性模塑料在航空航天、机电产品中应用实例

| 序号 | 年份 | 应用情况 |
|---|---|---|
| 1 | 1963～ | 北京二五一厂研制各类火箭、导弹的头锥、中心锥、端头、端头体、喷管、挡药板等耐热和耐烧蚀应用 |
| 2 | 1971～1972 | 北京二五一厂研制 714 工程用，适应超低温（－196℃，－253℃）及高真空（$10^{-10}$mmHgh）环境下使用 |
| 3 | 1972～ | 北京二五一厂研制直升机 $H_7$ 发动机送风器转子。顺利完成 7.5h 超转循环试验（达 5504r/min）、50h 短期试车、测振试验和 600h 寿命试验，其性能均超过镁、铝合金转子 |
| 4 | 1980～1982 | 北京二五一厂研制 220kV 相分裂绝缘子，1982 年通过鉴定。其性能在 60kV 电压下其机电联合破坏负荷、电容值均符合要求。已安装在线路上使用 |
| 5 | 1970～1980 | 北京二五一厂研制初教六飞机主轮，水轰五主轮及前轮。顺利完成静力试验、动力试验、落震试验、滚转疲劳试验和海水老化试验，以及性能试飞、寿命试飞试验，共生产 93 台产品供有关方面应用 |
| 6 | 1975～ | 北京二五一厂研制 S18G 钻塔天车组。全部力学性能均满足设计要求，单台质量 36.5kg。比金属天车组减轻 60% 的质量。便于塔顶现场维修 |
| 7 | 1970～ | 北京二五一厂研制 6984 工程用绝缘、透波零件，包括螺钉、螺母、螺杆、垫圈、法兰、托架等共数十万件。使用性能良好 |
| 8 | ～1970 | 北京二五一厂研制 37 高炮模拟弹头。要求出膛后爆炸且不产生杀伤力。保证了靶区居民及航线飞机的安全 |
| 9 | ～1969 | 北京二五一厂 37 高炮群群发信号指挥枪 |
| 10 | 1966～ | 北京二五一厂研制北京 212 吉普车发动机冷却风扇、风扇皮带轮、曲轴皮带轮、正时齿轮盖。其中两种皮带轮已于 1969 年开始投产，年产 3 万～5 万套，持续生产 20 多年。为我国首批量产化的汽车玻璃钢制品 |
| 11 | 1981～1984 | 北京二五一厂研制无轨电车用玻璃钢绝缘子，共 18 种规格。24000 件在全国三省六市获得应用 |
| 12 | 1980 | 多家工厂研制铁路电器机车用绝缘子，耐 50kV 电压 |
| 13 | 1966～ | 多家工厂研制电机引出线板、刷握、换向器、滑环、槽楔。尤其换向器减少了零件数，节省工时，减轻了质量 |
| 14 | 1966～ | 多家工厂研制柴油滤清器总成、调速滑轮、调速支架、油箱开关座、油箱盖板、水箱漏斗、潜水排灌电泵的轴套 |
| 15 | 1970～ | 多家工厂研制玻璃钢管式熔断器，节省工时，断流容量比老产品 PM3 高一倍，成本降低 7.68 元，每个节铜 1kg。仅 1971 年就节约铜材 27t |
| 16 | 1970～ | 100 型圆柱精浆机出口流向轮，用玻璃钢后提高工效 25 倍，降低成本 70%，质量只有不锈钢的 1/8 |
| 17 | 1970～1975 | 宁波玻璃钢机械制品厂到 1974 年已生产各种玻璃钢机械零件 17 万多件，20 余个品种。其中有柴油机水泵叶轮、泥浆泵密封圈座及内齿圈。柴油机调速主动盘和调速支架。后者到 1975 年年产量已达 10000 台 |

注：～代表起止时间中的一项不清晰，为忠于历史，特以此方法表示，以下表格相同。

表 2-3-2　酚醛及其改性模塑料在军械方面的应用实例

| 序号 | 年份 | 应用情况 |
|---|---|---|
| 1 | 1965～1966 | 北京二五一厂研制 531 两栖装甲运输车负重轮，成功轻受 180km 试车道的路试考验 |
| 2 | 1966～ | 北京二五一厂研制炮弹防潮筒，装弹 10 多万发。经六年多使用后检查，防潮防腐性能优良，且防白蚁蛀蚀。该产品多年来一直在生产使用 |
| 3 | ～1970 | 多家工厂研制"五六"式冲锋枪和自动、半自动步枪枪托。分整体式和组合式两种结构。代替优质珍稀木材资源。1963 年设计定型，1968 年生产定型。仅重庆和秦皇岛两家工厂到 1970 年分别生产了数万支枪托。该枪托坚固耐用，承受枪击、手榴弹和氢弹辐射能力优于木材。耐热、潮及海水腐蚀性好。其生产工艺与木材相比，材料利用率高，节省工序、机床、工装卡具、操作人员等。玻璃钢枪托曾在全国各军区装备使用 |
| 4 | 1964～1971 | 常州 253 厂等工厂研制"82"迫击炮 M6 引信体。原为铜或棉布制。用玻璃钢其强度高，吸水率低，精度高，使用可靠。据三家工厂统计，仅 1971 年就生产了六百多万只引信体。当年为国家节省棉布 720 万尺，相当于当时 43 万人口一年的棉布定量 |
| 5 | 1963～ | "四〇"火箭筒护盖、握把 |
| 6 | 1970～ | 北京二五一厂研制肩扛式无后座力反坦克炮护板、握把 |

表 2-3-3　酚醛及其改性模塑料在化工防腐方面的应用实例

| 序号 | 年份 | 应用情况 |
|---|---|---|
| 1 | 1970～ | 全国近 20 个厂家生产化工用泵和阀门。如：<br>（1）100F-B-37 离心泵，耐 80℃，4kg/cm²，硫酸、硫胺、丙烯腈。<br>（2）玻璃钢耐酸泵代替原铜制泵。<br>（3）50BZS-31 型耐酸泵，扬程 30m，流量 20t/h，耐各种浓度的硫酸、盐酸、醋酸。<br>（4）802DS12 单级分段式离心泵，输送 50% 以下硫酸、盐酸，30% 以下氨水。110℃，扬程 168m，泵重 74kg，比铁泵轻 136kg。<br>（5）仿 4K-12 离心泵，扬程 27m，流量 100～110m³/h，功率 17kW，压力 3kg/m²，输送浓度 10%～20% 的硫酸。<br>（6）1″、2″玻璃钢球阀，耐 120℃，盐酸 30%，硫酸 92.5%，仅 1972 年某厂就生产 7000 套。<br>（7）Dg40、Dg50 球阀，某厂在 1973 年生产了一万多个。使用温度达 145℃，压力达 6kg/cm²，使用介质为酸性介质、有机溶剂和无机盐溶液。耐腐蚀性能好，强度高，使用方便，密封性好，价格比不锈钢和铜阀便宜。<br>（8）各种管件：90 弯头、束节、法兰等；2″离心泵（含叶轮、壳体、密封盖）功率 5.5kW，扬程 35m；2″球芯阀门 |
| 2 | 1972～ | 浙江嘉善玻璃钢厂自 1972 年就与上海材料所、上海石油总厂研究院合作制生产各种酚醛玻璃钢球阀及管件。到 1984 年年生产能力为 4 万套球阀，12000m 管道（含弯头、三通、束节等管件）。近 20 年，该厂仍在致力于酚醛模塑料制品的开发与生产。在该领域已积累了近 30 年的经验 |

从以上我们可以看出，我国在发展酚醛型模塑料不仅历史悠久，而且成绩卓著。其实酚醛型模塑料（含各种改性型）本身也具有许多 SMC/BMC 所无法比拟的特性，其应用领域也十分广泛。但在最近这二十年，我们在各种场合，对它宣传和推广的力度很弱。但愿本文能对大家进一步认识、引起更多的重视、进一步继续发展这种经典材料，起到一定的推动作用。我们也十分敬佩至今仍在此领域长期默默无闻奋斗的同行们。

## 2.4　聚酯模塑料（SMC/BMC）的发展概况

我国 SMC/BMC 的发展已有近 50 年的历史。BMC 于 1967 年开始研制，而 SMC 的研制始于 1975 年。第一批 SMC 产品 1976 年 4 月 25 日在北京二五一厂诞生。

我国聚酯型模塑料（SMC/BMC）的发展历史，在前约 30 年按其发展速度和生产规模大致可以分成以下几个阶段。首先是起步阶段。我国 BMC（即改进了的 DMC）的研究始于 1967 年，而 SMC 的研制始于 1975 年。第二阶段自 1976 年到 1987 年，花费了近十年的时间，这个阶段，对我国 SMC/BMC 的发展来说，是一个探索期，在此期间，SMC/BMC 几乎全部使用当时国产的不符合 SMC/BMC 质量标准的原材料，在此阶段，国产的唯一的一台生产设备是由北京二五一厂于 1975 年自行设计制造并在 1976 年投入运行的国产 SMC 机组；几台在常州 253 厂、天山塑料厂及上海曙光化工厂等单位配备的 DMC 捏合机上（DMC 捏合机和酚醛预混料生产用的捏合机结构基本相同），分别对 SMC/BMC 工艺技术及其应用进行艰难的生产技术探索、原材料改性、设备改进和市场开发工作。第三阶段从 1985 年到 1990 年，这是一个重要的 SMC/BMC 生产设备、技术引进期。在此阶段，国内许多厂家开始大规模引进 SMC/BMC 生产、成型设备及配套技术。与此同时，为适应玻璃钢及 SMC/BMC 发展的需要，相关的关键原材料如 SMC/BMC 专用的不饱和聚酯树脂及玻璃纤维的生产设备与技术也纷纷被引入我国。在此阶段，也是小型国产 SMC 机组/生产线（SMC 产品宽度为 600mm）的迅猛发展期。由常州二五三厂设计制造的第一条小型国产线，于 1967 年在江苏盐城玻璃钢厂开始运行。直到 1991 年期间，国内已有共 11 条小型 SMC 生产线投入使用。第四阶段是指整个 20 世纪 90 年代，到 2004 年之前。这是一个引进技术消化吸收、原材料国产化开发和 SMC/BMC 加速发展启动期。在这近十年间，前五年，一方面，国内一些企业仍在继续引进 SMC 的生产技术与设备，同时先期引进的 SMC/BMC 生产企业和各原材料都在忙于各自的引进技术、生产设备的消化吸收。增加原材料国产化率。后五年，由于 SMC/BMC 质量提高，市场开发力度加大，市场对 SMC/BMC 材料的认可度增加，从而其应用市场的发展开始加速。反过来，也使 SMC/BMC 的生产技术、产品品质得以提高。在此期间，SMC/BMC 已打开了其在建筑、汽车、电器等领域的应用。SMC/BMC 的年消耗量在逐渐增加。第五阶段自 2004 年以后的十年间，SMC/BMC 进入了一个较快速度的增长期。在此期间，各厂的 SMC/BMC 生产技术水平不断提高，产品品种多样化，市场开发开始摆脱"拷贝"恶癖，创新产品不断出现。SMC/BMC 年消耗量有较大幅度增长。第六阶段就是大概自 2015 年以后至今，即近代的大发展阶段。在此阶段，我国的 SMC/BMC 产量及相关行业包括原材料和设备等，不仅其产业规模居世界最前列，而且其技术、生产和管理水平都有极大的提高。某些方面也达到了世界的先进水平。在本部分中，我们将重点对 SMC/BMC 前五个阶段的状况、发展作一简要回顾。

### 2.4.1 不饱和聚酯树脂的引进奠定了我国 BMC 发展的基础

1966 年建材部牵头立项，由常州二五三厂从英国 Scott Bader 公司引进年产 500t 的不饱和聚酯的生产装置和专利技术。这次不饱和聚酯树脂的引进，对我国玻璃钢工业来说，是一次重要的具有划时代意义的引进工程。它对此后我国玻璃钢工业的发展有着极为深远的历史促进作用。在此之前，我国尚无工业化的聚酯树脂生产，自常州二五三厂引进、消化吸收并进行广泛的技术播种后，我国不饱和聚酯生产技术与能力也在不断增加。

据报道，到 1991 年，全国已有 100 多家聚酯树脂生产厂，尽管当时大多数工厂的生产能力仅为 300~500t/年，但全国聚酯树脂的产量，已从 1967 年的 12t，1978 年的 5000t 增长到 1990 年的 45000t。由于在 1966 年后，我国有了不饱和聚酯树脂的生产，我们才有可能开展对 SMC/BMC 工艺技术的研究与大规模的市场开发。

1967 年 5 月为了解决原开关材料酚醛胶木粉强度差、酚醛模塑料操作环境差、流动性不足、需采用高的成型压力和嵌件结合力、耐电压等级不高等问题，由常州二五三厂、上海开关厂和广州电器科学研究所组成三结合小组，在国内首先开始了聚酯料团（DMC）的研究、试制工作。到 1968 年国庆前夕，初步试制成功苯乙烯型聚酯料团，并在上海开关厂进行了试压。

1969 年起开发 DAP 型聚酯料团，同时完善聚酯料团的生产技术以稳定料团的质量。1970 年 5 月验证和巩固新的配方，并于同年国庆前夕，试制成功了 DAP 型料团，从而进一步改善了聚酯料团的电性能，也改善了作业环境（减少了苯乙烯的挥发影响）。1971 年在上海红星板箱厂重新开始聚酯料团的试生产。上海天山塑料厂在上海开关厂的协助下，于 1973 年 8 月正式投产，生产聚酯料团。上海开关厂 DMC 的用量由每月 1t，增至每月 2～3t，1974 年初为每月 5t，下半年增至每月 10～15t。天山塑料厂到 1974 年上半年生产了近百吨的聚酯料团。经两年左右的实践，料团的外观质量和强度有所提高，但仍存在贮存期较短的缺陷（当时一般仅 2～3 个月）。后改进固化剂品种和配方、生产工艺，使贮存期可达半年左右。

上海曙光化工厂研制的聚酯料团在 1970 年通过了鉴定，并开始批量生产。后来，上海合成树脂研究所自己也建成了聚酯料团的中试线。其生产能力为每年 500t。但是，聚酯料团的发展，也遇到了和 SMC 同样的问题（以后将会讨论），此后的发展也非常缓慢。据当时的报道，到 1986 年，全国聚酯料团的产量，据不完全统计，还不到 100t。

在此阶段，聚酯料团主要应用于电器领域。如自动空气断路器的外壳、底座；线圈骨架等机械性能要求较高的绝缘零件，以替代酚醛胶木和部分酚醛模塑料。如：CJ12B 系列的线圈骨架的 5 个绝缘零件，用上海天山塑料厂生产的 L100 聚酯料团成型的制品，不仅消除了在运输过程中以往常见的损坏现象，而且还延长了使用寿命。又如 CJ12B 系列的 4 个"船型"绝缘件，用聚酯料团取代酚醛模塑料后，改善了作业环境，降低了劳动强度，提高了生产效率一倍多。上述零件均通过了 300 万次电机寿命试验和"三防"21 星期湿热试验。

上海电机厂用 198 聚酯料团压制大电机的换向器，均通过 1.2 倍的超速试验和电性能试验。在 135℃ 下，它的热态电阻大于 100MΩ，而用 FX-501 酚醛模塑料压制的换向器，在同等条件下的热态电阻仅为 1MΩ。

上海开关厂还用有色聚酯料团应用于船用开关的塑料外壳及 100A、600A 限流式自动开关外壳，其质量情况都较好。

哈尔滨绝缘材料厂在 1990 年，用聚酯料团生产 MKZ 型母线绝缘框，经试验检测，其动态稳定性、耐潮性、耐压、CIT 着火等项试验合格，并取得了型号使用证书。

1980 试制成功西德 MR 公司的 F 型有载分接开关底座。

北京二五一厂，在 1988 年，用聚酯料团生产电站用 300kW BMC 绝缘子和 600kW BMC 绝缘套管，共七种型号。其中，单件最小质量为 18kg，单件最大质量达 72kg。1983 年为北京开关厂研制成功从日本引进的 AH 型框架式船用开关用 BMC 模塑料。其阻燃性能达 UL94，V-0 和 V-1 等级，氧指数为 30～32，着火温度达 300℃，耐电弧性、耐漏电痕迹、耐热、耐老化、耐腐蚀等性能都达到了该船用开关的材料标准。

从 2000 年起，BMC 曾较大规模地成功应用在各种规格电器开关、高压绝缘件、铁路绝缘件、防爆灯罩、开关盒、接线盒、低压仪表箱、电气元件、电工绝缘件和塑封电机等制品上。

## 2.4.2　我国 SMC 的前期发展

20 世纪 70 年代中，北京二五一厂、上海玻璃钢研究所、五机部五三研究所、常州二五三厂等国内许多单位，都试图开发 SMC 材料，而且都做了不少的前期研究工作。在 1975 年，北京二五一厂为攻克 SMC 生产技术及设备难关，在全厂范围内，组织了由 14 位工程技术人员和 2 名高级技术工人组成的"SMC 会战"的攻关小组。经过近一年的艰苦努力，在 1976 年 4 月 25 日，该厂用自己开发的 SMC 成套技术，在自行设计制造的我国第一台 SMC 机组上，试车并生产出我国首批 SMC 材料，从而填补了我国复合材料领域中的一项工艺技术、材料、设备空白。经过几年的工作，深化了相关的各种技术研究，开发了十多种产品。在 1978 年，北京二五一厂研制的 SMC 工艺技术荣获全国科技大会奖。1981 年，该厂研究开发的"SMC 成套技术"通过部级鉴定，荣获部科技成果奖二等奖。参加鉴定会的都是当时全国建材部系统所属兄弟单位。为了快速在全国推广 SMC 材料的生产与应用，会上各参加单位都得到了整套有关 SMC 的技术资料。其中包括项目研究报告、原材料的选择、低收缩添加剂及增稠剂等核心原材料的选择及制备技术、SMC 配方、SMC 生产工艺、全套 SMC 机组图纸等。之前，该研究报告还曾公开在 1977 年第二期《玻璃钢》杂志上，作为一期专刊发表。

我国首台 SMC 机组长 12m，高 2.5m（全机），宽 1.6m。生产车速 0.5～3m/min（无级可调）。所生产的 SMC 片材宽度 1m，单重 2～6kg/m²，玻纤含量 20%～40%。其理论产能可达 10000t/年。但根据当时设备的成熟度和国内原材料的品质和供货情况，其实际单班年生产能力仅约为 1500t。树脂糊黏度适用范围 10000～40000cP。一直到 1987 年之前，我国只有北京二五一厂在进行 SMC 的工业化生产。在此期间，我国 SMC/BMC 花了十多年的时间，进行艰难的技术探索、原材料改性、设备改良和市场开发工作。在 1976—1986 年期间，全部采用国产的非 SMC/BMC 专用原材料，在国产设备上生产 SMC/BMC。受多种因素的制约，SMC/BMC 的发展十分缓慢。SMC 在 1986 年全国总产量仅为 400t。就是在这种情况下，该厂的工程技术人员仍然不畏艰难地对 SMC 工艺的各个技术关键环节，进一步开展了深入的研究，结合我国的国情，系统地解决了非 SMC 专用聚酯树脂的化学增稠技术、低收缩添加剂的制备、增稠剂的研发及 SMC 生产工艺路线及设备改良、SMC 专用粗纱制备、SMC 生产和成型工艺控制等项技术问题。从而使 SMC 的品种逐步扩大，产品质量及其稳定性获得了显著提高。与此同时，积极开展了 SMC 的推广应用工作。从 1976 年到 1987 年近十年间，我国 SMC 的市场开发工作，完全由北京二五一厂独家在进行。所开发的产品有：医用托盘、骨折固定架、火车客车窗框、低压电器开关外壳、排椅、电瓶壳体、安全帽、蜜炼机过滤板、拖拉机零件等。到 1983 年，在开发市场方面共消耗 SMC 约 300t。SMC 组合式水箱、汽车件的开发在此阶段仅刚刚起步。某些产品在此阶段已获得了良好的应用效果。

1976 年 7 月我国发生了严重的唐山大地震，大批伤员急需救助，在这种情况下，北京二五一厂受总后的委托，用刚刚研制成功的 SMC 生产线投入 SMC 材料的生产。然后在北京四季青玻璃钢厂压制抗震救灾用的骨折固定架。由于时间紧迫，匆忙中只能用铸铝模进行生产，这是我国第一个投入量产的 SMC 制品。在当年就生产了一万多套产品，送往灾区。SMC 材料用量约 21t。该骨折固定架可同时保护从脚踝到臀、腰部的骨折伤。SMC 骨折固定架在我国唐山大地震的救灾中，起到了重要作用。与原用的石膏、绷带相比，具有使用方便、医疗效果好、便于现场救护和检查、可反复使用等优点，加速了伤员的救助工作。图 2-4-1 为 SMC 骨折固定架。

图 2-4-1　SMC 骨折固定架

图 2-4-2 为在 1977—1978 年我国最早的一批 SMC 产品。其中包括 SMC 生活用托盘、风机罩、灯罩和蜜炼机滤板。图 2-4-3 为在 1992 年试制生产的 SMC 工业安全帽和消防安全帽。

图 2-4-2　SMC 托盘、风机罩、
灯罩和密炼机滤板（1977—1978 年）

图 2-4-3　国内首批 SMC 工业
安全帽和消防头盔（1992 年）

在 1976 年年底，北京二五一厂与铁道部四方车辆研究所合作，研究用 SMC 窗框取代当时国内市场和运行的 22 型客车原用的钢窗框。根据相关资料，当时，铁道部四方机车车辆厂每生产一辆 22 型客车新车的钢窗框，工序繁杂，既需要经过 5 个车间，18 道工序，消耗 289 个工时。还需几台大型剪、冲机械设备和几套大型冲压模具。更重要的是，车厢在运行期间，由于钢窗框不耐腐蚀，每到第一、二段修期就需截换 5～6 个窗框下码头。到第三段维修期，外钢窗的下码头几乎需全部更换。最严重时，一辆车共 60 个内外窗，仅有 7 个不需截换。而且钢窗开启，既重且易因变形而难以开启。北京二五一厂自 1977 年起开始试制 SMC 铁路客车窗框。到 1981 年已有 70 余辆装有 SMC 窗框的客车，在全国铁路各主要路段（包括我国湿热最严重的怀化车辆段）上运行。时间最长者已达 4 年之久。经多方组成的联合调查组每年进行的跟踪调查，在 1981 年，铁道部、建材部联合召开"SMC 火车窗框评议会（铁道部有四方、长春、浦镇、唐山等六个车辆厂及十个车辆段参加）后，于 1982 年又装配了 250 辆客车的 SMC 窗框，继续扩大投入运行。经过了 8 年的研究、试制、生产、运行考核，在 1984 年，由建材部和铁道部联合组织召开了"SMC 上开式客车车窗"成果鉴定会。会上铁道部决定，自 1986 年起，我国全部 22 型新客车均采用 SMC 窗框。这一成果的取得，促使先后在北京、长春和盐城分别建成了 5 个 SMC 窗框专业生产厂，而且对玻璃钢在铁路系统的应用打开了一个重要缺口。图 2-4-4 为当年生产并在 1986 年起全路开始采用的 22 型铁路客车的 SMC 窗框。

图 2-4-4　1976—1984 年研制成功并装车后的 22 型客车窗框

在 1986—1998 年，北京二五一厂及其支持的两个 SMC 窗框生产厂（康庄玻璃钢厂和八达岭玻璃钢厂），共生产了 6.5 万只合格大窗、1.6 万多只小窗，装车 1350 多辆，消耗 SMC 近 500t。此外，为满足铁道部相关工厂对 SMC 窗框的需要，在吉林长春和江苏盐城也建起了两个专门生产 SMC 窗框的生产工厂。全部新车采用SMC窗框后，SMC年消耗总量约600t（按当年年产2000辆新车计）。SMC窗框与钢窗相比，制造工艺简单，省工时，生产效率高，维修简便，设备投资少。在性能方面，质量轻（每个大窗比钢窗轻2.5kg）、耐腐蚀（在一个厂修期内，窗框本身不需修补）、使用寿命长（至少比钢窗长1倍，不短于12年），而且材料来源丰富。

此成果也在铁路冷藏车上获得了应用。北京二五一厂与北京丰台机保段合作试制冷藏车用SMC窗框。从1982年起，北京丰台机保段从当时苏联进口的B17冷藏车也全部采用SMC窗框，取代了用木材制造的冷藏车窗框。

排椅是一项社会需求量极大的产品，可供电影院、剧场、俱乐部、会议室、运动场、候车室等场合使用。原北京南郊木材厂是专业生产排椅的企业，仅1981年的订货量就达30万~40万套。1978年，北京二五一厂和该厂合作，试制SMC排椅。SMC排椅具有强度高、寿命长、外观好、省木材、生产效率高等优点。自1979年到1982年已为5个单位装备了6000余套座椅。这也是我国第一批量产化的SMC座椅。与此同时，1978年北京二五一厂在本厂俱乐部安装了近千把自己生产的SMC排椅。使用近20多年后，由于该俱乐部需拆迁重建而停止使用。经实地检查，SMC排椅外观仍基本完好，破损率极低。图2-4-5为1978年安装在北京二五一厂俱乐部的SMC排椅。

图2-4-5　我国首批量产化并安装在北京二五一厂俱乐部的SMC排椅

在此期间，北京二五一厂曾试制过多种SMC低压电器零件。其中，最典型也是最成功的产品是DZX10-200A限流开关的外壳。限流开关是国外在20世纪70年代初开始大量采用的一种新型开关。通常安装在大功率载流线路中。当短路电流出现时，它可有效地防止整个系统的设备因短路电流热应力和电动力的影响而产生损坏，从而产生更大的安全事故。因此，它是现代化大型企业中一种十分重要的保护电器。随着我国经济的发展，各企业等用电单位的用电量增加，电压等级不断提升，对电气设施的安全要求也越来越高。原来在我国广泛采用的电木塑胶外壳的分断能力和安全性已经不能满足要求。因此，我国自1975年起开展了新一代"塑料外壳式限流自动开关"的研制工作。北京电器元件厂与北京二五一厂自1977年起，协作试制DZX10-200A限流开关SMC壳体，以取代当时分断能力差的DZ10开关。到1980年前完成了所有的研究试验工作，共生产约1500台套DZX10-200A开关壳体。该限流开关的全部型式试验完全按当时ARO·4730·04和GB998—1967低压电器试验标准进行，分别在上海电器科学研究所、天津市电器工业设计研究所、北京开关厂和北京电器元件厂进行各项相关试验测试。其内容包括绝缘性能试验（绝缘电阻、耐压和耐潮性试验），极限接通与分断能力试验，电寿命试验，通断试验，机械寿命试验，一次性极限分断试验和460V极限通断能力试验。试验结果表明，采用SMC壳体的DZX10-200A限流开关通过了全部型式试验，达到了AKO·352·003所规定的技术要求。该产品在1980年5月进行了技术鉴定。在北京电器元件厂鉴定意见中认为："北京二五一厂生产的SMC毡片，具有压制工艺性能好、成品率高、价格较低等优点。通过使用认为，其机械强度、耐热、耐弧等性能均能满足限流开关的要求。建议今后在200A塑料外壳式限流开关生产中采用该种 SMC 毡片"。图 2-4-6 为在 1978 年前后研制成功并部分获得批量应用的低压电器零件，其中包括自动空气断路器、蓄电池外壳和电缆接线盒。

图 2-4-6　我国最早的 SMC 电气零件——空气自动断路器、蓄电池壳和电缆接线盒

此外，北京二五一厂在 1986 年还启动了"SMC 组合式水箱"的研制工作。该项目和 SMC 二汽汽车件国产化项目都被列入国家"七五"重点科技攻关项目"SMC 应用开发研究"的子项目。该项目在国家建材局组织的专家评议鉴定会上通过了评审，经中国医学科学研究院和北京市卫生防疫站的化学和毒理学试验，箱体浸泡水质符合国家饮用水标准 GB 5749—1985，并在 1991 年和 SMC 浴缸一起被纳入了国家建筑标准，从而开启了 SMC 组合水箱在国内建筑领域大规模应用的年代。1989 年北京汽车玻璃钢公司生产的我国首个商品化的 32t 的 SMC 水箱，安装在山东招远某企业的宿舍楼顶上。紧接着该公司生产的 SMC 水箱陆续安装在北京中南海、京西宾馆、五洲大酒店和美国驻中国领事馆等重要单位。其中，有饮用水水箱和消防用水箱。最大高度有达 4.0m 的水箱。2000 年北京二五一厂生产了国内最大的 1260t 的 SMC 水箱。在 1989 年北京汽车玻璃钢公司投入生产的第一个 SMC 浴缸也是当时国内最大的 SMC 模压产品，也打破了当时手糊浴缸一统天下的局面。图 2-4-7 为 SMC 水箱和浴缸的照片。

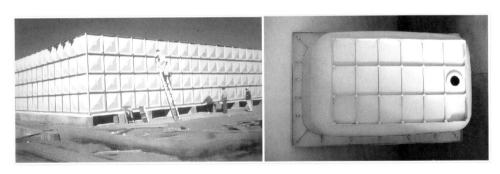

图 2-4-7　国内最大的 SMC 水箱（1260t—2000 年）和 SMC 浴缸（1989 年）

北京二五一厂在 1987 年与东风汽车公司（湖北十堰二汽）的内饰件厂签订了关于该厂从日本日产柴公司引进的车型八平柴（这是我国首次生产超过传统 5t 而且是平头的载重卡车）左右前围板、左右轮罩 SMC 零件试制、生产全套技术转让的交钥匙工程合同。该项工作，自 1989 起由北京汽车玻璃钢公司承担。从而启动了我国 SMC 在汽车领域应用的开发工作。到 1990 年成功实现了该车型 SMC 零件的国产化，并且在东风汽车公司建立了该产品 SMC 汽车零件的生产线。其 SMC 汽车零件的生产技术及 SMC 材料的供应由北京汽车玻璃钢制品总公司负责，从而开始了我国 SMC 汽车零件应用的新里程。随后，还进一步开发了东风汽车其他零件的 SMC 化，如东风 140-2 车型的 SMC 保险杠和前标板。图 2-4-8 为我国首批 SMC 国产化的汽车零件。

图 2-4-8　我国首批国产化 SMC 汽车件（八平柴卡车左右轮罩及前围板和 140-2 卡车前标板）

在此期间，北京汽车玻璃钢公司还开发了诸如摩托车零件、邮政分拣机滑槽、咪表、补偿电容防护盖板、铁路信号应答器等多领域零件，如图 2-4-9 所示。

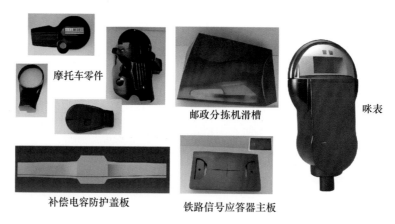

摩托车零件　　邮政分拣机滑槽　　咪表
补偿电容防护盖板　　铁路信号应答器主板

图 2-4-9　早期开发的各种设备零件

为了便于大家简要浏览 BMC/SMC 模塑料应用的历史状况，表 2-4-1～表 2-4-2 归纳了我国该种模塑料在发展初期的历史应用状况。

表 2-4-1　BMC 的应用实例

| 序号 | 年份 | 应用情况 |
|---|---|---|
| 1 | 1967～1974 | 上海天山塑料厂、上海曙光化工厂、上海开关厂、上海电机厂、北京二五一厂研制自动空气断路器外壳、底座、线圈骨架。其中：<br>（1）CJ12B 系列的 4 个"船型"绝缘件、线圈骨架改善了作业环境，降低了劳动强度，提高生产效率一倍多。性能上均通过 300 万次电机寿命试验和"三防"21 星期湿热试验。<br>（2）大电机换向器，均通过 1.2 倍超速试验和电性能试验，在 135℃下，热电阻大于 100MΩ。酚醛模塑料在同等条件下只有 1MΩ。<br>（3）船用开关塑料外壳和 100A、600A 限流式自动开关外壳 |
| 2 | 1990 | 哈尔滨绝缘材料厂 MKZ 型母线绝缘框，其动态稳定性、耐潮性、耐压 CIT 着火等项试验合格，取得了型号使用证书 |
| 3 | 1988～ | 北京二五一厂研制电站用 300kW BMC 绝缘子和 600kW BMC 绝缘套管。共 7 种型号，单件最小质量 18kg，单件最大质量达 72kg |

续表

| 序号 | 年份 | 应用情况 |
|---|---|---|
| 4 | 1980～ | 研制西德 MR 公司的 F 型有载分接开关底座 |
| 5 | 1983～ | 北京开关厂研制 AH 型框架式船用开关。耐燃等级 UL94 V-0，V-1；氧指数 30～32，着火温度 300℃，耐电弧性、耐漏电痕迹、耐热、耐老化、耐腐蚀均达到该船用开关标准 |
| 6 | 2000～ | 多家工厂研制各种规格电气开关、高压绝缘件、铁路绝缘件、防爆灯罩、开关盒、接线盒、低压仪表箱、电气元件、电工绝缘件、塑封电机等 |
| 7 | 2000～ | 多家工厂尤其是上海小糸车灯厂研制汽车车灯反射面。国内大汽车厂已广泛应用。这是 BMC 的一个重大应用领域 |

表 2-4-2　SMC 应用实例

| 序号 | 年份 | 应用情况 |
|---|---|---|
| 1 | 1976～1987 | 托盘、骨折固定架、火车客车窗框、冷藏车窗框、低压电气开关外壳、排椅、电瓶壳体、安全帽、密炼机过滤板、拖拉机零件等，其中：<br>（1）北京二五一厂生产的骨折固定架是国产 SMC 第一个量产的产品。1976 年当年生产一万多套，供唐山地震抢救伤员用。便于现场救护，使用方便，医疗效果好，可反复使用。<br>（2）北京二五一厂在 1976—1984 研制成功 22 型铁路客车窗框，节省工序、设备投资，耐候性好，耐腐蚀，不易变形，大大减少维修工作量。1984 年通过两部联合鉴定。自 1986 年起全部 22 型新客车采用 SMC 窗框。1986—1988 年，仅北京两厂已生产各种车窗 8.1 万扇，装车 1350 多辆。按全部新车计，每年消耗近千吨 SMC。<br>（3）在 1982 年起 B17 型铁路冷藏车也全部采用由北京二五一厂生产的 SMC 窗框。<br>（4）1978 年北京二五一厂安装了近千把自己生产的 SMC 排椅，经 20 多年的使用，性能完好。同时在 1979—1982 年期间为 5 个单位，装备了 6000 余套座椅。这也是我国首批量产化的 SMC 座椅。<br>（5）北京二五一厂在 1977—1980 年期间，试制了 DZX10-200A 限流开关壳体。其绝缘性能试验（绝缘电阻、耐压、耐潮性）、极限通断能力、电寿命试验、通断试验、机械寿命试验、一次性极限分断试验和 460V 极限通断能力试验，均达到了 AK·352·003 所规定的技术要求，共生产了 1500 台套供使用。其机械强度高，耐热、耐弧性均满足限流开关要求 |
| 2 | 1986～ | 组合式水箱自 1986 年由北京二五一厂开始研制。1989 年由北京汽车玻璃钢公司（以下简称北汽玻）生产的首台商品化水箱开始安装。至 2014 年全国有近 18 家企业生产，年产水箱板达 30 万片。在全国各地已获广泛使用，最大水箱吨位为 1260t |
| 3 | 1987～ | 东风汽车公司八平柴左右前围板、左右护板，自 1987 年由北汽玻公司开始研制。1990 年开始批量装车。每套质量约 6kg。年消耗 SMC 约 300t |
| 4 | 1990～1998 | 北汽玻公司为 212 吉普车及 213 吉普生产电瓶托盘，年产数万件 |
| 5 | 1994～ | （1）北汽玻研制南汽 IVECO 保险杠，1995 年投产，年产约 20000 根。<br>（2）北汽玻研制切诺基 213 吉普车和 2500 吉普后举升门、前散热器罩。年产约 10000 套。<br>（3）北汽玻研制生产欧曼重卡前翻转盖板、左右翼子板。<br>（4）北汽玻研制生产 IVECO 电动门等。江阴协诺生产后门。<br>（5）吉林东风生产奥迪 100 保险杠背梁、备胎箱、隔热板。<br>（6）北汽玻生产东风 140 保险杠。<br>（7）多家公司生产各种卡车保险杠、水箱面罩。<br>（8）斯太尔前散热器罩等。<br>（9）各种卡车驾驶室总成零件 |
| 6 | 1987～ | 成都滑翔机厂生产运动场座椅。自 1987 年开始为亚运会配套。后扩大了应用范围，仅 1987—1989 年为亚运会生产了 25 万套。一直到 1997 年椅子生产在成滑翔机厂仍处于生产高峰期，年产座椅 40 万～50 万把。到 2014 年全国已有 20 多家企业生产 SMC 座椅，年产量合计约有 200 万把 |
| 7 | 1997～ | 公路用防眩板。自 1998 年起数家公司一直在生产防眩板，仅北京二五一厂在 2001—2004 年期间，每年产量为 70000 片 |

| 序号 | 年份 | 应用情况 |
|------|------|----------|
| 8 | 1999～ | 电表箱。主要生产厂家在浙江和山东。在 2000 年、2001 年山东地区年产电表箱数十万只。单件质量从 2kg 到十几千克 |
| 9 | 1990～ | 上海玻璃钢研究所研发成功矿用防爆灯灯罩。多家公司生产电机端盖、信号灯罩、卫生箱盖、坐便器、椰头柄。深圳华达公司生产卫星天线反射面 |
| 10 | 1990～ | 北汽玻的 SMC 浴缸自 1990 年开始试制生产。浙江科逸的整体卫浴设备、厨房设施从 1999 年开始规模化生产。年消耗 SMC 约 500t |

从上我们可以看出，我国 SMC/BMC 工艺起步时间仅比国外晚几年，但后续的发展无论在生产技术、设备水平及产品品质方面与国外的水平差距较大，而且应用开发的产品品种也少。究其原因，一方面由于当时国内相关行业如原材料等行业的产品的品质、品种与国外水平都有较大的差距，不能满足市场开拓的需求；另一方面，各行业对这种新材料的认知度也较低；另外，该行业的发展状态本身也不够成熟。因此，尽管起步较早但发展速度及应用市场化程度远远得不到充分的发挥。

自 1985 年起到 1990 年期间，随着 SMC 在我国的部分成功应用，其优越性和先进性逐渐为人们所认识。此时，又正逢改革开放的年代，各企业既有出国考察的机会，又比较容易获得当时还比较短缺的外汇。因此，在此阶段我国玻璃钢行业出现了一个大规模从国外引进 SMC 生产设备及技术的热潮。截止至 1990 年年底，我国已有 10 条 SMC 引进生产线。

### 2.4.3　SMC 生产设备的引进及国内设备的进展

北京二五一厂经上级批准，于 1985 年立项通过引进国外 SMC 相关技术和设备，建设具有国际先进水平的 SMC 生产线（厂）。其中含外汇 320 余万美元，折合人民币约 1700 余万元。经由当时的国家经委、建材部科技司及北京二五一厂组成的联合考察组对德国、美国和日本的考察比较后，于 1985 年年底在日本与美国 WJS 公司分别签订了技术合同文本和商务合同文本，合同总额 228 万美元。从美国引进部分包括：Finn & Fram 公司的 48″SMC 机组，EMPCO 公司 1500t 的 SMC 专用压机（含模内涂层设备）、AcroMold 公司的 SMC 浴盆模具、GlassStrand 公司的大卷装内退拉丝机和 SMC 粗砂专用浸润剂配方及材料、WJS 公司负责的 SMC 相关的质量控制仪器等设备及 SMC 专用树脂、SMC 配方等生产技术。该项目由于基建工程的原因，直到 1988 年末才开始安装、调试。该引进工程原设计是项目完成后，主要研制生产以卫浴为主体的 SMC 建筑领域产品。在项目执行过程中，根据国家政策的需要和当时卫浴市场的波动情况，其项目终止并及时调整为主要承担国家引进车型的 SMC 零件国产化任务。首个配套产品就是北京切诺基吉普车 SMC 前散热器罩壳和 SMC 后举升门的国产化。为此，在 1989 年 3 月北京二五一厂和当时的国家机电轻纺投资公司（后改名为国家开发投资公司）成立了合营企业——北京汽车玻璃钢制品总公司（后来改称北京汽车玻璃钢公司）。其性质为全民所有制和全民所有制联营。该公司注册资本为 3040 万元人民币。北京二五一厂投资 1700 万元，国家投资公司投资 1340 万元。包括国内工厂建设和从国外引进 SMC 项目等相关生产设备与技术两部分。至此，所有引进工程的产权，全部归北京汽车玻璃钢制品总公司所有。在合资公司成立的同时，北京汽车玻璃钢制品总公司和全国首家汽车合资公司北京吉普汽车有限责任公司签订了北京 213 吉普车（即切诺基吉普）SMC 零件的供货合同。与此同时，该公司承接了东风汽车制造厂从日本引进的 8t 平头柴油车 SMC 左右前围板和 SMC 左右轮罩的国产化任务。随后，又实现了南京汽车厂引进车型依维柯 SMC 前保险杠的国产化。该公司是我国第一个研究、开发并大批量生产 SMC 汽车零部件的基地。1989 年 4 月国务委员视察了该公司 SMC 及 SMC 浴盆生产线，并为该公司题词。

当时隶属国家体委的成都滑翔机厂为满足国内体育场（馆）建设和筹建 1990 年第十一届亚运会的

需要，于 1986 年从日本寿座椅公司引进 SMC 及模压 SMC 座椅二手生产线，其中包括 36″机组、300t 压机、椅子模具、搅拌设备及相关技术。该线于 1987 年 3 月中旬投产。首批座椅供 1987 年秋季在广州举行第六届全运会的天河体育场使用。安装使用近一年后，由于耐候性不达标（座椅大面积褪色）重新更换。该线生产能力，年产 SMC1120t（单班）、4 万张座椅（单机·单班）。

哈尔滨绝缘材料厂和四川绵阳东方绝缘材料厂一式两份同时从欧洲 ERF 公司引进 SMC、DMC 生产线及 SMC 专用树脂生产设备及技术。其中包括 36″SMC 机组、DMC 生产设备、压机等。生产线于 1987 年投产。设计年产量 3000t。两公司当年主产的都是 SMC 电气产品。

山东莱州塑料厂、中建武进崔桥复合材料厂均在 1988 年前后也通过欧洲 ERF 公司引进 36″SMC 生产机组及部分压机、模具。山东莱州塑料厂还引进了 DMC 生产设备。上述两条 SMC 生产线均在 1990 年中期投产。同期，上海玻璃钢研究所引进了一台 24″的试验机组。

吉林东风化工厂（后更名吉林省众力化工有限公司、吉林守信）在 1989 年 9 月签订了引进 Finn & Fram 公司 48″SMC 机组及 2000t 压机等设备及相关技术的合同。该生产线于 1990 年开始投产。当年主产品为奥迪车型 SMC 后保险杠背衬、SMC 备胎箱。

深圳华达电子公司（现华达玻璃钢制品有限公司）引进的 60″SMC 机组和一台 2500t 压机等设备（全部为二手设备），于 1991 年 10 月投产。当年主产品为 SMC 座椅和 SMC 卫星天线反射面。

上海大中建材总厂从美国引进了 1 台 48″SMC 机组、10 台压机等设备（全部为二手设备），因引进设备的缺陷，几经修复，引进多年之后，直到 1991 年末才开始投入试用。后因引进设备缺陷基本没有投入使用。

除以上 10 条引进线在 1990 年之前引进并在 1990 年前后投入生产外，在 1991—2000 年之间，仍有 6 条 SMC 生产线陆陆续续从国外引入我国。其中包括，重庆益民机械厂（现重庆益鑫复合材料制品有限公司）自 1993 年从美国引进 Finn & Fram 公司生产的 48″SMC 机组，于 1994 年投入生产运行。湖北大雁玻璃钢有限公司于 1996 年从德国引进一台 36″SMC 机组；远大铃木住房设备有限公司在 1999—2000 年期间，从美国 Finn & Fram 公司引进一条 48″SMC 生产线。该线是当时国内唯一一条能基本实现自动化供料系统的 SMC 生产线。该生产线已于 2001 年投产；常州华日新材料有限公司是 1995 年 7 月由常州 253 厂、日本 DIC 公司、伊藤忠商事成立的合资企业。该企业成立后即从日本引进了年生产能力达 10000t 的 48″SMC 机组及 DMC 生产线；2003 年江阴协统汽车附件有限公司从德国引进 60″和 36″两台 SMC 生产机组，该机组在 2004 年 6 月已投入生产性运行。其中的 60″机组的生产控制是当时国内 SMC 机组中最为先进的系统。

在"洋"设备大举进入我国的同时，符合当时我国国情的小型 SMC 生产线也如雨后春笋般涌现出来。1987 年，常州 253 厂借鉴北京二五一厂的资料，自行设计研究的小型（24″）SMC 机组问世。最早的两条生产线分别安装在盐城玻璃钢厂和常州 253 厂。前者，主要用来生产北京二五一厂研制成功的 22 型铁路客车 SMC 窗框。该设备自当年通过省级鉴定后，到 1992 年末，已向广东、河北、辽宁、湖北、江苏、江西等省十多家企业进行了转让，形成了年产 6000t SMC 的生产能力。它具有占用空间小、投资少、见效快等特点。它适合当时在我国普遍存在的小型玻璃钢厂发展的需要。到 20 世纪 90 年代中期，这类 SMC 生产线已达 20 条。北京二五一厂、上海玻璃钢研究所、南京复合材料总厂等单位也曾转让其自行设计的 SMC 机组。据估计，到 2004 年，国产 SMC 生产线已达 30 多条。这些生产线对我国普及 SMC 材料及技术，开拓 SMC 在我国的应用领域和市场，在一定的历史时期曾起到过积极作用。它的存在对引进的 SMC 生产线企业产生过冲击，也迫使后者加快市场开发的步伐。但在经过一定的历史阶段后，随着市场向中高端方向逐步发展时，对产品的技术、质量要求也在不断提升，这些国产线需要进一步升级改造，才能满足社会的需要。目前，这类生产线除了个别的几台规格为 36″宽之外，大部分都只有 24″宽，人工上糊、浸渍区为弹簧/手轮加压、年单班生产能力 600t 左右。在国产线中，特别值得一提的是盐城玻璃钢厂，它的 24″国产 SMC 生产线自投产以来，在 1987—1991 年期间，其 SMC 年产量均在 600～900t 之间，为当时 SMC 国产、引进线产量之最，主要用于 SMC 客车窗框等铁路制品。

### 2.4.4 SMC/BMC 用原材料生产技术的引进

在我国 SMC/BMC 发展的头 20 年，受到当时 SMC/BMC 技术成熟度、原材料品质、设备水平和市场培育周期较长等因素的影响，发展十分缓慢。从 20 世纪 90 年代中开始，国内 SMC/BMC 原材料供应商纷纷从国外引进 SMC 专用树脂、玻纤及各种助剂。与此同时，国外的同类供应商也开始进入我国，建立独资或合资企业。

在 1988 年之前，在 SMC 生产中，无论是引进线还是国产线，都没有国产的 SMC 专用聚酯树脂和无捻粗纱供使用。树脂大部分用通用型聚酯如 196♯、198♯ 聚酯和 711 无捻粗纱。部分引进线，为了做出高质量的 SMC 片材，多半在引进生产线的同时，也大量从国外进口树脂、无捻粗纱等原材料。不仅 SMC 而且如当时也在大量引进的喷射、拉挤、缠绕等生产线也都处在"巧妇无米之炊"的状态。为了满足国内玻璃钢行业发展对原材料的需求，和进一步提升聚酯树脂及玻璃纤维生产的技术水平，几乎在与我国 SMC 生产线引进的同时，国内不少企业也在引进不饱和聚酯树脂和玻璃纤维的生产技术及设备，与 SMC 生产直接相关的如下。

北京二五一厂在引进 SMC 生产设备的同时，也引进了 SMC 专用聚酯树脂的生产技术。在外国专家现场指导下，对原有的 UP 树脂生产设备及工艺条件进行了改造，经试生产于 1987 年末生产出头两批共 6t 符合 SMC 生产要求的 SMC 专用 UP 树脂，头两个品种为 37-05 和 61-05 型。它分别用于汽车级和浴盆级 SMC 生产。自 1989 年后由于机构调整等原因，而且更主要的原因是，以前生产的通用型不饱和聚酯树脂都是采用一步法生产，生产效率高，价格便宜，市场需求量大。而 SMC 专用不饱和聚酯树脂必须采用二步法生产，比通用型聚酯树脂效率低，价格高，而且当时市场只有极少数厂家有少量的需求。因此，该厂的 SMC 专用树脂多年来一直没能继续投入生产。

1986 年南京复合材料总厂从美国标准石油公司购买了注册商标为"Silmar"的 UP 生产技术，含 11 大类 106 种牌号，建成年生产能力为 500t 的 UP 生产线。后经消化吸收，根据国内，特别是成都滑翔机厂的需要，重新设计供 SMC 使用的 UP 树脂配方，满足了该厂的生产要求。此后，该厂生产的 SMC 专用 UP 树脂也曾被北京汽车玻璃钢制品总公司、哈尔滨绝缘材料厂、东方绝缘材料厂、上海玻璃钢研究所、吉林东风化工厂等 SMC 引进线选用。该厂于 1993 年已建成年产 4000t UP 树脂的能力。当时该厂生产的 SMC 专用树脂牌号为 S-816、S-817 和 S-818/B。

1987 年 12 月烟台氯碱厂与美国 Reichhold Chemicals Inc. 签订了年产 10000t UP 树脂的全套生产设备及技术转让合同，共 14 大类 97 个配方。该厂于 1991 年投产，其中牌号为 31-601 和 31-602 的 SMC 专用树脂，适合于汽车级 SMC 使用。可惜的是，引进的生产设备规模过大，无法适应当时国内每批产品需求量较小的市场需求。因此，该厂在国内的市场占有率，一直没能在行业中占据其应有的地位。

哈尔滨绝缘材料厂和东方绝缘材料厂在引进 SMC 生产线的同时，也于 1987 年从英国 Scott Bader 公司引进了 SMC/BMC 专用树脂生产技术及年产 500t UP 树脂的生产设备。长期以来，他们生产的 SMC/BMC 专用 UP 树脂主要供本厂使用。

1989 年南京金陵石化与德国 BASF 公司合资成立了金陵巴斯夫公司（后来的金陵 DSM 公司），于 1992 年 8 月投产，同时向国内外市场投放七大类几十个牌号的 UP 树脂，其中 P-17、P184 等 UP 树脂为 SMC 专用树脂，同时还提供相应的 H814、H870 等 LS/LP 添加剂。该公司生产的 SMC 专用树脂，在较长的历史阶段占据了国内该市场的主要份额。

此外，秦皇岛耀华玻璃厂于 20 世纪 80 年代末，分别从英国 Scott Bader 公司和意大利 Alusuisse 公司引进了共 35 个配方和年产 3000t UP 树脂的生产装置。其中包括 SMC/BMC 树脂。天津合成材料厂在此期间也曾分别从英国 LyNChM 公司和日本三井东压株式会社引进共 21 种牌号 UP 树脂及年产 5000t UP 的生产装置。据称也可生产 SMC/BMC 专用树脂。

常州二五三厂和大日本油墨公司合资成立的常州华日新材有限公司自 1996 年起，向国内市场开始供应 SMC/BMC 专用树脂。该公司在我国虽然起步较晚，但其产品品质值得信赖。

重庆市玻璃纤维厂是我国最早从国外引进玻璃纤维及短切玻纤毡整套生产线的厂家。其于 1985 年引进日东纺年产 1800t 波歇炉拉丝及短切玻纤毡机组，1986 年 11 月试生产。其中 RS480、240-然 5 适用于 SMC/BMC。该厂 1996 年和 1999 年分别建成年产 3000t 和 8000t 两条无碱玻璃纤维生产线。重庆国际复合材料有限公司年产 18000t 玻纤池窑生产线也于 2001 年建成。

广东珠海玻纤企业有限公司引进日东纺年产 4000t 玻璃纤维池窑拉丝生产线，于 1990 年投产，主供印制线路板用玻璃布，也供应 SMC/BMC 用无捻粗纱。该厂于 1995 年扩建为年产 75000t 玻纤，三期工程年产 8500t 无碱玻纤池窑也于 2000 年 8 月投产。

广东东莞南方玻璃纤维制品有限公司从美国原丝公司引进年产 4600t 的池窑拉丝生产线，于 1990 年建成投产。产品包括 SMC/BMC 粗纱。但可惜的是，该厂在尚未投入大规模生产时就因内部管理问题而停产。

上海耀华玻璃厂于 1986 年引进欧文斯-康宁公司单机改造技术，于 1987 年投产。该厂在我国尚无大量专用 SMC/BMC 无捻粗纱供应期间，初期曾批量生产过 SMC/BMC 粗纱供应市场。

我国首条万吨级无碱玻璃纤维池窑拉丝生产线，于 1997 年在山东泰山玻璃纤维有限公司投产，开始向 SMC/BMC 行业供应 SMC/BMC 专用粗纱。该公司二期工程年产 15000t 玻纤池窑也于 2001 年投产。后来，该厂年生产能力已扩建到大于 35000t。2023 年，该公司的年生产能力预计可达 140 万吨。

浙江桐乡市巨石玻璃纤维有限公司年产 5000t 无碱玻璃纤维大型组合炉于 1996 年 4 月投产。2001 年玻璃纤维的市场生产能力已超过 40000t。2022 年，该公司（现中国巨石集团）的年生产能力已达 200 万吨。

除此之外，还有一些中型玻纤企业如江苏丹阳玻纤厂也能提供 SMC/BMC 专用无捻粗纱。在"十五"期间，国家将重点支持形成 3～5 个年产量达 30000t 以上的大型玻纤企业集团，如中国化建巨石集团公司和泰山复合材料厂（即泰山玻纤公司），到 2005 年其年生产能力都达到 10000t。重庆复合材料公司产量也会有较大幅度增长。届时，SMC/BMC 企业所需要的高品质用粗纱，将会有更好的供应保障。

### 2.4.5　SMC 初期产量及应用

在 1990 年之前，我国共有 21 条 SMC 生产线，其中引进线 10 条，国产线 11 条。在总共 21 条 SMC 生产线中，只有 11 条线投入使用（引进线 6 条，国产线 5 条）。在 1983 年初以前 SMC 产量仅北京二五一厂，总量只有 300 余吨。1983—1985 年期间北京二五一厂 SMC 年产量 100～200t。到 1986 年 SMC 产量猛增到 400t 左右。到 1987 年全国 SMC 总产量大约 1000t，主要来自北京二五一厂、江苏盐城市玻璃钢厂和成都滑翔机厂。根据历史资料，据不完全统计，我国 SMC/BMC 产量，1988 年为 1523.5t/66.6t；1989 年为 2008t/128.3t；1990 年为 2034.7t/121.8t；1991 年为 3250t/188t。在这一阶段，SMC 的典型应用如下：铁路客车 22 型 SMC 车窗窗框及窗止铁，不仅从 1986 年起全部新车采用 SMC 窗框，而且维修车辆更新时也用 SMC 窗框来更换原来的铁窗。每年新车数从 1000 多辆逐年增至近 3000 辆。SMC 年消耗量 400～900t。供应商从开始的 2～3 家增到后来的 5～6 家。

EQ-153 8t 平头柴油车 SMC 零件、SMC 浴缸、北京吉普 BJ212 电瓶托盘先后在北京汽车玻璃钢公司投产。上述产品初期 SMC 年消耗量约 300t。

SMC 组合式水箱开始投放市场，仅北京二五一厂和北京汽车玻璃钢公司两家，年消耗 SMC 约 400t。

成都滑翔机厂开始向运动场馆提供 SMC 座椅。仅 1987—1989 年 SMC 座椅产量就达 25 万个，供亚运会使用。到 1990 年座椅 SMC 消耗量达 310t。

此外，SMC 在矿用防爆灯灯罩、电机端盖、信号灯罩、卫生箱盖、坐便器、榔头柄等产品上也有应用。其中，常州生产的榔头柄曾被列为当地轻工出口配套产品。

### 2.4.6 SMC/BMC 开始步入较快发展的准备期

在 1991—2000 年期间，我国 SMC/BMC 行业的活动主要集中在以下几个方面。

（1）对引进的 SMC 技术及生产设备进行消化吸收。

（2）配合各原材料引进企业，对从国外引进的设备与生产技术进行消化吸收。

（3）SMC/BMC 原材料国产化的探索。共同改进国内生产的原材料的品质，以适应国内 SMC/BMC 生产及产品性能要求。

（4）强化市场开发工作，一方面扩大已开发市场的容量，另一方面开拓新的市场。

在此期间，国外厂商也陆续在国内建厂，开始向国内的 SMC/BMC 厂家供应原材料和各种助剂。到 2000 年，SMC/BMC 生产企业和相关原材料引进企业，通过消化吸收引进的技术与生产设备，同时在不断探索原材料国产化，提高产品质量，加大市场开发力度，开始形成较大的生产供应能力。

虽然在上述四个方面的工作花了近十年的时间，但是，对 SMC/BMC 行业大多数企业来说也是在打基础，练基本功的时期。经过多年的努力，不但熟练掌握了引进设备的操作，而且对 SMC 生产、成型工艺及其影响因素也有了充分的认识并能主动地加以控制。对配方的研究尤其在国产原材料品质在稳步提高的情况下也在不断深化。各 SMC/BMC 工厂，经过多年的努力也都培养出一批较高水平的技术人才和较为熟练操作的员工队伍。这些因素的综合影响，使我国 SMC/BMC 行业的产品质量及其稳定性都有了长足的进步。SMC/BMC 的品种随着市场的发展也呈现多样化。因此，到 2000 年以后，SMC/BMC 的应用有了较快的发展。市场的增长势头到了 2004 年不仅没有减弱，而且进入了较快速度的发展期。

前面已经提到，我国 SMC/BMC 企业在 1991 年虽然有 21 家，但大多数企业的生产还很不正常。自 1995 年后，SMC/BMC 企业数在快速增长，到 2004 年，据不完全统计，全国 SMC/BMC 企业数已从 1991 年的 21 家增加到 105 家。其中，江苏省有 35 家；浙江省 17 家；山东省 11 家；上海市 10 家；广东省 9 家；北京市、四川省、湖北省、福建省各有 3 家；黑龙江省、天津市、陕西省各有 2 家；重庆市、吉林省、江西省、湖南省、贵州省各有 1 家。在 105 家企业中，专门从事 SMC 生产/成型的 48 家，专门从事 BMC 生产/成型的 49 家，另有 8 家企业同时从事 SMC/BMC 的生产/成型。在这些企业中，近年来 SMC 年产量在 1000t 以上的企业有：成都滑翔机厂（该厂在 1987—1997 年生产高峰期，其 SMC 年产量曾达 1600t 到 1999 年仍保持在 1230t 的水平。后来，由于该厂转产塑料吹塑座椅，致使 SMC 产量大幅下降），北京汽车玻璃钢制品总公司（该公司 2003 年 SMC 产量 1700t，2004 年达到 2300t），吉林众力化工公司（最高年份 SMC 年产量为 1700~1800t），深圳华达玻璃钢公司（最高年产量曾达 1400t，2004 年产量有大幅提升），常州华日新材料有限公司（该公司 2002 年产量为 1600t），长沙远铃住房设备有限公司（据称 2003 年 SMC 产量超过 4000t），江阴协统汽车附件有限公司（2003 年该公司 SMC 用量达 1600t），此外，山东金光集团、北京二五一厂和四川绵阳东方电工塑料有限公司等企业，其 SMC 年产量也在 1000t 左右的水平上。值得一提的是，一些 SMC/BMC 生产企业，如浙江乐清树脂厂，在 2000 年时 SMC/BMC 产量就达 4000t，据称在 2004 年 SMC/BMC 产量达 10000t，其中 SMC2000t，BMC8000t。宁波华缘玻璃钢电器制造有限公司在 2003 年 SMC/BMC 产量达 2000t。据称在 2004 年 SMC/BMC 产量可达 3500t，其中出口约 2000t。在此期间，在 BMC 企业中，年产量在 2000t 以上的企业有：无锡宏泰电器有限公司、扬中市新城物资公司、乐清市华东树脂电器厂、杭州八达电力实业公司、镇江育达复合材料公司、昭和高分子（上海）公司、英代尔热固性复合材料（深圳）分公司等。上述公司中，有些公司 BMC 年产量达 5000t，不少企业的 BMC 年产量都在 3000~4000t 之间。根据以上企业的统计数据分析，到 2004 年，我国 SMC/BMC 的年产量已达 60000t。

另外,到 2014 年前后,国内不少专门从事 SMC/BMC 生产的企业,其 SMC/BMC 产量都有了较大幅度的提升。如美国 IDI/日本昭和高分子 2013 年 SMC/BMC 产量为 19000~20000t。其他如华日、日新、鑫普瑞、华曼、二五三厂、姜氏、新天河及润阳等公司 2013 年的 SMC/BMC 产量都有较大的规模,其 SMC/BMC 产量合计 3.9 万~4.3 万吨。

### 2.4.7 SMC 应用快速增长期及典型产品

随着 SMC/BMC 技术水平和产品质量的提高,它在我国的应用也愈加广泛。在此,我们仅对它们的典型应用作一简要回顾。

(1) 首台 32t 商品化 SMC 组合水箱自 1989 年安装在山东招远以来,至 2004 已有 15 年的历史。在此期间,由于我国房地产及城市建设的发展,使其得到了广泛的应用。到目前为止,据不完全统计,2004 年,国内已有 18 家 SMC 企业在生产 SMC 组合式水箱。它们分布在山东、河北、重庆、南京、南通、陕西、哈尔滨和北京。年产水箱板接近 30 万块。其中,仅山东、河北两地 7 家企业的产量就达 15 万~17 万块/年。北京地区 3 家企业的水箱板产量不少于 3 万块/年。2013 年增加到 40 余家。消耗 SMC 片材约 65000t,年营业额约 5.87 亿元。以山东德州地区的三家水箱生产厂德州瑞丰水箱公司、山东创一供水设备公司和德州藤宇玻璃钢公司为例,2013 年共生产 SMC 水箱 79~82 万立方米,折合水箱板 100 多万块。实现销售收入 1.7 亿~1.9 亿元,SMC 用量约达 1.8 万吨。图 2-4-10 为各种规格的 SMC 组合式水箱。

图 2-4-10  各种规格的 SMC 组合式水箱

(2) SMC 座椅是另一个产量非常大的产品。成都滑翔机厂曾是专门从事 SMC 座椅生产的企业,他们自 1987—1985 年生产了 25 万把座椅开始,一直到 1997 年,其座椅生产一直处在高产高峰期。最高年份 SMC 座椅产量达 40 万~50 万把。与此同时,由于一般座椅技术含量不高,所需投资少,这类产品的开发也带出了不少小型玻璃钢企业。据估计,当时全国已有 20 多家企业在生产各种规格和质量的 SMC 座椅。据某些资深人士估计,在 2004 年,SMC 座椅的年产量大约有 200 万把。但由于恶性竞争,其价格已低到企业难以维持生计的水平。图 2-4-11 为广泛应用于运动场的 SMC 座椅。

图 2-4-11  运动场中采用的 SMC 座椅

（3）SMC 在汽车上的应用，是我国从 20 世纪 90 年代开始崛起的领域。北京汽车玻璃钢制品总公司不仅领先跨入该领域，而且多年来也取得了引人注目的成果。它的技术水平、设备状态、产品质量均处于本行业的前列。它是于 1989 年为了实现进口车型 SMC 件国产化，经国家批准成立的高新技术企业。公司是我国第一个研发和生产汽车玻璃钢零部件的大型基地，当年公司拥有中国玻璃钢/复合材料领域最优秀的从事模压工艺的专业技术队伍，同时具备行业第一流的技术与装备水平，在国内率先建成了具有单班年产 10000t 各种类型 SMC 片材和上百万件大中型模压制品产能的生产线。它是北京吉普车公司国产化共同体成员，东风汽车公司、南京跃进汽车工业集团、中国重型汽车集团公司、北汽摩联合制造公司、南方动力机械公司等的定点配套单位。从综合情况看，已基本上成为名副其实的 SMC 汽车件的生产基地。自公司成立以来，当年研制成功并投入生产的 SMC 汽车的主导产品有：二汽八平柴和六平柴的左右侧护板、左右轮罩，BJ212、213 吉普车用电瓶托盘，南汽依维柯前保险杠，切诺基吉普和 2500 吉普后举升门、前散热器罩，BJ2020S 吉普车大顶和门窗、RIV 遮阳罩，东风 140-2 水箱面罩、保险杠及 SMC 水箱、浴缸、座椅、摩托车零件、工业电器零件和微波炉餐具等。在 2001 年后，又开始研制、生产福田欧曼重卡前翻转盖板和左右翼子板、新依维柯电动门板等。图 2-4-12 为北汽玻早期生产的 SMC 汽车件产品：北京 212/213 吉普车型电瓶托盘、中国二汽八平柴左右轮罩和左右前围板、南京依维柯前保险杠和后来生产的北京 213 吉普前散热器罩。

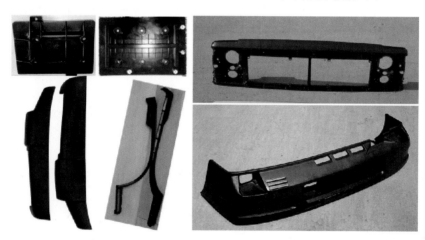

图 2-4-12　北汽玻早期生产的 SMC 汽车件产品

当年在此期间，从事 SMC 汽车件研制、生产的企业还有：吉林众力（东风）化工公司为一汽配套生产奥迪 100 后保险杠背梁、备胎箱、隔热板，也为小红旗、面包车生产前后保险杠等零件。作为一汽的配套厂，公司计划从 2005 年起为新款重卡配套生产多种零件。湖北大雁玻璃钢公司为二汽配套生产卡车用保险杠、轮罩、外侧板和水箱面罩等零件。重庆益鑫复合材料公司为川汽等重型车配套生产外覆盖件，如斯太尔散热器罩等。江阴协统汽车附件公司为一汽和南汽配套生产 SMC 汽车零件。上海建材工业公司等单位也在生产 SMC 汽车零件。

（4）公路用 SMC 防眩板，自 1997 年起已在试制应用。北京二五一厂自 1998 年起试制，当年就生产了 10000 片，2000 年达 30000 片。在 2001—2004 年间，SMC 防眩板的年产量为 70000 片。深圳华达、山东莱州和北京昌胜等公司也生产 SMC 防眩板。图 2-4-13 为各种规格的 SMC 防眩板。

（5）在 20 世纪 90 年代末，随着我国农村电网改造，开始大量采用 SMC 电表箱。国内不少企业都在生产电表箱。除浙江地区外，山东德州地区也是生产 SMC 电表箱的重要基地。他们从 1999 年起开始投入生产，在 2000、2001 年，产量达几十万只。其单件质量从 2kg 到十几千克。但是，后来由于江苏、浙江地区 SMC/BMC 企业的崛起，电表箱的生产重心逐渐转移到了沿海地区。随着国家农村电网改造工程的不断实施，在此阶段，电表箱的市场非常火爆。

图 2-4-13　各种规格的 SMC 防眩板

与此同时，电器领域的应用主要是 BMC 材料的出口。另外，国内几乎所有的 BMC 企业都在生产 BMC 电器产品。主要产品有：电气开关、高压绝缘件、铁路绝缘件、防爆灯罩、开关盒、接线盒、低压仪表箱、电气元件、电工绝缘件、塑封电机等。不少企业的 BMC 电器产品供出口和为国外知名企业如三菱、富士、西门子等所配套选用。北京二五一厂自 1988 年起一直为各种电站生产 300kW BMC 绝缘子和 600kW BMC 绝缘套管，共 7 种型号，最小单件质量 18kg，最大单件质量达 72kg。吴江振华绝缘材料厂用 SMC 制 35kV 开关底座，用 DMC 制 F 型开关底座。用于大型电站和变压器相配套的 SYJ22-35 和西德 MR 公司的 F 型有载分接开关。

（6）据不完全统计，在 2004 年，不少企业 SMC 年产量都在 1000t 以上，有几家企业 SMC 年产量达 3000～4000t。BMC 企业中，年产量达 2000t 以上的有 7～8 家，有几家企业年产量在 4000t 以上。浙江乐清树脂厂，从大约 2004—2005 年起就成为我国首家 SMC/BMC 年产量达 10000t 及以上的企业，个别年份曾达到 20000t。

（7）到 2008 年，据不完全统计，国内复合材料领域有大约 140 余台 SMC 机组和数千台 BMC 捏合机。其中，进口机组 24 台（包括用于试验的 3 台和部分已停用的机组），国产机组约 120 台。其中 2000—2008 年安装的 90 余台，2000 年以前安装可能仍在使用的 20 余台。2000 年后生产的机组大部分是 36″以上的设备 。2008、2009 年调查的 80 余家的企业中，年产量在 1000t 以上的企业分布的情况见表 2-4-3。

表 2-4-3　80 余家企业调查结果统计（2008、2009 年）

| 产量（t） | 2008 年企业数 | 2009 年企业数 |
| --- | --- | --- |
| 1000～2000 | 41 | 23 |
| 2000～3000 | 8 | 13 |
| 3000～4000 | 5 | 5 |
| 4000～5000 | 4 | 6 |
| 6000～10000 | 7 | 8 |
| ≥10000 | 3 | 4 |

＊其余企业产量均小于 1000t。

2009—2010 年 4 月，根据历年调查及相关资料的不完全统计，整理了在册的企业总数达 271 家。调查涉及 23 个省、自治区、直辖市共 88 余家企业和 7 个重点地区，占在册企业总数约 32.4％。2009 年新增 SMC 机组 20 多台。大部分为 48″的机组，其设计、制造水平比 2008 年生产的机组有较大的提高，设备的控制水平也逐步从简单控制、部分开环到局部实现闭环控制。SMC 产品的生产控制精度也随之有了较大的提高。设备的整体水平已大大缩短了与世界先进水平的差距，大大增强了产品的国际竞争力。据统计，2009 年国内各地区 SMC/BMC 产量方面情况见表 2-4-4。

表 2-4-4　2009 年国内各地区 SMC/BMC 产量统计

| 地区 | 产量（万吨） |
|---|---|
| 浙江 | 13.58 |
| 江苏 | 12.85～14.83 |
| 上海 | 3.22 |
| 河北/山东 | 1.58 |
| 其他 | 2.52 |
| 合计 | 33.75～35.74 |

根据各种历史资料到 2014 年以来的统计，我国 SMC/BMC 的产量归纳于表 2-4-5。

表 2-4-5　我国历年来 SMC/BMC 产量统计

| 年份 | 产量（SMC/BMC）（t） | 备注 |
|---|---|---|
| 1976—1986 | 100～400t/年<br>≤100t/年 | — |
| 1987 | 1000 | — |
| 1988 | 1523.6/66.6 | 合计 1590.2 |
| 1989 | 2008/128.3 | 合计 2136.3 |
| 1990 | 2034.7/121.8 | 合计 2156.5 |
| 1991 | 3250/188 | 合计 3438 |
| 2000 | 40000 | SMC/BMC≈1/2 |
| 2003 | 51000～53000 | SMC/BMC=1/2 |
| 2004 | 60000 | SMC/BMC=1/2 |
| 2005 | 120000（121000）* | SMC/BMC=1/2 |
| 2006 | 150000（154000）* | — |
| 2007 | 200000（256000）* | SMC/BMC=1/2 |
| 2008 | 246140（304000）* | SMC/BMC=2/3 |
| 2009 | 337460～357460（355000）* | SMC/BMC=2/3 |
| 2010 | （369000）* | SMC/BMC=2/3 |
| 2011 | （394000）* | SMC/BMC=1/1 |
| 2012 | （385000）* | SMC/BMC=1/1 |
| 2013 | 370000 | SMC/BMC=1/1 |
| 2014 | 400000 | SMC/BMC=1/1 |

＊括号内数据来自日本塑料产业资材新闻社（The Engineering Plastics Journal）第 1030 号 PL20/9/2013 发布的"历年中国玻璃钢材料及成型法的变迁"。

### 2.4.8　SMC/BMC 及制品生产设备的进步

SMC/BMC 生产设备包括 SMC/BMC 材料生产设备、成型设备（含压机和模具）和二次加工设备。由于 BMC 生产设备相对于 SMC 来说比较简单，所以以下介绍以 SMC 生产设备为主。

#### 2.4.8.1　国产 SMC 机组的进步

SMC 材料生产设备与引进设备相比，国产的 SMC 生产线在 2004 年之前，每道工序从原材料计量输送、按比例配料混合、输送上糊等基本上依靠人工操作及批生产工艺。复合后的浸渍多用滚轴或传送带式，加压多用手轮弹簧、汽动缸加压，多用人工收卷的办法。这种状态生产效率低、作业环境差、产品质量较难保证且批间重复性不好。国内第一台 SMC 生产设备，1976 年在北京二五一厂诞生，其生产速度 1～3m/min，SMC 片材幅宽 1000mm，单重 3～4kg/m²。纤维含量<30%。单班产量 5～6t。树脂糊的制备通过搅拌机混合，人工上料。收卷也采用人工的方法，每卷 SMC 从机组取下放到机架上，每卷重在 90～100kg。第一代机组如图 2-4-14 所示。

图 2-4-14 我国第一台 SMC 试验/生产机组（1976 年）

混料设备及首批 SMC 材料如图 2-4-15 和图-2-4-16 所示。到 1980 年，为了更好地满足生产的需要，对上述机组进行了改造，使其成为一台具有更大生产能力，质量更稳定的 SMC 生产设备。该生产设备分为上下两层。树脂糊大部分组分 A 在两个大型反应釜中制备，A 组分充分混合后，在正式开机生产前再在小型搅拌机内加入增稠剂和色浆等其他组分 B、C。组分 A、B、C 充分混合后，通过提升机将混合好的树脂糊提升到二楼，倒入机组上糊区上方的料筒中。当 SMC 开始生产时，打开料筒阀，树脂糊流入机组上下刮板区，进行生产。这种树脂糊的生产模式在国内从 1967 年开始出现仿制 SMC 机组起，绝大部分都陆续采用了近 20 多年。图 2-4-17 就是北京二五一厂 1980 年的改进型 SMC 生产机组。

图 2-4-15 SMC 树脂糊混料制备    图 2-4-16 我国首批 SMC 片材

由于北京二五一厂和青岛四方机车车辆厂合作开发成功的 SMC 铁路客车上开式窗框，在 1984 年通过了铁道部和建材部联合鉴定，铁道部决定从 1986 年起，全部新车一律采用 SMC 窗框。在这个市场的推动下，在北京、长春、青岛、江苏盐城，后来还有唐山新建了几个玻璃钢厂，以满足铁路部门的需要。所用 SMC 材料，开始阶段都从北京二五一厂购买，到 1987 年，江苏盐城玻璃钢厂委托常州二五三厂开始仿制 SMC 机组。到 1990 年共有 11 条线在安装试运行。由于技术及投资的原因，这种小型机组所生产的 SMC 的宽度仅为 600mm。这种生产设备因投资少、尺寸小，便于操作，在我国 SMC 发展初期，有不少单位投入机组的设计制造行列。除常州二五三厂外，莱州建国模具、江阴振通机械等也在设计生产 SMC

图 2-4-17 1980 年我国 SMC 改进型生产机组

小型机组。在 2000 年国产的 SMC 机组累计 53 台。国产的 SMC 机组在结构上主要有两种类型。一种结构是与北京二五一厂第一代机组相似，另一种结构是与哈尔滨绝缘材料厂从欧洲引进的机组相似。前期 SMC 国产化机组大部分为第一种结构类型。其设备工艺参数基本上与我国第一台机组的参数相当。但其供糊系统几乎全部人工化，劳动强度高、产量低，产品质量稳定性较差，仅适合树脂糊起始黏度在 10000cP 以下的配方系统，而且玻纤含量一般不宜超过 25%。单班年产量约为 600t。图 2-4-18 显示的就是当时常用的两种结构的 24″的片材机组。

图 2-4-18　从左至右分别是仍在荣成爱仕、乐清树脂和莱州建国模具公司
使用的 24″SMC 小型机组（1987—2008 年）

在 2000 年前后，国产 SMC 机组开始以 36″（SMC 幅宽 1000mm）为代表的第三代机组的设计制造。这类机组仍然是仿制当年从德国进口的同规格机组。但其供料方式与我国第一代机组半机械化的方式类似，减轻了劳动强度。浸渍系统的加压方式采用液压缸加压，并用金属网带进行材料的输送，对改善 SMC 材料的浸渍性和质量稳定性起到较好的效果。与二代机组相比，其生产速度一般为 6m/min，单重 3.5kg/m²，效果较好。树脂糊的起始黏度可达 30000cP。玻纤含量可达 30%。单班产量 7～8t，年产量可达 2000t。但其供料系统仍然是一种人工加机械批混合供料方式。在产量大的情况下，操作者的劳动强度仍然较大，片材质量的稳定性仍然有待进一步提高。图 2-4-19 显示的这类机组的照片。

图 2-4-19　自左至右分别为南京复材、常州姜氏热固塑机公司和江阴振通机械公司
制造的 36″机组（2004—2010 年）

前几代 SMC 机组在浸渍区结构方面没有太大的变化，更为突出的是 SMC 树脂糊的计量、混合、输送方面没有实现连续化，更没有实现自动化，尽管后来机组的尺寸也从 36″扩大到 48″，甚至还有 60″的机组出现，那也是仅仅提高了设备的产能，对产品质量的提高没有太大的帮助，对操作者的劳动强度反而由于产量的加大变得更为繁重。直到 2004 年以后，国内的 SMC 机组的设计者才开始探索将浸渍区的几个液压缸加压方式，改为模仿美国气动鼓及双重金属筛网加压传送方式对 SMC 物料进行浸渍。另外，也开始学习把 SMC 树脂糊组分分为 A、B、C 三组，进行分别计量、混合、输送、再计量混合输送的方式，自动向机组上、下刮糊区输送树脂糊。图 2-4-20 展示的就是国内自行设计和制造的具有较高水平的 48″的 SMC 生产线。

图 2-4-20　具有国际水平的国产 SMC 生产线

右图和左上图为上海惠人机械公司设计制造的 SMC 机组及在线混料输送系统（2009 年）照片。

左下图为莱州耀胜自动化设备公司（2013 年）设计制造的带在线混合系统的 SMC 机组照片

　　从图 2-4-20 中我们可以看出，经过十多年的实践和改进，上海惠人机械公司目前在 SMC 机组主机制造及功效、树脂糊配料、在线混合等方面已经达到国外欧洲、美国和日本同类设备的自动化及控制的先进水平，为国内一流 SMC 企业提供了高水平的制造设备，也为外商独资企业及合资企业提供了令其满意的设备及服务。该公司设备生产效率高，48″SMC 机组最高生产速度可达 18m/min。单班产量约为 30t，单班年产量可达 7000～10000t。劳动强度低，一般情况下仅需 4～5 个操作人员。制品质量稳定性好。片材精度高，增稠剂及色浆计量控制精度可达±3％以内。最高玻纤含量可达 50％，玻纤及填料浸透较为充分，适应树脂糊的起始黏度可达 60000cP，满足了 SMC 片材对精度及浸透性的要求。惠人公司已经为国内 SMC 生产厂家提供了 20 余台套机组。

　　国内另一家比较有名的 SMC 设备供应商是莱州耀胜自动化设备公司，该公司设计制造各种规格的片材机组，也可提供配料计量及在线混合输送系统。自 2011 年以来直到 2018 年，共销售了 136 台 SMC 生产机组。至今，莱州耀胜自动化设备公司一直是我国最大的 SMC 生产设备供应商。其大部分是国内客户，部分产品也供应国外客户，出口到韩国、印度、中东、非洲、南美洲和欧洲等地区和国家。

　　以上两家 SMC 设备供应商所生产的 SMC 机组结构与 1985 年北京二五一厂从美国 Finn&From 公司引进的 SMC 机组结构类似。浸渍区采用双层金属筛网结构。

　　我国 SMC 生产设备在国内不断进步的同时，国内的 SMC 生产厂家也在积极从国外引进先进的 SMC 生产线。1985 年 12 月 25 日，在自行研究生产 SMC 近十年后，北京二五一厂率先与美国在日本东京签订了引进 SMC 生产/成型成套设备与技术合同（后全套设备及技术划归北京汽车玻璃钢制品总公司）。引进内容包括：SMC 生产线（FINN&FRAM）、SMC 配方及生产技术、SMC 专用树脂生产技术、SMC 专用无捻粗纱拉丝机和浸润剂配方、SMC 专用压机（EMPCO）、模具（AKROMOLD）等。从而对进一步提高国内 SMC 及相关行业的技术水平，起到了积极的促进作用。从 20 世纪 90 年代开始，到 2008 年，国内不少单位陆陆续续又从欧洲、日本和美国引进了 24 条 SMC 生产线。按当时的企业名称，他们分别是北京二五一厂、成都滑翔机、哈绝、东绝、中建崔桥、上海玻钢所、上海大中建材、吉林东风化工、山东莱州塑料、重庆益鑫机械、常州二五三厂、深圳华达、湖北大雁、江苏协诺、常州华日、桐乡华美、长沙远铃、上海新天河、上海曼佐里特、重庆国际复材、南京 DSM 公司等。引进国外的设备和技术为我国后来 SMC 生产水平的进步及大规模应用发展，奠定了良好的基础。图 2-4-21 是具有代表性的从国外引进的 SMC 生产线的照片。

图 2-4-21 从国外引进的 SMC 生产线

（左图为 1985 年北京二五一厂从美国引进的 Finn&Fram 生产线；

右图为 2004 年江阴协统公司从德国引进的 Schmidt Heinzmen 生产线）

BMC 的生产由于其设备投资较少，技术门槛较 SMC 工艺低，再加上市场需求的迫切性高等原因，在 20 世纪 90 年代已在国内江苏、浙江等地得以蓬勃的发展。值得一提的是乐清树脂厂，早在 2004 年左右，它的 BMC 年产量就达到了万吨以上。从年产量来讲，成为当时 BMC 行业的翘楚。其年产量一直处于我国整个模压行业的前列。图 2-4-22 显示了当年 BMC 生产线的情景。

图 2-4-22 国内的 BMC 生产线

（左图为当年乐清树脂厂 BMC 生产线；右图为宁波华缘公司的 BMC 生产线）

### 2.4.8.2 我国 SMC 专用压机的进步

在 1990 年之前，除了部分引进的 SMC 专用压机外，我国复合材料行业几乎完全采用塑料制品液压机来成型 SMC/BMC 制品。图 2-4-23 所示为当年普遍用于各种模压产品成型的塑料制品液压机。

图 2-4-23 国内厂家采用传统塑料制品液压机的 SMC 制品生产线

根据国家建材局玻璃钢研究设计院和太原重型机器厂1982 年 7 月 13 号双方代表签订的合作协议书和该院引进的国外压机的样机的资料，在 1991 年由双方共同开发的三台我国第一代 SMC 专用压机问世。其中包括 1500t、630t 和 500t 各一台。该项成果"5-15MNSMC 成型液压机系列"获机械工业部 1997 年科学技术进步奖二等奖。图 2-4-24 为我国第一代SMC 专用压机。

近几年来，国内 SMC 专用压机与国外设备相比，也基本实现了多种速度及功能可编程序控制，也有真正意义上的四角调平水平和微开模控制系统在应用，基本具备了开发高端SMC 产品的成型压机条件。

天津市天锻压力机公司自 2005 年起就开始生产具有国内先进水平的 SMC 专用压机，并于 2006 年首次为青岛铁路玻璃钢厂制造出国内第一批带四角调平的 SMC 压机两台，采用的是德国力士乐四角调平系统。其中 3500t 的压机，台面尺寸达

图 2-4-24　我国第一代 SMC 专用液压机（为 1991 年太原重型机械厂生产的 SMC 专用压机）

4750mm×3440mm，为当时国内台面最大的 SMC 压机，而且同类压机在 2009 年开始实现对美国的批量出口。图 2-4-25 为出口压机验收现场。图 2-4-26 是天锻压机在 SMC 汽车生产线上的应用。

图 2-4-25　天锻出口美国的三台3500tSMC 压机（2009 年）

图 2-4-26　天锻压机在 SMC 汽车生产线上的应用

始建于 1998 年的厦门泰田公司，历经 20 多年的发展历程，产品已经成功销往国外多个国家。产品广泛应用于各种复合材料行业领域，为多个新能源汽车行业和轨道交通行业提供关键设备及先进的技术支持。它最早于 2008—2012 年间，曾成批量地向当时全国最大的 SMC 模压成型工厂——成都泓奇实业股份公司提供了 10 台 3500t 和 2 台 5000t 压机，从事 SMC 沼气池的开发生产。其压机行程 4～4.2m。最大台面尺寸为 4.5m×3.0m。这成为当时乃至于至今在国内无论是大型压机的数量或是模压制品的尺寸、单重和产量都是屈指可数的。图 2-4-27 为安装有大型泰田压机的 SMC 模压生产线。

重庆江东机械公司于 1999 年进入生产复合材料液压机的行列。近年来，它已为行业提供了具有较高水平的 SMC 专用液压机。其中，压机公称力最大 5000t，台面最大尺寸达 5.0m，滑块行程最大4.5m，滑块最大快下快回速度达 800mm/s，滑块最小开模速度为 0.1mm/s，保压精度可达每小时0.8MPa/h，四角调平系统的调平精度达±0.05mm，可满足大面积薄壁件压制的高精度要求，液压系统采用活塞式蓄能器，较传统压机装机功率下降 40%～60%，采用比例伺服的微开模技术，稳定开模最小高度可达 0.1mm。图 2-4-28 为江东机械公司为吉林守信公司提供的 SMC 汽车件生产线。

图 2-4-27　安装有厦门泰田压机的 SMC
沼气池生产线（2012 年）

图 2-4-28　江东机械公司为吉林守信公司提供
的 SMC 汽车件生产线

宁波恒力液压公司自 2007 年以来，开始量产 SMC 专用压机。以后几年来压机的销量也达一百多台，也为企业建了一些 SMC 生产线。图 2-4-29 为宁波恒力液压公司为企业提供的液压机。

图 2-4-29　宁波恒力液压安装在 SMC 成型企业的专用压机

在我国，高水平的压机生产厂家还不多，大多数压机厂在压机的设备精度、刚性、速度控制、蓄能器节能等功能的应用及系统控制水平方面与国外先进水平仍有一定的差距。为了解决 SMC 专用压机的设计生产以及国内高水平产品的急需，我国在 SMC 成型工艺开发早期，曾从国外引进了 SMC 专用压机。它们的引进对提高我国压机的设计制造水平起到了积极的促进作用。图 2-4-30 分别为北京汽车玻璃钢制品总公司从美国、德国引进的 SMC 专用压机。其中，德国 SMG 公司的压机的工艺参数，在当时已经达到国际上的先进水平。其主要参数见表 2-4-6。

图 2-4-30　国外进口的 SMC 专用压机
左图为最早从美国引进的 SMC 液压机（1987 年）
右图为功能最全的德国专用 SMC 压机（1998 年）
（高速并带四角调平、蓄能器系统）

表 2-4-6　德国 SMG 公司 SMC 专用压机参数

| 压机参数 | 指标 | 压机参数 | | 指标 |
|---|---|---|---|---|
| 公称压力 | 18000kN | 平行度 | 无载荷 | <0.078mm/s |
| 滑块力 | 15600kN | | 速度为：0.5mm/s | <0.06mm/s |
| 滑块回程力 | 1600kN | | 速度为：2.0mm/s | <0.10mm/s |
| 滑块脱模力 | 16000kN | | 垂直度 | 0.3mm |
| 最大开口距离 | 2500mm | | 平面度 | 0.16mm |
| 最小开口距离 | 700mm | | 抗偏载 | 1.0mm |
| 工作台有效尺寸 | 3000mm×2000mm | 速度 | 空载下行 | 200～500mm/s |
| | | | 预压 | 5～25mm/s |
| | | | 工作 | 0.5～5mm/s |
| | | | 开模 | 0.5～25mm/s |
| | | | 快回 | 200～500mm/s |
| 滑块下面有效尺寸 | 3000mm×2000mm | | 顶出 | 1～25mm/s |
| 工作行程 | 1800mm | | | |
| 顶出行程 | 100mm | 上压时间 | | 2～5s |

### 2.4.8.3　SMC/BMC 模具的进步

在我国 SMC 出现之前，模压成型用的模具主要适合各种酚醛及改性酚醛树脂模塑料的压制成型。由于材料的流动性差，产品结构形状不太复杂，所以模具一般采用半溢式和不溢式结构；基于成本和技术水平的限制，其他的功能性附件比较少，比如，加热系统多采用电热元件或电阻丝加热，顶出多采用机械顶出而不是液压系统顶出，也不使用分油器。更没有真空辅助系统等，模具结构比较简易，控制精度也不太高，而 SMC/BMC 模具由于成型材料的流动性良好，成型周期短，产量大，生产效率高，尤其是 SMC 模具经常用于成型大型、薄壁、结构复杂的产品，产品的尺寸精度要求也很高，所以它的结构设计就比较复杂，对模具的加工精度有更严格的要求。此外，由于直到本世纪初，我国大部分模具制造商长期以来都是从事热塑性塑料注射模或压制模的设计与制造，他们既对 SMC/BMC 这类热固性材料及其成型工艺相当生疏，也对于 SMC/BMC 材料的成型模具的设计和制造，不管是压制成型还是注射成型的模具也都缺乏经验。更重要的是，当年我国机械加工的设备水平也比较差，异型产品的型面多用仿型铣而不是数控机床加工，更谈不上三轴及更多轴的数控机床了。因此，在我国 SMC/BMC 工艺出现后，在较长一段时间内，其成型模具及工装的设计、制造都面临极大的困难，甚至来自国内多方面的阻力。

为解决我国 SMC/BMC 模具设计和制造技术空白，1985 北京二五一厂（北京汽车玻璃钢制品总公司）在 SMC 引进工程中，特别考虑到从美国购进了国内首个 SMC 浴缸模具，用于制造 SMC 浴缸，同时，用以了解 SMC 专用模具的材料、结构和设计特点。一个典型的事例对我国 SMC 模具的发展过程更有代表性。

1990 年北京汽车玻璃钢制品总公司为实现南京汽车厂引进车型依维柯的保险杠的国产化，几经周折，最后才决定从加拿大引进前保险杠模具。在此期间，国内从事汽车行业金属模具设计制造的权威人士曾一再坚持国内能制造出满足 SMC 保险杠要求的模具，反对从国外引进 SMC 保险杠模具，迫使引进模具的工作暂时停止。按他们的要求，两个月后，北京汽车玻璃钢公司技术人员，在总结原为东风汽车公司引进日本日产柴公司"八平柴"车型 SMC 左右轮罩、左右前围板国产化 SMC 模具设计制造经验的基础上，完成了依维柯保险杠的模具设计。图纸送到南京汽车制造厂模具车间，经半个多月的审查后，才终于得出国内无法制造出符合要求的模具的结论，同意从国外引进模具。为此，导致依维柯SMC保险杠的国产化滞后近一年。其后，在引进过程中，由于外界人士对国内技术人员的水平的不信任，和缺乏SMC复合材料的知识，使得"引进模具不成功"的言论一度甚嚣尘上。为此，还专为此事组织有上级领导参加的联合考察团，出国赴现场考察试模情况。回国后并没有打消他们的疑虑，直至模具回国试模一次成功压出合格的依维柯SMC保险杠后，怀疑论者才偃旗息鼓。这就是当时要实现引进车型零件国产化有多难的一个缩影。开始认为SMC模具没什么复杂的，国内能做；后来又认为国外都没能制造成功；模具回国后，又不相信国内的材料及技术能生产出来保险杠产品、产品出来后又对能否达到意大利菲亚特汽车公司保险杠的技术标准等持怀疑态度。结果，经过北京汽车玻璃钢制品总公司技术人员及职工的努力，经过几个月终于完成了主机厂的各项试验考核，成功实现了南京汽车厂依维柯保险杠的国产化，开始了正常供货。保险杠模具重20余吨，两侧采用抽芯结构，顶出采用分油器液压顶出系统。产品质量近19kg。

另一个事例就是，为实现北京吉普车公司引进车型切诺基吉普SMC零件的国产化，北京汽车玻璃钢公司从1989年该公司成立之日起就按合资公司的要求，开始筹划从美国该产品原生产厂Budd公司引进切诺基前格栅板和后举升门的二手生产模具及全套生产工艺技术。在1992年4月两国四方（北汽玻/美国Budd公司，北京吉普/Chrysler）共同签订了切诺基生产二手模具工装转让、SMC材料及成型技术转让的许可证贸易合同。北京吉普车有限公司是1985年国内第一家和国外汽车企业成立合资公司的汽车企业。公司的一切重要事项的决策权都在外方手中。由于头几年企业生产都是采用从国外进口零件在国内组装销售的模式。在经营过程中，外方既可从进口散件中赚取利益又可从合资公司产品销售企业利润中获取收益。因此在当年，该产品的国产化的道路阻力重重。模具、技术迟迟不能到位。1995年4月项目接北京吉普公司通知曾一度下马，直到1997年12月又接北京吉普公司告知重新上马。几经周折，到1998年北京汽车玻璃钢制品总公司应主机厂的要求，兼并另一家切诺基SMC零件第二配套供应商（北京福斯特公司）。从德国获得全套新模具后，全套切诺基SMC零件的二手生产模具，前格栅板和后举升门的模具及工装才随后到位。至此，北京汽车玻璃钢公司开始用国产的SMC片材和成型工艺，成功地向北京吉普汽车公司实现了切诺基吉普SMC零件的供货。前后历经8年的时间。尽管时间比较漫长，但是，由于这些模具的引进，在国内，开创了使用国产材料、工艺和进口SMC模具工装生产轿车级零件的先河。

为此，事实证明了，在20世纪90年代，我国已经可以生产出能满足要求的耐水煮和汽车级SMC片材，也可以模压出高品质的SMC浴缸和具备了生产达到国际水平的SMC汽车零部件——依维柯保险杠，切诺基后举升门及前格栅板的能力。由于后者的成功，从而实现了上述两种引进车型SMC零件的国产化。

与此同时，国内的模具制造厂也从中吸收了不少的技术养分，对提高国内SMC模具的设计、制造水平起到了立竿见影的效果。

国内部分模具厂家陆续开始了按国外模具的结构、标准为国内用户设计和制造SMC模具的漫长历程。与此同时，也有很多厂家为降低造价仍采用较低标准的办法在设计和制造模具。

从21世纪初开始，随着SMC在我国重型卡车驾驶室外覆盖件和保险杠等的大规模应用，国内大部分从事SMC模具设计制造的厂家都认可了较高标准的设计及结构的模具。SMC模具的设计与制造水平也在逐步提高。在此领域，浙江台州双盛、华诚、德州海力达、台州大成、优普模塑等模具厂具有不同的特点和代表性。根据在模压行业中的活跃度和公司的整体水平看，台州双盛、台州华诚和德州海力达公司在国内承接SMC模具量方面，都是比较大的公司，所生产的模具质量也获得行业内的好评。

浙江台州市黄岩双盛塑模公司是该行业的佼佼者。该公司成立于2002年。公司从建立的初期，很快就决策专门从事SMC模具设计与制造的企业方向。多年来，双盛致力于高品质的SMC/BMC/GMT/LFT模具设计与制造。公司制造的模具广泛应用于汽车、卡车、农业机械设备、轨道交通、电工电器、建材、卫浴、休闲运动用品等领域，出口到美国、法国、意大利、日本等 10 多个国家和地区，拥有全球营销网络。曾与国内及美、法、德国等十余家企业建立了合作关系。2008 年被中国模具工业协会评为中国玻璃钢模具重点骨干企业，2009 年被认定为台州市高新技术企业，2016 年成为中国模具工业协会理事单位，2018 年被认定为省高新科技企业。该公司秉承"最高品质、第一信誉、优质服务"的宗旨，致力于建设成为规模领先、技术先进、管理一流、队伍优秀、执行有力、业绩优良、高速成长的企业集团。

经过近二十年的发展，黄岩双盛塑模公司已经成为国内知名专注于 SMC/BMC/GMT/LFT 模具生产的企业，近几年的模具营业额一直稳定在 8000 万元左右的水平，赢得国内外客户的信赖。图 2-4-31 为该公司的模具、设备及公司照片。图 2-4-32 为黄岩双盛塑模公司正在加工中的模具。

图 2-4-31　黄岩双盛塑模公司
（左图为公司集团总部及塑模公司，右上图为 2011 年前的厂房，右下图为现在的厂房）

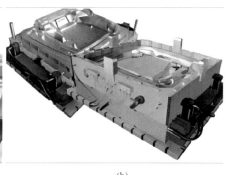

(a)　　　　　　　　　　　　　　　　(b)

图 2-4-32　黄岩双盛塑模公司模具正在加工中
（左图为 2011 年正在生产的模具，右图为为近年来生产的模具）

浙江台州华诚模具有限公司成立于 1994 年，具有近 30 年的制模历史，属上海市模具技术协会副理事长单位，中国复合材料工业协会理事单位，中欧汽车轻量化联盟执行理事，浙江省高新技术企业、台州市高新技术企业，连续十多年被评为"重合同、守信用单位"，是本地区模具行业龙头企业之一。自 2003 年起，转型致力于高品质 SMC、BMC、GMT、RTM、LFT-D、LFI、PCM 等复合材料模具的开发与制造。公司自成立以来，一直遵循诚实守信、立足根本的价值观和务实进取、高效发展的工作作风来指导公司员工的日常工作，使公司得以扎扎实实地不断发展。该公司生产的模具广泛应用于高铁、汽车、新能源、航空航天、摩托艇覆盖件、整体拼装式卫浴及浴缸、体育用品、电器电工、建筑建材 SMC 门皮、净化槽、化粪池等水处理系列等部门和领域。该公司在模压门板模具及各种木纹装饰板模具方面在国内有着独到的经验。

公司也积极开展与欧洲客户、日本客户合作，开发先进的模具结构、抽真空模具、吹气、后导入模具结构，使其产品达到欧洲、日本客户的技术要求。在国内也初步成为：生产模具数量多、品质好、性价比高、售后服务满意的模具生产企业，得到了广大客户的一致好评。

华诚公司本着"以诚为本、以质取胜、顾客满意、互惠互利、共同发展"的宗旨，一直以来为客户提供全方位的优质服务。图2-4-33为该公司的生产车间及公司照片。图2-4-34为该公司生产的SMC模具。

图 2-4-33　台州华诚模具公司

(左图为公司总部，右上图是2011年前模具生产车间，右下图是现在模具生产车间。)

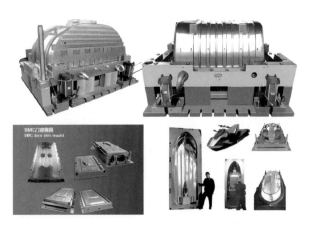

图 2-4-34　台州华诚模具公司模具

(上部为化粪池模具，左下图为门板模具，右下图为摩托艇模具 * 该模具重达56.8t，最大单向尺寸为3.6m)

德州海力达模塑有限公司成立于2012年，是从2007年成立的青岛海力达公司因市场发展的需要异地搬迁而改名，是SMC模具行业的后起之秀，主要从事SMC/BMC/LFT-D等工艺的模具研发、设计、制造等。历经十余年的发展，公司凭借其优良的产品、及时的交付、高效的销售全程服务，赢得了国内外客户的一致好评和高度的信赖，实现了经营业绩近三年的平均年均复合增长率为15.5%的良好发展势头。2019年公司的模具业务实现一个多亿的年销售额。

近几年来公司投入巨资，购置了大型数控加工设备20多台，大吨位大台面高精度的液压机9台，并配备了一系列的检测及实验仪器。使公司在制造能力、提高效率和产品质量方面更具有市场竞争力。

该公司生产的模具主要应用于铁路系统（如高速列车内装饰件如窗口墙板、侧顶板、端部墙板挡板、开关盖板、座椅以及地铁轨道附件、铁路信号模具等）、卫浴系列（如卫浴顶盖、地板、墙板、浴缸、盥洗池、淋浴底座等）、汽车领域（如前门外板、后背门内板、脚踏、翼子板和新能源车电池盒上盖、顶棚）等。

该公司秉承"技术领先、质量上乘""以人为本、诚信经营"的发展理念，奉行"一点也不能差、差一点也不行"的质量方针，开发市场，促公司发展。图2-4-35、图2-4-36为该公司的模具、设备及公司照片。

图 2-4-35　德州海力达模塑公司总部及模具加工车间

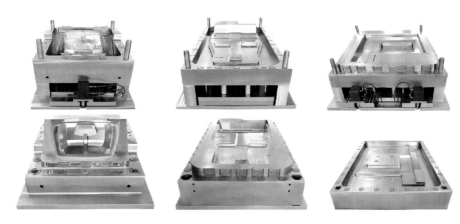

图 2-4-36　德州海力达模塑公司模具
（自左至右分别为汽车后背门内板、电池盒上盖和卫浴顶盖）

### 2.4.8.4　SMC 二次加工工艺的进步

SMC 的二次加工包括：毛刺清理；钻、铣、切口、开洞；组装；表面整理及表面喷涂等工序。

1. 毛刺清理

由于国内模具的制作水平及模具成本的原因，大部分厂家都用手工清理，当产品产量较大时多借用机械手段清理。

2. 制品孔洞的加工

一般来说，模压工艺的特点之一就是产品可以一次成型。但对于某些情况而言，考虑到成本、工艺和产品性能等因素，在产品出模后仍然需要采用尽可能少的二次加工的方法，才能最终完成。比如产品部分孔洞、切口等基本上都用后机械加工的方法进行。在当年，一般的机械加工方法是采用人工操作的各种电/汽动工具进行。早期，也有个别公司用锉刀人工打磨的事例。一般工厂常用的工具有角向磨光机、电/汽动曲线锯、电/汽动铣等。当产品尺寸精度要求更高、加工量较大的产品，用一般的工具或全靠人工操作就难以实现，尤其是在规模化生产时，由于精度和生产效率等因素就更不可能了。

二次加工设备对产品的后续加工至关重要，包括打孔、冲裁、金属件安装、粘接等一系列工作。一般来说，金属零部件需要用焊接、铆接或其他机械连接方式把多个附件组装在一起。因为 SMC 产品的成型特点，其集成化程度很高。其中包含的多个附件和主件在大多数的情况下，用一次成型就可制造完成。但是，对于某些情况下，SMC 产品仍然需要部分的二次加工工艺才能完成最后的组装。比如，SMC 产品的打孔加工，因为模压产品的孔位要求非常高，尤其是汽车件的安装定位孔，包括切口对于采用诸如专用的加工中心、机械手、高压水切割设备、激光线切割装置等高精度加工设备就尤为必要。将产品固定在专用的夹具上，通过 CNC 编程将产品的孔位一次或多次加工完成，确保各个孔位加工的准确性和一致性。

在 1997 年，由于北京吉普车公司切诺基车型国产化的需要，面对前格栅板有数十个直径大小各不相同、尺寸精度要求很高的安装孔的情况下，北京汽车玻璃钢制品总公司和北京第三机床厂合作，制造了我国首台供 SMC 汽车件专用的数控钻孔设备。其上带有十把可钻不同直径孔洞的钻头，机头可按设定的 X、Y、Z 三轴坐标值自动位移。当产品安装在机床台面上的工卡具上时，启动机器按钮后；产品所需的各个部位、不同直径的孔洞就按设定程序自动加工完成，孔的重复精度为 ±0.1mm，从而开创了在国内首次采用数控机床加工 SMC 汽车零件的先河。图 2-4-37 就是当年采用的数控钻床及须加工的切诺基前格栅板。

约在 2005 年，北京福润达公司开始采用木工 CNC 加工中心加工 SMC 板材制作各种类型的电气用 SMC 异形产品。图 2-4-38 为该公司采用的加工中心及加工件。

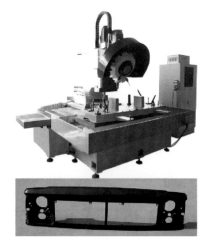 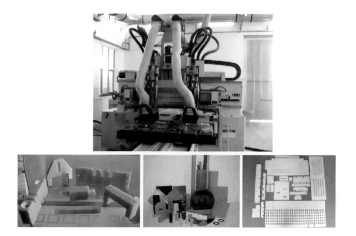

图 2-4-37　1997 年我国首例高精度 SMC 汽车件孔洞数控加工中心　　图 2-4-38　2005 年北京福润达公司采用木工 CNC 加工中心加工电气 SMC 加工件

### 3. SMC 零件的组装

很多的工业产品由几个不同的零件组装而成，或者在一个主零件上需要安装上几个附件。这类产品在模压工序完成之后，还要进入组装工序才能成为最终产品。有些情况会比较简单，比如安装金属嵌件螺栓、嵌套连接板等。但有些情况就比较复杂，如类似汽车后举升门内外板的组装，它的工艺过程就比较复杂，产品装配精度要求也高。在 1989 年 3 月成立的国内首个专业从事 SMC 汽车零部件研究、试制、生产基地——北京汽车玻璃钢制品总公司，早在 1998 年就开始了北京切诺基吉普车后举升门的生产制造，通过了北京吉普车有限公司美方克莱斯勒公司的认证并开始了批量供货。SMC 后举升门由外板、内板、电线导板及金属附件组成，结构示意如图 2-4-39 所示。图 2-4-40 为北京切诺基吉普车 SMC 后举升门产品。

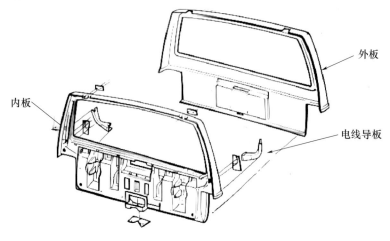

图 2-4-39　北京切诺基吉普车后举升门的结构示意图

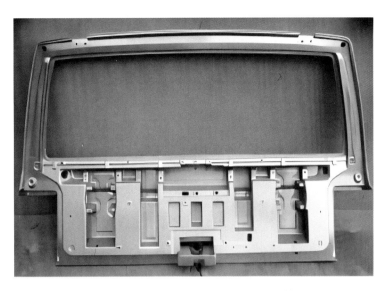

图 2-4-40　北京切诺基吉普车后举升门交付产品

为了保证北京切诺基吉普车 SMC 后举升门的组装质量能满足当时的美国克莱斯勒汽车公司标准，北京汽车玻璃钢制品总公司在 1998 年从德国进口了一整套后举升门内外板自动粘接设备。一套完整、先进的粘接设备包括：自动配胶/供胶系统、产品定位系统、涂胶系统、传送系统、自动夹紧系统、加热固化系统及控制系统。涂胶系统采用六轴机械手进行全方位立体涂胶、输送。产品翻转系统采用三轴机械手实现固定位置的输送。产品的粘接过程一次装卡自动完成一个循环过程，确保了产品粘接的重复再现性，产品定位和涂胶的位置准确，工作效率高。图 2-4-41 为切诺基吉普车 SMC 后举升门自动涂胶、传送、粘接组装生产设备。

图 2-4-41　SMC 后举升门内外板自动粘接系统（1998 年）

整个工作流程为：将装有电线导板的内板和外板分别放在对应的专用工作台面上并自动卡紧，然后由机器人涂胶机按设计的路线和用胶量在产品内表面涂抹专用粘结剂，涂胶结束另外的一只机械手自动把内外板进行复合，复合后工作台将自动进行加压和加热直至粘结剂固化完成，取下制品进入下一道工序。

整个配胶—涂胶—零件翻转—复合粘接—加压升温固化过程全部自动化操作。这种工艺水平与当时的国外同类型产品的生产水平没有很大的差距，只是因产量的关系我们的生产节奏稍微慢一些。

**4. SMC零件的表面整理**

这里讲的零件的表面整理或处理一般是指，当零件下一个工序要进行表面喷涂前，对零件表面的缺陷进行修整处理的工艺过程。一般包括：表面缺陷如微小裂纹和缺料部分的修补、微孔填充处理、打磨抛光等。表面的净化和去油操作将在下一工序进行。关于零件表面的整理，国内大部分厂家仍然采用人工操作。工作量（劳动强度及环境影响）的大小取决于产品的表面质量。这也反映了工厂的技术和管理水平。当企业的技术、设备及管理水平高时，其产品的表面缺陷就会少，修整的工作量就非常少。一般在成型设备附近安排简单的表面修整就能达到要求。反之，不仅工作量大而且产品的质量也令人担忧。这方面的问题，在国内给各类重型卡车生产驾驶室覆盖件期间，问题比较突出。在国内，大部分SMC模压制品企业在较长的一个时期内，都未能得到很好地解决。

**5. SMC零件的表面喷涂**

表面喷涂（漆）作为SMC制品的最后一道工序，喷漆设备及工艺控制非常重要，它直接影响供货产品的质量。目前，国内各骨干厂家大多已采用表面清洁—喷涂—流平—烘烤各工序的全封闭的自动化喷涂线，由于产品多是品种多、批量少的原因，喷涂工序大多还是采用手工操作。一般来说，SMC的表面喷涂对于SMC汽车应用尤为重要。SMC汽车件的喷涂工艺、设备要求与该零件在汽车总装喷涂线的进入部位密切相关。一般分为在线喷涂、进线喷涂和离线喷涂三种方式。其中在线喷涂要求最高，而离线喷涂要求相对较低。SMC零件进线方式不同，对其耐温性及存在的缺陷要求也不相同。在线喷涂由于SMC零件要与其他金属件同时经过磷化处理和高温喷涂的全过程，因此对零件的缺陷控制要求更严格，要求的耐温性大约也要在180～200℃。而进线喷涂的SMC零件也要能耐140～160℃。对于离线喷涂的SMC零件如重卡驾驶室覆盖件一般只要耐60～80℃即可。

早在1995年，北京汽车玻璃钢制品总公司为了解决北京切诺基吉普车后举升门、前GOP板的喷涂问题，根据对国外相关资料及在国外考察了解的情况，对SMC后举升门的喷涂线进行了工艺设计，并委托国内的专业喷涂线工厂建成了国内首条SMC全封闭式高温喷涂线，最高温度可达150～180℃。喷漆线主要包括喷淋除尘、喷淋除油、热水清洗、纯水清洗、水分烘干、喷涂、流平、漆面烘干和全线的输送及产品上下线工位。整条喷涂线循环往复，可以实现连续作业。图2-4-42为建立在北京汽车玻璃钢制品总公司的切诺基吉普车SMC汽车件的高温喷涂线。

图2-4-42　切诺基吉普车等SMC件高温喷涂线（1995年）

在2003年，由于配套生产北汽福田重卡驾驶室SMC覆盖件的需要，北京汽车玻璃钢制品总公司又建立了两条全封闭式中温喷涂线。其温度范围是25～110℃可控，可满足上百万件玻璃钢等产品的底、面漆喷涂。其中一条线配备往复侧喷机进行产品喷涂，可用以代替人工进行喷涂作业。该喷涂线主要包括静电除尘、头遍漆喷涂、流平系统、二遍漆喷涂、流平系统、漆面烘干、冷却、集中供漆和自动喷漆，同样含有全线的输送及产品上下线工位。整条喷涂线循环往复，实现连续作业。图 2-4-43 为北京汽车玻璃钢公司建立的两条 SMC 汽车件中温喷涂线。

2009 年，江阴协诺公司也为长春一汽重卡驾驶室 SMC 覆盖件建立了中温喷涂线。图 2-4-44 为该喷涂线的产品下线工位的照片。

图 2-4-43　北汽福田重卡 SMC 汽车件
中温喷涂线（2003 年）

图 2-4-44　江阴协诺公司建立的 SMC
重卡汽车件中文喷涂线（2009 年）

#### 2.4.8.5　SMC/BMC 及制品生产工艺过程品质管理上的进步

SMC/BMC 工艺尤其是 SMC 工艺与其他模压工艺相比，不仅其过程工序多、流程长、影响因素多，而且由于其组分除了玻纤和树脂系统外，还含有许多功能性组分，因此其生产和成型技术相对复杂，过程及产品质量控制比较困难。这也是多年来，在提高 SMC 及其模压产品品质过程中，一直困扰着本行业的一个重大的技术障碍，并且对应用市场的扩大尤其是对中、高端市场的开发造成了重大的影响。这也是本行业进一步发展过程中一直所必面对的问题。在某种意义上说，SMC 工艺技术和应用的发展就是其产品品质管理水平不断提高的发展过程。自我国 SMC 工艺诞生以来，经过几十年的发展，其配方、生产技术、成型技术、市场开发等方面与国外的相应水平之间一直存在较大的差距。当然，国内部分企业的总体水平差距要小得多。大部分企业存在较大差距的原因在很大程度上，除了采用的原材料的品质不高一方面的原因外，主要就是在 SMC 的配方技术、生产工艺和成型工艺技术等方面的基础原理理解不够，对各组分的作用、相互影响的关系和材料在成型过程中的固化、流动状态研究的深度较浅之故。因此，在回顾行业的发展历史过程中，很有必要利用这个机会，对长期以来存在的 SMC 整个生产和成型过程的质量控制问题及影响因素作一简要讨论以供同行参考。以 SMC 制品的工艺为例，图 2-4-45 为其生产工艺流程的示意图。

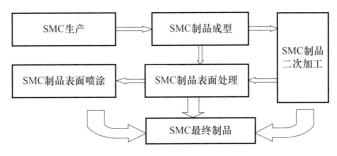

图 2-4-45　SMC 制品生产流程图

从图 2-4-45 可以看出，在生产流程的各道工序中都存在诸多影响产品成型过程及最终产品质量的因素。这些因素及其影响可以大致归纳如下。

1. 原材料的品种、规格、用量的影响

原材料的品种、规格、用量，要根据制品性能和外观的要求、材料生产工艺性及制品成型条件进行选择。各组分的作用及主要相互影响关系如下：

（1）树脂：它的种类、用量及活性主要影响制品性能如强度、韧性、外观，也对后期的生产工艺和成型工艺有影响。

（2）填料：它的种类、用量及特性主要影响制品的强度、成本、外观，并赋予制品某些特殊性能。要特别注意它的加入对 SMC 生产过程的影响。一般来说，随着填料加入量的增加，树脂糊的黏度也增加，对固体材料的浸渍能力会下降。制品的刚度增加，制品收缩率下降，也有利于制品外观质量的提升，但制品的强度会下降。

（3）固化剂：它的种类、用量及活性影响制品成型工艺条件的选择、材料存放寿命和材料流动性（即流程的长短），也会影响制品的外观质量。处理不当会导致预固化、微裂纹的产生。

（4）玻璃纤维：其品种、规格、长短、含量对制品的强度、刚性、材料流动性、制品外观都有重要的影响。玻纤含量增加，材料被浸透的难度也增加，流动性下降。其制品强度、刚度会增加，但外观相对会变差。玻纤所用的浸润剂品种、含量不同，对以上各项的影响十分重要。

（5）低轮廓/低收缩添加剂（LPA/LSA）：这是改善制品外观质量的一个关键性组分。用哪一种，取决于制品的要求。当制品收缩率要求 0.1%～0.05% 时用后者；当制品收缩率要求 0.05%～ -0.05% 并要求制品表面平滑度高时用前者。它们的使用效果取决于与其他组分的配合和材料生产、成型条件。

（6）各主要组分相对用量的选择：

树脂和低轮廓或低收缩添加剂的比值范围可以是 8/2～5/5，常用 7/3～6/4。比值增加，制品的力学性能增加，但其外观质量相比会有所降低。

树脂和填料的比值范围可以是 100/120～100/190，常用范围 100/140～100/180。比值增加，制品的力学性下降，但可以改善制品的外观，提高刚度，也可赋予制品某些特殊性能。比值大小也与玻纤含量、生产工艺参数密切相关。

2. SMC 生产过程控制

在 SMC 生产过程中，切记两项关键点：即要全程监控树脂糊的黏度变化，和确保玻纤及各种粉状填料等固体材料被树脂系统充分浸渍。

3. 成型高品质 SMC 制品的关键点

（1）片材成型时的黏度应该根据产品的结构、性能要求选择合适的 SMC 成型黏度。一般情况下，SMC 材料的黏度根据材料的固化特性、加料方式、流程长短、产品结构的复杂性、外观质量要求等因素，要控制在 $1 \times 10^7 \sim 5 \times 10^7$ cP 范围内。

（2）成型时，材料的加料面积根据材料的特性、制品的形状、结构、大小控制在 60%～80% 之间。

（3）加料方式要注意宝塔形堆放；材料避免卷折；根据制品结构、受力情况选择单部位或多部位放置料块。料块的放置位置取决于材料的流动性和我们要控制的流程长短。要避免融接线的产生。

（4）采用高品质的成型和相关设备。

（5）全过程进行严格的全面质量管理。

综上所述，要想做出 SMC 制品不难，但要做出高品质的 SMC 制品不易。

# 3 SMC/BMC 在发展中期的应用

从上述章节的介绍中我们可以看出，我国 BMC 在 1967 年起步，SMC 从 1976 年开始出现。历经近 30 年时间的开发、材料及工艺研究、市场开拓、SMC 生产设备和 SMC/BMC 原材料生产技术的大规模引进、对引进设备及技术的消化吸收，行业的整体水平在不断提高，市场的开发状态也有了显著的进步。到 2000 年之后尤其是在 2005 年后，SMC/BMC 材料获得了大多数客户的认可，其市场不断扩大，并有了爆发性的增长。根据已有的数据，经过 10 年的时间，SMC/BMC 的年产量增长了近十倍。即从 2004 年的 4 万吨增加到 2014 年的近 40 万吨，产量已经进入世界前列。为 2014 年后的迅速发展，进一步奠定了更为夯实的基础。以下将对这一阶段的市场发展情况作一简要的介绍。

在 2004 年前，我国 SMC/BMC 的市场前期开发工作中具有开创性的典型产品，大概包括以下几个方面。

电气应用：各种规格电气开关、高压绝缘件、铁路绝缘件、防爆灯罩、开关盒、接线盒、低压仪表箱、电气元件、电工绝缘件、塑封电机等。

建筑应用：SMC 水箱、SMC 座椅遍布各类公共场所，包括飞机场候机室座椅、高铁商务座椅后壳。我国 SMC 浴缸的生产始于 1990 年，整体卫浴设备的规模化生产在长沙远铃公司约 1997 年开始，直到 2005 年以前每年生产 1 万～2 万套 SMC 整体浴室。SMC 年用量 3000～4000t。整体卫浴也开始占据市场。

汽车领域：如重型卡车驾驶室 SMC 覆盖件开始了大规模的应用。BMC 在汽车领域的一个重大应用，就是世界各国广泛采用的 BMC 汽车车灯。2000 年起上海小糸车灯厂作为专业的汽车车灯厂，开始成型 BMC 车灯反射面及配套车灯，为国内各大汽车厂配套供应。此后，类似的汽车车灯公司在东北和江苏丹阳地区星罗棋布。

## 3.1 在电力/电器中的应用

### 3.1.1 复合材料/SMC 在电力系统中绝缘材料的应用

复合材料/SMC 在电力系统中的应用，主要是作为绝缘材料。电工绝缘材料是电机的重要组成部分，它直接影响了电机的技术经济指标，在很大程度上决定了电器运行的可靠性和使用寿命。近年来，由于国民经济的高速发展，对电工绝缘材料的需求呈快速增长的趋势。复合材料中，除了各种酚醛及环氧绝缘板材外，SMC/BMC 也是重要的绝缘材料。在高、低压电机、电力变压器、互感器、高压开关设备、低压电器、电力电容器、电子组件的绝缘和治具、夹具、垫板等方面都有大量的应用。据调查统计，目前我国绝缘材料年产量 200t 以上的企业有 60 家，其中 1500t 以上的 12 家。在 2010 年前后，北京福润达公司、哈绝庆缘、东绝等是比较突出的代表。北京福润达公司绝缘材料产品在电力电气中的应用如图 3-1-1 所示。

图 3-1-1　复合材料/SMC 绝缘材料在电气领域中的应用

作为电机的基础材料，绝缘材料的发展与我国电力事业和电机行业的发展紧密相关。按照当年的情况，2010 年我国电力装机容量已达到 9.5 亿千瓦，当时预计到 2015 年达 14 亿千瓦。2014 年，国内电机厂商 2000 多家，生产高压电机的厂商数百家，但前十名厂商 2010 年占据了 50% 的高压电机市场份额，年增产率 ＞6%。大型电机生产能力超过 50 万千瓦的企业有 15 家。2009 年大中型电机生产能力约为 7500 万千瓦。中小型电机容量到 2014 年预计达 23888 万千瓦。对于复合材料和 SMC/BMC 来说，具有极大的应用发展潜力。

### 3.1.2　SMC 在低压电器中的应用

低压电器是 SMC/BMC 的重要应用领域，在近十多年来一直保持较高速的增长。在我国，浙江从事 SMC/BMC 电气/电器生产的企业不仅数量多，而且规模也不小。乐清树脂厂是我国多年来 SMC/BMC 产量最大的企业。拥有 30 多台 500L、8 台 100L 捏合机，两条 SMC 生产线。2012 年、2013 年产量分别为 21000t、22000t。据不完全统计，2014 年乐清 SMC 材料生产厂家有 5 家，生产 BMC 材料的厂家大约大大小小有 50 余家，其中年产量 3000～6000t 的厂家有 4 家，1000～3000t 的厂家有 10 多家，其余大约都在 1000t 内，绝大部分供各电器企业。乐清市是中国低压电器之乡，拥有电气开关及相关配套企业 5000 多家，也是我国最大的电气开关生产和出口基地。2008 年该市高低压电器的生产总值达 600 亿元以上，拥有正泰德力西、人民、华仪、天正等多家大型知名企业。电绝缘材料 SMC/BMC 的年用量约 8 万吨。乐清地区也是防爆电器和汽车电器的重要产区。如华荣集团、飞策防爆和闯正防爆等乐清生产的防爆电器产品已占国内 90% 的市场份额。汽车电器中，汽车点火器盖子、空调离合器线圈等产品也是 BMC 应用的典型事例。家用电器用绝缘件也是目前发展的一个方向。像空调及洗衣机、电冰箱等产品的马达线圈等封装材料也改变了以前由日系企业垄断的局面，现在这类产品在温州的产销量已经越来越大，以后可能也会像低压电器一样逐渐占据大部分国内市场。

无锡新宏泰是专业从事以 BMC 电器产品为主的企业，其产品质量在行业中享有较高声誉。年消耗 BMC 约 3000t。45～630t 压机约 104 台。2009 年营业额 3 亿元。

宁波华缘集团一直从事 SMC/BMC 的生产和成型。它有 50 台 100～2000t 的压机，生产各种各样的电力/电器制品。两条 SMC 生产线，年产能 20000t。5 条 BMC 生产线，年产能也为 20000t。该公司，多年来其 SMC/BMC 年产量一直稳定在 11000～13000t 之间。年销售各类箱体包括：电力计量箱、电表箱、配电柜、电缆分接箱、通信光缆交接箱等超过 2 万套。生产 ACB、MCCB、VCB 等开关的绝缘壳体直接为世界知名企业配套。年产超过 10 万套。绝缘子、绝缘支架等，年产数量超过 100 万件。2011 年及 2012 年度年产值均达 3 亿多元。2013 年达 4.5 亿元，2014 年计划销售达 5 亿元。它是国内 SMC/BMC 电器生产企业中综合实力的佼佼者。该公司除了生产各类电力电器产品外，也生产部分汽车部件和机电外壳。仅防爆、电缆支架、铁路配件、机电外壳产品每年消耗 SMC 片材就达 4000t。

江苏兆鋆新材料公司主要制造销售 SMC/BMC 材料及电器、车灯部件。2013 年公司实现 SMC/BMC 产量 8100t，BMC 注塑部件 600 万只，SMC/BMC 模压部件 100 万只，实现销售 1.5 亿元。2014 年 SMC/BMC 产量 8500～9000t，实现销售 1.8 亿元。

浙江天顺玻璃钢公司是专业生产各类 SMC、PC、ABS 电表箱、电缆分支（线）箱、综合配电箱、配电开关控制设备的企业，该企业在同类企业中，以产品质量较好而著称。SMC 电表箱通过了浙江省科技厅新产品成果鉴定，多项产品获国家专利。拥有 SMC 全自动在线混合生产线 1 条，150～2500t 液压机 21 台，150～600g 注塑机 10 台。该公司 2011—2013 年累计生产 SMC 片材 1.14 万吨，电表箱 109 万只，销售额 2.92 亿元。2014 年生产 SMC4200t，40 万只电表箱，销售 9000 多万元。

此外，据对国内其他 53 家电表箱生产厂的统计，2013 年其 SMC 电表箱销售额达 16.6 亿元。

2011 年 1 月，国家决定实施新一轮农村电网改造升级工程。"十二五"期间全国农村电网将普遍得到改造，全国将有 5000 亿元投入这项时隔十多年的新一轮农村电网改造工程。有人预测，这将给低压电器市场带来爆发性增长。

图 3-1-2 为乐清树脂厂和江苏兆鋆新材料股份有限公司的部分 SMC/BMC 电气/电器产品。图 3-1-3 为宁波华缘集团和浙江天顺玻璃钢公司各种 SMC/BMC 低压电器产品实例。图 3-1-4 分别为当年几条代表性的 SMC/BMC 低压电器生产线照片。

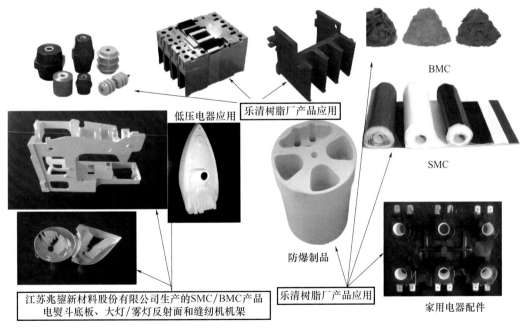

图 3-1-2 乐清树脂厂和江苏兆鋆新材料股份有限公司 SMC/BMC 电气/电器产品

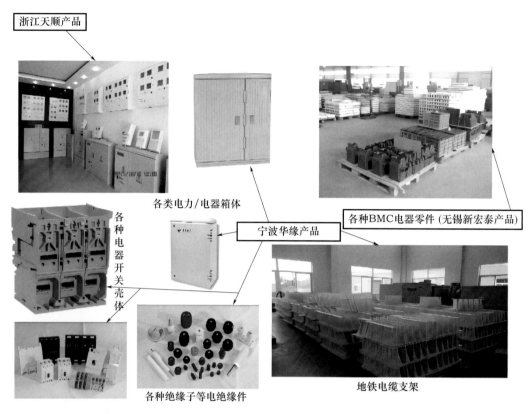

图 3-1-3　宁波华缘集团和浙江天顺玻璃钢公司各种 SMC/BMC 低压电器产品

图 3-1-4　SMC/BMC 电气/电器产品生产线
（左为 BMC 压制线、中为 SMC 压制线、右为 BMC 压铸线）

## 3.2　在交通运输中的应用

在我国，SMC/BMC 在交通运输中的应用主要是指在铁路客车及汽车工业中的应用。如前所述，早在 1976 年我国就开始了 SMC 在铁路客车上开式窗框的研究，经过八年的研究、试制、试验验证，终于在 1984 年对 22 型 SMC 铁路客车窗框进行的铁道部/建材部联合鉴定会上通过，铁道部决定从 1986 年起，全部铁路 22 型客车新车都采用 SMC 窗框。后在北京丰台机保段 B17 冷藏车上也采用了 SMC 窗框，从而开启了我国 SMC 在铁路客车应用的先河。后来的大规模应用是从 2004 年的 22 型翻新客车的 SMC 卫生间开始，从此以后其陆续应用到 25 型客车的内装产品上。

同样，自 1987 年开始，北京汽车玻璃钢公司对湖北二汽从日本引进的"八平柴"的四个 SMC 零件进行国产化研制。到 1990 年开始批量装车，实现了该车型 SMC 零件的国产化，从而揭开了我国 SMC 在我国汽车领域的应用的序幕。随后，北京 212/213 吉普车电瓶托盘，长春一汽奥迪 100 车型 SMC 保险杠背梁、备胎箱、隔热板的国产化，南京汽车厂 IVECO 车型国产的 SMC 前保险杠等产品的陆续应用，对 SMC 在汽车领域的应用打下了良好的基础和口碑。

### 3.2.1 在铁路客车中的应用

众所周知，在德国、英国、法国、瑞士、澳大利亚和日本等国家的列车上，SMC 早已获得了广泛的应用。而在我国由于高速铁路建设突飞猛进的发展，也带动了 SMC 在铁路车辆中的应用。在铁路建设中，SMC 的主要应用包括两个方面。其一是在铁路建设中的应用，其二是在铁路客车上的应用。

对于铁路应用产品而言，由于 SMC 材料具有优良的物理-化学性能（轻质高强、耐候、耐腐蚀）性能、材料性能可根据需要进行设计、适合大批量生产，并能保证所有产品的一致性、节能、安全、环境污染小等特性，因此 SMC 是非常适于生产铁路车辆的内部装饰件和结构件，并且已经在国外铁路先进国家得到了广泛的应用。随着我国铁路事业的飞速发展，目前已经在普通铁路客车、高铁、城铁领域得到了应用，基本达到了发达国家的水平。

按照原中长期铁路网规划，到 2020 年，全国铁路营业里程目标为 12 万千米。建设高速铁路（客运专线）1.6 万千米以上，规划建设新线约 4.1 万千米，规划既有线增建二线 1.9 万千米。在"十二五"期间铁路投资额超过 3 万亿元。据中铁总公司统计，"十二五"前三年，全国铁路完成固定资产总投资 1.92 万亿元、新线投产 1.24 万千米。据国家铁路局信息，2013 年我国高铁总营业里程达 1.1 万千米，在建规模 1.2 万千米，获两个世界第一。2014 年全国铁路总投资计划 7000 亿元，新线投产 6600km。

2013 年全国铁路机车拥有量为 2.08 万台，其中和谐型大功率机车 7017 台，比上年增加 972 台。全国铁路客车拥有量为 5.88 万辆，比上年增加 0.11 万辆；"和谐号"动车组 10464 辆，比上年增加 1800 辆。

2012 年新增动车车厢 1774 辆，普通客车 2900 辆。累计 SMC 用量约 3290t。

2013 年新增动车车厢 1800 辆，普通客车 1100 辆。累计 SMC 用量约 1496t。

在我国，SMC 在铁路客车中的大规模应用从 2004 的 22 型翻新客车的 SMC 卫生间开始。从此以后陆续应用到 25 型车的卫生间、洗手间、25 型车墙板、顶板，高铁动车的墙板、顶板等产品，已经成为铁路客车内装饰领域不可缺少的部分。除 SMC 外，FRP 在铁路客车上也有比 SMC 更多的应用，如车头、座椅等。

国内专业从事铁路 FRP 和 SMC 产品生产的企业主要有：北京中铁长龙；青岛康平、罗美威奥、欧特美；河北株不特；长春路通、嘉琳；无锡金鑫；常州今创等。图 3-2-1 为 SMC 在铁路客车上应用的典型产品（北京中铁长龙产品）。

几年前，由于我国高速铁路跨越式的发展，按照国家的规划，铁路建设迅猛发展。其中，由于 SMC 本身具有生产效率高、强度高、质量轻、电绝缘、阻燃及耐候性好等一系列的特点，在铁路建设中开始大量采用 SMC 电缆支架、电缆槽和通信箱体。

SMC 除了在大铁路上有广泛的应用外，在城市地铁及铁路基础建设中也有应用。据报道，到 2013 年 6 月我国轨道交通运营城市共有 16 座，运营线路 68 条，运营里程 2060km。到 2013 年 9 月，获批建设轨道交通的城市达 37 座。到 2020 年，全国拥有轨道交通的城市达 50 座。FRP/SMC 将迎来了更多的发展机遇。

SMC 隧道电缆支架，广泛用于电缆沟、电缆隧道、电缆夹层等电缆构筑物中，具有强度高、安装简捷等特点。图 3-2-2 是城市轨道交通用电缆支架（宁波华缘产品）。

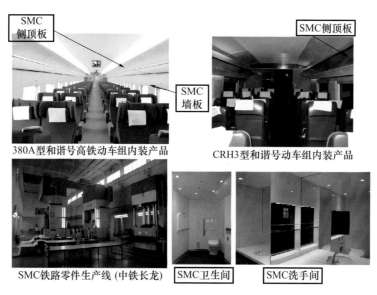

图 3-2-1　SMC 在铁路客车上应用的典型事例（中铁长龙）

图 3-2-2　城市轨道交通用的 SMC 电缆支架

关于 SMC 电缆槽的应用，曾经历一段波澜起伏的历史。在 2014 年 6 月，中国铁路总公司发文：铁总运〔2014〕245 号，中国铁路总公司关于印发《复合材料（SMC）电缆槽暂行技术条件》的通知中（标准性技术文件编号：TJ/DW 163—2014），明确在铁路新建及改建工程中，用 SMC 电缆槽取代菱镁复合材料电缆槽。按铁路部门 CRCC 认证，要求电缆槽产品的冲击强度≥43kJ/m² 和弯曲强度≥100MPa，氧指数＞28％，垂直燃烧达到 V-0 级的标准（尽管阻燃性指标中不太匹配）。短短两年间，国内新生的和从其他 SMC 产品生产中转产过来不少的生产厂家，在从事 SMC 电缆槽的生产。当年取得 CRCC 认证证书的企业已有近 40 家，没有 CRCC 认证证书的企业有 20 家左右，总共有 60 多家企业都在热火朝天地生产电缆槽。其中约 60％以上的电缆槽生产厂家在衡水地区。但因电缆槽产品质量严重良莠不齐，相关行业作风不正，恶性价格竞争激烈等原因，该产品没几年就短寿而终。仅存的生产厂寥寥无几。

另一类典型产品就是在铁路建设中所使用的 SMC 通信箱体等配件的应用。它们不仅具有质量轻、电绝缘、防腐蚀、不生锈、免维护、耐候性好等特点；还可以起到电磁屏蔽的作用。图 3-2-3 是宁波华缘公司生产的各种 SMC 铁路通信箱体。

图 3-2-3　宁波华缘公司生产的各种 SMC 铁路通信箱体

### 3.2.2　在汽车工业中的应用

自从 2004 年以来近十年间，我国 SMC 在汽车工业中的规模化应用，主要体现在重型卡车的驾驶室外覆盖件，部分在面包车上也有应用。BMC 应用主要在各种车型的车灯反射面。也开始了 SMC 在发动机零件和 SUV 等客车后举升门上的批量应用。与此同时，LFT-D/LFT-G 在轿车和发动机零件上也开始占有了一席之地。采用 SMC/BMC/LFT 材料的汽车厂主要有：东风商用车、一汽解放、中国重汽、北汽福田、陕汽。其他如江淮重卡、上汽红岩、华菱重卡、北奔、大运也有应用。据报道，我国在 2013 年重卡销量为 77.4 万辆，同比增长 21.7%。2014 年预计在 69.3 万～84.7 万辆之间。

当时国内生产 SMC 汽车件的企业主要有北汽玻、中材汽车、吉林守信、湖北大雁、江阴协诺、上海耀华大中等。

北汽玻是在 1989 年国内第一个建成且是当时工艺设备配套最齐全的 SMC 汽车件研发生产基地。第一批 SMC 汽车件如二汽八平柴的左右前围板、轮罩，东风 140-2 前保险杠；北京切诺基吉普后举升门、前散热器罩；212/213 吉普电瓶托盘；南汽依维柯前保险杠等产品早在 20 世纪 90 年代就已成功为各相关汽车厂实现配套。随后在 2000 年以后开发的产品也为北汽福田、郑州日产、北汽军用吉普、大运重卡、北奔重卡等公司 SMC 产品实现配套供应。它拥有全套的 SMC 生产、成型、二次加工、高中低温喷涂生产线和完整的质量控制体系。其产品质量、生产设备水平和管理一度曾是国内同行的先进典范。在这十年间，汽车级 SMC 年产量约 2000t，年产值从 4000 多万元（1998 年）增长到 6000 多万元（2010 年）。北汽玻 2010 年生产的主要 SMC 汽车产品有：北汽福田欧曼 H3 系（SMC 面板、保险杠、翼子板、后、侧扰流板；FRP 侧裙板）和北汽福田欧曼 H2 系（SMC 前围板、保险杠、翼子板；FRP 侧裙板；FRP 后、侧扰流板）、北京吉普保险杠等产品。产品图例如图 3-2-4 所示。

中材汽车是一家比较年轻的 SMC 汽车件生产企业，成立于 2008 年 7 月。它的特点是专业研发、生产 SMC 和 FRTP 汽车发动机周边零件。康明斯发动机 SMC 阀盖 2013 年提供了 1.5 万件，2014 年将增加到 2.0 万件。FRTP 阀盖将由 2013 年的 1000 件增加到 2014 年的 10000 件。该公司 2013 年 SMC/BMC 年产量约为 3000t。该公司 2013 年生产的主要汽车产品如图 3-2-5 所示。

图 3-2-4　北京汽车玻璃钢公司在 2010 年生产的部分汽车产品图例

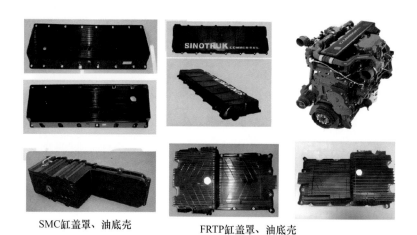

SMC缸盖罩、油底壳　　　　FRTP缸盖罩、油底壳

图 3-2-5　中材汽车生产的 SMC 和 FRTP 汽车发动机周边零件

吉林守信汽车部件公司始建于 2004 年 11 月 17 日，公司生产为一汽解放公司配套的 J6 卡车系列产品。J6 重卡是一汽解放公司生产的主打车型，该车型的保险杠、前围外板等 40 余种零部件采用 SMC 生产。公司 2006—2013 年的销售业绩见表 3-2-1。

表 3-2-1　长春守信公司当年的销售业绩

| 年份 | 2006 | 2007 | 2008 | 2009 | 2010 | 2011 | 2012 | 2013 |
|---|---|---|---|---|---|---|---|---|
| 产能（万件） | 40 | 40 | 40 | 40 | 120 | 120 | 120 | 120 |
| 实际产能（万件） | 0.09 | 1.7 | 2.6 | 21.1 | 76.9 | 50.5 | 54 | 62 |
| 销售收入（万元） | 14.5 | 241.8 | 417 | 3336 | 11378 | 7360 | 8100 | 9500 |

该公司为长春一汽解放 J6 重卡生产 SMC 驾驶室的外覆盖件主要有：保险杠面罩总成、前围外板、脚踏板、翼子板、牌照板罩盖、前照灯装饰罩、工具箱盖、扰流板、顶盖等 40 余种零件。如图 3-2-6 所示。该公司拥有 9 台 1000～2500t 液压机，2 台 SMC 生产机组。2013 年共生产了 62 万件产品，生产了 4800t SMC，销售收入为 9500 万元。在 2014 年生产 68 万件产品、生产 SMC5500t，实现销售收入 1.05 亿元。

湖北大雁玻璃钢公司自 1979 年创立以来，一直是东风汽车公司汽车件的主要供应商。前期，主要供应汽车配套的金属附件。后来，从 1997 年起，开始为其生产汽车 SMC 车身覆盖件（如：东风猛士车身、发动机罩、面板、保险杠、扰流板、轮罩、前围外侧板、车裙板等），发动机周边零件（雷诺 DCI11 发动机缸盖罩、油底壳、护风罩、进气管等）和车门加强板、踏板、裙板、挡泥板，车身膨胀

图 3-2-6　吉林守信为一汽重卡生产的部分 SMC 汽车件

片等各类零件六十多种产品，形成了重、中、轻、微多系列的格局。2013 年，该公司生产东风天龙导流罩、发动机罩盖、东风天锦面板、东风轻卡轮罩共 8.7 万套，生产 SMC 1100t，年营业额 6200 万元。预计 2014 年上述零部件将生产 13.6 万套，SMC 2000t，营业额达 1 亿元。图 3-2-7 为湖北大雁玻璃钢公司生产的 SMC 汽车零件及配套车型照片。

图 3-2-7　湖北大雁玻璃钢公司生产的 SMC 汽车零件及配套车型

　　原江阴协诺（现世泰仕）是近年来由合资转为独资的外资企业，专门生产 FRP 和 SMC 汽车零件。十年前（2014 年前后），为汽车及工程车辆制造 SMC 外覆盖件。该公司的主要客户及配套车型如下。

　　重卡车型：配套的客户及车型主要是一汽长春、一汽青岛（J5M/J6M/J6L/新大威等）、济南重汽（豪沃、金王子、CTH/T5G 引进 TGA 车型）、东风二汽（D530/D760）、沃尔沃（V3P）、南京依维柯（4010 后车门板）、红岩依维柯（杰狮）、韩国现代（QZC）。

　　工程车辆客户：卡特皮勒（336E/959/966/980 等）

　　乘用车客户：现在正在向乘用车市场扩展（沃尔沃 VOLVO K413、路虎 JLR L538、神龙 CAPSA B754）。

　　2012 年公司销售额 2.6 亿元。其中一汽占 51％、东风占 13％、济南重汽占 7％、卡特皮勒占 15％、依维柯红岩占 8％、神龙占 3％、其他占 3％。

　　2013 年营业额达 2.7 亿元，SMC 7000t。预计 2014 年会有较大增长，SMC 8000t，月营业额已超 2000 多万元。

　　预计 2017 年销售额为 5.11 元。其中，卡车占 77％、工程车辆占 8％、轿车占 9％、其他占 5％。

　　江阴协诺生产的 SMC 汽车件配套车型如图 3-2-8 和图 3-2-9 所示。

图 3-2-8　协诺公司生产的 SMC 汽车件配套重卡车型

图 3-2-9　协诺公司生产的 SMC 汽车件配套的乘用车及工程车辆

图 3-2-10 显示江阴协诺公司生产的 SMC 汽车件部分产品实例。

图 3-2-10　协诺公司生产的 SMC 汽车件图例

上海耀华大中新材料公司是一家具有 SMC/GMT/LFT-D/RTM/SP 等多工艺并主要生产各种汽车件的企业。当年，它拥有 SMC/LFT-D 生产线各一条，注塑机 3 台，500t 以上液压机 15 台。所生产的产品为上海大众、上海通用、延峰江森、上汽股份、陕汽重卡、东风柳汽和上海元通配套。主要产品是 SMC/LFT-D 轿车底护板、靠背骨架、天窗盖板、高铁座椅等。2006—2013 年以来累计生产帕萨特、大众 POLO、上海荣威 550 出口型、通用林荫大道等车型的底护板及其他零件共计 169 万套。年产高铁商务车座椅 2000 余套。2013 年生产 SMC/RTM/LFTD 共计约 1500t，营业额 6000 多万元。预计 2014 年达 2.0 亿元。

图 3-2-11 为上海耀华大中公司生产的 SMC 和 LFT-D 汽车件产品图例。图 3-2-12 是上海耀华大中 2010 年引进的 LFT-D 生产线投产现场。这是我国第一条 LFT-D 生产线。它的引进开辟了我国在线生产长玻纤增强热塑性复合材料发展之路。

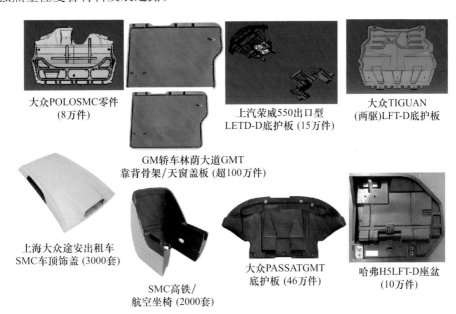

大众POLOSMC零件
(8万件)

上汽荣威550出口型
LETD-D底护板 (15万件)

大众TIGUAN
(两驱)LFT-D底护板

GM轿车林荫大道GMT
靠背骨架/天窗盖板 (超100万件)

上海大众途安出租车
SMC车顶饰盖 (3000套)

大众PASSATGMT
底护板 (46万件)

哈弗H5LFT-D座盆
(10万件)

SMC高铁/
航空坐椅 (2000套)

图 3-2-11　上海耀华大中新材料公司生产的 SMC/LFT-D 汽车件产品

图 3-2-12　上海耀华大中新材料公司引进的 LFT-D 生产线投产（2010 年）

在此期间，热塑性增强塑料如 LFT、GMT 等材料及工艺在我国得到了较快的发展。不仅上海耀华大中新材料公司在 2010 年从国外引进了成套的 LFT-D 工艺及设备，开始了应用的开发。而在 2012 年福建海源复合材料科技股份公司在国内也自行开发了 LFT-D 生产线，并开始向国内客户销售该产品。首批国产 LFT-D 生产线已销售两条到河南郑州翎羽公司，用于生产养猪场的格栅（漏粪板）。预计市场潜力达 30 亿元。随后，又有多家公司从不同的厂家购入了 LFT-D 生产线，另外。在 2016—2017 年期间，海源高端 LFT-D 生产线开始出口北美和欧洲，为奔驰、宝马等一线品牌轿车配套底护板、门托架等部件。福建海源自行开发的 LFT-D 生产线和成套设备如图 3-2-13 所示。

图 3-2-13　福建海源复合材料科技公司开发的 LFT-D 生产线

自 2012 年起，另一家专门从事双螺杆挤出机生产的厂家，也加入了设计生产 LFT-D 生产线的行列。四川中旺科技有限公司是由一批国内最早制造和应用双螺杆挤出机的技术人员组建的技术型企业，有近三十年制造和应用平行同向双螺杆挤出机的经验。通过自己的摸索和参考国外的先进技术，突破了挤出机传动技术的关键问题。形成了具有自主知识产权的核心传动技术。中旺科技的挤出机产品具有高扭矩、高效率、低能耗、高性价比、综合生产成本低等优点，其主要技术指标与国外一流的挤出装备制造厂保持着同步的技术水平。

该公司开发和应用的 LFT-D 生产线可分为单台挤出机和双阶挤出机实现在线成型两类。所生产的 LFT-D 生产线及工艺已经能够将 LFT 中的纤维长度保持在 5～12mm 以内。所提供的生产线可分为：

LFT-D 小规格制品：630t、800t、1000t；

LFT-D 中规格制品：1500t、2000t；

LFT-D 大规格制品：2500t、3000t、4000t。

配备双螺杆挤出机规格：HPL40～HPL95。

产能覆盖范围：200～2400kg/h。

图 3-2-14 为中旺科技公司所生产的两大类 LFT-D 自动化生产线，至今已经向社会销售了 7 条生产线，其中包括郑州翎羽、上海国利、北京机科国创和德国企业等。

单台挤出机LFT-D
生产线现场

双阶挤出机LFT-D
生产线现场

图 3-2-14　四川中旺生产的 LFT-D 生产线

　　天锻和重庆江东机械公司在承担复合材料汽车零部件在线模压成型技术与装备重大专项"LFT-D长纤维增强热塑性塑料直接在线成型"项目下，也在开展该类生产线的设计制造工作。重庆江东机械公司生产的LFT-D生产线包括分纱单元、混料挤出单元、保温输送单元、自动化上下料及快速成型液压机。图3-2-15为该公司生产的LFT-D的生产线现场。

图 3-2-15　重庆江东机械公司生产的 LFT-D 生产线

　　由于低碳、环保的要求越来越高，随着我国热塑性增强塑料可回收的优势越加明显，LFT/GMT的应用范围也逐渐在扩大，数量也在增多，从而促使玻纤增强热塑性塑料在我国得以进一步发展。LFT-D的典型应用还有客车空调机外壳、畜牧业的养猪场的漏粪板、建筑模板和物流用托盘等。图3-2-16为郑州翎羽新材料公司生产的LFT-D客车空调机外壳和养猪场漏粪板。图3-2-17为易安特公司生产的建筑模板和物流托盘。

图 3-2-16　郑州翎羽公司生产的 LFT-D 客车空调机外壳和养猪场漏粪板

图 3-2-17　易安特公司生产的 LFT-D 建筑模板和托盘

2011年，浙江杉盛模塑科技公司开发了PHC材料（这是一种轻质PU＋蜂窝材料）及工艺技术。并建立了为宝马、沃尔沃、奥迪、奔驰、路虎等车型生产备胎箱盖板、天窗遮阳板、衣帽架产品的自动化生产线。2013年共生产近40万件，营业额8000余万元。计划2014年仅该项产品年产量达70万～80万件，营业额可达1亿元。图3-2-18是浙江杉盛公司汽车备胎箱盖板PHC生产线。

图 3-2-18　杉盛模塑科技公司 PHC 轿车备胎箱盖板线生产

除上述公司生产的各种典型SMC汽车产品外，BMC在汽车工业中的主要应用是用于制造各种车型的汽车车灯的反射面。

据报道，全球92％的汽车车灯的反射面是用BMC材料制造。欧洲每年生产2500万个汽车车灯。当前国内大部分汽车车灯反射面也都采用BMC材料，如奥迪A6、帕萨特B5、桑塔纳3000、捷达、富康、夏利和奇瑞等车型。

上海小糸车灯公司是国内该领域的典型代表。它是专业生产汽车车灯的公司，月产BMC车灯反射面27万件。图3-2-19为SMC汽车车灯反射面的事例。

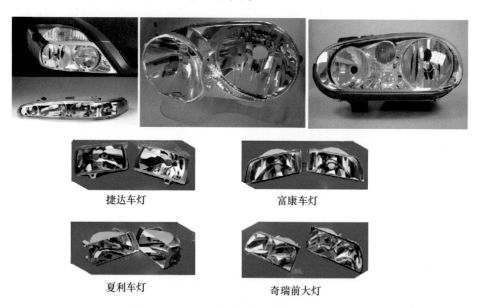

捷达车灯　　　　　　　　富康车灯

夏利车灯　　　　　　　　奇瑞前大灯

图 3-2-19　BMC 汽车车灯反射面应用事例

在2011年，位于上海的意大利公司朗基尔（上海）公司为红岩车型生产的重卡车型的SMC高顶尺寸为2300mm×1850mm×720mm，其总成重达58kg＋22kg。在当年SMC汽车件中，无论从质量或是从尺寸方面来说，都是最大的产品。图3-2-20为朗基尔公司生产的上汽红岩SMC重卡高顶。

图 3-2-20　朗基尔公司生产的上汽红岩 SMC 重卡高顶

## 3.3　在建筑中的应用

我国 SMC 发展中期在建筑上的应用，主要有整体卫生间、屋面瓦、水箱、格子梁和建筑外墙装饰、保温等。

SMC 卫浴应用自我国 SMC 浴缸的生产开始于 1990 年。整体卫浴设备的规模化生产在长沙远铃公司约 1997 年开始。直到 2005 年以前该公司每年生产 1 万～2 万套 SMC 整体浴室，SMC 年用量约3000～4000t。以后该公司由于产业方向的变化，SMC 整体浴室的产量开始下降。近十年多来，尤其是自 2006 年以来，苏州科逸住宅设备公司开始专注于规模化生产 SMC 整体卫浴设备。当年，该公司工厂分别位于温州、苏州、芜湖和泰州。其卫浴级 SMC 产能 8000t，800～2500t 成型压机 26 台。仅苏州和芜湖工厂 2014 年的生产能力就可达到 15 万套。其后，SMC 整体卫浴的生产能力，计划还将继续扩大。该公司是我国最大的 SMC 卫浴设备的龙头企业。2012 年被住房城乡建设部命名为"国家住宅产业化基地"。2012 年、2013 年 SMC 年均消耗量达 8100t，仅 SMC 制品相关部分的营业额 3 亿多元。2014 年 SMC 用量可达 12000～15000t。由于该公司产品特点向规格多样化、表面装饰化、底盘表面加饰化和耐磨化发展，其应用范围不仅遍及品牌连锁酒店、经济型宾馆、公租房、公寓，而且在游轮、医院以及精装居民楼也开始得到越来越广泛的应用。图 3-3-1 为当年苏州科逸住宅设备公司 SMC 卫浴产品的生产现场和主要产品类型。

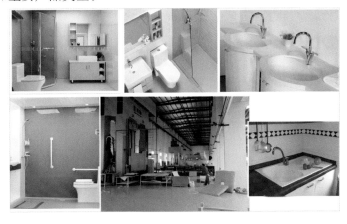

图 3-3-1　苏州科逸住宅设备公司 SMC 卫浴产品生产现场及主要产品

振石集团华美复合新材料公司成立于 2006 年，是一家也生产 SMC 建材制品的企业，同时也生产工程车辆外覆盖件、电器及轨道交通等零件。公司总投资超过 3 亿元，拥有 3 条国外引进的 SMC 生产线及 23 台 300～4000t 的进口压机。该公司 2013 年生产 SMC 约 9300t，产值约 1.3 亿元，计划 2014 年 SMC 生产约 12500t，产值约达 2.06 亿元。其主要的建材产品是各种 SMC 门、洁净车间空气净化系统的格子梁和整体卫生间等。据统计，以上 3 类产品所用 SMC 占公司总量的约 68％，产值占总产值的 80％。图 3-3-2 为华美复合材料公司生产的主导建筑产品：SMC 住宅门、整体卫浴和台盆以及图 3-3-3 的净化厂房的格子梁等。

图 3-3-2　华美复合材料公司生产
的 SMC 住宅门、卫浴及台盆

图 3-3-3　华美复合材料公司生产
的格子梁及生产现场

常州姜氏复合材料公司 2013 年 SMC/BMC 产量达 8300t，曾为西安星舍大厦生产外墙装饰板。图 3-3-4 为 SMC 在外墙板中的应用。

西安星舍大厦SMC
外墙装饰板 (姜氏复材)

图 3-3-4　SMC 在外墙板中的应用
右图为常州姜氏公司 SMC 外墙装饰板，左图为其他公司生产的外墙装饰板

北京汽车玻璃钢制品总公司在 2001 年建立 SMC 和瓦生产线，包括模压成型生产线和瓦表面喷涂线。年生产能力为 70 万片。

2001 年，北京汽车玻璃钢制品总公司与日本朝日株式会社合作开发的和风屋面瓦系列产品已在日本住宅市场得到了广泛的应用。该产品适宜各类平顶及坡顶建筑，尤其适用于小楼改造及新型别墅的应用，在日本市场及国内市场均有广阔的开发前景；能满足我国城市"平改坡"工程的市场需求，弥补其他屋面材料之不足，可以向国内建筑市场推广。

原国家经贸委以国经贸厅行业〔2003〕22号文将《彩色纤维增强塑料瓦及其脊瓦》行业标准列入2003年建材行业标准制订计划，由北京汽车玻璃钢有限公司、建筑材料工业技术监督研究中心负责起草，2004年完成了《彩喷片状模塑料（SMC）瓦》行业标准制定工作。

彩色纤维增强塑料瓦按用途分为屋面瓦和脊瓦，与传统瓦相比，该产品具有以下优点。

（1）形状和外观十分美观，能制造各种复杂形状。

（2）主体产品为波浪式设计，脊瓦产品加刻凹凸花纹，立体感强，产品无变形，配合精密，防水性能好。

（3）通过外涂装几乎可以实现所有颜色和纹理，产品表面喷涂金属闪光漆，根据用户要求确定颜色效果，并具有良好耐老化性能。

（4）大幅减轻产品质量。本产品每平方米质量仅为4kg，而水泥/混凝土浇筑件每平方米质量达到28kg，产品轻便，可以大大降低房屋承重，产品强度高，拆卸方便，可重复使用，便于运输。

（5）防老化，耐腐蚀。

（6）几个部件可以集成为一个部件；该系列产品根据国内外房屋斜坡顶的要求设计，由60余种规格、型号产品根据屋顶结构拼装而成，施工方便。

（7）强度高，安装自由度更大，产品防水性、隔热性更佳，免维护，综合成本更低，安装运输过程破损率低。

（8）不导电，可透过电磁波。

彩喷片状模塑料（SMC）瓦在当年是一种问世不久的新产品，生产该产品的只有北京汽车玻璃钢有限公司一家企业。彩喷片状模塑料（SMC）瓦主要采用SMC模压成型工艺。由于SMC模压本身具有机械化程度高、成型速度快等特点，因此特别适合彩喷片状模塑料（SMC）瓦这种产量较大的产品生产。该产品2001年底投入生产，2002年生产了约64万件，其中屋面瓦58万件、脊瓦约6万件；2003年共生产20万件，其中屋面瓦18万件、脊瓦约2万件。产品全部出口日本。图3-3-5为北汽玻SMC屋面瓦生产线。图3-3-6为SMC屋面瓦安装实例。

图3-3-5　北汽玻SMC屋面瓦生产线、
带自动进料取件装置

图3-3-6　SMC屋面瓦的基本类型
和安装实例

此后，成都顺美国际复合材料公司在西南地区根据庙宇修缮和部分特殊房屋设计的需要，也开始生产各种规格的SMC屋面瓦。2019年共生产了300万平方米的屋面瓦，用料约4000t。图3-3-7为该公司生产的屋面瓦及安装后的屋面结构照片。

SMC/BMC在建筑领域的另一应用是在建筑内饰中的天花板。众所周知，天花板有多种材料制作，其中包括石膏、金属铝板等。但它们在强度、色泽、造型、美观等方面都有所不足。近十多年来，BMC天花板异军突起，不仅造型多样、色泽鲜艳而且经久耐用、生产效率等方面都显示了与传统材料相比的优势。BMC 天花板不仅作为一个单一零件提供给用户，还可以以一种整体吊顶的设计为用户提供服务。图 3-3-8 为五彩绚丽的 SMC/BMC 吊顶。其中有伽顿（浙江）复合材料公司的"名伽水晶瓷"BMC 天花板、杉盛公司 SMC（加奇）吊顶等最为突出。

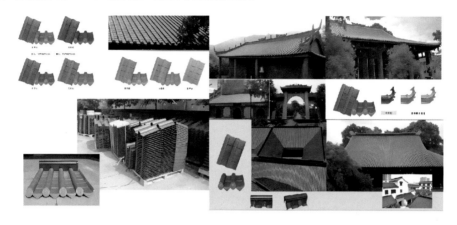

图 3-3-7　成都顺美国际复合材料公司生产的 SMC 屋面瓦及其应用实例

图 3-3-8　伽顿（浙江）等公司生产的天花板及吊顶案例

## 3.4　在其他领域中的典型应用

SMC/BMC 的应用除了以上介绍的在交通运输、电力/电器和建筑三大领域应用以外，在其他方面的应用也有一些突出的表现，如在农用沼气池、卫星接收天线反射面、体育用品和市政用井盖等方面都有大量的应用。

### 3.4.1　SMC 沼气池

根据我国的节能环保及建设新农村的产业政策，国家从 2003 年起每年投入 10 亿元国债资金用于发展农村沼气建设。2006 年支持力度增加到 26 亿元。国内用户达到 2200 万户，年产沼气 85 亿立方米。大力发展沼气池对于节能、减排及改善农村环境、建设新农村有着极大的战略意义。因为每建造一座 $8m^3$ 的沼气池，一年可产沼气 $385m^3$，可满足 3～5 口之家一年 80% 的生活燃料需求，每年可节约薪柴 1.5t 或节煤 1t，节电 100kW·h 左右，节约燃料费 300 元左右。从减排效益看，使用沼气的农户平均能省出 1.5t 薪柴，相当于封育了 3.5 亩山林。保护了森林植被的同时，还可减少 15kg 二氧化硫和 2.7t 二氧化碳排放。2012 年中央财政用于"三农"的投入拟安排 12287 亿元，比上年增加 1868

亿元。沼气产业列入国家产业结构调整鼓励类产业。

四川成都泓奇实业股份公司，早在 1998 年，公司从成立之日起就瞄准了农用沼气池的开发应用。到 2010 年建成了我国当年最大的 SMC 制品——农用沼气池的生产线。该公司拥有 3500t 液压机 10 台、5000t 压机 2 台。2012 年公司计划销售模压玻璃钢沼气池 26 万件，预计实现收入 17600 万元，年消耗 SMC 片材约 15000t。在当时是我国最大的 SMC 及其单一制品成型工厂。后来，因某些特殊原因一蹶不振。但不妨碍它在我国 SMC 发展史中的一段记载。图 3-4-1 为成都泓奇实业股份公司 SMC 沼气池产品及其生产现场。

图 3-4-1　成都泓奇实业公司 SMC 沼气池产品及其生产现场

### 3.4.2　SMC 卫星天线反射面

我国自 1998 年开始采用由深圳华达玻璃钢通讯制品公司生产的 SMC 卫星天线反射面，到 2005 年共采用了 400000 套。自 2007 年起，国内以台州黄岩杉盛科技公司产量最大、品种最多，其产品全部用于出口。该公司拥有 9 台 500～2000t 的 SMC 成型液压机，年产约 10 万片天线反射面和 35 万件天线支架。反射面分为便携式发射接收机及固定式接收机两大类，直径 0.8～3.0m，规格约 20 种。2012 年天线销售额 5000 万元，SMC 用量 1700t；2013 年天线销售额 2800 万元，SMC 用量 950t。图 3-4-2 为台州杉盛科技公司 SMC 天线反射面生产现场及产品。当年深圳华达公司也曾生产该产品。

图 3-4-2　台州杉盛科技公司生产的 SMC 天线反射面

### 3.4.3 SMC 在体育用品中的应用

SMC 在体育用品中的应用，自 2006 年起得益于国家全民健身运动的开展和"农民健身工程""农村薄弱学校改造工程"的启动，SMC 在体育用品尤其是在篮球板、乒乓球台上获得了大量的应用。据悉，全国有约 17 家企业从事 SMC 该产品的生产，SMC 年用量约 40000t。仅以国内最大的 SMC 体育用品生产商山东德州盛邦复合材料公司为例，近几年来，SMC 篮球板和乒乓球台年产值近 9000 万元，年消耗 SMC 约 8000t。图 3-4-3 为盛邦公司生产的 SMC 乒乓球台和篮球板及其生产线。

图 3-4-3　德州盛邦公司生产的 SMC 乒乓球台、篮球板及其生产现场

### 3.4.4 SMC 井盖的应用

SMC 井盖是其应用的另一实例。国内有不少地区的很多企业都生产 SMC/BMC 或与其他材料、结构复合的井盖。值得一提的是浙江瑞森路政设施有限公司。其专门生产各种市政和加油站 SMC 井盖，特别是主路应用的高强度井盖、加油站抗静电井盖和出口井盖（出口量约占总产量的 20%）。所生产的井盖有 20 多种，2013 年井盖用 SMC 产量为 2500t，营业额约 9000 万元。2014 年达 4000t，营业额可达 1.7 亿元。图 3-4-4 为 2011 年瑞森公司生产的 SMC 井盖及其生产现场。

图 3-4-4　浙江瑞森公司 SMC 井盖产品及其生产现场

### 3.4.5 SMC 公路防眩板的应用

近年来，SMC 在公路交通中也有较多的应用。在河北、河南等地有不少厂家生产 SMC 防眩板和声屏障。仅以河南东海复合材料公司为例，在 2005—2011 年间共生产防眩板 25.6 万余片。2013 年生

产了约 100 万片，消耗 SMC 约 1500t。此外，该公司在 2007—2011 年间还生产了 SMC 声屏障约 3.6 万平方米。图 3-4-5 为河南东海公司生产的防眩板和声屏障。

图 3-4-5　为河南东海复合材料公司生产的防眩板和声屏障

# 4 我国 SMC/BMC 的现状

我国 SMC 自 1976 年诞生以来，已经经过了四十多年的发展。其发展状态大致可分为几个历史阶段。在 2000 年之前，受当时国内主要原材料的品种及其品质的制约，以及终端产品用户对其的认识和认可度较低，所以其前三十年的发展非常缓慢。进入 20 世纪后的头十年，在原材料品质问题得到基本解决的基础上，SMC/BMC 经历了技术创新和市场的培育后，SMC/BMC 的技术与应用开始快速发展的历程。近十年来，SMC/BMC 应用实现了爆发性增长。其年产量接近 100 万吨而跃居世界首位。部分产品、生产技术及其相关行业的水平（包括原材料、设备和工装的设计和制造水平）也进入了世界先进水平的行列。国内 2018 年营业额超亿元的企业数有较大幅度的增长，已有几家产值 10 亿元左右的企业。能统计到的从事 SMC/BMC 生产和成型的企业数量 2018 年约为 442 家，比 2014 年的 105 家有较大幅度增长。

## 4.1 SMC/BMC 在应用方面的进展

近几年来，我国 SMC/BMC 行业进入了良性、健康的发展阶段。该行业是我国复合材料行业中，发展非常迅速、规模体量较大的工艺。在我国复合材料行业中无论在产量或是企业数量上都占有重要的地位。而且，其中部分企业的设计生产技术水平已经取得了极大的进步，接近或达到国外的先进水平。

近几年来，模压料的新品种也在不断涌现。如乙烯基树脂（SMC）、酚醛树脂（SMC）、环氧树脂（SMC）、模压用预浸料和聚氨酯（SMC）等。与此同时，SMC/BMC 的主要市场（指有较大量产规模的产品）也在不断扩大。其主要应用领域大致上还是以下三个方面：交通运输、电气电器和建筑。

### 4.1.1 在交通运输方面的应用

SMC/BMC 在交通运输领域中的应用，包括轨道交通和汽车领域的应用。2020 年在该领域 SMC/BMC 用量 18～20 万吨。

复合材料 SMC 在轨道交通中的主要应用包括机车、客车和轨道建设方面。

2019 年我国年新造检修高速动车组超过 600 组、年新造铁路客车超过 3000 辆、年检修铁路客车超过 4500 辆。到 2022 年，全国铁路机车拥有量为 2.21 万台，全国铁路客车拥有量为 7.7 万辆，其中，动车组 4194 标准组、33554 辆。全国铁路货车拥有量为 99.7 万辆。

随着铁路"十三五"时期规划的实施，到 2020 年全国铁路营业里程达到 15 万千米（其中高速铁路 3 万千米）；高速铁路扩展成网；干线路网优化完善，中西部路网规模达到 9 万千米左右；城际、市域（郊）铁路有序推进，铁路规模达到 2000 千米左右；综合枢纽配套衔接，建设支线铁路约 3000 千米。据报道，到 2022 年年底，全国铁路营业里程达到 15.5 万千米，其中，高速铁路营业里程达到 4.2 万千米。SMC/BMC 在该领域在的应用仍有较好的发展潜力。

轨道交通中主要的模压产品有高铁/动车卫生间、洗手间、窗框、侧顶板、门立柱及轨道工程用绝缘支架、电缆槽等。图 4-1-1 和图 4-1-2 分别展示的是 SMC 在铁路客车和铁路建设中的应用实例。国内从事 SMC/BMC 轨道交通制品制造的企业主要有长春路通、青岛康平、河北株丕特、青岛威奥、宁波华缘等。

图 4-1-1　SMC/BMC 在铁路客车上的应用（墙板、顶板、门立柱、卫生间、洗脸间等）

图 4-1-2　SMC 和 BMC 在铁路建设中的应用（信号箱体、电缆支架、电缆槽、绝缘道岔转换装置等）

SMC/BMC 在我国汽车领域中的应用中，主要的车型有重卡、货车、SUV 和新能源车。2019 年，我国重型卡车产量为 119.3 万辆、货车 388.8 万辆、SUV 920 多万辆、新能源汽车 124.2 万辆。中国汽车工业协会认为，2020 年，宏观经济仍将保持稳定增长，在全面做好"六稳"，统筹推进稳增长、促改革、调结构、惠民生、防风险、保稳定工作中，中国汽车产业仍将延续恢复向好、持续调整、总体稳定的发展态势。2020 年重卡销量达 161.9 万辆，为历年新高。2022 年中国汽车市场在逆境下整体复苏向好，实现正增长，展现出强大的发展韧性，汽车产销分别完成 2702.1 万辆和 2686.4 万辆，同比分别增长 3.4% 和 2.1%，乘用车产销分别完成 2383.6 万辆和 2356.3 万辆，同比分别增长 11.2% 和 9.5%，增速高于行业总体。但是，2022 年，商用车产销分别完成 318.5 万辆和 330 万辆，同比分别下降 31.9% 和 31.2%，呈现两位数下滑。其中，受市场提前透支、疫情管控、经济减速、货运萧条、油价高企、运价低迷、消费者信心疲弱等因素的叠加影响，重卡行业市场需求低迷。2021 年重卡销量同比下降 14%。2022 年是重卡市场异常艰难的一年，同比下降 52%，全年收官 67 万辆。图 4-1-3 为我国近年来重卡销量的变化。2023 年，随着经济的恢复，重卡市场迎来温和复苏。2022 年全年，在

图 4-1-3　我国近年来重卡销量的变化

"双碳"目标的强力推动下，新能源重卡市场销量达到 2.2 万～2.3 万辆，比上年同期增长了一倍多，新能源渗透率进一步提升至 4% 以上。与此同时，重卡细分市场竞争格局也因为越来越高的新能源渗透率而出现新的变化。

2022 年，我国新能源汽车产销分别达到 705.8 万辆和 688.7 万辆，同比分别增长 96.9% 和 93.4%。其中，纯电动汽车产销量分别完成 546.7 万辆和 536.5 万辆，同比分别增长 83.4% 和 81.6%。

因此，SMC/BMC 在汽车工业中的应用，也会随之迎来稳步的增长。

SMC/BMC 汽车领域应用的主要产品有重卡驾驶室覆盖件、SUV 后举升门、轿车发动机盖等车身覆盖件、车灯、阀盖罩、油底壳、新能源汽车电池上盖等。图 4-1-4 是 SMC 在汽车领域中的典型应用。

图 4-1-4　在汽车工业中的应用
（重卡驾驶室覆盖件、吉普车顶、SUV 后尾门、油底壳、缸盖罩等）

值得一提的是，近年来复合材料板簧在我国已经获得了成功的应用。板簧在汽车应用中是属于安全件，在使用过程中，要长期经受重载荷的反复疲劳承载的考验。它的成功应用，反映了我国在高强度、高疲劳模压制品的研制已经进入世界先进水平的行列。北京嘉朋机械公司经过了近十年的研发和各汽车公司装车前后的种种试验,现已实现产品的出口,并在国内某些车型上获得了应用。

为了满足市场的需要,该公司在江苏建立了专业生产复合材料板簧的工厂——江苏擎弓科技公司,年生产能力100万条复合材料板簧。该工厂已于2018年底开始投产。图4-1-5为该公司生产的重卡用板簧及在车上的安装状况。

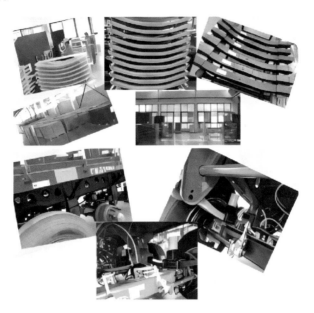

图4-1-5　北京嘉朋机械公司/江苏擎弓科技公司生产的复合材料板簧

国内从事SMC/BMC汽车件制造且行业内比较活跃的知名企业有江阴世泰仕、吉林东风、吉林守信、中材汽车(淄博)、湖北大雁、赛史品威奥(唐山)、上海小糸车灯等。

### 4.1.2　SMC/BMC在电气/电器中的应用

SMC/BMC在电气/电器中的应用,包括在高压和低压电力电器领域的应用,2020年在该领域SMC/BMC的用量,按保守估计>40万吨。

高压领域主要产品有用于高压低压和特殊电机的绝缘件,电力电容器和电子组件的绝缘材料,电力变压器、互感器、高压开关设备的绝缘材料及治具、夹具、垫板的绝缘材料。图4-1-6为SMC在各种高压绝缘中的应用事例。

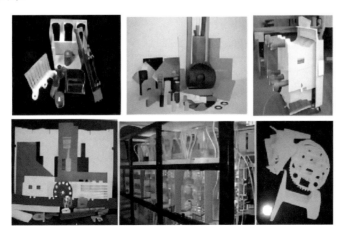

图4-1-6　SMC在各种高压绝缘中的应用事例
(各种电机绝缘板、电容器、电子组件、电力变压器、高压开关、互感器、夹具、治具、垫板等)

低压领域主要产品有各类室内外电气箱体，各类空气断路器、熔断器、开关壳体、各类绝缘子，白色家电的塑封电机、空调电控盒及各种高端电器产品。

国内从事 SMC/BMC 高低压绝缘材料及电力电器制品制造且行业内比较活跃的企业有华缘、福润达、荔昌、伽顿、兆銎新材、无锡新宏泰、浙江天顺、四川东材、浙江四达、浙江宏晓、温州金通、金创意、捷敏等。图 4-1-7 是 BMC 在白色家电中的应用。图 4-1-8 为 SMC 在低压电器中的典型应用。

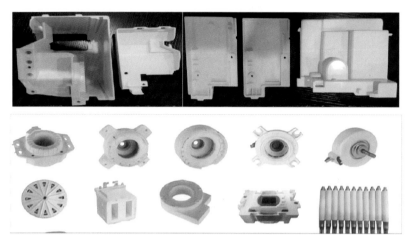

图 4-1-7　在白色家电中的应用

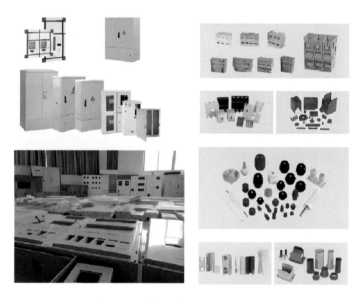

图 4-1-8　在各种低压电器中的应用

(电器箱体、断路器、接触器、绝缘子、触头、端子开关)

### 4.1.3　SMC/BMC 在建筑领域中的应用

据不完全统计，2020 年 SMC 在领域中的总用量超过 40 万吨。建筑领域主要的模压产品有：整体卫浴、装配式内饰件、洗手盆、接水盆、天花板、化粪池及净化槽、防火门、住宅门、沼气池、水箱板、格子梁等。

#### 4.1.3.1　SMC 在农村化粪池中的应用

尤其需要说明的是化粪池市场。根据 2018 年，各部委印发的《农村人居环境整治三年行动方案》《农业农村污染治理攻坚战行动计划》和 2019 年《关于推进农村"厕所革命"专项行动的指导意见》

《关于切实提高农村改厕工作质量的通知》等文件的精神，以农村环境整治、农村生活污水治理和村容村貌为主攻方向，推进农村人居环境突出问题治理。乡村振兴，厕改先行。农村"厕所革命"是改善农村人居环境、促进民生事业发展的重要举措。改善农村厕所卫生条件，以就地就近处置、源头控污减排为原则，促进农村厕所粪污无害化处理与资源化利用，切实改善农村人居环境，不断提升农民群众获得感、幸福感。

因文件中"强化技术支撑，严格质量把关""把农村'厕所革命'作为改善农村人居环境、促进民生事业发展的重要举措"等要求，国家出台了补贴及奖补办法，国家及地方政府给予了大量补贴资金。我国自从 2018 年提出厕所革命建设以来，计划用 3～5 年的时间来完成这场革命。这项工作对于我国 SMC 行业来说，无疑是一个利好的信息，有利于我国 SMC 行业的持续发展。目前各省正在紧锣密鼓地开展实施工作，SMC 化粪池在未来农村大批量拆迁、修建新房屋都会大有用武之地。

"十三五"时期，新增完成 12.5 万个建制村环境整治，占总目标任务的 96%。中央财政累计安排农村环境整治资金 258 亿元，带动地方财政和村镇自筹资金近 700 亿元，建成农村生活污水治理设施 50 余万套。

据农业农村部统计，农村"厕所革命"专项行动开展以来，农村厕所的新建及改扩建数量大幅提高，建设和管理水平也得到一定提升，全国农村卫生厕所普及率超过 60%，2018 年以来累计改造农村户厕 2500 多万户，农村户厕改造取得阶段性成效，得到广大农民群众的普遍欢迎。为加强农村人居环境治理，2020 年中央财政安排 74 亿元资金支持农村厕所革命整村推进。中央预算内投资安排 30 亿元支持农村人居环境整治整县推进，中央财政还拿出 4 亿元对整治成效显著的地方给予激励支持。

2020 年是全面建成小康社会之年，也是农村人居环境整治三年行动计划完成之年。上半年，全国一二类县共完成农村户厕改造约 300 万户，实现了时间过半、任务完成过半。《农村人居环境整治三年行动方案》实施以来，村庄面貌明显改善，农村人居环境水平得到了极大提升。全国 90% 以上的村庄开展了清洁行动，农村卫生厕所普及率超过 60%，东部部分地区农村无害化卫生厕所普及率超过 90%；生活垃圾收运处置体系已覆盖全国 84% 以上的行政村；农村生活污水治理水平有了较大提高。

得益于国家政策的支持，化粪池生产的需求在 2018 年开始到 2020 年近三年的时间，迎来了井喷式的增长。2018 年，湖北、辽宁、陕西累计 290.8 万座。如果采用 SMC 材料，以 1.5m³ 为例，SMC 市场容量大于 30 万吨。2019 国家投入 70 亿元改建及新建 1000 万座；其中宁夏、湖南、黑龙江、吉林、陕西及山西共改建及新建 339.8 万座。同理，SMC 市场容量大于 34 万吨。近年来，国内从事模压 SMC 化粪池生产的厂家约有 40 余家（模具近 200 套），70% 位于河北枣强县境内，山东德州、湖北、湖南也有部分企业在生产。主要生产厂家有四川宝岳复材、河北恒瑞、河北六强、湖北通耐、河北盛宝、河北阔龙环保、河北金悦、河北恒力、河北商祺、盛伟基业、华强等。图 4-1-9 为 SMC 在化粪池中应用图例。

图 4-1-9　SMC 在化粪池中的应用图例

其中，河北六强环保科技有限公司成立于 2009 年，坐落于枣强县玻璃钢城工业园区。2018 年 5 月份在湖北省宜昌市当阳设立分厂。该公司 SMC 模压产品覆盖多个领域，包括：三格式化粪池、玻璃钢电缆支架、电缆分支箱、燃气表箱、农业灌溉智能机井房、汽车配件、铁路配件、电气元件、整体卫浴等。

河北厂区现有液压机 26 台，其中 315T 液压机 19 台，630T 液压机 2 台，800T 液压机 1 台，1500T 液压机 2 台，2000T 液压机 2 台，模压模具 200 多套。主要产品为玻璃钢电缆支架、电缆分支箱、燃气表箱、农业灌溉智能机井房、汽车配件、铁路配件、电气元件等 SMC 模压系列产品。2019 年，其中电缆支架产量 480 万根，电缆分支箱产量 4 万台，燃气表箱产量 2.3 万台，智能机井房产量 1 万台。

湖北宜昌当阳分厂，占地面积 86 亩，厂房四栋，湖北厂区现有液压机 17 台，其中 800T 液压机 2 台，1500T 液压机 2 台，2000T 液压机 6 台，2500T 液压机 4 台，3000T 液压机 2 台，4000T 液压机 1 台，模压模具 100 多套。主要产品为玻璃钢净化槽、化粪池、整体卫浴等中高端系列模压产品。2019 年，三格式化粪池年产量为：$1.5m^3$ 5.5 万台，$2m^3$ 2 万台，$2.5m^3$ 1.1 万台，$0.5m^3$ 8000 台，$0.8m^3$ 5000 台，$1m^3$ 1 万台。2019 年公司年营业额 1.2 亿元。

公司拥有 SMC 生产机组四条，SMC 产品最大宽幅 1.2m。2019 年 SMC 片材年生产量 1.53 万吨，供两个厂区生产使用。图 4-1-10 为该公司 SMC 及其成型生产线。

图 4-1-10　河北六强环保科技公司 SMC 及其成型生产线

近几年来，河北六强公司的主打产品就是 SMC 化粪池，也生产其他的 SMC 模压产品。图 4-1-11 为该公司生产的 SMC 化粪池产品，图 4-1-12 为该公司生产的其他类型的 FRP/SMC 典型产品。

图 4-1-11　河北六强公司生产的 SMC 化粪池

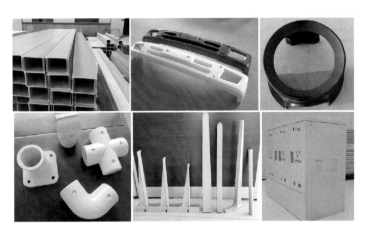

图 4-1-12　河北六强公司生产的其他 FRP/SMC 产品

四川宝岳复材公司起始于 2003 年成立的河北恒力空调工程有限公司。该公司专门从事 SMC 化粪池的生产及安装服务。2018 年在湖北省沙洋县沙洋锋锐新材料公司投资压机 17 台，建立了 SMC 化粪池生产基地，中标沙洋县厕所革命一体化玻璃钢化粪池项目 9.5 万台。此项目占到湖北当年厕改数量的 10%，并成功打开湖北市场。目前，其湖北公司配备压机共 19 台，最大压机吨位为 2500t，公司年产能 36 万台 SMC 化粪池。

2019 年湖南省和四川省厕改启动。宝岳复材公司仅湖南市场的 SMC 化粪池销售就达 26 万台。

2019 年 4 月在四川安岳投资压机 10 台成立四川宝岳复合材料有限公司，成功打开四川市场。目前，四川公司配备压机 10 台，最大压机吨位为 3500t。公司年产能 33 万台 SMC 化粪池。

2019 年年底在贵州安顺投资压机 6 台成立贵州华裕环保设备有限公司，积极开拓贵州市场。目前，贵州公司配备压机 6 台，最大压机吨位为 2000t。公司年产能 20 万台 SMC 化粪池。

2020 年成立宝岳湖南永州分公司，稳定湖南市场。

2019 年，以上 3 个公司的年销售额约为 3 亿元，在当地 SMC 化粪池市场的占有率约 10%。

该公司拥有四台 SMC 生产机组。在 2019 年，每天开机时间达 24h。公司所用的 SMC 全部由自己生产与供应。据悉，全年生产供应 SMC 共计约 6 万吨。从 SMC 产量而言，该公司是目前全国乃至全世界 SMC 年产量及年使用量最大的公司。图 4-1-13 为四川宝岳复材公司 SMC 化粪池生产线。图 4-1-14 为该公司 SMC 化粪池产品及其安装后的状态。

图 4-1-13　四川宝岳复材公司 SMC 化粪池生产线

图 4-1-14　四川宝岳复材公司生产的 SMC 化粪池及其安装现场

### 4.1.3.2　SMC 在卫浴市场中的应用

近年来卫浴市场也开始大量应用 SMC 材料，2018 年用量已超过 30000t，2019 年有 4～5 家同类企业投产。在"十三五"时期装配式建筑行动方案与精装房市场的双重推动之下，整体卫浴也迎来了发展新机遇。这类企业中，大部分企业在国内不同地区都有 4～5 个生产基地。其中以苏州科逸最为典型，2019 年其年营业额达到 10 亿元人民币。作为我国装配式建筑内装部品龙头企业，主要从事整体卫浴、整体厨房、浇注部品和全屋定制四大板块业务。目前已在全国布局安徽芜湖、广东龙川、河北衡水、湖北广水、苏州相城、苏州园区、重庆荣昌 7 大生产基地，打造"500 公里一工厂，2 小时配送服务圈"的战略布局，服务于精装修地产、医疗养老、酒店公寓、旅游产业及户外服务设施等领域，已为全球 30 多个国家和地区提供装配式内装部品完善解决方案。2020 年 6 月科逸重磅推出"虹云2025"梦想新篇章。对科逸未来 5 年的发展蓝图提出了新的建议与要求。在 2020—2025 年期间，共建18～22 个工厂，在原有的基础上，再覆盖广西、山东、云南、河南、西安等各大省市，进一步完善产业链布局。

其具体产品有：整体卫浴、柜体、台盆、浴柜、浴缸、水槽、台面等。国内从事 SMC 卫浴产品生产的知名企业还有：惠达住工、广东睿住优卡、远大整体浴室、鑫铃住房设备、澳金、江苏美赫等。2018 年惠达住工投入建设整体浴室科技创新基地，占地 200 亩，厂房面积 9.6 万平方米，投资 3 亿元，年产整体浴室 15 万套。睿住优卡是由英皇卫浴与美的置业联手打造的模块化产业链公司，定位中高端市场需求。主要经营瓷砖、彩钢板、SMC 三大系列整装卫浴。2019 年 9 月，睿住优卡全自动装配式整装卫浴生产工厂在佛山正式投产。与传统方式相比，装配式整装卫浴可以节约材料 30%，减少装修垃圾 90%，施工效率提高 70%，二次装修成本降低 30%。睿住优卡计划在华东、华北、西南和华中地区共建立五个智能生产基地，其辐射半径为 800km，年生产 90 万套卫浴设备。

禧屋定位整体浴室中高端市场，目前已形成集 SMC、双面彩钢和瓷砖的全系列整体卫浴产品，满足市场全方位需求。2019 年 7 月，江阴禧屋海陆生产基地正式投产，每年为市场提供超过 10 万套双面彩钢整体卫浴。

2019 年，新中源集团与广州鸿力复合材料有限公司集团计划三年内建成装配式建筑产业基地——"河南装配式（内装）科技产业园"。根据计划，项目投资总额 5 亿元，分三期进行，三年内完成全部投资，年产值达 20 亿元。

此外，地方各省都在大力发展装配式建筑，根据不完全统计，2020 年行业整体卫浴产能将在 110 万套/年以上，若每套整体卫浴定价 6000 元，2020 年市场规模可达 66 亿元以上。据相关数据预测，到 2025 年，整体卫浴市场规模将达 200 亿元以上。由此可见，整体卫浴市场容量很大，一众知名房企跨界发展、陶卫企业提前布局，也预示着，大家都在抢先分占整体卫浴这一"百亿大蛋糕"（部分内容整理自"卫浴头条网")。图 4-1-15 为卫浴、整装厨房、各种住宅门的应用的图例。

图 4-1-15 SMC 在卫浴、整装厨房、各种住宅门的应用

### 4.1.3.3 SMC 在其他建筑领域中的应用

SMC 在其他建筑领域中应用的典型产品还有：天花板、篮球板、乒乓球台、游泳池、卫星接收天线反射面、加油站井及盖、沼气池、屋面瓦、水窖等。在此领域比较知名的企业有：德州盛邦、台州杉盛、优捷特、伽顿等。图 4-1-16 为浙江伽顿的 BMC 天花板和德州盛邦 SMC 体育器材中的应用。图 4-1-17 浙江杉盛的 SMC 接收天线和河北优捷特 SMC 加油站井、盖等的应用。

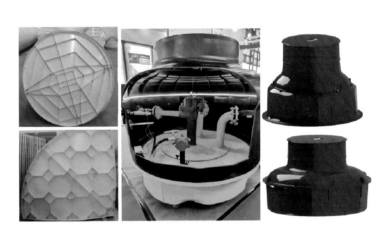

图 4-1-16 浙江伽顿的 BMC 天花板
和德州盛邦在 SMC 体育器材中

图 4-1-17 浙江杉盛的 SMC 接收天线
和河北优捷特 SMC 加油站井/盖

成都顺美国际复合材料公司占地 70 亩，拥有 19 台不同吨位的液压机，2 条 SMC 生产线和 3 台 BMC 捏合机。近年来一直在重点开发 SMC 水箱、水窖、沼气池和屋面瓦。每天 SMC 用料量约 20t。2019 年投入约 7000t SMC 用于水箱、水窖、沼气池等产品的生产。投入 4000t BMC 用于屋面瓦的生产。新开发了高效生态循环稻田养鱼系统 。该系统包括：循环水、自动喂食、底排污净化和备用增氧。它是以稻鱼共生理论，通过玻璃钢循环养鱼池种养新技术，实现"一水两用、一田多收、稳粮增效、粮鱼双盈"，促进农业产业兴旺。

模压玻璃钢循环养鱼池种养方法，与以往的稻鱼养殖方法相比，使养鱼水体与稻田水体循环流动。具有设计简约、节约土地、节约水资源、高密度养殖、增产增收和提高水稻和鱼的品质等特点。设备可不占用耕地、粮田，宜安装在荒山、荒丘、荒坡等地势相对较高处。同时提高了稻田养鱼系统的抗洪、抗自然灾害能力，促进稳产稳收。图 4-1-18 为该公司开发的 SMC 养鱼池、水窖和鱼育苗池。

图 4-1-18　成都顺美国际复合材料公司生产的 SMC 养鱼池、水窖和育苗池

## 4.2　国内 SMC/BMC 部分生产企业现状

据不完全统计，2018 年全国 SMC/BMC 产量比 2014 年增长了两倍多，达到了 80 万～100 万吨（据报道：北美产量约 40 万吨、欧洲约 28.7 万吨、日本约 11 万吨）。

在 2019 年，该行业中年产量近万吨及以上的企业数约 30 家（2013 年 5～6 家，2018 年约 26 家）。行业内比较活跃的知名企业有：宁波华缘、江苏澳明威、常州日新模塑、广东荔昌、常熟华邦、广东百汇达、伽顿浙江、乐清树脂、浙江律通、江苏兆鋈、安徽鑫普瑞、常州华日、常州天马、江苏蓝泰、常州常阳、常州润发、苏州科逸、吉林守信、浙江华美、万兴塑胶、天华树脂、浙江瑞森、温州宏晓、枣强金锐、IDI、昭和高分子、上海齐申复合材料公司、成都顺美、绍兴金创意、杭州捷敏等。

2018 年模压料材料产量最大的企业是广东荔昌，其 BMC 年产量达 6 万吨。这个产量也是全球 BMC 企业中产量规模最大的企业。主要产品是供应白色家电市场。而四川宝岳复材公司据称在 2019 年共生产了近 6 万吨 SMC，主要用于生产 SMC 化粪池。也是全球最大的 SMC 生产厂，SMC 化粪池也是当前 SMC 用量最大的单一产品。

【例1】　宁波华缘新材主营业务产品分为四大板块，主要涉及复合材料、复合材料制品部件。其中复合材料部件包含传统的轨道交通部件、电气绝缘部件、通信电力箱体、汽车部件等。2019 年合计生产 SMC/BMC 复合材料 1 万多吨。华缘新材公司 2017/2018/2019 年度营业收入金额分别为人民币 28472/30488/35093 万元。2018 年度较 2017 年度增长 7％左右。2019 年度较 2018 年度增长 15％左右。2019 年主营业务收入中，复合材料约占 27.3％，复合材料制品约占 72.7％。

【例2】　江苏兆鋈新材料公司主要生产 SMC/BMC 材料，也生产各种家电及工业电器、净化槽和卫浴产品。2019 年 SMC/BMC 产量约 13300t，其中 SMC 约 8000t。自用 3000 多吨，其余向国内外销售。2019 年公司营业额约 2.6 亿元。

【例3】　常州日新成立于 1996 年，现拥有四家生产企业，生产树脂、胶衣、色浆和 SMC/BMC。其中，日新树脂公司年产树脂 8 万吨，营业额达 8 亿元。日新模塑科技公司专门生产各种 SMC/BMC 材料。2019 年 SMC 销量达 1.5 万吨，营业额近 1 亿元。图 4-2-1 为该公司的 SMC 生产线及其新产品生产现场照片。

近年来，该公司加大了新产品的开发力度。研发出几种新型的 SMC 产品。轻量化免打磨 SMC，较普通的 SMC 的密度降低 30％～40％，到 1.3～1.4 范围内。使用该产品可以减少打磨工作量，节省了人力成本和改善作业环境。环氧型 SMC 具有高强度、耐腐蚀、低密度的特点。比聚酯型 SMC 更易符合职业健康标准。这类 SMC 既可以采用玻纤也可以采用碳纤维作为增强材料。该公司为了解决传统 SMC 拉伸强度及冲击强度低的弱点，而且使成本不会有较大的增加，开发了一种高强度 SMC；采用连续纤维或布毡作为增强材料。图 4-2-2 为免打磨 SMC 在汽车领域的应用示例。图 4-2-3 为高强度 SMC 在行李架、人防门和海上紧固件上的应用。

图 4-2-1　常州日新模塑科技公司 SMC 生产线及其新产品生产现场

图 4-2-2　日新模塑科技公司免打磨 SMC 在汽车领域中应用示例

图 4-2-3　日新模塑科技公司高强度 SMC 的应用

【例4】　江苏澳明威环保新材料有限公司是一家专业从事 SMC 及其模压制品的生产企业。公司在 2014 年 10 月正式投产。目前拥有 2 条 SMC 生产线，设计年生产能力 SMC 4 万吨；拥有 4500m² 的模压车间，800t 压机 2 台，500t 压机 2 台，315t 压机 2 台；公司占地 36 亩，有两处生产基地，建筑面积约 2 万平方米；该公司近几年来，SMC 产量一直居于本行业前列。2017、2018、2019 三年其 SMC 产量分别为 11000、14600、17800t，公司营业额分别达到 1.1、1.46、1.59 亿元。其 SMC 产品供应国内外企业，广泛应用于汽车、电气电信、市政公共设施、卫浴、轨道交通等领域。图 4-2-4 为公司 SMC 生产线和开发的部分新产品。图 4-2-5 为公司为客户生产的各种 SMC 模压制品。

不仅于此，该公司还加大了新产品市场的开发力度。在 SMC 模压产品上也不断地开发出各种新产品，如光伏领域的产品、新能源汽车电池上盖、轮毂、卫浴产品、充电桩等。图 4-2-6 为该公司开发的光伏领域的新产品。

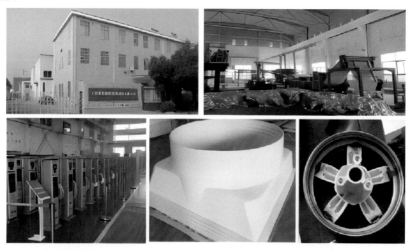

图 4-2-4　澳明威公司 SMC 生产线及其开发的 SMC 模压新产品

图 4-2-5　澳明威公司客户生产的 SMC 制品实例

图 4-2-6　澳明威公司开发的光伏领域的新产品

【例5】　常熟市华邦汽车复合材料有限公司，公司前身成立于 2002 年，专门从事 SMC/BMC 不饱和聚酯玻璃纤维增强模塑料的研发、制造和成型加工。公司拥有 3 条国内先进的 SMC 生产线，2 个 BMC 生产车间及多个辅助车间；产品主要应用于不同的领域，如净化槽设备、汽车配件、装饰板材、卫浴和电器配件等

公司自 2017 年起，连续 3 年 SMC/BMC 年产量达 11000t。其中，BMC 年产量达 3000 多吨、SMC 年产量达 8000 多吨，年销售额 1 亿元。图 4-2-7 为该公司 SMC 生产线和 SMC/BMC 产品。

图 4-2-7　华邦公司 SMC 生产线及 SMC/BMC 产品

【例6】　吉林守信专门生产 SMC 及 SMC 汽车件。主要的客户是长春一汽重卡车型。该公司 2018 和 2019 年其营业额基本上都在 1.2 亿～1.4 亿元范围内。预计 2020 年销售额为 1.2 亿元。每年片材消耗量约 6000t。年生产 SMC 制品约 120 万件。图 4-2-8 为吉林守信公司的 SMC 汽车件生产线。

图 4-2-8　吉林守信公司的 SMC 汽车件生产线

【例7】　河南东海复合材料公司，其前身成立于 1999 年。自 2006 年起为大广高速长坦段 42km 配套防眩板开始研发生产 SMC 材料及产品成型。至今已有近 15 年的历史。2019 年该公司生产新能源车顶棚 6 万片、石油配套设施（检查井、人字井）1 万套、高铁（线槽、线盒、车身各种内外饰、声屏障、通风管道）及轨道交通设施 2 万套、电力箱体 2 万套和为高速公路配套设施（防眩板、声屏障、标志牌）20 万件。总共消耗自产的 SMC/BMC 4000t，2020 年有望达到 5000t。市场前景良好，可持续性强。东海复材现正开发海洋海上平台、人工鱼礁、畜牧养殖行业；保温板、地板梁、漏粪板和高铁列车配套用品等。该公司的特色产品见图 4-2-9 高速公路和高铁上 SMC 的应用。图 4-2-10 为 SMC 在海上平台、人工鱼礁及畜牧业漏粪板上的应用。图 4-2-11 为 SMC 在石油化工护栏及检查井中的应用。

图 4-2-9　河南东海复材公司 SMC 在高速公路（上图）和高铁上的应用（下图）

图 4-2-10　河南东海复材公司 SMC 在海上平台、人工鱼礁及畜牧业漏粪板上的应用

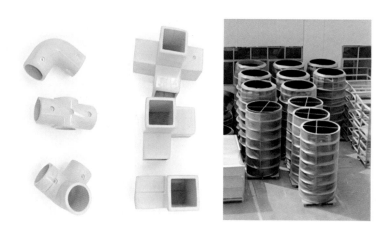

图 4-2-11　河南东海复材 SMC 在石油化工护栏及检查井中的应用

【例8】　山东丰泽智能装备股份有限公司成立于 2013 年，从 2015 年起进入 SMC 工艺研发和产品生产领域。拥有 SMC 天锻专用设备 5 台，吨位分别为 630t、1000t、2000t、2500t、3000t；无尘涂装线 4 条。图 4-2-12 为压制车间现场布局及典型产品图。

为配合 SMC 制品的生产，公司于 2015 年建成了涂装实验室，2016 年完成了 3 条无尘涂装线。2017 年涂装环保设备投入运转使用，2018 年涂装实验室扩建涂装室完成，自此该公司能够进行异形大尺寸产品的涂装。涂装室配有大型烘烤房，满足大件涂装产能需求。3 条无尘涂装线更有能力满足产品大批量生产的需求。图 4-2-13 为该厂喷涂生产线。

图 4-2-12　山东丰泽智能装备公司压制车间及典型产品

图 4-2-13　山东丰泽智能装备公司喷涂生产线

山东丰泽智能装备公司的业务范围包括 SMC、塑料滚塑和驾驶室金属冲压三部分。2018 年和 2019 年公司销售额分别为 1800 万和 2700 万元。其中 SMC 产品部分（含机罩、挡泥瓦、医疗、卫浴等共 1 万余件产品）分别为 1500 万和 800 万元。

【例 9】　江苏蓝泰复合材料公司成立于 2011 年，占地面积 10000m²，是一家集从事 SMC 和 BMC 研发、生产、销售、技术服务于一体的专业化经济实体。产品颜色多样化、具有高强度、高韧性、阻燃体系强、环保等特点；目前 2 条 SMC 生产线，产品幅宽 1.2m。生产 BMC 的设备捏合机 8 台。其中，1000L 的 2 台，500L 的 5 台，150L 的 1 台。图 4-2-14 为蓝泰公司的 SMC 和 BMC 的生产线。

图 4-2-14　蓝泰公司 SMC 和 BMC 生产线

近几年来，江苏蓝泰公司一直保持着健康、稳定的增长。在 2017、2018 和 2019 年公司 SMC/

BMC 总产量分别为：16500t、18000t 和 23000t。其中，SMC 产量分别为：15500t、16500t 和 18000t。营业额分别达到 1.2 亿元、1.35 亿元和 1.6 亿元。

江苏蓝泰公司生产的 SMC/BMC 产品现在已经在电力电气领域高低压配件、户内外网络通信交接箱、汽车和轨道交通配件、城市以及住宅小区的建设中得到广泛的使用。图 4-2-15 和图 4-2-16 分别列举了该公司产品的应用示例。

 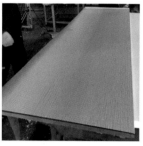  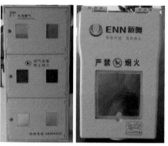

图 4-2-15　蓝泰公司 SMC 在卫浴产品中的应用　　　　图 4-2-16　江苏蓝泰 SMC 在燃气表箱中的应用

根据市场发展的需要，公司计划在武汉的新洲和四川的南充都新建有材料的生产基地。两个公司 SMC/BMC 的规划产能均为年产 1 万吨。

【例10】　江苏常阳科技公司成立于 2010 年。原名青岛润阳复合材料公司，2014 年改为江苏常阳科技公司。其主要业务是生产 SMC/BMC。产品供应有关轨道交通、汽车、卫浴和电气领域。公司拥有 2 条 SMC 生产线，产品宽度 1m。5 台 BMC 捏合机，其中 500L 的 2 台，1000L 的 3 台。2019 年，SMC/BMC 总产量 2.1 万吨，其中，SMC1.8 万吨，BMC0.3 万吨。公司销售额 2.1 亿元。为适应市场未来的发展，该公司开发了多种 SMC/BMC 新产品。如代替 PC 应用于 LED 车灯的 BMC 品种，应用于高铁客车中的低密度 SMC 墙板和重卡门下护板的低密度 SMC，使传统的 SMC 密度由 1.8 降低到 1.5 和 1.6。图 4-2-17 为江苏常阳公司的 SMC 生产线及其应用产品。图 4-2-18 为该公司 BMC 生产设备及其应用产品。

图 4-2-17　江苏常阳公司 SMC 生产线及其应用产品　　　图 4-2-18　江苏常阳公司 BMC 生产设备
及其应用产品

【例11】　山东新明玻璃钢制品有限公司专业生产玻璃钢系列制品，是人防工程防护设备定点生产单位。公司始建于 1998 年，公司是较早研发新型轻质复合材料防护密闭门及隧道防护门的厂家。产品已获得国家专利，在市场上已取得了较好的经济效益与社会效益。公司参与编制的防护门行业标准已公示颁布，是防护门新材料行业的首版指导性标准。

该公司主导产品为轻质防护密闭门、隧道防护门。近几年，国家加大基础设施的投资，人防工程除去战备需要外，也与人们生活息息相关，如地下宾馆、地下商场、地下餐厅、地下文艺活动场所、地下教室、办公室、会堂、地下医院、地下生产车间、仓库、电站、水库、地下过街道、地下停车等。而且我国在20世纪60—70年代建造的人防工程已到了保修期，据不完全统计，每年我国人防设备需求金额达100亿元。

人防门（防护密闭门和密闭门）一般有混凝土和钢制两种结构。其尺寸一般为宽度800～2000mm不等，高一般为2000mm。"结建"防空地下室工程口部密闭门，大多为钢筋混凝土密闭门。其体积大、质量大、易损坏，维护管理不方便。平时开发利用还影响整体工程装修、装饰的和谐美观。因此，许多单位都将钢筋混凝土密闭门进行伪装或拆卸，另行安装管理门。

复合材料密闭门采用玻璃钢原材料，运用模压及挤拉工艺生产而成。门外板采用SMC模压低压成型，最后组合而成，外门板双边布加强筋，内置预埋件，安装精度高，质量轻，不易变形。用玻璃钢材料制作的密闭门，与现行的钢筋混凝土密闭门相比，具有质量轻、便于维护管理的优点；与当前的铝、塑门窗相比，具有较好的气密性、隔音性、阻燃性、装饰性和寿命长的特点，完全可以实现平战两用。除此之外，复合材料新型隧道防护门具有外观美观、节能环保、开关灵活等优点，还可以实现智能远程监控功能。

山东新明公司目前拥有压机共10台。其中，2000～4500t的6台、315～630t的4台、喷涂线2条、机加工设备70余台套。完全能满足人防工程防护门和铁路隧道防护门近期发展的需要。2018年防护门产量为22000套，使用SMC片材量为9500t。2018年营业收入约1.7亿元。2019年防护门产量已达到30000套，使用SMC片材达12000t，2019年营业收入达2.6亿元。2020年，SMC防护门年产量预计将达10万套，公司市场前景发展十分广泛。

图4-2-19为该公司生产各种复合材料防护门的生产设备及生产线。图4-2-20为该公司生产的各种复合材料防护门产品照片。

图4-2-19　山东新明玻璃钢公司SMC防护门生产线

图 4-2-20　山东新明玻璃钢公司生产的各种复合材料防护门

【例12】　上海昭和高分子有限公司是由日本昭和电工株式会社于 2001 年投资约 2 亿元人民币而成立的外商独资企业。BMC 是该公司三大主要产品之一。昭和电工株式会社早在 1968 年就开始 BMC 的开发及商业化，目前已经在日本、中国及泰国也分别设有生产基地，成为亚洲乃至世界具有规模的 BMC 生产企业。2015 年，关联企业之一昭和电工新材料（珠海）有限公司的成立，使得上海昭和高分子有限公司的生产能力（合并产能）扩大至 2 万吨/年，目前是国内产能较大、设施完善的 BMC 生产商。该公司生产设备、工艺、配方技术、关键原材料，以及加工工艺及品质保障体系，均全部从日本引进，从而使公司成为国内高品质 BMC 材料的主要供应商之一。该公司 BMC 的生产工艺流程如图 4-2-21 所示。

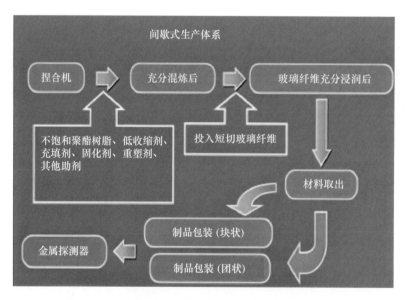

图 4-2-21　上海昭和高分子公司 BMC 的生产工艺流程

BMC 材料具有良好的成型性能，较高的机械强度，优异的尺寸安定性、电气性能、耐热性、阻燃性能，同时可根据客户的要求设计材料。它被广泛应用于电力、汽车、电子、铁路等领域，同时也可以替代许多传统的热塑性工程材料。

根据产品的形状、尺寸特性，成型工艺可采用模压成型、注射成型、传递成型等方法。近来，在批量生产、省工省时、制品稳定性方面具有优势的注射成型法正成为主流。

昭和电工株式会社的 BMC（商品名：理高乐士）在日本主要被使用于各种电气部件（电流断路器、开关部件）、密封件（马达、螺管线圈、电磁阀）、精密部件（投影仪底盘）、汽车部件（反光灯罩、电动/混合动力汽车用发电机塑封材料）、音响设备部件（扬声器箱、磁头）、食器、人造大理石（浴缸、柜台、化妆台）等方面，用途非常广泛。

图 4-2-22　BMC 材料用于高尺寸精度和稳定性、高成型性能要求的投影仪支架

上海昭和高分子生产的 BMC 在国内市场，也供应客户用于汽车车灯反射镜、新能源汽车马达塑封、家用电器马达塑封、电动工具塑封、伺服电机塑封、绝缘部件、断路器、光学零部件等制品的生产制造。上海昭和高分子有限公司 2018 年 BMC 产量为 15000t，2019 年产量为 18000t。图 4-2-22～图 4-2-24 为该公司 BMC 材料的典型应用领域及示例。

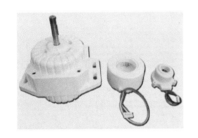   

图 4-2-23　家用电器马达的塑封、电磁阀的塑封、电动工具的塑封

图 4-2-24　BMC 用于导热性能要求较高的领域（新能源汽车用电机的塑封、工业机器人用伺服电机的塑封）

【例13】　艾蒂（IDI）国际复合材料成立于 1966 年，公司具有 50 多年的行业经验。在美国、波多黎各、墨西哥、英国、法国和中国设有工厂，主要从事 SMC/BMC 材料的研发和生产。IDI 上海有限公司成立于 2002 年，已发展成为拥有现代化设备的工业园。十多年来辗转发展成为具有行业较高水平和现代化规模生产能力的 SMC/BMC 材料订制商。图 4-2-25 和图 4-2-26 分别为该公司的 SMC 和 BMC 生产线。

图 4-2-25　IDI 公司 SMC 生产线

IDI 公司生产的 SMC/BMC 材料的客户主要是国内外中高端的中低压电气制造商和国内外主流车厂的供应商。主要电气应用为 MCCB、MCB、ACB、电动工具、包轴料和电气箱体等。主要示例如图 4-2-27 所示。

图 4-2-26　IDI 公司的 BMC 生产线　　　　　图 4-2-27　IDI 公司 BMC 在各种电气绝缘中的应用

另一类典型应用是在汽车、卡车等各种运输车辆中的应用，如汽车外板件（三门两盖）、扰流板、尾门内板、车灯反射罩、卡车高顶、长平顶、发动机罩盖等。图 4-2-28 为 IDI 公司 SMC 的应用示例。

图 4-2-28　IDI 公司 SMC 在汽车工业中的应用

## 4.3　SMC 生产成型方面的进展

SMC 相关设备在 2018—2020 年期间，不仅数量上有明显的增长，而且在生产自动化方面也有企业在积极努力实践。以下仅就 SMC 生产设备、SMC 专用液压机和 SMC 制品生产用模具三个方面的水平及进展进行简要介绍。

### 4.3.1　SMC 生产机组的情况

在上述几年期间，SMC 机组的年增量约 50 台。仅以 SMC 机组供应商为例，近三年合计产销 SMC 机组达 99 台。其中，1500 型 66 台，占比 75%。与此同时，SMC 生产机组也出口到发达和发展中国家。行业内比较活跃的知名企业有：莱州耀盛机械公司和上海惠人机械公司。前者近年来以年销售量领先于国内其他同行企业而著称。上海惠人机械公司的机组产品其综合性能已经可以与国外同类机型相媲美。其单班产量可达 30t，仅需 4～5 名操作人员；机组生产车速可达 18m/min；适用树脂糊黏度可达 60000cP；SMC 中纤维含量可达 55%；在线混合接近一键控制；B、C 糊的计量精度可达 ±3%。

### 4.3.2　SMC 专用压机的情况

在 2020 年前三年的增量，仅以四家复合材料压机主要供应商如河南泰田、天津天锻、重庆江东机械、宁波恒力为例，三年销售专用压机 503 台供 181 家模压成型厂使用。其中三家企业提供的专用压机中，千吨以上的压机共 165 台占比 50.3%，万吨以上压机 2 台。尤其是天津天锻和河南泰田所生产的大型复合材料液压机，在国内外已享有较高的知名度，出口产品也受到国外客户的欢迎。此外，无锡鹏达液压最近几年也以其产品品质和技术含量而崭露头角。近年来，成都正西液压集团像一股清流进入了复材模压行业，在销售额上后来居上取得了傲人的业绩。

### 4.3.3　SMC 成型模具的情况

近年来，SMC 模具行业的制造水平也取得了较大的进步。不仅能满足国内 SMC/BMC 行业高端产品发展的需要，而且不少模具制造企业所生产的产品都能达到国外同行业的规范和标准要求。近几年来，有些企业都承接了国外不少的订单，实现产品的出口。该领域在行业内比较活跃的知名企业有浙江台州的华诚、双盛、大成和山东德州的海力达公司等。

## 4.4　SMC 生产成型自动化的进展

在 SMC 生产和成型工艺过程中，其过程的自动化、智能化是我国迈向工业 4.0 的必经之路。在我国大部分企业中，SMC 生产和成型过程机械化程度都比较高，但距离过程自动化还有一段路要走。过程的自动化和智能化的重要前提之一是市场的规模和稳定性。另外，是资金实力和企业主管领导对生产过程的自动化、智能化的认识。近年来，不少的企业在 SMC 生产过程自动化方面比较注意并投入了不少的力量，尤其是在原材料的计量、输送方面的自动化取得了较好的效果。但在 SMC 成型过程自动化方面，完全实现的企业不多。现将有关情况介绍如下。

### 4.4.1 SMC 生产过程自动化。

SMC 在生产过程中，只要购自正规品牌公司生产的机组，其主机（制片机）本身的工作过程就是自动连续进行，需要人工较少。影响产品质量及其稳定性和生产效率的另一个关键的问题是树脂糊各组分的精确计量、输送、混合后再输送到主机，以上整个过程的自动化控制。

近几年来，配糊自动化已经越来越引起国内 SMC 厂家的广泛关注。一方面，新生产的 SMC 机组大部分都配置了配糊的计量输送自动化及控制系统，另一方面，即使早先购入没有配备该系统的机组，也在着手改造，逐步开始增加该系统。图 4-4-1 是某公司的配糊自动化系统。图 4-4-2 是另一公司从新配置的配糊自动化系统。

图 4-4-1　某公司 SMC 生产线配糊工序自动化

（左上为配糊设备全景，左下为 LPA/LSA 计量输送系统，下中为树脂计量输送系统，右下为粉料计量输送系统，右上为主混合计量输送系统）

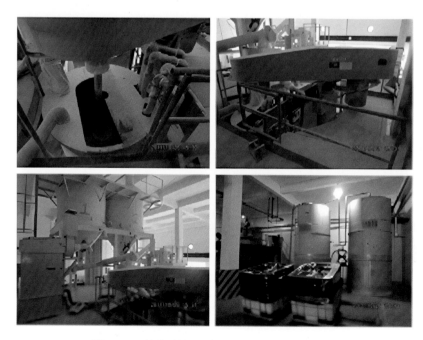

图 4-4-2　某公司的 SMC 生产线配糊工序自动化

（左下为粉料计量输送，右下为树脂计量输送系统，左上、右上均为主混合系统）

### 4.4.2 SMC 成型过程自动化

SMC 成型工艺过程自动化对于提高产品质量稳定性、生产效率、降低操作者劳动强度、改善作业环境都起到重要的作用。

SMC 成型工艺过程的自动化，一般来说包括以下四个部分：即 SMC 备料（含 SMC 揭膜、放卷、裁切、码料等过程的自动化）、成型（含取放料、合模、成型、开模、取件、产品转送）、产品二次加工（含去毛刺、开孔洞、转送等的自动化）和产品堆放过程。有时候，为了那些特殊动作的需要，也允许个别动作辅佐以人工操作。

SMC 成型工艺过程的全自动化，仅适用于产量大的产品的规模化生产。在我国现阶段的大部分情况下，尤其是对于产品品种变化较多的情况，从投资和最终成本的角度考虑，采用部分工序自动化和部分工序人工操作相结合的工艺过程，可能更加合理，适用性更加广泛。图 4-4-3 到图 4-4-4 为世泰仕公司的机器人在进行 SMC 汽车件成型过程取料、放料、取件、放件、冷却、去毛刺、传送及二加工序（含钻孔、切割和零件喷涂）。

图 4-4-3　世泰仕公司 SMC 模压成型过程自动化
（自左至右分别是：上层，全景、取料、放料/取件；下层，冷却/传送、切割/钻孔、粘接）

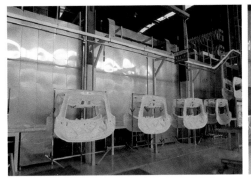

图 4-4-4　世泰仕公司 SMC 零件喷涂线

江苏中车环保设备公司和广西博世科技环保公司在生产 SMC 净化槽的过程中，由于净化槽体积大、质量较重、产量也较大，不太适合采用更多劳动力从事这种重体力的工作。因此这两家公司都设计了该产品的自动化成型过程。图 4-4-5 为江苏中车环保设备公司 SMC 净化槽生产过程自动化设备布局图，图 4-4-6 为该公司 SMC 净化槽自动化生产流程图片。

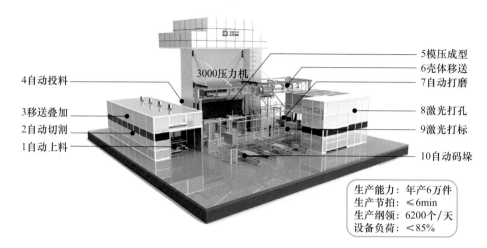

图 4-4-5　江苏中车环保设备公司 SMC 净化槽生产过程自动化设备布局

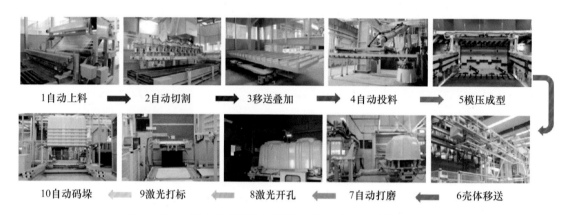

图 4-4-6　江苏中车环保设备公司 SMC 净化槽自动化生产流程

同样，台州市黄岩天骐机械设备公司为广西博世科环保公司设计的 SMC 化粪池成型生产线也实现自动化的生产过程。图 4-4-7 为该生产线的设备布局图。图 4-4-8 为该生产线的现场照片图。

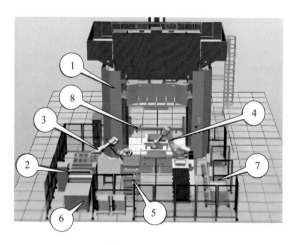

图 4-4-7　广西博世科环保公司的 SMC 化粪池成型生产线的设备布局
注：①压机、模具、油温机；②SMC 自动揭膜裁切输送称重；③机器人铺层投料；④机器人取件定型码垛；
⑤定型工装；⑥SMC 原料及纠偏；⑦码垛区；⑧辅助机械手清扫模具

图 4-4-8　广西博世科环保公司设计的 SMC 化粪池成型生产线的自动化设备生产现场

综上所述，我国 SMC/BMC 行业近几年来取得了令世界瞩目的进展。尤其是近几年来，我国 SMC/BMC 的年产量一直占到了全球总产量的 1/2 以上。但是，其产品的价值却没有达到同样的水平。今后我国 SMC/BMC 行业要想获得更为良性的发展，必须解决中低端产品占比较大、附加值低、低劣品屡禁不止、恶性价格竞争普遍存在等问题。而且，企业的技术和管理水平等方面亟待提高，以满足市场对高端应用日益增长的需要和国家对行业发展的要求。

为扭转这种局面，促使模压行业健康发展，首先要练好内功。加强国内模压材料行业的交流及互动互访活动；强化制定相关产品的行业标准的意识；积极进行正规的行业职工的技能培训，提高其业务水平；做好产业升级改造、产品开发等方面的规划；逐步提高企业的生产管理/设备水平；同时，着手解决好行业可持续发展的相关问题；对外，企业要开拓视野，积极参加各种国际技术交流和互访活动，开发国际市场。

特别需要强调的是，要大力宣讲复合材料的特点的重要性。目前不仅是中国还是在全世界，很多复合材料的终端用户尤其是其决策者们对复合材料的认识或认可度不高，远不像对钢铝材料那样被广泛认可接受。这种状况不加以改变，复合材料很难在民用领域获得到更大的发展空间。如果用户能够认真评估这种材料并且复合材料行业能符合并满足相关行业的标准和规范，复合材料良好的发展远景仍然是可以期待的。

# 下 篇

## SMC/BMC 的典型制品实用技术指南

本篇重点介绍近几年来 SMC/BMC 模压制品在交通运输、电力/电器和建筑领域的典型应用和典型产品的生产制造工艺。本篇包括两部分内容：其一，归纳国内外 SMC/BMC 在交通运输、电力电器和建筑几个领域的应用概况；其二，介绍我国 SMC/BMC 骨干企业在以上各领域中典型产品的生产工艺技术。所谓的典型应用产品，是指本书中的以上各领域在我国已经获得广泛应用的产品和近两三年来已经量产的产品，或者具有良好前景或在某一细分领域具有技术先进性的产品。

在交通运输领域中的应用可分为在汽车领域的应用和在轨道交通领域中的应用两部分。在电力电器领域的应用又分为在高压电力系统和低压电器方面的应用。建筑领域也会按建筑产品应用和建筑工程应用分类进行讨论。以下章节在对每部分进行讨论之初，也会对我国在各细分领域的发展现状进行简要介绍。

# 5

## SMC/BMC 在交通运输领域中的应用

## 5.1 在汽车工业中的应用

SMC/BMC 材料在全球汽车工业中均获得了较为广泛的应用。其主要原因是这类材料与其他材料（如钢材、铝、镁等金属材料和塑料）相比，具有众多独特的优势。

### 5.1.1 SMC/BMC 汽车应用的特性

SMC/BMC 材料和其他汽车用材料相比，其主要特性如下。

（1）节省模具工装投资。

SMC/BMC 材料由于其成型特点，在新产品使用 SMC/BMC 材料时，所需要的模具和工装数量明显要少于用钢板、铝材。据资料报道，SMC/BMC 用材料相比金属材料仅为其 25％～40％，如图 5-1-1 所示。

图 5-1-1　采用 SMC 和钢材制作汽车零件的模具、工装投资比较

当用金属材料生产某个零件 8 万件时，因需要冲压和深拉等工序，所需的模具、压机、工装数量为使用 SMC 材料时的五倍。也就是说，其总投资为 SMC 材料的五倍。对于不同的零件分别采用这两种材料进行比较时，其投资大小差异会有一定的变化。

（2）SMC 零件生产成本的优势。

如图 5-1-2 所示，以欧洲奥迪 A4 敞篷车（Audi A4 Cabriolét）、梅赛德斯奔驰 C 运动版（Mercedes Benz C Sport）和福特 GOP（Ford Transit GOP）三种车型为例，分别采用 SMC 材料和钢材生产后行李箱盖和前格栅板的成本比较。我们可以看出：当 SMC 零件年产量小于 8 万件时，仅需 1 套模具，其成本远优于钢材；当 SMC 零件年产量小于 15 万件时，需 2 套模具（可能要 4 台压机），其成本与钢材比仍然具有优势；当多个零件和功能在 1 或 2 个 SMC 零件结合为一个整体时，即使年产量大于 15 万件时，与钢材相比 SMC 零件的成本仍会有显著的优势。

图 5-1-3 为采用 SMC/钢材生产后举升门和引擎盖的成本比较曲线。蓝色曲线和绿色曲线分别代表用 SMC 模压和金属板冲压该零件不同产量的情况下的总生产成本。中间交叉菱形区划定的范围为产量

在 15 万件到 35 万件之间的生产成本。图中显示，当产量在 15 万件以下时，采用 SMC 材料需 2 套模具（可能要 4 台压机），生产成本比用钢材低。产量接近 15 万件时，其成本与金属比仍然具有优势。当产量进一步增加时，采用 SMC 材料的生产成本优势会逐渐丧失。采用钢材的优势在高产量生产时更为突出。

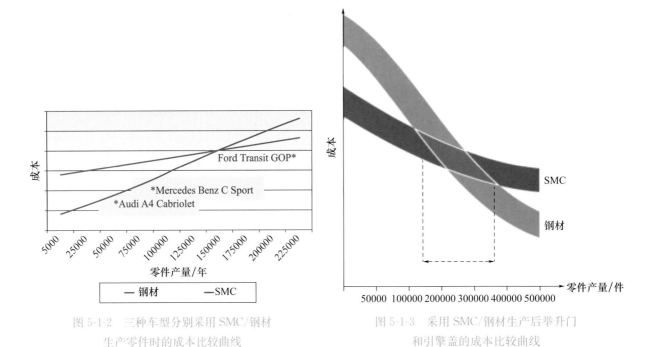

图 5-1-2　三种车型分别采用 SMC/钢材　　　　图 5-1-3　采用 SMC/钢材生产后举升门
生产零件时的成本比较曲线　　　　　　　　和引擎盖的成本比较曲线

需要强调的是，当多个零件和功能在 1 或 2 个 SMC 零件结合为一个整体时，即使年产量大于 15 万件时，与钢材相比 SMC 零件的成本仍会有显著的优势。这是因为，SMC 复杂部件可一次成型，大大减少零件数。如福特全顺的 SMC GOP 板，仅用一个模具就替代原来 19 个钢件和一个塑料件，质量仅 6.8kg，最大产量可达 850 件/天。其基本数据可以从表 5-1-1 中看出。

表 5-1-1　采用两种材料工艺生产福特全顺 GOP 板的投资比较

| 两种材料生产的 GOP 板比较 | 用 SMC 模压的 GOP 板 | | 由 19 个金属冲压零件及塑料面板组成的 GOP 板 |
|---|---|---|---|
| 年产量 | >22 万件 | | 0~2 千万件 |
| 设备 | 1 台压机 | | 19 台压机，1 条注射成型生产线 |
| 工装 | 2 套 | | 5 套 |
| 后处理线 | 1 条 | | 1 条 |
| 模具 | SMC/两套模具工装 | SMC/三套模具工装 | 金属板 |
| 生产设备 | 现有设备 | | |
| 模具工装成本 | 200 万欧元 | 300 万欧元 | 6600 万欧元 |
| 后处理线成本 | 150 万欧元 | 150 万欧元 | 250 万欧元 |
| 总投资 | 350 万欧元 | 450 万欧元 | 9100 万欧元 |

同样的情况，可以从后举升门的投资成本比较中得到进一步的证明。具体数据见表 5-1-2。

表 5-1-2　采用两种材料工艺生产后举升门需用设备投资比较

| 两种材料生产的外板比较 | 用 SMC 模压的外板 | | 用金属板冲压的外板 | 用 SMC 模压的内板 | | 用金属板冲压的内板 |
|---|---|---|---|---|---|---|
| 年产量 | ＜8 万件 | ＞8 万件 | 0～2 千万件 | ＜10 万件 | ＞10 万件 | 0～2 千万件 |
| 设备 | 1 台压机 | 2 台压机 | 6 台压机 | 1 台压机 | 2 台压机 | 5 台压机 |
| 工装 | 1 套 | 2 套 | 6 套 | 1 套 | 2 套 | 5 套 |
| 后处理线 | 1 条 | 1 条 | 1 条 | 1 条 | 1 条 | 1 条 |

（3）较短的投产准备时间。

采用 SMC 制造生产汽车零件从设计到投产一般仅需 8～12 个月，而采用钢零件则需 16～24 个月。

（4）采用 SMC 制造生产汽车零件减轻了质量，降低了能耗，也减少了排放。

从图 5-1-4 中可以看出，钢、铝的密度分别为 7.8g/cm³和 2.7g/cm³，而 SMC 的密度一般为 1.7～1.9g/cm³，也可实现 1.1～1.3g/cm³。在低密度条件下可进一步降低产品质量。

从表 5-1-3 中我们可以进一步看出，用不同材料制造生产汽车零件时，在等刚度设计条件下 SMC 材料生产的零件，可以比钢板、铝材减轻 15％～25％。一般来说，车体质量减轻 10％，燃油效率提高 6％。或者汽车每减重 45kg，燃油效率提高 2％～3％。

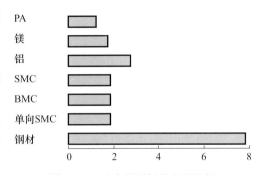

图 5-1-4　汽车用材料的密度比较

表 5-1-3　等刚度设计条件下用不同材料生产的汽车零件的质量/壁厚比较

| 材料 | 工艺 | 密度（g·cm⁻³） | 壁厚（mm） | 零件质量（kg） | 相对质量/指数 |
|---|---|---|---|---|---|
| 钢 | 冲压 | 7.8 | 0.8 | 3.7 | 100 |
| 铝 | 冲压 | 2.7 | 1.1 | 1.8 | 50 |
| SMC0400 | 模压 | 1.9 | 2.5 | 2.8 | 75 |
| 低密度 SMC0420 | 模压 | 1.4 | 2.5 | 2.0 | 55 |
| 先进的 SMC | — | 1.4 | 2.0 | 1.45 | 39 |
| C-SMC | 模压 | 1.4 | 2.0 | 1.15 | 31 |
| PA/PPE | 注射 | 1.1 | 2.5 | 1.7 | 45 |

汽车的燃料消耗和 $CO_2$ 废气的排放量与汽车质量存在密切的关系，相关研究表明，美国现有的汽车如能减重 25％，每天可节省 750000 桶燃油，每年 $CO_2$ 的排放量可减少 1.01 亿吨。

据报道，SMC 汽车发动机盖、后举升门比钢板降低质量 15％。以 SMC/钢两种材料制成的油底壳为例：它们的质量分别为 3kg 和 4.5kg；生产损耗分别为 5％和 33％；工序数分别为 1 和 8；喷漆分别为无须喷漆和必须喷漆。由此可见，采用 SMC 材料制造生产某些汽车零件比其他材料有着显著的优势。

（5）SMC 材料具有优良的减震、降噪性能。

观察 SMC 材料的减震及降噪效果，以其制造的汽车发动机周边件最为明显，例如汽车的 SMC 油底壳和 SMC 发动机的阀盖。以图 5-1-5 为例，降噪效果从产品的声音振幅随时间的变化可以看出，SMC 材料的声音振幅下降的速度明显快于金属材料。图 5-1-6 表明，在 SMC 热固性阀盖上局部测量的声级比铝制阀盖降低 4dB（A），整体降低声音级 0.5dB（A）。

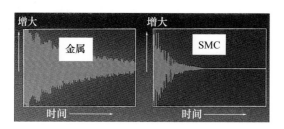

图 5-1-5　SMC 材料和金属材料降噪效果比较

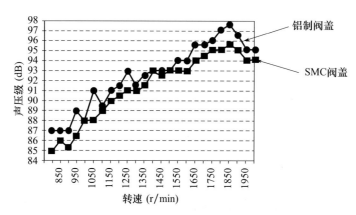

图 5-1-6　两种材料制造的阀盖降噪效果比较

　　总而言之，采用 SMC 制造汽车零件，改善了车辆的 NVH 特性：Noise（噪声）、Vibration（振动）和 Harshness（声振粗糙度）。它对噪声的内部阻尼作用明显优于金属，非常适用于制造汽车隔声降噪零件。

　　据资料报道，SMC 的内部阻尼比与铝或钢约高 10 倍，模压油箱的降噪约为 9dB，对运动车辆降噪近似为 1.5～2.0dB。热固性阀盖降噪 4dB，整体降噪 0.5dB。

　　（6）SMC 零件具有十分灵活的设计自由度。

　　同一模具可以生产不同款式同一型号的产品，从而可以节省更多的费用。如图 5-1-7 所示，用同一套模具可以生产多种型号的产品。

　　（7）SMC 具透波特性，适用于制造预埋整体天线的行李箱盖。

　　如图 5-1-8 所示，天线可以隐藏在车内，不必裸露在外。

图 5-1-7　同一模具可以生产多种型号产品

图 5-1-8　预埋有天线的轿车后货舱门

（8）SMC 具有较高的热变形温度（HDT）。

SMC 材料具有大于 200℃的热变形温度（HDT）。因此，它适合于制造在较高温度下工作的零件，如引擎盖、天窗和行李箱盖等。图 5-1-9 比较了 SMC 材料和几种汽车上常用的塑料材料的长期使用温度。图中数据表明，SMC/BMC 材料的长期使用温度在 160～180℃之间，强于对比塑料材料，如聚碳酸酯（PC）、尼龙 66（PA66）、尼龙 6（PA6）和聚甲基丙烯酸甲酯（PMMA）。

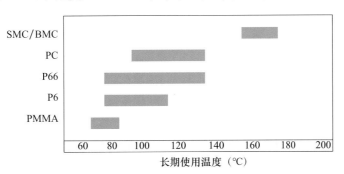

图 5-1-9　几种采用汽车材料的长期使用温度性能对比

（9）SMC 零件具有良好的耐冲击性能。

SMC 零件和金属材料相比由于其弹性模量低和变形性，因此具有良好的耐撞击性能。它吸收的撞击能为钢的 5 倍（按质量为基）；而且，耐路面石子类硬物冲击（抗凹陷）性能好。金属板零件在受到硬物冲击时产生的小凹坑，不像 SMC 零件那样可以恢复原状。

（10）SMC 具有和钢相近的线热膨胀系数。

如图 5-1-10 所示，SMC 材料和其他候选材料相比，具有和汽车中重要材料钢材相近的线热膨胀系数。这一点作为汽车材料非常重要。因为所有用非金属材料制造的汽车零件都会面临和其他金属零件相连接的问题，甚至金属件经常作为非金属零件的镶件存在。如果其线膨胀系数相差较大，在使用过程中就会出现产品质量问题，严重时甚至会引发交通安全事故。

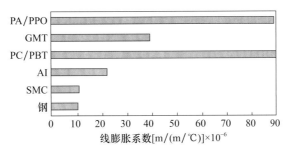

图 5-1-10　钢材和其他常用汽车材料的线膨胀系数比较

（11）SMC 作为汽车零件候选材料的其他特性。

除了以上介绍的特性外，SMC 作为汽车零件的候选材料还具有其他一些特性。例如，SMC 零件有优良的耐候及耐腐蚀性能。尤其是适合制作长期在有耐腐蚀的、耐候和耐高低温环境要求使用的零件，和其他材料相比，SMC 零件可大大降低维护费用。

SMC 零件具有良好的喷涂性能，可与其他零件保持色泽一致性，可以在汽车喷涂线上任何位置进入该喷涂线，即可实现和汽车喷涂线的在线喷涂、进线喷涂和离线喷涂。

SMC 零件可以粘接，有利于零件本身以及和其他材料零件的结合与组装。

（12）SMC 是一种可再生利用的材料。

按材料破碎级别，分不同途径再生利用。其中，水泥窑回收路线备受各国推崇。

早在 2012 年，欧洲联盟委员会就发布了一份关于《2008/98/EC 废物框架指令》解释的指导文件，已确认复合材料的可回收性并发布了绿标和复合材料再生概念。所推荐的 SMC/BMC 的闭环路线如图 5-1-11 所示。

首先，如图 5-1-11 所示，将 SMC/BMC 固废破碎、研磨成不同尺寸的颗粒：10mm 长纤维、1mm 短纤维和 0.1mm 的粉末，再按不同的路线分级使用。其中包括：作为热固、热塑性塑料的填料；建筑及道路路面材料和大量作为水泥窑中的辅助能源和组分，从而实现热固塑料的再生的良性循环。其中，如图 5-1-12 所示，FRP（纤维增强塑料）固废出口之一为，尺寸为 0.1mm 的粉状颗粒可以用作热固性和热塑性塑料的填料，用于生产汽车零件等，这部分应用约占回收固废总量的 10%；如图 5-1-13 所示，FRP 固废出口之二，为部分回收的粉状和短/长纤维材料可用于道路路面材料和建筑制品，这部分应用约占回收固废总量的 10%；如图 5-1-14 所示，FRP 固废出口之三，为也是 FRP 固废的主要出口，约占固废总量的 80%。该法是将回收的长纤维和未进行细研磨之前、仅经过预破碎成 50mm×50mm 的固废颗粒，用于水泥的生产，也就是所谓的 FRP 水泥窑回收法。此法经过了主要欧洲水泥集团 LAFARGE-CALCIA-VICAT-HOLCIM-HEIDELBERGER-PORTLAND（法国拉法基集团、Calcia 水泥配送中心、法国采购商 VICAT、瑞士霍尔希姆集团、德国海德堡和波特兰集团）对 FRP 回收产品的验证。

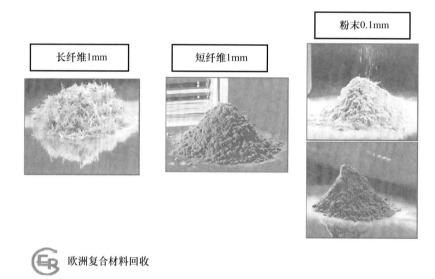

图 5-1-11 FRP 废料的破碎分级

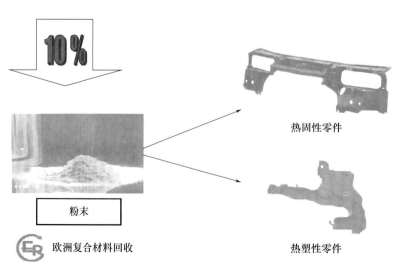

图 5-1-12 FRP 固废出口之一，粉料用于热固性/热塑性塑料填料

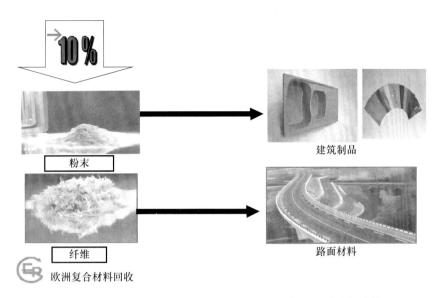

图 5-1-13　FRP 固废出口之二，粉料和纤维料用于道路与建筑

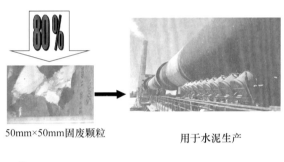

图 5-1-14　FRP 固废出口之三，颗粒料用于生产水泥

　　总而言之，根据以上的性能比较，可以大致将 SMC 材料和其他常用的汽车用材料的各自特点归纳于表 5-1-4。

表 5-1-4　SMC 和其他汽车常用材料特性对比

| 项目 | 钢板 | SMC | RIM | 塑料 | 铝板 |
|---|---|---|---|---|---|
| 零件的整合能力 | 基准 | 优 | 良 | 优 | 一般 |
| 质量比较 | 100% | 75% | 75% | 70% | 75% |
| 耐腐蚀性能 | 基准 | 优 | 优 | 优 | 稍有改善 |
| 耐小物体撞击性能 | 基准 | 较好 | 最好 | 较好 | 差 |
| 模具工装成本 | 100% | 40% | 60% | 60% | 100% |
| 原材料成本 | 100% | 300% | 600% | 600% | 400% |
| 刚性 | 100% | 6% | 1% | 2% | 30% |
| 线膨胀系数 | 100% | 100%~130% | 600%~1000% | 600%~1000% | 170%~200% |
| 热变形温度 | 无 | 基准 | 差 | 差 | 无 |

　　从以上 SMC/BMC 材料与其他材料的对比中可以看出，SMC/BMC 材料作为汽车材料具有较为明显的优越性，只要我们在应用中充分发挥该材料的特性，SMC/BMC 就会在汽车领域中获得越来越广泛的应用。

### 5.1.2　SMC/BMC 在国外汽车工业中的应用

复合材料被认为是一些汽车的首选材料，是因为它们可以提供高质量的表面光洁度，可适应复杂的造型细节和多种成型工艺。制造商能够通过使用复合材料来满足汽车在成本、外观和性能方面的要求。今天，复合材料车身面板在跑车、乘用车以及小型、中型、重型卡车上都有较为广泛的应用。

据报道，全球复合材料工业中 2012 年在运输领域的用量大约有 169 万吨。北美全球运输行业复合材料使用率最高，约占全球复合材料使用量的 37%，约 63 万吨；亚洲复合材料使用量约 53 万吨；欧洲复合材料使用量约 42 万吨。

汽车制造业又是运输领域复合材料的主要用户。在交通领域的其他细分市场，复合材料也被用于公共交通，包括有着先进技术的公交（ATTB）、地铁、单轨铁路、高铁等。高速铁路开发部门正在考虑在内外饰部件使用复合材料，包括转向架框架。新的 SMC 配方，包括正在探索使用短切的碳纤维也正在开发。小众应用包括采用高性能碳纤维复合材料的赛车和摩托车零部件。由于汽车市场对成本非常敏感，碳纤维复合材料的材料成本较高，因此还不能被充分用于高产量产品应用上。汽车复合材料是以玻璃纤维作为其主要的增强材料。

汽车领域一直是复合材料行业的一个增长型市场。在美国汽车行业，除了近几年受到疫情的影响，复合材料的使用在过去的 25 年里以每年 4.6% 的速度增长，其每辆车平均使用 90 磅（40.86kg）复合材料（热固性和热塑性复合材料），约占平均车辆总质量的 3.5%。SMC/BMC 材料早在 20 世纪 80 年代就已经在欧美地区的汽车工业中获得了广泛的应用。以下仅以几个有关数据来分析 SMC/BMC 在国外汽车上的应用情况。

#### 5.1.2.1　美国十家汽车制造厂商 SMC/BMC 应用情况

根据有关资料，在美国汽车工业中，其主要的汽车公司曾积极采用 SMC/BMC 等复合材料制造汽车零件。表 5-1-5 为十家美国汽车公司采用的 SMC/BMC 等复合材料的简要情况。

表 5-1-5　美国主要汽车公司采用 SMC/BMC 汽车零件的情况

| 公司名称或品牌 | 车型数 | SMC/BMC 零件数 | 质量/kg | 应用 |
|---|---|---|---|---|
| Ford Motor Company（福特汽车公司） | 44 | 136 | 772 | 轿车/卡车 |
| GM（通用汽车公司） | 32 | 99 | 519 | 轿车/卡车 |
| Freightliner（福莱纳集团） | 17 | 76 | 1050 | 卡车 |
| Daimler Chrysler（戴姆勒-克莱斯勒公司） | 14 | 30 | 133 | 轿车/卡车 |
| Navistar（纳威司达公司） | 10 | 31 | 445 | 卡车 |
| Volvo（沃尔沃） | 5 | 77 | 605 | 卡车 |
| Kenworth（肯沃斯） | 2 | 22 | 695 | 卡车 |
| Mack Trucks（麦克货车） | 2 | 7 | 157 | 卡车 |
| AM General（美国汽车综合公司） | 1 | 2 | 36 | 卡车 |
| Peterbilt（彼得比尔特） | 1 | 1 | 57 | 卡车 |
| 合计 | 128 | 481 | 4469 | 轿车/卡车 |

#### 5.1.2.2　欧洲十家汽车制造厂商 SMC/BMC 零件应用情况

表 5-1-6 为欧洲主要汽车公司采用 SMC/BMC 汽车零件情况。

表 5-1-6　欧洲主要汽车公司采用 SMC/BMC 汽车零件情况

| 公司名称或品牌 | SMC 用量（kg/车） |
|---|---|
| DAF/Paccar lnc（达夫/帕卡公司） | 40 |
| IVECO（依维柯） | 85 |
| MAN（德国曼集团） | 100 |
| Mercedes-Benz（梅赛德斯奔驰） | 62 |
| Scania（斯堪尼亚） | 42 |
| Volvo（沃尔沃） | 80 |
| 其他 | 2 |

### 5.1.2.3　欧洲主要重卡车型采用 SMC 零件情况

表 5-1-7 为欧洲主要重卡车型采用 SMC 零件情况。

表 5-1-7　欧洲主要重卡车型采用 SMC 零件情况

| 公司名称或品牌 | 车型数 | SMC/BMC零件数 | 质量（kg） | 应用 |
|---|---|---|---|---|
| Daimler Chrysler（戴姆勒-克莱斯勒公司） | 27 | 87 | 445 | 轿车/卡车 |
| Volkswagen（大众） | 15 | 30 | 114 | 轿车/卡车 |
| BMW（宝马） | 14 | 22 | 68 | 轿车 |
| Renault（雷诺） | 13 | 45 | 114 | 轿车/卡车 |
| Audi（奥迪） | 12 | 37 | 90 | 轿车 |
| Volvo（沃尔沃） | 11 | 16 | 112 | 轿车/卡车 |
| Citroen（雪铁龙） | 10 | 24 | 146 | 轿车 |
| Rover（罗孚汽车） | 10 | 10 | 7 | 轿车 |
| RVI | 8 | 34 | 259 | 卡车 |
| Peugeot（标致） | 8 | 19 | 84 | 轿车 |

### 5.1.2.4　SMC/BMC 在乘用车中的应用

SMC/BMC 在乘用车中主要应用于覆盖件、结构件和发动机及其周边件方面。图 5-1-15 综合显示了各种不同类型的复合材料（主要是 SMC）在乘用车不同车型中的典型应用。从图中我们可以看出，SMC/BMC、注射成型热塑性材料、LFT-D 和 GMT 材料在乘用车上可以用作前后保险杠、引擎盖、发动机罩、行李箱盖、备胎箱体、车顶、车门、挡泥板、轮罩、电池箱体和盖、底护板、油箱护罩和门槛条等四门两罩及耐腐蚀、耐热、结构等部件。例如，福特福克思 SMC 前窗口仪表板，质量 1.4kg，产量 2500 件/天；标致 407SMC 前端板，质量 3.2kg，产量 1600 件/天；宝马 SMC 迷你天窗框架；福特的 2002 Thunderbird 车型和 2003 Chevrolet Corvette 等车型，都曾采用 SMC 车身外板 [SMC-frontend（车头）、SMC-hood（引擎盖）、SMC-Pront fenders（挡泥板）、SMC-decklid（行李箱盖）、SMC-tonneau cover（顶篷）]。福特雷鸟车如图 5-1-16 所示。Cadillac XLR（凯迪拉克）车型门板、行李箱盖、前端板和挡泥板都采用 SMC 零件，如图 5-1-17 所示。

梅赛德斯奔驰 SLR 麦克凯伦车型采用 SMC 前侧板、前通风板、消声器盖板，如图 5-1-18 所示，采用具有隐蔽天线的行李箱盖。奥迪 A4 敞篷 SMC 行李箱盖质量 10kg，产量 150 件/天，比金属轻 20%。大众高尔夫发动机盖、大众 EOS 行李箱盖、迈巴赫行李箱盖以及 Smart Roadster（特斯拉）的发动机盖、行李箱盖等都采用 SMC 制造。部分车型 SMC 后行李箱盖零件如图 5-1-19 所示。

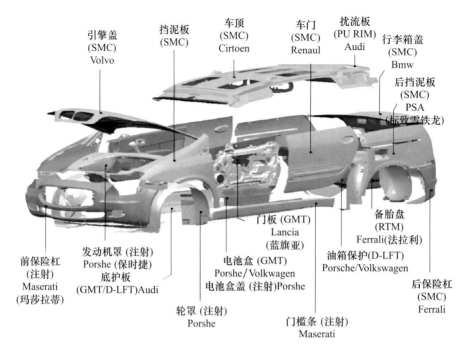

引擎盖 (SMC) Volvo
挡泥板 (SMC)
车顶 (SMC) Cirtoen
车门 (SMC) Renaul
扰流板 (PU RIM) Audi
行李箱盖 (SMC) Bmw
后挡泥板 (SMC) PSA (标致雪铁龙)
门板 (GMT) Lancia (蓝旗亚)
备胎盘 (RTM) Ferrali (法拉利)
前保险杠 (注射) Maserati (玛莎拉蒂)
发动机罩 (注射) Porshe (保时捷) 底护板 (GMT/D-LFT)Audi
电池盒 (GMT) Porshe / Volkwagen 电池盒盖 (注射)Porshe
油箱保护 (D-LFT) Porsche/Volkswagen
后保险杠 (SMC) Ferrali
轮罩 (注射) Porshe
门槛条 (注射) Maserati

图 5-1-15　SMC 等复合材料在乘用车上的应用

图 5-1-16　大量采用 SMC 零件
的 2002 Thunderbird 车型

图 5-1-17　门板、行李箱盖、前端板和挡泥板
都采用 SMC 零件的 Cadillac XLR 车型

图 5-1-18　采用 SMC 零件的梅赛德斯奔驰 SLR 麦克凯伦车型

图 5-1-19　部分车型 SMC 后行李箱盖

SMC 在汽车上的另一类应用是商用车的后举升门和乘用车的引擎盖，如 Volvo XC90、XC70 等车型的后尾门。其外形如图 5-1-20 所示。

图 5-1-20　Volvo、Renault AVANTIME 等车型采用 SMC 后尾门

Lincoln Continental（林肯大陆）发动机盖、挡泥板、行李箱盖，Lincoln Navigator（领航员）、Mercedes CL 500、Renault Megane Coupe-Cabriolét（梅甘娜双门敞篷车）、BMW M3 CSL 发动机盖都是 SMC 零件。

此外，不少车型还采用 SMC 扰流板，如 VW Tuareg（图安雷格）和 Porsche Cayenne（保时捷卡宴）等。

SMC 材料在某些车型如 Peugeot（标致）206、Ford Calaxy/VW Sharan9（夏朗）、Citroen Xantia（三佳）中，应用于前端模块加强件（GOR）的结构性零件，也应用于备胎箱如 Peugeot 607，如图 5-1-21 所示。

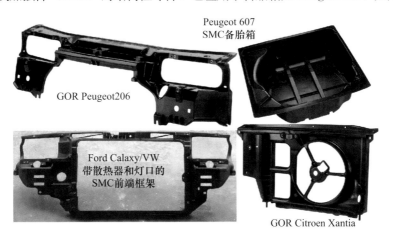

图 5-1-21　SMC 在乘用车上的结构性等应用（前端模块）

SMC 材料在车身板应用最典型的车型是 Renault Avantime，采用框架结构，车身为各种 SMC 板材覆盖，如图 5-1-22 所示。它由车顶板、顶框、顶框延伸部、尾门（分三部分：侧板＋左右附件）、后侧板、侧门板、嵌板、挡泥板、隔热板、空气通道和仪表板组成。其中，A 级表面零件有前挡泥板（尺寸为 1100mm×710mm，2.1kg）、门、后挡泥板（尺寸为 1680mm×1190mm，5.64kg）、上四分之

图 5-1-22　Renault Avantime SMC 车身板组成及车型

一面板、侧轨、后举升门（由 3 件组成）、车顶和车顶延长部。另外一个 SMC 车顶模块的典型实例是 Citroen Berlingo（雪铁龙）车型的车顶模块（图 5-1-23）。该产品尺寸为 2.2m×1.1m×0.4m，总质量 42kg，产品正常壁厚 2.5mm（内外板）。产量为 125 件/天。

由于 SMC 材料具有良好的耐候性、耐冲击性能及减重效果，因此 SMC 在各种皮卡车中也有大量的应用，尤其在美国。例如，Honda（本田）皮卡，年产量 75000 辆，每辆 SMC 用量为 60kg；Toyota Tacoma（丰田塔科马）皮卡，年产量 19 万辆，每辆 SMC 用量为 45kg；Fork Sport Trac（探险者）皮卡，年产量 4 万辆，每辆 SMC 用量 50kg。图 5-1-24 为采用 SMC 材料的皮卡车车斗。

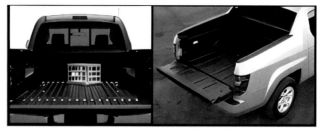

图 5-1-23　Citroen Berlingo 车型的 SMC 车顶模块　　　　图 5-1-24　大量采用 SMC 材料的皮卡车车斗

SMC 尤其是 BMC 材料在汽车领域包括乘用车、商用车的应用，主要体现在两个方面。其一是用于发动机周边件和汽车车灯的反射面。早在 21 世纪初，SMC 材料就曾在卡车的油底壳上获得应用。而 BMC 材料曾广泛用于汽车发动机的阀盖。例如，采用 Ford 4.0L V6 发动机的车型 Explorer（探索者）、Mustang（野马）、Ranger（护林员）以及采用 GM 3.6L HP V6 发动机的车型，都采用 TMC 材料注射成型发动机双阀盖。而 Aguar AJ 3.0L（捷豹 AJ3.0L）发动机、Dodge Viper VGX（道奇蝰蛇 VGX）以及采用 Dodge 4.7L V8 的车型 Dodge Durango（道奇杜兰戈）、RAM（兰姆）、Dakota（达科他）、JEEP Grand Cherokee（切诺基）发动机都采用 BMC 注射成型的双阀盖来取代金属镁。据报道，发动机用各种 BMC 阀盖、油底壳及隔音件。在 21 世纪初，仅美国就有 2400 多万个 BMC 阀盖在使用。图 5-1-25 为各种 BMC 阀盖、SMC 隔热板和油底壳的典型产品图片。

BMC 汽车车灯反射面是该材料在汽车领域的另一大应用。BMC 在汽车中的应用除了用作发动机阀盖以外，另一个重要用途是作为各种汽车车型的 BMC 车灯反射面。自 20 世纪 90 年代起，世界各国及地区包括美、欧、日、中几乎全部汽车灯（包括轿车和卡车）都采 BMC 车灯反射面。仅欧洲地区，每年就有 1500 万辆车采用了 BMC 车灯反射面。近年来，由于冷光源的采用，BMC 材料在车灯上的应用开始渐渐减少。但是，车灯中的耐热部分附件仍然有 BMC 的应用。图 5-1-26 为各种车型所用的 BMC 车灯反射面的实例。

### 5.1.2.5　SMC/BMC 在卡车上的应用

在汽车工业中，卡车尤其是重型卡车是 SMC 材料的一个重要终端市场。它不仅是较早采用 SMC 材料的汽车车型，而且是目前 SMC 材料在全球汽车市场上被广泛认可的、应用最广、用量最大的一个 SMC 汽车应用细分市场。

在国外卡车上，SMC/BMC 应用的主要零部件类型有保险杠、导流系统、面板、挡泥板、脚踏、垂直立板、侧覆盖件板、驾驶室内控制台、工具箱盖板、摇杆室盖、油底壳、皮卡车车厢板等。在工程车辆中用于拖拉机顶板、发动机盖、地板等。

在世界各国的重型卡车中，SMC 材料的应用，主要集中在重卡驾驶室的覆盖件。如 A 立柱、各类扰流板、前端板、保险杠、挡泥板、门延伸、侧板延伸部、水箱面罩等。但是，各国各种重卡车型中，采用的 SMC 零件会有所不同。在欧洲，近代卡车车型主要有 Mercedes、MAN、Renault、Volvo、Fiat、IVECO、Scania、DAF（达夫）。

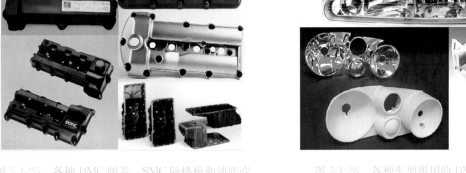

图 5-1-25　各种 BMC 阀盖、SMC 隔热板和油底壳　　　　图 5-1-26　各种车型所用的 BMC 车灯反射面

各工厂在卡车驾驶室零件的应用中采用的 SMC/BMC 零件有所不同。表 5-1-8 列举了欧洲主要卡车车型采用 SMC 零件的类型。

表 5-1-8　欧洲主要卡车车型采用 SMC 零件的类型

| 卡车车型 | 导流罩 | 保险杠 | 挡泥板 | 侧板延长件 | 门延长件 | 面板 | 双侧导风件 | A 立柱 |
|---|---|---|---|---|---|---|---|---|
| Mercedes-Actros | | SMC | | SMC | SMC | SMC | | |
| DAF-XF | SMC | | SMC | SMC | | SMC | SMC | |
| IVECO-stralis-AS | | SMC | SMC | SMC | SMC | SMC | | |
| MAN-TGA | SMC | SMC | SMC | SMC | SMC | SMC | SMC | SMC |
| Renault-premium | SMC | SMC | SMC | SMC | | SMC | SMC | |
| Scania-serie4 | SMC | | | | | | SMC | |
| Volvo-FH | SMC | SMC | | | | SMC | SMC | |

重卡结构中 SMC 零件的位置如图 5-1-27 所示。

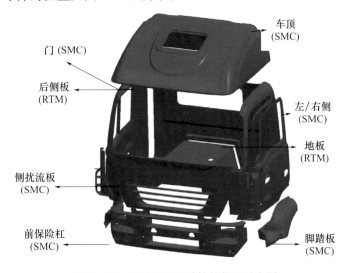

门 (SMC)
后侧板 (RTM)
车顶 (SMC)
左/右侧 (SMC)
地板 (RTM)
侧扰流板 (SMC)
前保险杠 (SMC)
脚踏板 (SMC)

图 5-1-27　重卡 SMC 零件的位置示意图

在欧洲，SMC用量最大的重卡车型是MAN TGA。其驾驶室FRP总用量达220kg.其中SMC用量达180kg。该车SMC零件应用的部位如图5-1-28所示。其SMC前保险杠的质量就达到34kg。为了减少行车的阻力，在驾驶室设计中，气动设计尤为重要。该设计中，主要包括车顶导流、车顶侧导流和驾驶室侧导流。SMC材料在上述导流产品的设计和制造中起到重要的作用。

图5-1-28　SMC在MAN TGA车型中的应用

在北美地区，美国卡车的外形承袭了当地的文化风格，大都采用特有的霸气的长鼻子重卡外形。这种长鼻子卡车将发动机前置，修理起来更方便；再加上座椅安放在前后轴之间，司机驾驶时的稳定性极高，也在很大程度上提高了卡车的安全性。但是，在道路地形复杂，山地、高原地貌较多的地区，长鼻子卡车在转弯、掉头时不够灵活，而且影响了卡车的装货量。因此，不少国家都采用平头结构的卡车。

在美国重型和中型卡车车型中，SMC主要用于发动机盖。在美国有20多种型号、每年采用SMC生产一百多万个发动机盖。每种型号产量年产量在一千到十万辆不等。其中，Freightliner Columbia（哥伦比亚）重卡，年产量57000辆，每辆SMC用量65kg；International（万国）9000系列重卡，年产量7万辆，每辆SMC用量55kg；GMC/Chevrolet（雪佛兰）Topkick/Kodiak中型卡车，年产量35000辆，每辆SMC用量40kg；还有Ford F650/F750系列也采用SMC发动机盖。美国采用SMC发动机盖的部分车型照片如图5-1-29所示。

图5-1-29　大量采用SMC零件的Freightliner Columbia重卡、
International 9000系列重卡和GMC/Chevrolet中型卡车

### 5.1.2.6　SMC在工程车辆中的应用

SMC材料不仅在汽车领域获得了较为广泛的应用，而且在国外工程车辆中受到客户的欢迎。其中，包括各类装载机、挖掘机和拖拉机等。图5-1-30为安装有SMC零件的Kramer shovel（装载机）和JCB反铲挖掘机。前者装有SMC引擎盖，其单件质量为65kg，年产量为一万台。后者装有SMC组合式地板，单件质量为60kg，年产量一万台。图5-1-31为上述两种工程车辆的SMC零件照片。

图 5-1-32 为 SMC 在拖拉机上应用的一个典型实例。约翰迪尔公司的拖拉机上车顶和引擎盖都采用 SMC 材料制造。

图 5-1-30　Kramer shovel loader（装载机）和 JCB Backhoe Loader（反铲挖掘机）

图 5-1-31　SMC 装载机引擎盖（左）　　　图 5-1-32　John Deere（约翰迪尔公司）拖拉机采用
和 JCB 挖掘机 SMC 地板　　　　　　　　　　　的 SMC 引擎盖和车顶

## 5.2　在国内重卡汽车中的应用及相关技术

据统计资料报道，2019 年，我国货车产销分别完成 388.8 万辆和 385 万辆，产量同比增长 2.6%，销量同比下降 0.9%，其中，重型货车产销分别完成 119.3 万辆和 117.4 万辆，同比分别增长 7.3% 和 2.3%。2019 年产销排名前十的依次为：中国一汽、东风公司、中国重汽、陕汽集团、北汽福田、上汽依维柯红岩、江淮股份、成都大运、徐州徐工和安徽华菱。其分别销售 27.5 万辆、24.1 万辆、19.1 万辆、17.7 万辆、8.6 万辆、5.8 万辆、3.8 万辆、3.2 万辆、2.1 万辆和 2.0 万辆。与上年相比，北汽福田销量降幅较为明显。

2020 年，受国Ⅲ汽车淘汰、治超加严以及基建投资等因素的影响，商用车全年产销呈现大幅增长。据中国汽车工业协会数据，2020 年商用车产销分别完成 523.1 万辆和 513.3 万辆，首超 500 万辆，创历史新高；产销同比分别增长 20.0% 和 18.7%，产量增幅比上年提高 18.1 个百分点，销量增速实现了由负转正。作为商用车行业的指标性市场，重型卡车市场 2020 年销量达到 162 万辆，同比增长 37.9%，再创历史新高，连续三年超百万辆。排名前十的企业依次为：一汽、东风、重汽、陕汽、北汽福田、依维柯红岩、江淮、成都大运、徐工、华菱。其销量分别为：37.6 万辆、31.1 万辆、29.4 万辆、23.1 万辆、14.7 万辆、8.0 万辆、5.4 万辆、3.6 万辆、2.8 万辆、2.1 万辆。对复合材料行业来说，这无疑是利好的信息。近几年来，受新冠疫情防控、环保政策及全球供应链非正常运转的影响，我国汽车工业的发展也受到了一定的影响，尤其是重型卡车的产销量有了明显的下滑，从而影响了 SMC 在汽车领域的应用量。好在新能源车受到政策的鼓励得到了快速增长，从而在一定程度上弥补了 SMC 在重卡市场带来的用量削减。近年来，尤其是重卡新能源车的异军突起，将会给 SMC 在重卡领域带来了新的增长点。另外，随着我国 SMC 行业水平的不断提高，在乘用车和其他商用车汽车市场的应用也会有良好的前景。

### 5.2.1　SMC 在重型卡车中的应用

重卡驾驶室的外覆盖部件，诸如前面罩总成、保险杠总成、导流系统、脚踏板和翼子板、轮罩、挡泥板等，构成了重卡车身外饰系统，承担着装饰、性能、载体和安全等作用功效。重卡外饰系统关键部件的设计选材不仅要考虑材料性能、外观、工艺等基本特性，还要着重关注法规、环保和成本等特殊要求。汽车轻量化是当今国际汽车制造业的一大发展趋势，尤其在重卡外饰系统部件选材用材方面呈现出了显著的非金属化、塑料化趋势。工程塑料、树脂基复合材料已然成为主力军，特别是以SMC 为代表的热固性复合材料及其零部件所表现出的良好性价比，因此占据着相当大的比例，诸如奔驰、曼斯堪尼亚、沃尔沃等世界知名品牌的重卡车外覆盖件大量采用了 SMC 零件。例如，欧洲车型MAN TGA 卡车是各种重卡车型中 SMC 用量最大的车型，单车 SMC 总用量达 180kg。美国各类重卡驾驶室也大量采用 SMC 材料制造，单车 SMC 零件总质量也分别达到 45～65kg。

重卡车外覆盖件主要包括前面罩总成（是重卡驾驶室前部正中央的重要外饰覆盖件，当前的国内外重卡前面罩本体设计选材大都采用 SMC 材料）、前面罩两侧配装的外侧板（扰流角板）、重卡保险杠总成、重卡导流系统〔是重要的空气动力学构件，主要由导流罩、导流板、侧护板（裙板）等部件组成〕、脚踏系统等。SMC 材料在不同车型的以上驾驶室外覆盖件各部分中有着不同的应用。

由于重卡外饰系统各部件的外形、结构变化可以实现重卡市场个性化、多样化需求，因此随着SMC 材料、技术的发展，其投资少、适应性高的特点，更能受到汽车业界的青睐。要想获得满意的SMC 重卡产品，必须充分了解材料和产品的性能要求，并满足相关的行业标准的需要。以下我们对SMC 材料在我国重卡中的应用技术进行较为详细的介绍。

之所以把在重卡中的应用技术作为其在我国汽车工业中应用的重点介绍，是基于以下几点：首先，我国 SMC 在汽车工业的应用中，在重卡车型这个细分领域应用最早、用量最大、车型最多。20 世纪80 年代初，北汽曾按 SMC 结构试制了 65 辆份 121 小卡车的驾驶室，通过了全部试验包括路试。1987—1990 年，二汽 EQ-153（八平柴）就采用了国产化的 SMC 左、右外侧板和左、右轮罩。后来，六平柴也采用该零件。东风 140-2 轻卡保险杠也为 SMC 制。自 21 世纪初起，我国国产卡车特别是重型卡车，就开始广泛采用 SMC 零件。近几年来，我国每年重卡的产销量都在百万辆以上，而且几乎所有的重卡车型的驾驶室的覆盖件都在大量采用 SMC 材料。每年 SMC 材料在该细分领域中的用量多达十几万吨，而在乘用车、SUV 等车型中的应用尚处于起步阶段，总用量不大而且车型还不够普遍。其次，SMC 汽车件的生产成型技术的研讨不仅对在其他汽车车型而且对 SMC 在其他领域如电力电气、建筑等领域产品的生产成型有较大的借鉴和参考价值。

注：以下资料（5.2.1.1～5.2.3）由郑学森等人提供，仅稍作改动。

#### 5.2.1.1　重卡对 SMC 材料的性能要求

重卡 SMC 外覆盖件使用汽车级表面型 SMC 材料，以某汽车公司重卡产品为例。其设计选材主要根据其应用部位、整车市场定位及档次并参照 GB/T 15568—2008《通用型片状模塑料（SMC）》等国家和行业标准进行了分类分级。对重卡汽车表面级 SMC 其力学性能级别，将 SMC 分为三类：$M_1$ 型、$M_2$ 型、$M_3$ 型，具体指标应符合表 5-2-1 的要求。将汽车表面级 SMC 的材料收缩性能分为四类：$S_1$ 型、$S_2$ 型、$S_3$ 型、$S_4$ 型，其具体指标应符合表 5-2-2 的要求。汽车级 SMC 按燃烧性能分为四类：$F_1$ 型、$F_2$ 型、$F_3$ 型、$F_4$ 型，其中 $F_1$ 型～$F_3$ 型具体指标应符合表 5-2-3 的要求。除此之外，重卡 SMC 外覆盖件用材还应满足表 5-2-4 的通用技术要求。

表 5-2-1　汽车级表面型 SMC 材料力学性能要求及推荐应用

| 分类 | 项目 | | | | 推荐应用 |
|---|---|---|---|---|---|
| | 拉伸强度（MPa） | 弯曲强度（MPa） | 弯曲模量（GPa） | 冲击韧性（带缺口）（kJ/m²） | |
| M₁型 | ≥60 | ≥170 | ≥10 | ≥60 | 承载本身负荷、风载以及其他外界载荷，综合承载要求高的车用外覆盖部件及相关壳体部件，如电瓶箱体 |
| M₂型 | | ≥135 | ≥8 | ≥45 | 承载本身负荷及风载的车用内外饰件，如翼子板、挡泥板、导流罩及内护板等 |
| M₃型 | | ≥100 | ≥7 | ≥35 | 仅承载本身负荷的非装配部件，如工具手柄 |

注：不同厂家会结合不同车型部件的承载分析情况对性能指标有所调整。

表 5-2-2　汽车级表面型 SMC 材料收缩性能要求及应用推荐

| 分类 | 收缩率指标（%） | 推荐应用 |
|---|---|---|
| S₁型（零收缩） | <0 | 达到轿车级 A 级表面状态，适用于制造表面要求无波纹、可实现导电底漆喷涂、随车身进行磷化/电泳等表面涂层的高档次重卡车型用关键外饰/覆盖件 |
| S₂型（低轮廓） | 0～0.05 | 达到汽车级常规表面状态，适用于制造重卡关键外覆盖件，如前面罩、保险杠、导流板 |
| S₃型（低收缩） | 0.05～0.1 | 可达到车用 B 级表面要求，适用于制造一般性车用外覆盖件，如翼子板、轮罩、挡泥板 |
| S₄型（普通） | 0.1～0.2 | 只适用于制造 C 级及更低级表面要求的非外视部件 |

注：S₂型、S₃型、S₄型部件只适用于离线喷涂部件。

表 5-2-3　汽车级表面型 SMC 材料燃烧性能要求及推荐应用

| 分类 | 项目 | | 推荐应用 |
|---|---|---|---|
| | 燃烧等级 垂直燃烧/水平燃烧 | 氧指数/% | |
| F₁型 | FV-O / HB | ≥36 | 车用关键内饰部件 |
| F₂型 | FV-1 / HB40 | ≥32 | 车用小型内饰部件及有特殊要求的外覆盖件 |
| F₃型 | FV-2 / HB75 | ≥28 | 无特殊要求的车用外饰、覆盖件 |

表 5-2-4　汽车级表面型 SMC 通用技术要求

| 项目 | 要求 |
|---|---|
| 外观 | 表面应无明显成片针眼、气泡，或开裂、分层等外观缺陷 |
| 密度 | 要求≤1.90g/cm³。一旦选定，其允许偏差为±0.05 g/cm³ |
| 巴氏硬度 | ≥45 |
| 吸水率 | ≤0.35% |
| 玻璃纤维含量 | 选择范围为22%～33%之间。一旦选定，其允许偏差为±3% |
| 树脂含量允许偏差 | ±3% |
| 热变形温度 | ≥200℃（跨度100mm，弯曲应力0.45MPa） |
| 有害物质控制 | 符合 GB/T 30512《汽车禁用物质要求》规定的 RoHS 限值要求，即：铅（Pb）1000ppm，镉（Cd）100ppm，汞（Hg）1000ppm，六价铬（Cr⁶⁺）1000ppm，多溴二苯醚（PBDE）1000ppm，多溴联苯（PBB）1000ppm |

### 5.2.1.2 对重卡产品的性能要求（产品标准及数据）

某汽车公司根据 QC/T 15—1992《汽车塑料制品通用试验方法》和 GB/T 27799—2011《载货汽车用复合材料覆盖件》等国家行业标准建立重卡 SMC 外覆盖件的性能指标体系，本体坯件常规通用性能要求见表 5-2-5，漆膜镀层性能要求表 5-2-6。

表 5-2-5 重卡 SMC 外装饰件本体坯件的常规通用性能要求

| 特性项目类别 | 特性分项 | | 性能要求 |
|---|---|---|---|
| 本体性能 | 耐温性 | 耐高温性 | 试验后零件变形量≤0.15%，不应有破损、尺寸变化、安装性能下降、强度下降等现象，且表面不发黏、鼓泡，无异味散发，产品外观与颜色无明显变化，同时高低温循环试验后零件嵌件拔出力与扭矩不低于规定值的 80% |
| | | 耐低温性 | |
| | | 耐高低温循环 | |
| | 耐冲击性 | 常温落锤冲击 | 试验后零件表面及本体不应出现破损、开裂现象 |
| | | 高温落锤冲击 | |
| | | 低温落锤冲击 | |
| | | 高低温循环后落锤冲击 | |
| | 抗石击性 | 室温抗石击 | 试验后零件表面及本体不应出现破损、开裂等现象 |
| | | 低温抗石击 | |
| | 耐振动性 | 耐振动性 | 试验过程中出现的共振点在 45Hz 以上，其他频率共振不发生 |
| | | 振动耐久性 | 试验后零件表面及本体无龟裂、破损、脱落、磨损等现象 |
| | | 开关疲劳循环 | 试验后零件不应有破损、开裂等现象，适用于常开启、闭合的部件，如前翻转盖板（前面罩） |
| | 耐溶剂性 | — | 试验后零件无变形、变色、发黏、粉化、龟裂等现象 |
| 嵌件连接及粘接胶层强度 | 嵌件连接强度 | 嵌件材质 | 铜质、铝质或其他 |
| | | 预置方式 | 预埋式或后镶入式 |
| | | 连接扭矩强度 | φ6，≥6N·m；φ8，≥10N·m；φ10，≥14N·m |
| | | 连接拔出力 | φ6，≥400N；φ8，≥600N；φ10，≥800N |
| | 粘接胶层强度 | 胶黏剂类型 | 选用双组分环氧型或聚氨酯型结构胶，适用于 SMC 部件之间或 SMC 部件与金属件之间的粘接 |
| | | 粘接胶层厚度 | 0.05～0.20mm |
| | | 层间剪切强度 | ≥3.4MPa |

表 5-2-6 重卡 SMC 外装饰件漆膜/镀层性能要求

| 特性项目类别 | 特性分项 | 特性分项 | 性能要求 |
|---|---|---|---|
| 漆膜性能 | 漆膜常规性能 | 面漆漆膜颜色及色差 | 实色面漆层：浅色 $\Delta E \leqslant 0.5$；深色 $\Delta E \leqslant 0.8$<br>金属亮光面漆层：$\Delta E \leqslant 1.0$<br>根据外观重要程度对整车划分为 A、B、C 三区。B、C 区外观性能指标可适当降低，下同 |
| | | 面漆漆膜光泽 | ≥90%（60°） |
| | | 漆膜厚度 | 实色漆≥55$\mu m$，金属漆≥70$\mu m$（其中：底漆层≥25$\mu m$） |
| | | 漆膜附着力 | 底漆层≤1 级，面漆层≤2 级 |
| | | 漆膜硬度 | 底漆层≥HB，面漆层≥H |
| | | 漆膜冲击强度 | ≥35kg·cm |

| 特性项目类别 | | 特性分项 | 性能要求 |
|---|---|---|---|
| 漆膜性能 | 漆膜耐久性能 | 耐油性 | 机油≥48h，柴油≥24h，表面无变化 |
| | | 耐溶剂性 | 浸渍法：使用二甲苯浸渍3min或以上，表面无变化<br>擦拭法：使用二甲苯、酒精手工反复擦拭10次，不可有涂层脱离 |
| | | 耐酸性 | ≥24h，无变化 |
| | | 耐碱性 | ≥4h，无变化 |
| | | 耐湿热性 | 底漆240h，面漆500h，不起泡、起皱、脱皮等 |
| | | 耐温变性 | 10个循环，无开裂 |
| | | 耐候耐老化 | 1200h，漆膜抛光后，失光率≤10％ |
| 镀层性能 | 耐蚀性能 | — | 盐雾试验24h后，≥8级 |
| | 镀层结合力 | — | 至少有95％不脱落或完全没有镀层脱落 |
| | 耐热循环 | — | 试验后零部件的镀层不能有起泡、粘合不良等现象 |

## 5.2.2　重卡SMC材料的产品制造、生产工艺过程和控制

### 5.2.2.1　关于材料的选择

SMC材料配方具有较强的可设计性，要根据主机厂对产品的性能要求进行选材和设计，以满足产品对材料和产品的性能标准要求。从国内主要主机厂的重卡SMC外覆盖件实际应用现状看，其所用SMC型号主要集中在M2S2F3和M3S3F3这两个组合范围内。按照上述汽车级表面型SMC的分类分级原则，其总体的材料选择思路见表5-2-7。

表5-2-7　重卡外覆盖件用SMC材料的选择

| 类别 | | M2S2F3组合 | M3S3F3组合 |
|---|---|---|---|
| 配方体系主要材料选择 | 树脂体系 | SMC树脂以间苯型UP为主，部分使用对苯型UP；部分产品可使用增韧型UP | 以邻苯型UP为主，个别情况下可采用邻/间型UP（复合树脂体系） |
| | | 以PVAC、PMMA、SBS等低轮廓添加剂（LPA）为主，单一或复合加入。一般情况下其加入量为30％～40％（树脂含量比） | 以PS、PE等低收缩添加剂（LSA）为主，单一或复合加入。一般情况下其加入量为20％～35％（树脂含量比） |
| | 固化体系 | 交联剂以苯乙烯为主；引发剂以TBPB为主，也可根据工艺的需要采用复合型固化剂系统，以改善其成型工艺性能<br>阻聚剂/缓聚剂为氢醌、苯醌类和α-甲基苯乙烯等。视工艺及环境温度及储存期等因素的需要，进行品种和加入量的选择 | |
| | 填充体系 | 以干法CaCO₃粉料为主，部分使用湿法CaCO₃粉料，其颗粒度主要分布在1～20μm范围内，单一品种单独或多品种复合使用。为改善SMC成型流动性，可适当加入高岭土（瓷土）和/或滑石粉。填料加入量为树脂体系质量的1.6～2.2倍<br>低密度SMC配方中，使用玻璃微珠等轻质填料部分替代CaCO₃ | 以干法CaCO₃粉料为主，颗粒度在1～20μm范围内单独或复合使用。为改善SMC成型流动性，可适当加高岭土（瓷土）和/或滑石粉。填料加入量为树脂体系质量的1.4～2.0倍<br>低密度SMC配方中，使用玻璃微珠等轻质填料部分替代CaCO₃ |
| | 助剂等 | 内脱模剂以ZnSt为主；部分配方中可加入偶联剂，如KH570等；<br>增稠剂为MgO或Mg(OH)₂糊；内着色剂：必要时加颜料糊（色浆）；<br>润湿分散助剂：根据配方的不同，为达到降黏、脱泡、润湿、分散等目的，可适当加入不同量/类型的助剂 | |

| 类别 | | M2S2F3 组合 | M3S3F3 组合 |
|---|---|---|---|
| 配方体系主要材料选择 | 增强材料 | 通常使用 4800Tex、2400Tex 规格的 E 型玻璃纤维无捻粗纱。常规短切长度为 1 英寸（25mm）。根据产品性能要求，对玻纤的浸润剂含量、溶解性和长度可进行选择与调整 <br> 如有必要，也可以采用其他类型如有机、碳等类型的纤维作为增强材料 | |
| 应用特性与方向 | | 具有良好的表面外观和强度性能，漆后质量与驾驶室金属车身相匹配 | 满足一般性重卡外覆盖件使用要求，起到必要的装饰作用 |
| | | 适用于重卡前面罩、保险杠和导流板等 | 适用于导流罩、翼子板、挡泥板、轮罩等 |

### 5.2.2.2　各工序及管控的简要说明

重卡 SMC 外覆盖件的制造工艺过程主要包括：模压成型、二次加工及总成组装、漆面喷涂及表面防护三大作业工序。成型工序、二次加工与组装工序、喷涂工序作业内容及管控要求应满足表 5-2-8～表 5-2-10 中的要求。

表 5-2-8　重卡 SMC 外覆盖件的成型工序

| 过程、工序名称 | | 作业内容与管控要求 |
|---|---|---|
| 模压成型 | 备料 | 按工艺要求进行 SMC 片材的裁剪、称量，剔除不合格部分（如浸渍不良带白纱、过干过硬或受污染），质量偏差±0.05kg。由于加料方式和物料的规格对生产出合格的产品的至关重要，因此几款重卡 SMC 零件的加料方式、裁切规格将在以下相关部分进行较为详细的讨论 |
| | 清模及放嵌件 | 定期清理模具，模具型面涂/刷脱模剂，要求至少 1 次/10 模，压缩空气压力为 0.4～0.6MPa |
| | | 按生产件图示要求依次放置既定规格、型号的预埋金属嵌件 |
| | 铺料 | 按工艺要求进行铺料作业 |
| | 合模成型 | 合模加压，抽真空，保温保压。关键工艺参数如下：<br>① 加压时机≤30s<br>② 成型压力为 80～120kg/cm² （零件投影面积），根据产品大小、结构和材料特性等要求选定<br>③ 模内真空度为 0.04～0.06MPa （如果需要的话）<br>④ 模具温度在 142～158℃范围内，上下模温差要保持在 2～10℃范围内<br>⑤ 保压时间（以本体厚度 3mm 为例）：常规 SMC 为 150～180s，快速固化型 SMC 为 90～100s |
| | 取件去毛刺 | 启模、顶出、取件 |
| | | 产品自检，修边，去毛刺，必要的定型校形 |
| | 循环作业及管控 | 循环操作，做好模压生产与交接班等记录 |
| | | 设备（含模具、供/加热系统等）点检和维修维护保养 |
| | | 模压作业过程工艺纪律巡视和过程产品质量抽检 |

表 5-2-9　重卡 SMC 外覆盖件的二次加工、组装工序

| 过程、工序名称 | | 作业内容与要求 |
|---|---|---|
| 二次加工及总成组装 | 攻丝 | 对成型件的预埋嵌件螺纹进行攻丝和清洁处理 |
| | 切边、打孔 | 采用角向磨光机、冲切机床或切割设备等进行切边加工，采用手枪钻、开孔器、钻床或数控加工中心等进行孔位加工，采用砂带机或干砂纸打磨、倒圆 |
| | | 按尺寸精度控制要求选取加工器具或装备。针对手工作业的，要求在模具和产品上预留防错标记并使用加工钻套或靠板等 |
| | 粘接 | 通常使用环氧型或聚氨酯型结构胶，并按工艺配比及定量要求进行 A、B 组分的称量与配制 |
| | | 对 SMC 部件及被粘接组件的粘接面进行必要的打磨和清洁处理，并使用手工胶枪或粘接机械手自动方式进行涂胶，通过专业粘接工装夹具实现件与件的结合 |
| | | 一般在（100±10）℃加热温度下固化（25±5）min（取决于所用粘接剂的品种和配比）。取出后，清除多余的胶痕胶迹 |

| 过程、工序名称 | | 作业内容与要求 |
|---|---|---|
| 二次加工及总成组装 | 组件、附件安装 | 按工艺要求采用螺栓连接或铆接等方式将所需的塑料或金属组件、附件和SMC本体的连接 |
| | 过程作业管控 | 做好二次加工生产与交接班等记录 |
| | | 二次加工工装器具、夹具的维修维护保养和定期更换<br>二次加工设备的点检和维修维护保养 |
| | | 二次加工作业过程工艺纪律巡视和过程产品质量抽检 |

表 5-2-10　重卡 SMC 外覆盖件表面喷涂工序

| 过程、工序名称 | | 作业内容与要求 |
|---|---|---|
| 漆面喷涂与防护 | 坯件表面处理 | 包括上线前坯件及过程底漆件的表面质量检查，缺陷修整和打磨、清洁处理等 |
| | 底漆配制 | 通常选用丙烯酸改性聚氨酯型磁漆、环氧型烘烤型底漆、丙烯酸型自干漆等（所选用的底漆系统必须预先与SMC本体、主机厂所使用的面漆系统进行匹配验证试验并得到主机厂的认证或认可），并按工艺配比及定量要求进行A、B组分及稀料的称量与配制 |
| | 底漆喷涂烘烤 | 在全封闭喷涂烘烤自动流水线上完成坯件清洁处理、第一遍底漆喷涂及闪干/流平、烘烤（干燥）、冷却、下线等过程。具体工艺参数要结合底漆系统品种规格、喷涂线设计及喷涂烘烤设备选型等综合而定，并制定选用的工艺规范和作业要求。为保证底漆漆膜厚度，一般需要再重复上述作业1~2次 |
| | 面漆喷涂烘烤 | 包括背面面漆涂层、外部特定区域套色面漆涂层及与整车匹配的面漆涂层等喷涂，面漆系统为实色漆或色漆＋清漆湿碰湿组合（具体按需而定）。使用指定的面漆系统并按工艺配比要求进行配制，按喷涂工艺规范和作业要求在全封闭面漆喷涂烘烤线上完成。面漆喷涂前需要按要求做好局部或整体防护 |
| | 漆件防护 | 按主机厂对漆件交付质量和物流过程防护等要求，对已交检待出厂的漆件进行必要的贴膜等防护，并放置于专用物流工装或包装中一同入库 |
| | 过程作业管控 | 做好底、面漆系统配置、喷涂烘烤等关键作业过程的生产与交接班等记录以及交检产品记录等 |
| | | 配漆器具与测试仪器的维修维护保养<br>喷漆生产线及辅助设施的点检和维修维护保养 |
| | | 底、面漆系统调配、喷涂烘烤及部件表面处理、防护作业等过程的工艺纪律巡视和过程产品质量抽检 |
| | | 成品检验，包括外观质量、漆膜性能等 |

### 5.2.2.3　主要技术要点和控制

表面装饰是重卡SMC外覆盖件的核心功能，主要讲究与重卡驾驶室车身及整车的外观与装配的协调性。实际上，影响以上特性的本质是重卡SMC外覆盖件的尺寸精度和变形性的控制。尺寸精度和产品变形是两个既不相同又密切相关、互有影响的两个方面。影响它们的因素相当复杂并且控制难度较大。其中，主要包括材料配方的设计（对产品外观包括产品表面的平滑度和尺寸精度有重要影响）、产品结构设计（对产品的结构刚性、成型工艺性、外观有重要影响）、成型工艺过程的设计和相关设备的设计、选型等。

对重卡SMC外覆盖件尺寸精度等质量特性要素的控制，分为三个层面。

一是设计预防控制。重点围绕"结构—材料—工艺"的一体化设计，运用共同设计、同步工程等设计理念，实现零件结构优化，指导设备与材料选型，确定过程基准和变量，使用防错技术与手段，管控要点见表5-2-11。

表 5-2-11　重卡 SMC 外覆盖件设计预防技术管控要点

| 内容类别 | 管控要点 |
|---|---|
| 零件结构优化 | 根据产品尺寸精度控制要求选择收缩率合适的 SMC 材料，确定各项成型工艺参数并将工艺窗限制在较窄小的范围内。更重要而有效的是对产品结构的刚性优化设计，对特殊部位增加支撑和补强设计。<br>在工艺上，可以增加成型后定型/矫形工序 |
| 设备与材料选型 | 用于成型汽车件的压机，应具有良好的整体结构刚性和制造、装配精度，如上下台面的平行度、各种工艺参数控制精度及其稳定性等都必须满足 SMC 汽车件的成型要求 |
| | 同样，成型汽车件的模具也应具有良好的整体结构刚性和制造、装配精度。尤其要根据材料的特性控制好模具的相关尺寸精度。根据产品的要求，模具表面的加工质量要满足产品外观面的标准。模具表面各部分的温差要控制在尽可能小的范围内。<br>在某些情况下，模具应具有更多的功能要求，如抽真空、模内涂层、侧抽芯等 |
| | 材料收缩率大小关系模具尺寸设计，SMC 材料配方改变时，收缩随之改变，因此，模具加工好后，如果材料配方改变，必须核实制件的尺寸符合性和性能 |
| 过程基准与变量 | 使用模压基准可以提高尺寸精度，所有的二次加工都采用同一基准 |
| | 要充分考虑设备工装误差、操作误差、校正误差、工艺窗及其变差等过程变量的影响 |
| 防错技术的应用 | 设计防错技术、方法、手段的建立与持续完善 |
| | 运用 FMEA 分析、8D 改进等方法，通过技术改进和流程优化持续提升团队系统的设计能力 |

　　二是生产作业准备验证。重点围绕"人、料、机、环、法、测"等生产要素，运用全面生产维护（TPM）管理理念，对零件开班生产前的准备情况进行检查、验证，通过对关键工序作业能力评价实现对过程质量保证能力的确认，见表 5-2-12。

表 5-2-12　重卡 SMC 外覆盖件生产作业准备验证管控要点

| 内容类别 | 管控要求 |
|---|---|
| 技术准备 | 检查现场是否有以下过程作业文件并确认为最新有效版本：产品生产工艺规范、工序作业指导书、设备操作规程、维护保养规定等 |
| | 检查现场是否有以下过程控制文件并确认为最新有效版本：产品质量标准、生产控制计划、检验作业指导书等 |
| 硬件准备 | 设备的产前调试：<br>① 匹配模具的压机及其匹配、辅助系统的参数设定或调整、试运行<br>② 二次加工和粘接设备及其辅助系统的参数设定或调整、试运行<br>③ 喷漆线及其匹配、辅助系统的参数设定或调整、试运行<br>④ 关键设备的用前维护保养及预见性与预防性维护 |
| | 模具安装调试及试运行，包括：<br>① 模具换装——将模具安装于指定压机上，保证压机台面平行度和模具安装位置准确，液压及加热、抽真空等管线连接<br>② 冷模试运行——熟悉压机的各项操作参数并根据工艺要求进行调整，检查清理模具，冷模试运行<br>③ 模具升温及过程跟踪监测<br>④ 热模试运行，定期的模具润滑保养 |
| | 生产、检测、物流等工器具的检修、补充等准备 |
| 其他准备 | 生产作业（含物料储存）环境条件（如温度、湿度、洁净度等）的保障准备 |
| | 包括生产用的 SMC 材料、预埋件、脱模剂、组件、附件以及相关设备、工装、器具的准备 |
| | 安全防护和环境保护等保障措施预案或准备 |
| | 作业人员的上岗培训教育及资格认定 |
| 过程验证 | 正式开班前组织各关键工序的试产作业验证和首样检查，通过对关键设备和工艺参数设定、首样质量等的确认，最终完成各关键工序的作业准备验证 |

三是生产过程检验和成品交付检验。重点围绕零件的外观、尺寸、质量、性能等，运用全面质量管理理念，通过自检、互检和专检相结合的现场检验模式实现对过程和交付质量的认可。其管控要点见表5-2-8～表5-2-10。

### 5.2.2.4　对模具、工装的要求

表5-2-13列出了重卡SMC外覆盖件成型模具制造通用技术要求。

表5-2-13　重卡SMC外覆盖件成型模具设计制造通用技术要求

| 内容类别 | 通用技术要求 |
|---|---|
| 模具主体材料 | 模具使用寿命超过10万模次的，或关键汽车外覆盖件，应使用P20（国内品牌3Cr2Mo）或718（国内品牌3Cr2NiMo）等高品质模具钢 |
| 模具外形尺寸 | 与选定的压机相匹配，如模具外形尺寸应小于压机台面有效尺寸；模具闭模高度尺寸应大于压机最小行程；模具闭模高度和制件高度尺寸之和应小于压机最大行程 |
| 模具型面 | 模具设计加工时，要根据选定的SMC材料收缩变形影响对零部件关键外形尺寸进行收放修正<br>对型面精抛和镀铬。零件外表面对应的模具型面粗糙度不大于$0.1\mu m$，内表面对应的模具型面粗糙度不大于$0.2\mu m$；镀铬层厚度$2～4\mu m$，表面硬度HRC55～60 |
| 加热系统 | 通常采用蒸汽或热油加热方式，配备相应的加热装置。为保证模具型面的温度均衡（单一型面最大温差＜5℃），在模具设计时需通过热能传递转换模拟计算分析进行加热管路的布置 |
| 排气系统 | 为保证部件优良的外观和漆后质量，通常需要：<br>① 在模具设计时引入抽真空系统，并配备真空发生装置<br>② 剪切边尽量做成垂直型，便于材料成型流动过程的周边排气。配合长度25～30mm，配合间隙（单边）0.08～0.18mm，淬火硬度HRC≥55<br>③ 顶出机构布置时，在保证制件安全脱模的同时要利于材料成型流动过程的内部分区排气。顶出机构须用独立的液压缸驱动控制，油路上需使用高品质分油器，以防止顶出机构动作不一致<br>④ 应使用导柱、导套和四周滑板双重导向系统，均衡布置，在保证制件尺寸精度的同时防止内部气体、挥发物的囤积 |
| 标识标记 | 例如，零件号、生产日期/批次号、供应商代码、材料标注等永久性标识；零件切边、打孔、装配用沉台、沉孔或基准线等二次加工防错标记 |

## 5.2.3　重卡产品的性能检测

### 5.2.3.1　产品性能指标和检测结果的对比数据

表5-2-14为某款重卡前面罩本体用SMC材料性能的对比数据。

表5-2-14　某款重卡前面罩本体用SMC材料性能对比

| 检测项目 | 单位 | 测试方法 | 技术要求 | 检测结果 |
|---|---|---|---|---|
| 外观 | — | 观察 | 平整，颜色均匀，无杂质破损 | 符合要求 |
| 相对密度 | g/cm³ | GB/T 1463 | 1.7～1.9 | 1.857 |
| 玻纤含量 | % | GB/T 15568 附录A | 28%±2% | 28.64 |
| 吸水性 | % | GB/T 1462 | ≤0.35% | 0.25 |
| 收缩率 | % | GB/T 15568 附录C | ≤0.05% | 0.04 |
| 热变形温度 | ℃ | GB/T 1634.2 | ≥200 | 250 |
| 拉伸强度 | MPa | GB/T 1447 | ≥60 | 71.4 |
| 弯曲强度 | MPa | GB/T 3854 | ≥150 | 170.53 |
| 巴氏硬度 | — | GB/T 3854 | ≥45 | 53.2 |
| 悬臂梁冲击韧性（带缺口） | kJ/m² | GB/T 1451 | ≥55 | 63.5 |

表 5-2-15 为对应的某款重卡前面罩（前翻转盖板）本体性能指标和检测结果的对比数据。

表 5-2-15　某款前面罩性能指标和检测结果对比

| 特性类别 | 指标要求 | 检测结果 | | |
|---|---|---|---|---|
| 强度与刚度 | ① 室温中目测无变形，在－40℃、90℃时不损坏<br>② 室温中变形量不大于 5mm，在－40℃、90℃时不损坏 | 条件 | 室温 | －40℃ | 90℃ |
| | | a | 0.18mm | 无损坏 | 无损坏 |
| | | b | 无损坏 | 无损坏 | 无损坏 |
| 耐温性 | 不应有破损，安装性能下降、强度下降，且表面不发黏、鼓泡，无异味散发，产品外观与颜色无明显变化 | 样件试样后无破损，安装性能下降、强度下降，且表面不发黏、鼓泡，无异味散发，产品外观与颜色无明显变化 | | |
| 耐热循环性 | 零件经 6 次高低温循环后，不得出现表面发黏、裂纹、皱褶等现象，无明显变形，零件本体及底漆颜色无明显变化，漆膜不得开裂，嵌件拔出力与扭矩不低规定值的 80% | 规格 | 施加扭矩（N·m） | 施加拉力（N） | 结果 |
| | | M8 | 25 | 610 | 无损坏 |
| | | M6 | 23 | 410 | 无损坏 |
| 耐振动性 | 零件共振点在 45Hz 以上，其他频率共振不发生 | 样件在 5～50Hz 频率范围内未出现共振点 | | |
| 振动耐久性 | 各部位无龟裂、破损、脱落、磨损现象产生 | 样件无龟裂、破损、脱落、磨损现象 | | |
| 耐热老化 | 外观无气泡、变色、开裂，色差 $\Delta E \leqslant 3.0$；失光率 $\leqslant 15\%$；附着力 $\leqslant 1$ 级 | $\Delta E$ | 失光率 | 附着力 | 外观 |
| | | 0.17 | 3% | 1 级 | 无气泡、变色、开裂 |
| 整体耐冲击 | 表面不允许发生破损和永久变形 | 无破损和永久变形 | | |

### 5.2.3.2　重卡 SMC 外覆盖件产品性能试验方法

**1. 重卡 SMC 外覆盖件产品性能**

主要试验方法见表 5-2-16（注意：表中显示的本产品试验方法是参考生产时的标准，部分已废止，仅供参考）。

表 5-2-16　重卡 SMC 外覆盖件产品性能主要试验方法

| 类别 | 试验项目 | 试验方法 |
|---|---|---|
| 本体坯件性能 | 耐温性 | 参照 QC/T 15 中 5.1<br>① 高温试验条件：零件在（90±2）℃下试验 4h 后<br>② 低温试验条件（－40±2）℃下试验 4 小时后<br>③ 循环试验条件：以在（90±2）℃中 3h→室温 0.5h（－40±2）℃2h→室温 0.5h 为一个循环，试验进行 2～6 个循环 |
| | 耐冲击性 | 参照 QC/T 15 中 5.7<br>① 常温落锤冲击：在室温情况下<br>② 高温落锤冲击：在温度为（90±2）℃下保持 1h 后在此温度下做落锤试验<br>③ 低温落锤冲击：在温度为（－40±2）℃下保持 1h 后在此温度下做落锤试验<br>④ 高低温循环试验后落锤冲击：以在（90±2）℃中 1h→室温 0.5h（－40±2）℃1h→室温 0.5h 后在室温进行落锤试验 |
| | 抗石击性 | 按 QC/T 15 中 5.7.3.3 |
| | 耐振动性 | 耐振动性和振动耐久性：按照 QC/T 15 中 5.6<br>开关疲劳循环试验：参照 GB/T 27799 附录 B |
| | 耐溶剂性 | 根据零部件在整车实际使用部位和使用条件，选择零部件可能接触到的溶剂（如柴油、发动机油、刹车油、黄油、石蜡、清洁剂、人工汗液等）进行试验。首先，在（40±2）℃温水下浸泡 3h→室温空气中放置 1h 为一个循环，进行 3 个试验循环；用浸泡所选定溶剂的纱布将零部件包好，在室温下放置 1h 后置于（80±2）℃烘箱内 3h，目测评价零部件外观是否有变形、变色、发黏、粉化、龟裂等现象 |

| 类别 | 试验项目 | 试验方法 |
|---|---|---|
| 本体坯件性能 | 嵌件连接扭矩强度 | 根据SMC零部件预埋件螺纹直径型号，分别使用扭矩测试扳手依次进行扭矩强度检测，要求在规定的最小扭矩强度之内，不得出现连接凸台（或本体）损坏、开裂以及嵌件螺纹损坏、溢扣等现象 |
| | 嵌件连接拔出力 | 随机抽取零部件至少一件，依次切割截取嵌件连接部位（注意截取边应距嵌件外缘至少8mm），并做好编号。使用万能材料试验机对嵌件与零部件本体之间的拔出力进行检测 |
| | 粘接层间剪切强度 | 按图示在SMC粘接件上进行切割取样。无法截取或不能得到图示样体的，可按图示要求制作SMC试板粘接样体（用材与工艺按生产件） |
| 油漆漆膜性能 | 面漆颜色及色差 | GB 11186.2 和 GB 11186.3 |
| | 光泽 | GB/T 1743 |
| | 厚度 | GB/T 1764 甲法 |
| | 附着力 | GB/T 9286 |
| | 硬度 | GB/T 6739 |
| | 冲击强度 | GB/T 1732 |
| | 耐油性 | HG/T 3343 |
| | 耐溶剂性 | 浸渍法：用二甲苯液浸透棉球，置于漆膜上，接触面积不小于$1cm^2$，达到规定的试验时间后，移开棉球，检查漆膜有无变化<br>擦拭法：按GB/T 23989 |
| | 耐酸性 | 将0.05mol/L的$H_2SO_4$溶液，滴在被试样样板上，20~23℃下在规定的试验时间后观察漆膜变化情况 |
| | 耐碱性 | 把涂漆的样板，浸入（80±2）℃、2%的$Na_2CO_3$水溶液或（55±1）℃、0.1mol/L的NaOH水溶液中，在规定的试验时间后，检查漆膜变化情况 |
| | 耐湿热性 | GB/T 1740 |
| | 耐温变性 | 把试验样板从室温放入60℃烘箱里1h，然后取出样板，冷却至室温再放入−40℃冷冻室内1h后，取出样板至室温为一个循环周期 |
| | 耐候耐老化 | 按GB/T 1765制样，按GB/T 1865测试，按GB/T 1766评级 |
| 镀层性能 | 耐蚀性能 | GB/T 10125 |
| | 镀层结合力 | GB/T 9286 |
| | 耐热循环 | 参照QC/T 15中5.1执行，试验条件为：在（90±2）℃中3h→室温0.5h→（−40±2）℃2h→室温0.5h为一个循环，试验至少进行2个循环 |

**2. 外观主观评价方法**

按图5-2-1所示进行零部件外观质量检测。要求在照明均匀、一定照度条件下（本体坯件、底漆件、哑光面漆件≥350lx，高光面漆件≥800lx），距离零部件表面800mm左右并有一定的目视夹角下进行观察，灯光在该位置被反射，以使外观缺陷能够容易被发现。注意应避免在垂直日光下检验。

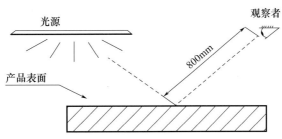

图5-2-1 重卡SMC外覆盖件外观检验条件示意

### 5.2.4 SMC 在重卡应用中的典型案例

我国重型卡车生产厂主要有一汽解放；二汽东风天龙、天锦、乘龙；北汽福田；陕汽德龙；重汽豪沃、斯泰尔；上汽红岩等。

其中，一汽解放重卡包括 J5、J6、J7 等系列车型平台，其外饰系统部件用材也以 SMC 材料为主，J6 平台牵引车，前面罩、保险杠、导流罩、导流板、天窗顶盖、工具箱体及盖板、脚踏板、翼子板等采用了 SMC，单车用材量超过 100kg。

现有欧曼 ETX、GTL、EST 等重卡平台系列，欧曼 EST 平台牵引车高地板车型的，前面罩、保险杠、导流罩、导流板、工具箱体及盖板、脚踏板、翼子板等采用了 SMC，单车用量达 110kg。

陕汽重卡拥有德龙、奥龙、德御、顺驰等系列车型平台，其外饰系统部件用材以 SMC 材料为主，其中，前面罩、保险杠、导流罩、导流板、脚踏板和翼子板（一体式设计）及侧护板等采用了 SMC，单车用材量超过 100kg。

上汽红岩重卡系列车型的外饰系统也以 SMC 材料为主。其中，前面罩、保险杠、导流罩、导流板、天窗顶盖、工具箱体及盖板、脚踏板、翼子板等采用了 SMC，单车用材量约为 90kg。在此，特别要介绍的 SMC 产品是红岩重卡的高顶，它由高顶和承接框架两部分组成，外形尺寸为 2300mm×1850mm×720mm，总质量为 58kg+22kg=80kg，是目前全国重卡中，尺寸和质量最大的 SMC 零件。图 5-2-2～图 5-2-5 表示在几种重卡车型上 SMC 材料的典型应用情况。

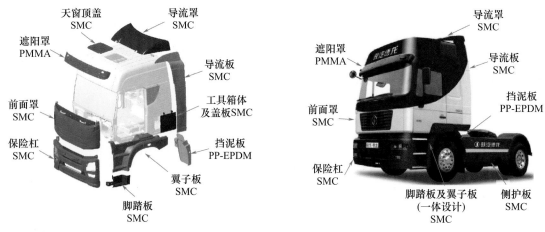

图 5-2-2  一汽解放 J6 牵引车外饰件用材情况　　　　图 5-2-3  陕汽德龙牵引车外饰件用材情况

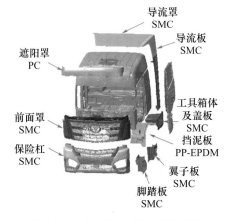

图 5-2-4  上汽红岩重卡外饰件用材情况　　　　图 5-2-5  北汽欧曼 EST 平台牵引车用材情况

### 5.2.5　典型 SMC 重卡零件的制造工艺技术

#### 5.2.5.1　SMC 前翻转盖板的制造工艺技术

该车型前翻转盖板的制造工艺主要分为四部分：成型、二次加工、粘接和喷涂工序。

1. 某重型卡车前翻转盖板产品成型工艺

该车型的前翻转盖板成型工艺过程包括备料、铺料成型、开模取件和清理毛刺几个工序。

（1）备料阶段，该阶段主要是检查料的质量，保证采用符合产品要求的材料；更重要的是按工艺规范裁切材料。本产品的裁料尺寸数量为（长度单位毫米，P 指层）：1600×100×2P＋1000×100×1P＋600×100×1P＋1600×65×2P×3＋600×150×1P＋400×150×1P＋180×180/2×2P＋80×80×2P；加料量为（8.35±0.05）kg。

（2）铺料阶段，主要是按图 5-2-6 的要求，将材料铺放在涂好脱模剂并安放好嵌件、真空系统工作正常的模具上。然后，按指定的程序操作压机进行加压保温成型产品。其所需控制的成型工艺参数主要为：

成型温度 145~158℃，上下模保持 2~10℃的模温差，加压时机≤30s。成型压力在 1060~1250t，保压时间为 90s，成型件巴氏硬度控制在 45~60 范围内。

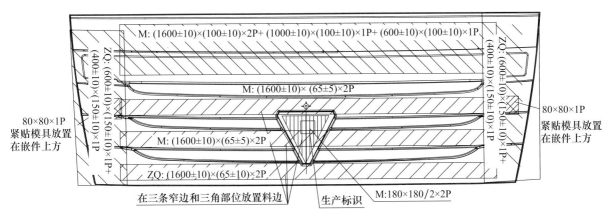

图 5-2-6　前翻转盖板总成铺料示意

（3）开模取件和清理毛刺阶段主要是从模具中取出成型好的零件，并将产品边角毛刺清除干净；按要求放在宽车前翻转盖板转序车上；转序过程中避免对产品的磕碰、划伤，并按要求贴上生产标识。

（4）成型阶段结束后，产品必须满足以下要求：产品外形尺寸符合图纸要求；产品外形完好，无明显缺料、气泡、裂纹等缺损，表面颜色基本均匀；去毛刺、转序过程注意产品防护，避免磕划伤；预埋嵌件齐全到位，螺纹完好无损；产品背面加强筋完好无损。嵌件装配强度应满足以下要求：

M6 扭矩≥8N·m，M8 扭矩≥10N·m。M6 拔出力≥400N，M8 拔出力≥600N。

2. 前翻转盖板的二次加工工序主要包括嵌件清理、开钻孔、粘接等三个步骤

（1）嵌件清理。经转序合格的产品，用安装有 M6、M8 的气电钻丝锥，按产品要求对各金属嵌件依次进行攻螺纹，以确保其能正常使用。攻螺纹要到位并避免遗漏；不得伤及产品表面或连带产品本体的损伤（如崩皮、开裂、豁口等）。

（2）开钻孔。用角向磨光机和电钻按图 5-2-7 要求切割打磨切口，并用电钻依次打出 29 个 φ3.2×1 的盲孔、15 个 φ7 的圆孔、2 个 φ6 的圆孔、加工徽标 3 个 φ8.8 的圆孔。

（3）粘接工序。该工序是要将前翻转盖板 SMC 本体和相关的金属冲压件用胶和螺栓结合在一起。首先用角向磨光机将专用的金属冲压件（左、右、下及支撑板总成）的粘接面进行打磨，并对所有要涂胶的表面的粉尘及油脂清洁干净。按图 5-2-8 所示，将金属冲压件在产品上对位，对配合不好的孔位进行修正。再将调配好的双组分聚氨酯粘接剂用涂胶枪沿着金属件外延粘接面进行涂胶；将金属件用

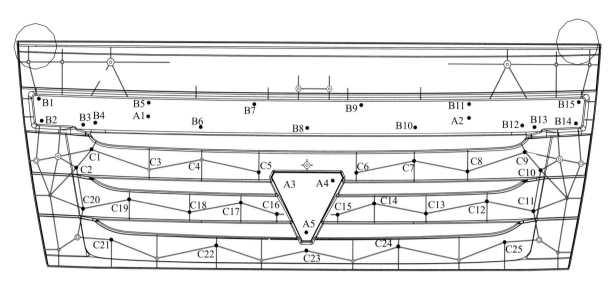

图 5-2-7　前翻转盖板总成切割、钻孔加工示意

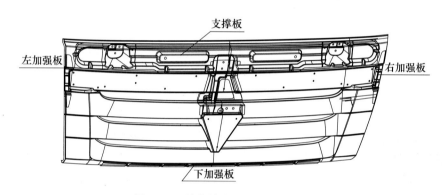

图 5-2-8　前翻转盖板总成粘接示意

螺栓固定；清除溢出余胶，填平粘接缝，对漏胶部位必须进行补胶，使涂胶路线保持连贯性、完整性；产品在红外灯烘烤固化，保证胶粘剂完全干透；单件产品涂胶量控制在 230～240g；固化条件为（100±10）℃放置（15±3）min；确认胶固化后，再清除多余的胶痕、胶迹，并卸除金属件用螺栓。

该工序完成后要保证：粘接位置准确牢固，粘接缝饱满；产品表面不能有余胶粘附着而影响外观；金属件各孔位配合良好；产品表面不得有磕划伤。

3. 前翻转盖板的表面喷涂

对于翻转盖板以及所有需要表面喷涂的 SMC 汽车外饰件来说，产品喷涂都是一道复杂而质量又难以控制的工序。它主要包括以下三个环节，即产品表面清理、底面漆的喷涂和成品检查。对于喷涂线来说，所有的环节都在线上连续进行，SMC 喷涂线工艺流程如图 5-2-9 所示。图 5-2-10 为北汽玻公司重卡外饰件喷涂线照片。

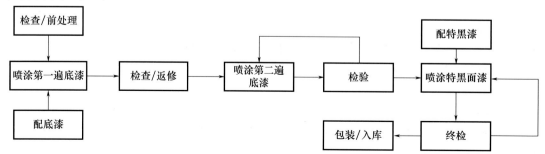

图 5-2-9　SMC 翻转盖板表面喷涂工序

图5-2-10　北汽玻公司用于重卡车身覆盖件表面喷涂的两条中温喷涂线

该产品表面喷涂的主要工序的操作及技术要求为：

（1）毛坯件前处理。按工艺要求对产品表面进行处理，达到产品外形完好，嵌件齐全；产品表面无明显缺料、气泡、裂纹、大面积针眼、模具接缝痕迹，无明显砂纸印、预埋凸台表面缩坑等缺损；产品要避免磕划伤。

（2）底漆喷涂。底漆需喷涂两次，分别采用不同的油漆品种。在喷底漆过程中，首先要控制好原漆和稀释剂的混合比例、漆的黏度、均匀性；切记用前过滤；在喷漆线上要保持喷漆室、流平室、烘烤室、悬挂链和挂具的清洁；喷漆室温度15～35℃，喷漆室相对湿度≤75％；喷漆时要控制好喷枪口径和压力，漆膜的厚度、均匀性、固化的充分性等因素。双组分底漆固化条件根据固化温度的不同，控制在不同的时间范围内。一般温度范围是90～120℃，其固化时间可控制在14～25min范围内；喷漆时要确保漆膜无明显流挂、桔纹、疙瘩、划痕、油缩、气泡凹陷等影响产品表面质量的缺陷；嵌件无油漆残余物；产品下沿、边角等部位喷涂到位；底漆漆膜厚度均匀，并根据需要控制在一定厚度范围内。底漆漆膜附着力为0～2级；产品背面金属件部位漆膜厚度也需要加以控制。

（3）面漆喷涂。面漆原漆根据车型的不同，可以选择为某哑光黑面漆或银灰色面漆两种。面漆的喷涂工艺及注意事项和控制基本上和喷底漆相似，其固化条件有所不同。

（4）最终产品表面要达到光滑平整、无针孔、裂纹、漆点、砂纸印，漆膜无明显流挂、橘纹、疙瘩、油缩或虚漆、漏喷、漆膜厚度不均等缺陷。外露面必须漆膜完整均匀；产品下沿及边角等要喷涂到位；保证橘纹漆补喷处过渡平顺，橘纹效果无目视差异。操作中不能损伤产品表面，装架时产品表面保持洁净，以免造成产品外观的二次污染。

### 5.2.5.2　SMC翼子板制造工艺技术

该车型翼子板的制造工艺主要分为三部分：成型、二次加工和喷涂工序。

1. 翼子板的成型工艺

产品成型工艺过程包括备料、铺料成型、开模取件和清理毛刺几个步骤。

（1）备料阶段主要是检查料的质量，保证采用符合产品要求的材料；更重要的是按工艺规范裁切材料。本产品的裁料尺寸数量为（长度单位毫米，P指层）：（1100±10）×（125±5）×2P＋125×（100～200）×2P。加料量为（1.65±0.05）kg/件。

（2）嵌件的安放及铺料阶段，主要是按图5-2-11的要求，将嵌件安放在指定位置上。然后，将材料按图5-2-12铺放，再涂好脱模剂并安放好嵌件、真空系统工作正常的模具上。最后，按指定的程序操作压机进行加压保温成型产品。

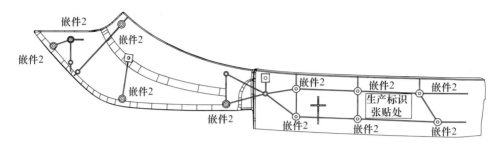

图 5-2-11　翼子板嵌件放置示意

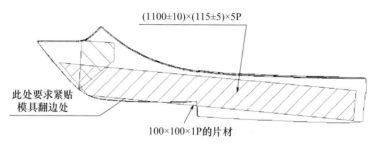

图 5-2-12　翼子板铺料示意

其所需控制的成型工艺参数主要为：成型温度 145～158℃，上下模保持 2～10℃ 的模温差；加压时机≤30s；成型压力在 400～480t；保压时间为 120s；成型件巴氏硬度为 45～60。

（3）开模取件和清理毛刺阶段，主要是从模具中取出成型好的零件，并将产品边角毛刺清除干净。产品自检，用特定的工具将活块取出，放回到模具，清洁检查模具，进入下一模压循环。产品按要求放在翼子板转序车上；转序过程中避免对产品的磕碰、划伤，并按要求贴上生产标识。

（4）成型阶段结束后，产品必须满足以下要求：产品外形尺寸符合图纸要求；产品外形完好，无明显缺料、气泡、裂纹等缺损，表面颜色基本均匀；去毛刺、转序过程注意产品防护，避免磕划伤；预埋嵌件齐全到位，螺纹完好无损；产品背面加强筋完好无损；嵌件装配强度：M6 扭矩≥8N·m；M6 拔出力≥400N。

产品整齐码放在指定工装架上，转序产品按要求运送到相关部门指定存放地。产品本体表面及外沿无明显开裂、大片缺料、大片针眼等，并且注意局部带裂、皱褶、针眼、气泡等缺陷，尤其要控制产品"十"字形定位柱销的缺陷。

2. 翼子板的二次加工

翼子板的二次加工工序主要包括嵌件攻螺纹、钻孔和打磨三个步骤。

（1）嵌件攻丝是将经合格转序的产品放置在工作台上（背面在上），按照有关文件所示，将各金属嵌件使用 M6 气电钻和丝锥依次攻螺纹。

（2）严格按照打孔工装操作要求操作；使用直柄钻头 φ8 用手枪钻用专用工装按照图 5-2-13 所示在产品侧边加工出 6 个直径为 8 的圆孔；用手枪钻用专用工装在产品斜顶部位加工出 2 个直径为 8 的圆孔。

（3）产品打磨，是用砂布或砂带机去除 6 个 φ8 圆孔和切割部位周边毛刺。用细砂纸对图 5-2-13 指定区域内的预埋凸台表面缩坑进行打磨处理。经过二次加工的产品，攻螺纹要到位并避免遗漏；螺纹

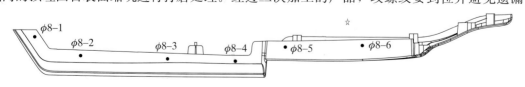

图 5-2-13　翼子板侧面孔位加工 6 个 φ8 圆孔示意

无溢料；不得伤及产品表面或连带产品本体的损伤（如崩皮、开裂、豁口及砂纸印等）；操作时轻拿轻放，不能损伤产品表面；所钻圆孔的孔位尺寸、位置要准确、预埋凸台对应表面缩坑痕迹要消除。

3. 翼子板的表面喷涂

翼子板的表面喷涂的工序包括毛坯件修整处理，喷涂一遍双组分底漆，修整打磨，喷涂二、三遍自干漆等步骤。

（1）毛坯件的修整处理。用水砂通体打磨产品表面，对气泡、针眼、不平、凹陷、预埋凸台表面缩坑等影响表面质量的缺陷，用原子灰进行修整，消除缺陷；表面避免磕碰划伤。产品表面光滑，外形完好，表面颜色基本均匀。

（2）喷漆前处理。按要求准备油漆并调配均匀，用漆前必须过滤；原漆选用欧曼黄，用相应的稀释剂按正确的配比，调整好黏度。喷涂一遍双组分底漆，当产品表面符合喷漆件要求后，将其悬挂在经清洁处理的挂具上。产品表面、边缘、下沿、拐角处不得有粉尘、绒毛等杂质粘附。在喷漆室喷涂底漆；按要求严格控制喷漆室温度、相对湿度、喷枪口径和喷枪压力，枪罐内的吸管需加过滤网；喷漆室温度 15～35℃、相对湿度≤75%、喷枪口径为 1.5～2.0mm、喷枪压力为 0.4～0.6MPa；喷漆后需经闪干、流平若干分钟。双组分底漆固化条件根据固化温度的不同控制在不同的时间范围内，一般温度范围是 90～120℃，其固化时间可控制在 17～25min 范围内。

（3）油漆干透后检查漆膜及制件表面质量，并为第二、三遍面漆喷涂做好准备。对影响表面质量的缺陷进行修整，使用细干砂纸通体打磨产品，用力要均匀，不得用力过猛以免砂纸痕过重，影响面漆效果，防止经过修整的针孔部位显露，避免出现露底现象。

（4）喷涂二、三遍漆。确认所使用的油漆的品种，保质期等，按照产品数量，估计油漆用量，并依次称取原漆、稀释剂。将油漆各组分混合均匀，测量混合漆黏度，并用原漆和稀释剂调节黏度；将混合漆用滤网过滤。原漆产品大面喷涂某型号的自干漆；喷漆室温度、相对湿度、喷枪口径和喷枪压力，与底漆喷涂条件相同。调整好黏度，在线涂装固化温度条件为 70～100℃；喷枪各参数及走枪速度要一致。

产品经喷涂后，漆膜无明显流挂、橘纹、疙瘩、划痕、油缩、气泡凹陷、表面缩坑等影响产品表面质量的缺陷；产品下沿、边角等部位喷涂到位；漆膜厚度均匀，控制在所要求的范围内；漆膜附着力在 0～2 级。

### 5.2.5.3　某重型卡车 SMC 左、右导流板产品制造工艺

某车型左、右导流板产品制造工艺主要包括成型工艺、二次加工工艺和产品喷涂工艺三个工序。

1. 左、右导流板的成型工艺

该产品的成型工艺主要包括备料、铺料成型、开模取件和去毛刺、转序等步骤。

（1）备料和铺料成型。

按要求选取合格性能（要求见表 5-2-17，注意：表中显示的依据为产品生产时的标准，部分已废止，仅供参考）的浸渍良好、无污染截面、无明显白纱的片材，按要求裁剪成尺寸为（长度单位毫米，P 指层）（2100±10）×（230±5）×4P，左侧导流板加料量控制（10.0±0.1）kg、右侧导流板加料量控制（9.8±0.1）kg，进行备料操作。在成形设备如相应的模具和压机按工艺规范做好生产前的准备后，先将金属嵌件按图 5-2-14 所示放置到位，然后将物料按图 5-2-15 所示，铺放到成型模具上，并开始加压成型。

其主要工艺参数是：模具型面温度 143～155℃；上下模具温差保持 2～6℃；加压时机≤30s；加压压力为 1200～1400t；保压时间在 210s；成型件巴氏硬度≥45。

制品中嵌件的强度要求：M8 嵌件扭矩 10N·m；M8 嵌件拔出力 100N。

成型产品外形尺寸符合图纸要求；产品外形完好，无明显缺料、气泡、裂纹等缺损，表面颜色基本均匀；去毛刺、转序过程注意产品防护，避免磕划伤；预理嵌件齐全到位，螺纹完好无损；产品背

面加强筋完好无损。

表 5-2-17 SMC 左右导流板材料性能

| 项目 | | 单位 | 性能 | 依据标准 |
|---|---|---|---|---|
| 物理性能 | 密度 | g/cm³ | ≥1.92 | GB/T 1463 |
| | 纤维含量 | % | 27±2 | JC/T 658.1 |
| | 收缩率 | % | 0.02~0.05 | JIS K6911 |
| | 巴氏硬度 | — | 35~45 | GB/T 3854 |
| 机械性能 | 拉伸强度 | MPa | ≥65 | GB/T 1447 |
| | 弯曲强度 | MPa | ≥160 | GB/T 1449 |
| | 冲击韧性 | J/m² | ≥8 | GB/T 1451 |
| | 热变形温度 | ℃ | ≥100 | GB/T 1634 |

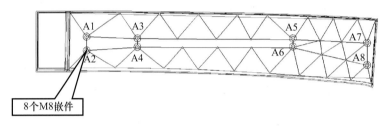

图 5-2-14 某车型导流板产品嵌件放置示意（左右一致）

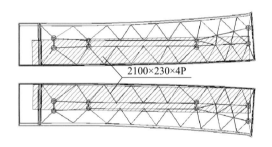

图 5-2-15 某车型左、右导流板产品铺料示意

（2）去毛刺及产品转序。

保压时间到，模具开启后并取出产品；将产品边角毛刺清除干净，注意避免损伤产品本体。坯件外观质量应符合以下要求：产品外形尺寸符合图纸要求；产品外形完好，无明显缺料、气泡、裂纹等缺损，表面颜色均匀；无毛刺、预埋嵌件齐全到位，螺纹完好无损；产品背面加强筋完好无损；转序过程注意产品防护，避免磕划伤。

2.SMC 左、右导流板二次加工工艺

SMC 左、右导流板加工工艺包括嵌件攻螺纹、右件格栅加工和打磨步骤。

（1）嵌件攻螺纹是指将转序合格的产品放在工作台上，对 8 个嵌件用 M8 气电钻和丝锥依次攻螺纹；攻螺纹要到位并避免遗漏；螺纹无溢料、损伤；不得有明显的崩皮，不得伤及产品表面或连带产品本体的损伤（如崩皮、开裂、豁口及砂纸印等）。

（2）用专用切割工具对右件格栅处进行切割加工处理；用锉刀将切割不到部位进行打磨。右件格栅处加工应到位，无明显本体损伤，不影响后续修整喷漆及使用外观；操作时轻拿轻放，不能损伤产品表面。

（3）打磨步骤是用细砂布或砂带机去除产品周边毛刺；右侧导流板需要对格栅部位进行精细处理。

转序前产品要达到以下状态：要求产品表面干净，外观无断裂、变形、飞边、缺损、针孔、气泡、收缩纹等缺陷；没有修补后粉尘等污物粘附；嵌件齐全、周边无毛刺。然后，产品转序。

3.SMC左、右导流板的表面喷涂

SMC左、右导流板的表面喷涂工艺包括产品检查与修整、配漆、喷首遍漆、喷二遍漆等步骤。

（1）产品检查与修整。用细水砂纸通体打磨产品表面，要打磨到位。用原子灰修补产品，对气泡、针眼、不平、凹陷等影响表面质量的缺陷进行修整，消除缺陷；使产品外形完好、产品表面光滑，无气泡、裂纹、不平、针孔、砂纸印等缺陷。该过程应避免磕碰划伤。

（2）配漆。按产品要求使用原漆和稀释剂，清洁后在环境温度、相对湿度控制的配漆室内调配油漆。油漆各组分混合均匀；测量混合漆黏度，并用原漆和稀释剂调节黏度；将混合漆用滤网过滤去除杂质。黏度控制在18～20s（福/涂-4杯，15～35℃）；

（3）喷首遍底漆。清除挂具上的污物及剥落的漆膜；将产品悬挂在吊具上并用黏性布擦拭产品后，用压缩空气吹干净产品表面；在喷漆室对产品整个大面喷涂底漆；油漆充分流平后，进行固化；油漆干透后检查漆膜及制件表面质量；喷漆室要保持清洁并控制温度和相对湿度。喷枪罐内吸管需加滤网，喷漆线上油漆需闪干、流平一定的时间。双组分底漆固化条件根据固化温度的不同控制在不同的时间范围内，一般温度范围是80～140℃，固化时间可控制在14～25min范围内。

（4）喷二遍底漆。喷二遍底漆主要是对影响表面质量的缺陷进行修整，用细干砂纸通体打磨产品，整个工艺过程和首遍底漆的喷涂工艺基本相同。唯一的区别是所用的油漆系统不同。本步骤采用单组分自干漆系统，采用随线生产，随室温的变化，需调节设备参数如链速和烘烤温度。

（5）如果二次底漆喷涂后，存在缺陷，则用砂纸通体打磨产品，对缺陷部位进行二次修整；对个别修补、打磨露底即漆膜偏薄部位进行补喷自干漆。大面缺陷产品进行返工。待漆膜完全固化后再用超细的水砂打磨。

（6）经喷涂工序后的产品应无肉眼可见的流漆、虚漆、露底、砂纸印等缺陷，表面光滑平整；产品边角喷涂到位；表面筋台收缩痕平整，产品型线完整。漆膜附着力为0级，按要求控制底漆厚度（打磨后）。

#### 5.2.5.4　某重型卡车SMC前围上面罩压制制造工艺

某重型卡车SMC前围上面罩产品制造工艺主要包括成型工艺、二次加工工艺和产品喷涂工艺三个工序。

1.SMC前围上面罩的成型工艺

该成型工艺主要包括备料和铺料成型、开模取件、去毛刺和产品转序等步骤。

（1）备料和铺料成型。

正式生产前，确认所使用的片材品种。打开料卷，检查片材，片材应浸渍良好，无污染，截面无明显白纱现象。若有，应去除SMC片材富树脂、白纤维、受污染部分。按规定要求进行裁料，料块尺寸为（长度单位毫米，P指层）：（1250～1280）×100×3P＋180×430×3P×2＋30×600×3P×4＋（1250～1280）×70×3P；加料量控制在以下范围：8.7～8.9kg/件。

在成型设备如相应的模具和压机按工艺规范做好生产前的准备后，先将金属嵌件按图5-2-16所示放置到位。然后，将物料按图5-2-17所示铺放到成型模具上，并开始合模加压成型；模具型面温度控制范围为143～155℃，上下模温差保持在2～6℃范围内；加压时机≤30s；加压压力为1100～1300t；保压时间为120s；真空度在0.03～0.04MPa；成型件巴氏硬度为45～60。

（2）开模取件、去毛刺及产品转序。

保压时间到后，开启模具，取出产品；清除产品边角毛刺，注意避免损伤产品本体；产品进行自检，应符合相关要求。外形尺寸符合图纸要求；产品外形完好，无明显缺料、气泡、裂纹等缺损，表面颜色均匀；预埋嵌件齐全到位；螺纹完好无损；产品背面加强筋、凸台目视无明显缺损；转序过程注意产品防护，避免磕划伤；检查预埋嵌件的强度：M6 预埋螺栓，扭矩≥8N·m，拔出力≥400N；M8 预埋螺母，扭矩≥10N·m，拔出力≥600N。

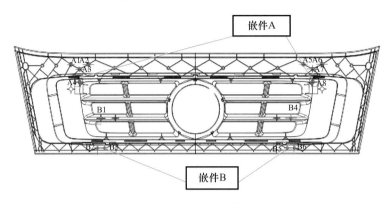

图 5-2-16　前围上面罩嵌件放置示意

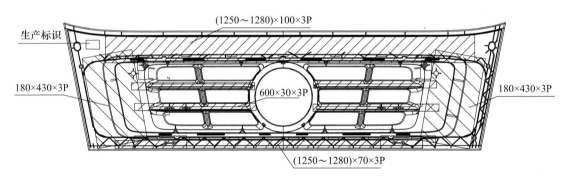

图 5-2-17　前围上面罩铺料示意

当产品符合检验要求后，将成型坯件置于专用转序工装车上，转入下一工序。

2. 二次加工工艺

该产品二次加工工序包括嵌件攻螺纹、孔位加工和打磨步骤。

（1）嵌件攻螺纹。将经检查转序合格的产品放在专用工作台上。按照图 5-2-18 所示，使用 M8 的气钻或丝锥、M6 的板牙将各金属嵌件依次攻螺纹。攻完螺纹的螺柱重新套好防护胶套。

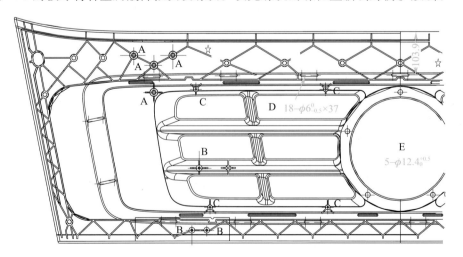

图 5-2-18　某前围上面罩产品嵌件（A、B）放置示意

（2）孔位加工。按图 5-2-19 所示，严格按照模具印记，用有深度控制标记的手枪钻打孔操作。在凸台部位加工 8 个相应直径和深度的盲孔；同样，按图 5-2-19 所示，使用数控加工中心和专用工装夹

具，分别用相应直径的铣刀和钻头依次加工出 18 个 $\phi 6 \times 37mm$ 的椭圆孔（装饰条安装孔）、5 个 $\phi 12.4mm$ 的圆孔（徽标安装孔）。

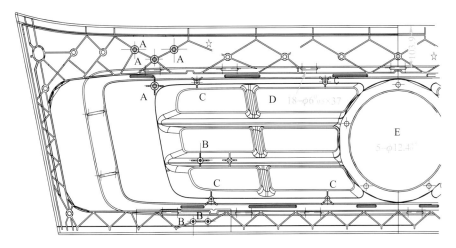

图 5-2-19　某前围上面罩产品孔位（C、D、E）加工示意

（3）打磨。用细砂布或小圆锉、板锉去除 18 个装饰条安装孔和 5 个徽标安装孔周边毛刺。经过二次加工工序的产品应符合以下要求：攻螺纹要到位并避免遗漏；操作时轻拿轻放，产品表面不能有损伤；不得有明显的崩皮、不得伤及产品表面或连带产品本体的损伤（如崩皮、开裂、豁口等），并注意产品背面凸台的完整性。孔位尺寸、位置准确，符合图纸要求。装配尺寸要严格满足图纸要求。

3. 产品喷涂工艺

该产品的喷涂工艺包括产品检查与修整、配漆、喷首遍漆、喷二遍漆等步骤。

（1）产品检查与修整。用细水砂纸通体打磨产品表面到位；对气泡、针眼、不平、缺损、分型面、凹陷等影响表面质量的缺陷（包括产品表面筋台明显可视缺损）进行修整，消除缺陷；经检查，直至产品外形完好，嵌件齐全到位，无明显缺料、气泡、裂纹、大面积针眼等缺损；转序时做好产品防护，避免磕划伤。

（2）配漆。使用指定并满足要求的油漆系统，包括原漆及相应的固化剂、稀释剂，按一定的比例充分混合均匀，并将其黏度调节到适当的范围内（用福特-4 杯）待用；底漆使用前需用过滤网过滤，枪罐内的吸管需加过滤网；配漆室温度和相对湿度分别控制 10～35℃ 和 ≤75% 范围内。

（3）喷首遍漆。保持悬挂链及挂具的清洁，将转序合格的并经清洁的产品悬挂在喷漆线的挂具上。产品表面、边缘、下沿、拐角处不得有粉尘、绒毛等杂质粘附，产品在第一喷漆室内大面满喷一层指定的底漆，背面虚喷一层同款漆。在第二喷漆室内，在产品上边（产品装车时）喷涂第一遍样板黑底漆；油漆充分流平后烘烤；产品烘烤后随喷漆线进入冷却阶段；产品下线检查漆膜及制件表面质量。产品漆膜要求无明显流挂、桔纹、疙瘩、划痕、油缩、气泡、凹陷等影响产品表面质量的缺陷；嵌件无油漆残余物；产品下沿、边角等部位喷涂到位。

（4）喷二遍漆。对影响表面质量的缺陷进行修整；使用超细干砂纸通体打磨产品；用力均匀，不得用力过猛以免砂纸痕过重，影响面漆效果；防止经过修整的针孔部位显露；避免出现露底现象；对于明显露底部位，需用底漆掩饰后，再对产品正面满喷第二遍底漆；产品检验前用超细干砂纸或超细水砂通体打磨产品。

喷漆时的条件和喷首遍漆一样，喷漆室环境要保持清洁；室温和相对湿度要分别保持在 10～35℃、≤75% 范围内；按工艺规范调整喷枪口径和喷枪压力；枪罐内的吸管需加 80 目过滤网；闪干时间为 2～5min，流平时间为 6～10min；根据烘烤温度和所需时间（分别在 90～120℃，时间 14～25min 范围内），调整传送链转速（300～450r/min），以保证漆膜充分固化。产品漆膜厚度要均匀，并保持在所要求的厚度范围内；漆膜附着力为 0～2 级。

产品送检验前，用超细干砂纸或超细水砂通体打磨产品，对缺陷部位进行二次修整；转序产品表面要光滑平整，无针孔、裂纹、漆点、砂纸印等缺陷，漆膜无流漆、虚漆、漏喷、漆膜厚度不均等缺陷；背面筋台无明显可视缺陷；合格产品转包装。

### 5.2.5.5 某重型卡车 SMC 前面罩总成制造工艺

某车型卡车 SMC 前面罩总成产品制造工艺主要包括成型工艺、二次加工工艺和产品喷涂工艺三个工序。

1. 前面罩总成的成型工艺

该工艺包括备料及铺料成型、脱模取件、打磨和产品检查。

（1）备料及铺料成型。备料主要包括材料的检查和准备；裁料和嵌件的准备。首先打开料卷，检查片材；剔除 SMC 片材富树脂、白纤维、受污染部分，并选取符合表 5-2-18（注意：表中显示的依据是产品生产时的标准，部分已废止，仅供参考）所列性能的 SMC 片材。按要求选取合格的金属嵌件（包括材质、规格和数量）。然后，将合格的片材在清洁的裁料台上裁剪成 1200mm×400mm×4P（层）的尺寸和数量。其质量控制在（11.2±0.2）kg 范围内。

表 5-2-18　前面罩用 SMC 片材性能要求

| 序号 | 项目 | 单位 | 性能值 | 依据标准 |
|---|---|---|---|---|
| 1 | 密度 | g/cm³ | 1.75～1.9 | GB/T 1463 |
| 2 | 拉伸强度 | MPa | ≥60 | GB/T 1447 |
| 3 | 弯曲强度 | MPa | ≥145 | GB/T 1449 |
| 4 | 冲击韧性 | J/cm² | ≥6 | GB/T 1451 |
| 5 | 巴氏硬度 | — | ≥45 | GB/T 3854 |
| 6 | 热变形温度 | ℃ | ≥180 | GB/T 1634 |
| 7 | 收缩率 | % | ≤0.1 | JIS K6911 |

铺料成型阶段，生产前确认压机和模具状态、蒸汽压力、抽真空系统；清洁模具型面，定期喷涂脱模剂，检查模具温度。当一切就绪并满足成型要求后，按图 5-2-20 所示将金属嵌件安放到位。然后，按图 5-2-21 所示将片材铺放到模具上，并合模加压成型制品。成型条件：模具型面温度控制在 142～154℃范围内，上下模温差控制在 2～6℃范围内；加压时机≤30s；加压压力在 1060～1250t；保压时间为 180s。

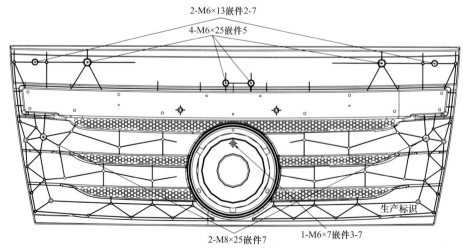

图 5-2-20　前面罩总成嵌件放置位置示意

（2）脱模取件。保压时间到后，开模取出产品。产品外形尺寸应符合图纸要求；成型好的产品应外形完好，预埋嵌件齐全到位，螺纹完好无损；产品背面加强筋完好无损；产品无明显缺料、气泡、裂纹等缺损，表面颜色均匀；转序过程注意产品防护，避免磕划伤；嵌件装配强度：M6 扭矩≥8N·m，M8 扭矩≥10N·m；M6 拔出力≥400N，M8 拔出力≥600N。

（3）打磨和产品检查。将剪切边毛刺去除干净；按要求放在转序工装架上并做好防护，避免磕划伤。

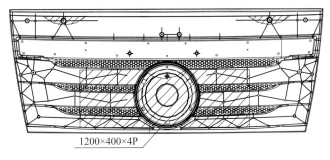

1200×400×4P

图 5-2-21 前面罩总成铺料示意

**2. 产品二次加工工艺**

该工序包括格栅加工切割、嵌件攻螺纹清理、孔位加工、打磨处理、金属板总成加工处理、涂胶、粘接、固化等步骤。

（1）格栅加工切割。对确认转序合格的产品，用角向磨光机沿着模具痕迹在产品背面格栅台阶线处切割加工，露出格栅孔，要求切割面完整、平整；切割保留 0.5mm 打磨余量，并用圆盘磨光机对产品格栅部位进行打磨处理。

（2）嵌件攻螺纹清理。将产品放置在工作台上（背面在上），使用气电钻和 M6、M8 钻头，按照图 5-2-22 将各金属嵌件依次攻螺纹。

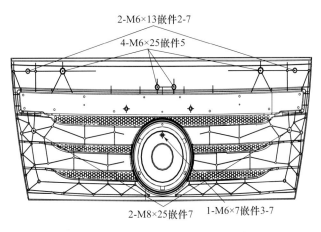

2-M6×13嵌件2-7

4-M6×25嵌件5

2-M8×25嵌件7  1-M6×7嵌件3-7

图 5-2-22 前面罩嵌件攻螺纹示意

（3）孔位加工。按图 5-2-23 所示，依据模具印痕依次打出 10 个 $\phi10$ 的圆孔、3 个 $\phi7$ 的圆孔、2 个 $\phi6$ 的圆孔、1 个 $\phi9$ 圆孔；按图 5-2-23 所示加工圆形徽标部位的 3 个 23×16 的长方孔、2 个 18×9 的椭圆孔，去除徽标部位中间的圆形。各孔位使用准确直径的钻头、圆锉，避免损伤本体或孔位不准确。

（4）打磨处理。去除 10 个 $\phi10$ 圆孔、2 个 $\phi6$ 圆孔、3 个 $\phi7$ 圆孔、1 个 $\phi9$ 圆孔以及加工部位周边毛刺；去除圆形徽标部位 3 个长方孔、2 个椭圆孔及中间部位的毛刺；对产品粘接金属件部位进行打磨处理；要求使用指定工具依次打磨，粘接面打磨轮廓符合金属件周圈粘接要求。

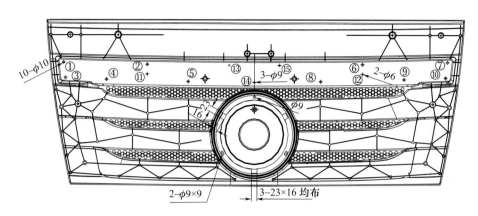

图 5-2-23　前面罩孔位加工示意

1～10 为直径为 10 圆孔；11～12 为直径为 6 的圆孔；13～15 表示直径为 7 的圆孔；

徽标部位 1 个直径为 9 的圆孔；3 个 23×16 方孔；2 个 18×9 的椭圆孔

（5）金属支撑板总成加工处理。按图 5-2-24 所示，将另一款车型的金属支撑板总成，先采用打孔工装在左右两边各加工一个直径为 8 的孔；再将金属支撑板中间部位异型孔切除；最后使用切割机将其切成三部分；将切割端面金属刺屑磨净后，将其用作本车型的金属支撑板总成。对金属件粘接面打磨处理，保持粘接面清洁无锈蚀污染。

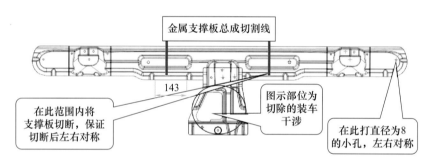

图 5-2-24　前面罩总成金属支撑板加工示意

经过成型和二次加工工序后，要求产品的切割面完整、平整；要求螺纹完好无损、嵌件无溢料、攻螺纹到位并避免遗漏；孔位尺寸、位置准确，孔周无毛刺；不得有明显的崩皮，不得伤及产品表面或连带产品本体的损伤（如崩皮、开裂、豁口等）；金属支撑板无锈蚀；操作时轻拿轻放，产品表面不得受损，然后进入下道工序。

（6）涂胶、粘接、固化。对产品所有的金属和本体的被粘接面清洁干净。用按要求配制并充分混合均匀的双组分聚氨酯粘接剂，用涂胶枪沿着三块金属件外延粘接面依次进行涂胶；将金属支撑板用 5 个 M6×12 螺栓固定，并用 C 型夹将产品本体与支撑板夹紧（图 5-2-25）；清除溢出余胶，填平粘接缝，对漏胶部位必须进行补胶，使涂胶路线保持连贯性、完整性；产品在粘接烘烤工装上烘烤固化，保证胶粘剂完全固化干透。单件产品视结构不同，涂胶量控制在 160～170g；固化条件：温度为（100±10）℃，时间为（25±5）min。在本步骤完成后，要求产品粘接位置准确牢固，粘接缝饱满；产品表面不能有余胶粘附而影响外观；金属件各孔位配合良好，胶黏剂在常温固化过程中，避免外力影响螺栓的位置。

3. 产品喷涂工艺

SMC 前面罩产品喷涂工序包括喷漆前准备、喷首遍底漆、喷二遍底漆和喷面漆等步骤。前面罩总成喷漆如图 5-2-26 所示。

安装新采购的螺栓M6×12共计5个，出厂前不用卸除

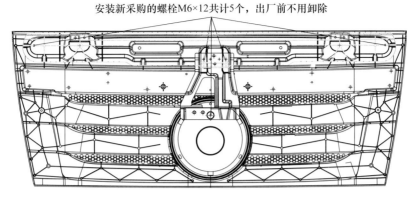

图 5-2-25    前面罩总成粘接示意

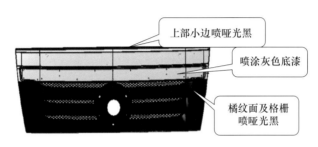

图 5-2-26    前面罩总成喷漆示意

（1）喷漆前准备。在这步骤里包括毛坯件的打磨修整和配漆。先用细水砂纸对产品表面进行通体打磨。对气泡、针眼、不平、凹陷等影响表面质量的缺陷进行修整，消除缺陷；采用圆盘用砂纸对产品表面有凸台收缩印记处进行打磨，最后用超细水砂纸通体打磨产品表面。使产品外形完好、嵌件齐全、到位；无明显影响产品后续喷漆质量的缺陷存在。与此同时，按产品指定的原漆品种及相应的固化剂、稀释剂系统和适当的配比，进行充分的混合。配漆室环境要严格控制清洁、温度和湿度。油漆在使用前要经过过滤，清除杂质。油漆的黏度控制在所需范围内（用福/涂-4 杯检测）。

（2）喷首遍底漆。在线首遍底漆喷涂前，要保持悬挂链及挂具的清洁，将转序合格的并经清洁的产品悬挂在喷漆线的挂具上。产品表面、边缘、下沿、拐角处不得有粉尘、绒毛等杂质粘附。然后，在喷漆室在产品上满喷一层指定黄漆，油漆充分流平、烘烤；喷漆室、流平室、烘烤室保持清洁，防止粉尘污染产品；喷漆室温度和相对湿度分别保持在 $15\sim35℃$ 和 $\leqslant75\%$ 范围内；按要求调节好喷枪口径和空气压力；枪管内的吸管需加过滤网；按要求控制闪干时间和流平时间。底漆固化条件在 $80\sim140℃$，时间 $14\sim25min$ 范围内调节，传送链转速为 $300r/min$。产品烘烤后随喷漆线进入冷却阶段。

（3）喷二遍底漆。使用超细干砂纸通体打磨产品，对影响表面质量的缺陷进行修整。在喷漆室内，产品大面喷涂二遍指定底漆，背面喷涂指定自干黑漆；喷漆线在线喷涂。其固化条件为：室温 $\geqslant15℃$ 时，采用自然固化的方式；室温 $\leqslant15℃$ 时，烘烤温度 $\geqslant70℃$。喷完底漆的产品，用超细砂纸打磨后再用超细水砂通体打磨。控制其漆膜厚度在规定范围内（打磨后），底漆漆膜附着力为 $0\sim2$ 级；产品背面金属件部位漆膜厚度也要控制在规定的范围内；产品表面光滑平整，无肉眼可见缺陷，嵌件处无油漆残余。

（4）喷面漆。按规定使用哑光黑面漆系统，油漆黏度调到规定的（福/涂-4 杯）范围内。按图 5-2-26 所示，对转序合格的产品，首先对底漆部位用保护膜进行遮蔽，再在喷漆室内喷涂一遍面漆；产品格栅部位的黑漆要求虚喷，必须遮掩住产品本体的颜色。然后，油漆闪干、流平若干分钟。面漆的固化需在室温条件下进行。喷漆环境和条件与前面所提到的情况相同。最终，产品表面光滑平整，无针孔、裂纹、漆点、砂纸印等缺陷，要控制底漆、面漆和漆膜总厚度。底漆附着力要求为 0 级。

## 5.3　在其他车型中的应用

我国玻璃钢在小型车辆如乘用车中的应用起步较早,由于该车型产量较大,尺寸精度要求较高,因此一般都采用模压成型。早在 1966—1969 年期间,北京二五一厂就曾和北京内燃机总厂合作为北京 212 吉普车发动机开发成功酚醛塑料模压成型的玻璃钢冷却风扇、风扇皮带轮、曲轴皮带轮和正时齿轮盖四种模压产品。其中,两种皮带轮于 1969 年开始投产,年产 3 万～5 万套,持续生产了二十余年,直到该车型停产为止,为我国首批量产化的汽车玻璃钢模压制品。20 世纪 80 年代初,由于国内 SMC 工艺技术已经基本可以实现量产化供应,正处在市场开发阶段,也开始对汽车领域的产品开发比较有兴趣。因此,复合材料行业开始和汽车行业合作,进行产品开发工作。北京二五一厂和北汽合作,曾按 SMC 材料和成型特点对 121 小卡车的驾驶室进行了分块组装式结构设计,并试制了 65 辆份小卡车。该结构通过了全部试验包括路试。北京吉普汽车公司是 1985 年成立的我国汽车行业第一家合资公司,它的主要产品是切诺基吉普汽车(又称为 213 吉普)。为实现该车 SMC 零件国产化(后举升门总成 L/G 和前格栅板 GOP),北京汽车玻璃钢公司自 1989 年起就开始了对该产品的国产化研制工作。经过克服来自多方面的困难,历经近十年后,在 1999 年初开始了小规模供货,并开启了该产品的国产化替代进口的历程。后举升门和前格栅板产品的表面质量要求比重卡车身覆盖件要高得多,要达到乘用车表面的 A 级标准。它的成功替代进口件意味着我国当时生产 SMC 汽车件的工艺技术水平已达到了国际标准,从而替代了进口件。另外,分别从 1990 年和 1996 年起,北京 212、213 吉普开始采用 SMC 电瓶托盘。在 20 世纪 90 年代中期,一汽奥迪车型也采用了 SMC 材料生产该车后保险杠背梁、备胎箱和隔热板。北汽玻 1991 年开始为南汽 IVECO 车型进行 SMC 前保险杠等产品的国产化工作,到 1994 年实现了全部 SMC 零件的国产化。近几年来,国内许多企业都积极开展了 SUV 车型 SMC 后尾门尤其是内板的研制及生产工作,也有不少企业在开始了新能源汽车的电池箱上盖的生产。以下将对某些有代表性的产品的制造工艺进行简要介绍。

### 5.3.1　SMC 在切诺基吉普车中的应用

#### 5.3.1.1　切诺基(213)吉普车型 SMC 零部件的制造工艺

切诺基吉普车 SMC 零部件包括前散热器罩又称前格栅板(GOP)、后举升门(L/G)。以下将分别对这两种零件的制造工艺进行介绍,其内容对我国 SMC 行业今后大规模开拓 SMC 材料在乘用车方面的应用,提升行业 SMC 水平有较大的参考价值。

切诺基吉普车 SMC 结构及产品零件照片分别如图 5-3-1、图 5-3-2 所示。后举升门(L/G)由 SMC 内板、SMC 外板和 SMC 电线导板组成。

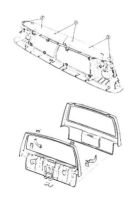

图 5-3-1　切诺基吉普车 SMC 零件结构示意　　　　图 5-3-2　切诺基吉普车 SMC 产品照片

### 1. 对 SMC 材料的性能要求

生产切诺基吉普车零件的 SMC 材料，其基本性能必须满足表 5-3-1 所列的要求。

表 5-3-1　前散热器罩及后举升门的 SMC 材料的主要性能指标

| 性能 | 试验标准 | 主机厂对材料的性能要求 | | 材料品种 | |
|---|---|---|---|---|---|
| | ASTM | A | B | DSM930（LP） | DSM930J（平滑表面，A 级） |
| 密度 | D-792-70 | 1.90 | 1.90 | 1.90 | 1.92 |
| 吸水性（％）（24hr.@23℃） | D-570-63 | 0.35 | 0.35 | ＜0.35 | ＜0.35 |
| 热变形温度（℃） | D-648-61 | 232 | 232 | ＞235 | ＞235 |
| 巴氏硬度 | — | 35～45 | 45～50 | 55～60 | 40～50 |
| 冲击强度（kJ/m） | D-256-70 | 0.96～1.175 | 0.96～1.175 | 1～1.2 | 0.85～1.07 |
| 弯曲强度（MPa） | D-790-70 | 161 | 182 | 160～185 | 160～185 |
| 弯曲模量（GPa） | — | 9.0～11.9 | 8.4～9.8 | 10.3～13.1 | 9.0～11.7 |
| 压缩强度（MPa） | D-695-69 | 133 | 154 | 140～165 | 130～160 |
| 拉伸强度（MPa） | D-638-68 | 66 | 73.5 | 65～80 | 65～80 |
| 收缩率（cm/cm） | — | 0.001 | 0 | −0.0003 | +0.0007 |
| 膨胀系数 $\times 10^{-6}$cm/（cm·℃） | — | 12.06 | 19.8 | 13.5 | 12.1～13.9 |

### 2. 内外板用粘接剂

切诺基吉普车后举升门由内板和外板及中间的两块电线导板组成。整个生产工艺是三个 SMC 零件分别单独生产加工完成后，先将 SMC 电线导板用粘接剂粘在内板上，然后内板和外板再用粘接剂粘在一起。其中，选用合适的粘接剂是一项重要课题。本产品用的粘接剂是选用国外进口某公司生产的环氧型双组分粘接剂品种。它特别适合于 SMC 制品和 SMC 制品之间的粘接。其主要的技术指标见表 5-3-2。

表 5-3-2　切诺基吉普车后尾门内外板专用粘接剂的技术指标

| 项目 | 单位 | A 组分 | B 组分 |
|---|---|---|---|
| 外观 | — | 白色膏状 | 灰色膏状 |
| 黏度 | mPa·s | $3.0\times10^5\sim1.0\times10^6$ | $4.5\times10^5\sim1.0\times10^6$ |
| 固含量 | ％ | 100 | 100 |
| 比重 | — | 1.50～1.55 | 1.22～1.26 |

### 3. 切诺基吉普车 SMC 零件专用底漆

由于切诺基吉普车的 SMC 零件要随整车进入汽车生产线并在线上进行同步面漆喷涂，而 SMC 零件本身是电不良导体，对面漆喷涂不利，因此必须在进线前对其表面喷涂上一层导电底漆。该产品采用的导电底漆是国外某公司生产的某牌号的底漆。其主要的技术指标见表 5-3-3。与其相匹配的底漆稀料的技术指标见表 5-3-4。

表 5-3-3　切诺基吉普车 SMC 零件专用底漆的技术指标

| 项目 | 单位 | 指标 |
|---|---|---|
| 外观 | — | 黑色 |
| 密度 | g/mL | 1.14 |
| 理论固含量 | ％（质量比）<br>％（体积比） | 69<br>60 |
| 黏度（25℃） | s | 30～36（福/涂-4 杯） |

续表

| 项目 | | 单位 | 指标 |
|---|---|---|---|
| 闪点 | | ℃ | 30 |
| 干膜性能 | 60℃光泽 | GV | 60±5 |
| | 导电性 | — | ≥140 |

图 5-3-4　底漆专用稀料的技术指标

| 项目 | 单位 | 指标 |
|---|---|---|
| 外观 | — | 清澈透明 |
| 游离酸含量 | % | ≤0.01 |
| 纯度 | % | ≥95 |
| 沸点 | ℃ | 112±4 |
| 水分含量 | % | ≤0.2 |

### 5.3.1.2　切诺基吉普车 SMC 前散热器罩（GOP 板）的制造工艺

切诺基吉普车 SMC 前散热器罩的制造工艺包括成型工艺、二次加工和表面喷涂工艺。切诺基吉普车前后由两种车型，作为车身件的 GOP 板有两种不同的结构，一种是原来引进车型的 GOP 板（以下简称 213GOP 板），另一种是后来新设计车型的 GOP 板，其结构有较大的变化（以下简称 2500GOP 板）。而后举升门，两种车型没有变化。以下关于 GOP 板的介绍以 213GOP 板为主，适当提及 2500GOP 板。

1. 切诺基吉普车前散热器罩成型工艺

213 吉普车前散热器罩的成型工艺路线包括备料、烘烤、成型、取件、去毛刺、转序等步骤。

首先按 760mm×60mm×4P、1000mm×50mm×2P、200×50mm×1P、300mm×200mm×3P、1400mm×50mm×3P、0.4 方格布 250mm×200×1P 的尺寸和数量要求，将 GOP 专用 SMC 材料裁剪好备用。每个产品的加料量控制在 3.9～4.2kg 范围内。另一种吉普车（2500 型）的 GOP 板裁料按 1400mm×60mm×3P、1400mm×50mm×3P、300mm×230mm×6P、200mm×230mm×2P、330mm×30mm×20P 的尺寸和数量裁剪。每个产品加料量控制在（6.50±0.15）kg 范围内。

烘烤 SMC 料在加入到成型模具之前，在红外线加热设备内，在 40～60℃温度下烘烤约 60s，以增强材料的流动性和流动均匀性。

经预热的 SMC 材料按图 5-3-3 所示放到热模具上，2500 型吉普车 GOP 板的加料方式因与前者结构不同，按图 5-3-4 所示进行。然后，合模加压成型产品。模温控制在 150～160℃的范围内，上下模保持 2～6℃的模温差。成型压力 18～20MPa（用 630t 液压机）。保温 4min。保温结束取出产品，清理毛刺。产品的巴氏硬度为 45～60。然后，转序到下一道工序。产品经中间检查，要求产品表面平滑、无气泡、开裂、针眼、表面损伤等明显缺陷，不得有影响下道工序操作的毛刺存在。

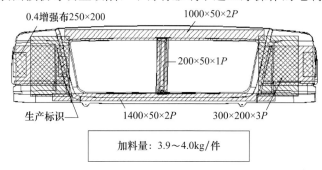

图 5-3-3　213 吉普车前散热器罩（改进型）的加料方式示意

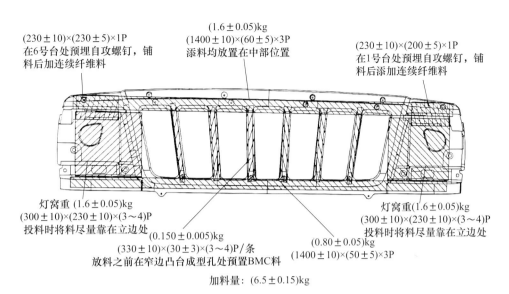

（230±10）×（230±5）×1P
在6号台处预埋自攻螺钉，铺
料后加连续纤维料

（1.6±0.05）kg
（1400±10）×（60±5）×3P
添料均放置在中部位置

（230±10）×（200±5）×1P
在1号台处预埋自攻螺钉，铺
料后添加连续纤维料

灯窝重（1.6±0.05）kg
（300±10）×（230±10）×（3～4）P
投料时将料尽量靠在立边处

（0.150±0.005）kg
（330±10）×（30±3）×（3～4）P／条
放料之前在窄边凸台成型孔处预置BMC料

（0.80±0.05）kg
（1400±10）×（50±5）×3P

灯窝重（1.6±0.05）kg
（300±10）×（230±10）×（3～4）P
投料时将料尽量靠在立边处

加料量：（6.5±0.15）kg

图 5-3-4　2500 型吉普车 GOP 板加料方式示意

**2. 前散热器罩的二次加工**

213 吉普车 GOP 板的二次加工的加工过程包括转序 GOP 板、冲模、冲边、钻孔、切口、去毛刺、安嵌件、修整、转序等步骤。

将经检验合格的 GOP 板放入专用冲模内开动机械冲去多条边料及切口，再按图 5-3-5 所示在加工工装、切口工装和打磨工装上用专用工具进行打孔、切口和修整操作。当产品数量较大时，打孔操作也可在图 5-3-6 所示的 213 吉普车 GOP 板专用数控加工中心上自动进行。其中，孔 $\phi 3.4$mm 10 个、$\phi 4.2$mm 10 个、$\phi 5$mm 2 个、$\phi 6.36$mm 6 个、$\phi 7$mm 6 个。然后，将涂有粘接剂的金属嵌件用气动扳手安装嵌件。最后，产品经检验并修整合格后进入转序程序。

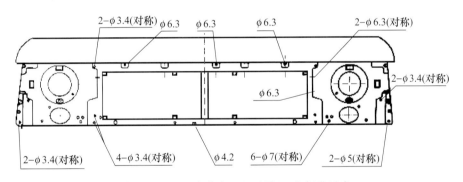

2-$\phi 3.4$(对称)　$\phi 6.3$　$\phi 6.3$　$\phi 6.3$　2-$\phi 6.3$(对称)
2-$\phi 3.4$(对称)
$\phi 6.3$
2-$\phi 3.4$(对称)　4-$\phi 3.4$(对称)　$\phi 4.2$　6-$\phi 7$(对称)　2-$\phi 5$(对称)

图 5-3-5　213 吉普车 GOP 板切口和打孔示意

**3. 产品表面喷涂工艺**

GOP 板的表面喷涂作业和以后将要介绍的后举升门的喷涂作业相同，并同时进行。其要点将在后面相关部分中再做介绍（图 5-3-6）。

### 5.3.1.3　切诺基吉普车 SMC 后举升门内板制造工艺

切诺基吉普车后举升门 SMC 内板制造工艺包括 SMC 内板成型工艺和二次加工工序。

**1. SMC 后举升门内板的成型工艺**

SMC 后举升门内板的成型工艺包括备料、成型、取件去毛刺和转序等步骤。

（1）备料是指将进口的 SMC 后尾门专用料 DSM930J 按以下规格和数量裁剪备用：1220mm×45mm×3P、1220mm×175mm×2P、845mm×175mm×1P、610mm×45mm×6P、180mm×85mm×

图 5-3-6  213 吉普车 GOP 板打孔专用数控机床

1P、175mm×125mm×3P、1220mm×845mm×1P。(注：P 指层)

（2）成型阶段。如图 5-3-7 所示，将料分别放入清理干净并涂有脱模剂的热模具内，然后加压成型。模具温度保持在（145±5）℃范围内，上下模温差控制在 4～8℃，成型压力 1200～1400t，保温时间 3min，加压时间 1min 以内。

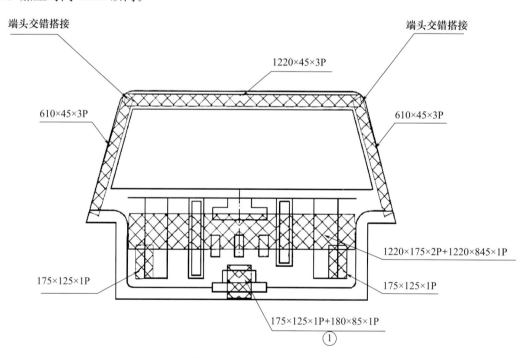

图 5-3-7  后尾门内板的加料方式［总加料量（7.5～7.8）kg］

（3）保温结束，取出产品。要求产品表面无明显开裂、缺料、针眼、气泡、杂质等影响外观的缺陷。清理周边毛刺后无明显崩皮、掉角和表面划或锉痕等缺陷存在。经检验合格后，产品进入转序步骤。

备注：如果采用国产的 213 吉普车专用 SMC 料，当时考虑到与进口料的性能差别，其裁料尺寸和数量及加料方式需做一定的调整。它们之间的主要区别在于当时国产的 SMC 片材的强度和流动性有所差距。因此，在产品强度的薄弱部位要使用局部增强处理。

2. SMC后举升门内板的二次加工

SMC后举升门内板的二次加工的工艺路线是切口加工、打磨、钻孔1、钻孔2、钻孔3、安锁安装板、内板组装（即安导向导板等金属件）。

本产品内板如图5-3-8所示，所需要二次加工的工作量比较大，既要安装两侧的电线导板，还要安装金属加强件。同时，还有不少的切口和打孔的工作量。首先，用专用工具在切口工作台上进行凸形开口切割；锁孔部进行异形开口切割、挂孔加工；下部左右穿线孔穿刺；在使用加工面清理打磨干净后，再在专用数控加工中心上将内板相关部位的孔按其孔的直径和数量进行加工，再用手枪钻加工锁板安装孔和台阶孔，然后用铆枪安装锁板安装板。清除所有孔洞周边毛刺。

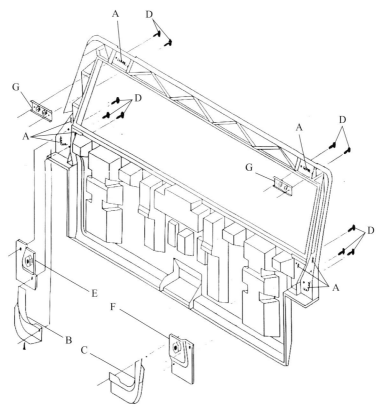

图 5-3-8　内板结构及各种金属加强件的安装位置示意
A—涂胶侧；B/C—电线导板；E/F—垫块；D—铆钉；G—门吊加强件

本阶段的最后步骤是用铆枪依次铆接左铰链安装加强板、右铰链安装加强板、右支撑托架、右导向导板、制动灯安装板、左支撑托架、左导向导板，然后用指定的粘接剂涂于左、右导向导板上端与内板接触处并使之贴严粘牢。

产品经检验所有孔洞周边毛刺清理干净；金属件铆接牢固、严实，然后转序，进入内外板组装工序。

#### 5.3.1.4　切诺基吉普车SMC后举升门外板制造工艺

切诺基吉普车SMC后举升门外板制造工艺包括SMC外板成型和二次加工工艺。

1. SMC后举升门外板成型

SMC后举升门外板成型工艺包括备料、成型、取件去毛刺和转序等步骤。

（1）备料阶段。首先要确认所选SMC料的种类是DSM930J即用于汽车A级表面的品种。因为外板是切诺基吉普车的重要外观面，应采用顶级外观的SMC品种成型。当材料经检验合格后，在裁料台上按以下规格和数量进行裁剪：1120mm×100mm×3P、1120mm×75mm×1P、1120mm×50mm×

2P、875mm×50mm×4P、575mm×50mm×2P、560mm×50mm×4P、175mm×125mm×3P、125mm×50mm×2P、100mm×50mm×1P。（注：P指层）

（2）成型阶段。按图5-3-9所示将裁好的SMC料放入清理干净并涂有脱模剂的热模具上。闭合压机在合模到适当部位开动真空系统，直至压机满压时关闭真空系统。模具温度140～150℃之间，上、下模温差视情况的不同，保持在2～4℃的范围内。成型压力1500～1560t。真空度控制在规定的范围内。

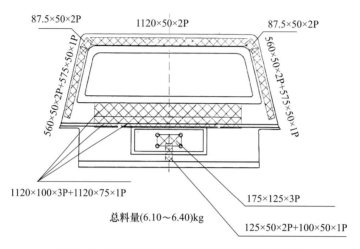

图5-3-9　后尾门SMC外板成型的加料方式示意

当保温结束后，开模取出产品。产品取出后，要用专用工具清理毛刺包括SMC预留入口周边的部位。

产品经检验合格后，进入转序步骤。进入转序的产品表面应光滑平整，无明显气泡、裂纹、针眼、边角缺损和杂质存在。

2. SMC后举升门外板二次加工工艺

SMC后举升门外板二次加工相对比内板要简单些，包括钻孔、切口加工、打磨检查。

仅需将转序合格的产品放在数控加工中心，按图5-3-10所示要求加工如下孔位，然后加工牌照灯安装孔切口，钻安装孔，开口切割线应保留一定的打磨宽度，最后打磨开口切边及下部锁头安装孔、四方孔。要求牌照灯安装开口尺寸、锁头安装孔尺寸均符合图纸要求，周边无毛刺。检查外板表面，对局部缺陷进行修补。然后，进入内外板组装工序。应注意的是，切诺基吉普车外板的二次加工尺寸，对于产于美国的原件和国产件有所不同。

**5.3.1.5　切诺基吉普车SMC电线导板的制造工艺**

电线导板是安装在切诺基吉普车后举升门内外板之间，用于控制电线走向的导向零件。它的制造工艺比较简单，不需要专门的二次加工工序。产品成型后只需将产品的毛刺清理干净，用电钻加工出铆钉孔，即可送入下一道后尾门组装工序。

电线导板的成型包括备料、加料成型、取件清理几个步骤。备料操作是将检验合格的SMC材料按照每件产品200mm×30mm×3P的规格和数量裁剪。单件质量控制在（85±5）g范围内。由于是用双孔模成型，因此其总加料量加倍。将备好的物料放在清理干净并涂有脱模剂的热模具中心，合模加压成型产品。成型温度（148±5）～（150±5）℃；上下模温差2～6℃；成型压力80～90t。保温时间180s。待保温时间结束后，开模取出产品，然后清理毛刺，并加工出左右件上一定规格的铆钉孔。

产品表面及周边无明显开裂、缺料、针眼、气泡、崩皮及杂质等缺陷。合格产品转序。

**5.3.1.6　切诺基吉普车SMC内外板的组装工艺**

切诺基吉普车SMC内外板的组装工艺主要的操作步骤是将已经经过半组装过的内板和外板用粘接

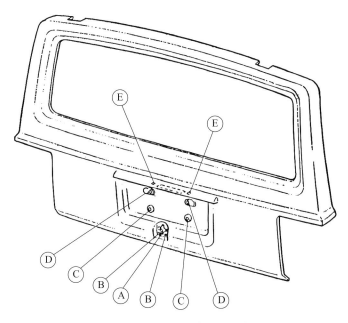

图 5-3-10　外板二次加工示意

A—φ31.5孔，10.2狭槽，13.25狭槽；B—10×10狭槽×2；C—φ4.1孔×2；D—φ11.4孔×2；E—φ2.9孔×2

剂粘接在一起，然后进行必要的加工钻孔。

　　对内外板的需粘接面进行彻底清理，检查所有孔位是否正确并确保没有遗漏；检查所用的工装设备是否运转正常，并调整各部分处于待用状态。整个粘接过程完全在整套设备（图 5-3-11）中进行。该设备包括三部分：自动配胶、胶液传输和涂胶机械手；产品移动和翻转的机械手；分别为后尾门内外板的定位、涂胶、加压、加热固化工装。内外板粘接过程是先将内外单板准确放在指定的工装台上，开动涂胶机械手，按图 5-3-12 所指定的次序和路线将内外板专用粘接剂涂在内板的内侧面上。然后，粘接机械手将内外板粘接在一起并对粘接面进行加压、加热固化。固化是 90℃下 7min 或者 110℃下 3分钟。整个涂胶、内外板组合、加压、升温固化全过程，由各设备按编程协调配合全自动进行；图 5-3-13为组合在一起的后举升门产品。

图 5-3-11　切诺基吉普车后举升门专用粘接成套设备

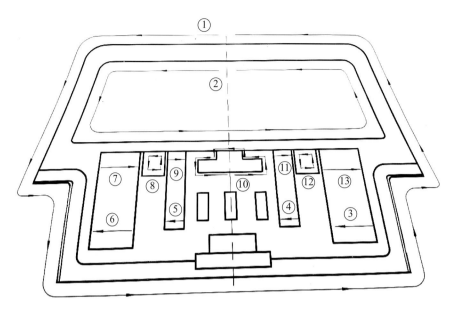

图 5-3-12　后举升门组装内板涂胶次序、路线及部位示意

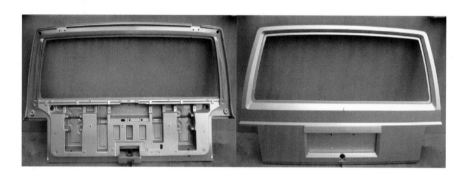

图 5-3-13　切诺基吉普车后尾门总成（左图为内板面、右图为外板面）

内外板组装好后，要将其多余的胶清除干净。要求粘接面棱线分明，无明显胶面凸出，非粘接面不得有粘接剂粘附。然后，准确按图纸加工漏水孔及刮雨器孔。钻孔操作时，两者都必须严格按照钻具进行加工。

最后，对后尾门的整个表面进行检查，表面尤其是外板的外表面应无可视的微裂纹、气泡、针孔、划痕、凹坑等缺陷。如有少量缺陷，应先用汽车腻子填平修补，再依次使用不同强度等级的超细水砂纸打磨修整，以保证进入涂装车间的产品满足技术要求，减少喷涂产品的表面缺陷及返工、返喷率。经检验合格的产品小心放入转序运输架上，进入下一阶段喷涂工序。

### 5.3.1.7　切诺基吉普车 SMC 零件的表面喷涂

切诺基吉普车 SMC 零件的表面喷涂涉及的产品包括前散热器罩（GOP 板）和后举升门总成（L/G）的表面喷涂。这两项产品同时在喷涂线上进行表面喷涂。其整个工艺路线和过程及所用的油漆种类完全相同，只是其挂具和同时喷涂的数量有所不同。一般情况下，后举升门单班产量 60 套，GOP 板单班产量 240 个。

切诺基吉普车 SMC 零件的表面喷涂质量要求远高于以前介绍的重卡驾驶室覆盖件喷涂质量的要求。后者由于对外观质量的要求没有乘用车车型高，整体驾驶室不同零件可以采用不同颜色或一定的色差。再加上表面喷涂是在中温喷涂线上（25～110℃可控中温线）进行，油漆固化温度在 110℃ 以下，对 SMC 本体材料要求相对也低些。由于对整车色泽的一致性没有严格的要求，有时面漆还可以在常温下喷涂或离线喷涂。而作为乘用车相同等级的切诺基吉普车的 SMC 零件，却要随整车进入喷涂工序，既要表面具有导电性，又要经受更高的固化温度的烘烤。因此，对 SMC 本体材料及产品的外观质量、致密性有更高的要求。否则，在喷涂线上喷涂成品率会大幅度下降，甚至不能正常进行生产。另外，为了满足表面油漆层的质量要求，整个喷涂线上尤其是在前处理方面也必须增加多道操作程序，同时必须在高温喷涂线上进行（该产品的喷涂是在北汽玻于 1997 年建成、最高固化温度可达 180℃ 的 SMC 汽车件喷涂线，如图 5-3-14 所示，这也是我国首条完全国产化的 SMC 汽车零件高温喷涂线）。

图 5-3-14　我国自行设计制造的首条 SMC 汽车零件的高温喷涂线

切诺基吉普车 SMC 前散热罩板（GOP 板）和后举升门（L/G）的表面喷涂，其主要工艺流程如图 5-3-15 所示。

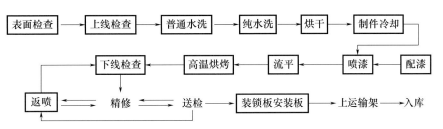

图 5-3-15　切诺基吉普车 GOP 板和后举升门表面喷涂工艺流程示意图

其主要工序介绍如下：

（1）表面检查。该工序是确保产品喷漆质量和效率的关键操作。必须使前散热器罩、后举升门在进入喷漆线之前的表面质量满足其对喷漆件的要求。在不小于 100lx 照度下观察，所有孔位、切口等部位无可视缺陷，尺寸和公差都符合图纸要求；产品应无溢料、撕裂、微裂纹、不整齐棱边（线），外表面应光滑平整、无磕碰划伤等痕迹，无针孔、凹陷、硬胶等影响外观和功能的缺陷；如有缺陷，应采取修补、打磨抛光等精修操作，弥补缺陷。在运输过程中，产品之间及产品表面应有保护措施，以防表面受损。

（2）上线检查及水洗。经检验合格的产品上线前再次检查，自检合格的产品在密闭的除尘室除去产品表面及各间隙处的灰尘、粉尘后，再将产品按规定的方式挂在悬挂链上。待产品随悬挂链进入水洗处理室时，先用普通水喷淋产品表面进一步清除表面的粉尘和污染物，时间 ≥1min。然后，根据产品情况，在脱脂处理室和热水处理室依次对产品表面进行脱脂处理。处理温度为 50～60℃，处理时间

≥4min。最后进入纯水处理室用常温的纯水喷淋整个产品表面，以除去产品表面残存的杂物和硬水痕迹，时间≥1min。

（3）烘干及冷却。在产品随悬挂链进入烘干室前，可以在吹气处理室先将存在于各处缝隙处的水分吹干。然后，在烘干室、热风循环条件下除去产品表面的水分。根据需要，按规定调节不同的烘干温度和不同的烘干时间。当经烘干的产品进入冷却阶段，进行自然冷却至≤35℃以下。

（4）配漆与喷漆。在接近喷漆室环境条件下，将指定的原漆搅拌约5min测定其黏度，然后按要求加入适当的稀释剂，调节油漆的黏度。搅拌均匀后，测其黏度使其达到喷漆黏度的要求。油漆经一定目数的铜网或规定孔径的过滤袋过滤后待用。底漆在（23±3）℃，相对湿度＜60％条件下的黏度，控制在规定的范围内（福涂-4杯）；对悬挂链上已经冷却的产品进入喷漆室后对其进行喷漆。对后尾门产品先喷内表面，后喷外表面。喷涂时间通常在1min左右。漆膜要求亮黑色，无明显流挂、橘纹、疙瘩、油缩或虚漆、漏喷等缺陷。产品外露面必须漆膜完整均匀，非外露面可允许少喷或不喷底漆，但对于明显修补处需用漆面加以掩盖。喷漆时注意调节好喷枪主泵和空气辅助压力，以及喷嘴和被喷漆面的距离、角度、走枪速度、方向、每枪与每枪之间的搭接面积，保证漆膜厚度的均匀性。漆膜厚度控制在规定的范围内。

（5）流平与烘烤。从喷漆室出来经喷漆的产品，随悬挂链在室温环境下运行一定的时间，以保证漆膜充分流平。然后，喷漆件随悬挂链进入烘房，使漆膜充分固化。其烘烤制度控制范围根据不同的温度条件保持不同的时间，大致范围是140～150℃条件下保持20～35min。

（6）下线检查与返喷。喷漆后的产品随悬挂链运行至下线工位由相关人员对产品漆膜质量和产品表面按标准进行检查，对产品的质量进行分类。合格品进入下道工位，其余产品按不同的问题类型进入以下不同的工位进行处理。检查漆膜有不明显流挂、橘纹、疙瘩、划痕及油缩等，可经后序修整，消除缺陷的产品转入精修工位；对于外露面有气泡、凹陷等明显影响产品表面质量的产品，标明缺陷位置，先将其转入修补工位，视结果再决定是否可进入精修工位；明显露底的产品直接随悬挂链进入喷漆室进行返喷；对局部表面流挂、橘纹、疙瘩划痕及油缩等细微缺陷，用超细干砂纸打磨，自检合格后送检；外板气泡小于一定尺寸且不明显，或者气泡更小目视明显时允许作为修整件进行精修，其余气泡作为修补件处理；内板气泡小于一定尺寸且不明显，允许作为修整件进行精修，其余作为修补件处理。原则上，外板外观质量控制比内板要更严格。

对于精修后外露面有大于规定面积的明显露底或长度大于规定尺寸的连续露底，在喷漆房进行返喷、烘烤固化。

（7）装锁板安装板。经检验合格的后尾门，按图纸要求用气动铆钉枪和$\phi$3.2mm的铆钉铆接标有生产批次、年月的锁板安装板。安装板要铆接牢固严密，操作时不得碰伤漆膜和产品。

### 5.3.1.8　后举升门产品的主要性能要求

1. 外观性能

漆后产品要求在用＞100lx照度下检查产品，要求漆面为亮黑色，无明显流挂、起皮、鼓起、针眼、凹陷、橘纹、疙瘩、划痕等缺陷；要求外露面漆面不存在大于规定面积的露底或长度大于规定尺寸的连续露底。产品内板非外露面允许不喷或少喷底漆。但对于明显修补处需用漆面加以掩盖；要求锯削、钻削、锉削等后加工部位无明显的不平整、崩皮掉角等，无毛刺或锯（钻）屑粘挂；要求金属件和导向导板固定连接可靠，与内板本体贴附严实，导向导板上端头与内板贴合处胶面过度平滑，铆钉缘边与内板本体面贴严，无凸出尖刺或铆钉杆拉空现象；经表面修整的产品外露面无修补腻子堆积、修补处应光滑平整，不允许有打磨痕迹，不允许深磨外板产品棱线。

2. 外形尺寸和公差

后举升门总成产品的外形尺寸与安装尺寸要求符合图纸规定；内外板加工孔位尺寸符合相关图纸要求；尺寸公差符合相关标准。

**3. 漆膜性能**

干膜厚度为规定范围值，表面光泽要求 60±5（60°光泽计）；干膜导电性为规定范围值；附着力及其他性能如耐湿性、耐盐雾、耐老化、耐冲击、耐切削及环境循环性能均能满足相关标准要求。

**4. 开关门疲劳性能**

这是一项考察后尾门门锁、铰链可靠性及材料本体强度的综合性型式试验。试验方法是：取 3 件样品，在专用设备上开关门 16500 次；或取 6 件样品，开关门 11000 次；关门速度为 1.525m/s；试验后经检查，满足标准要求为合格。

### 5.3.2　SMC 在某型号吉普车中的应用

该车型（图 5-3-16）的前后保险杠、硬顶、发动机盖和电瓶托盘均用 SMC 材料制造。以下仅以前后保险杠为例进行介绍。

图 5-3-16　某型号吉普车照片

#### 5.3.2.1　某型号吉普车 SMC 前保险杠的制造工艺

该车型前保险杠的制造工艺和以前介绍的产品成型工艺一样，包括成型、二次加工和表面喷涂三个工序。

**1. SMC 前保险杠的成型**

首先，按规定选取指定的 SMC 材料，经检验合格后，按以下的尺寸和数量 930×450×2P＋350×100×2P＋660×140×2P＋460×100×2P＋250×140×1P 裁剪备用（单位为毫米，P 指层）。加料量为（5.8±0.05）kg/件。

其次，将金属嵌件按图 5-3-17 所示，安放在涂有脱模剂的热模具指定的位置上。嵌件包括螺母、螺栓；其中，螺纹直径、螺杆高度和嵌件总长度都必须符合指定的标准。

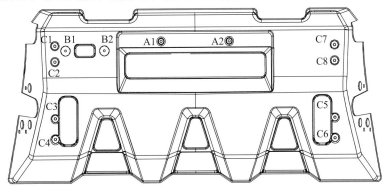

图 5-3-17　某型号吉普车前保险杠预埋嵌件放置（A、B、C）示意

最后，将备好的料按图 5-3-18 要求，放置在模具型腔内，压机下行合模加压；保压、保温。模具型面温度控制在 142～158℃ 范围内，上下模温差保持 2～6℃，加压时机 ≤30s，成型压力在 430～500t，保压时间为 120s。

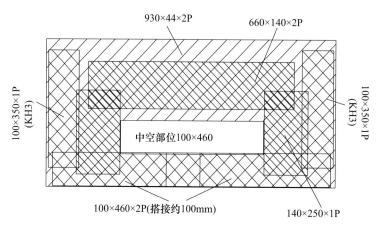

图 5-3-18　某型号吉普车前保险杠铺料放置示意

保压时间到后，开模并取出产品。产品的巴氏硬度控制在 45～60 范围内；清理毛刺后，产品外形尺寸应符合图纸要求；产品外形完好，无明显缺料、气泡、裂纹等缺损，表面颜色均匀；去毛刺、转序过程注意产品防护，避免磕划伤；预埋嵌件齐全到位，螺纹完好无损。要求：M6 嵌件的扭矩 ≥8N·m，拔出力 ≥400N；M8 嵌件的扭矩 ≥10N·m，拔出力 ≥600N。

2. 前保险杠的二次加工

前保险杠的二次加工是指，经转序检验合格的产品进入二次加工工序，包括攻螺纹、侧面孔位加工、正面孔位加工和顶面加工操作。

攻螺纹采用相应规格的螺纹锥和板牙，清理预埋嵌件螺纹部位的溢料。攻螺纹要到位并避免遗漏，螺纹要干净无损伤。

保险杠侧面孔位加工按图 5-3-19 所示进行，使用 $\phi 8$ 钻头，用专用工具加工出 8.5mm×8.5mm 方孔；使用专用开孔器，依照圆孔模具印上加工 $\phi 28$ 圆孔。

正面孔位加工如图 5-3-20 所示，先用手枪钻在下方两侧的长圆形凹槽（图中编号为 3、7）各打两个 $\phi 8$ 孔，再用电锯切割掉凹槽内部分，用角向磨光机加工五处透空部位（图中编号为 1、2、4、5、6），切割不平整的部位要求用磨光机打磨平整；最后，依照模具印迹，用手枪钻在中央长圆孔上方加工 2 个 $\phi 6$ 孔（图中编号为 $K_1$、$K_2$）。

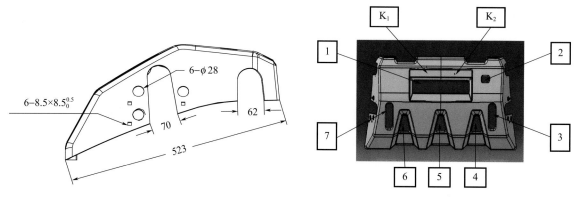

图 5-3-19　某型号吉普车前保险杠产品侧面加工示意　　图 5-3-20　某型号吉普车前保险杠正面加工示意

保险杠顶部加工，依照模具印迹的两个直边，先用角向磨光机加工与之等长的缝隙；依照模具印的圆弧线，用 $\phi30$ 自制掏料器去除模具印内的部分（图 5-3-21）。

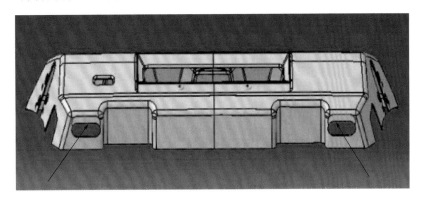

图 5-3-21　吉普车前保险杠顶部加工示意

最后，对所有经过二次加工的孔洞、切口均用适合尺寸规格的工具打磨孔位，将孔位打磨光顺。

经过二次加工的产品，不得有明显的崩皮，不得伤及产品表面或连带产品本体的损伤（如崩皮、开裂、豁口等）；孔位尺寸、位置准确；操作时轻拿轻放，不能损伤产品表面；金属件安装牢固。

3. 前保险杠的表面喷涂

和该车型的其他 SMC 零件的喷涂工艺相同。将在后保险杠的表面喷涂的相关部分中一起介绍。

### 5.3.2.2　某车型吉普车 SMC 后保险杠的制造工艺

某车型吉普车后保险杠的制造工艺过程和前保险杠一样，也包括成型、二次加工和表面喷涂工序。

1. SMC 后保险杠的成型

首先，按规定选取指定的 SMC 材料，经检验合格后，按以下的尺寸和数量（1650±10）×180×2P+100×100×2P×2（单位为毫米，P 指层）、加强料 KH3 料按 350×60×1P（单位为毫米，P 指层）裁剪备用。加料量为（3.8±0.1）kg/件。然后，使成型的关键设备压机和成型模具处于正常的使用状态，在模具上涂好脱模剂；按图 5-3-22 所示将 8 个金属嵌件分别安装在指定的模具位置上。再将裁剪好的 SMC 材料和加强料，也按图 5-3-22 所示铺放在热模具上。开动压机合模加压成型产品。其工艺条件是：模具型面温度范围在 144～156℃，上下模保持温差在 2～6℃，加压时机≤30s，保压时间为 120s，成型压力为 280～330t。保压时间到后，开模取件，将产品边角毛刺清除干净。产品外形尺寸符合图纸要求；产品外形完好，无明显缺料、气泡、裂纹等缺损，无明显的碰划伤，表面颜色基本均匀；预埋嵌件齐全到位，螺纹完好无损。产品表面的巴氏硬度要达到 45～60；金属件装配强度：M8 扭矩≥10N·m，拔出力≥600N；M6 扭矩≥8N·m，拔出力≥400N。经检验合格后，按要求小心放在转序工装上。

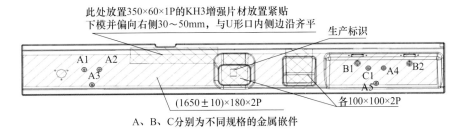

A、B、C 分别为不同规格的金属嵌件

图 5-3-22　某车型吉普车后保险杠嵌件安装及铺料示意

2. 后保险杠的二次加工

后保险杠的二次加工是指，经检验合格的转序产品进入二次加工工序。首先，用相应规格的丝锥和板牙对嵌件攻螺纹，以清理预埋嵌件螺纹部位的溢料。攻螺纹要到位并避免遗漏；螺纹干净无损伤。

然后，依次进行各种孔洞和切口的加工。按图 5-3-23 所示，用曲线锯沿模具加工印迹，对产品托钩孔处进行加工；按图 5-3-24 所示进行安装孔位加工。用工具按模具印迹所示，将牌照灯安装孔捅破，并进行打磨，两侧 $\phi 5$ 的圆孔可用手枪钻加工；按 5-3-25 所示进行翻边孔加工。产品翻边处的椭圆孔可依据孔位打孔工装，使用规定的钻头和细圆锉完成加工；按图 5-3-26 使用 $\phi 5.5$ 钻头、$\phi 40$ 开孔器进行雷达孔的加工。用手枪钻加工 3 个 $\phi 5.5$ 的圆孔，按照模具印迹用开孔器加工 1 个 $\phi 40$ 的圆孔。最后，要将所有加工过的孔位周边修整平顺。

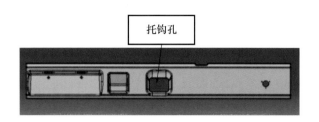

图 5-3-23　后保险杠托钩孔加工示意

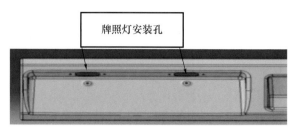

图 5-3-24　后保险杠牌照灯安装孔加工示意

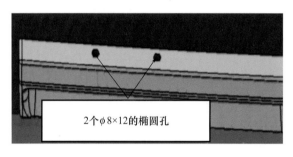

图 5-3-25　后保险杠翻边椭圆孔加工示意

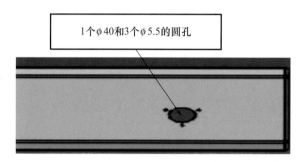

图 5-3-26　后保险杠雷达孔加工示意

经过二次加工的产品，不得有明显的崩皮，不得伤及产品表面或连带产品本体的损伤（如崩皮、开裂、豁口等）；孔位尺寸、位置准确；操作时轻拿轻放，不能损伤产品表面；金属件安装牢固。检验合格后进入转序。

### 5.3.2.3　某车型吉普车 SMC 系列产品的表面喷涂

以下介绍的喷涂工艺过程及相关技术适合于所有某车型吉普车的 SMC 零件喷涂。其过程包括：材料准备、产品表面处理；喷头遍底漆、流平、闪干、固化；打磨修整后重复头遍漆程序，喷第二遍底漆。

1. 准备阶段

本阶段包括产品表面处理、油漆准备等。经转序合格的产品，用细水砂纸通体打磨产品表面，打磨到位；对气泡、针眼、不平、凹陷等影响表面质量的缺陷部位用原子灰填平，待原子灰充分干透后进行打磨，进行修整，消除缺陷（随季节温度不同，放置时间应根据情况适当调整）；确认所使用的油漆的品种、保质期等；按比例并依次称取原漆、固化剂、稀释剂，将油漆各组分充分混合均匀；测量混合漆黏度，并用原漆和稀释剂调节黏度；混合漆用滤网过滤。具体工艺、环境条件为：使用丙烯酸聚氨酯类双组分系统，包括按规定比例调配的底漆、固化剂、稀释剂配漆系统；环境温度在 10～35℃，相对湿度≤75%，按要求调整油漆黏度到规定的范围（福特-4 号杯，15～35℃），配好的油漆用过滤网过滤。

2. 喷头遍底漆

清除挂具上的污物及剥落的漆膜；将产品悬挂在吊具上；用黏性布擦拭产品后用压缩空气吹干净

产品表面；当产品随悬挂链进入喷漆室时，对产品进行喷漆。喷漆室的环境温度在 $10\sim35℃$，湿度不大于 $75\%$。调整喷枪口径和喷枪压力到指定的范围；产品喷漆后，再经过流平和闪干，一定时间后进入漆膜固化阶段。其中，流平时间和闪干时间在规定的范围内；漆膜固化可以在常温条件下或高温条件下进行。要确保常温固化时间或高温固化的烘烤时间在规定的范围内。

3. 喷二遍底漆

油漆干透后检查漆膜及制件表面质量，对影响表面质量的缺陷进行修整。

使用超细干砂纸通体打磨产品；在和喷头遍漆同等条件、状态下，对明显露底部位用底漆掩饰后，再满喷涂第二遍底漆；喷涂过程中走枪不能反复，喷涂扇面间要有一定比例的搭接，喷枪各参数及走枪速度要一致。

喷涂完底漆的产品在送检前用超细水砂通体打磨产品。检验合格产品转序入库。产品表面无肉眼可见的缺陷如流漆、虚漆、露喷、漆膜厚度不均、橘纹、疙瘩、划痕、油缩、气泡凹陷等。漆膜厚度要达到规定要求，漆膜附着力为 $0\sim2$ 级，漆膜硬度 $\geqslant2H$。

### 5.3.3　SMC 在依维柯中的应用

依维柯轻型客车是我国在 20 世纪 90 年代初引进的车型。其中，前保险杠是当时最具代表性的一个 SMC 零件。它不仅尺寸和质量都比较大，而且其结构也非常复杂（图 5-3-27）。在当时，国内还没有厂家能制造这类 SMC 零件的模具。这是继 SMC 浴缸之后，我国第二个委托国外设计制造的 SMC 零件模具，也是国内首次使用由太原重型机械厂生产的国产的大吨位 SMC 专用压机（1500t、台面尺寸 3m×2m，图 5-3-28）生产的大型 SMC 汽车零件。

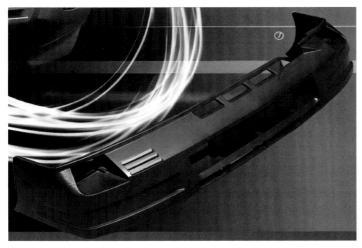

图 5-3-27　依维柯 SMC 前保险杠产品照片　　　　　图 5-3-28　国内首台 1500t SMC 专用液压机

该产品在 20 世纪 90 年代初期投产，SMC 前保险杠是从意大利进口零件，在国内生产线上组装的。北京汽车玻璃钢公司和承担北京切诺基吉普车车型 SMC 零件国产化一样，也承担了依维柯车型 SMC 前保险杠的国产化任务。后来的改进车型纳维柯中的豪华型面罩、三角窗、前门和后开门都采用 SMC 材料制造。由于其制造工艺过程及参数控制基本雷同，因此在本部分中主要介绍依维柯车型 SMC 前保险杠的制造工艺。

依维柯 SMC 前保险杠的制造工艺将分为材料性能要求、成型、二次加工和表面喷涂几个部分进行介绍。

#### 5.3.3.1　材料性能要求

生产依维柯前保险杠的 SMC 材料必须满足表 5-3-5（注意：表中显示的依据是产品生产时的标准，

部分已废止，仅供参考）所列的性能要求。

表 5-3-5　前保险杠所用的 SMC 材料性能要求

| 性能 | | 单位 | 依据标准 | LPR25 | LSR33 |
|---|---|---|---|---|---|
| 密度 | | g/cm² | GB/T 1463 | 1.9 | 1.9 |
| 纤维含量 | | % | JC/T 658.1 | 25 | 33 |
| 线膨胀系数 | | $10^{-6}K^{-1}$ | ASTM D 696 | 25±5 | 13.5 |
| 收缩率 | | % | JIS K6911-1988 | 0±0.05 | -0.02～-0.07 |
| 硬度 | | 洛氏硬度 M 标尺<br>巴柯尔硬度 | GB/T 3854 | 80 | 55～60 |
| 拉伸断裂强度 | | N/mm² | GB/T 1447 | 70（最小值） | ≥95 |
| 弯曲强度 | | N/mm² | GB/T 1449 | 140（最小值） | ≥150 |
| 弯曲伸长率 | | % | — | 1.5（最小值） | ≥3 |
| 弯曲弹性模量 | 23℃ | N/mm² | | 9000 | 11000 |
| | 80℃ | | | 7000 | 9500 |
| | 140℃ | | | 5500 | 6000 |
| 变形温度 | | ℃ | GB/T 1643 | ≥200 | ≥200 |
| 无缺口冲击强度 | | J/mm² | GB/T 1451 | 8 | 9 |
| 最高持续工作温度 | | ℃ | — | 150 | 150 |
| 加速大气老化 | | — | FIAT 504451 | 仅接受浅灰色，表面喷漆 | 仅接受浅灰色，表面喷漆 |
| 耐化学介质 | | — | FIAT 50473B | 耐弱酸、弱碱和有机溶剂；可接受强酸、强碱及醇类化合物；对氯、酮的化合物耐受性较弱 | 耐弱酸、弱碱和有机溶剂；可接受强酸、强碱及醇类化合物；对氯、酮的化合物耐受性较弱 |
| | | | FIAT 9.55842/1 | | |

### 5.3.3.2　SMC 前保险杠的成型工艺

SMC 前保险杠的成型工艺包括备料、成型、脱模取件和清理毛刺。

（1）备料阶段，首先要确认所用的片材为依维柯专用配方生产的片材。经检验格后，按以下规格和数量进行裁剪：（2200+100）×（180+20）×6P+1100×180×4P［单位为毫米（mm），P 指层］；质量控制在（18.5+0.5）kg 范围内。

（2）在成型阶段，先要让所用的设备处于正常的工作状态。模具喷涂脱模剂后，将铜螺母、铝螺母、镀锌螺母嵌件，按图 5-3-29 所示放置在模具相应的定位销上；在金属嵌件安放完毕后，按图 5-3-30 所示的方式，将备好的 SMC 片材放在模具上，然后合模加压保温。

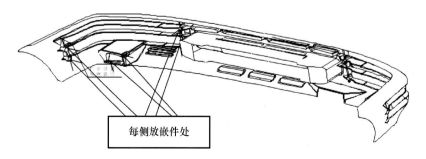

每侧放嵌件处

图 5-3-29　依维柯前保险杠产品预埋嵌件示意（两侧共 12 个嵌件）

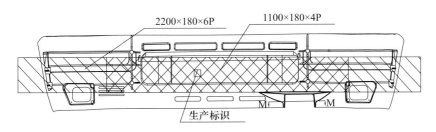

图 5-3-30 依维柯 SMC 前保险杠产品铺料示意

成型工艺条件：模具型面温度 154～166℃，上下模保持 2～6℃的模温差；加压时机≤30s；成型压力在 1000～1200t；保压时间 4min；成型后产品的巴柯尔硬度为≥45。

（3）保压时间到后，将模具侧抽芯退回，开模取出产品，并将产品模具剪切边处和脚踏板处的毛刺清理干净。产品自检合格后，再将产品放入专用矫形工装上进行矫形处理；矫形工装调整产品的张口尺寸，使其严格控制在规定的尺寸范围内，冷却定型。产品在转序时，产品外形尺寸应符合图纸要求；产品外形完好，无明显的缺料、气泡、裂纹等缺损，表面颜色基本均匀；去毛刺、转序过程注意产品防护，避免磕划伤；预埋嵌件齐全到位，螺纹完好无损。

### 5.3.3.3 SMC 前保险杠的二次加工

SMC 前保险杠的二次加工包括攻螺纹、反面切孔、正面切孔和打磨等步骤。

（1）攻螺纹。经检验转序合格的产品，将产品放置在工作台上（背面在上），将各金属嵌件用丝锥 M4、M10 依次攻螺纹，攻螺纹要到位并避免遗漏。

（2）反面切孔。按图 5-3-31 所示从产品反面切孔；用气动砂轮切割雾灯孔、脚踏孔及三个斜孔下部；用曲线锯除去两底边厚边毛刺，切割线保留规定的打磨宽度。

（3）正面切孔和打磨。按图 5-3-32 所示从产品正面切孔；用钻头及曲线锯在要切割的四个直孔和喇叭孔处打通孔，再进行切割；用钻头打通两个挂车牌孔；用锉刀打磨雾灯孔、脚踏孔及三个斜孔下部、喇叭孔处；用细砂布或小圆锉去除各个圆孔周边毛刺。

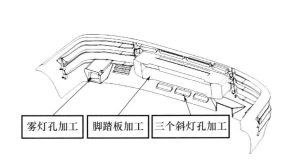

图 5-3-31 反面加工雾灯孔、脚踏孔及三个斜孔示意

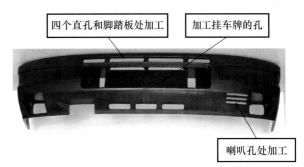

图 5-3-32 产品正面加工示意

经过二次加工的产品，切割到位，以成型棱线为准，切割线要平直；不能损伤产品表面；打磨干净，使加工棱线及拐角等部位平滑过渡，无明显凸出不平等毛刺；产品外形完整，无大面针眼、气泡裂纹等影响外观的缺陷；产品外露面无明显打磨余留的白印痕；操作时轻拿轻放，不能损伤产品表面；检验合格的产品进入转序。

### 5.3.3.4 SMC 保险杠的表面喷涂

保险杠的表面喷涂主要包括表面处理和水洗、配漆和底漆喷涂、烘烤和检验。

产品经检验合格后，放在悬挂链上。首先，经水洗以除去产品表面的粉尘；然后，在高温烘道的温度下烘烤规定的时间，确保产品表面的水分充分蒸发烘干。与此同时，在喷漆室环境温度10～35℃、环境湿度≤65％下配漆。原漆采用专用固化剂、稀释剂系统。油漆称量前需要将开桶的原漆、固化剂用专用搅拌工具充分搅拌，防止因油漆沉淀而影响底漆件的颜色；原漆中加入固化剂混合后，再加入稀释剂并搅拌规定的时间。容器和搅拌工具保持清洁；油漆黏度按要求调整到规定的范围（用福特-4杯，15～35℃检测）。底漆使用前需用过滤网过滤，枪罐内的吸管也需加过滤网；当产品随悬挂链进入喷漆室时，对产品正面喷涂底漆，背面虚喷一层底漆；油漆充分流平后烘烤；产品烘烤后随喷漆线进入冷却阶段；喷漆室环境温度在10～35℃，相对湿度≤65％；喷漆室、流平室、烘烤室保持清洁，防止粉尘污染产品；根据需要调整喷枪口径和喷枪压力在规定的范围内。烘烤温度控制在100～120℃，相应的烘烤时间控制在14～20min范围内。

产品冷却充分后，下线自检漆膜及制件表面质量。漆膜无明显流挂、橘纹、疙瘩、划痕、油缩、气泡凹陷等影响产品表面质量的缺陷；嵌件无油漆残余物；产品下沿、边角等部位喷涂到位；漆膜厚度均匀，并控制在规定的范围内；漆膜附着力≤2级。最后，经检验合格后，产品转序。

### 5.3.4　SMC在SUV后尾门的应用

本部分主要参考资料来自世泰仕集团（中国）公司"乘用车SUV后尾门产品应用"和杉盛集团公司"塑料尾门的普及和应用"等资料，作者根据本书的需要，对其进行了修改、补正、改编。

随着汽车的迅速普及，尾气排放对环境的影响也受到关注，我国大气污染中，汽车尾气排放所占比例已超过70％。在如此环境下，汽车轻量化和新能源汽车的推广迫在眉睫。因受电池的续航里程限制，新能源车辆急需达到更好的轻量化。其中，电动汽车的推广既可以减少有害气体和有害物质的排放，有效地减少对环境的污染，减轻汽车的质量，又能增加其续航里程。因此，用塑料（包括SMC）制造SUV后尾门的应用受到各大主机厂的青睐。

SMC材料作为一种热固性复合材料，与钢材相比具有强度和刚度高、尺寸稳定、耐候性、耐腐蚀性等诸多优良特性。因此，对于一些有一定刚度和强度要求、尺寸精度要求较高的汽车零部件而言，SMC材料成为其轻量化的理想选择。在乘用车上，SUV等两厢车的尾门就是SMC材料的典型应用。据中国汽车工业协会统计，在2020年，汽车总销量为2531.1万辆，同比下降1.9％。其中，轿车产销量分别为918.9万辆和927.5万辆，同比分别下降10％和9.9％。而SUV车型产销量分别为939.8万辆和946.1万辆，同比分别增长0.1％和0.7％。SUV车型年度产销规模首度超过了轿车。2021年，随着汽车工业实现恢复性增长，汽车销量达到2600万辆，SUV车型的产销量仍会持续增长。因此，SMC在该领域的应用仍会有发展的潜力。据中商情报网报道：2022年中国SUV累计销量940.6辆，同比增长1.9％。据中国汽车工业协会统计，2023年中国汽车总销量将达到3000万辆，同比增长幅度为6.3％。其中，乘用车销量为2350万辆，商用车销量为650万辆。2023年1—11月，销量排名前十位的SUV生产企业共销售742.6万辆，占SUV销售总量的62.9％，即全国1—11月，SUV总销量约1180.6万辆，比2022年有较大幅度的提升。

近几年来，国内已有多家公司从事SUV车型塑料尾门的研制和生产。所说的塑料尾门，主要包括尾门内板、外板和扰流板，这三大部分都是塑料件，而不是钣金件。除此之外，尾门上还需要集成多种附件，如天线、高位刹车灯、玻璃、挡风板、尾灯、摄像头、电动尾门开关、牌照板、牌照灯等，由此导致有许多接口产生。从塑料尾门的发展历史看，其内外板材料及结构大致分三大类：最早出现的是SUV车型后尾门，由热固性SMC内板和热固性SMC外板组合而成（Tailgate）；其后是SMC内板和热塑性塑料外板组合（Hybrid tailgate-Higate）；内外板均由热塑性塑料组合而成（Full Thermoplastic Tailgate），即内板采用长玻纤增强的PP（LGF＋PP），外板和扰流板采用PP或者TPO。和热塑性塑料相比，SMC内板具有良好的强度和刚性，耐候、耐热、阻燃性能较优；但密度稍高，回收工艺难度稍大；后者产品质量较轻，外板弹性较佳，容易回收，生产过程容易实现机械化和自动化。

生产环境环保效果较好。唯一需注意的是要解决好内板的强度和刚性问题，而且耐候性和阻燃性不如热固性材料。

据资料介绍，1982年雪铁龙BX和1993年土星的旅行轿车使用SMC尾门，1996年雷诺Espace、1996年沃尔沃V70、2002年梅甘娜Ⅱ等车型都使用第一代塑料尾门即SMC尾门；2004年法国雷诺Modus、2007年日本马自达5、2011年标致508旅行版、2012年路虎极光、2013年捷豹XF旅行版、2012年国内正式上市的上汽荣威E50电动车、2014年国内DS首款SUV车型DS6和DS7、蔚来ES8和ES6、猎豹CS3BEV车型都使用了第二代塑料尾门即SMC、热塑性塑料复合组成的尾门；第一个应用全塑性塑料尾门的车型是2012年雷诺新Clio，其内板是LGF-PP，外板是PP，扰流板是ABS；2013年尾门供应商彼欧开发了自己的第一款全塑尾门，标致新308的尾门，内板LGF＋PP，外板和扰流板PP，材料供应商是SABIC；2013年法兰克福车展，日产发布了其第三代X-trail，搭载着麦格纳为其开发的全塑尾门。这款车型2014年国内上市之后就是国产新奇骏，其北美版为Rogue，2014尼桑Rogue全塑料型汽车后背门总净重24kg，较2013款冲压钢材质后背门更轻便，为车身整体轻量化设计做出了巨大贡献，同时更有利于汽车节能降耗。新型汽车尾门外板门全部采用TPO（热塑性聚烯烃），而内板则采用含30％长玻璃纤维的PP复合材料；2014年宝马i3使用麦格纳开发的全塑尾门。

本部分主要介绍有关SMC内板的制造工艺和性能要求。无论是第一代塑料尾门还是第二代塑料尾门都需要用到SMC内板。

### 5.3.4.1　常用塑料后尾门的材料性能

轻量化尾门的核心部件就是SMC模压复合材料的内板。前两种类型的尾门总成，实现相关的性能指标，满足汽车行业的法规，都需靠SMC内板的自身性能来体现。其设计和制造难度，技术含量也主要体现在SMC内板上。随着我国市场国六排放指标的提出，国内市场对尾门VOC排放指标相比欧洲市场提出了更高的要求。目前已经开发出应对国六指标的SMC尾门专用配方，能满足更严格的低排放指标的要求。随着轻量化和低VOC材料研发工作的进一步深化，更低密度、接近VOC零排放的SMC材料也已在开发进程之中。

对应用于尾门内板的SMC材料，作为整个尾门总成的最主要载体，要求具备足够的刚度、强度以及外观质量。因此，其材料配方要采用低波纹（LP）体系，要有接近零的收缩率，即一般称之为外观质量能达到A级表面的要求，并根据产品项目要求喷涂外观油漆实现产品外观要求。

表5-3-6所示为某款SUV车型尾门所用的主要零件及材料的类型。表5-3-7所示为不同SUV车型SMC内板材料的基本性能要求。表5-3-8所示为尾门用外板材料的基本性能要求。

表5-3-6　某款SUV车型尾门所用的主要零件及材料的类型

| 编号 | 零件名称 | 材料品种 | 厚度（mm） | 成型工艺 | 表面处理 |
| --- | --- | --- | --- | --- | --- |
| 1 | 背门下外板 | PP＋EPDM-T20（BFT1030 LV） | 2.5 | 注塑 | 纹理 |
| 2 | 背门上外板 | PP＋EPDM-T20（BFT1030 LV） | 2.5 | 注塑 | 纹理 |
| 3 | 背门上内板补强板 | SMC | 2.5 | 模压 | — |
| 4 | 背门下内板补强板 | SMC | 2.5 | 模压 | — |
| 5 | 背门内板 | SMC | 2.5 | 模压 | 喷涂 |
| 6 | 背门铰链加强板 | SPCC（冷轧碳钢薄板） | 2.5 | 金属加工 | 电泳 |
| 7 | 背门气弹簧加强板 | SPCC | 2.5 | 金属加工 | 电泳 |
| 8 | 背门雨刮加强板 | SPCC | 2.5 | 金属加工 | 电泳 |
| 9 | 背门锁加强板 | SPCC | 2.5 | 金属加工 | 电泳 |

表 5-3-7　不同 SUV 车型 SMC 内板材料的基本性能要求

| 项目 | 采用标准 | 车型一 | 车型二 |
|---|---|---|---|
| 弯曲强度（MPa） | GB/T 1449—2005 | 185 | ≥160 |
| 弯曲模量（GPa） | GB/T 1449—2005 | 12 | — |
| 冲击强度（kJ/m²） | GB/T 1043.1—2008 | 70（无缺口） | — |
| | GB/T 1451—2005 | — | ≥50（带缺口） |
| 密度（g/cm³） | GB/T 1463—2005 | 1.85 | 1.8 |
| 玻纤含量（％） | GB/T 15568—2008 | 25±3 | 25±3 |
| 收缩率 | GB/T 15568—2008 | 0% | ≤0.08% |

表 5-3-8　SUV 尾门用外板材料（PP＋EPDM-TD20）的基本性能要求

| 项目 | 单位 | 执行标准 | 测试条件 | 测试标准 |
|---|---|---|---|---|
| 密度 | g/cm³ | ISO 1183 | 23℃，浸渍法 | 1.05±0.02 |
| 燃烧灰分 | ％ | ISO 3451 | （800±25）℃ | 20±2 |
| 拉伸强度 | MPa | ISO 527 | 50mm/min | ≥20 |
| 断裂延伸率 | ％ | ISO 527 | 50mm/min | ≥30 |
| 弯曲强度 | MPa | ISO 178 | 23℃，2mm/min | ≥20 |
| 弯曲模量 | MPa | ISO 178 | 23℃，2mm/min | ≥1400 |
| 简支梁缺口冲击强度 | kJ/m² | ISO 179 | 23℃ | ≥25 |
| 热变形温度 | ℃ | ISO 75 | 0.45MPa | ≥90 |

### 5.3.4.2　SUV 后尾门的制造工艺

整个 SUV 后尾门的制造工艺流程如图 5-3-33 所示。其中包括 SMC 内板和 PP 塑料外板的制造工艺流程，以及内外板的组装工艺流程。从图 5-3-33 中可以看出，内外板由于采用了不同种类的材料，因此分别在有不同工艺装备的工艺线上进行生产，然后在组装线上进行组装，最后生产出合格的尾门总成。

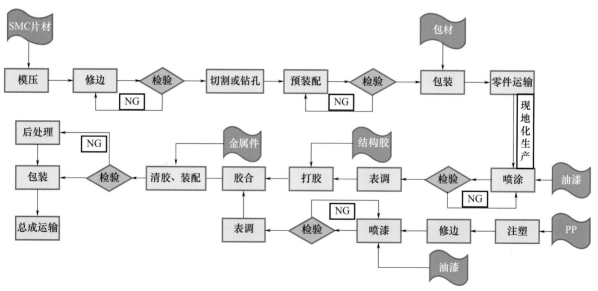

图 5-3-33　SUV 后尾门生产工艺流程示意

以下重点对 SMC 内板的制造工艺进行简要的讨论。内板的制造工艺流程大体上分为材料准备、成型、开模取件、冷却定型、清理毛刺和二次加工、表面喷涂等工序。其中，大部分工序由机械手自动完成，部分操作实现过程机械化或个别操作辅以人工。

　　材料准备应按要求选取正确的 SMC 材料品种，再按工艺规范标准将材料在自动裁料机上（图 5-3-34）裁剪成一定的尺寸和数量，并根据产品的性能和成型要求将材料按一定的方式码放在一起备用。

　　随后的加料入模、加压、保温保压过程操作全部由机械手和压机自动完成。保温保压阶段结束后，机械手将从模具中取出产品并自动进行下一模的加料操作（图 5-3-35）。

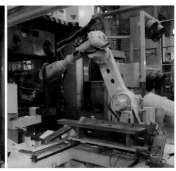

图 5-3-34　SMC 自动裁料机　　　　　　　　图 5-3-35　机械手在进行取件和加料动作

　　取出的产品由机械手继续将产品放在冷却定型工装上，让产品冷却定型。随后，机械手自动将产品从定型工装上取下，放到输送带上转入下道工序。过程循此往复进行生产整体布局如图 5-3-36 所示。

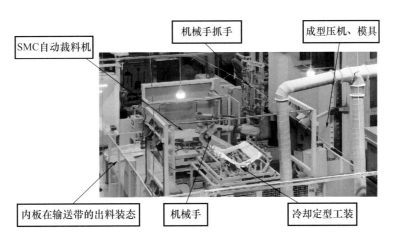

图 5-3-36　SMC 内板成型过程的整体布局

　　产品进入下一道工序将进行毛刺清理、二次加工切割打孔、安装附件，在必要时进行粘接操作。图 5-3-37 和图 5-3-38 分别显示上述过程的机械化和自动化进程。

　　在二次加工过程结束后，产品将进入下一道工序即表面喷涂。在产品进行喷涂之前，产品表面必须达到相关的标准，经检验合格后，将产品挂在悬挂链上，首先对产品进行彻底的清洗，经烘干后对产品进行喷涂。从产品挂在悬挂链上起，整个运行将在密闭的喷涂线上进行。喷漆操作可以是人工操作也可以是机器人操作。图 5-3-39 分别显示 SMC 后尾门内板的清洗和喷涂后初检操作过程。

　　SMC 后尾门内板的制造过程控制水平对于最终产品的品质有重大影响。由于整个过程比较复杂、工序链比较长，影响因素比较多，因此其控制难度比较大。要想获得理想的产品质量，从工序流程方面看，要在以下两方面做好过程相关参数的控制。

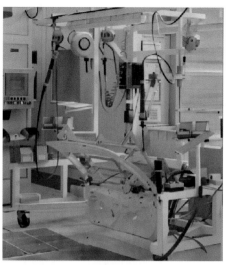

图 5-3-37　机械手在进行打孔切割和附件安装操作

图 5-3-38　自动化涂胶操作设备及过程

图 5-3-39　SMC 尾门内板全自动清洗线和喷涂线出口（产品初检）

1. 制造工艺过程

（1）原材料制备过程。SMC 材料的配方、生产的控制。如采用 A 级材料配方，严格把好原材料的选择质量关，生产过程材料黏度控制，材料的浸渍充分性和选用高品质的生产设备等。

（2）成型过程的控制。材料尺寸和加料方式的控制；成型温度、压力、压机工艺参数的选择与控制；成型设备精度如压机、模具与工装基本参数、质量与工艺过程的适配性；模具需具有抽真空功能，高的成孔精度方式，表面镀铬。必要时可采用具有模内涂层功能的压机、模具、涂层注射系统。

（3）二次加工设备与工装的参数选择、动作设计、控制精度等与工艺过程、产品质量要求的适配性；尽可能采用自动化工艺和设备。

（4）产品表面喷涂工序。其表面质量、缺陷处理效果、油漆的选择和调配、喷漆工艺参数的控制，如油漆黏度、喷漆气压、喷嘴口径、喷漆方式等，喷漆线的工艺设计的合理性和喷漆工艺水平和自动化程度。

2. 产品及装配过程

（1）遵守法规，按 GB/T 30512—2014《汽车禁用物质要求》的规定执行。

（2）产品性能应满足客户对该产品的各项性能指标要求。

（3）外观方面，不允许存在产品表面破裂或产生裂痕，表面变形、软化，表面龟裂、褪色或表面产生缩印等缺陷；产品厚度要均匀，或变厚度时要逐渐过渡，要控制表面油漆均匀性；不允许存在漆面附着力差导致漆膜脱落；不允许存在胶缝不均匀、不美观等缺陷。

（4）装配。尾门内板是后风挡玻璃、后背门铰链、后背门支持杆、后背门密封条、后背门门锁、高位尾灯的安装载体；灯及灯装饰板配合、线束装配、门锁装配、内护板装配、堵盖装配等均需合理装配。

（5）生产工艺可靠性和可重复性。

### 5.3.4.3　尾门内板材料及相关产品性能和检测

SUV尾门及同类产品的性能主要应确保产品能承受足够的力学强度和优良的外观、尺寸精度。与此同时，还要满足其他方面如环保、防腐、耐热、耐候和其他特殊要求。现以某车型为例，较为详细地列举其已通过检测的尾门对内外板及总成尾门的性能要求及其试验方法、沿用标准。这些资料对以后各种SMC汽车及其他领域应用的典型产品的性能检测均有较大的参考价值。

1. 外观要求

产品必须去除可能影响装配、操作安全、外观和功能的毛刺和飞边。表面不允许存在有任何影响安装、功能和美观的缺陷，如形变、翘曲、波纹等，外观表面不允许不均匀，不允许有光亮点、皱褶、裂缝、污迹或折叠、覆盖层分离等。

总成中的塑料件表面皮纹应均匀一致，无毛刺和缩痕等缺陷。冲压边和剪切边应光洁无毛刺。

涂层表面不得有磕碰、划伤、擦伤。采用光泽度仪、色差仪、匹配标准色板控制油漆外观，使外观符合内饰件外观要求。

2. 力学性能要求（内板）

（1）弯曲强度：参考标准 GB/T 1449—2005。

试样预处理条件、时间：$(23\pm2)℃$，$(50\pm5)\%RH$，24h。

测试环境：温度为 22.6℃；湿度为 50%RH。

零件上裁样，样条尺寸 80mm×15mm×3mm，实际跨距为 60mm，测试速度为 10mm/min。

判定要求：≥160MPa。

（2）密度：参考标准 GB/T 1463—2005。

试样预处理条件、时间：$(23\pm2)℃$，$(50\pm5)\%RH$，24h。

测试环境：温度为 24.2℃；湿度为 47%RH。

判定要求：$(1.8\pm0.02)$ g/cm³。

（3）玻纤含量：参考标准 GB/T 15568—2008。

试样预处理条件、时间：$(23\pm2)℃$，$(50\pm5)\%RH$，24h。

测试环境：室温。

判定要求：$(25\pm3)\%$。

3. 物理性能要求

（1）热变形温度：参考标准 GB/T 1634.2—2019。

试样预处理条件、时间：$(23\pm2)℃$，$(50\pm5)\%RH$，24h。

测试环境：温度为 23℃；湿度为 50%RH。

零件裁样，样条尺寸：80mm×10mm×3mm，跨距为64mm，将样品水平放置，根据实际选择负载为1.8MPa。

标准挠度：0.46mm。

升温速率：(120±10)℃/h。

判定要求：≥90℃。

（2）高温性能：参考标准DIN 53497—2017。

环境条件：温度为18～28℃；湿度为25%～75%RH 。

技术要求：温度为100℃；保持时间为24h。

判定要求：无脆变，外形和表面不许发生损害性能的改变，无变色。

（3）低温性能，检测依据：依据客户要求。

环境条件：温度为18～28℃；湿度为25%～75%RH 。

技术要求：温度为−40℃；保持时间为24h；样品加热至常温23℃后进行外观检查。

判定要求：不应出现裂纹和颜色、光泽变化。

（4）耐热老化性：参考标准GB/T 7141—2008。

环境条件：温度：23℃；湿度：50 %RH 。

技术要求：试样尺寸为100mm×10mm；将试样存放在（150±2）℃的循环管空气箱中400h。

判定要求：经老化停放后，不得产生变形，如整个结构扭曲、轮廓和半径的变形、产生气泡、缩孔、粉化、裂纹等；允许有符合批准样品的微少变色和失出光泽，色调不得转变。

（5）耐刮擦性，依据客户要求，参考标准Q/ZTB 03.024—2016。

环境条件：室温。

技术要求：其中电动刮擦仪中的负载为4N；刮擦头直径为1mm；刮擦头速度为（1000±50）mm/min；划格间距为2mm；网格数为20×20。

色差仪中的光源为D65；观察角为10°；照明、受光系统为d/8；测量口径为$\phi$8mm；测量模式为SCI。

判定要求：刮擦区域试验前后色差变化$\Delta L \leq 1.5$。

（6）燃烧特性，依据客户要求，参考标准ISO 3795：1989。

环境条件：温度为23℃；湿度为50 %RH 。

测试方法：样品尺寸为356mm×100mm×2.9mm；不需要支撑线；使用水平燃烧仪进行点火，火焰高度38mm，试样自由端处引燃时间15s。计时以火焰传播较快的一面为准，通过第一标记线的瞬间开始计时，当样品达到第二标线或第二标线之前熄灭时停止计时；依据燃烧时间和燃烧距离计算燃烧速度。

判定要求：≤70mm/min。（根据GB 8410阻燃标准，要求≤100mm/min）

（7）低温落球实验，参考标准Q/ZTB 03.044—2011及客户要求。

环境条件：温度为18～28℃；湿度为25%～75%RH 。

技术要求：试验温度为−40℃；试验时间为24h；钢球质量为500g；落球高度为300mm。

判定要求：无变形、破损、裂纹、裂口、发白等缺陷。

（8）高低温湿热交变试验。

检测依据：依据客户要求，参考标准Q/ZTB 03.076—2012。

环境条件：温度为18～28℃；湿度为25%～75%RH 。

技术要求：以下1～8为一个循环，共40个循环（表5-3-9）。

表 5-3-9　低温落球实验技术要求

| 序号 | 环境 | 阶段 | 时间（min） |
|---|---|---|---|
| 1 | 23℃，30％RH | 保持 | 40 |
| 2 | 23℃，30％RH 降至-35℃ | 降温 | 90 |
| 3 | −35℃ | — | 60 |
| 4 | −35℃升至 50℃，80％RH | 升温、湿 | 80 |
| 5 | 50℃，80％RH | — | 120 |
| 6 | 50℃，80％RH 升至 80℃，30％RH | 升温、湿 | 30 |
| 7 | 80℃，30％RH | — | 240 |
| 8 | 80℃，30％RH 降至 23℃，30％RH | 降温、湿 | 60 |

判定要求：无翘曲、轮廓或曲面歪斜、生成气泡、粉化、渗出、缩孔、偶然性纹理消失以及其他可察觉变化。

（9）冷热交变性能，依据客户要求，参考标准 QC/T 15—1992。

环境条件：温度为 18～28℃；湿度为 25％～75％RH 。

技术要求：以下 1～4 为一个循环，共 3 个循环（表 5-3-10）。

表 5-3-10　冷热交变性能技术要求

| 序号 | 环境 | 阶段 | 时间 |
|---|---|---|---|
| 1 | 90℃ | 保持 | 3h |
| 2 | 23℃ | 保持 | 30min |
| 3 | −40℃ | 保持 | 2h |
| 4 | 23℃ | 保持 | 30min |

判定要求：不出现变形、弯曲、下垂或其他影响外观的变化。

（10）剪切粘接强度，参考标准 GB/T 7124—2008。

环境条件：试样预处理条件、时间为（23±2）℃、（50±5）％RH、24h。

测试环境：温度为 23℃；湿度为 50 ％RH 。

测试方法：样品粘接面长度为 12.5mm，（23±2）℃调节 10min，分别放在以下条件后取出后测试试样剪切强度。取 5 组常温静置 24h；取 5 组低温−40℃放置 24h。取 5 组高温 80℃放置 24h。剪切强度：预载为 0.5N，测试速度为 50mm/min。

判定要求：＞3MPa。

4. 耐腐蚀性能

（1）耐溶剂性（适用于非喷涂件），依据客户要求。

环境条件：温度为 23℃；湿度为 50％RH。

试样尺寸：80mm×20mm；测试试剂为 120 号洗涤汽油、分析纯酒精、玻璃清洁剂、5％洗涤剂。

测试方法：用移液管将 0.1mL 测试试剂滴到样条表层的表面上，经 10min 作用后，在 60℃环境温度下对试样烘 30min，24h 后进行评定。

判定要求：表面不得出现溶解、膨胀、变色或裂缝现象。

（2）耐化学制剂，依据客户要求。

环境条件：温度为 23℃；湿度为 50％RH。

技术要求：测试试剂为高级汽油、水表面活性剂 5％、防护蜡、脱蜡剂；分别用浸过化学制剂的棉团在吸能块外表面擦拭 10 次，在环境温度下放置 30min 后目测。

判定要求：不允许有软化、发黏等显著变化。

5. ELV6 项要求，参见 GB/T 30512—2014《汽车禁用物质要求》。

试验标准及方法：GB/T 30512—2014《汽车禁用物质要求》；QC/T 941—2013《汽车材料中汞的检测方法》；QC/T 942—2013《汽车材料中六价铬的检测方法》；QC/T 943—2013《汽车材料中铅、镉的检测方法》；QC/T 944—2013《汽车材料中多溴联苯（PBBs）和多溴二苯醚（PBDEs）的检测方法》。

检测内容：裁块喷漆样块。ELV6 项检测项目见表 5-3-11。

表 5-3-11    ELV6 项检测项目

| 铅（Pb） | 六溴联苯 | 四溴二苯醚 |
|---|---|---|
| 镉（Cd） | 七溴联苯 | 五溴二苯醚 |
| 汞（Hg） | 八溴联苯 | 六溴二苯醚 |
| 六价铬（$Cr^{6+}$） | 九溴联苯 | 七溴二苯醚 |
| 一溴联苯 | 十溴联苯 | 八溴二苯醚 |
| 二溴联苯 | 多溴联苯之和（PBBs） | 九溴二苯醚 |
| 三溴联苯 | 一溴二苯醚 | 十溴二苯醚 |
| 四溴联苯 | 二溴二苯醚 | 多溴二苯醚之和（PBDEs） |
| 五溴联苯 | 三溴二苯醚 | — |

6. 产品（尾门总成）表面性能的要求

其中包括：漆膜厚度、附着力、耐清洗刷的敏感性、耐高压清洗、抗石击性、耐水性、潮湿起泡、耐化学介质侵蚀性、耐溶剂、耐稀硫酸性、环境循环、漆膜冲击试验、冷热交变性能、抗汽车防冻液性、抗汽车蜡性共 15 项。

（1）漆膜厚度，参考标准 GB/T 13452.2—2008。

环境条件：23℃，50%RH。

技术要求：测试方法为金相法测试。

判定要求：报告实测值。不同产品对漆膜厚度有不同要求。

（2）附着力，参考标准 GB/T 9286。

环境条件：温度为 18～28℃；湿度为 25%～75%RH。

技术要求：用划格刀，每个方向划痕数为 6；划线间隙为 2mm（依据实际测定漆膜厚度）；用压敏胶带进行附着力测试。

判定要求：附着力 0 级或 1 级，在切口的相交处有小片剥落，划格区内实际破损≤5%。

附着力等级见表 5-3-12。

表 5-3-12    附着力等级

| 分级 | 说明 |
|---|---|
| 0 | 切割边缘完全平滑，无一格脱落 |
| 1 | 在切口交叉处有少许涂层脱落，但交叉切割面积受影响不能明显大于 5% |
| 2 | 在切口交叉处或沿切口边缘有涂层脱落，受影响的交叉切割面积明显大于 5%，但小于 15% |
| 3 | 涂层沿切割边缘部分或全部以大碎片脱落，或在格子不同部位上部分或全部脱落，受影响的交叉切割面积明显大于 15%，但不能明显大于 35% |
| 4 | 涂层沿切割边缘大碎片脱落，或一些方格部分或全部出现脱落受影响的交叉切割面积明显大于 35%，但不能明显大于 65% |
| 5 | 剥落程度超过 4 级 |

（3）耐清洗刷的敏感性。

检测依据：依据客户要求，参考标准 GB/T 9754—2007。

环境条件：温度为 18～28℃；湿度为 25％～75％RH。

测试方法：将规则形状的试样放置在自动洗车机上，在湿润状态下，在距离洗车刷回转中心 150mm 外放置样品；测试转速为 400RPM；经过预定的擦洗循环（2000 次）后，检查漆膜表面的光泽及磨损情况。

判定要求：检测后，样品表面无磨损；检测后，残余的光泽（20°）≥70，光泽度损失≤20％。

（4）耐高压清洗。

检测依据：依据客户要求，测试方法为 PV 1503：2008-05 方法 A。

环境条件：温度为 18～28℃；湿度为 25％～75％RH。

技术要求：将样品放置室温下 7 天。

测试方法：冷热水高压清洗机预设工作压力为 9000000Pa；出口温度为 70℃；喷射压力为 19N；喷嘴至试样的距离为 15cm；喷射角度为 45°；喷射时间为每条切痕 20s；喷嘴方向，向着安德列亚斯十字形的两条切痕。

判定要求：测试后油漆无脱落。

（5）抗石击性。

检测依据：参考标准 SAE J400—2002（R2012）。

环境条件：温度为 18～28℃；湿度为 25％～75％RH。

技术要求：测试温度为室温（23±2）℃；石子冲击试验箱石子规格为 9.53～15.86mm；水冲刷鹅卵石；喷射角度为 90°；喷射次数为 0.473L；喷射压力为（483±21）kPa；喷射时间为 10s。

判定要求：等级≥7B，直径为 3mm 区域内 99％的漆膜保留未脱落。

（6）耐水性。

检测依据：依据客户要求，参考标准 GB/T 1733—1993 或 ISO 105-A02 或 GB/T 9286。

环境条件：温度为 18～28℃；湿度为 25％～75％RH。

技术要求：试验前使用 1：1 的石蜡和松香混合物将涂层样品进行封边，封边宽度为 2～3mm；将样品的 2/3 在 40℃的水中浸 12 天；试验结束后取出样品，用滤纸吸干样品的表面水分，检查外观，在光源箱下比对灰度等级，用划格刀再进行划格。

判定要求：漆膜无起泡、失光、软化；灰度等级 4～5 级；附着力 0 级或 1 级，在切口的相交处有小片剥落，划格区内实际破损≤5％。

（7）潮湿起泡。

检测依据：依据客户要求。

环境条件：温度为 18～28℃；湿度为 25％～75％RH。

技术要求：测试条件为 60℃，95％RH；测试时间为 100h；试验结束后在光源箱下比对灰度等级，再进行划格试验。

判定要求：试验后漆膜不得起泡、失光、软化；灰度等级 4～5 级；附着力 0 级或 1 级，在切口的相交处有小片剥落，划格区内实际破损≤5％。

（8）耐化学介质侵蚀性。

检测依据：依据客户要求。

环境条件：23℃，50％RH。

测试试剂以及放置时间：玻璃清洗剂，室温放置 16h；发动机油，室温放置 16h；柴油，室温放置 10min；无铅汽油，室温放置 10min；防护蜡，室温放置 10min。

测试方法：室温下点滴法，将上述试剂滴在样品表面（除防护蜡涂抹）存放之后，除去表面试剂；

实验结束后检查外观、评估样品灰度等级，并依据 GB/T 9286 进行附着力试验，间距 2mm。

判定要求：漆膜无起泡、失光、软化；根据 ISO 105-A02 评价灰度等级 4～5 级；附着力 0 级或 1 级，在切口的相交处有小片剥落，划格区内实际破损≤5％。

（9）耐溶剂性。

检测依据：依据客户要求。

环境条件：23℃，50％RH。

技术要求：使用棉球浸泡二甲苯后在涂层表面来回摩擦；记录漆膜发软至可以用指甲轻轻刮去或用棉球擦拭掉色时的接触时间。

判定要求：接触时间≥3min。

（10）耐稀硫酸性。

检测依据：依据客户要求。

环境条件：23℃，50％RH。

技术要求：在室温下，在零件表面滴 0.3～0.5mL 质量分数 30％的稀硫酸，室温放置 16h 后检查样品表面；评估样品灰度等级，并依据 GB/T 9286 进行附着力试验，间距 2mm。

判定要求：漆膜无起泡、失光、软化；根据 ISO 105-A02 评价灰度等级 4～5 级；附着力 0 级或 1 级，在切口的相交处有小片剥落，划格区内实际破损≤5％。

（11）环境循环。

检测依据：依据客户要求。

环境条件：温度为 18～28℃；湿度为 25％～75％RH。

技术要求：测试方法为：（90±2）℃ ×240h→ （23±2）℃ ×1h（高温结束后检查表面状态并测试附着力）→ （－40±2）℃ ×24h→ （23±2）℃ ×1h（低温结束后检查表面状态并测试附着力）。

判定要求：漆膜无起泡、失光、软化；根据 ISO 105-A02 评价灰度等级 4～5 级；附着力 0 级或 1 级，在切口的相交处有小片剥落，划格区内实际破损≤5％。

（12）环境循环。

检测依据：依据客户要求。

环境条件：温度为 18～28℃；湿度为 25％～75％RH。

测试方法：（90±2）℃ ×240h→ （23±2）℃ ×1h（高温结束后检查表面状态并测试附着力）→ （－40±2）℃ ×24h→ （23±2）℃ ×1h（低温结束后检查表面状态并测试附着力）。

判定要求：漆膜无起泡、失光、软化；根据 ISO 105-A02 评价灰度等级 4～5 级；附着力 0 级或 1 级，在切口的相交处有小片剥落，划格区内实际破损≤5％。

（13）漆膜冲击试验。

检测依据：依据客户要求，参考标准 GB/T 1732—1993，现行标准为 GB/T 1732—2020。

环境条件：23 ℃，50％RH。

技术要求：漆膜冲击器摆锤质量为（1000g±1）g；高度 300mm；冲击头直径为 8mm；将涂漆试板漆膜朝上平放在铁砧上，试板受冲击部分距边缘大于 15mm，每个冲击点的边缘相距不少于 15mm，按压控制钮，摆锤即自由地落于冲头上。提起摆锤，取出试板；同一块样品进行 3 次冲击；用 4 倍放大镜观察漆膜开裂情况。

判定要求：油漆无剥落、无裂缝。

（14）冷热交变性能。

检测依据：依据客户要求，参考标准 QC/T 15—1992。

环境条件：温度为 18～28℃；湿度为 25％～75％RH。

技术要求：在高低温湿热交变试验箱中进行，步骤①～④为一个测试循环（温度变化速率为 1℃/min）。

①90℃下存放 3h；②23℃下存放 0.5h；③-40℃下存放 2h；④23℃下存放 0.5h。

测试时间：共 3 个循环；循环结束后在光源箱下比对灰度等级，用划格刀再进行划格。

判定要求：漆膜无起泡、失光、软化。根据 ISO 105-A02 评价灰度等级 4～5 级；附着力 0 级或 1 级，在切口的相交处有小片剥落，划格区内实际破损≤5%。

（15）抗汽车防冻液性。

检测依据：依据客户要求。

环境条件：23℃，50%RH。

测试方法：在室温下，在零件表面滴 0.3～0.5mL 防冻液，室温放置 4h 后用一块干净的布擦干净样品后检测样品表面。

判定要求：表面无褪色、着色以及其他外观异样。

（16）抗汽车蜡性。

检测依据：依据客户要求。

环境条件：23℃，50%RH。

测试方法：在室温下，用汽车抛光蜡打在零件表面，用一块布抛光后，再用另一块干净布用力将蜡擦干净后检查样品表面。

判定要求：表面无褪色、着色以及其他外观异样。

（17）另一款式的尾门内板在产品上需要做的实验见表 5-3-13。

表 5-3-13　尾门内板产品实验

| 项目 | 实验标准 | 典型值 |
|---|---|---|
| 阻燃性 | GB 8410 | <100mm/min |
| 气味 | VDA270 | 3 级 23℃ |
| 耐湿性 | 在 70℃、相对湿度 55%状态下保持 500h 采用 ISO 105 A02 评估外观 | 无明显可见的变形，外观颜色无变化 |
| 耐高温 | 在 85℃下保持 500h，用 ISO 105 A02 评估外观 | 无明显可见的变形，外观颜色无变化 |
| 扭转刚性 | 企业标准，模拟开门时扭转状态，检测内板的最大抗扭转力 | 在 20kg 重物压力下无开裂 |

阻燃实验：尾门内板作为内饰件，需具备阻燃要求，根据 GB 8410 的要求需具备水平速度<100mm/min。

取样：根据标准 GB 8410 需要从产品上按一定尺寸取样。

实验方法：将试样水平地夹持在 U 形支架上，在燃烧箱中用规定高度火焰点燃试样的自由端 15s 后，确定试样上火焰是否熄灭，或何时熄灭，以及试样燃烧的距离和燃烧该距离所用时间。

（18）尾门产品需要由厂家进行一系列的型式试验（表 5-3-14）。

表 5-3-14　尾门产品型式试验

| 编号 | 项目 | 试验方法简述 | 评价指标 |
|---|---|---|---|
| 1 | 一阶模态频率 | 弹性支撑或悬吊后背门总成，利用激振器进行激励测试 | ≥25Hz |
| 2 | 后背门侧向刚度 | 约束车身侧铰链安装孔 123456 自由度、后背门锁中心 13 自由度。在后背门锁孔中心沿 Y 向施加 150N 载荷 | <2.5mm |
| 3 | 后背门扭转刚度 | 关闭状态：约束车身侧铰链安装孔 123456 自由度，后背门锁中心 123 自由度。在后背门左右缓冲块安装点处分别沿 X 正向、负向施加 150N 载荷 | <2.5mm |
| | | 打开状态：约束车身侧铰链安装孔 123456 自由度，尾门无气弹簧，打开状态下，在后背门左右缓冲块安装点处分别沿 X 正向、负向施加 150N 载荷 | — |

| 编号 | 项目 | 试验方法简述 | 评价指标 |
|---|---|---|---|
| 4 | 后背门弯曲刚度 | 约束车身侧铰链安装孔 123456 自由度，后背门锁中心 123 自由度。在后背门左右缓冲块安装点处分别沿 X 正向施加 150N 载荷 | ＜2.5mm |
| 5 | 后背门铰链安装点刚度 | 约束后背门翻边边缘 123456 自由度；每个铰链安装点作为一个独立工况进行加载，于铰链安装点法向施加集中载荷 100N | 1. ≥1000N/mm<br>2. 材料应力低于强度极限 |
| 5 | 后背门撑杆安装点刚度 | 电撑杆瞬间开启力 1300N | 无塑性变形 |
| 6 | 后背门下垂分析 | 气撑杆的作用力（电撑杆 1300N）及尾门自重 | 变形＜1.0mm |
| 7 | 后背门抗凹 | 约束车身侧铰链安装孔 123456 自由度，后背门锁中心 123456 自由度，压头顶部沿后车门外板考察点处平面法向分别施加 150N、400N，卸载 | 初始刚度 30N/mm；400N 最大位移 10mm，残余位移 0.7mm |

### 5.3.4.4 SUV 车型 SMC 后尾门应用事例

近几年来，由于来自环保和节能的压力，SUV 车型塑料尾门的研制和应用越来越广泛。仅以两个厂家为例，它们正在研发和生产的塑料尾门的车型列举如下：图 5-3-40～图 5-3-42 分别为上汽荣威 E50、沃尔沃 XC60、奇瑞捷豹路虎极光、猎豹 CS3BEV、长安谛艾仕 DS7、众泰新能源 E12 等车型的 SMC 尾门内板照片和图像。

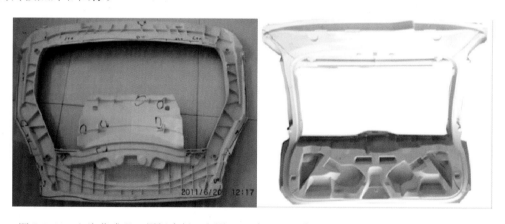

图 5-3-40 上汽荣威 E50 尾门内板（左图 2012 版）和沃尔沃 XC60 尾门内板（右图 2014 版）

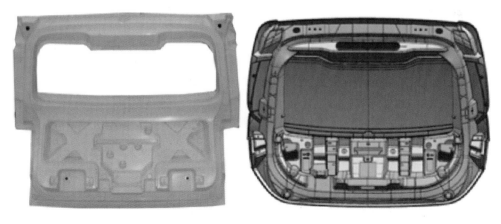

图 5-3-41 奇瑞捷豹路虎极光尾门内板（左图 2014 版）、猎豹 CS3BEV 尾门内板（右图）

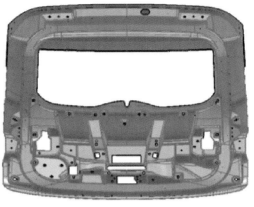

图5-3-42　长安谛艾仕DS7尾门内板（左图）、众泰新能源E12（右图）尾门内板

### 5.3.5　SMC在新能源汽车电池盒上盖中的应用

在本部分中，大部分素材来自福建宁德守信"高分子复合材料汽车电池包应用及工艺介绍"，格瑞德集团公司"复合材料模压典型产品"和浙江杉盛模塑科技有限公司"电池盒盖应用提纲"等资料，根据需要，对其进行了修改、补正、改编。

新能源汽车电池盒上盖，在新能源汽车发展初期，除了金属材料上盖为主要材料外，非金属材料电池盒上盖主要采用SMC材料来制造生产。近年来，陆续出现了PCM材料压制工艺、LFT-D工艺、HP-RTM工艺和PU等材料制造生产工艺。无论采用什么工艺，非金属材料的电池盒上盖随着新能源汽车产量的不断增加，SMC及其他非金属材料在电池盒上盖上应用的用量也会不断增长。其中，SMC电池盒上盖在非金属电池上盖中的占比预计会有更大的份额。

2020年，在新冠疫情的防控下，全球经济受到不小的影响，但是全球广义新能源乘用车销量达到516万台，同比有所增加，增速达到17%。其中，新能源车为增速做出了巨大贡献，插混、纯电动、燃料电池的狭义新能源车全球销量达到286万台，同比增长36%。

欧洲目前关于汽车排放标准的规定异常严苛。根据欧盟规定，自2020年1月1日起，欧盟境内新登记乘用车需要遵循"双95排放标准"，即95%的新登记乘用车平均二氧化碳排放量降至95g/km，到2021年100%新车要达到这一标准，再到2030年还要将二氧化碳排放量再降三分之一。以目前的情况看，即使是日系油混车也无法实现这一要求，各国政府和车企只能将希望寄托在纯电动车上。

目前，欧洲已经有20多个国家公布了内燃机车禁售的时间规划。在出台政策限制燃油车的同时，欧洲政府对于新能源车的补贴也在逐步加强。

据中国汽车工业协会资料，图5-3-43为2001—2023年我国汽车销量及增长率。从图中可以看出，到2023年，汽车产销双超3000万辆。我国汽车产销总量连续15年稳居全球第一。2009年，中国汽车产销量首次双突破1000万辆大关，成为世界汽车产销第一大国。2013年突破2000万辆，2017年产销量达到阶段峰值，随后市场连续三年下降，进入转型调整期。2020年，上半年汽车产销量受到了不小的影响。但从下半年开始，汽车市场开始复苏。全年产销量持续增速稳中略降，基本消除了疫情的影响。2021年结束"三连降"开始回升。2023年产销量突破3000万辆，汽车产销分别完成3016.1万辆和3009.4万辆，同比分别增长11.6%和12%。

中国新能源车市的整体走势与之类似。2020年，前半年表现不佳，7~12月逐步恢复，到12月中国市场占世界新能源车49%。我国新能源汽车产销量分别达到了136.6万辆和136.7万辆，仍然位居全球各国的前列。据称，2020年欧洲新能源乘用车的销量也获得高速增长，达到和我国同一水平即136.7万辆。

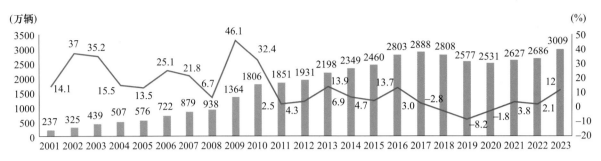

图 5-3-43　2001—2023 年我国汽车销量及增长率

但是，我国新能源汽车近两年来高速发展，新能源汽车保持产销两旺发展势头，连续 9 年位居全球第一。图 5-3-44 显示 2013—2023 年我国新能源汽车的销量及其增长率。在政策和市场的双重作用下，2023 年，新能源汽车持续快速增长，新能源汽车产销分别完成 958.7 万辆和 949.5 万辆，同比分别增长 35.8% 和 37.9%，市场占有率达到 31.6%，高于上年同期 5.9 个百分点。其中，新能源商用车产销分别占商用车产销 11.5% 和 11.1%；新能源乘用车产销分别占乘用车产销的 34.9% 和 34.7%。

图 5-3-44　2013—2023 年我国新能源汽车销量及增长率

我国新能源汽车所采用的新能源类型主要有纯电动汽车、混合动力汽车、燃料电池电动汽车和氢发动机汽车。目前氢发动机汽车应用还很少。表 5-3-15 为 2023 年我国新能源汽车中各种新能源车型的产销量及同比增长率。

表 5-3-15　2023 年我国新能源汽车中各种新能源车型的产销量及同比增长率

| 动力类型 | 2023 年产量（万辆） | 同比增长 | 2023 年销量（万辆） | 同比增长 |
| --- | --- | --- | --- | --- |
| 纯电动 | 670.4 | 22.6% | 668.5 | 24.6% |
| 插电式混合动力 | 287.7 | 81.2% | 280.4 | 84.7% |
| 燃料电池 | 0.6 | 55.3% | 0.6 | 72.0% |

据中国汽车工业协会的资料，预计 2024 年中国汽车总销量将超过 3100 万辆，同比增长 3% 以上，如图 5-3-45 所示。其中，乘用车销量 2680 万辆，同比增长 3%；商用车销量 420 万辆，同比增长 4%。新能源汽车销量 1150 万辆，出口 550 万辆。

目前，因对环境问题的重视以及对节能减排的迫切需求，使得世界各国在汽车以及轨道交通领域对于复合材料的应用加大了研发的投入，各大企业也在复合材料应用方面不断推动技术创新以及拓展复合材料应用范围，以提高和其他材料之间的竞争力。

汽车领域一直不断地追求节能降耗，汽车轻量化已成为汽车发展大趋势，而复合材料由于其比强度、比模量高等诸多特点，在汽车轻量化的实现过程中有着广泛的应用前景；也正是汽车轻量化的迫切需求，再次推动了复合材料技术工艺的创新与发展。在追求汽车轻量化的大趋势下，复合材料在新能源电池包上的应用，既是创新应用，同时也是大势所趋。由于设计灵活、生产效率高，质量及加工

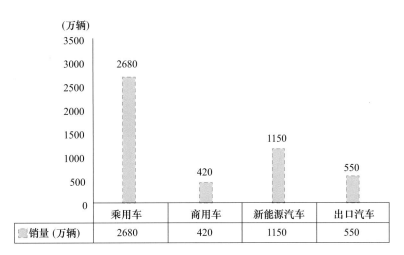

图5-3-45　我国2024年汽车分类型销量预测

| | 乘用车 | 商用车 | 新能源汽车 | 出口汽车 |
|---|---|---|---|---|
| 销量（万辆） | 2680 | 420 | 1150 | 550 |

过程均优于钣金件，质量只有金属的1/4，无须防腐绝缘喷涂作业，较适应今后安全、环保形式的需求。随着世界各国对传统能源汽车的限产限售政策逐步落地，复合材料电池包将成为汽车轻量化重要选项之一，必将助力新能源汽车的迅猛发展，再次为新能源汽车减重、节能降耗做出独特的贡献。

前面指出，在各种新能源汽车中，纯电动汽车是各国主要的发展方向。2023年，新能源汽车持续快速增长，新能源汽车产销分别完成958.7万辆和949.5万辆，同比分别增长35.8%和37.9%，市场占有率达到31.6%，高于上年同期5.9个百分点。其中，纯电动车产销量分别为670.4万辆和668.5万辆，占比分别为69.9%和70%。

电动汽车的动力结构完全不同于传统燃油汽车，以电池、电机和电控为核心的电驱动系统代替了内燃机。电驱动系统作为整车最为重要的组成部分之一，其性能直接决定了电动汽车的最高时速、爬坡能力以及续航里程。在电动汽车最核心的动力源电池中，复合材料尤其是SMC在电池包等零部件中的应用，无疑会随着电动汽车产量的不断增加，其应用领域也会不断的扩大。目前，有资料表示，作为电池包上盖材料大约80%仍以金属材料为主，非金属材料在其中仅占20%左右。在非金属复合材料中，占比大小依次为SMC、PCM，其占比都在10%左右。其他工艺如HP-RTM、LFT-D等占比大约仅为个位数。

2020年11月2日，国务院办公厅正式发布《新能源汽车产业发展规划（2021—2035年）》。到2025年，纯电动乘用车新车平均电耗降至12.0kW·h/（100km），新能源汽车新车销售量达到汽车新车销售总量的20%左右。到2035年，纯电动汽车将成为新销售车辆的主流。

据报道，2019年全球动力电池包装机容量为116.6GW·h，较2018年的100GW·h增长16.6%，详见表5-3-16。宁德时代（CATL）蝉联2019年全球动力电池出货量冠军，连续三年全球第一。同时，宁德时代的业绩增长，相比松下呈扩张趋势。除宁德时代外，进入TOP10的中国动力电池企业还有比亚迪、AESC（被远景收购）、国轩、力神共5家，较2018年减少2家。在其余5家电力电池公司中，韩国有3家，比2018年增加1家，分别为LG化学、SDI和SKI，其中SKI更是首次跻身前10名。日本有两家——松下和PEVE（丰田和松下合资企业）。

表5-3-16　2019年全球动力电池出货量排名

| 排名 | 品牌 | 2018年（GW·h） | 2019年（GW·h） | 同比 | 2018年份额 | 2019年份额 |
|---|---|---|---|---|---|---|
| 1 | 宁德时代 | 23.4 | 32.5 | 38.89% | 23.4% | 27.87% |
| 2 | 松下 | 21.3 | 28.1 | 31.92% | 21.3% | 24.10% |
| 3 | LG | 7.5 | 12.3 | 64.00% | 7.5% | 10.55% |

| 排名 | 品牌 | 2018 年（GW·h） | 2019 年（GW·h） | 同比 | 2018 年份额 | 2019 年份额 |
|---|---|---|---|---|---|---|
| 4 | 比亚迪 | 11.8 | 11.1 | −5.93% | 11.80% | 9.52% |
| 5 | SDI | 3.5 | 4.2 | 20.00% | 3.50% | 3.60% |
| 6 | AESC | 3.7 | 3.9 | 5.41% | 3.70% | 3.34% |
| 7 | 国轩 | 3.2 | 3.2 | 0.00% | 3.20% | 2.74% |
| 8 | PEVE | 1.9 | 2.2 | 15.79% | 1.90% | 1.89% |
| 9 | 力神 | 3 | 1.9 | −36.67% | 3.00% | 1.63% |
| 10 | SKI | 0.8 | 1.9 | 137.5% | 0.80% | 1.63% |
| 其他 | | 19.9 | 15.3 | −23.12% | 19.90% | 13.12% |
| 总计 | | 100 | 116.6 | 16.60% | 100% | 100% |

资料来源：韩国 SNE Research。

随着国内新能源汽车产业的快速发展，我国动力电池包行业装机量从 2014 年的 7.85 万套增长至 2019 年的 124.19 万套，就规模而言，随着装机总量的回落以及产业价格的下滑，2018 年我国动力电池包行业规模达到近年峰值，年度规模为 655.27 亿元，2019 年我国动力电池包行业规模回落至 522.48 亿元。2019 年，共有 161 家企业实现动力电池装机配套，其中装机电量排名前 20 的企业分别是宁德时代、比亚迪、普莱德、国轩高科、捷新动力、重庆长安、江淮华霆、创源天地、威马、威睿电动、广汽、长城、蜂巢能源、欣旺达、上汽时代、上汽大众、多氟多、鹏辉、孚能和力神。表 5-3-17 为 2019 年我国动力电池装机量前 20 大企业情况。

表 5-3-17　2019 年我国动力电池装机量前 20 大企业

| 企业 | 装机数量（套） | 装机电量（MW·h） | 主要客户 | 电芯来源 |
|---|---|---|---|---|
| 宁德时代 | 175127 | 16325.8 | 广汽、吉利、东风海马、宇通、中车、申沃、金龙、丹东黄海、中通 | 宁德时代 |
| 比亚迪 | 188012 | 10235.9 | 比亚迪、广汽、比亚迪、北京华林、徐州工程、长沙中联、重庆长安 | 比亚迪 |
| 普莱德 | 109769 | 5788.3 | 北汽、北汽福田、北京宝沃、丹东黄海 | 宁德时代 |
| 国轩高科 | 55688 | 2627 | 江淮、奇瑞、北汽吉利、安凯、昌河、申龙、陕西秦星 | 国轩高科 |
| 捷新动力 | 55769 | 2064.2 | 上汽 | 宁德时代、时代上汽、万向 |
| 重庆长安 | 32077 | 1603.7 | 重庆长安、合肥长安、重庆长安铃木 | 宁德时代、中航锂电、力神 |
| 江淮华霆 | 22173 | 1097.8 | 江淮汽车 | 国轩高科、力神 |
| 创源天地 | 5469 | 1072.4 | 南京金龙、开沃 | 亿纬锂能 |
| 威马 | 17957 | 965.2 | 威马汽车 | 宁德时代、力神 |
| 威睿电动 | 25116 | 937.6 | 吉利（豪情、山西新能源、吉利四川） | 宁德时代、欣旺达、力神 |
| 广汽 | 17725 | 844.4 | 广汽、广汽三菱、广汽本田 | 宁德时代、中航锂电 |
| 长城 | 21311 | 825.1 | 长城 | 孚能、宁德时代 |
| 蜂巢能源 | 20647 | 693.7 | 长城 | 宁德时代、塔菲尔、孚能 |
| 欣旺达 | 13851 | 683 | 东风柳州、海马、云度新能源、吉利 | 欣旺达、宁德时代、比克、联动天翼 |
| 上汽时代 | 14734 | 677.6 | 上汽通用、上汽、上汽大通 | 宁德时代、时代上汽 |
| 上汽大众 | 31930 | 635.8 | 上汽大众 | 宁德时代 |

| 企业 | 装机数量（套） | 装机电量（MW·h） | 主要客户 | 电芯来源 |
|---|---|---|---|---|
| 多氟多 | 17300 | 613.3 | 奇瑞、东风、海马、江西大乘法 | 多氟多 |
| 鹏辉 | 24327 | 610.9 | 上汽通用五菱、东风、河北长安、福建龙马 | 鹏辉 |
| 孚能 | 12268 | 603.5 | 一汽、北汽、江铃、昌河 | 孚能 |
| 力神 | 12314 | 558.2 | 东风、海马、北汽、福田、华晨鑫源、河北长安、重庆金康 | 力神 |

资料来源：SPIR、智妍咨询整理。

　　另有资料报道，当前国内新能源汽车复合材料电池包上盖主要有以下几种：SMC电池包上壳体、LFT-D电池包上壳体、PCM电池包上壳体、热塑PC电池包上壳体和碳纤维预浸料电池包壳体等。它们在电池包中的应用所占比例大致分别为27%、4%、2%、1%、1%。由于SMC材料具有较高的性价比，因此在复合材料电池包上盖中的应用占有较大的份额。当进一步要再减轻重量时，其他类型的复合材料会有更大的发展空间。

　　到目前为止，虽然复合材料在电池仓包上壳体中得到了一定量的应用，但是大部分还是处于由金属以及铝合金上壳体逐步向复合材料转移的过程中。目前电池包复合材料上壳体的应用总量，占比只有35%左右。因此，复合材料在中国新能源汽车电池仓壳体上的使用量还有较大的提升空间。表5-3-18列举了几种电池包上盖材料之间的性能比较。以下主要介绍LFT-D和SMC两种电池包上盖的材料性能及其制造工艺和相关性能的检测。

表 5-3-18　电池包上盖用各种传统材料与复合材料的性能对比

| IEV5电池上盖 | 1mm钢板 | SMC | MPPO-GF30 | PP-LGF35 | TSM-G430F |
|---|---|---|---|---|---|
| 密度（g/cm³） | 7.8 | 1.8 | 1.32 | 1.37 | 1.40 |
| 质量（g） | 14.2 | 11.5 | 8.5 | 8.8 | 9.1 |
| 减重效果 | — | 减重19% | 减重40% | 减重38% | 减重36% |
| 材料特点 | 刚性好，质量重，耐腐蚀性能差 | 刚性好，质量重，耐腐蚀性能良好 | 高钢低韧，加工温度高 | 减重明显，可回收，但不能满足电池包火烧试验要求 | 中钢高韧，可回收，满足火烧要求 |
| 壁厚 | 1mm | 2.5～3.5mm | 2.8～3.5mm | 3.0～3.2mm | 3.0～3.2mm |

### 5.3.5.1　电池包上盖的材料性能要求

　　本部分中介绍的电池包上盖材料主要分两大类：热固性的SMC材料和热塑性的LFT-D材料。由于在不同公司及车型的不同，对材料的性能要求也有所不同。

　　1. SMC电池包上盖对材料的性能要求

　　不同企业所生产的不同车型的电池包上盖，就SMC材料而言，对其性能要求也有所不同。所以，所列举的材料性能要求也有一定的差异。表5-3-19为两种不同类型的电池包上盖对SMC材料的性能要求。表5-3-20为另一企业所生产的电池包上盖对SMC材料的性能要求。

表 5-3-19　电池包上盖产品 1 号、2 号对 SMC 材料主要性能的要求

| 性能 | 检测标准 | 单位 | SMC₁ | SMC₂ |
|---|---|---|---|---|
| 密度 | ISO 1183 | g/cm³ | 1.8 | 1.70～1.95g/cm³ |
| 玻纤含量 | ISO 3451/1 | % | 35 | — |
| 收缩率 | ISO 2577 | % | 0.05 | 0～0.05% |

| 性能 | 检测标准 | 单位 | SMC₁ | SMC₂ |
|---|---|---|---|---|
| 拉伸强度 | ISO 527-2 | MPa | 100 | ≥45MPa |
| 伸长率 | ISO 527-2 | % | 1.3 | — |
| 泊松比 | GB/T 1447—2005 | — | 0.3 | — |
| 弯曲强度 | ISO 178 | MPa | 180 | ≥130MPa |
| 弯曲模量 | ISO 178 | MPa | 11200 | ≥8000MPa |
| 简支梁冲击强度 | GB/T 1451—2005 | kJ/m² | 128 | ≥70kJ/m³ |
| 热变形温度 | ISO 75-2 | ℃ | 240 | ≥190℃ |
| 阻燃性 | UL 94 | — | V-0 | — |
| 燃烧性能 | — | — | — | 样板进行两次 10s 的燃烧测试，火焰在 10s 内熄灭，不能有燃烧物掉下 |

表 5-3-20　电池包上盖产品 3 号对材料（及个别产品）性能的要求

| 项目 | 单位 | 标准 | 要求 |
|---|---|---|---|
| 密度 | g/cm³ | GB/T 1463—2005 | 1.8±0.05 |
| 缺口冲击强度 | kJ/m³ | GB/T 1451—2005 | ≥70 |
| 弯曲强度 | MPa | GB/T 1449—2005 | ≥150 |
| 弯曲模量 | GPa | GB/T 1449—2005 | ≥8 |
| 拉伸强度 | MPa | GB/T 1447 | ≥65 |
| 阻燃等级 | — | GB 4609—1984 | ≥V0 |
| 热变形性温度 | ℃ | GB/T 1634.2 | ≥200 |
| 火烧实验 | — | GB/T 31467.3—2015，现行为 GB/T 38031—2020 | 在搭载电池包下箱体时满足左侧标准中火烧试验要求 |
| 气密性 | | 电池系统上盖与下壳体密封装配后满足 IP67 的密封要求 | |

2. LFT-D 电池包上盖对材料的性能要求

用于 LFT-D 电池包上盖生产用的材料性能要求见表 5-3-21。

表 5-3-21　LFT-D 电池包上盖对所用材料的主要性能要求

| 性能 | 检测标准 | 国际单位 | LFT-D（典型值） |
|---|---|---|---|
| 密度 | ISO 1183 | g/cm³ | 1.20 |
| 玻纤含量 | ISO 3451/1 | % | 30 |
| 收缩率 | ISO 2577 | % | 0.2 或 0.3 |
| 拉伸强度 | ISO 527-2 | MPa | 80 |
| 伸长率 | ISO 527-2 | % | 3.6 |
| 泊松比 | GB/T 1447—2005 | — | 0.44 |
| 弯曲强度 | ISO 178 | MPa | 110 |
| 弯曲模量 | ISO 178 | MPa | 6500 |
| 简支梁冲击强度 | GB/T 1451—2005 | kJ/m² | 45 |
| 热变形温度 | ISO 75-2 | ℃ | 160 |
| 阻燃性 | UL 94 | — | V-0 |

### 5.3.5.2　电池包上盖的成型工艺

电池包上盖的成型工艺随所用的材料不同而不同。用 LFT-D 材料制造时，大体分为两个阶段：一是材料制造阶段，二是产品成型阶段。两个阶段在大多数情况下是连续自动化进行。在没有采用机械手的情况下，部分操作可以辅以人工操作。在生产 SMC 电池包上盖时，材料生产和产品制造成型基本上是在不同工段或车间进行的。

1. LFT-D 电池包上盖的制造工艺

在该工艺中，生产线上的主要设备包括：双阶双螺杆挤出机，在第一阶双螺杆挤出机进行除玻璃纤维外其他原材料的连续计量和充分混合，并将混合好的材料挤出到第二阶双螺杆挤出机相应入口，同时在同阶挤出机按要求加入的玻璃纤维进行充分混合。双螺杆挤出机中都具有加热控温系统。挤出机的挤出压力、温度控制和聚合物的融化流动指数（MFI）等因素密切相关。如果用聚丙烯，一般挤出压力在 4～6MPa。挤出机连续地按设定量供应经塑化的模塑原料，在设定的温度下，缝型模头挤出块状模塑原料到一个完全自动化的传送带上。传送带被一个加热通道覆盖以防止挤出的块状模塑原料表面温度下降。机械手将块状材料输送到温控的模具中，然后模具在压机的作用下进行合模，产品压制成型。成型产品可以用机械手或人工的方式从模具内取出，进入下一道后加工工序。整个工艺过程中，自动化程度较高。图 5-3-46 所示为 LFT-D 工艺线的生产流程。

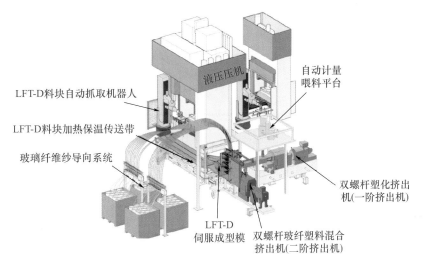

图 5-3-46 LFT-D 生产工艺线的生产流程示意

2. SMC 电池包上盖的制造工艺

SMC 电池包上盖的制造工艺包括生产准备、加料成型、开模取件及定型、二次加工等工序。

（1）生产准备。

包括材料和设备的准备。材料准备主要是采用适合电池包上盖产品性能要求的 SMC 材料，控制适合产品成型的片材质量的工艺性指标如产品质量均匀性、黏度等，并根据制品的结构形状、加料位置、流程长短等要求控制、裁剪片材的尺寸、形状和数量。设备准备包括成型压机和模具调整到正常生产使用状态。模具安装正确，涂好脱模剂升温到 135～150℃，上下模温差保持在 5～10℃范围内。压机的速度、压力和行程等参数根据不同产品的需要调整到合理的状态。

（2）加料成型。

加料面积和加料方式直接影响到制品成品率和性能。它与 SMC 的流动与固化特性、制品结构、性能要求、模具结构等因素密切相关，还必须有利于排气和避免熔接线的形成。产品成型是当 SMC 材料按要求加入到模具后，开动压机使模具闭合加压成型。经过一段的保温保压时间后，产品完成成型过程。成型阶段主要控制成型温度、成型压力和保温保压时间三个参数。SMC 上盖成型的上述参数的选定原则和其他 SMC 汽车件成型没有什么不同。某 SMC 上盖产品模压工艺设计为：上/下模温度设定为 140～150℃，上下模温差控制在 5～8℃为最佳，成型时的单位压力为 10～11MPa，保压时间为每

1mm 壁厚 40～60s 之间。根据选用的片料所使用树脂的放热峰曲线而定。

（3）开模取件。

在 SMC 上盖成型后开模取件工序中，最关键的操作是热产品的冷却定型。产品的冷却定型在专用工装中进行。专用工装的设计的原则是气动快夹夹具尽快使产品准确定位，并做好限位支撑，以及人工促进降温冷却。具体设计中应含有：内部合理分布随型限位支撑块；法兰面适当分布压钳，通过夹持平面框，实现对产品的冷却定型；工业风扇提供冷却风力。图 5-3-47 为某产品在冷却定型的过程；图 5-3-48 为另一产品冷却定型工装的设计效果。

 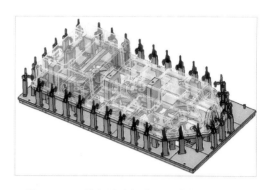

图 5-3-47　某产品在冷却定型中　　　　　　图 5-3-48　某产品冷却定型工装的设计效果

在某产品冷却定型工装设计中，为保证产品尺寸准确，长度和宽度方向采用产品内侧型面进行定型，为防止产品顶部凹陷，采用支撑杆进行定型；为保证法兰边不翘曲变形，周边用气缸压板进行定型；内侧型面定型块设计成可调节滑块，对产品变形较大的情况可进行调节加以矫正，法兰边定型支撑块也可调节高度，对变形较大的位置可实现过定型。

（4）二次加工。

电池包上盖产品的二次加工主要是根据产品需要，对产品进行铣削和钻孔操作。为了保证钻孔及孔位的精确度，一般企业在对上盖产品的二次加工大都采用 3 或 5 轴机械手进行铣削、钻孔操作。图 5-3-49 为不同工艺方法对 SMC 电池包上盖进行铣削、钻孔自动化操作。

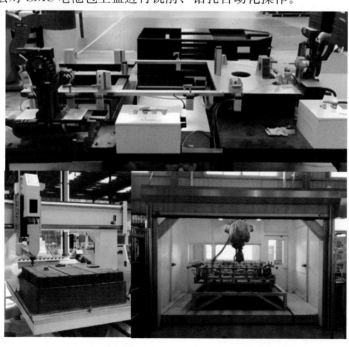

图 5-3-49　不同工艺方法对 SMC 电池包上盖进行铣削、钻孔自动化操作

### 3. 制造过程控制要点

为保证 SMC 电池包上盖的质量能满足客户要求，除了上面提到的基本技术条件外，根据多家企业的生产经验，鉴于产品的特殊情况，有几个问题需要引起格外的重视。其中包括产品的设计、冷却定型、钻削孔的精度和安装孔的增强等方面。

（1）关于产品设计中应注意的问题。

首先，在产品厚度方面，根据产品不同的部位设计为不同的厚度。图 5-3-50 为产品各部位的厚度及过渡半径大小。电池上盖建议整体厚度为 2.5～3.0mm，边缘安装面处料后建议料后为 3.5～4.0mm。过渡半径一般为 3mm。其次是安装孔的增强问题。一般来说，由于该产品的安装特性，法兰边有较多的安装孔在周边均匀分布。这就涉及两个问题：一是孔边距尺寸的设计，二是安装孔的增强结构。此外，装配孔的孔径设计，需考虑是否有涂胶需要。图 5-3-51 显示，当孔没有增强时，孔边距至少应为孔半径的 1.5 倍。有嵌套增强时，孔边距可以为半径的 1.0 倍。图 5-3-52 为显示安装孔的增强结构。电池盒上盖安装孔建议增加钢套增强，如图 5-3-52 所示，拉铆螺母需要顶在上盖上后通过螺栓紧固，不加钢套增强，容易将产品压裂。

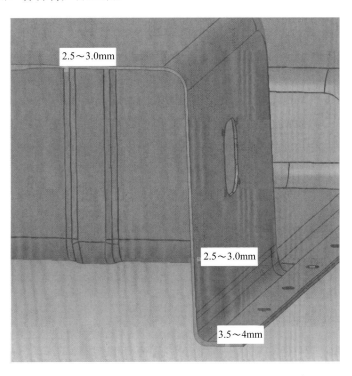

图 5-3-50　上盖产品各部位厚度及过渡半径尺寸示意

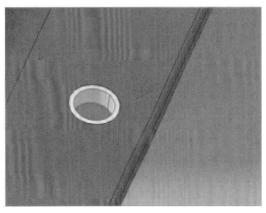

图 5-3-51　未加/加钢套增强的孔示意

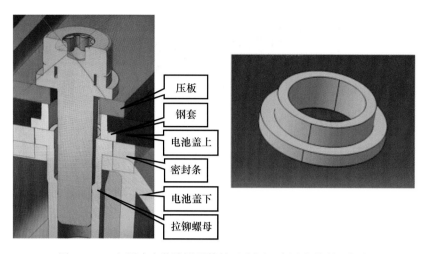

图 5-3-52　左图为安装孔增强结构示意图，右图为增强用钢套

注：嵌套的数量、材质、单重、内径、外径、T 形还是 C 形，以及嵌套高度需根据产品法兰的不同壁厚来论证设计。

（2）为了产品顺利的脱模，建议在 A 模（成型上模）留有吹气功能的结构，如图 5-3-53 所示。

（3）虽然，前边指出，上盖所有开孔操作基本上都采用多轴机械手自动进行，但是，都必须有一个良好的铣削定位工装的设计。如图 5-3-54 所示，它应该包括：铣削靠模，用于对铣削过程起到稳定作用（黄色）；支撑柱（红色），用于使产品平衡放置；随形限位块（蓝色），用于产品的定位，防止产品移动错位；磁感应气缸（黑色）夹钳，确保产品被夹持固定到位。在这样的条件下，才能保证所有的安装孔的孔径和位置的精度满足用户要求。

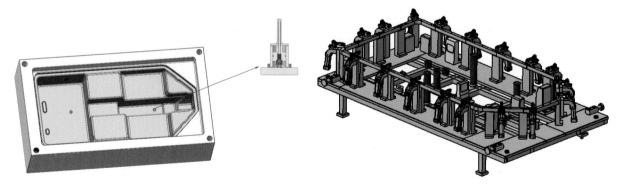

图 5-3-53　电池包上盖成型模具的 A 模设计吹气结构　　　　图 5-3-54　机械手铣削定位工装的设计功能示意

（4）如果安装孔采用增强嵌套结构，还要增加自动点胶工艺，对安装孔进行点胶。这种操作需要采用专门的安装孔自动点胶工装进行自动孔位点胶。自动点胶机采用三轴点胶系统，整体定位精度达 ±0.3mm。此方案既解决了涂胶量的均匀行为，又克服了人工成本高的弊端。自动点胶工装如图 5-3-55 所示，包括三轴点胶机、移动台车和产品定位工装。

（5）产品的气密性是产品的一项重要的使用性能，是向客户交付产品的重要依据之一。它衡量产品在使用时的密封特性。该项试验是检测产品在压力稳定前提下，单位时间内泄漏量或压力下降值。气密检验设备由液压缸控制压框的升降、自动升降压框、全自动 PLC 操作屏和产品构成。图 5-3-56 为该装置的结构示意图。图 5-3-57 为某产品在进行气密性检测及其检测结果数据。

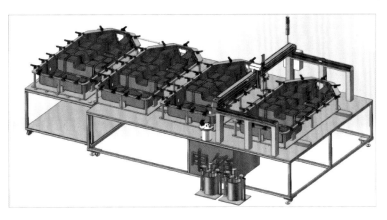

图 5-3-55　上盖产品自动点胶机

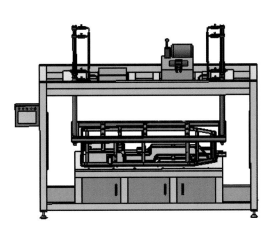

图 5-3-56　某产品气密性检测装置

| 试样号 | 冲入气压<br>(kPa) | 保压时间<br>(s) | 泄漏率<br>(Pa/min) |
|---|---|---|---|
| 1 | 3.06 | 60 | 21.787 |
| 2 | 3.03 | 60 | 14.199 |
| 3 | 3.05 | 60 | 12.788 |
| 标准 | 3 | 60 | ≤30 |

图 5-3-57　某产品在进行气密性检测及结果

（6）其他注意事项。

为保障装配孔位、孔径的精确一致性，最好采取模具后导入成型工艺。

为确保 SMC 电池仓盖实现薄壁高强，以及良好的外观，建议成型模具一定要设置抽真空装置。

为保证产品脱模顺畅，模具开发初期一定要设置模内气顶（模内吹气）。

薄壁制品在设计高成型吨位的基础上（单位平方米为 1000～1100t），在成型压力完全输出、模具进入保压时，承压块需要留有 0.15～0.25mm 的间隙，以确保成型压力 100% 释放在产品本体上，而不被承压块吸收。确保产品密度，实现产品强度。

严格控制上下模的温差，防止因温差过大，导致产品飞边变厚跑料，减弱产品密度和应具有的强度。同时，防止产品内应力过高，导致产品模后变形和严重影响产品外观质量。

（7）常见成型缺陷及处理办法。

① 气泡。

产生原因：投料方式不得当；模具温度过高，固化反应过于激烈，造成气泡滞留。

改善策略：调整模具抽真空的开启时间及持续时间；调整产品铺料方式；适当降低成型过程中的模具温度。

② 玻纤外露。

产生原因：片材浸润不良；带入未浸透的玻纤，片材稠化硬度偏低。

改善策略：增强树脂糊对玻纤的浸润性；在片材投入模具前，切除片材两侧玻纤干纱，提升片材稠化度。

③ 预固化斑。

产生原因：模具温度过高；合模速度偏低。

改善策略：适当降低模具温度；调节合模节奏；调整材料的固化速度。

④ 壁厚超差。

产生原因：与材料配方、材料均匀性、加料方式、模具压机的设计精度有关。

改善策略：调整材料的流动性，增强片材均匀性；改进加料方式；改用精度更高的成型设备。

4. 电池包产品的性能要求及检测

电池包产品除了所用材料需要满足上述要求外，产品本身还要进行一系列的型式试验，部分试验是按要求从产品中取样再进行相关试验。部分试验直接用产品进行，也就是对产品按使用状态和条件进行的试验。在以下介绍中，前两部分列举了电池包上盖产品的相关试验项目和要求；第三部分比较详细地列举了 LFT-D 和 SMC 两类电池包上盖产品试验方法和产品要求。

（1）电池包上盖产品的性能要求。

如前所述，不同厂家及不同车型的电池包上盖对产品的性能要求有所不同。以下列举两种电池包上盖的性能要求供参考。电池仓上盖产品 FS（福建守信）的性能要求见表 5-3-22。电池包上盖产品 SS 的性能要求见表 5-3-23。

表 5-3-22 电池仓上盖产品 FS 的性能要求

| 序号 | 项目 | 要求 |
|---|---|---|
| 1 | 耐热性 | 按 QC/T 15 进行，（90±3）℃下放置 24h 后，在室温下放置 4h 后测定，产品无粉化、裂纹、渗出物，变形、收缩、颜色无明显变化或其他异常现象，且保持正常使用功能 |
| 2 | 耐低温性 | 按 QC/T 15 进行，（−40±3）℃下放置 24h，在（23±2）℃下放置 4h 后再进行评定，产品无粉化、裂纹、渗出物，变形、收缩、颜色无明显变化或其他异常现象，且保持正常使用功能 |
| 3 | 冷热交变性 | 按 QC/T 15 进行，升温至（90±2）℃，放置 3h；降温至常温，放置 0.5h；降温至（−40±2）℃下存放 2h；升温至 23℃，放置 0.5h；进行 3 次循环后，产品没有可视的扭曲、变形、裂缝、裂痕、表面破损或其他异常现象，且保持正常使用功能 |
| 4 | 常温球落实验 | 按 QC/T 15 进行，23℃常温下，用 2000g 铁球从 500mm 位置冲击产品最薄弱和最可能发生碰撞表面（要求产品从低温箱拿出来后 15s 内完成），至少选 5 点，产品不能产生碎裂或裂纹或其他异常现象 |
| 5 | 低温球落实验 | 按 QC/T 15 进行，−40℃放置 8h 后，用 200g 铁球从 500mm 位置冲击产品最薄弱和最可能发生碰撞表面（要求产品从低温箱拿出来后 15s 内完成），至少选 5 点，产品不能产生碎裂或裂纹或其他异常现象 |
| 6 | 气密性 | 电池系统上盖与下壳体密封装配后满足 IP67 的密封要求 |
| 7 | 火烧实验 | 在搭载电池包下箱体时满足 GB/T 31467.3（现行标准为 GB/T 38031—2020）中火烧试验要求 |

表 5-3-23 电池包上盖产品 SS 的性能要求

| 序号 | 项目 | 目标要求 |
|---|---|---|
| 1 | 耐低温性能 | 产品在低温下必须保证完整的功能，在试验过程中及试验后不应该出现断裂、变形、扭曲等 |
| 2 | 低温抗冲击性能 | 经抗冲击性能试验后，不允许出现开裂、折断、剥离和永久变形等现象 |
| 3 | 耐热老化性能 | 经耐热老化性能试验后，目测表面不应出现龟裂、斑点、变色或其他缺陷 |
| 4 | 耐温度冲击性能 | 测试对象置于（−40±2）℃～（85±2）℃的交变温度环境中，两种极端温度的转换时间在 30min 以内。测试对象在每个极端环境中保持 8h，循环 5 次；在室温下观察 2h。经温度冲击试验后，外壳无裂纹及其他破坏 |
| 5 | 耐刮擦性能 | 经耐刮擦性能试验后，不允许出现肉眼可见的划伤 |
| 6 | 耐磨性能 | 经耐磨性能试验后，产品的耐磨性能≥3 级 |

| 序号 | 项目 | 目标要求 |
|---|---|---|
| 7 | 禁限用物质检测 | 满足《汽车零部件和材料禁用、限用物质要求》 |
| 8 | 耐化学试剂性能 | 测试布上不允许有颜色痕迹，产品表面不允许出现任何可视变化，不允许有软化、发黏、斑点、颜色显著变化，允许轻微失光 |
| 9 | 气密性检测 | 产品密封，充入气压≥3kPa，保压1min，检测时间1min，观察压降，要求压降≤30Pa/min |

（2）电池包上盖产品性能及其检测方法。

在本部分中主要介绍热塑性 LFT-D 和热固性 SMC 电池包上盖产品主要的检测项目和性能要求。其中，热塑性 LFT-D 电池包上盖主要检测项目包括：材质性能检测、禁用物质检测、外观＋性能、震动检测、嵌件耐久检测、电起痕检测和阻燃检测。热固性 SMC 电池包上盖主要检测项目包括：冲击、弯曲试验、拉伸、相比漏电起痕指数、灼热丝、垂直燃烧、耐水性、耐酸、耐碱、禁用物质、湿热循环、火烧试验、盐雾试验、热老化和温度冲击性能。

① 热塑性 LFT-D 电池包上盖性能及检测（注意：本部分性能及检测是依据生产时的标准，部分已废止，仅供参考）。

a. 全成分定量简易剖析。

样品名称：长玻纤增强聚丙烯复合材料。

仪器名称：傅立叶变换红外光谱仪 FTIR（Spectrum 100）；扫描电子显微镜/能谱仪 SEM/EDS（Supra 55）；气相色谱-质谱联用仪 GC-MS（QP-2010Plus）；差示扫描量热仪 DSC（DSC 8000）。

测试结果：聚丙烯（PP）49％；玻璃纤维33％；聚磷酸铵17％；脂肪酸脂＋炭黑1％。

b. 禁用物质 ELV6 项检测依据《汽车禁用物质要求》。

检测依据见表 5-3-24。

表 5-3-24 检测依据

| 测试项目 | 测试依据 | 测试仪器 |
|---|---|---|
| 铅（Pb） | IEC 62321-5：2013 Ed.1.0 | ICP-OES |
| 镉（Cd） | IEC 62321-5：2013 Ed.1.0 | ICP-OES |
| 汞（Hg） | IEC 62321-4：2013 Ed.1.0 | ICP-OES |
| 六价铬（CrⅥ） | IEC 62321：2008 Ed.1.0Annex C | UV-V |
| 多溴联苯（PBBs） | IEC 62321-6：2015 Ed.1.0 | GC-MS |
| 多溴二苯醚（PBDEs） | IEC 62321-6：2015 Ed.1.0 | GC-MS |

检测结果：铅为 50mg/kg（限定值 1000mg/kg），其于未检出。

c. 电池上盖性能检测（企业 GRD 自测数据）见表 5-3-25。

表 5-3-25 电池上盖性能检测

| 序号 | 检测项目 | 技术指标 | | 检测结果 |
|---|---|---|---|---|
| 1 | 外观质量 | 表面无毛刺、无杂质，不允许有划伤、磕碰等现象 | | 符合要求 |
| 2 | 力学性能 | 密度（g/cm³） | 1.25±0.03 | 1.25 |
| | | 拉伸强度（MPa） | ≥65 | 70.1 |
| | | 弯曲强度（MPa） | ≥100 | 109 |
| | | 弯曲模量（MPa） | ≥4800 | 28 |
| | | 冲击强度（kJ/m²） | ≥25 | 28 |
| | | 缺口冲击强度（kJ/m²） | ≥6 | 10 |
| | | 燃烧灰分（％） | 30±3 | 33 |
| | | 热变形温度（180MPa）（℃） | ≥135 | 137 |

d. 电池上盖振动性能检测。

检测依据：GB/T 31467.3—2015。实验设备：三综合环境试验系统-振动台体。

检测结果见表5-3-26。

表 5-3-26　检测结果

| 检测项目 | 标准要求及标准条款 | 检验结果 | 本项结论 | 备注 | |
|---|---|---|---|---|---|
| X轴21h | 结构完好，外壳无破裂 | 试验后样件结构完好，外壳无破裂 | 合格 | 频率（Hz） | 功率谱密度（PSD）（g²/Hz） |
| | | | | 5 | 0.0125 |
| | | | | 10 | 0.03 |
| | | | | 20 | 0.03 |
| | | | | 200 | 0.00025 |
| | | | | RMS | 0.96g |
| Y轴21h | 结构完好，外壳无破裂 | 试验后样件结构完好，外壳无破裂 | 合格 | 频率（Hz） | 功率谱密度（PSD）（g²/Hz） |
| | | | | 5 | 0.04 |
| | | | | 20 | 0.04 |
| | | | | 200 | 0.0008 |
| | | | | RMS | 1.23g |
| Z轴21h | 结构完好，外壳无破裂 | 试验后样件结构完好，外壳无破裂 | 合格 | 频率（Hz） | 功率谱密度（PSD）（g²/Hz） |
| | | | | 5 | 0.05 |
| | | | | 10 | 0.06 |
| | | | | 20 | 0.06 |
| | | | | 200 | 0.0008 |
| | | | | RMS | 1.44g |

e. 电池盖嵌件耐久性能检测（由企业GRD自测）。

测试条件及结果见表5-3-27。

表 5-3-27　测试条件及结果

| 序号 | 检验项目 | 技术指标 | |
|---|---|---|---|
| 1 | 外观质量 | 平整光滑 | |
| 2 | 耐久试验 | 扭矩 | 次数 |
| | | 5 | 10 |
| | | 5 | 20 |
| | | 5 | 30 |
| | | 5 | 40 |
| | | 5 | 45 |
| | | 5 | 46 |
| | | 5 | 47 |
| | | 5 | 48 |
| | | 5 | 49 |
| | | 5 | 50 |
| | | 5 | 61 |
| | | 5 | 62 |

f. 相比电痕化指数（CTI）性能。

测试方法：GB/T 4207—2012。

样品预处理：预处理条件 24h/（23±5）℃、（50%±10%）RH。

样品表面状态：表面光滑无划痕，测试前样品表面用无水乙醇清洗。

测试条件：测试溶液 A 液滴规格 50 滴等于 1.0g；滴落间隔 30s。

测试电压：漏电起痕测试仪（LDH）　AC600V（50 滴）；AC575V（100 滴）。

技术要求：没有电痕化失效，$CTI \geqslant 250V$。

试验结果：没有电痕化失效，$CTI \geqslant 600V$。

g. 灼热丝试验（GWIT）。

测试方法：GB/T 5169.13—2013。

样品预处理：预处理条件 48h/（23±2）℃，湿度 40%～60%RH；测试前样品表面未经过清洁处理。

环境条件：温度 15～35℃，相对湿度 45%～75%RH。

试验温度：灼热丝试验仪 JX1191，770℃，施加灼热丝的时间为 30s。

技术要求：试样不起燃或任何一次火焰的持续和连续燃烧时间不超过 5s，且试样没有被完全烧尽。

客户要求：$\geqslant 750℃$。

试验结果：a. 不符合；b. 符合。

h. 长玻纤复合材料聚丙烯燃烧性（垂直燃烧）性能。

测试方法：UL94—2015。

环境条件：温度 23.9℃，湿度 51%RH。

样品预处理：在（23±2）℃；（50%±10%）RH 放置 48h；70℃老化 168h，然后在干燥器中放置至少 4h 至室温。

样品尺寸：125mm×13.0mm×3.5mm。

测试步骤：水平垂直燃烧试验仪，火焰高度（20±1）mm，本生灯置于样品下方正中央的位置。本生灯管口距样品底端（10±1）mm，点火时间为（10±0.5）s。在点火（10±0.5）s 后，以 300mm/s 的速度移开本生灯至少 150mm，同时开始记录余焰时间 $t_1$，余焰停止时应立即点燃（10±0.5）s。在点火（10±0.5）s 后，以 300mm/s 的速度移开本生灯至少 150mm，同时开始记录余焰时间 $t_2$ 和余燃时间 $t_3$。

评判标准见表 5-3-28。

表 5-3-28　评判标准

| 判定条件 | $V_0$ | $V_1$ | $V_2$ |
|---|---|---|---|
| 每个独立的样品燃烧持续的时间 $t_1$ 或 $t_2$ | ≤10s | ≤30s | ≤30s |
| 对任意处理组 5 个样品的总燃烧持续时间 $t_1+t_2$ | ≤50s | ≤250s | ≤250s |
| 在第二次火焰施加后每个独立的样品燃烧持续时间和灼热燃烧时间 $t_2+t_3$ | ≤30s | ≤60s | ≤60s |
| 任一样品持续燃烧和灼热燃烧是否到夹持样品的夹子处 | 否 | 否 | 否 |
| 燃烧颗粒或滴落物是否引燃脱脂棉 | 否 | 否 | 否 |

技术要求：V-0 级

试验结果：此样品测试结果符合 LL94-2015 V-0 的要求。

备注：$t_1$、$t_2$ 为余焰时间，$t_3$ 为余燃时间。

② 热固性 SMC 电池包上盖性能及检测（注意：本部分性能及检测是依据生产时的标准，部分已废止，仅供参考）。

本部分实验仅介绍实验方法及要求，其实验结果见表 5-3-23 电池包上盖产品 SS 的性能。

a. 电池上盖材料弯曲强度/模量性能。

测试方法：ISO 14125：1998/Amd. 1：2011。

测试条件：80mm×16.16mm×4.11mm；测试速度 2mm/min；跨距 64mm；环境条件：温度 (23±2)℃，湿度 (50±5)％。

技术要求：弯曲强度≥170MPa；弯曲模量≥10GPa。

b. 电池上盖材料简支梁缺口冲击强度。

测试方法：EN ISO 179-1-2000。

测试条件：试样 ISO 179-1/1eA，试样厚度 3.88mm，摆锤能量 25J，冲击速度 3.80m/s；跨距 62mm；

环境条件：温度 (23±2)℃，湿度 (50±5)％。

技术条件：简支梁缺口冲击强度≥100kJ/m²。

c. 电池上盖材料拉伸强度、模量。

测试方法：EN ISO 527-1：2012、EN ISO 527-4：1997。

测试条件：试样 1B 型，厚度 2.81mm，测试速度 2mm/min，标距 50mm，初始夹具间距 115mm，哑铃型，试样较窄部位宽度 10.56mm，厚度 2.99mm，测试速度 2mm/min，标距 50mm，初始夹具间距 115mm。

环境条件：温度 (23±2)℃，湿度 (50±5)％。

技术要求：拉伸强度≥80MP，断裂拉伸应变≥1.3％，拉伸模量≥10GPa。

d. 相比耐电痕化指数 (CTI) 性能。

测试方法：GB/T 4207—2012 和客户要求

样品预处理：温度 (23±5)℃，湿度 (50±10)％RH，24h；表面光滑、无划痕，测试前样品表面用无水乙醇清洗。

测试条件：测试溶液 A；液滴规格 50 滴等于 1.0g；滴落间隔 30s。

测试电压：漏电起痕测试仪 (LDH)AC600V (50 滴)，AC575V (100 滴)。

技术要求：没有电痕化失效，CTI≥250V。

试验结果：没有电痕化失效，CTI≥600V。

e. 材料灼热丝可燃性指数试验 (GWIT)。

测试方法：GB/T 5169.13—2013，电工电子产品着火危险试验第 12 部分。

样品预处理：试样在 (23±2)℃、湿度 40％～60％RH 条件下至少放置 48h，娟纸和木板在同样条件下也至少放置 48h；测试前样品表面未经过清洁处理。

环境条件：温度 15～35℃，湿度 45％～75％RH。

样品尺寸：100mm×100mm×2.5mm。

试验温度：灼热丝试验仪 JX1191，750℃，施加灼热丝的时间 30s。

技术要求：标准第 10.1 部分；如果试样没有起燃或满足以下所有条件，则认为能经受本试验。

第一，灼热丝顶部移开试样后，试验的有焰和/或无焰的最长持续时间不超过 30s。

第二，试样未被烧。

第三，娟纸未起燃。

客户要求：≥750℃。

f. 电池上盖 SMC 材料燃烧性 (垂直燃烧) 性能。

测试方法：UL94—2013Rev. 7—2017 第 8 节。

环境条件：温度 23.9℃，湿度 51％RH。

样品预处理：在（23±2）℃、（50±10）％RH 放置 48h。70℃老化 168h，然后在干燥器中放置至少 4h 至室温。

试样尺寸：127mm×13.5mm×3.0mm。（试样从样品中裁取）

测试步骤：同热塑产品检测（LFT-D）。

评判标准：同热塑产品检测（LFT-D）。

技术要求：V-0 级。

g. 电池上盖材料耐水性试验（由企业 SS 自测）。

测试方法：GB/T 1733。

试样尺寸：从电池上盖产品中取样。

技术要求：在蒸馏水中浸泡 480h，试样不应有失光、变色、起泡起皱、脱落、生锈等现象。

h. 电池上盖材料耐酸/碱性试验（由企业 SS 自测）。

测试方法：GB/T 1763。

测试条件：硫酸浓度 0.05mol/L，样品在 20～23℃的硫酸中浸泡 24h。

测试条件：氢氧化钠浓度 0.05mol/L，样品在 20～23℃的氢氧化钠溶液中浸泡 4h。

评判标准：样品表面无变化。

i. 材料 ELV6 项检测依据《汽车禁用物质要求》。

参考标准：GB/T 30512—2014《汽车禁用物质要求》。

测试依据：QC/T 941—2013《汽车材料中汞的检测方法》；

QC/T 942—2013《汽车材料中六价铬的检测方法》；

QC/T 943—2013《汽车材料中铅、镉的检测方法》；

QC/T 944—2013《汽车材料中多溴联苯（PBBs）、多溴二苯醚（PBDEs）的检测方法》。

筛选：用能量色散型 X 射线荧光分析仪器进行筛选。

化学测试方法：用电感耦合等离子体发射光谱仪（ICP-OES）测定汞的含量；用紫外分光光度计测定六价铬的含量（UV-Vis），用点测法、用沸水萃取法测定六价铬的含量；用原子吸收光谱仪（AAS）测定铅、镉含量；用气相色谱-质谱仪（GC-MS）测定多溴联苯和多溴二苯醚的含量。

评判依据见表 5-3-29。

表 5-3-29　评判依据

| 测试项目 | 测试依据 | 测试仪器 | 检出限 |
|---|---|---|---|
| 铅（Pb） | QC/T 943—2013 | | |
| 镉（Cd） | QC/T 943—2013 | | |
| 汞（Hg） | QC/T 941—2013 | 能量色散 X 射线荧光光谱仪（ED-XRF） | 聚合物：10mg/kg 其他材料：50mg/kg |
| 铬（Cr） | QC/T 942—2013 | | |
| 溴（Br） | QC/T 944—2013 | | |

注：ED-XRF 结果显示的是总溴和总铬含量，而限用物质是 PBBs、PBDEs 及 Cr（Ⅵ）。

ED-XRF、化学测试单位和方法测试极限值见表 5-3-30。

表 5-3-30　测试极限值

| 测试项目 | Pb | Cd | Hg | Cr | Br |
|---|---|---|---|---|---|
| 单位 | mg/kg | mg/kg | mg/kg | mg/kg | mg/kg |
| ED-XRF 测试极限值 | 10.0 | 5.0 | 20.0 | 10.0 | 50.0 |
| 化学测试极限值 | 1 | 1 | 1 | — | — |

注：任何一种多溴联苯和多溴二苯醚的方法测试极限值是 5mg/kg，聚合物和电子材料中 Cr（Ⅵ）的方法测试极限值是 1mg/kg。

根据 GB/T 30512—2014 标准，ELV6 项最大允许极限值见表 5-3-31。

表 5-3-31 ELV6 项最大允许极限值

| 测试项目 | Pb | Cd | Hg | Cr（Ⅵ） | PBBs | PBDEs |
|---|---|---|---|---|---|---|
| 单位 | mg/kg | mg/kg | mg/kg | mg/kg | mg/kg | mg/kg |
| 最大允许极限值 | 1000 | 100 | 1000 | 1000 | 1000 | 1000 |

注：点测法中，阴性表示不存在铬，阳性表示存在铬。如对结果不确定，则应进一步用沸水萃取法验证。沸水萃取法中，阴性表示不存在铬，阳性表示存在铬。沸水萃取法中测试浓度为 50cm² 面积等于或大于 0.02mg/kg。

j. 电池上盖的湿热循环测试。

测试方法：GB/T 2423.4—2008 方法 2。

测试条件：升温段为 3h 温度从 25℃升温到 55℃；相对湿度 95％；高温高湿段为温度在 55℃，相对湿度 95％，保持 9h；降温段为 6h 温度从 55℃降到 25℃，相对湿度 80％；低温高湿段为温度在 25℃，相对湿度 95％，保持 6h。

以上为一个循环，共进行 5 个循环。

技术要求：试验后，产品未出现应力裂纹、缺损等缺陷，表面无明显的颜色变化。

k. 电池上盖外部火烧试验（由企业自测）。

测试方法：GB/T 314673.3 中 7.10 的规定。

测试条件：产品直接暴露在火焰下。

技术要求：产品直接暴露在火焰下 130s，要求产品离开火焰后 2min 内熄灭。产品顶部不能有塌陷，产品不能持续较大的扭曲变形以及烧穿漏洞的情况。

测试结果：产品直接暴露在火焰下 130s 离开火焰后，立即自熄。产品外形完好，无塌陷、变形以及烧穿的情况。

l. 预埋嵌件 304 不锈钢中性盐雾（NSS）试验。

测试方法：GB/T 10125—2012。

测试条件：沉降盐液浓度（50±5）g/L，NaCl；试验箱温度（35±2）℃；盐雾沉降率（1.0～2.0）mL/（80cm²×h）；沉降盐液 pH 值 6.5～7.2，（25±2）℃；暴露时间 480h。

技术要求：暴露后，试样外观无明显变化。

评判标准：外观等级参照 EN ISO 10289—2001，按破坏面积（试样面积 A 的百分数）评定（表 5-3-32）。

表 5-3-32 评判标准

| 破坏面积 A（％） | 外观等级 |
|---|---|
| 0（无破坏） | 10 |
| 0<A≤0.1 | 9 |
| 0.1<A≤0.25 | 8 |
| 0.25<A≤0.5 | 7 |
| 0.5<A≤1.0 | 6 |
| 1.0<A≤2.5 | 5 |
| 2.5<A≤5.0 | 4 |
| 5.0<A≤10 | 3 |
| 10<A≤25 | 2 |
| 25<A≤50 | 1 |
| 50<A | 0 |

m. SMC 电池盒上盖温度冲击性能试验。

测试方法：按 GB/T 31467.3—2015 进行检测。

测试条件：测试对象为蓄电池包或系统。测试对象置于（−40±2）℃～（85±2）℃的交变温度环境中，两种极端温度的转换时间在 30min 以内，测试对象在每个极端温度环境中保持 8h，循环 5 次。在室温下观察 2h。

技术要求：蓄电池包或系统无泄漏、外壳破裂、着火或爆炸等现象。试验后的绝缘电阻值不小于100Ω/V。

测试结果：样品无泄漏、外壳破裂、着火或爆炸等现象。试验后的绝缘电阻值＞130Ω/V。

5. SMC 电池包上盖应用实例

SMC 电池包上盖在汽车领域已经获得越来越广泛的应用。例如，宁德时代（CATL）吉利 G2 项目、北汽 C35 项目、东风 F15A 项目；孚能科技（江西赣州）北汽 EX450 项目、北汽 C33 项目；普莱德新能源（溧阳）北汽 C40 项目；车和家 M01 项目；东风时代 P15A 项目；海马 KST 混动项目；吉利威睿时代系能源的 G3、G4、G5 项目；奇瑞新能源的 SUV 纯电动、奇瑞艾瑞泽 5E-新能源电池上壳体、奇瑞小蚂蚁电动车、北汽 EX5、北汽 EU5；帝豪 EV450、吉利帝豪 EV、长城欧拉 R1 等。图 5-3-58 显示 SMC 电池包上盖在各车型中的应用：上图自左至右分别为北汽 EU5、E513-EV、S301-PHEV；下图自左至右分别为广汽传祺、吉利 G2、C206-LCA、奇瑞艾瑞泽 5E 车型中的应用实例。

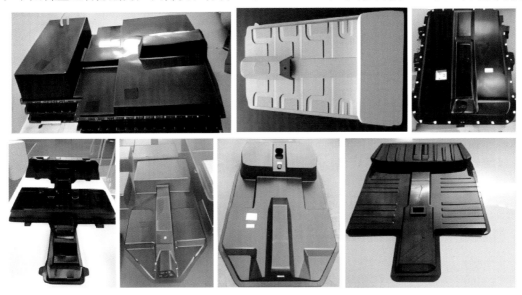

图 5-3-58　应用中的各种 SMC 电池包上盖

### 5.3.6　HHC-LCB 工艺在汽车引擎盖中的应用

在本部分中，主要素材来自浙江杉盛模塑科技有限公司 "HHC-LCB 引擎盖市场前景与实际运用" "PHC 工艺介绍"；中北大学材料科学与工程学院张彦飞 "玻纤增强聚氨酯——纸蜂窝夹层结构成型技术及应用"；武汉理工大学材料学院复合材料系王钧 "聚氨酯及改性树脂在复合材料方面的应用"；亨内基公司张伟 "复合材料先进技术及应用"；上海克劳斯玛菲机械有限公司张照将 "克劳斯玛菲的复合材料 FRP 批量化生产技术"；以及部分网站相关内容资料。根据本书的需要，对部分内容进行了修改、补正并重新进行了改编。

本部分主要介绍聚氨酯树脂复合材料的制造工艺和应用。通常情况下，我国复材模压行业除了在 20 世纪六七十年代，主要采用的树脂系统多半是酚醛、环氧树脂及其改性树脂系统外，SMC/BMC 工艺在我国问世和大发展阶段，复材模压行业开始大规模应用不饱和聚酯树脂系统。近几年来，复材行业开始关注聚氨酯树脂的应用并由于该树脂的优良特性，应用范围逐渐扩大。首先，聚氨酯树脂的分子结构及聚集态结构可以根据需要调节分子中的软段和硬段,可以根据需要控制分子间的交联、分子中硬段部分结晶,从而可以调节最终产品的性能,适应种类繁多的应用市场的需要。其次,聚氨酯树脂和其他树脂相比,具有以下方面的良好工艺和其他力学物理等多方面的优良性能:固化速度快、耐候、耐化学腐蚀性、良好的粘接性、高强度、高断裂延伸、耐冲击、耐磨和良好的阻尼性能。聚氨酯树脂的性能和其他热固性树脂性能比较见表 5-3-33。

表 5-3-33　各种热固性树脂的综合性能比较

|  | 价格 | 工艺性 | 力学性能 | 电学性能 | 耐候性 | 燃烧性 | 耐热性 |
|---|---|---|---|---|---|---|---|
| 聚氨酯 | 较高—高 | 较好—好 | 较好—很好 | 好 | 较好—很好 | 一般—较好 | 一般—好 |
| 环氧 | 较高 | 较好—好 | 较好—好 | 较好—很好 | 较好—好 | 一般—较好 | 一般—好 |
| 不饱和聚酯 | 中—较高 | 好—很好 | 一般—好 | 一般—好 | 一般—好 | 一般—较好 | 一般—较好 |
| 酚醛 | 低—中 | 一般 | 一般—好 | 一般—好 | 一般—好 | 好 | 好 |

用聚氨酯生产复合材料的工艺方法中,尽管有许多衍生的工艺,但是,最基础的工艺还是聚氨酯复合材料喷射(涂)成型技术。亨内基公司称之为 PU-CSM;克劳斯玛菲公司称之为 SCS。在喷涂成型过程中,喷枪的混合头既可以只喷涂树脂混合物,也可以同时喷涂树脂混合物和短切玻璃纤维两种材料。和模压工艺相关的聚氨酯复合材料喷涂技术是和蜂窝结构复合在一起的聚氨酯蜂窝复合材料模塑工艺(简称为 PHC)及其表面装饰工艺,如 PU-CSM PREGDD 等。当然,在聚氨酯高压树脂传递工艺(即 HP-RTM)中,也和模压成型相关。本部分重点介绍的聚氨酯复合材料引擎盖的生产技术,就是 PHC 工艺的延伸。在汽车工业中,由于节能减排的发展趋势使得蜂窝夹层的轻质结构较受欢迎,因此,聚氨酯玻纤蜂窝复合材料制成的产品获得广泛的应用。该夹层结构由上下两层浸渍有聚氨酯树脂的玻纤毡和中间蜂窝材料组成。它尤其适合要求质量轻、强度高和刚度好的结构件。据资料介绍,以蜂窝纸芯厚度 12mm、短切玻纤毡 600g/m²、PU 喷涂量 600g/m²、基板厚度 12mm、基板密度 0.25 的蜂窝夹层结构为例,其主要力学性能见表 5-3-34。

表 5-3-34　聚氨酯夹层蜂窝夹层结构的性能

| 性能 | 测试标准 | 单位 | 数值 |
|---|---|---|---|
| 拉伸强度 | ASTM D638 | MPa | 15 |
| 弯曲强度 | ASTM D790 | MPa | 20 |
| 弯曲模量 | ASTM D790 | MPa | 3000 |

这种玻纤聚氨酯纸蜂窝夹层结构材料在汽车工业中应用还具有以下特点:轻量化(1350～4000g/m²);良好的自载性能(即使受到一定的热影响);尺寸的稳定性好;吸声;抗弯和抗裂;气味散发低;玻纤含量可调,可进行局部加强;性价比较高。单件产品年产量可在 1 万～30 万件。但是,如果该材料在用于制造汽车外装饰件,可以对工艺进行发展,和其他工艺进行一定的组合,从而使产品的外观得以大大地改善。国内用于制造汽车引擎盖的工艺(HHC-LCB)是对聚氨酯蜂窝纤维增强复合材料(PHC)工艺的一种改良。

HHC-LCB 是英文 High Hardness Coated- Lightweight Composite Board 的字头缩写,中文称为高硬度涂层轻质复合板,是一种优异的轻量化材料,在汽车零部件中的应用具有广泛前景。汽车前机盖通常采用钢质材料制造,为实现轻量化要求,可采用 HHC-LCB 材料进行设计开发。但 HHC-LCB 材料与钢制材料在刚度、强度方面均存在较大差异,需进行结构设计和优化,在实现轻量化的同时满足结构刚度要求。由此,对复合材料前机盖的结构设计、优化进行了研究,开展分析验证,并对比了分析。结果表明,复合材料前机盖与原钢制前机盖相比较,其弯曲刚度、扭转刚度达原钢制前机盖的80%,质量较原前机盖减少 40 个百分点。

PHC 是英文 Polyurethane Honeycomb & fiber Composite 的字头缩写，中文称为聚氨酯蜂窝纤维增强复合材料，是复合材料技术的一种改革与创新。PHC 凭借质量轻、强度高等特点，可应用在汽车备胎盖板、搁物板、天窗遮阳板和支承板等部件上。PHC 具有如下优点：质量轻且弯曲模量高，耐高温性好，尺寸稳定性好、耐撞击性优异、设计自由度高，可以设计为非平面产品和不等厚产品等，还可以通过调整玻纤及 PU 料的用量来满足产品不同的强度要求；生产效率高，在生产中可以避免使用脱模剂。但由于其在耐水性及油漆喷涂的先天缺陷，无法作为一种外饰件的材料。而 HHC-LCB 工艺在原 PHC 成型的基础上增加一道 RIM（Reacting Injection Molding，反应注射成型）注射工艺，很好地弥补了 PHC 材料的先天缺陷，让该材料的优势得以运用在汽车外饰件上。

在国内，HHC-LCB 技术现阶段主要运用在汽车前引擎盖、汽车车顶等大面积覆盖件上，例如宝马 M3、M5 系列车型前机盖、赛麟 AM139 系列车型、北汽新能源 LITE 系列前机盖等。

### 5.3.6.1　HHC-LCB（高硬度涂层轻质复合板）引擎盖制造工艺

前文指出，PHC（聚氨酯蜂窝纤维增强复合材料）工艺是 HHC-LCB 工艺的基础工艺，即 HHC-LCB 工艺等于 PHC＋RIM 两种工艺的组合，也是 PHC 工艺的一种延伸。

1. HHC-LCB 工艺过程介绍

通过图 5-3-59、图 5-3-60 可以了解 HHC-LCB 的整个工艺流程。HHC-LCB 引擎盖成型主要由由以下两个工艺组成，即基板成型（PHC）与 RIM 注射成型。

第一步，基板坯件的压制成型（PHC 工艺过程）。

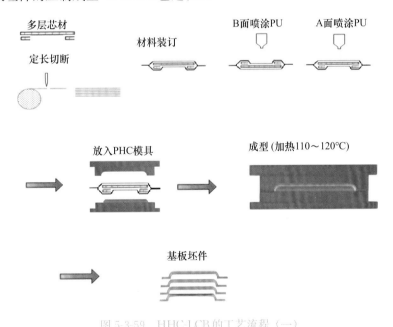

图 5-3-59　HHC-LCB 的工艺流程（一）

第二步，基板坯件的反应注射成型（RIM 工艺过程）。

其工艺过程是先对纸蜂窝在专用设备上进行拉伸定型。同时，控制其水分含量以满足工艺要求。然后，在蜂窝纸板上下两个表面分别铺设玻璃纤维毡或其他增强材料，形成三明治结构，并加以固定。用一个边框将三明治结构固定后并由机械手将复合后的夹层材料放入喷涂室对其上下表面进行 PU 的喷涂。玻璃纤维毡被 PU 材料浸渍后，仍由机械手将三明治结构放入成型模具中，开动压机进行合模、压制操作。产品固化后玻璃纤维毡和纸芯材牢固地粘合在一起形成蜂窝夹层结构。经过这一阶段生产出来的合格产品大多数可以直接交付市场使用。对于外观和产品表面性能有一定要求的产品如汽车外饰件，就需要进行第二步工艺过程。把第一步生产出来的产品作为毛坯件，再通过反应注射成型工艺（RIM），在其表面再注射一层聚氨酯树脂以进行表面装饰。

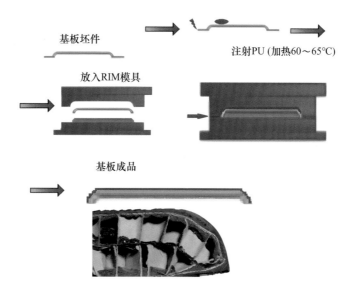

图 5-3-60　HHC-LCB 的工艺流程（二）

　　这种通过聚氨酯喷射成型的蜂窝纤维夹层结构具有较高的结构强度和稳定性，而且质量轻。三明治技术所提供的各种应用可能性可分为汽车和非汽车应用。在汽车应用中，行李箱地板、后货架、车顶衬里和天窗衬里等产品几乎都在全球范围内的 OEM 工厂大规模生产和应用。

　　下面以乘用车后行李箱中的备胎箱盖板为例，介绍 PHC 备胎箱盖板的生产过程，生产线全貌如图 5-3-61 所示。生产线设备包括：材料处理室，其功能是对蜂窝材料、玻纤毡和聚氨酯树脂进行生产前的准备，使其处于生产准备状态；聚氨酯喷涂室和机械手，其功能是取件、喷涂和送件到模内；三台压机及配套模具，其功能是成型制品。图 5-3-62 显示蜂窝芯材的拉伸和烘干，并将蜂窝芯材和玻纤毡复合成蜂窝夹层材料。图 5-3-63 显示机械手将夹层材料进行聚氨酯喷涂，并将喷涂好的夹层放入模具内。图 5-3-64 显示产品从模具内脱出和最终产品状态。

图 5-3-61　PHC 生产线现场（左图为生产线全貌，右图为生产线内部视图）

图 5-3-62　蜂窝芯材的拉伸和烘干并复合

图 5-3-63　机械手将夹层材料进行聚氨酯喷涂并放入模具内

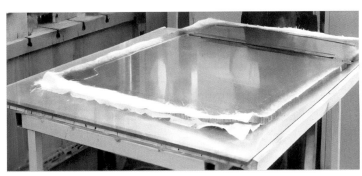

图 5-3-64　产品脱出及最终状态

## 2. 工艺过程的影响因素

（1）HHC-LCB 引擎盖所用原材料主要有聚氨酯树脂、纤维毡（织物）和纸蜂窝。

① 聚氨酯的成分主要是聚醚多元醇（通常称之为 PU 白料）和异氰酸酯（通常称之为 PU 黑料）。二元醇和二异氰酸酯的品种繁多。前者提供产品韧性，抗冲击性能，随品种不同所赋予的性能也有所差异。后者提供产品的强度和刚性，同样，随种不同所赋予的性能也有所差异。RIM 树脂的性能见表 5-3-35。

表 5-3-35　RIM 树脂（purocast@782/puronate900）性能

| 性能 | 采用标准 | 单位 | 数值 |
| --- | --- | --- | --- |
| 热分析 $T_g$ | DSC | ℃ | 85~90℃ |
| 热变形温度 | DIN EN ISO 75-2 | ℃ | 52.9 |
| 拉伸模量 | DIN EN ISO 527-1/2 | MPa | 1965 |
| 拉伸强度 | DIN EN ISO 527-1/2 | MPa | 38.4 |
| 断裂伸长率 | DIN EN ISO 527-1/2 | MPa | 2.7 |
| 弯曲强度 | DIN EN ISO 178 | MPa | 71.1 |

② 夹心材料的两个表面，多用玻纤毡或玻纤织物。

夹心结构的表面材料赋予产品结构强度。使用的材料也包括无纺布、玻璃纤维或碳纤维制成的多轴织物。玄武岩或天然纤维产品也可用于增强三明治结构产品。对后备箱地板工艺来说，通常是玻纤毡或玻纤织物作为面层材料，以改善产品的外观质量。

对于汽车或其他表面有更高要求装饰的产品，可与其他喷涂工艺组合，可以产生深拉箔、反射箔或表面设计层。各种类型的玻璃纤维毡、各种样式的碳纤维、各种类型的天然纤维制品（如亚麻和椰子纤维毡）、矿物天然纤维（如玄武岩等）、各种风格的蜂窝纸和塑料蜂窝、各种风格的薄层箔和织物，甚至于SMC面层都可以采用本工艺在产品生产过程中进行改良加以复合。在PHC等工艺中用到的玻纤毡和玻纤布规格及性能见表5-3-36、表5-3-37。影响玻纤毡性能的因素主要有粘接剂的类型、含量、面密度、玻纤分布的均匀性和含水量等。

表 5-3-36  600g/m² 玻璃纤维毡面材力学性能

| 设计厚度（mm） | 测量厚度（mm） | 密度（g/cm³） | 拉伸模量（GPa） | 弯曲模量（MPa） |
|---|---|---|---|---|
| 7 | 6.60 | 0.341 | 12.7 | 4840 |
| 10 | 9.25 | 0.312 | 12.7 | 5000 |
| 12 | 11.75 | 0.289 | 12.7 | 4010 |
| 15 | 14.40 | 0.258 | 12.7 | 3340 |
| 20 | 19.5 | 0.206 | 12.7 | 2550 |

表 5-3-37  EWT300-1100mm 无碱玻璃纤维布的规格和性能

| 质量（g/m²） | 宽度（mm） | 厚度（mm） | 密度（根数/cm） | 断裂强力（kg/英寸） |
|---|---|---|---|---|
| 300 | 1100 | 0.21～0.25 | 22～24 经向<br>21～23 纬向 | ＞80<br>＞80 |

③ 制造乘用车引擎盖蜂窝复合材料所用的蜂窝纸芯的规格及性能见表5-3-38。

表 5-3-38  蜂窝纸芯的规格和性能

| 规格 | 外观 | 平压强度（kg/cm²） | 含水率（%） | 厚度及公差（mm） | 长宽及公差（mm） |
|---|---|---|---|---|---|
| 厚度7孔6 | 表面清洁、切边齐整、无毛边、表面不允许有裂纹、折裂等现象 | ≥4.7 | ≤16 | 7±0.2 | 1500≤20 |
| 厚度15孔10 | | ≥3.21 | ≤16 | 15±0.2 | 1200≤20 |
| 厚度35孔15 | | ≥2.5 | ≤16 | 35±0.2 | 1300≤20 |

影响蜂窝纸芯性能的因素主要有：纸芯孔径，决定纸芯强度和复合材料强度；纸芯含水率，影响化学反应和产品性能，纸蜂窝干燥定型时含水量一般控制在3%～5%范围内；蜂窝纸的粘接强度，影响复合材料的机械性能；纸壁厚度和切面厚度，决定产品的机械强度。

④ 一般聚氨酯喷射短纤维成型产品的力学性能见表5-3-39。

表 5-3-39  聚氨酯喷射成型复合材料基本力学性能

| 性能指标 | 测试方法 | 单位 | 12%玻纤 | 17%玻纤 | 17%玻纤 |
|---|---|---|---|---|---|
| 密度 | DIN 53479 | g/cm³ | 1.21 | 1.21 | 1.14 |
| 邵氏硬度D | DIN 53505 | 度 | 80 | 82 | 81 |
| 弯曲强度 | DIN 53452 | MPa | 82.9 | 82.4 | 82.5 |
| 弯曲模量 | DIN 53457 | MPa | 2860 | 3300 | 3400 |
| 拉伸强度 | ISO 5327-1 | MPa | 35.3 | 40.1 | 34.9 |
| 冲击韧性 | ISO 179 | kJ/m² | 17 | 19 | 31 |

（2）设备性能的影响。

该工艺所用设备主要包括PHC设备，如蜂窝拉伸定型机、聚氨酯喷涂系统、成型压机、模具和RIM注射机。在此，我们仅对其中关键设备聚氨酯喷涂系统进行介绍。

聚氨酯喷涂系统主要包括聚氨酯原料的计量、混合和喷涂。在亨内基公司生产的设备中，计量设备一般标准的配置是一台高压计量机配备两台输出量为$65cm^3/s$的计量泵，以适应生产过程中$50cm^3/s$的典型总材料输出量的需求。计量设备具有输出量调频控制和泵驱动密封的磁性耦合器，以防材料泄漏。此外，还设置有齿轮计数器精确的流量计量和控制柜冷却系统，以保证生产过程中高温情况下也能正常稳定进行。

具有混合和喷射功能的混合喷射头是喷涂设备的一个重要部件。它所具有的功能，决定最终产品的质量、性能和生产效率及操作便利性。以亨内基喷涂混合头为例，它具备同时喷涂含有填料的聚氨酯树脂、玻璃纤维的功能；同一混合头可以处理不同输出量的原材料系统；在混合头附近安装有压力和温度传感器，其参数由控制系统不断调整控制；采用高压进料和混合，可以保证各组分的均匀混合和缩短整个生产周期；为了使各组分处于最佳状态，例如防止重物质沉降，各组分可以通过计量线路不断地进行循环；智能的温度控制，可调节组分进料和回流线的加热和冷却过程，保证了当它到达混合头进行计量时的理想加工温度，以保证进料的稳定性；混合头配备了液压操作的喷射器，负责启动和中断计量过程。同时，此功能可以使混合头具有自清洁功能，从而不需要使用溶剂或单独的清洗混合头装置。因此，可以显著缩短生产周期和降低运营成本；在传统的高压计量过程中，通常使用恒压喷嘴，使材料能够在既定的操作窗口内工作。在恒压注射器的帮助下，在较宽的工作范围内保持混合压力恒定。因此，不必调整或替换注射器就可以修改输出量；带有压缩空气连接的喷嘴，通过改变压力，也可以调整喷雾射流；喷嘴特性和喷雾剖面形状（如钟罩形—高斯分布形）的设计对于生产过程中聚氨酯喷雾均匀性和重复性也十分重要；既要保证大面积的均匀喷涂，也要能通过缩短喷涂距离和减少喷涂量来确保局部小范围的喷涂；在某些应用环境中，为了获得某种所需求的物理性能，有时树脂系统中也使用填料。亨内基公司采用了活塞计量机的优点和特别硬化处理的混合头，它适用于几乎所有类型的填料。该系统在连续串联操作中可将计量量控制在$4\sim500cm^3/s$范围，在双活塞冲程中可将计量控制在$8\sim1000cm^3/s$之间。

（3）引擎盖用蜂窝夹层结构性能。

根据产品的结构特点和所用材料，检测了和引擎盖同类材料和结构的蜂窝夹层材料，分别进行了弯曲、测压和平压试验。其结果见表5-3-40~表5-3-42。

表5-3-40 蜂窝夹层结构弯曲性能

| 性能 | 标准 | 试样规格<br>（mm） | 抗弯力<br>（kN） | 抗弯强度<br>（MPa） | 抗弯模量<br>（MPa） |
|---|---|---|---|---|---|
| 夹层结构弯曲性能 | GB/T 1456 | 340×60×10 | 0.11 | 5.77 | 1599.1 |
| | | 340×60×15 | 0.29 | 5.71 | 1142.3 |
| | | 420×60×20 | 0.49 | 4.11 | 364.82 |
| | | 420×60×25 | 0.46 | 3.64 | 458.08 |
| | | 420×60×30 | 0.44 | 2.69 | 447.27 |
| | | 420×60×35 | 0.47 | 2.01 | 230.23 |
| | | 420×60×40 | 0.52 | 1.64 | 125.12 |

表5-3-41 蜂窝夹层结构测压性能

| 性能 | 标准 | 试样规格（mm） | 抗压力（kN） | 抗压强度（MPa） |
|---|---|---|---|---|
| 夹层结构测压性能 | GB/T 1454 | 90×60×10 | 2.04 | 1.70 |
| | | 120×60×15 | 2.96 | 2.47 |
| | | 150×60×20 | 4.94 | 4.11 |
| | | 180×60×25 | 5.60 | 4.66 |

| 性能 | 标准 | 试样规格（mm） | 抗压力（kN） | 抗压强度（MPa） |
|---|---|---|---|---|
| 夹层结构测压性能 | GB/T 1454 | 210×60×30 | 3.78 | 3.15 |
| | | 240×60×35 | 4.08 | 3.40 |
| | | 270×60×40 | 3.63 | 3.02 |

表 5-3-42　蜂窝夹层结构平压性能

| 性能 | 标准 | 试样规格（mm） | 屈服压力（kN） | 屈服强度（MPa） |
|---|---|---|---|---|
| 夹层结构平压性能 | GB/T 1453 | 90×60×10 | 1.18 | 0.33 |
| | | 120×60×15 | 1.67 | 0.46 |
| | | 150×60×20 | 1.49 | 0.41 |
| | | 180×60×25.5 | 1.39 | 0.39 |
| | | 210×60×29.5 | 1.65 | 0.46 |
| | | 240×60×35 | 1.53 | 0.43 |
| | | 270×60×40 | 2.34 | 0.65 |

### 5.3.6.2　HHC-LCB 引擎盖产品性能

汽车引擎盖（前机盖）属于汽车覆盖件，用于构成车身前端外观，并具有覆盖前机舱的作用，在碰撞过程中承担少部分碰撞吸能及行人安全保护的功能。因此，在前机盖的设计中需要考虑外观及结构件的性能要求，在保护前舱零部件的同时，要求具备 A 级表面外观；还要在汽车行驶过程中有效隔绝发动机或者电机等前机舱零部件带来的噪声及热量，减少汽车给环境带来的噪声污染；此外，要求前机盖具有一定的刚度和抗凹形，但又不能过强，以防止在碰撞过程中对行人造成严重的伤害。其主要性能要求见表 5-3-43。

表 5-3-43　汽车引擎盖的性能要求

| 序号 | 性能 | 要求 |
|---|---|---|
| 1 | 耐热性 | 外观变化：无翘曲、变形、褪色、裂纹、连接松动等异常情况发生；尺寸变化：无 |
| 2 | 耐寒性 | 外观变化：无翘曲、变形、褪色、裂纹、连接松动等异常情况发生；尺寸变化：无 |
| 3 | 耐冷热交变性 | 零件没有不良的材料退化、翘曲、变形、褪色、起泡、扭曲、裂纹、连接松动或其他有损于外观和性能的现象发生 |
| 4 | 尺寸稳定性 | 被测零部件应无扭曲、翘曲、凹陷、颜色和光泽的变化，以及无气味、污染、脱层等异常现象发生，尺寸变化符合图样的要求或技术文件的规定 |
| 5 | 耐低温冲击性 | 无裂纹，无连接松动现象及颜色变化 |
| 6 | 耐光老化性（级） | 试验后样件表面无渗出物、黑斑、粉化、龟裂的变化，光泽度无明显变化，与预留样品相比色牢度等级大于或等于 3 级 |
| 7 | 耐振动性 | 无裂纹、变形、开裂、连接松动等不良现象 |
| 8 | 耐化学药品性 | AATCC 等级 4 或更好的级别 |
| 9 | 燃烧特性 | ≤100 mm/min |
| 10 | 耐磨性 | 磨 1000 次无磨穿或影响使用功能等不良现象 |
| 11 | 擦毛性 | 1 级 |
| 12 | 颜色污染 | 达到 4 级或更高级别 |
| 13 | 相容性 | 必须和所有邻近材料相匹配 |
| 14 | 聚丙烯热分解 | 无分层、碎裂、粉化等不良现象 |

| 序号 | 性能 | 要求 |
|---|---|---|
| 15 | 有机物含量（μg/g） | ≤50 |
| 16 | 雾化冷凝值（mg） | ≤2.0 |
| 17 | 耐光性 | 褪色等级为2级，透光率无明显变化或变化率20%以下；光泽度无明显变化，或者光泽处光泽残有率50%以上，半光泽处20%以上，无明显污染、污垢、粉化等现象 |
| 18 | 漆膜附着力 | 相应部位格子有70%以上完好则认为该部位是完好的，否则应认为损坏 |
| 19 | 漆膜硬度 | 以没有使图层出现3mm及以上划痕的最硬铅笔硬度表示图层的铅笔硬度 |
| 20 | 漆膜耐候性 | 符合GB/T 1766—2008 |

产品外表面应光顺，轮廓清晰，转折过渡圆滑；颜色应与设计部门提供的色板一致，色泽均匀。产品皮纹应与设计部门提供的样板一致，纹理均匀。

外表面不允许有影响强度、使用性能及外观的破损、裂缝、裂痕、波纹、橘皮纹、光亮点、流动线、凹陷、开裂、气泡、污迹、缩痕、划痕、冲压边、剪切边毛刺、锐边等缺陷。

油漆喷漆均匀，无缺漆（露底）、起泡、裂纹、脱落、麻点、流痕、起皱、橘皮、针孔、杂漆、颗粒、肮脏、划伤、砂纸纹、遮盖不良等缺陷，涂层光滑平整，装饰线条（棱线）清晰等，应无明显的颜色色差（除颜色要求与产品本体不同外）。

### 5.3.6.3　HHC-LCB引擎盖产品其他性能要求及其检测方法

1. 产品DVP（实验验证）要求

产品DVP（实验验证）要求见表5-3-44。

表5-3-44　引擎盖产品DVP要求

| 序号 | 测试项目 | 测试说明或试验标准 | 目标要求 |
|---|---|---|---|
| 1 | 拉拔力 | 应符合GB 15086—2013标准 | 内板各安装连接单元，垂直于连接面作用≥3000N拉力，平行于连接面作用≥2000N拉力，试验样件的连接单元不应脱开，其他位置嵌件单元垂直方向拉拔力≥150N |
| 2 | 高温性能 | 测试件置于（90±2）℃范围的烘箱内24h，室温下放置至少半小时 | 检查试样不得出现开裂、变形、发黏、变色、功能失效等异常现象 |
| 3 | 低温性能 | （−40±3）℃下24h存放，然后取出后放置在室温下 | 检查试样不得出现开裂、变形、发黏、变色、功能失效等异常现象 |
| 4 | 高低温湿热交变 | 升温3℃/min，降温1℃/min；相对湿度95%，试验程序（85℃、6h→40℃、12h→室温、0.5h→−40℃、3h→室温、0.5h）×4次。取出放置在室温下0.5h后评判 | 检查试样不得出现开裂、变形、发黏、变色、功能失效等异常现象 |
| 5 | 耐冲击 | 样件在−40℃条件下，经过4h后，用500g的钢球（直径50mm），从50cm高度落下冲击 | 用肉眼在距离样品（300±30）mm的距离观察，表面及本体不允许发生裂纹、破损及颜色变化等现象 |
| 6 | 盐雾实验 | GB/T 10125 | 中性盐雾实验96h不生红锈（限于冲压件） |
| 7 | 禁限用物质检测ELV | 根据GB/T 3051—2014《汽车禁用物质要求》相关要求执行 | Pb≤0.1%、Hg≤0.1%、Cr（六价）≤0.1%、Cd≤0.01%、多溴联苯≤0.1%、多溴二苯醚≤0.1%、石棉纤维（阳起石、铁石棉、直闪石、温石棉、青石棉、透闪石）禁用。苯≤0.3%；甲苯、乙苯和二甲苯总量≤40%；乙二醇甲醚、乙二醇乙醚、乙二醇甲醚醋酸酯、乙二醇乙醚醋酸酯、二乙二醇丁醚醋酸酯总量≤0.03% |

| 序号 | 测试项目 | 测试说明或试验标准 | 目标要求 |
|------|----------|-------------------|----------|
| 8 | 附着性 | 应按 GB/T 9286 标准<br>划网格法：用 2mm、六齿划格刀划在每个测试样品上作十字切痕，划至基材，用胶带顺任意划痕方向粘贴网格部位。在 5min 内，拿住胶带悬空的一端，以尽可能接近 60°角度，在 0.5～1s 内，平稳地撕掉胶带，然后评定附着力的等级 | 限值要求≤1 级 |
| 9 | 耐酸性 | 0.05mol/L H$_2$SO$_4$，（23±2）℃，24h | 外观无明显变化，附着力≤1 级 |
| 10 | 耐湿热性 | GB/T 1740 标准，要求：40℃，100%RH，240h | 外观无明显变化，附着力≤1 级 |
| 11 | 硬度 | 应按 GB/T 6739—2022 标准。试验时，铅笔固定，这样铅笔能在（7.35±0.15）N 的负载下以 45°角向下压在漆膜表面上 | ≥B |
| 12 | 扭转刚度 | （1）约束条件：将前舱盖铰链安装位置进行全约束，在锁钩处进行部分约束<br>（2）加载方法：在一缓冲杠处加载 F=200N，分别测量两缓冲杠处的角度位移 | 限值要求＞50N/mm |
| 13 | 弯曲刚度 | （1）约束条件：将前舱盖铰链安装位置进行全约束，左右缓冲块位置进行部分约束<br>（2）加载方法：在锁扣处沿竖直方向加载 F=200N 的力，测量加载点在加载方向上的位移，并记录加载卸载过程中的力位移情况 | 限值要求 60N/mm |
| 14 | 横向刚度 | （1）约束条件：将前舱盖铰链安装位置进行全约束，在锁钩处进行部分约束<br>（2）加载方法：在前舱盖左缓冲杠处沿水平方向施加载荷 F=200N，测量右缓冲杠处的位移，并记录加载卸载过程中的力位移情况 | 限值要求 25N/mm |
| 15 | 抗凹性 | 室温条件下，测试体半径 100mm | 单点承载 130N 下残余变形＜0.5mm；150N 下最大变形＜7mm |
| 16 | 耐久性 | 在室温下，以最大开启角度进行 25000 次开闭循环测试 | 铰链工作正常，无异常磨损、变形及异响 |
| 17 | 耐候性 | 102min 光照，18min 光照＋喷淋，辐照度 0.55W/m$^2$@340nm，黑板温度（70±3）℃，空气温度（47±3）℃，相对湿度（50±5）%，测试时间 1000h | 试验前后无明显色差；检查样件外观，试样无粉化、起泡、开裂等现象，灰度等级≥4 级 |
| 18 | 耐碱性 | 0.1mol/L NaOH，（23±2）℃，24h | 外观无明显变化，附着力≤1 级 |
| 19 | 燃烧特性 | — | 燃烧速度≤100mm/min |
| 20 | 质量 | — | 机舱盖总成 6.5kg/个 |

### 2. 引擎盖开闭耐久和刚度试验

（1）试验设备及参数见表 5-3-45。

表 5-3-45　试验设备及参数

| 序号 | 设备名称 | 设备型号 | 试验参数 |
|------|----------|----------|----------|
| 1 | 数据采集器 | e-DAQ plus | 采样率大于 1084 |
| 2 | 力传感器 | SSM-300 | 量程：3000N；综合精度：0.2%F.S |

| 序号 | 设备名称 | 设备型号 | 试验参数 |
|------|----------|----------|----------|
| 3 | 四门两盖耐久试验台 | HFXK | 关门速度：0～3m/s（可调节）<br>试验频率：0～8次/分钟 |
| 4 | 数显千分表 | SJF-QFB-025 | 行程 0～25mm；精度：0.01mm |

（2）产品刚度试验状态如图 5-3-65 所示，自左至右分别为横向刚度、弯曲刚度和扭转刚度试验。

图 5-3-65　引擎盖刚度试验状态

（3）产品开闭耐久试验状态如图 5-3-66 所示。

图 5-3-66　产品开闭耐久试验状态

（4）试验程序及判断标准。

① 刚度试验，根据试验任务要求确定产品不同工况刚度确定约束条件。检查数据采集器、力传感器试验台等设备及产品安装状态，并使其处于试验状态。然后，开始试验，使用电脑开始数据采集工作，遥控电机加载，记录不同加载力下的数显千分表对应数据。最后，整理数据，按公式 $K=F/L$ 计算相应的刚度。其中，$K$ 为相应刚度，$F$ 为最大加载力，$L$ 为相应加载力下最大位移。扭转刚度按公式 $K=M/\theta=F\times d/\theta$，其中，$F$ 为最大加载力，$L$ 为加载点处最大位移，$d$ 为加载点距约束点的距离，$\theta$ 为扭转角度，$M$ 为最大扭矩；$\theta\approx\tan\theta=L/d=0.178$。

不同工况的产品刚度判断标准分别为：横向刚度≥25N/mm；弯曲刚度≥60N/mm；扭转刚度≥30N/mm 。

② 开闭耐久试验，将车辆放到试验区并用驻车制动器使车轮固定不动；配置气缸和拉绳实现引擎盖抬起动作；调节试验周期、关闭高度、解锁等试验装置；检查各连接点螺栓力是否符合要求，检查引擎盖是否能正常关闭开启；试验前测量间隙、面差等；对试验设备建立一个开闭命令，准备开始试验。

拉动引擎盖锁内开手柄进行一道锁解锁；对二道锁进行解锁；通过吸盘将引擎盖提升至最大高度；气缸伸出使引擎盖下降到适当高度，吸盘释放；气缸动作使引擎盖关闭并锁止；以上步骤依次反复共25000 次（要求进行 5000 次）。

试验判断标准：经开闭耐久试验后引擎盖附件无异常，附件、锁体、铰链无损坏。

（5）引擎盖模态试验。

在我国用此类蜂窝夹层复合材料制造、生产汽车引擎盖还很少有可以借鉴的经验和数据。本实验是就 HHC-LCB 引擎盖进行自由模态测试，以确定新材料引擎盖的刚度水平及模态分布情况。

① 试验设备及型号见表 5-3-46。

表 5-3-46　试验设备及型号

| 序号 | 设备名称 | 设备型号 | 数量 |
|---|---|---|---|
| 1 | LMS 振动噪声测试分析系统 | SCR05 | 1 |
| 2 | ICP 振动加速度传感器 | 356A25 | 4 |
| 3 | 力锤 | PCB | 1 |
| 4 | 笔记本工作站 | Dell | 1 |

② 试验测试模型及测点布置如图 5-3-67 所示。共布置了 20 个测点。

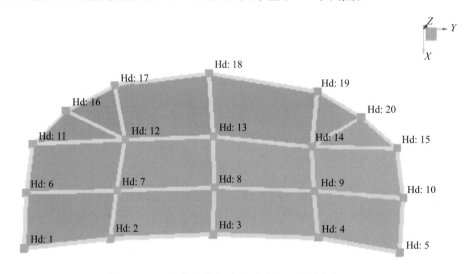

图 5-3-67　引擎盖模态试验测试模型及测点布置图

③ 测试方法。

由于引擎盖各阶模态振型均分布在垂直机盖表面方向上，因此，此次测试采用移动力锤法。考虑到各阶振型，在 5 点、7 点、16 点和 18 点分别布置一个传感器（图 5-3-68）。力锤按顺序依次敲击 1～20 点。

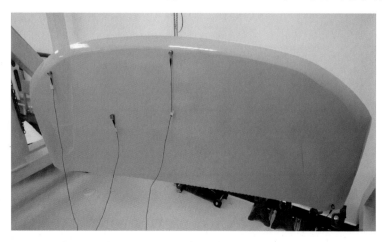

图 5-3-68　传感器布置图

④ 新材料引擎盖各阶模态测试结果见表 5-3-47。

表 5-3-47 新材料引擎盖各阶模态测试结果

| 阶数 | 模态振型 | 新材料引擎盖 Hz 值 |
|------|----------|------------------|
| 1 | 一阶扭转 | 33.19 |
| 2 | 一阶弯曲 | 41.05 |
| 3 | 二阶扭转 | 63.94 |
| 4 | 二阶弯曲 | 98.35 |

结果：新材料引擎盖自由模态一阶扭转为 33.19Hz，一阶弯曲为 41.05Hz。一阶模态≥22Hz。

总之，PHC 工艺在汽车和非汽车领域都有着广泛的应用前景。目前在汽车领域应用市场最大的单品应用，是汽车备胎盖板产品，涵盖了绝大多数的 SUV 和中高端车型，由于其轻量化显著，并且高强，最早在欧系车型应用，并快速向国产品牌车型普及，目前也被日韩系车逐渐采纳，仅仅用了大约 7 年时间便完成了对传统压合板备胎产品的完全替代。车顶是 PHC 扩展应用的一次尝试，但是此类工艺产品无法满足汽车 A 级表面的要求，在 PHC 板工艺的基础上，融入了模内反应注射工艺（RIM）。这样就很好地解决了汽车轻量化以及 A 级表面市场诉求。同样，汽车发动机引擎盖，在采用 PHC 加 RIM 工艺即 HHC-LCB（高硬度涂层轻质复合板）工艺生产的蜂窝结构复合材料引擎盖后，其表面也达到了汽车 A 级表面的要求，从而也获得了应用（图 5-3-69）。

图 5-3-69 聚氨酯复合材料喷射成型汽车引擎盖

### 5.3.7 SMC 及热塑性复合材料在汽车油底壳及缸盖罩中的应用

在本部分中，大部分素材来自中材汽车高红梅、李卫中等人提供的"复合材料在发动机部件中的应用"、热固性复合材料油底壳及缸盖罩、热塑性复合材料油底壳及缸盖罩，湖北大雁玻璃钢有限公司提供的"SMC 汽车零部件应用"等会议内容及文件，以及 BASF The Chemical Company "塑料油底壳的开发与设计"，中国重汽集团技术发展中心"SMC 复合材料在重型汽车发动机油底壳上的应用研究"等网络资料，根据本书的需要，对其进行了修改、补正、改编。

复合材料由于具有高的比强度和比模度、抗疲劳性能好、良好的破裂安全性能、优良的高温性能、耐腐蚀及降噪减震性能好等特点，因此在汽车发动机周边零部件上尤其是在油底壳和缸盖罩方面获得越来越多的应用。据报道，发达国家 2000 年汽车单车塑料（包括复合材料）平均使用量达 120kg，约占汽车总重量的 12%～20%，到 2020 年预计达 500kg。目前，发达国家车用塑料已占塑料总消耗量的 7%～8%，预计不久将达到 10%～11%。在欧洲，车用塑料的质量占汽车自重的 20%。德国车平均使用塑料量近 300kg，占汽车总质量的 22%。而我国国产车的单车塑料平均使用量为 78kg，仅占汽车自重的 5%～10%。复合材料在汽车中的应用主要分为三大类，其中包括：①车身覆盖件，包括车身壳体、硬顶、天窗、车门、散热器护栅板、大灯反光板、前后保险杠等以及车内饰件，这是复合材料在汽车中应用的主要方向，主要适应车身流线型设计和外观高品质要求的需要，目前开发应用潜力依然巨大。②结构件，包括前端支架、保险杠骨架、座椅骨架、地板等。其目的在于提高零件的设计自由度和多功能性。多采用高强度 SMC、GMT、LFT 等材料；③功能件，以发动机及发动机周边件为主要应用方向。要求材料兼具耐高温、耐油等介质腐蚀、降噪减震等性能。如制造发动机气门罩盖、进气歧管、油底壳、空滤器盖、齿轮室盖、导风罩、进气管护板、风扇叶片、风扇导风圈、加热器盖板水箱部件、出水口外壳、水泵涡轮、发动机隔音板等，主要采用 SMC/BMC、GMT 和玻纤增强尼龙等材料和压制及注射成型工艺。本部分主要介绍热固性 SMC 和热塑性玻纤增强尼龙制造发动机油底壳和发动机缸盖罩有关的工艺技术。图 5-3-70 为汽车发动机周边件复合材料应用实例。其中，包括油底壳、缸盖罩和隔热隔音件。

图 5-3-70　复合材料在汽车发动机周边件应用实例

　　油底壳是汽车发动机润滑系统中不可或缺的组成部分。油底壳的储油量是润滑系统的主要设计参数之一。它的容积对润滑系统中机油完成润滑、冷却、清洗、密封、防锈等功能具有重要的保证作用。合理的油底壳可促进汽车发动机结构简化，体积缩小、质量减轻。另外，由于它直接和发动机相连，承担和传递来自发动机的振动和噪声。因此，提高油底壳的隔音效果，对降低发动机周边及整车的噪声将会起到重要的作用。近年来，随着用户对环境的关注，汽车噪声治理已经列入汽车标准要求中。对整车而言，发动机是主要的噪声源。从整车的噪声源来分，发动机约占 30% 以上。而油底壳和缸盖罩占发动机噪声源的 50%（表 5-3-48）。重卡发动机的噪声不仅影响周围的环境，而且影响驾驶室的环境，由于驾驶室离发动机很近，发动机产生的噪声极易传入驾驶室，引起司机头疼、目眩、困乏、烦躁等疲劳症状，从而增加了交通事故的发生频率。由于出口的需要，重型汽车生产厂家要求将整车的噪声由目前的 84dB 降至 80dB。因此，采用先进的材料降低发动机的噪声成为发动机行业研究的重点。表 5-3-49 显示了复合材料部件在某款汽车发动机中的降噪优势。

表 5-3-48　部件声功率级及能量百分数

| 部件 | 声功率级（dB） | 能量百分数（%） |
|---|---|---|
| 左机体 | 101.2 | 7.8 |
| 缸盖罩 | 104.1 | 15.3 |
| 齿轮室罩 | 101.3 | 7.9 |

| 部件 | 声功率级（dB） | 能量百分数（%） |
|------|------|------|
| 供油泵 | 100.0 | 5.9 |
| 进气管 | 103.7 | 13.8 |
| 右机体 | 99.2 | 4.9 |
| 飞轮壳 | 101.1 | 7.7 |
| 油底壳 | 107.7 | 34.8 |
| 排气管 | 94.9 | 1.8 |

表 5-3-49　复合材料部件的降噪优势

| 序号 | 噪声源 | 原发动机 | | | 使用复合材料油底壳缸盖罩及其他措施后 | | |
|------|------|------|------|------|------|------|------|
| | | 声功率（×10^{-4}W） | 声功率级（dB） | 对整体噪声贡献 | 声功率（×10^{-4}W） | 声功率级（dB） | 对整体噪声贡献 |
| 1 | 机体 | 60.150 | 97.79 | 33.33% | 48.120 | 96.82 | 33.43% |
| 2 | 油底壳 | 58.782 | 97.69 | 32.65% | 44.618 | 96.49 | 30.98% |
| 3 | 喷油泵 | 16.640 | 92.21 | 9.23% | 11.570 | 90.63 | 8.03% |
| 4 | 涡轮增压器 | 14.645 | 91.66 | 8.13% | 10.625 | 90.26 | 7.37% |
| 5 | 空压机 | 7.446 | 88.72 | 4.13% | 4.713 | 86.73 | 3.27% |

　　传统的油底壳材料多为金属（压）铸件和薄钢板。多年来，国外用热固性 SMC 材料和玻纤增强热塑性材料制造发动机油底壳已有成功的应用。采用复合材料制作发动机部件不仅具有良好的隔声及减振效果，而且能够减轻发动机部件的质量（与金属材料相比可以减重 20% 左右，用更轻质的玻纤增强热塑性塑料时甚至可减重 40%～50%）。复合材料还有一个最重要的优点是，它通常采用整体成型技术，实现一体化成型，化零为整，大大减少了结构的复杂性，减少了部件数量，并缩短了实际生产以及总装所需要的工作量，有效降低了汽车综合成本，为企业创造了利润。复合材料的诸多优点，使其成为各个国家研究发动机的金属代替材料的焦点。据报道，国外应用 SMC 油底壳厂家有底特律柴油机60 系列标准油底壳（1987）和深油底壳（1987）、康明斯柴油机 L-10 油底壳（1987）、纳威司达柴油机 NGD 油底壳（1993）、沃尔沃、雷诺、奔驰、FORD 等公司。据不完全统计，目前北美地区机动车中，SMC/BMC 复合材料油底壳和缸盖罩的保有量约 4000 万个。而且，自 1987 年以来，未发生一例由于材料原因造成的性能下降和产品变形质量事故，实际使用效果良好。SMC 材料不仅具有减震降噪性好，而且具有轻质高强、耐腐蚀、耐高温和可设计性强等一系列优点。近年来，国内也有不少重卡车型采用 SMC 油底壳。国内一汽 CA6DL 发动机部分机型、重汽 WD615 等企业也在陆续使用 SMC 油底壳。二汽重卡中所用的 DC111 发动机 SMC 缸盖罩已装车 80 余万辆。同样，玻纤增强热塑性复合材料也在汽车油底壳上获得了应用。2003 年德国萨克森公司（KTSN）研发成功首例货车热塑性塑料油底壳并获得 SPE 颁发的"格兰特创新特别奖"。该款油底壳已经应用在戴姆勒-克莱斯勒汽车公司新型重卡 ACTROS V6 发动机上。这种轻量化复合材料油底壳的机油容量比传统材料油底壳增加了 30%，达到了 39L。其质量减轻了 40%，达到了 7.4kg，生产成本比传统材料油底壳降低了 20%～30%。该油底壳的材料是由 BASF 公司提供的，含有 35% 玻纤增强的 PA66。采用 SMC 工艺成型某发动机型缸盖罩，产品质量较金属制品降低 15% 以上。采用纤维增强乙烯基改性不饱和聚酯树脂制备而成的产品强度较通用型 SMC 制品强度高 25% 左右；采用酚醛改性乙烯基树脂为基体材料的产品玻璃化转变温度在 165℃ 以上；以高热稳定性无机材料为填充的产品收缩率为 0.5‰。由于选用材料为高分子材料，具有良好的阻尼系数，因此有效减少了震动，降低了噪声。根据噪声测试与原来铸铝件相比，复合材料摇臂室罩盖可降低噪声 3dB。同时，产品设计充分发挥复合材料的可设计性特点，实现了多部件集

成化，达到减少工序、降低成本的共赢目标。据报道，另一款 SMC 发动机具有集油功能的 SMC 气门罩盖较铝合金减重 30％，成本下降 50％。

一般说来，热固性 SMC 材料和热塑性玻纤增强 PA66 在力学性能方面没有太大的差异，这两种材料的基本力学性能比较见表 5-3-50。但是，后者具有优越的断裂韧性，几乎是前者的 10 倍，密度小而且较易回收。而前者通常都具有良好的强度、刚性、抗蠕变性能、耐热性、耐腐蚀和耐候性。因此，在汽车发动机周边零件都能找到各自的应用部位。

表 5-3-50  PA66 和 SMC 材料的基本力学性能

| 序号 | 项目 | 单位 | PA66（GF） | SMC |
|---|---|---|---|---|
| 1 | 密度 | g/cm³ | 1.45 | 1.8 |
| 2 | 收缩率 | ％ | 0.3～0.5 | 0.03～0.1 |
| 3 | 拉伸强度 | MPa | 80～150 | 80～120 |
| 4 | 弯曲强度 | MPa | 160～220 | 180～250 |
| 5 | 压缩强度 | MPa | 100～140 | 120～160 |
| 6 | 冲击强度 | kJ/m² | 50～100 | 60～110 |
| 7 | 热变形温度 | ℃ | ＞200 | ＞200 |

### 5.3.7.1  复合材料油底壳、缸盖罩用原材料及其性能

复合材料油底壳和缸盖罩所用的原材料和其他汽车复合材料产品的区别，来自它们苛刻的工作环境。其必须具有耐高温、高强、耐溶剂腐蚀和耐疲劳等性能，而且产品尺寸精度高、不易变形。

1. SMC 油底壳及缸盖罩用树脂及其 SMC 常温性能

常规的 SMC 采用的不饱和聚酯树脂满足不了油底壳及缸盖罩的使用要求。而乙烯基酯树脂能够耐受汽车发动机苛刻的工作条件。它具有强度高、韧性好、耐高温和耐腐蚀等特点。同时，该树脂也能长时间承受静态和动态热机械载荷。因此，通常采用乙烯基酯树脂 SMC 来制造汽车发动机的复合材料油底壳和缸盖罩。同时，采用乙烯基酯树脂 SMC 生产油底壳和缸盖罩，该树脂就必须能进行化学增稠。国内用于生产油底壳和缸盖罩的乙烯基酯由有两种型号，即雷可德的 CorroliteTM Impact 31376-10 和 AOC Aliance 的 XP810-901、P104-02。它们的浇注体及 SMC 常温性能见表 5-3-51 和表 5-3-52。

表 5-3-51  乙烯基酯树脂浇注体性能

| CorroliteTM Impact 31376-10 | | | | AOC Aliance | | | | |
|---|---|---|---|---|---|---|---|---|
| 性能 | 标准 | 单位 | 数值 | 性能 | 标准 | 单位 | 数值 | |
| | | | | | | | XP810-901 | P104-02 |
| 拉伸强度 | D638 | MPa | 75 | 拉伸强度 | ISO 527-2 | MPa | 81 | 75 |
| 拉伸模量 | D638 | GPa | 3.9 | 拉伸模量 | ISO 527-2 | MPa | 3600 | 3500 |
| 断裂伸长 | D638 | ％ | 2.5 | 断裂伸长 | ISO 527-2 | ％ | 3.5 | 2.7 |
| 弯曲强度 | D780 | MPa | 140 | 弯曲强度 | ISO 178 | MPa | 155 | 120 |
| 弯曲模量 | D780 | GPa | 4.0 | 弯曲模量 | ISO 178 | MPa | 3700 | 3600 |
| 冲击强度 | — | — | — | 冲击强度(无缺口) | ISO 179 | kJ/m² | 13.0 | 10.0 |
| 热变形温度 | D648 | ℃ | 140 | 热变形温度 | ISO 75A | ℃ | 145 | 130 |

表 5-3-52　乙烯基酯树脂 SMC 的常温性能

| 性能 | 标准 | 单位 | 数据 | 数值 | | | | |
|---|---|---|---|---|---|---|---|---|
| | | | | XP810-901 | | P104-02 | | |
| | | | | 标准 | 数值（企业 D 提供） | 标准 | 实测（企业 Z 提供） | 要求（企业 Z 提供） |
| 拉伸强度 | ISO 527-2 | MPa | 103 | GB/T 1447 | 84～140 | GB/T 1447 | 124 | ≥110MPa |
| 拉伸模量 | ISO 527-2 | MPa | 11638 | GB/T 1447 | 6300～14000 | GB/T 1447 | 12100 | ≥10GPa |
| 断裂伸长 | ISO 527-2 | % | 1.8 | GB/T 1447 | — | GB/T 1447 | 2.7 | — |
| 弯曲强度 | ISO 178 | MPa | 228 | GB/T 1449 | 175～280 | GB/T 1449 | 255 | ≥200MPa |
| 弯曲模量 | ISO 178 | MPa | 12459 | GB/T 1449 | ≥8800 | GB/T 1449 | 13800 | ≥10GPa |
| 压缩强度 | GB/T1448 | — | — | GB/T 1448 | 105～210 | GB/T 1448 | 142.8 | ≥140 |
| 冲击强度（无缺口） | ISO 179 | kJ/m² | 88 | GB/T 1451 | 43～108 | GB/T 1451 | 163.2 | ≥100 |
| 玻纤含量 | — | % | 30 | — | 30～35 | — | 33±3 | — |

注：表中四种数据分别来自树脂供应商和两家 SMC 油底壳、缸盖罩生产厂的数据。以上数据来自不同的测试标准。

2. 乙烯基树脂具有良好的耐热和防腐蚀性能

以 XP810-901 树脂为例，在 120℃、150℃ 和 180℃ 温度下暴露 1200h，其产品强度基本没有变化，结果如图 5-3-71 所示 。在油（130℃）、硫酸（23℃）和氢氧化钠（23℃）不同介质下经 1000h 后，其力学性能没有明显的变化。结果如图 5-3-72 所示。XP810-901 的模压产品还具有以下耐疲劳特点：高起始强度，压制的没有缺陷点的样条具有最优的耐疲劳性能。试验结果如图 5-3-73 、图 5-3-74 所示。

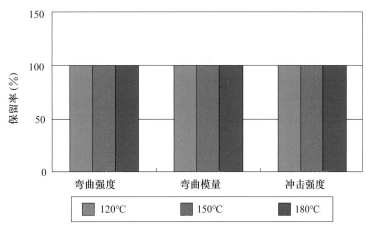

图 5-3-71　XP810-901 树脂的耐热性能
（经 1200h 后弯曲强度、弯曲模量和冲击强度的保留率）

除此以外，和金属材料油底壳、缸盖罩相比，SMC、PA66 还具有许多其他的应用优势。例如，SMC 油底壳比同款钢制油底壳轻 25%，比铸铝油底壳轻 20%。已经取代钢制油底壳的 Sinoma SMC 油底壳，实现减重 3.3kg。同样，SMC 缸盖罩也能比铝合金缸盖罩减重 20%～30%。玉柴某款发动机铝合金缸盖罩重 8.0kg，而同款 SMC 缸盖罩仅 5.7kg，减重达 28.8%；SMC 具有和钢材相近的线膨胀系数，在高低温交变的工况下能够保证零件的密封性和减小应力的产生。而且，它的耐高低温性能，使其在各种极端气候条件下能安全工作；尽管 SMC 导热性能不如钢、铝材料，但由于油底壳的散热机理主要是气流的对流，散热效果取决于散热面积和空气流速。试验证明，SMC 材质对散热的影响可以忽略。表 5-3-53 为两种材质油底壳在发动机工作状态下，对机油温度的测试结果。采用 SMC 油底壳还可在设计性、集成性和降低成本方面比钢铝材料有优势。SMC 油底壳可以根据设计需要，调整产品的厚度变化、改善产品刚性、集成其他附件如油尺、挡油板、集油托块等于一体，有效减少部件螺栓和焊接。图5-3-75还列举了几种油底壳、缸盖罩候选材料的成本对比。

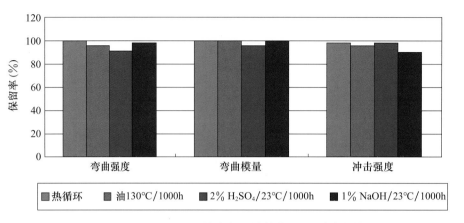

图 5-3-72　XP810-901 树脂在不同介质下的耐腐食性能
（在不同介质下经 1000h 后弯曲强度、弯曲模量和冲击强度的保留率）

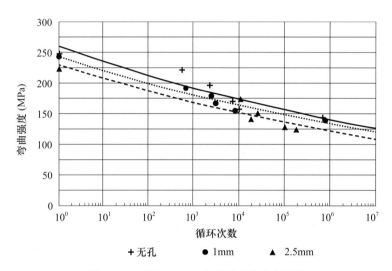

图 5-3-73　XP810-901 产品的弯曲疲劳性能

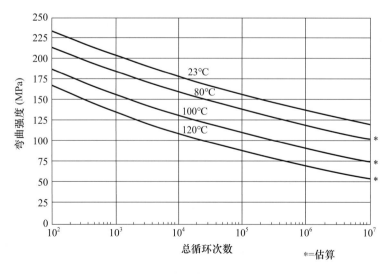

图 5-3-74　XP810-901 产品弯曲疲劳性能和温度的关系

表 5-3-53　Sinoma SMC 油底壳和钢制油底壳在工作状态下的机油温度

| 材质 | 发动机机型 | 环境温度（℃） | 测试工况 | 机油温度（℃） |
|---|---|---|---|---|
| 钢制油底壳 | 10L615 柴油机 | 35 | 290kW/2200（r/min） | 103 |
| SMC 油底壳 | 10L615 柴油机 | 35 | 290kW/2200（r/min） | 107 |

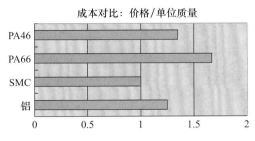

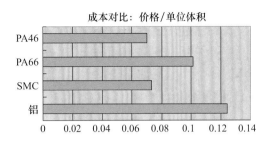

图 5-3-75　几种油底壳、缸盖罩候选材料的成本对比

3. 油底壳及缸盖罩用 SMC 的特殊性能

考虑到产品对 SMC 材料耐腐蚀、耐高温、耐冲击、降噪性能方面的特殊要求，SMC 材料必须经受高低温、降噪、长期耐机油及尺寸稳定性的考验。因此，在产品投入生产前必须充分进行各种相关试验。

（1）SMC 材料的高低温性能。

表 5-3-54 中的数据显示 SMC 材料的高低温性能。材料性能已获得用户的认证。可以作为汽车发动机周边件的专用材料。

表 5-3-54　SMC 材料的高低温性能

| 测试项目 | 测试方法 | 单位 | 性能指标 | | | |
|---|---|---|---|---|---|---|
| | | | 室温 | −50℃ | +120℃ | +150℃ |
| 拉伸强度 | GB/T 1447 | MPa | 100 | 112 | 70 | 60 |
| 拉伸模量 | GB/T 1447 | GPa | 10 | 12 | 9 | 7 |
| 弯曲强度 | GB/T 1449 | MPa | 200 | 250 | 150 | 110 |
| 玻璃化转变温度（$T_g$） | ASTM D 4065 或 ASTM D 5023 | ℃ | 165 | | | |
| 175℃条件下处理 1008h 后常温测试 | | | | | | |
| 拉伸强度 | GB/T 1447 | MPa | 90 | | | |
| 断裂延伸率 | GB/T 1447 | % | 1.2 | | | |
| 弯曲强度 | GB/T 1449 | MPa | 200 | | | |
| 弯曲模量 | GB/T 1449 | GPa | 10 | | | |

（2）SMC 材料的减震降噪性能。

复合材料的阻尼系数一般为 0.05，金属材料的阻尼系数为 0.005。也就是说，复合材料阻尼比金属材料的阻尼高 10 倍。从图 5-3-76 可以看出，采用复合材料制成的油底壳，从 200Hz 开始即有良好的减振效果，特别是在高频范围内效果显著，最多降低了 11dB。图 5-3-77 是铝和 SMC 材料的噪声衰减对比。

根据某款 10L 柴油发动机油底壳约束模态分析，可以找到 SMC 油底壳减震降噪的机理。因为振动是噪声之源，而振动的产生对汽车来说主要是发动机自身运行过程中自发产生，同时由于发动机周边件自身随发动机的运行而发生的振动，更重要的是要防止发动机周边件如油底壳、缸盖罩的固有频率和发动机的固有频率之间发生重叠而产生更强烈的复合振动效果。一般重卡的发动机的固有频率在 150（V6）～200（V8）Hz 之间。只要我们设计的油底壳或缸盖罩的固有频率远离上述范围，就能产生良好的降噪效果。图 5-3-78 为 SMC 油底壳的约束模态分析图。结果表明，与钢油底壳相比，该 Sinoma SMC 油底壳减振优势明显，与钢油底壳相比，一阶、二阶和三阶振动频率，使用 SMC 油底壳分别提高了 50％、53％和 32％。结果见表 5-3-55。

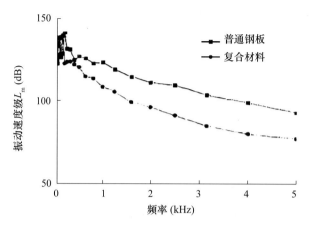

图 5-3-76　复合材料与钢板在不同频率下的减震特性对比

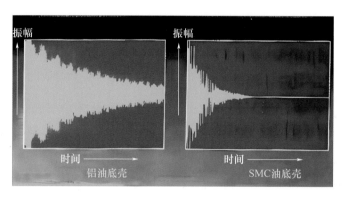

图 5-3-77　铝和 SMC 油底壳的噪音衰减对比

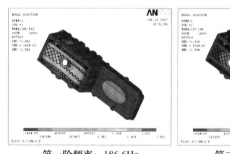
第一阶频率：186.6Hz

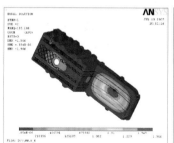
第二阶频率：193.2Hz

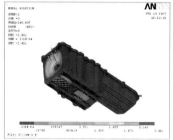
第三阶频率：240.6Hz

图 5-3-78　SMC 油底壳的约束模态分析

表 5-3-55　不同材质的油底壳固有频率的比较

| 固有频率 | SMC 油底壳（Hz） | 钢油底壳（Hz） | 相对提高比例（％） |
|---|---|---|---|
| 第一阶频率 | 186.6 | 124.3 | 50 |
| 第二阶频率 | 193.2 | 126.6 | 53 |
| 第三阶频率 | 240.6 | 182.7 | 32 |

　　为了验证 Sinorna SMC 油底壳模态分析结果，通过采用比较精确的表面速度计算油底壳表面辐射噪声，在柴油机台架上进行欧Ⅲ柴油机 SMC 油底壳和钢制油底壳对比表面振动测试和计算分析试验。

结果表明，采用 SMC 油底壳可有效降低柴油机油底壳表面辐射噪声。在 2200r/min 额定转速下计算出油底壳辐射噪声可降低 9.4dB，在 1600r/min 最大扭矩转速下可降低 12.9dB。

（3）SMC 材料 120℃长期耐机油性。

发动机专用 SMC 材料要求其具有极佳的耐机油性能。图 5-3-79 显示的是 SMC 材料的耐油性能。结果表明，油底壳专用 SA1800 SMC 片材在 120℃、CF-4 级 15W/40 机油中浸泡 6000h 后，弯曲强度保留率为 109.0%，弯曲模量保留率为 85.5%。根据试验结果确定该片材能够长期在 120℃机油环境下使用。

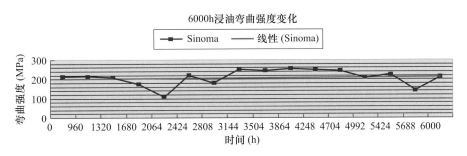

图 5-3-79　SMC 材料的耐油性能

（4）SMC 材料尺寸稳定性。

热固性材料（SMC）不同于热塑性材料（尼龙），热固性材料由于分子间发生交联，在冷热交变下，能够保持尺寸稳定性，蠕变很小；热塑性材料由于分子间无交联，仅靠分子间力维持尺寸，当长期在热环境下使用时，会出现较大的蠕变。图 5-3-80 显示 SMC、PA6 和 PA66 三种材料在 200g 静载荷和 150℃下，经 30min 后的蠕变行为。结果表明，由于存在蠕变，尼龙用于油底壳、缸盖罩产品，其螺栓最大跨距为 100mm。而新开发的油底壳专用 Sinoma SMC 材料，具有更加优异的抗蠕变性、耐温性（$T_g \geqslant 165℃$）和防水性，由它们制成的零部件坚固耐用，防泄漏效果好，因而非常适应引擎室的应用环境，其用于油底壳和缸盖罩产品，螺栓最大跨距可以达到 250mm 以上，特别适合用于制造尺寸大于 600mm 的发动机油底壳和缸盖罩部件。

### 5.3.7.2　SMC 油底壳/缸盖罩的制造工艺

金属材料油底壳由于存在质量大、噪声大、成品率低和形状设计自由度低等问题，给复合材料替代提供了较好的机会。以 ACTRO V6 发动机油底壳为例（图 5-3-81），它的基本要求见表 5-3-56。

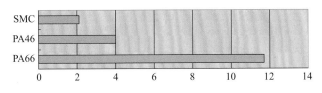

图 5-3-80　几种材料的高温及静载下的蠕变行为

图 5-3-81　ACTRO V6 发动机及油底壳

表 5-3-56　ACTRO V6 油底壳的技术要求

| 项目 | 性能 |
| --- | --- |
| 适用温度范围 | −40～130℃（5min，140℃） |
| 荷重 | 1950kg |
| 耐用时间 | 100 万千米或 10 年 |
| 固有频率 | V6150 |
| 飞石撞击 | 100g，速度 80km/h |
| 内压 | 0.4bar |
| 耐压 | 1.0bar/30s/循环 3 次 |
| 固定条件 | M10/35N·m |
| 实际发动机试验 | 3000h |
| 噪声 | ＜95dB 发动机整体 |

1.产品分析

不管产品是用 SMC 还是用 PA66 材料制造，其制造前期开发阶段对产品都要进行 CAE 分析和零部件的实验验证测试。其中，CAE 分析中主要是进行流动（模流）和翘曲分析和产品结构分析，研究树脂和纤维的流向和产品翘曲状态，以确定产品壁厚分布、材料流动充模时压力分布、充模时间和纤维取向、熔接线的位置等。

根据 BASF 公司的资料，通过其对上述产品的 CAE 分析可以了解 CAE 分析在油底壳产品上的应用。图 5-3-82～图 5-3-84 分别显示了零件壁厚、充模时压力分布和充模时间的 CAE 分析结果。

图 5-3-85～图 5-3-87 显示的是熔接线产生位置、产品中纤维的分布和产品翘曲分析的结果。

图 5-3-82　零件壁厚分布

图 5-3-83　材料充模时压力分布

图 5-3-84　材料充模时间

图 5-3-85　熔接线产生位置

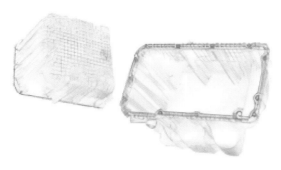

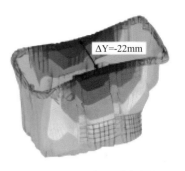

图 5-3-86　纤维在产品中的分布　　　　　　　　图 5-3-87　产品翘曲分析结果

在结构分析和产品测试中，包括模态分析（含固有振动模式和共振频率分析）、耐压密封、放置受力和飞石撞击等。图 5-3-88 为模态分析实验，图 5-3-89 为固有振动模态分析结果。

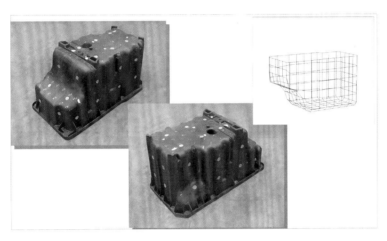

图 5-3-88　模态分析实验

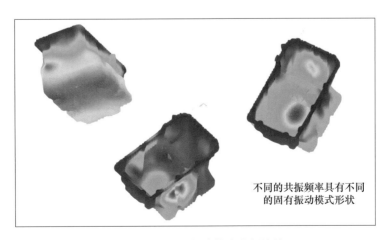

图 5-3-89　固有振动模态分析结果

图 5-3-90 和图 5-3-91 分别表示产品进行压力试验及耐压试验结果。中材汽车公司采用 Sinoma SMC 制造油底壳进行了类似的产品分析和测试工作。表 5-3-57、图 5-3-92 显示的是该产品的典型分析内容和测试结果。

261

图 5-3-90　压力试验

耐压水平：1.46bar、102s

压力曲线：0.86bar/min

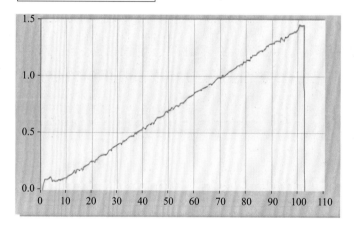

图 5-3-91　耐压试验结果

表 5-3-57　热固性复合材料 Sinoma SMC 油底壳典型分析内容

| 性能 | 指标要求 | 测试结果 | |
|---|---|---|---|
| 油底壳固有振动频率 | 6缸发动机用油底壳：≥170Hz | 第一阶频率 | 186.6Hz |
| | | 第二阶频率 | 193.2Hz |
| | | 第三阶频率 | 240.6Hz |
| 油底壳抗飞石撞击性 | 100g石子在80km/h的速度下冲击产品表面，产品无破坏 | 调整到200g，速度40km/h，该种条件的冲击，对油底壳产品几乎没有影响 | |
| | | 100g、200g、300g的砖块作为碰撞物，油底壳以不同的车速（40km/h、50km/h、60km/h）障碍物只在油底壳表面造成轻微刮痕，没有造成其出现裂纹，漏油现象，没有对其性能造成影响 | |

| 性能 | 指标要求 | 测试结果 |
| --- | --- | --- |
| 耐压及密封 | 100kPa/30s，循环3次密封<br>无泄漏、产品无破坏 | 0.1MPa水压，30s，3次无泄漏、无裂纹等异常 |
| 油底壳荷重 | 产品荷重1500kg无破坏 | 5670kg /8340kg/6160kg |

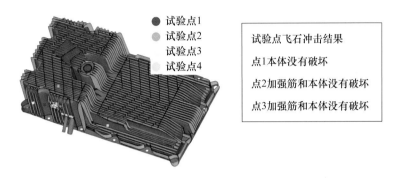

● 试验点1
● 试验点2
　试验点3
　试验点4

试验点飞石冲击结果
点1本体没有破坏
点2加强筋和本体没有破坏
点3加强筋和本体没有破坏

图5-3-92　Sinoma SMC油底壳飞石冲击分析四个测试点在常温下试验

2. SMC油底壳/缸盖罩的制造工艺流程

（1）SMC油底壳生产工艺流程。

SMC油底壳和缸盖罩的生产制造，都采用的是模压成型工艺。它生产效率高，产量大，容易实现过程的机械化和自动化。在复合材料的各种生产工艺中，它是最适合也最容易满足汽车工业产品的对产品尺寸稳定、质量重复性好和规模化生产的需要。SMC油底壳的生产工艺流程如图5-3-93所示。

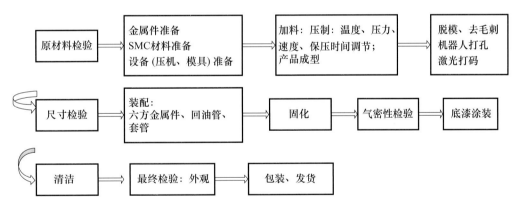

图5-3-93　SMC油底壳产品生产过程流程图

（2）SMC缸盖罩生产工艺流程。

前已指出，采用SMC生产的缸盖罩，重量较金属制品降低15%以上。采用纤维增强乙烯基改型不饱和聚酯树脂SMC材料时，其产品强度较通用SMC制品强度高25%左右；产品采用酚醛改型乙烯基树脂为基体材料，产品的玻璃化转变温度在165℃以上；产品有高热稳定性无机材料为填充产品，产品的收缩率为0.5‰。尺寸稳定性高。同样，这类产品具有良好的阻尼系数，有效减少了震动，降低了噪声。根据噪声测试，与原来铸铝件相比，复合材料摇臂室罩盖可降低噪声3dB。和金属缸盖罩相比其综合成本低：产品设计充分发挥复合材料的可设计性特点，实现了多部件集成化，达到了减少工序、降低成本的共赢目标。该产品的生产工艺流程如图5-3-94所示。

（3）SMC油底壳和缸盖罩的主要生产设备。

SMC油底壳和缸盖罩的主要生产设备包括产品成型压机、产品传输线、产品打孔机器人、产品激光打码机和油底壳专用压铆机等。图5-3-95～图5-3-99所示为其设备照片。

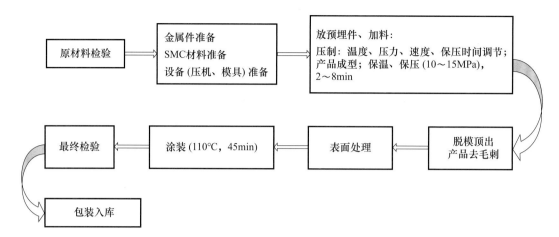

图 5-3-94 SMC 发动机缸盖罩模压工艺流程

图 5-3-95 产品成型压机

图 5-3-96 产品传输线

图 5-3-97 产品打孔机器人

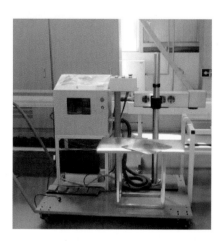

图 5-3-98 产品激光打码机

图 5-3-99 油底壳专用压铆机

（4）SMC 缸盖罩产品的性能要求。以某款 SMC 缸盖罩为例，要求：

① 120℃条件下长期使用无渗漏发生。

② 120℃条件下弯曲强度＞140MPa。

③ 120℃条件下工作 1000h，其模量损失＜15％。

④ 在 100℃的冷却液、140℃的机油、60℃的刹车液中，各工作 12 个月后强度保持在原有的 80％以上。

### 5.3.7.3　热塑性油底壳、缸盖罩的制造工艺

采用玻纤增强 PA66 注塑工艺成型，材料密度为 $1.3\sim1.41g/cm^3$，产品质量较 SMC 油底壳降低 30％以上。由于产品采用纤维增强 PA66 制备而成，因此其冲击强度高，耐冲击性能好。产品的断裂延伸率是 SMC 材料的 10 倍以上。采用的 PA66 材料耐热性能好。热变形温度达 250℃，材料长期耐热温度 150℃，短期耐热温度达 170℃。同样的道理，由于产品选用材料为高分子复合材料，具有良好的阻尼系数，能有效减少震动，降低了噪声，因此和 SMC 一样具有良好的减震降噪性能。另外，尼龙的品种多，较易回收循环利用，价格相对便宜等，这些因素促成纤维增强尼龙材料，成为非常适合在汽车发动机油底壳和缸盖罩等发动机周边件的应用。

1. 热塑性油底壳及缸盖罩用材料性能

（1）原材料。热塑性油底壳和缸盖罩所用的原材料主要包括：尼龙 PA66、玻璃纤维、玻纤表面润滑剂、抗氧剂和热稳定剂。玻纤含量视产品性能要求而异。

（2）材料性能及检测。

力学性能是判断复合材料使用性能的主要指标之一。不同纤维含量的 PA66/GF 复合材料的力学性能的实验数据见表 5-3-58。

表 5-3-58　不同纤维含量的 PA66/GF 的力学性能

| 编号 | 拉伸模量<br>（GPa） | 拉伸强度<br>（MPa） | 断裂伸长率<br>（％） | 弯曲模量<br>（GPa） | 弯曲强度<br>（MPa） |
|---|---|---|---|---|---|
| PA66 | 3.19 | 69.2 | 5.0 | 2.82 | 83.6 |
| PA66GF15 | 4.15 | 85.6 | 4.38 | 3.98 | 97.4 |
| PA66GF20 | 5.21 | 98.7 | 3.24 | 5.12 | 132.0 |
| PA66GF25 | 6.25 | 124.3 | 2.07 | 6.64 | 153.0 |
| PA66GF30 | 7.50 | 143.0 | 1.8 | 7.6 | 170.0 |
| PA66GF35 | 8.35 | 185.7 | 2.0 | 8.2 | 210 |
| PA66GF40 | 9.50 | 220.4 | 1.5 | 9.5 | 250 |
| PA66GF20M10 | 7.8 | 85.6 | 1.3 | 7.32 | 125 |
| PA66GF25M10 | 8.3 | 118.4 | 1.05 | 8.1 | 142 |

测试设备：万能试验机。

测试标准：拉伸性能参照 ISO527/EN13677；弯曲性能参照 ISO178/EN13677；冲击性能参照 ISO180/A 测试。

测试环境：室温 24～25℃；拉伸测试速度 50mm/min；相对湿度拉伸 22％，弯曲 32％，弯曲试验跨距 60mm。

从表 5-3-38 中可以看出，玻纤和矿粉的加入，显著地提高了复合材料的刚性。而随着纤维含量的增加，复合材料的拉伸、弯曲和冲击性能均有较大幅度的提高，但材料的断裂伸长率降低，且随着纤维含量的增加，受树脂熔融指数的限制，复合材料的流动性降低，产品的成型性降低。

矿粉的加入使材料的刚性有所提高，而随着其含量的增加，复合材料的拉伸、弯曲和冲击性能均有较大幅度的降低，材料的断裂伸长率降低，且随着矿粉含量的增加，受树脂熔融指数的影响，复合材料的流动性能下降，产品的成型性降低。

（3）材料的耐高温性能。

对用 25％玻璃纤维增强的 PA66 复合材料，在 120℃的条件下，长期老化 250h、500h 和 1000h，并对老化后的样条进行性能测试，其测试结果见表 5-3-59。

表 5-3-59　GF25PA66 复合材料 120℃下的热老化性能

| 温度 | 测试项目 | | 老化时间（h） | | | |
|---|---|---|---|---|---|---|
| | | | 0 | 250 | 500 | 1000 |
| 120℃ | 拉伸强度 | MPa | 124.3 | 120.0 | 117.3 | 105.3 |
| | 拉伸模量 | GPa | 6.25 | 6.12 | 6.04 | 5.97 |
| | 断裂伸长率 | % | 2.07 | 1.85 | 1.8 | 1.7 |
| | 弯曲强度 | MPa | 153.0 | 139.0 | 130.0 | 124.3 |
| | 弯曲模量 | GPa | 6.64 | 6.70 | 6.72 | 6.50 |

结果表明，选用的 25% 纤维增强 PA66 复合材料具有良好的力学和长期耐热老化性，可在发动机的使用环境下长期使用。纤维含量在 25%～35% 时，复合材料各方面性能良好且易于产品成型，适合于复合材料缸盖罩产品。纤维含量在 30%～40% 时，适合于复合材料油底壳产品的生产。

2. 热塑性油底壳产品结构设计

（1）油底壳产品壁厚和加强筋设计。

通过产品的结构设计分析、成型工艺参数设计以及材料性能等技术研究，设计并开发出了轻卡用油底壳产品。油底壳产品采用均匀壁厚设计，以保证产品整体的均匀性。在本体壁厚的基础上，产品外侧设计为高度为 6～8mm 的加强筋，底部加强筋呈高矮交错、纵横交叉分布方式，主加强筋呈平行分布，副加强筋分布在主加强筋之间，并以 45°的角度与主加强筋呈交叉分布，副加强筋之间呈平行分布，这种高矮交错排布将产品外侧分布成若干小单元，石子冲击过程中可保证加强筋完好，局部加强筋弯曲或轻微断裂时，产品本体完好无损；侧面则通过增加加强筋的高度和降低加强筋排布密度，保证了产品的刚度和冲击强度，同时还有效实现了减振降噪效果；产品内部则设计为吸油管与油底壳本体通过振动焊接连接为一体，调整了产品的固有频率，有效避开了发动机的共振点。产品结构如图 5-3-100 所示。

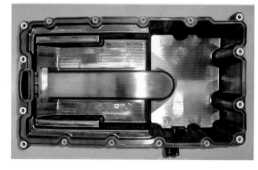 

图 5-3-100　某款发动机热塑性油底壳产品照片（左图为内侧，右图为外侧）

（2）油底壳产品密封结构设计。

热塑性油底壳除了本身的结构要进行合理的设计外，它还要集成油道、密封圈、螺栓、放油塞等部件。工序较复杂，密封性能要求较高。热塑性油底壳产品改变了原有金属油底壳所用的纸基密封材料和密封结构，设计为橡胶密封垫和密封槽的方式。

聚丙烯酸酯橡胶（ACM）和乙烯-丙烯酸酯橡胶（AEM）具有良好的耐油性、耐油老化、耐高温老化等性能，且价格相对较低，是发动机缸盖罩和油底壳密封垫材料的首选材质。氟橡胶具有良好的耐油性、耐老化性能，但价格相对较高，之前在发动机油底壳和缸盖罩的密封垫材料中有着广泛的应用。现在因价格问题，逐步被 ACM 和 AEM 替代。

通过选用聚丙烯酸酯橡胶（ACM），对胶料进行不同温度和时间的耐热、耐液体老化试验验证，满足使用要求；并对不同硬度的 ACM 进行密封性能测试对比，发现硬度越低密封性越好，但低硬度的密封垫耐磨性差，且成型加工合格率较低，故密封垫的硬度控制在（60±5）HB 范围。

（3）金属嵌件连接可靠性设计。

油底壳和缸盖罩与发动机缸体之间通过螺栓连接，为保证连接的刚度和强度，复合材料产品螺栓连接孔中需要放置金属嵌件，金属件在复合材料产品中的放置形式有预埋、冷插、热插等。

防松结构设计：金属件与油底壳螺栓孔为过盈配合，且金属件外观为滚花结构。因复合材料的硬度低于金属，金属件与螺栓孔的过盈配合可保证过盈的复合材料填充到滚花结构内部，有效防止金属件脱落和扭转。

为保证金属件受压时的刚度，既要优化材料性能，又要优化结构设计。在材料性能方面，根据产品经验及不同材料试验结果，确定金属件材料的含碳量在 0.4%～0.48%，锰的含量在 1.35%～1.65%，硅的含量在 0.15%～0.35%；材料的硬度要求大于等于 240HB；屈服强度要求大于等于 690MPa。结构设计方面，主要通过金属件的壁厚保证。对于高度在 10mm 左右的金属件，其壁厚要求大于等于 1.40mm。

（4）热塑性油底壳产品设计分析。

热塑性油底壳产品设计分析的主要内容和热固性油底壳一样，包括模流分析、模态分析、内压分析、爆破压力和抗飞石撞击性分析。其相关要求及分析结果见表 5-3-60。

表 5-3-60　一般热塑性油底壳的典型分析要求及结果

| 内容 | 具体要求 | 指标 | |
|---|---|---|---|
| 模流分析 | 树脂流动分析<br>玻纤取向分析<br>翘曲分析 | 容易成型，不产生熔接痕及翘曲变形尽量小 | |
| 固有振动频率 | ≥101Hz（常温、高温） | 第一阶频率 | 112 |
| | | 第二阶频率 | 134 |
| | | 第三阶频率 | 156 |
| 内压分析 | 100kPa/30s，循环 3 次密封无泄漏、产品无破坏 | 0.1MPa 水压，30s，3 次无泄漏、无裂纹等异常 | |
| 爆破压力 | 常温和高温分析 | 6 倍内压不破坏 | |
| 密封应力分析 | 常温和高温密封反力分析 | 密封反力小于螺栓紧固力 | |
| 油底壳抗飞石撞击性 | 100g 石子在 80km/h 的速度下冲击产品表面，产品无破坏 | 调整到 200g，速度 40km/h，该种条件的冲击，对油底壳产品几乎没有影响 | |
| | | 100g、200g、300g 的砖块作为碰撞物，油底壳以不同的车速（40km/h、50km/h、60km/h）碰撞障碍物，只在油底壳表面造成轻微刮痕，没有造成其出现裂纹、漏油现象，没有对其性能造成影响 | |

3. 热塑性缸盖罩的结构设计

热塑性缸盖罩除了本身要进行合理的结构设计外，还要集成机油口盖、密封圈、螺栓等部件，要求密封性好；另外，有些型号尺寸较大，对产品平面度及位置度要求很高。这些因素在产品结构设计过程中都要加以充分考虑。

（1）缸盖罩产品结构设计。

通过产品的结构设计分析、成型工艺参数设计以及材料性能等技术研究，设计并开发出了重卡用缸盖罩产品。缸盖罩产品采用均匀壁厚设计，保证了产品整体的均匀性。在本体壁厚的基础上，产品内侧设计有高度为 6～8mm 的加强筋，加强筋呈高矮交错、纵横交叉分布方式。这种高矮交错排布将产品内侧分布成若干小单元，提高了产品的刚度和强度，调整了产品的固有频率。某款发动机热塑性缸盖罩产品照片如图 5-3-101 所示。

图 5-3-101　某两款发动机热塑性缸盖罩照片

（2）缸盖罩产品的结构设计分析。

热塑性缸盖罩产品设计分析的主要内容和热固性缸盖罩一样，包括模流分析、模态分析、内压分析、爆破压力、密封应力分析和踩踏性能。其中，将几种分析结果列于图 5-3-102～图 5-3-104。

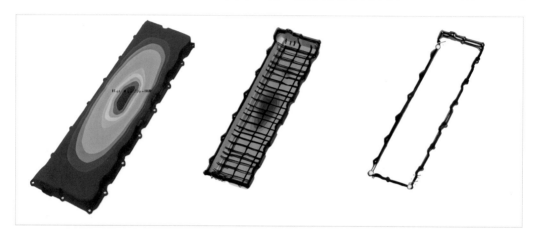

图 5-3-102　热塑性缸盖罩的模态、模流分析

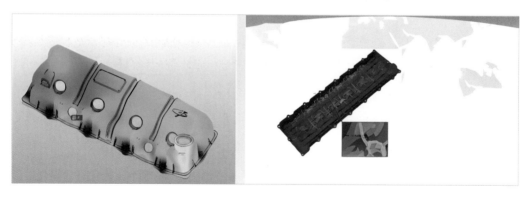

图 5-3-103　热塑性缸盖罩的密封变形分析（左图）、内压分析（右图）

图 5-3-104　热塑性缸盖罩踩踏分析（左图）、法兰蠕变分析（右图）

其相关要求及分析结果见表 5-3-61。

表 5-3-61　某款发动机热塑性缸盖罩典型分析要求及结果

| 内容 | 具体要求 | 指标 | |
|---|---|---|---|
| 模流分析 | 树脂流动分析<br>玻纤取向分析<br>翘曲分析 | 容易成型，不产生熔接痕及<br>翘曲变形尽量小 | |
| 固有振动频率 | ≥101Hz（常温、高温） | 第一阶频率 | 112 |
| | | 第二阶频率 | 134 |
| | | 第三阶频率 | 156 |
| 内压分析 | 40kPa/30s，循环 3 次密封<br>无泄漏，产品无破坏 | 0.04MPa 水压，30s，3 次无泄漏、无裂纹等异常 | |
| 爆破压力 | — | 6 倍内压不破坏 | |
| 密封应力分析 | 常温和高温密封反力分析 | 密封反力小于螺栓紧固力 | |
| 踩踏性能 | 常温分析 | 能承受 200kg 的载荷不破坏 | |

4. 成型工艺设计及生产工艺

（1）注塑成型工艺设计。

为保证注塑产品的平面度、螺栓安装孔孔径、螺栓孔位置度、密封槽宽度及深度等关键尺寸，生产过程中要对产品注塑中的锁模力、注射压力、速度、保压压力、时间等工艺参数进行设计。

（2）高频焊接工艺设计。

通过高频焊接工艺将油底壳吸油管道中的过滤网焊接在吸油道内，即高频电流将金属过滤网加热，加热的金属使纤维增强尼龙复合材料熔融，并通过一定的压力挤压实现复合材料与金属的焊接。因此，高频焊接需要控制的工艺参数主要有焊接压力、焊接电流及高频时间。

（3）振动焊接工艺设计。

通过振动摩擦焊接将吸油管道与油底壳本体焊接成一体。为保证发动机的吸油压力，焊接密封整体需在 0.5bar 压力下进行气密性检测，泄漏量要求小于 6mL/min，需要对焊接过程的压力、时间、深度进行控制。

（4）产品的典型生产工艺流程。

热塑性油底壳和缸盖罩典型的生产工艺流程如图 5-3-105 所示。

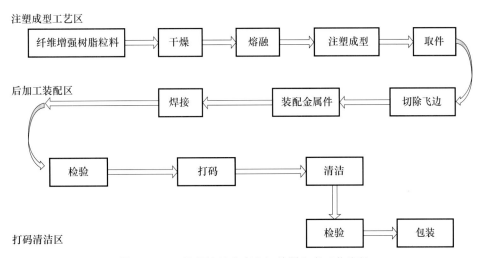

图 5-3-105　热塑性油底壳和缸盖罩生产工艺流程

### 5.3.7.4 产品性能检测

1. 油底壳性能检测

以某款复合材料油底壳为例，产品的性能检测试验主要包括：密封性能试验、冷热交变耐受性试验、静载荷测试、整车碰撞测试、噪声测试和道路试验。

（1）密封性试验。

密封性试验是模拟油底壳的工作状态，在密封试验台上向产品的封闭腔内注入压力为 100kPa 的水，观察复合材料油底壳的外形变化并监控介质压力。试验表明，该油底壳在 100kPa 的内压下，无介质泄漏，产品无破坏。油底壳工作状态的最大内压 50kPa。其密封性满足所用要求。

（2）冷热交变耐受性测试。

因为油底壳在运行过程中承受较大温差，所以需进行产品的冷热交变耐受性测试。试验流程为：将油底壳放置在 −50℃ 的冰柜内保持 30min 后取出，在 23℃ 下放置 30min，最后，在 120℃ 的烘箱内放置 30min，至此为一个循环。共进行 20 个循环。冷热交变结束后，在 50kPa 的压力下进行密封性测试。油底壳仍保持着良好的密封性能，未出现介质泄漏。

（3）静载荷测试。

由于油底壳的安装在发动机下部，汽车行进过程中因路面不平等原因，有可能发生油底壳托底现象。油底壳托底后将会受到来自地面和车辆自身的挤压力，所以要验证油底壳的承载能力。试验表明，油底壳具备 60kN 的静载荷承载能力。

（4）整车碰撞测试。

车辆在道路运行过程中，难免会碰到石子或其他杂物的撞击，为验证油底壳的飞石撞击能力，进行整车碰撞试验，让车辆以 10～60km/h（每 10km/h 为一档）的速度对砖块进行正面撞击。试验表明，砖块只对油底壳表面造成轻微的刮痕，没有造成其破裂，无漏油现象发生。复合材料油底壳能够承受一般的室外障碍物的冲击。

（5）噪声测试。

采用表面速度法在发动机试验台对比复合材料油底壳和钢制油底壳的表面振动并计算分析。计算表明，在额定转速 2200r/min 时，油底壳表面辐射噪声可降低 9.4dB，在最大扭矩转速 1600r/min 下，可降低 12.9dB。为确定复合材料油底壳对整车降噪的贡献，进行了整车噪声通过性测试。试验结果表明，与钢制油底壳相比，复合材料油底壳对通过噪声有约 0.5dB 的降噪效果。

（6）道路试验。

为了验证复合材料油底壳的运行可靠性，对装有复合材料油底壳的试验车辆在我国寒、热地区分别行驶了 6000km 和 13000km。在寒、热这两种极端气候条件下，油底壳内未出现变形、变色、漏油等现象，满足发动机的使用要求。

从上述试验结果可以看出，复合材料油底壳的刚性性能指标均能达到发动机的使用要求。不仅减轻了质量，还能起到减震降噪的作用。

2. 缸盖罩性能检测

（1）缸盖罩用材料性能试验检测。

以某款热固性缸盖罩材料为例，对材料需进行以下材料性能检测：常温力学性能、耐老化性能。作为缸盖罩产品的材料的常温性能应满足表 5-3-62 中所列的指标要求。

表 5-3-62 缸盖罩材料的主要力学性能要求

| 性能 | 拉伸强度 | 拉伸模量 | 弯曲强度 | 弯曲模量 | 热变形温度 | 阻尼系数 |
|---|---|---|---|---|---|---|
| 单位 | MPa | GPa | MPa | GPa | ℃ | — |
| 指标要求 | ≥90 | ≥11 | ≥200 | ≥11 | 230 | 0.05 |

（2）耐老化性能。

其中包括耐油和不同温度下的长期性能。缸盖罩材料的耐油性能是检测材料在150℃的CT-4机油浸泡180h后的弯曲强度、模量的变化。耐热性能是使材料分别在175℃和200℃结果不同时间热老化后，观察其弯曲强度和弯曲模量的变化。检测结果列于表5-3-63。以上数据表明，该材料可以长期在150℃以下的发动机缸盖罩运行条件下正常工作，短时间的工作温度可以到200℃。

表 5-3-63　某款缸盖罩材料耐 CT-4 机油和热老化试验结果

| 试验条件 | 弯曲强度（MPa） | 弯曲强度变化（％） | 弯曲模量（GPa） | 弯曲模量变化（％） |
|---|---|---|---|---|
| 常温 | 213.0 | — | 13.3 | — |
| 耐机油（150℃×180h） | 211.3 | −0.8 | 15.2 | 13.6 |
| 热老化（175℃×180h） | 186.4 | −11.8 | 13.3 | −12.3 |
| 热老化（200℃×12h） | 211.2 | −0.8 | 13.9 | 4.9 |

（3）缸盖罩台架可靠性试验。

某款发动机复合材料缸盖罩的台架可靠性试验，按以下步骤进行：

① 缸盖罩外观尺寸检验，须满足设计要求。

② 排气管未安装隔热罩。

③ 增压器与缸盖罩最短距离为64mm，缸盖罩主要受到增压器的热辐射作用。

④ 装机后，进行500h的负荷循环试验。试验过程中，缸盖罩靠近增压器部位的最高温度不超过200℃。试验结束后，复合材料缸盖罩没有发生变形和开裂，通过台架试验考核。

（4）台架噪声试验。

本试验选取铝合金和复合材料两种缸盖罩同时进行对比试验。对其振动和噪声状况进行对比。试验条件如下：

① 发动机转速1500r/min、全负荷工况下进行测试。

② 分别测试其振动速度频谱和噪声频谱（离发动机顶面1m处）。其结果如图5-3-106和图5-3-107所示。

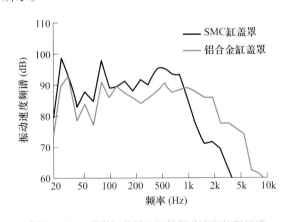

图 5-3-106　两种缸盖罩1/3倍振动速度频程频谱

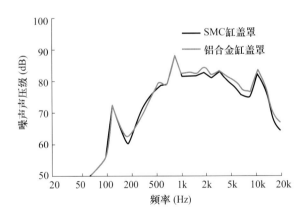

图 5-3-107　两种缸盖罩噪声1/3倍频程频谱

试验结果表明，复合材料缸盖罩在1000Hz以上的振动速度减小，相应的噪声辐射也随之降低。发动机的顶面噪声压级比铝合金缸盖罩有0.7dB的降低。也就是说，发动机采用复合材料缸盖罩有一定的减震降噪的效果。

此外，经两种缸盖罩的对比，发现复合材料缸盖罩的质量仅为5.7kg，而铝合金同款缸盖罩质量为8.0kg，减重达28.8％。成本对比也由铝合金缸盖罩的295元/件，降低到复合材料缸盖罩的245元/件，降低幅度达16.9％。

### 5.3.8 BMC 在汽车车灯中的应用

汽车车灯是保障汽车行驶安全的重要部件之一。它既可在夜间照明道路，也能让其他交通参与者发现车辆避免发生事故。至今，汽车的发展历史已经有 130 多年，但车灯步入近代车灯（从卤素车灯开始）阶段，也不过 60 来年的历史。近代汽车车灯尤其是前照灯的发展主要经历了从卤素车灯、氙气车灯到 LED 车灯、激光大灯几个阶段。

卤素灯是指在白炽灯灯泡内注入溴或者碘等气态的卤族元素，故而得名。卤素灯起始于 1960 年，其最大的优势就是穿透力强、比较稳定、成本低、价格便宜，所以卤素灯依然广泛应用在各种中低档车型当中。其主要缺点是亮度和样式比较单调。

氙气灯（HID）又称高压气体放电灯，启用于 1995 年。其依靠的是高达几万伏的电压将氙气分子电离，从而使气体产生辉光放电而发光，其亮度是同等功率卤素灯的 3 倍以上。电能到光能的转换效率也更高了，寿命还更长，可以与车辆同寿命。高亮度保证了雨雪雾天的照明。当然，氙气灯的结构要比卤素灯复杂很多，而且增加了升压器，成本较高。其主要缺点是穿透力较差，易造成眩光影响行车安全，而且必须配备技术要求极为严格的、安全可靠的高性能车载 HID 电子镇流器。

LED（发光二极管）灯启用于 2004 年，是一种能发光的半导体电子元件。LED 的优点是体积小、亮度高、色温温和、节能、反应快且成本比氙气灯要低。这种车灯需要有效的散热。其体积小、反应快的特点让其可以方便地用于转向灯、车门灯、刹车灯、日间行车灯等并呈现各种动态效果，小体积也让汽车车灯的造型可以更加随心所欲，所以 LED 灯出现后，车灯的造型开始大放异彩，各种时尚又充满科技感的照明方式甚至动态照明开始大量出现。

激光大灯起始于 2008 年，它是个略有争议的车灯，激光大灯是可以发出激光的 LED。其最大的优势在于光束集中、亮度极高、射程远，甚至可以做到 LED 等的 1000 倍，最远照射距离可在 700m 以上，所以其光线可以做到精细可控，可以根据情况精细地控制照明区域，从而实现按需照明。但是，由于其光束发散性差，照射范围窄，不适合用作汽车的近光灯，只能用于远光灯照明，所以更多地和 LED 灯配合使用来解决. 这种车灯的价格比其他车灯都高。表 5-3-64 列举了几种主要汽车车灯的单车车灯价格比较。

表 5-3-64 几种车灯单车价格比较

| 大灯类型 | 单车价值（元） |
| --- | --- |
| 卤素 | 400～500 |
| 氙气 | 800～1200 |
| LED | 1500 |
| LED+智能 | ＞6000 |
| 激光 | ＞10000 |

车灯行业围绕更安全、更智能的目标，涌现了一些新技术，包括 IFS（智能前照灯系统）、DMD（数字微镜器件）自适应远光辅助系统（ADB）、数字高分辨光处理技术（DLP）、智能驾驶信号指示等。多种智能灯光技术让照明更加随心所欲，以满足各种个性化的需求。

车灯行业，由于受汽车行业的发展和单车价值较高的影响，从体量上看，行业总体规模可观。2019 年全球汽车车灯市场规模为 292 亿美元，约合 1900 亿元人民币，未来几年全球车灯市场的增速有望维持在 5%。2019 年，国内车灯市场规模超过 600 亿元。2015—2019 年我国国内汽车车灯市场复合年增长率超过 12%。预计 2019—2024 年的复合年增长率 8%。这种市场规模的提升，得益于其内生动力即车灯的技术进步和产品革新；后市场即车灯市场易损件、产品的更新换代和法规框架下的改装市场。

车灯市场国内外均多头并立，竞争激烈。全球车灯市场主要被国际前五大车灯厂商即小糸、法雷奥、马瑞利、海拉和斯坦利占据。总体占比 60%～80%。国内市场呈现"一超多强"的态势。即"一超"小糸（华域视觉）市场份额接近 30%，"多强"指长春海拉、广州斯坦雷、法雷奥、马瑞利等外资企业（分别占据了 8%～12% 的市场份额）和常州星宇等国内企业。近几年，在车灯市场中，LED 光源由于节能等原因，在汽车的应用领域较多，且呈现逐渐增多的趋势。未来车灯市场增长迅速，按市场份额看，其中 LED 前灯照明系统（包括前大灯和日间行车灯）的普及应用将是最重要的驱动力。在 2015 年，全球车灯市场规模 224 亿美元，仅 LED 前大灯的营收就占 43%。

尽管 LED 车灯目前已占据了近半壁江山的市场份额，但是卤素车灯由于其成本低、穿透力强和光源稳定等优势，在各种中低档车型中仍有较大的市场。另外，卤素车灯在车灯发展史上，在较长的历史阶段曾经是主导的车灯类型，BMC 材料也曾经是卤素车灯反射镜的主导材料，因此，在本部分所介绍的 BMC 材料在汽车车灯中的应用，主要是在卤素车灯这种热光源车灯上的应用。

在 LED 车灯规模化应用之前的数十年间，全世界绝大多数的汽车车灯都是卤素车灯和部分氙气灯，由于对反射面的耐热及反射镜曲面尺寸精度等特性的要求，BMC 材料获得了广泛的应用。据报道，在 2015 年前，几乎 100% 的欧洲、北美和日本的乘用车、卡车生产商都采用 BMC 前照灯反射面。也就是说，仅欧洲市场每年生产超过 1500 万辆车都采用 BMC 车灯反射面。图 5-3-108 为车灯的组成。图 5-3-109 所示为欧洲宝马、奔驰和大众车型上采用的 BMC 前照灯车灯反射面。

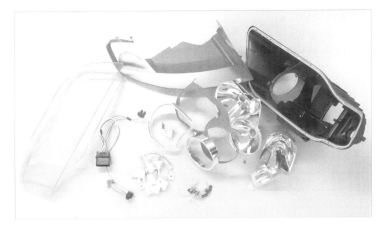

图 5-3-108　汽车车灯组成分解图

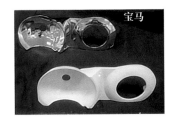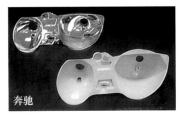

图 5-3-109　宝马、奔驰和大众车型前照灯车灯 BMC 反射面

在本部分中，大部分素材来自上海小糸车灯有限公司陈庆涛、宋结明的"团状模塑料注射车灯反射镜工艺分析"——《光学仪器》第 24 卷第 2 期（2002 年 4 月）；金陵 DSM 树脂公司严正华等人及单位的"BMC 材料的开发及其在车灯中的应用"；上海通用汽车有限公司许建荣"汽车灯具反射镜材料的性能要求和热塑性反射镜材料"《上海塑料》2005 年 3 月第 1 期（总 129 期）、常州星宇车灯反射镜生产过程及工艺概述等资料及网络资料，根据本书的需要，对其进行了改编。

### 5.3.8.1 BMC 车灯反射镜注射成型工艺流程

BMC 车灯反射镜的质量和材料配方、备料工艺及成型工艺密切相关。当材料品种、性能指标有所不同时，其注射成型工艺又要做出相应的变化，才能获得质量优良的产品。对于特定的材料品种而言，除了严格控制材料的各项工艺性指标外，注射工艺条件的控制就成为保证产品质量的唯一因素。BMC 车灯的注射成型工艺过程，主要包括材料塑化、注射充模、保压固化和产品脱模几个步骤。影响注射过程的三大因素是温度（料筒温度、模具温度）、压力（注射压力、保压、背压）、时间即成型周期（塑化、注射、保压固化时间）。反射镜注射工艺过如图 5-3-110 所示。

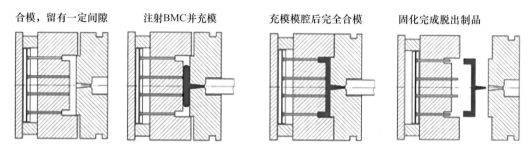

合模，留有一定间隙　　注射BMC并充模　　充模模腔后完全合模　　固化完成脱出制品

图 5-3-110　BMC 反射镜注射过程示意

在影响注射工艺过程的三大因素中，塑化过程控制的主要因素是料筒温度、螺杆转速和螺杆背压；注射充模过程控制的因素包括注射压力、充模速度和保压时间；固化过程主要控制模具温度和材料需充分固化时间的长短。以下对这三方面的影响进行简要介绍。

（1）注射机料筒温度、螺杆转速和螺杆背压的影响。

BMC 材料和热塑性塑料的注射成型不同，BMC 是热固性的复合材料。一般工程塑料在料筒阶段都需要加热使材料熔融塑化，再通过螺杆的挤压作用经喷嘴注入封闭的模具中成型制品。而 BMC 只需要对料筒的温度控制在比常温略高的条件下（一般在 35～45℃之间）即可。过高的温度会导致材料的固化反应过早发生，容易造成喷嘴的堵塞。此外，过高的料筒温度还会使材料因增稠反应加快，导致材料黏度过快增长，降低了材料的流动性，从而影响注射过程的顺利进行。图 5-3-111 为注塑成型时 BMC 材料温度和黏度随时间的变化曲线。

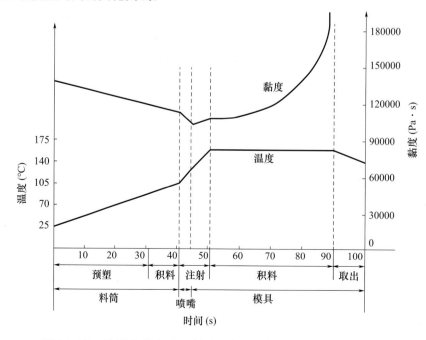

图 5-3-111　注塑成型时 BMC 材料温度和黏度随时间的近似变化曲线

螺杆转速应根据材料的黏度变化而变化，BMC材料黏度较大，为保证材料充分塑化和混合均匀，螺杆转速应适当减慢，也避免了材料因过快的转速导致材料过热使成型条件难以控制。由于车灯尺寸精度要求较高、产品结构较复杂，要求螺杆转速不能太大，一般控制在45～55r/min之间。

螺杆背压选定的原理和螺杆转速的选择相似。它的大小对制品物性影响较小，但与材料的固化和黏度的变化有关。为避免材料在料筒内停留时间过长，通常也选用较低的背压。一般背压为（3～6）×10⁵Pa。

（2）注射压力、注射速度和保压时间的影响。

注射压力的作用是将BMC材料注入型腔并压实制品。一般情况下，注射压力越大制品性能越好。过高的注射压力会导致产品飞边增多、脱模难度增加。由于后道工序涂底漆和镀铝的需要，注射压力也必须足够大。一般BMC材料注射成型都是采用3段或4段加压，如第一段压力 $P_1$ 为 $8×10^6～1.05×10^7$Pa；第二段压力 $P_2$ 为 $1.5～3×10^6$Pa；第三段和第四段均为 $(2.5～3.5)×10^6$Pa。

注射速度随注射压力变化，注射速度快可缩短材料固化时间，但速度过快会影响物料中的低分子物的顺利排出，导致产品缺陷的产生。速度过低也会导致制品表面波纹等缺陷的产生。由于BMC材料的黏度较高，产品结构相对复杂，因此在BMC材料注射时，需要相对较高的注射速度。某公司在生产反射镜时也和注射压力一样，采用四段控制：第一段速度 $V_1$ 为 $0.07～0.11$m/s；第二段速度 $V_2$ 为 $0.04～0.09$m/s；第三段和第四段速度 $V_3$、$V_4$ 都为 $0.04～0.06$m/s。

注射结束后模具内物料仍在固化收缩，应继续执行保压操作，以便压实制品。图5-3-112为一组BMC反射镜典型的注射塑化阶段的工艺参数控制线。其中，直线为注射压力和注射速度的设定线，曲线部分为注射过程一个周期的实际变化线。

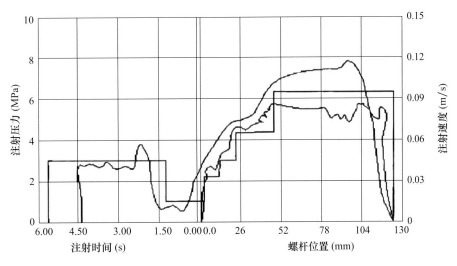

图5-3-112　BMC材料注射塑化过程参数控制曲线

（3）模具温度和固化时间的影响。

模具温度的选择主要取决于BMC材料中树脂固化体系的种类及材料组成。温度的选择也与注射工艺相关，既要保证材料在成型周期内的充分固化，又要确保材料在注塑期间充满模腔并压实的同时低分子物能顺利地排出。还有一个因素就是生产效率。模具温度一般控制在150～170℃范围内。也有资料介绍，建议模具温度对产品正面（光亮面）和反面的表面温度分别控制在150～160℃、140～150℃。也就是说，成型制品的模具两个表面保持一定的温差，以防止产生脱模困难和延长模具寿命。

固化时间的主要功能在于保证制品的充分固化。它的选择也和制品壁厚、模具成型温度、生产效率及制品性能有关。一般固化时间在45s左右。也有资料介绍，固化时间根据制品厚度考虑，建议按20s/mm制品厚度计算。

综上所述，BMC反射镜的注射成型工艺的主要参数控制见表5-3-65。

表 5-3-65　不同公司反射镜注射成型工艺参数

| 项目 | 单位 | 数值 | |
|------|------|------|------|
| | | 某公司一 | 某公司二 |
| 螺杆速度 | r/min | 45～55 | 25 |
| 背压 | Pa | $3\times10^5$～$6\times10^5$ | |
| 注射压力 | Pa | $8\times10^6$～$1.05\times10^7$ | $95\times10^6$～$120\times10^6$ |
| 注射速度 | m/s | 0.07～0.105 | 0.003～0.038 |
| 模具温度 | ℃ | 150～170 | 160～180 |
| 保压压力 | Pa | $2.5\times10^6$～$3.5\times10^6$ | — |
| 固化时间 | s | ≤45 | 90 |

（4）BMC 反射镜成型缺陷产生原因及解决办法。

BMC 制品在注射成型过程中常见的缺陷有：针孔、花斑、波纹和气泡等。造成的镀膜缺陷的原因及解决途径见表 5-3-66。

图 5-3-66　BMC 制品注射成型缺陷、原因及解决途径

| 缺陷 | 缺陷产生原因 | 解决途径 |
|------|------------|---------|
| 花斑 | 真空系统效率低；材料性能不稳定；模具状态不良；注射成型工艺不良 | 控制材料黏度；加强模具保养；改造真空系统；各工序改造 |
| 针孔 | | |
| 气烧 | 配方中单体过量，真空系统效率低 | 调整配方；改进注射工艺；改造真空系统 |
| 波纹 | 材料收缩率过大，流动性过大 | 调整材料的配方和流动性；适当改进注射工艺 |

### 5.3.8.2　注射工艺用设备

BMC 车灯反射镜的注射成型设备包括注射机、辅助设备和成型模具。

1. BMC 注射机

BMC 注射机是在热塑性塑料注射机的基础上发展而来，两者结构大体相似。但由于热固和热塑是两种截然不同的材料，其成型机理完全不同。热塑性塑料在注塑塑化过程中，需要较高的温度才能塑化，在注塑完成后材料在模具内低温定型，成型制品。而热固性复合材料组分复杂，原始黏度较大，而且在注塑过程中过高温度会造成黏度的增加和预固化的发生，从而产生制品质量问题。材料注射入模具内，在模具温度的作用下固化成制品。因此，BMC 注射机的特点是：

（1）螺杆上没有供料段、压缩段和计量段的区别，是等距离、等深度和无压缩比的。这种螺杆对 BMC 材料不起压缩作用，只起到输送材料的作用。因此，在材料注射过程中不会导致过高的温度产生。与此同时，由于 BMC 材料中含有玻璃纤维等材料，因此螺杆要有较高的硬度和耐磨性。螺杆头上带有节流阀、止退圈和分流梭，能够保证在高速高压的条件下精确注射成型。

（2）注射机的喷嘴是敞开式的且孔口直径较小，以便被堵塞时便于拆卸清理。

（3）注射机料筒的温度控制必须辅以加热、恒温控制系统，以便于注射过程中温度的自动控制。目前多采用水加热循环系统。

（4）注射机的锁模机构应能满足注射过程中的放气操作要求。一般采用增压油缸对模具进行快速开、合模操作控制，以实现注射过程中模具开小缝排气操作。

（5）注射模具必须配备加热和温控系统。

（6）为防止 BMC 材料固化而扭断螺杆，螺杆的传动一般采用液压马达。

图 5-3-113 为 BMC 注射机的螺杆结构。图 5-3-114 为 BMC 注射成型机的照片。

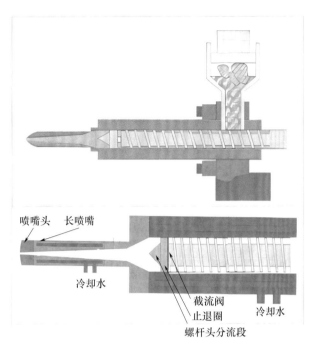

喷嘴头　长喷嘴

冷却水

截流阀
止退圈
螺杆头分流段

冷却水

图 5-3-113　BMC 注射机螺杆结构示意

图 5-3-114　BMC 注射成型机

**2. BMC 注射成型用模具**

BMC 车灯反射镜成型模具的基本结构和热塑性塑料注射模相似。与注射机同样的原因，这种热固性注射模也和热塑性注射模有所不同。

（1）前后模倒做。一般注射模型芯设后模，型腔设前模。

由于反射镜模具型芯为聚光工作面，对表面要求很高，因此不能设置顶出装置，只能将突出的型芯（反射镜工作面）设前模，而凹进的型腔设后膜。

（2）模具排气需加强。

由于 BMC 材料本身除了裹入有空气外，在成分中还有部分挥发性气体存在，靠开模排气的方法很难将残存的气体排尽，因此通常在模具分型面、前后模镶块底部设置耐高温密封圈，在前模型腔料流末端增设真空排气系统（图 5-3-115）。

在模具设计时，还应该设置排气槽。成型时，模具内的空气可以通过排气槽及时排出到模具以外。图 5-3-116 所示为排气槽的结构。

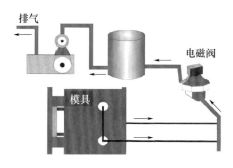

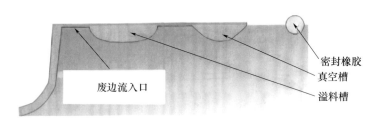

图 5-3-115　BMC 注射成型真空排气系统示意　　　　图 5-3-116　模具排气沟槽示意

（3）模具的加工精度要求高。

由于反射镜的配光要求非常严格，对反射面的各种精度都有极高的要求。一般都要用精密五轴数控机床，采用 CAM 技术和特制的刀具一次加工到位。型腔精度要求 0.01～0.02mm；型腔表面粗糙度为 0.05～0.10μm。

（4）模具分型面要减少接触面积。

由于 BMC 材料成型时流动性好，极易产生溢料，因此改善分型面溢料十分重要。改善溢料不仅能提高制品质量，还可以减少模具的磨损。

（5）在主流道末端设置"冷料穴"和拉料结构，以防止喷嘴出口处存留的硬化料在下次注射时进入型腔造成制品缺陷和堵塞浇口。

### 5.3.8.3　反射镜的喷涂和镀铝

为使 BMC 反射镜达到汽车前照灯的照明标准，一般都要先在反射面上喷涂一层底漆，然后再在其上镀铝。底漆的作用主要是为了提高底材的表面质量，把底材的缺陷降低到最小程度，以确保镀铝工艺获得最佳的效果。镀铝的目的是提高光源的反射效果和装饰。金属铝有较高的光反射率（＞90％），而且价格比较经济。常用的真空镀铝的方法多采用真空蒸发镀的工艺。反射镜表面涂装及真空镀铝的工艺流程大致如图 5-3-117 所示。

以下仅以某型号 BMC 车灯反射镜为例，对制品表面喷涂和镀铝的主要参数进行简要介绍。

工件在喷涂 UV 漆前，必须进行表面清洁处理，然后使用静电除尘枪去除工件静电和灰尘。

喷涂 UV 漆一般要注意和控制参数是：压缩空气除油、除水；总气源压力、漆泵压力、漆泵回流压力、漆膜厚度。油漆喷涂后不得有颗粒、毛头、油斑、流挂、漏喷等缺陷。

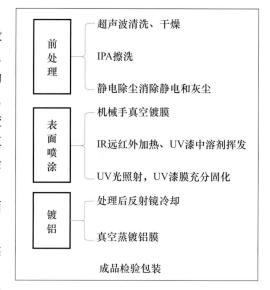

图 5-3-117　前照灯反射镜表面涂装
处理工艺流程

IR 红外流平要保证 UV 漆要求的流平时间及流平温度，以保证溶剂挥发完全和流平效果，以免产生漆膜开裂、发雾、泛黄的不良现象。

UV 固化必须达到所要求的固化能量，以确保油漆完全固化。

UV 涂装区对环境清洁度、室温和相对湿度都有一定的要求。室内保持一定的正压。室内送风良好，控制风速在一定范围内。

UV 固化区环境洁净度要控制在比涂装区更高的范围内。其他参数要求与涂装环境要求相同。

镀铝工序以真空蒸发镀工艺为例，其镀膜流程大致分为三个阶段：离子清洗、蒸发镀铝和离子轰击。离子清洗是通过在镀铝室真空条件下射频放电产生等离子，激活充入真空室的氮气或氩气让产生的离子撞击被镀制品表面，达到清洁和提高制品表面附着力的目的。离子清洗部分设置对起始压力、工作压力、目标电流、公转速度、和清洗时间等参数根据工作要求进行设定。蒸发镀铝是使膜材在真空室内，通过蒸发源被加热蒸发，其分子和原子从其蒸发源表面逸出，然后在制品表面凝结形成一层铝膜的过程。蒸发装置部分的设置对起始压力、预熔电压、蒸发电压、公转速度、预熔时间和蒸发时间等参数根据工艺要求进行设定。离子轰击是通过真空室射频发电产生的等离子，激活充入真空室内的硅油，让产生的离子吸附到制品铝层表面，以保护铝层和延长其使用寿命。离子轰击装置的参数设置中起始压力、工作压力、目标电流、公转速度都和前面提到的离子清洗部分参数设置相同，轰击时间根据要求进行设定。

#### 5.3.8.4　反射镜制品质量检验

BMC反射镜质量检验，在反射镜供应商厂家主要检查铝层的质量，而铝层质量检查则要根据用户要求对车灯反射镜铝层的质量检查，一般进行百格（画格）试验和氢氧化钠试验，以检查铝层结合牢度（附着力）和耐腐蚀性能。

1. 百格试验

用美工刀选取较平整的镀铝层表面划方格（格间距约1mm），贴上3M胶带、压平；5min后，撕去胶带（在0.5～1.0s内平稳地撕离胶带）。判断标准为，铝层脱落面积＜15％认为合格。在同一产品选取1～3处进行试验。

2. 氢氧化钠试验

将镀铝后的制品浸泡在质量浓度为1％的氢氧化钠溶液中，在规定时间内，若铝层没有脱落该制品认为合格。浸泡时间根据客户要求而定，如大众、通用、丰田和一汽制品浸泡时间为10min，其他没有明确要求的制品按常温2～3min浸泡时间处理。

影响氢氧化钠试验不合格的因素主要有：

（1）镀膜机的轰击效果差（如漏电）。

（2）镀铝前制品表面有不影响镀铝和附着力试验的油污（免喷漆件）。

（3）制品表面有手印痕迹。

（4）轰击板上的铝箔耐油及时更换等。

#### 5.3.8.5　车灯制品质量检验介绍

车灯制品的整灯质量除了对光源进行一系列的检验外，对机动车辆及挂车外部照明和光信号装置都需要进行环境耐久性试验。试验按标准GB/T 10485—2007《道路车辆 外部照明和光信号装置 环境耐久性》进行。该标准涉及的试验项目包括：前照灯和前雾灯的热循环试验、通用热循环试验、热冲击、热变形试验、盐雾试验、随机振动试验、防水试验、配光强度试验、耐润滑油、燃油、清洗剂试验、光源辐照试验。由于这些试验和反射镜间接相关，反射镜仅是车灯的一部分，其主要作用是反射光源，车灯整体型式试验对它影响较小，只要能满足反射镜本身的性能要求，它本身的质量对整灯试验一般不会产生不良影响，因此，在此，对整灯的上述试验不再进行介绍。

### 5.3.9　热塑性复合材料在汽车空调壳体中的应用

近年来，由于热塑性复合材料本身所具有的长处，在汽车领域的用量越来越多。在众多热塑性纤维增强塑料品种中，用量比较大、用途比较广的要数GMT、LFT-G和LFT-D材料及工艺。它们的主要特点见表5-3-67。

表 5-3-67　GMT、LFT-G 和 LFT-D 工艺的特点

| 热塑性增强塑料品种 | 基体树脂 | 增强材料 | 零部件生产工艺 |
|---|---|---|---|
| GMT | | 玻纤毡 | GMT 烘炉和液压机 |
| LFT-G | 热塑性树脂 | 玻纤粒料 | 单螺杆塑化机 |
| | | | 注塑成型机 |
| LFT-D | | 长玻纤 | LFT-D 挤出机和液压机 |
| | | | LFT-D 注塑成型机 |
| | | | LFT-D-ILC 双螺杆挤出现系统和液压机 |

它们的工艺过程的区别如图 5-3-118 所示。

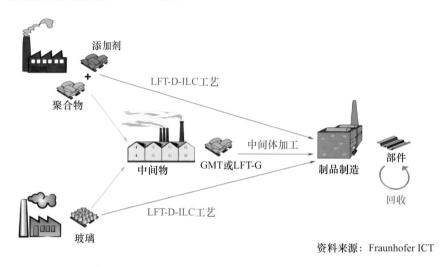

资料来源：Fraunhofer ICT

图 5-3-118　GMT、LFT-G 和 LFT-D 的工艺过程比较

　　GMT 是玻纤毡增强热塑性塑料，LFT-G 是颗粒状短纤维增强热塑性塑料，而 LFT-D（包括 LFT-D-ILC）是长纤维增强热塑性塑料直接成型。这三种材料及工艺都有各自的特点和最佳适用范围。早在 20 世纪 80 年代，欧美国家就提出了 LFT 的概念。但是，由于当时人们在热塑性塑料的短纤增强、填充及其他改性技术的研究及应用方面取得了很大的进步，而对纤维的浸渍技术以及长纤维粒料的注塑、模压成型工艺及生产设备相对落后，从而导致对 LFT 技术的研究进步缓慢。到了 20 世纪 90 年代中期，由于能源和环保的压力，汽车轻量化成为汽车行业的发展趋势，使得人们再次将注意力转向到了 LFT 的研究和开发上。该项工艺技术在德国发展最快，其次是美国和法国。在 1999—2002 年，欧洲长纤维热塑性复合材料的自然增长速率为 10%～12%。在 2002 年，LFT 的世界年产量就达到 6 万吨（其中，PP 占到 56%，PA32%。从地区分布看，欧美占到了总量的 92%）。到 2006 年，仅欧洲的产量就接近 14 万吨。德国 Krauss Maffei 和 Dieffenbacher（迪芬巴赫）公司在解决与 LFT-D 相关挤出机和压机技术方面，取得了较为突出的进展。到 2006 年，迪芬巴赫公司就售出 40 多条 LFT-D 生产线。其客户主要有：Menzolit Fibron（D，SK）、Peguform（D，CZ）、Faurecia（D，F）、Weber Automotive（D）、Johnson Controls（D）、Polymer Tec（D）、Fraunhofer Institut ICT（D）、TITK（D）、Rieter Automotive（CH，CZ，SA）、Inapal Plasticos（P）、Polynorm（NL）、ESORO（CH）、Meridian（USA，Mex）、CSP（USA）、Ranger（ROC）、Delphi（USA）、LG（ROK）等。

　　本部分主要讨论的是 LFT-D 这类材料及工艺。其中，以介绍德国迪芬巴赫公司和 Fraunhofer Institut（弗劳恩霍夫研究所）ICT 研发的 LFT-D 的工艺过程特点为主。大部分资料来自该公司的各种会议上公开发表的演讲稿和公司介绍资料。同时，也介绍主要由郑州翎羽公司提供的 LFT-D 材料和工艺在汽车空调壳体中的应用相关资料。

### 5.3.9.1 LFT-D-ILC工艺简介

长纤维增强（热塑）塑料在线生产和成型工艺是Fraunhofer ICT和Dieffenbacher（迪芬巴赫）公司开发的一项独特长纤维增强热塑性复合材料的先进技术。他们开发出的LFT-D-ILC技术采用了双阶挤出机系统。该技术获得了2001年度AVK-TV奖及2002年度JEC奖。采用LFT-D-ILC技术，可以实现在用户工厂内完成从塑料原料（如PP颗粒）到机加工后的成品零件的全套工艺流程。与其他两种纤维增强热塑性塑料相比，从经济和技术层面看，它具有一定的特点。

1. LFT-D-ILC工艺经济上的特点

（1）经济效率高。

这得益于避免了成本昂贵的半成品生产和由此产生的物流费用。与其他生产工艺比较，综合成本最低，并且可以得到非常高的性能和高质量的最终成品。

（2）可进行快速的模具和材料更换。

（3）过程中材料用量少，启动消耗低。

（4）该模塑料从制造到成型全过程只需单次加热，大大节省了过程总能耗。

（5）回收材料可在线再处理。

2. 技术方面的长处

（1）根据应用的特殊要求，用户自主选择和现场调整的灵活性大。

包括基体塑料、增强纤维的生产工艺和材料性质的选择及改变、扩展升级等，同时是在低成本的基础上实现这种灵活性。对于有特殊表面质量要求和超高强度要求的部件，还可以进行特殊设计的LFT-D工艺技术，进行材料的配置（即现场可用性），让用户可以采用低成本的LFT-D工艺和价格低廉的材料，生产特殊要求的部件。图5-3-119为定制化的LFT制品。

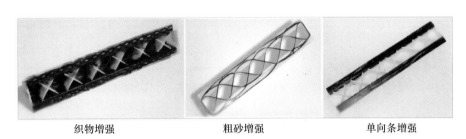

织物增强　　　　　　　粗砂增强　　　　　　　单向条增强

图5-3-119　定制化LFT（带局部增强的LFT制件——织物、型条、粗纱）制品

（2）玻璃纤维含量可实现连续变化。

（3）较长纤维长度的保留，增加了材料的机械性能。

与其他成型工艺比较（如注射、GMT等），LFT-D-ILC工艺技术可以实现在最终成品零件中，保持长纤维（12～20mm），同时不会影响材料流动性和纤维分布的均匀性。这样可以达到很高的综合机械性能和性能的均匀性，可以替代其他复杂工艺产品，适用范围也非常广。纤维长度对性能的影响如图5-3-120所示。

（4）可实现更好的纤维分布均匀性包括在加强筋内的纤维分布均匀性。

（5）材料具有优良的流动特性，使产品具有更好的表面质量。

（6）可实现更高的材料吞吐量。

（7）与LFT-G工艺相比，对螺杆的磨损要小。

3. LFT-D的应用

LFT-D的主要应用领域是汽车，当然，也应用于其他领域，如高尔夫球童车、农用机械、养殖场漏粪板、建筑模板和物流用托盘等。在汽车领域，目前LFT-D已成功应用于乘用车的底护板及组件、

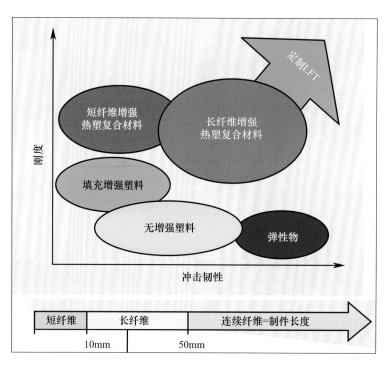

图 5-3-120　LFT-D 工艺中纤维的长短和产品的力学性能相关
（LFT-D 工艺可以做到制品中 75% 的纤维长度在 20mm 左右）

仪表盘骨架、备胎箱罩盖、前端骨架、后掀（行李箱）背门等。图 5-3-121 所示为 LFT-D 车用底护板、组件和备胎箱罩盖。图 5-3-122 所示为 LFT-D 汽车仪表板骨架和前端模块。

图 5-3-121　梅塞德斯 A、E 级底板组件（上图）、大众途安备胎箱盖（下图）

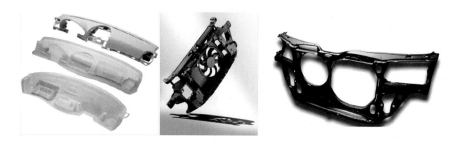

图 5-3-122　梅塞德斯 E 级仪表板支架、大众帕萨特、菲亚特等车型的前端模块

**4. LFT-D-CM 的工艺流程及设备简介**

LFT-D-CM 的工艺流程如图 5-3-123 所示。其生产现场设备布置如图 5-3-124 所示。

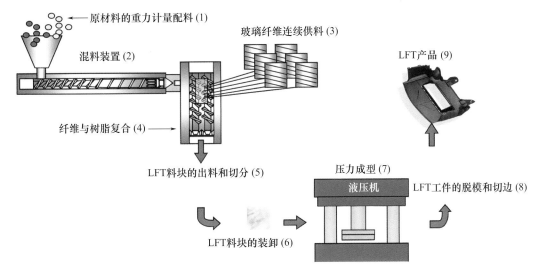

图 5-3-123　LFT-D-ILC 生产工艺流程示意

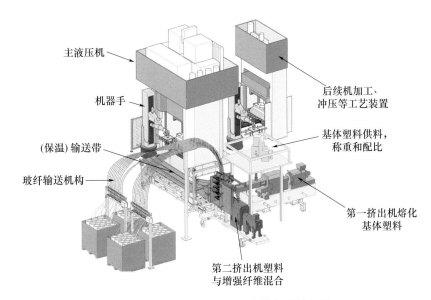

图 5-3-124　LFT-D-ILC 生产设备现场布置

LFT-D-ILC 工艺线所包括的设备及其功能主要为：

① 供料单元设备：提供基体塑料和增强纤维，包括基体材料的称重混合及纤维的输送机构。

② 第一挤出机：双螺杆挤出机，融化基体塑料材料。

③ 第二挤出机：双螺杆挤出机，将融化了的基体塑料与增强纤维混合均匀，并挤出坯料。

④ 输送带：将坯料保温和输送到压机附近准备进行成型。

⑤ 压机和模具：坯料在此进行压制成型。

⑥ 后加工设备：可以用冲床、切割机等进行机加工。

⑦ 机器手：运送坯料和成型件。

LFT-D-CM-ILC 的工艺过程是：首先将基体塑料（如聚丙烯）及其添加剂成分，在基体供料单元设备中称重和配比后，向下进入第一挤出机。在第一挤出机中的双螺杆剪切作用下，基体塑料和添加剂热融混合。然后，从第一挤出机前端挤出，进入第二挤出机入口，同时经过梳理和预热的玻璃纤维也同时进入第二挤出机入口。两者在第二挤出机的双螺杆剪切作用下混合，纤维被短切成段并与融化的塑料基体充分混合。混合物从第二挤出机经过狭槽模（具有按要求设计的模具断面形状）出来到达输送带上，成为具有一定形状和尺寸的坯料。坯料在保温的条件下输送到成型设备附近，机械手将坯料放到装在压机内的模具上，开动压机压制成型。成型后，机械手把制件从模内取出并移送到后续机械设备上，对制品进行后续加工，如冲孔、切割，安装螺钉螺母等嵌入零件。

上述生产线可以用于以下三种配料系统的加工，即对已匹配好的模塑料（LFT-D）的加工；对PP和母料的加工；在线混料（LFT-D-ILC）加工。

5. LFT-D-ILC工艺和热塑性注射成型相比之优势

前者是一种长纤维热塑性复合材料直接挤出模压成型工艺。和注塑成型工艺相比，它有如下特点。

① 成型周期时间更短。

② 模腔内压力均匀。易避免产生流动、熔接线；模具填充过程中产生的剪切作用比较温和；产品中纤维的长度长得多，因此具有更高的机械性能；由于较少纤纤取向（尤其是大面积零件中），因此产品翘曲倾向低。

③ 模具闭合更快，和局部增强材料直接接触，有利于热传递。

④ 可实现材料短的流动距离（通过LFT料块尺寸的量身定做和定位）。

⑤ 可在稳定的可重复的机械性能下获得高生产率。

⑥ 易于做局部增强、表面纹路或覆膜处理。

⑦ 生产废物、回收材料可在线再利用。

⑧ 一台LFT-D-ILC设备可为两台液压机服务；有进行双模生产的可能。

6. LFT-D-ILC工艺技术的发展

该工艺经不断开发应用，可以实现以下功能。

（1）各种工程塑料如ABS、SAN、PA6、PA66、PBT、PC等都可以实现LFT-D成型；同时，各种纤维和填料如亚麻、剑麻等天然纤维和滑石粉、中空玻璃珠等其他填料都可以在LFT-D中应用。

（2）通过用织物、单向增强材料实现局部增强，可以根据产品的应用特性进行定制化的LFT-D成型，从而实现产品结构性能的综合改进；通过每层（织物和LFT）的纤维取向，调整织物、型材和LFT（每层或截面的厚度）的体积比，每层或截面的性能，成型参数等可以调节材料和产品的力学性能。图5-3-125为几种工程材料LFT-D的力学性能。图5-3-126为在不同的材料及结构的组合所产生的材料的力学性能。

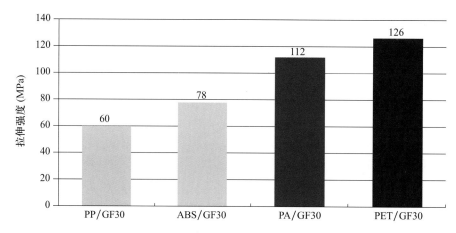

图 5-3-125　几种含有 30% 玻璃纤维的工程塑料 LFTs 的拉伸强度

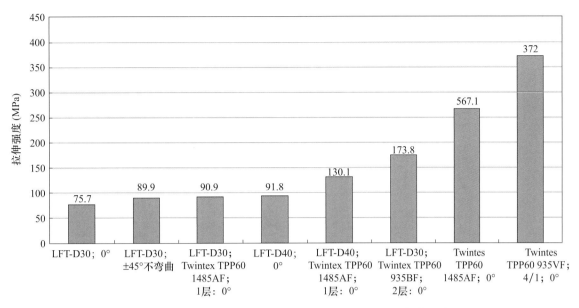

图 5-3-126　不同材料和结构组成的定制化的 LFTs 的拉伸强度

　　定制化 LFT-D 的典型实例是 BMW E 46 前端支架结构采用 LFT-D-ILC PP GF 30-40 和 Twintex PP GF 60 复合成型，如图 5-3-127 所示。图左侧为整个复合工艺的平面布局；右侧上图为将 LFT-D 料块和经预热的增强织物 Twintex 抓起并将复合。图右侧下图为前端支架的材料复合结构转运至模具中成型。图 5-3-128 为 LFT-D 前端支架的结构模型和最终产品图。该产品原总量为 3.75kg，优化后目标总量是减重 30%，变为 2.625kg，最终结果为 2.551kg。

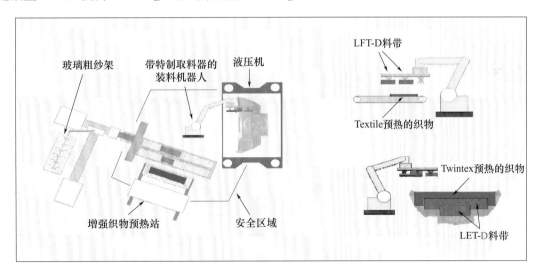

图 5-3-127　BMW46 前端支架定制化 LFT-D 的制造工艺和材料复合方法及程序示意

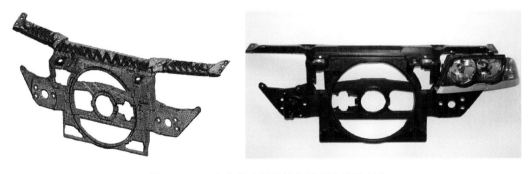

图 5-3-128　为前端支架的结构模型和最终产品

定制 LFT-D 另一实例为座椅背板的成型。图 5-3-129 为该座椅背板的产品图。它的目的是替代钢铁以降低质量和集成功能。它集成了三点式安全带附件的 2/3 座椅背板。原来的座椅背板采用了金属材料加强，现在该产品采用 EF 材料即含有 60％连续纤维增强 PP（Endless/continuous fibre-reinforced PP 60％）和含有30％玻纤的 LFT PP 两种材料进行复合成型。采用连续纤维增强来定制，机械性能得以较大地提升。图 5-3-130 所示为 EF 材料和通常的 LFT 性能的明显差别。图 5-3-131 所示为座椅背板的定制化 LFT-D 制造工艺平面布局及工序。

图 5-3-129　座椅背板产品

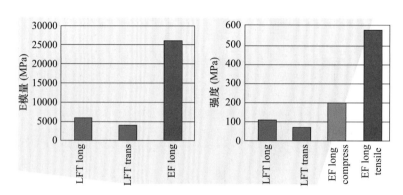

图 5-3-130　EF 材料和通常的 LFT 材料的性能比较

注：1. EF＝连续纤维增强 PP（60％玻纤）；

2. LFT＝长纤维增强 PP（30％玻纤）。

3. 来源：Weber Automotive/ ESORO。

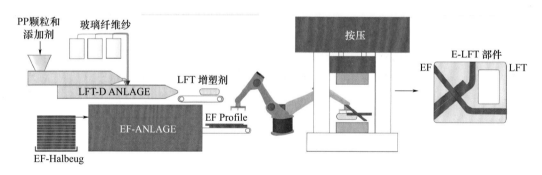

图 5-3-131　座椅背板的定制化 LFT-D 制造工艺平面布局及工序

和原结构相比，该材料及工艺的定制化，使得座椅背板的内受力点、线局部通过定制，实现了高刚度特性和能量吸收能力的结合；局部镶嵌连续纤维，实现一体化功能；单一材料系统可以实现完全回收；成本较低；撞车后能保持结构完整性；比金属件减重超过 40％；减少了二级作业步骤（如清洗、防腐保护、连接）；提高了生产率。经试验，该产品符合欧洲标准 ECE R 14 和 ECE R 17 以及美国标准 USNCAP。

（3）针对表面应用而优化的 LFT-D 技术。

表面应用优化主要集中在纤维的解束、原丝的分散和减少各向异性。用连续纤维的初期，纤维束的存在会导致后模压产品热处理后表面纤维显露的缺陷的产生。纤维束的原丝必须完全分散，可改善产品的表面状态。对 LFT-D 的工艺过程做适当改良，即连续纤维经过切割器短切后，可使纤维束解束。

（4）针对大面积汽车车身面板的制造，改良的LFT-D技术。

该改良技术有两种：其一是，用一种A级表面的箔经后模压覆膜成型——免喷涂覆膜成型；其二是，使车身面板表面粒状化或纹理化实现产品免喷涂。免喷涂产生的动机和优势包括：汽车功能要求如电磁波穿透性的增加；车身模块化设计（空间框架技术）模型多样化的需求；创新的材料的使用，增加了设计自由度；新的制造技术（简化的车辆装配技术）减少了后加工油漆和装配工序；减少和消除喷涂工序的排放。从长远来看，新建汽车生产厂不需要喷涂生产线的建立，减轻了车身的质量。免喷涂工艺工程及产生的价值链如图5-3-132所示。

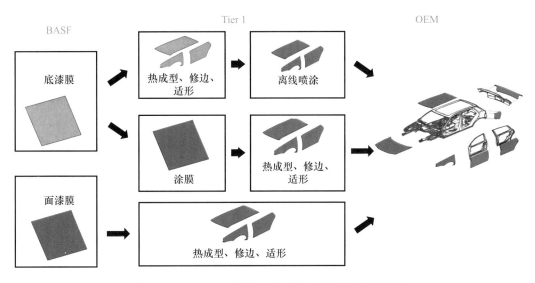

图5-3-132　LFT-D的免喷涂工艺工程及产生的价值链

从图中可以看出，LFT-D产品免喷涂工艺有两条工艺路线，分别采用起底漆作用的底漆膜和起面漆作用的面漆膜。前者可以通过热成型覆盖在产品上，然后用离线喷涂面漆，或者覆盖面漆膜的方法对产品进行表面装饰；后者直接将面漆膜通过热成型覆盖在产品表面实现表面装饰。

7. LFT-D生产各工序的设备功能

在图5-3-124中画出了LFT-D-ILC生产设备现场布置。生产线设备主要包括供料系统设备、混合挤出设备、取放物料设备和成型设备。此外，还包括产品的二次加工设备。图5-3-133为原材料的供料设备图。其中，从左至右依次包括：按配比PP和回收材料的称重供给、添加剂的微称量计量输送装置；玻纤纱架和纤维计量监测和预热输送装置。

图5-3-133　LFT-D的原材料供料设备

图 5-3-134 为 PP 树脂系统和玻纤的混合挤出装置。其中包括：一阶挤出机对 PP 树脂系统进行熔融、混合和输送（左图）；二阶混合挤出机对 PP 树脂系统和玻纤进行混合和输送挤出，在出口处安装狭槽模及可移动的单刀或双刀料块切割器，以控制出口料块的形状和尺寸（右图）。

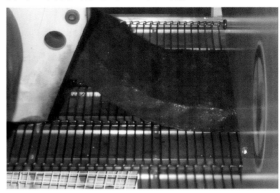

图 5-3-134　PP 树脂系统和玻纤混合挤出装置

图 5-3-135 为 PP 料块的输送及抓取装置。其中包括：通过双网带输送系统拖运 LFT-D 料块并使挤出料块之间产生距离，该系统可以实现料块的输送路径和定位；根据生产的需要，进行单带或双带输送（左图）；抓取设备在产品成型过程中可以实现将料块按需要从输送带上抓取（右图）。

图 5-3-135　PP 料块的输送和抓取装置

图 5-3-136 为带有抓取器的机械手。其功能是从输送带中抓取 PP 料块，并将料块转运到成型模具内（左图），进行压制成型（右图）。

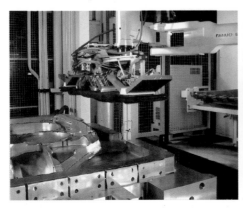

图 5-3-136　抓取器将料块转运到模具内进行压制成型

### 5.3.9.2　LFT-D 在汽车空调壳体中的应用

在本文中讨论的 LFT-D 在我国汽车空调壳体中的应用主要是指在商用客车中的应用。客车空调整机及 LFT-D 空调壳体的结构分别如图 5-3-137 中的左图和右图所示。

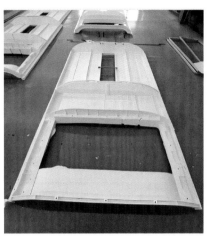

图 5-3-137　LFT-D 客车空调整机（3.5m×2m）及壳体（3.2m×1.9m）

据中国汽车工业协会资料统计，2022 年我国客车销量及结构分布如图 5-3-138 所示。从资料中可以看出，2022 年我国客车产量为 40.68 万辆，同比下降 17.3%；销量为 40.78 万辆，同比下降 16.5%。从销量结构方面来看，2022 年，轻型客车依旧是客车市场主力，销量占比达 79.11%；其次为大型客车，销量占比为 12.42%；中型客车销量占比为 8.47%。据资料显示，2022 年我国新能源客车产量为 10.32 万辆，同比增长 26.2%；销量为 10.34 万辆，同比增长 24%。宇通客车是中国客车行业的上市公司，是一家集客车产品研发、制造与销售于一体的大型制造业企业。目前，宇通公司产品已批量销售至全球 40 多个国家和地区，形成覆盖美洲、非洲、亚太、中东、欧洲等六大区域的发展布局，引领中国客车工业昂首走向全球。据资料显示，2022 年宇通公司客车业务营收为 184.65 亿元，同比下降 6.96%，毛利率为 22.61%。该公司是采用 LFT-D 空调壳体的重要用户。

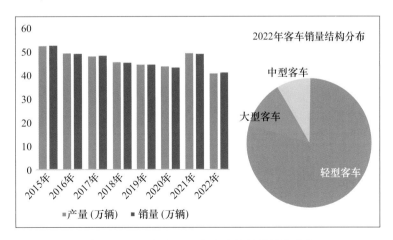

图 5-3-138　我国 2022 年客车销量及结构分布

目前市场上客车空调机外壳所用材料有手糊玻璃钢、铝合金和 LFT-D 空调机外壳。手糊玻璃钢唯一的长处就是投资少；铝合金是传统材料，是各汽车厂家应用习惯的一种材料，但材料成本较高、工艺复杂不利于大规模的量产且尺寸精度难以控制；而 LFT-D 空调壳体采用模具一次性成型，生产环境友好，成型周期短，产品一致性好，人工成本低，比强度高，有效解决了客户的产品性能稳定、产能充足、轻量化、环保等一系列需求及痛点，将会成为车用空调壳体的发展方向。郑州翎羽新材料公司自主研发设计的 LFT-D 客车空调壳体，前几年其 LFT-D 空调壳体产量占全国客车空调壳体使用总量的 30％左右，行业发展前景广阔。表 5-3-68 对以上几种材料制造客车空调机外壳的特点进行了比较。

表 5-3-68　几种客车空调机外壳材料的特点比较

| 成型工艺 | 投资大小 | 成型方式 | 成型周期 | 产品一致性 | 轻量化 | | 客户痛点 | 环保性 |
| --- | --- | --- | --- | --- | --- | --- | --- | --- |
| | | | | | 产品密度（g/cm³） | 减重比例 | | |
| 手糊玻璃钢 | 最小 | 手糊成型、生产效率低 | 10～12h | 差 | 1.7 | LFT-D 较手糊玻璃钢减重 20％，较铝合金减重 30％ | 产能低，漏水后无法解决 | 生产环境差，产品不可回收 |
| 铝合金 | 材料成本较高 | 冲压、焊接成型、工序复杂 | 4～6h | 中 | 2.78 | | 焊缝多，漏水风险大 | — |
| LFT-D 模压 | 较大 | 一次性模压成型 | 3～5min | 好 | 1.1～1.2 | | 无 | 生产环境友好，产品环保可回收 |

以下仅对郑州翎羽新材料公司 LFT-D 空调机外壳的制造工艺进行简要介绍。

1. LFT-D 空调壳体产品主要性能要求

LFT-D 材料主要由聚丙烯（PP）树脂系统和玻璃纤维组成。PP 树脂系统包括聚丙烯、色母粒、抗氧化剂、光老化吸收剂、相容剂等助剂材料及相互的配比。增强纤维采用热塑型玻璃纤维无捻粗纱，主要生产厂商有欧斯科宁（OC）、巨石、重庆国际、泰山玻纤等。

（1）材料的选择。

聚丙烯是由丙烯聚合而制得的一种热塑性树脂。按甲基排列位置分为等规聚丙烯（isotactic polyprolene）、无规聚丙烯（atactic polypropylene）和间规聚丙烯（syndiotatic polypropylene）三种。甲基排列在分子主链的同一侧称等规聚丙烯；若甲基无秩序的排列在分子主链的两侧称无规聚丙烯；当甲基交替排列在分子主链的两侧称间规聚丙烯。一般生产的聚丙烯树脂中，等规结构的含量为 95％，其余为无规或间规聚丙烯。由于结构规整而高度结晶化，因此熔点可高达 167℃。密度约为 0.90g/cm³，是最轻的通用塑料。它对水特别稳定，在水中 24h 的吸水率仅为 0.01％；耐腐蚀，抗张强度 30MPa；强度、刚性和透明性都比聚乙烯好；缺点是耐低温冲击性差，较易老化，但可分别通过改性和添加抗氧剂予以克服。

PP 树脂在生产或加工过程中所需要添加各种辅助化学品，用来改善生产工艺、提高产品性能。还可以改进制品的性能，提高其使用价值与寿命等；这些辅助化学品就称为助剂。这些助剂包括：偶联剂——用以改善树脂基体和玻纤之间的界面性能；相容剂——一种兼有润滑、分散、偶联、光亮等功能于一身的表面处理剂，能有效降低材料流动阻力，提高材料的冲击性能和表面光泽度，对于高填充体系更为适合；抗氧剂和光稳定剂——添加于塑料材料中，有效地抑制或降低塑料大分子的热氧化、光氧化反应速度，显著地提高塑料材料的耐热、耐光性能，延缓塑料材料的降解、老化过程，延长塑料制品使用寿命的塑料助剂；润滑剂——一种能够改善聚合物成型加工时的流动性的物质。

热塑性增强塑料在成型工艺过程中，一个非常重要的特性是材料的流动性。流动性是指物料在加热、加压情况下充满型腔的能力。热塑性塑料的流动性与其品种、分子结构的规整性、分子量大小、分子量分布都有密切的关系，通常用熔融指数来表示物料的流动性。熔融指数（Melt Flow Index，MI 或 MFI）全称熔液流动指数，或熔体流动指数，是指一种表示塑胶材料加工时的流动性能的数值。

MI 的测量方法是：在一定的荷重（kg）及温度（℃）下，用指定的时间（10min）经过一定直径的管子所流出来的融胶质量（克数）。MI 值越大，表示塑料的流动性越好；反之，则流动性越差。实际应用时一般都不会真的花 10min 让塑料流动下来，而是取 10s 或 20s 来推估 10min 可能留下来的量。其测定方法在不同国家的标准号有所不同。例如，中国标准 GB/T 3682.1《塑料 热塑性塑料熔体质量流动速率（MFR）和熔体体积流动速率（MVR）的测定 第一部分：标准方法》；英国标准 BS2782；美国通标 ASTMD1238；Procedure A；国际标准 ISO 1133。

PP（聚丙烯）塑料熔体质量流动速率（熔指）测试时，一般情况下测试温度为 230℃，砝码质量（含压杆）为 2.16kg。但是对于熔指非常大的 PP 料，温度可以使用 190℃。

流动性比较好的 PP 树脂熔融指数太低，树脂本身的力学性能要好，但是流动性差；熔融指数太高，树脂的力学性能太低。所以，根据工艺选择合适的树脂是很重要的，一般推荐使用的熔融指数为 50~80g/10min 的 PP 树脂。LFT-D 空调机外壳成型时，采用熔融指数＞60g/10min 的高流动性 PP 树脂。

（2）LFT-D 空调机外壳对材料的性能要求。

材料的密度 1.13~1.2g/cm³；玻纤含量≥30％；模塑收缩率≤0.5％。

（3）LFT-D 空调机外壳的产品性能要求。

LFT-D 空调机外壳的产品性能要求见表 5-3-69。

表 5-3-69　LFT-D 空调机外壳产品的性能要求（含力学/物理性能和环保性能要求）

| 序号 | 检测项目 | 检测方法 | 限值要求 | 备注 |
|---|---|---|---|---|
| 1 | 拉伸强度 | GB/T 1447—2005 | ≥60MPa | |
| 2 | 弯曲强度 | GB/T 1449—2005 | ≥140MPa | |
| 3 | 弯曲模量 | GB/T 1449—2005 | ≥4000MPa | |
| 4 | 冲击韧性 | GB/T 1451—2005 | ≥30kJ/m² | |
| 5 | 甲醛 | VDA275 | ＜10mg/kg | |
| 6 | TVOC | VDA277 | 50μg/g | |
| 7 | 苯 | VDA277 | ＜5μg/g | |
| 8 | 甲苯 | VDA277 | ＜5μg/g | |
| 9 | 二甲苯 | VDA277 | ＜15μg/g | |
| 10 | 雾气试验 | DIN75201B | ＜2mg | |
| 11 | 气味试验 | VDA270 | ≤3 | 23℃/40℃ |
| | | | ≤3.5 | 80℃ |
| 12 | 燃烧性能 | GB 8410—2006 | ≤50mm/min | |
| 13 | 高低温测试 | GB/T 2573—2008 | 力学性能下降＜20％ | |

2.LFT-D 空调壳体的制造工艺

（1）材料配方设计。

LFT-D 空调壳体的材料基本配方见表 5-3-70。

表 5-3-70　LFT-D 空调壳体材料基本配方

| 物料类别 | PP | 玻纤 | 色母 | 抗氧剂 | 相容剂 | 紫外吸收剂 | 其他助剂 |
|---|---|---|---|---|---|---|---|
| 配方比例（％） | 55~60 | 30~35 | 1~2 | 2~3 | 4~6 | 0.5~1 | 0.5~1 |

（2）工艺流程。

LFT-D 空调壳体的模压成型生产线如图 5-3-139 所示。其工艺流程如图 5-3-140 所示。

图 5-3-139　LFT-D 空调壳体模压成型生产线

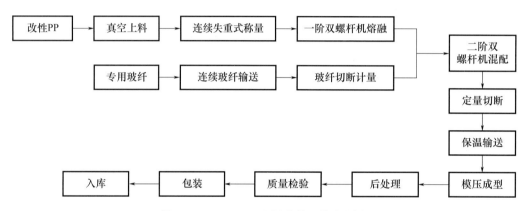

图 5-3-140　LFT-D 空调壳体工艺流程图

LFT-D 空调壳体生产的基本工艺过程为：基体树脂 PP 与其他助剂，通过不同料仓自动真空上料，经过连续失重称量，实现在线配料。树脂混合料经一阶双螺杆挤出机进行熔融共混，挤出料传输至二阶双螺杆挤出机的喂料口。

LFT-D 专用玻纤通过连续上纱装置，经纤维切断计量装置进行定长切断、计量下料，进入二阶双螺杆喂料口；材料的自动计量和传输装置如图 5-3-141 所示。

图 5-3-141　PP 树脂系统、玻纤的计量输送混合装置

基体树脂与玻纤在二阶双螺杆机内进行共混，挤出料团，根据制品单重设置，实现定量切断，并由带保温的输送带输送至模压机前；料块的挤出、传输和抓取装置如图5-3-142所示。

图5-3-142　混合好的PP树脂系统/玻纤料块的挤出、传输和抓取装置

料块采用机器人自动上料或人工上料方式，将料团转移至模具上，然后进行模压成型；产品成型后经开模、机械手或人工把产品放入定型夹具中冷却定型，然后清除产品毛刺及必要的二次加工（图5-3-143），最后进行产品各种附件的装配（图5-3-144）。

图5-3-143　LFT-D空调壳体产品在进行脱模、定型及去毛刺操作

图5-3-144　LFT-D客车空调外壳在进行附件的装配

（3）成型工艺参数及控制。

LFT-D客车空调机外壳的成型工艺参数及控制，分为材料制备工艺和产品成型工艺两部分。

在材料准备工艺方面，原料配方是决定制品性能高低的根本。需根据不同制品性能要求，筛选物料并进行试验，定制设计材料配方，并通过装备及工艺参数设置实现精准控制。

除了符合该产品性能及成型工艺要求的配方的正确设计之外，挤出机合理的螺纹元件的组合十分重要。它既可使各塑料组分实现充分混合，也可实现玻纤在树脂基体中良好分散的同时，使玻纤保留长度维持在可控范围内。LFT-D工艺制品的性能优势就在于其较长的玻纤保留长度（玻纤保留长度一般维持在5～20mm的范围内）以及纤维在基体树脂中的良好分散，这两方面的结果大大提高了纤维的增强效果。而纤维较长的长度获取和哪一种长度占优势，以及良好分散的关键，在于双螺杆挤出机合理的螺纹元件组合及进料口的位置，这也是LFT-D工艺的一个核心技术之一。

根据不同产品结构的加工特性及制品性能要求，还要严格控制、调整控制熔体温度、螺杆转速等关键工艺参数。合理的螺杆温度、螺杆转速参数设置，也会直接影响玻纤在基体树脂中的保留长度、分散效果，以及基体树脂、助剂等的性能保留，从而影响制品的各项性能。表5-3-71为挤出机各种工艺参数设定一览表。

表5-3-71　LFT-D客车空调外壳材料生产工艺参数的设定

| 阶次 | 各温区温度设定（℃） | | | | | | | 螺杆转速（r/min） |
| | 一区 | 二区 | 三区 | 四区 | 五区 | 六区 | 机头 | |
| --- | --- | --- | --- | --- | --- | --- | --- | --- |
| 一阶 | 160 | 180 | 190 | 200 | 200 | 200 | 210 | 250～350 |
| 二阶 | 200 | 210 | 220 | 230 | 230 | 230 | 230 | 160～290 |

在产品模压成型阶段，模压过程是制品成型的关键过程，合适的铺料方式、合模速度、合模压力、保压时间是生产出合格产品的关键。它们不仅影响熔融料团在模腔内的流动速度及充模情况，决定产品能否成型及密实程度，而且直接影响到产品的成品率、成型周期长短及生产效率以及脱模后的变形翘曲控制等。同时，合模速度过快、压力过大，会使玻纤在料团流动过程进一步受损，从而使制品性能下降。图5-3-145为产品的模压成型过程。图5-3-146为成型后的产品。

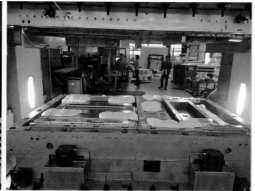

图5-3-145　产品模压成型过程（左侧为成型液压机和模具正在安装，右侧为加料方式）

图5-3-146　成型后的空调机外壳产品（左侧产品尺寸为3.5m×2.0m）

### 3. LFT-D客车空调机外壳的性能检测

客车空调机外壳的产品性能，除了前面列举的有关产品力学/物理性能和环保性能要求外，对产品还需要进行部分型式试验。其中包括结构强度试验、低温铆接试验、震动试验、耐候试验和产品阻燃试验等。

（1）材料性能验证检测。LFT-D空调壳体材料性能验证检测结果见表5-3-72。

图5-3-72　空调壳体材料性能验证检测结果

| 性能项目 | 单位 | 测试标准 | 指标要求 | 测试结果 |
|---|---|---|---|---|
| 密度 | g/cm³ | GB/T 1463—2005 | 1.1～1.2 | 1.142 |
| 弯曲强度 | MPa | GB/T 1449—2005 | ≥100 | 112 |
| 弯曲模量 | MPa | GB/T 1449—2005 | ≥5000 | 5870 |
| 拉伸强度 | MPa | GB/T 1447—2005 | ≥60 | 75.7 |
| 冲击韧性 | kJ/m² | GB/T 1451—2005 | ≥30 | 31 |
| 燃烧性能 | mm/min | GB 8410—2006 | s～D25 | D8、D9 |
| 玻纤含量 | % | GB/T 2577—2005 | ≥30 | 31 |

（2）产品结构强度要求。

将产品水平起吊，中部位置承受垂直静载≥500kg，且吊耳处无开裂。

（3）低温铆接要求。

产品在-25℃的低温环境下铆接不应有裂纹。

（4）产品震动持久性能要求。

按照GB/T 21361—2017要求试验，试验后，产品无裂纹、孔拉穿、预埋件拔脱、磨损缺口等情况。

（5）产品耐候性要求。

① 高低温交替试验。

以将制品或典型结构试样在120℃环境放置3h、室温环境放置0.5h、-40℃环境放置3h为一个循环，进行3个循环的高低温交替试验。要求试验后产品无起泡、裂纹、发黏、起皱、粉化等不良现象。

② 高低温试验性能要求。

按GB/T 2573—2008方法进行600h交变湿热试验，温度变化范围（20～90℃），试验后，要求：力学性能下降＜20%；产品无起泡、裂纹、发黏、起皱等不良现象。

（6）产品阻燃性能要求。

普车：水平燃烧≤50mm/min；极限氧指数≥18%；烟密度≤75。

校车：水平燃烧A0；极限氧指数≥22%；烟密度≤75。

以上材料及产品型式试验经第三方检测均满足上述要求。

4. 典型（工程）应用案例

目前，郑州翎羽新材料有限公司研发生产的LFT-D复合材料空调壳体已广泛用于宇通客车及上海加冷松芝等车型，产品得到客户及市场的高度认可。

## 5.3.10　国内SMC/复合材料在汽车工业中存在的问题和看法

根据近二十年来特别是近十年来SMC/BMC和汽车主机厂合作的经验，国内复合材料在汽车工业中的应用尽管已经取得了较大的进步与发展，但是，仍存在以下几个问题，阻碍着复合材料包括SMC/BMC在各个领域特别是在汽车领域的进一步发展。

1. 关于热固性复合材料的回收问题

在复合材料的应用开发过程中，用户会经常问到热固性复合材料包括SMC/BMC是否能回收这样的一个问题。有时候甚至因为对复合材料的各种特性包括其可回收性不了解而将其拒之于应用门外，反而使用其性能并不具优势的，仅主观上认为它是可回收的其他材料。这种情况的发生还是由于对复合材料及其产品的回收缺乏正确的理解。事实上，所有的材料，只要成为其制品，都必须面对其在制造过程中产生的废弃物和产品寿命终期的回收问题。无论是金属还是非金属材料均是如此。其差别仅仅是其回收的难易程度不同，回收成本高低而已。因此，在产品开发应用过程中，主要关注的首先应该是产品的性能要求，同时要了解其回收能力和其对环境包括对人类生存环境的影响及污染程度。

其一，从材料的规模和存量看，据资料报道，自 20 世纪 50 年代合成材料大规模工业化生产和应用以来，仅塑料（合成树脂及其改性材料）全球共生产了约 83 亿吨。2020 年，全球的塑料产量约 3.68 亿吨。据世界银行统计，目前全球塑料年产量超过 4 亿吨。2022 年全球复合材料的总产量（包括热塑性增强复合材料 640 万吨）为 1270 万吨。实际上，热固性复合材料的产量只有 630 万吨。按此计算，每年热塑性材料（含热塑性复合材料）全球产量为热固性复合材料产量的 63 倍。热塑性塑料的月产量为热固性复合材料的 6.35 倍。据报道，我国 2020 年塑料产量达一亿吨，当年国内废塑料回收再生量在 1600 万吨左右，回收率仅约为 16%。而我国复合材料 2022 年的产量约为 600 万吨，其中热固性复合材料产量不到 300 万吨，仅为热塑性塑料产量的 3%。因此，可以看出，热固性复合材料的产量，无论从全球还是从国内看，和其他大宗金属或非金属材料（如塑料）相比其材料使用量及存量都非常。和其他材料相比，对地球上的人类及生物的生存环境（包括海洋环境）还远远构成不了严重的威胁。因此，在各领域的应用中，不应过度关注其可回收性，而应该像复合材料在航空航天及军事应用那样，更应关注其轻质、高强、耐候、耐热、阻燃、绝缘（隔热）耐腐等优良特性。

其二，热固性复合材料在自然环境中非常稳定，在寿命期只是以固体状态而存在，不会有有害挥发物的析出，即使有高分子分解其进展也会十分缓慢。据欧洲 SMC 联盟的数据表明，SMC 电表箱在户外阳光暴晒区条件下，每十年其表面仅有深度 0.1mm 的糙化，而其物理性能、电性能无显著下降。在户外各种气候条件下如 UV 辐射、吸水、冷热交变、风和沙尘磨蚀、细菌和动植物环境的使用寿命长达 40 多年，而不像一般高分子材料，在自然环境中，在紫外线、热、水的综合作用下，易分解溢出低分子物造成环境的污染，对人类的健康及海洋生物构成安全威胁。

其三，热固性复合材料包括 SMC/BMC 及其制品可以再生利用。自 20 世纪 90 年代以来，世界各国尤其是复合材料工业更为发达的西方国家和地区如美国、欧洲、日本，一直在进行热固性复合材料再生利用的各种方法和途径的研究，取得了大量的成果。各国都建立了数量不等的专门从事热固性复合材料及其固体废弃物再生利用的工厂。其大致的回收再生路线如图 5-3-147 所示，包括机械、化学或水泥窑回收法。机械回收包括研磨已固化的热固性废弃物，并将其作为新的模塑料的填充物。化学再生包括热裂解或溶剂分解（pyrolysis or solvolysis），将基体材料从纤维增强材料中分离出来，转化成可再次利用的基本成分。第三种方法是在欧洲和日本推崇的水泥窑法（cement making process），包括在水泥制作过程中使用热固性废料。无机组分被还原为灰分并与水泥熟料黏结，而有机组分在煅烧过程中作为热能的来源。最后，焚烧（incineration）也被认为是一种处理热固性废物的合适方法，从有机成分中提取热能，即通过高温热解工艺，将热固性复合材料包括 SMC 及其制品分解为可燃气体、油状物和残渣。可燃气体和油状物可以作为燃料或化工原料进一步利用，而残渣主要包含无机填料和玻璃纤维，可以作为建筑材料或其他用途的填充材料。由于篇幅的关系，关于热固性复合材料的再生利用，请参阅作者相关著作及文献。

值得一提的是，早在 2012 年 6 月欧洲联盟委员会就发布了一份关于《2008/98/EC 废物框架指令》解释的指导文件（Guidance on the interpretation of key provisions of Directive 2008/98/EC on waste, European Commission，June 2012）。该文件旨在帮助国家行政当局和公司解释该指令。指导文件指出："在某些生产过程中，如联合处理（co-processing），废弃物可同时用于合并两种废弃物管理回收办法的作业。废物的能量含量被回收（R1 操作）作为热能，从而取代燃料，而废物的矿物部分可以整合（从而回收）在所生产的产品或材料的基体中，例如水泥熟料、钢或铝……"（第 1.4.5 章）。

文件指出，欧盟认可通过共同加工实现复合材料再利用。也就是说，通过共同加工实现复合材料

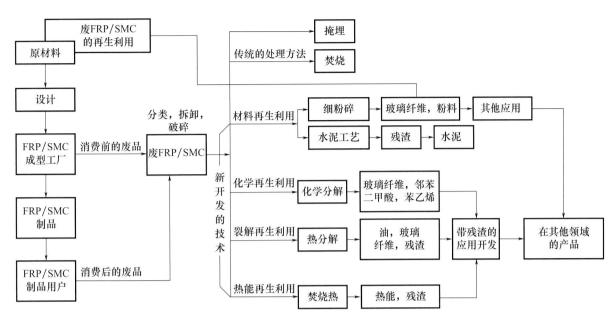

图 5-3-147　FRP 及 SMC/BMC 再生利用的工艺路线图

再利用完全符合欧盟规定。

2. 关于产品性能检测过程中的一些认识误区

在产品性能检测过程中，用户由于不了解模压材料（如 SMC/BMC）及制品的特性，往往习惯像对待金属材料制品那样从复合材料模压产品取样的方法来检测判断该产品的力学性能。要知道，复合材料模压产品和金属材料产品有一个本质上的不同。金属材料及制品总体上讲是各向同性材料，而复合材料及制品总体上讲是各向异性材料。也就是说，在 SMC 复合材料制品制造过程中，尽管在原材料半成品状态时，基本上呈各向同性状态，但在其成型产品过程中，受产品结构的复杂性、加料方式等工艺因素的影响，在最终的产品中，各个部位的纤维含量及纤维取向均有所不同，因此导致 SMC 产品局部呈各向异性特性，我们常称这种现象为准各向同性。当其在产品整体使用时，大体上呈各向同性性质，但对产品的局部而言则呈各向异性特征。因此，从产品取样来判断其力学性能并不能代表产品的整体性能。何况模压产品在使用状态时，产品的整体作用也十分重要。在实验室条件下，在标准试板成型时，由于产品结构简单、加料方式等因素不易对试板中纤维的分布及取向造成很大的影响，因此在平面各方向的性能基本趋同，各向异性体现不明显。另外，众所周知，复合材料中，增强材料的主要作用是承受载荷，而基体树脂的主要作用是在增强材料之间传递应力。以往的试验表明，模压产品表面的树脂层的存在，在受力状态下对于应力的传递十分重要。从产品取样，试样必然会出现至少两个加工面。当试样受力时，加工面的存在削弱了应力在试体整体的传递，从而导致测试结果的下降。因此，结论是，材料性能的检测应该用实验室制备的试样进行。产品性能应该按产品的型式试验方法进行。若用户专门指定要在产品取样进行型式试验的检测，在这种情况下，用户应该为此专门设立一个合理的数据指标。

3. SMC 在汽车领域的应用范围窄、车型少、数量小

主要作为重型卡车驾驶室覆盖件，罕见在乘用车及其他商用车上应用，做覆盖件多、做结构或半结构件少，涉及发动机及其周边件更少。

4. 同一车型的零件配套厂过多

造成行业价格恶性竞争，助长不正之风蔓延，导致产品质量下降。

5. 产品价格过低

配套厂效益严重下滑。在全国 SMC/BMC 汽车件供应商中，仅汽车产品年销售额能常年保持在

1亿元以上的厂家为数不多。目前，我国SMC/BMC汽车件的成品价格的水平仅相当于欧、美、日等国家和地区的SMC/BMC材料价格。按2012年全球SMC/BMC成品的平均价格计算，折合人民币已接近50元/kg。汽车件价格要远高于普通成品的价格。而我国无论是SMC/BMC材料价格还是其制品价格，远低于国外相同类型材料及制品价格。

针对以上问题，特提出以下建议。

（1）SMC/BMC汽车件生产厂要提高自身的技术和管理水平。

（2）编制与完善各种SMC/BMC的性能数据手册。

（3）编制与完善和SMC/BMC材料特性及成型工艺特点有关的产品设计细则。例如，外观、过度半径、孔洞的成型加工、斜度、厚度及其变化、筋和凸台的设计、凹槽等。

（4）配合主机厂建立产品设计队伍。

（5）强化产品生产全过程的质量管理，建立与完善各工序的质量检测方法和仪器手段。有条件的厂家（配套产品数量大、实力雄厚）应尽快实现生产过程自动化。

（6）提高片材质量稳定性、配方设计水平、生产及成型工艺调控能力。

（7）提高产品一次成品率，减少二次加工工作量。

（8）各企业之间，相互加强沟通和协作，避免以牺牲产品质量为代价的恶性价格竞争。

（9）强化企业的自律行为，杜绝使用劣质原材料。

（10）编制SMC汽车件维修规程，在全国建立维修网点。

（11）建立经标准化的维修材料的供应系统，确保4S店标准化维修材料的供应。

（12）促进并分阶段建立SMC生产、成型废料及废旧SMC汽车件的回收与再生利用机构和系统。回收与再生利用的费用要纳入产品的成本。

（13）借鉴国外经验，调整汽车主机厂和配套厂之间的关系。由单纯的供求关系转变为生命攸关的战略合作关系。配套厂有义务提供价格合理的优质零配件，主机厂有责任帮助、扶植配套厂成长、壮大。

（14）加强在产品设计中的合作，共同参与并完成新产品的最终设计。

（15）主机厂应拥有或者和配套厂共同拥有产品生产相关的模具工装所有权，配套厂仅拥有其使用权。这既有利于降低项目风险，也有利于规范零配件的市场秩序。

（16）配套厂应无保留地向主机厂公开它的产品成本资料，共同确定产品的合理利润。

（17）主机厂应根据某一产品的年需求量和产品定价来确定该产品的配套厂数量。

（18）配套厂要不断提高其生产设备的水平，加快采用先进仪器与设备的速度，主机厂要支持它们在这方面的努力。

（19）主机厂在新车型的设计中应大胆采用高品质的SMC/BMC零部件，促进和帮助配套厂提高其工艺技术和生产水平。

总而言之，我国SMC/BMC在汽车工业中的应用已经取得了重要的进展，但与国外先进水平相比仍有较大的差距。因此，为了我国汽车产业的发展及提高复合材料在汽车材料中的占有率，应从以下三个方面加大开发力度。

（1）从技术上讲，目前，我国主要在开发汽车领域中的中低端产品如卡车覆盖件上的应用，从产业意义上的轿车、SUV等车型应用还没有开始，在耐热耐腐蚀、高强结构级和轻质高强（碳纤维SMC）方面的应用还有较长的路要走。主机厂积极推进高品质汽车件的SMC化是SMC汽车应用技术进步的根本动力。在发展混合动力、电动车及汽车节能减排中，大胆采用复合材料是尽快使我国汽车工业在国际取得话语权的较好出路之一。

（2）从产业规模上看，我国SMC/BMC汽车件生产厂中，汽车应用年产值，仅有极个别厂家过亿元规模，大部分都在千万元级别上，必须做大做强。各企业间的紧密合作或资产重组如主机厂在生产经营活动中在全国有重点、有选择地扶持培养技术、设备、管理等真正有水平的几家配套厂，或以不同方式参股配套厂、形成更紧密的联盟应该是较好的出路。

（3）主机厂积极扩大 SMC 在各种汽车车型及各车型中零件中的应用范围及数量是 SMC 汽车件配套厂做大做强的根本保障。

## 5.4　在国内铁路运输车辆中的应用

随着我国高铁的跨越式发展，SMC 在铁路运输系统中的应用也在快速增长。其应用量远超日、欧、美等国家和地区。根据我国《中长期铁路网规划》到 2025 年，铁路网规模达 17.5 万千米，其中高铁 3.8 万千米。

但是，实际上我国铁路的发展速度远比规划来得快。到 2019 年，中国铁路网对 20 万以上人口城市的覆盖由 2012 年的 94% 扩大到 2019 年的 98%，高铁网对 50 万人口以上城市的覆盖由 2012 年的 28% 扩大到 2019 年的 86%，高铁日均发送旅客由 2012 年的 106.8 万人次增加至 2019 年的 638.3 万人次，年均增长 29.1%，高铁运量占铁路旅客发送量连续 4 年超过 50%。2019 年，投产新线 8489km，其中高速铁路 5474km。全国铁路营业里程 13.9 万千米以上，其中高铁 3.5 万千米，已经超过中长期铁路网发展规划 2020 年 3 万公里的目标。

2020 年，全国铁路营业里程 14.63 万千米，其中高铁 3.8 万千米，已经达到了中长期铁路网发展规划 2025 年 3.8 万千米的目标。

全国铁路机车拥有量为 2.2 万台，全国铁路客车拥有量为 7.6 万辆。其中，动车组 3918 标准组，比上年增加 253 标准组。全国铁路货车拥有量为 91.2 万辆，比上年增加 3 万辆。

根据 2022 年铁道统计公报，2022 年全国铁路营业里程达到 15.5 万千米，其中，高速铁路营业里程达到 4.2 万千米。全国铁路路网密度 161.1km/万平方千米。全国铁路机车拥有量为 2.21 万台，全国铁路客车拥有量为 7.7 万辆。其中，动车组 4194 标准组、33554 辆。全国铁路货车拥有量为 99.7 万辆。

2020 年 8 月，国家公布的《新时代交通强国铁路先行规划纲要》（以下简称《规划纲要》），将普通中国人的出行梦想汇聚为现代化铁路强国的辉煌蓝图。根据新蓝图，从 2021 年到本世纪中叶即 2050 年，分两个阶段目标推进。第一阶段，到 2035 年，我国将率先建成服务安全优质、保障坚强有力、实力国际领先的现代化铁路强国。我们将率先建成现代化铁路网，全国铁路网 20 万千米左右，其中高铁 7 万千米左右，20 万人口以上城市实现铁路覆盖，50 万人口以上城市高铁通达。目前，高铁可实现京津冀、长三角等城市群内 2 小时畅行；北京、上海等大城市间 1000km 4 小时通达、2000km 8 小时通达。而根据《规划纲要》，到 2035 年，要形成全国 1、2、3 小时高铁出行圈，使相邻城市群及省会间 3 小时通达，城市群内主要城市间 2 小时通达，都市圈内 1 小时通勤，打造世界上最便捷的高铁出行圈；3 万吨重载列车"多拉快跑"，400km 时速高铁持续引领。第二阶段，到 2050 年，全面建成更高水平的现代化铁路强国，全面服务和保障社会主义现代化强国建设。

通过近年技术改造，铁路部门现已具备年新造检修高速动车组超过 600 组、年新造铁路客车超过 3000 辆、年检修铁路客车超过 4500 辆的能力。前几年有人预测，我国铁路机车车辆及动车组制造业年销售收入超过 3500 亿元。

铁路是国民经济大动脉、重大民生工程。建设现代化铁路强国是实施创新战略的重要支撑。铁路也是产业发展的重要领域，投资规模大、产业链长、辐射面广、带动性强，不仅对"六稳""六保"具有重要意义，更是中国制造转型升级的重要引擎。开发新一代智能高铁也将带动新材料、大数据、人工智能等前沿领域的研发，拉动机械、冶金、电力、信息、计算机、精密仪器等产业的升级，撬动万亿元级的大市场，激发"中国制造"向"中国创造"蜕变的新动能。

铁路更是国土开发、促进区域城乡协调发展的重要基础设施，显著提升沿线地区经济发展的吸引力和辐射力，使欠发达地区加快融入国家现代化进程。

作为新材料的复合材料，在铁路的高速发展过程中也得到了越来越广泛的应用。复合材料尤其是SMC在德国、英国、法国、瑞士、澳大利亚、日本等国家的列车上，早已获得了广泛的应用，也具有较大的发展潜力。它们在铁路机、客车及铁路建设中的主要应用是：铁路机车导流罩、驾驶室前端部位、驾驶室控制面板、车厢外顶板、上顶板、下层地板、内侧板、墙板、过台、洗手间、卫生间、外部门板、门立柱外板、座椅外壳、行李架（箱）、内隔板、刹车控制杆立框架护板等。在轨道相关部分的应用有：设备保护外壳、信号灯罩及控制箱体、电缆支架、救生平台、雨水槽、电缆槽、第三轨护罩、路口横杆等。其典型应用如图5-4-1所示。

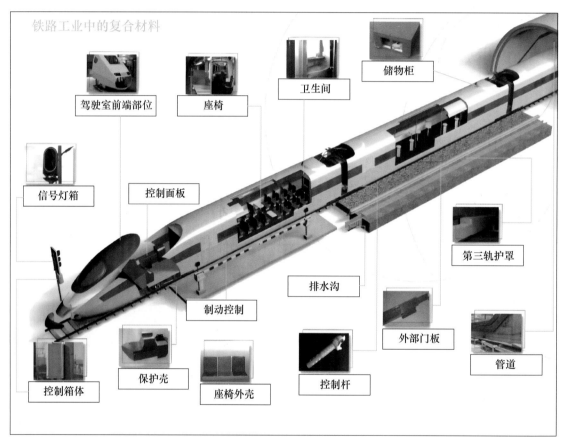

铁路工业中的复合材料

驾驶室前端部位　座椅　卫生间　储物柜
信号灯箱　控制面板　第三轨护罩
制动控制　排水沟　外部门板　管道
控制箱体　保护壳　座椅外壳　控制杆

图 5-4-1　复合材料及 SMC 在铁路领域中的应用

在铁路系统中应用量较大而且较为成功的是日本和欧洲地区。

在日本，所有的新干线车辆内的窗框、侧窗内台、侧窗内饰、空调通道兼车顶板以及在来线车辆的车顶空调装饰等都大量使用SMC压制成型材料。主要是因为SMC材料可使车体轻量化，造型美观，并有隔热性好、防结露等优点。从1986年起，日本国铁通勤电车211系列，2人和4人座的椅子壳都采用SMC制品，可使车辆轻量化和降低成本。日本JR东海700系新干线的车辆中，室内空调空气出口、椅子扶手、隔墙上的桌子的小件物品及中央顶板、侧顶板、侧窗内饰等大型物品，都用SMC生产。

在欧洲，复合材料及SMC在铁路车辆上也获得了广泛的应用。复合材料在欧洲铁路车辆上的应用，其年增长在1997—2002年期间约为7.5%，总增长大约45%。到2002年，结构应用的复合材料，每年的消耗量可达1万吨，聚酯复合材料将继续保持它的强大地位。由于SMC工艺性好、性能价格比高、环境性能好等特点，也越来越引起人们的关注，特别是阻燃SMC的开发应用，提高了防火安全性，从而进一步扩大了SMC在铁路系统的应用。例如，英国铁路客车的座椅背、列车修复中的内板、浴室组件等，都使用了SMC材料。而德国区际（Interregio）列车在修复过程中，其车厢壁板和顶板全换成Mitras公司为其制造的SMC板，每节车厢共包括200多块板，总质量达到1t，仅1992—1993年间就为400辆车厢进行了修复。另外，Mitras公司为俄罗斯铁路客车开发了一种SMC窗框，据说其耐火性好，能承受当地的低温气候，并具有很高的耐擦划性，防止窗户开关时的损伤。英国铁路最新定购的Desiro UK 450型客车（图5-4-2）已经应用于西南线铁路的运输。这种客车由西门子（Siemens）公司制造，其窗框、门板、隔板都采用SMC材料制造，并且到达了英国标准BS 6853关于火焰传播速度和烟雾的要求。

图 5-4-2　Desiro UK 450 型客车使用 SMC 内装的照片

　　国内最早的应用是由北京二五一厂和青岛四方车辆研究所合作研制成功的22型铁路客车上开式SMC窗框。该项目从1977年开始研制，到1981年已有七十余辆装有SMC窗框的客车在全国铁路各主要路段运行，时间最长者已达4年之久。在1981年，铁道部、建材部联合召开"SMC火车窗框评议会（铁道部有四方、长春、浦镇、唐山等六个车辆厂及十个车辆段参加）后，于1982年又装配了250辆客车的SMC窗框，并投入运行。SMC铁路客车窗框在经过了八年的研究、试制、生产、运行考核后，在1984年，铁道部和建材部又联合召开了"SMC上开式客车车窗"鉴定会。会上，铁道部决定，自1986年起，所有22型新客车全部采用SMC窗框来替代传统的铁窗框。这一成果的取得，为玻璃钢在铁路系统的应用打开了一个重要缺口。1986—1998年期间，仅北京二五一厂支持的两个SMC铁路客车窗框生产厂，共生产了6.5万只合格大窗、1.6万多只小窗，装车1350多辆。1984年定型的22型铁路客车SMC窗框每辆配备60个，其中大窗48个、小窗12个。在此期间，在青岛、长春、唐山和盐城等地也利用该研究成果新建了4个玻璃钢厂，都在生产SMC客车窗框，以满足铁路系统新车的装车需求。

　　此成果也在铁路冷藏车上获得了应用。北京二五一厂与北京丰台机保段合作试制冷藏车用SMC窗框。从1982年起，北京丰台机保段B17冷藏车也全部采用SMC窗框，取代了用木材制造的冷藏车窗框。图5-4-3为22型铁路客车SMC窗框在使用中。

图 5-4-3　22 型铁路客车 SMC 窗框在使用中

21 世纪以来，SMC 在铁路系统中的规模化应用是从 2004 年的 22 型翻新车的 SMC 卫生间开始的。从此以后，陆续应用到 25 型车卫生间，25 型车墙板、顶板，高铁动车的墙板、顶板等产品，已经成为铁路客车内装饰领域不可缺少的产品。据 2012 年的粗略统计测算，FRP、SMC 在动车组、普通客车、机车及地铁等车辆上，每种车辆上单车的 SMC 应用量分别是 360kg、480kg、100kg 和 200kg。从 2020 年的铁路统计资料看，至今 FRP、SMC 在普通客车、动车车箱上的应用量分别为 21436.8t 和 11282.4t，即合计有约 3.3 万吨 FRP、SMC 在铁路客车上获得了应用。图 5-4-4 所示为我国近十多年来在传统铁路客车及高铁、动车中 SMC 材料的典型应用实例。

图 5-4-4　近年来 SMC 在我国铁路客车领域中的应用实例

SMC 除了在铁路客车方面获得大量应用外，在铁路建设中也有不少的产品采用 SMC 材料制造。最典型及应用较广泛的有地铁电缆支架、疏散平台、回流轨支座和高铁线槽（即电缆槽）。图 5-4-5 所示为上述产品的应用实例。

图 5-4-5　SMC/复合材料在铁路领域中的典型应用

近年来，SMC在铁路工程建设中一项新的应用脱颖而出，即SMC铁路隧道防护门。和传统的防护门相比，它具有质量轻、防火、耐腐蚀、防爆等优异的性能。我们将在以下的章节中对SMC隧道防护门的应用进行介绍。

本部分资料主要由泰州高意诚复合材料有限公司、华缘新材料股份有限公司和山东新明玻璃钢制品有限公司提供，部分来源于网络资料。根据本书的需要，对部分内容进行了改编。

### 5.4.1　SMC在铁路客车上的应用

随着铁路交通的发展，人们对轻量化、使用寿命、费用和破坏值等问题的重要性的认识越来越深刻，使FRP、SMC在铁路车辆的制造和修复过程中越来越多地采用，并取代木材、钢铁、铝等传统金属材料。FRP在铁路系统中的消耗量逐年稳步增加，而SMC以其优越的工艺性与材料特性成为许多场合的首选材料。当前，SMC在铁路车辆中的应用主要包括铁路车辆窗框、卫生间组件、座椅、茶几台面、车厢壁板与顶板等。

综合国内外的应用，可以看出SMC材料应用于铁路车辆具有如下特点。

① 优良的物理-化学性能。

② 材料性能可根据需要进行设计。

③ 适合大批量生产，并能保证所有产品的一致性。

④ 节能、安全、环境污染小。

随着我国铁路事业的飞速发展，SMC目前已经在普通铁路客车、高铁、地铁领域得到了应用，基本达到了发达国家的水平。

#### 5.4.1.1　铁路客车应用对材料的性能要求

铁路客车工厂实际上没有提出相关的SMC制品的材料标准，因为客车工厂更关心的是最终制品的性能。目前可以参考的是铁标上的规定，也就是我国铁道行业推荐性标准即TB/T 3138标准里SMC制品的材料性能。可以把这个性能要求作为铁路客车制品最基本的要求，根据不同的产品和不同的客户要求会有变化。表5-4-1为标准TB/T 3138标准对铁路客车用SMC材料的性能要求。

表 5-4-1　铁路客车用 SMC 材料的基本性能要求

| 项目 | 单位 | 试验方法 | 数值 |
|---|---|---|---|
| 巴氏硬度 | — | GB/T 3854 | ≥45 |
| 吸水率 | % | GB/T 1462—2005 | ≤0.2 |
| 拉伸强度 | MPa | GB/T 1447—2005 | ≥70 |
| 弯曲强度 | MPa | GB/T 1449—2005 | ≥135 |
| 冲击韧性（无缺口） | kJ/m² | GB/T 1451—2005 | ≥70 |
| 氧指数 | % | GB/T 8924—2005 | ≥35 |
| 45°角燃烧 | 级 | TB/T 3138 附录 A | 难燃 |
| 烟密度 $D_4$ | — | GB/T 8323—1987，现行为 GB/T 8323.1—2008 | ≤200 |

#### 5.4.1.2　产品性能标准

铁路客车SMC产品的性能标准主要分为两大类：一类是具体产品的性能要求标准，另一类是铁路客车产品的强制性标准。以下以CRH380A车型的SMC墙板和顶板为例介绍其主要的产品性能标准。

1.CRH380A车型的墙顶板产品技术要求

表5-4-2为该车型SMC墙板和顶板的产品性能要求。

表 5-4-2　CRH380A 车型 SMC 墙板和顶板的性能要求

| 序号 | 试验验证项目 | 试验验证目的 | 试验名称 | 指标 | 试验方法 |
|---|---|---|---|---|---|
| 1 | 振动性能 | 在预定工况下不允许出现异常的振动声响 | 振动试验 | 振动状态下，墙板无开裂，卷帘无脱落，与墙板组成后无松动、无异常声响，不产生共振及二次振动放大 | 墙板与卷帘组成，根据设计图纸的结构安装墙板，在 0.3g 振动加速度下、5～50Hz 频率范围内以 5Hz 频率间隔输入条件下做墙板的单频振动试验，每单频振动试验时间为 10min |
| 2 | 防火、防毒 | 满足防火要求 | 防火试验 | 防火≥S4、SR2、ST2 防毒：30min（FED≤1） | DIN 5510-2：2009-05 |
| 3 | 玻纤增强塑料的老化性能（含油漆的老化性能实验） | 验证墙板材料经过人工加速老化试验后不能出现变色、鼓泡、开裂 | 老化性能试验（人工加速） | ① 漆膜无掉色，失去光泽、起泡或其他可见腐蚀现象 ② 墙板表面不出现开裂 ③ 墙板拉伸强度、弯曲强度性能指标下降不超过 15% | 采用透过窗玻璃试验方法，在光源波长 420nm，光强度 0.72W/m²，黑标准温度（65±3）℃，相对湿度（65±5）%，喷水周期［每次喷水时间（18±0.5）min，两次喷水之间的无水时间为（102±0.5）min］试验条件下进行老化性能试验，试验时间为 500h |
| 4 | 部件质量 | 满足图纸要求 | 称重试验 | 满足图纸要求 | 将测试部件放置在称重平台上，示数稳定后读数并记录 |
| 5 | 侧墙板刚度 | 验证在桌面凸出墙板面不超过 50mm 的前提条件，窗口墙板安装后下部带凹面的侧桌面承受体重为 65kg 的成年人以整个体重斜靠时，要保证侧桌面的挠曲度不大于 2mm | 刚度试验 | ① 侧墙板连接牢靠 ② 侧墙板制品无损坏 ③ 侧桌面挠度不大于 2mm | 根据设计图纸的结构安装墙板，在侧桌面施加 65kg 重物，测量侧桌面中点位置的挠曲度 |

2. 产品的强制性要求

目前我国也吸取了发达国家铁路标准的制定方式，弱化材料和制品的性能标准，将这些要求下放给客车工厂，而强化了安全性的标准，并将其提升到铁路行业的强制标准的高度。国内在新的铁标 TB/T 3237—2010 中就明确对产品的阻燃性能进行了规定，不再限定材料种类和性能要求。另外，TB/T 3139 中对甲醛释放量进行了规定。除了铁路行业标准以外，常用的铁路阻燃标准还包括德国的 DIN 5510、法国的 NF 16-101、英国的 BS 6853 和欧盟的 EN 45545 标准等。

（1）对铁路客车内装材料燃烧性的强制性要求。

根据铁道部门的标准 TB/T 3237—2010，铁路客车各个部位内装材料氧指数及燃烧性能应满足表 5-4-3 的要求。

表 5-4-3　铁路客车用内装材料氧指数及燃烧性能要求

| 材料 | | 氧指数（%） | 燃烧性（级） |
|---|---|---|---|
| 顶板板材、饰面材料及其密封连接材料 | 顶板材料、饰面材料 | ≥35 | A |
| | 密封连接材料 | ≥30 | A、B |

| 材料 | | 氧指数（%） | 燃烧性（级） |
|---|---|---|---|
| 侧板、墙壁板、饰面材料及其密封连接材料 | 侧板、墙壁板、饰面材料 | ≥32 | A |
| | 密封连接材料 | ≥30 | A、B |
| 构成门的材料 | | ≥32 | A、B |
| 窗帘、遮光帘 | | ≥30 | A、B |
| 灯罩 | | ≥32 | A、B |
| 座椅、卧铺 | 非金属构架 | ≥35 | A |
| | 蒙面布 | ≥32 | A |
| | 弹性垫材 | ≥28 | A、B |
| 地板、地板布及其连接材料 | 地板、地板布 | ≥30 | A、B |
| | 连接材料 | ≥28 | |
| 构成行李架的非金属材料 | | ≥32 | A |
| 卫生间（盥洗室）板材、饰面材料及其密封材料 | 板材、饰面材料 | ≥35 | A |
| | 密封材料 | ≥30 | A、B |
| 防腐密封降噪材料 | 车内用阻尼涂料 | ≥32 | A |
| | 门窗密封材料 | ≥28 | A、B |
| 防寒材料 | 高分子材料类 | ≥32 | A、B |
| | 无机材料类 | ≥45 | A |
| 空调风道与内壁及其密封连接用材料 | | ≥32 | A |
| 其他附件 | | 与其他使用部位要求一致 | |

（2）对铁路客车内装材料燃烧后毒性气体浓度及烟密度的强制性要求。

内装材料燃烧后毒性气体指标应满足表 5-4-4 的要求。在有焰状态和无焰状态下测试材料的烟密度，技术指标应满足表 5-4-5 中的要求。

表 5-4-4 内装材料燃烧后毒性气体指标要求

| 气体种类 | 浓度（mg/m³） |
|---|---|
| CO | <4000（3500） |
| $CO_2$ | <90 000（50000） |
| HF | <82（100） |
| HBr | <330（100） |
| HCL | <150（100） |
| $NOx$（以 $NO_2$ 计） | <190（100） |
| $SO_2$ | <260（100） |
| HCN | <110（100） |

表 5-4-5 内装材料烟密度指标

| 燃烧方式 | $Ds_{1.5}$ | $Ds_4$ |
|---|---|---|
| 无引燃 | ≤100 | ≤200 |
| 引燃 | ≤100 | ≤200 |

（3）对铁路客车内装材料甲醛释放量限值的强制性要求。

根据铁道行业推荐性标准 TB/T 3139 中对于甲醛释放量限值的规定，其必须满足表 5-4-6 中甲醛释放量限值的规定。

表 5-4-6　甲醛释放量限值

| 材料 | 检验规则 | 试验方法 | 数值（mg/L） |
|---|---|---|---|
| 高压装饰板（贴面板、贴面胶合板、胶合板及玻璃钢等结构材料） | 按 GB 18580 规定进行 | 按 GB/T 17657 中、GB/T 18580 中规定 | 1.5 |

### 5.4.1.3　铁路客车用 SMC 制品的制造工艺

前已指出，SMC 在铁路客车上的主要应用是内墙板、顶板及洗脸间和卫生间等部位，和其他领域的 SMC 制品的成型工艺过程基本相同。其主要的区别是由于其应用环境的不同及结构上的差异，在 SMC 材料的选择上和成型模具工装及二次加工方面具有一定的特点。由于铁路客车的装饰部件的特性，其部件既有结构件对材料力学性能的要求，又有外观件的表面要求，还有高阻燃、低烟毒的特殊要求。其 SMC 材料一般选用零收缩的高强、高流动性、高阻燃的 SMC 材料。和其他领域 SMC 用模具相比，铁路客车 SMC 零件成型时对模具没有特殊要求。但是，由于铁路用 SMC 零件往往最终在装配时是以部件的形式出现，因此制品类型变化较多：一方面，可能要用拼接模具的方式来降低模具的费用；另一方面，由于后加工步骤较多，需要大量的定型工装、切割打孔工装和粘接工装等。

1. 铁路客车 SMC 制品的生产工艺流程

铁路客车上的 SMC 部件生产工艺大同小异，下面以比较复杂的客车墙板产品为例简要介绍一下基本生产工艺。以下以 CRH380A 车型的高铁客车墙板为例，对其生产工艺进行简要描述。其生产工艺流程大体分为两部分：第一部分是制品的模压成型，其生产工艺流程如图 5-4-6 所示；第二部分是制品的二次加工和组装。其工艺流程如图 5-4-7 所示。

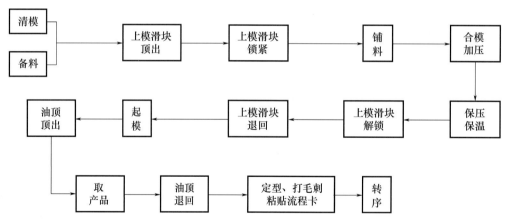

图 5-4-6　380A 客车 SMC 墙板模压成型工艺流程

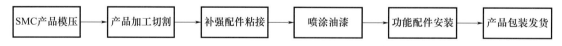

图 5-4-7　380A 客车 SMC 墙板二次加工及装配工艺流程

2. 典型墙板产品的模压参数

高铁 380A 客车墙板的压制成型工艺参数主要有：成型温度 145～150℃，保压压力 2100t，保压时间 300s。其 SMC 材料的裁料规格、数量和在模具中的加料方式如图 5-4-8 所示。

3. SMC 客车墙板制品的二次加工

SMC 客车墙板制品的二次加工包括加工切割、补强配件粘接、喷涂油漆、功能性配件安装和产品包装等工序。

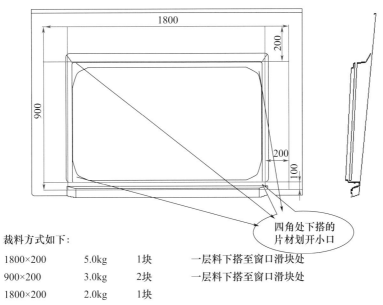

裁料方式如下：

| | | | |
|---|---|---|---|
| 1800×200 | 5.0kg | 1块 | 一层料下搭至窗口滑块处 |
| 900×200 | 3.0kg | 2块 | 一层料下搭至窗口滑块处 |
| 1800×200 | 2.0kg | 1块 | |

注：①加料量 (13.0+0.03) kg(若片材密度有波动，另行按通知调整。②若片材质量波动时，需对加料面积进行适当调整。③加料时应按图示方式加料，注意靠近窗口铺设。

图 5-4-8　380A 客车墙板模具的裁料规格、数量和加料方式示意

（1）产品加工切割。

模压好的产品需要根据图纸进行切割加工，加工操作包括安装开口、衣帽钩开口、扬声器透声孔、烟火报警器孔等。图 5-4-9 所示为需加工的部位及具体要求。

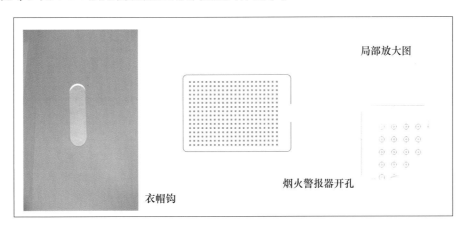

图 5-4-9　墙板产品所需加工的局部示意

（2）补强配件粘接。

切割好的产品要粘接补强梁、空调通道、窗帘滑道等，这些都需要用结构胶粘接到 SMC 墙板产品上。其粘接工艺流程如图 5-4-10 所示。整个过程结束后的墙板组装件背面的状态如图 5-4-11 所示。

（3）喷涂油漆。

CRH380A 车型内装产品表面的油漆采用铁路系统指定的从某国进口的双色麻点油漆，在一个纯色的底色油漆上面，再均匀地喷涂点状的白色油漆，并且白色漆点是凸出的。其喷涂油漆的工艺流程如图 5-4-12 所示。

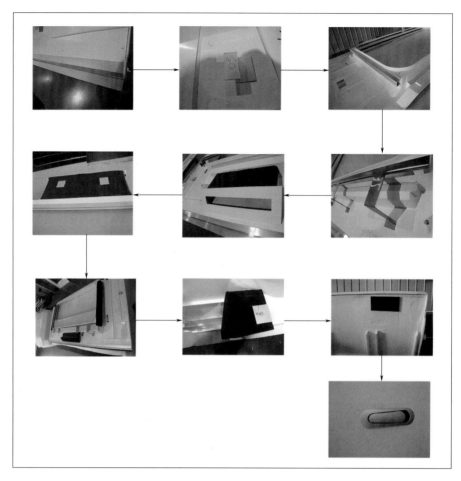

图 5-4-10  墙板补强配件粘接流程

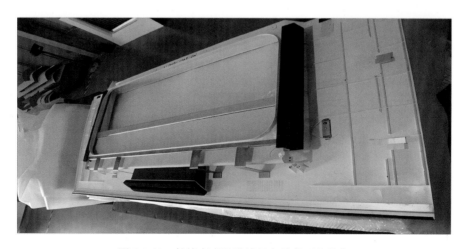

图 5-4-11  粘接完成以后墙板产品背面的状态

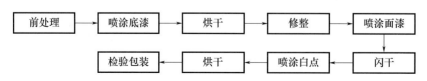

图 5-4-12  墙板油漆喷涂工艺流程示意

其中，底漆和面漆的组成及喷涂工艺参数见表5-4-7和表5-4-8。

表 5-4-7　底漆组成及喷涂工艺参数

| 调配比例 | 底漆：波利纳尔 800 002 WH-4515 | 8份（质量比） |
|---|---|---|
| | 奥马克固化剂 M-60 | 1份 |
| | 稀释剂 6820 | 6份 |
| 喷枪口径 | | 1.3～1.5mm |
| 喷涂黏度 | | 15～20s/涂-4 黏度计 |
| 气压 | | 0.3～0.5MPa |
| 喷涂距离 | | 25～35cm |
| 喷涂遍数 | | 2～3 遍，以漆膜厚度为准 |
| 漆膜厚度 | | 25～30$\mu$m |
| 干燥 | | 烘烤 80℃/0.5h 或 50℃/4h 后冷却室温后可以进行打磨 |

表 5-4-8　面漆的组成和喷涂工艺参数

| | | 基色 | 白色装饰点 |
|---|---|---|---|
| 调配比例 | 面漆 | 8份（质量比）奥马克80L 贝奇 SF48 S1505-Y50R（BASE） | 8份（质量比）奥马克80L 白色 SF48S1505-Y50R（PATTERN） |
| | 面漆固化剂 PH33-0000/0 | 1份 | 1份 |
| | 稀释剂 | 6份（6900） | 3份（6820） |
| 喷枪口径 | 基色 | 1.3～1.5mm | |
| | 装饰点 | 1.3～1.5mm | |
| 喷涂黏度 | 基色 | 15～20s/涂-4 黏度计 | |
| | 装饰点 | 20～25s/涂-4 黏度计 | |
| 气压 | 基色 | 0.3～0.5MPa | |
| | 装饰点 | 调整气压，试喷涂，比对样板后确定 | |
| 喷涂距离 | | 25～35cm | |
| 漆膜厚度 | | 20～25$\mu$m（基色） | |
| 干燥 | | 80℃/0.5h 或 50℃/4h 冷却后包装 | |

（4）功能性配件安装。

产品在喷涂油漆以后，要进行功能性配件的装配，包括衣帽钩、窗帘、窗口胶条、顶板胶条等。产品在功能性配件安装完成后的状态如图5-4-13所示。所有工序完成以后，表面要贴附油漆保护泡沫，然后上工装架。这样才能在运输的过程中对产品实施良好的保护。

#### 5.4.1.4　铁路产品的特殊性难题

铁路车辆快速移动的特性和在中国广阔地域运行的复杂性使得复合材料在铁路车辆上使用的产品的性能和可靠性要求更加严格。它必须适应满足以下要求。

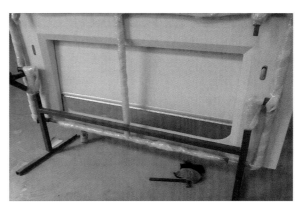

图 5-4-13　功能性配件安装后之制品状态

**1. 耐极大的温差考验**

铁路客车在我国陆地运行，由于我国地域辽阔，无论从南到北或者从东到西，客车和其内的所有零部件都必须经受得住极大的温度差的考验。例如，哈尔滨到广州和海口的火车运行时间仅仅在35～45个小时，但是在冬天哈尔滨的温度在零下30多度，广州和海口在零上30℃左右，其温差在60℃以上。如果客车在露天的车场存放，在广州的客车内的温度会在50～60℃。所有客车内部的部件必须考虑耐受这样巨大的温度变化及不同材料膨胀系数带来的影响。

**2. 能经受海拔的巨大变化**

目前中国铁路的运行线路长，如上海至拉萨，在世界上也是运行路程长度兼海拔高差最大的运行线路。上海的海拔高度基本是零，整条线路最高点唐古拉山口的海拔是5072m。整个客车及所有零部件又都必须要经历这些大海拔高差引起的气压和温度变化的考验。曾经有内饰零部件厂家因没有考虑这些因素，在正常条件下生产蜂窝夹心结构。这些产品在高原低气压的条件下，由于内部气压大于外部气压导致表层脱离，最终所有产品报废并重新更换。

**3. 风沙及腐蚀的严峻性**

中国风沙最大的线路是兰新铁路。曾经有运行在兰新线的25G型客车的工程塑料的墙板由于风沙和老化，仅仅2年时间便出现了大量的制品老化应力开裂（车厢没有空调，需要开窗通风），而相同的产品在内地客车上运行10年基本也没有问题。

**4. 盐雾腐蚀环境的影响**

盐雾腐蚀环境的影响也是对客车及零部件的巨大考验。国内腐蚀环境最严重的线路是海南的环线铁路，整体线路围绕海南岛沿海运行，距离海边非常近，是典型的热带海洋性气候。曾经对运行在海南西环线的一辆CRH1型进行了腐蚀情况调查。几乎所有的金属零部件都受到了不同程度的腐蚀，最严重的情况M6的不锈钢螺丝已经完全腐蚀断掉。

**5. 长期震动的考验**

由于铁路客车长期在震动不断的情况下，所有的产品必须进行抗震动和防松设计。客车内部的装饰部件上也有活动部件及连接件，必须防止震动导致的连接失效等情况。曾经出现了卫生间上部的检查门连接失效，掉下来砸伤旅客的情况。

铁路产品的设计和生产必须达到GB/T 21563—2018《轨道交通 机车车辆设备 冲击和振动试验》的冲击振动的试验要求。按标准要求涂打防松标识，如图5-4-14所示。

以上这些特殊情况，在设计和生产铁路客车零部件的时候必须予以充分重视和考虑。此外，还要充分了解零件的集成特性和国际铁路行业标准（IRIS）的可靠性、可用性、可维修性、安全性（RAMS）的独特要求。

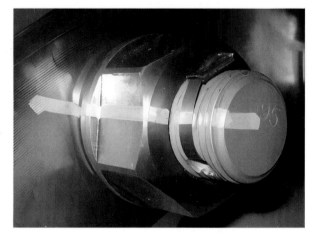

图5-4-14　产品按标准涂打防松标识

**6. 轨道车辆用复合材料部件的集成特性**

随着国内铁路行业的快速进步，所有的主机厂都推行了模块化和集成化的设计理念，要求零部件厂家进行大量的装配工作，导致了零部件的集成度越来越高，越来越复杂。例如，看起来很简单的客车墙板，要集成上衣帽钩、空调风道、窗口密封条、窗帘、连接金属件等。整个产品的零部件数量超过了100个。卫生间的情况更加复杂，要集成真空集便系统等，包含电力系统、信号系统、水路系统、压缩空气系统、真空系统等。零部件数量为1000～3000个。这个特性是其他玻璃钢制品企业进入铁路行业必须重视的，铁路部件不仅是一件玻璃钢产品，还是一个复杂的系统，需要各个专业和工序的配合。图 5-4-15 所示为铁路卫生间装配示意图及内部复杂的水电系统。

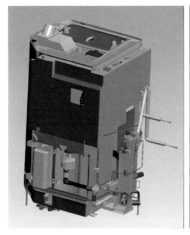

图 5-4-15　铁路客车卫生间装配示意及内部复杂的水电系统

**7. RAMS 的独特要求**

由于铁路产品具有共用设施的特性，要求必须进行可靠性（Reliability）、可用性（Availability）、可维修性（Maintainability）、安全性（Safety）的设计和制造保证。RAMS 是上述四个英文词语首字母的缩写。RAMS 是 IRIS（国际铁路行业标准）标准之一，但它可以单独作为一项工程来实施。RAMS 的具体含义为：

可靠性：产品在规定的条件和规定的时间内，完成规定功能的能力。

可用性：产品在任意随机时刻需要和开始执行任务时，处于可工作或可使用状态的程度。

可维修性：产品在规定条件下和规定时间内，按规定的程序和方法进行维修时，保持或恢复到规定状态的能力。

安全性：产品所具有的不导致人员伤亡、系统损坏、重大财产损失、不危害员工健康与环境的能力。

RAMS 的工作可以参考国标 GB/T 21562—2008《轨道交通 可靠性、可用性、可维修性和安全性规范及示例》。

### 5.4.1.5　行业的非技术门槛

我国铁路系统和其他行业相比发展的历史悠久，管理制度比较规范。在铁道部改制前，其他为铁路系统配套的企业都要经过各种考核取得铁路系统准入许可，方能为其生产供应配套产品，也就是许可证制度。在这种许可证的制度下，其他企业要想进入铁路系统比较困难，同时也会影响铁路系统的高速发展。在铁道部取消以后，这些限制正在逐渐取消并弱化。但是，制度和人员的惯性是很难快速改变的。目前的铁路行业还不能说是完全市场化的领域。另外，铁路供货企业和产品都要通过 IRIS 标准认证、EN15085 认证和 DIN6701 粘接认证。

**1. IRIS 标准认证**

IRIS 就是国际铁路行业标准英文 International Railway Industry Standard 的缩写，它是一套铁路行业质量管理体系标准，是铁路行业的质量评估（管理）体系。它是在 ISO 9001：2000 的基础上，针对铁路行业的特殊要求而由欧洲铁路联盟于 2006 年 5 月 18 日发布实施的（第 0 版），目前是第 2 版。

目前所有的高铁主机厂都已经要求其零部件供应商必须通过 IRIS 的认证。与此同时，也要求为其配套的企业通过相应的认证。

**2. EN15085 认证**

EN15085 是一套针对轨道车辆和车辆部件的焊接认证体系，在轨道交通行业广泛流行。标准名称：EN15085《轨道应用 轨道车辆和车辆部件的焊接认证体系》（《Railway applications-Welding of railway vehicles and components》）。

这套认证是对所有焊接部件的，复合材料一定要用焊接部件来实现功能和连接。即使仅仅采购金属焊接部件用于产品的组装，也要通过 EN15085 的 CL4 级的认证（仅焊接部件的采购）。

**3. DIN6701 粘接认证**

DIN6701 是德国柏林弗朗霍夫制造和高级材料学会（IFAM）组织的认证，主要适用于轨道车辆和轨道车辆配件制造与维护中接缝件的粘接与密封，是轨道交通企业在国际市场竞争中的必备通行证。DIN6701 粘接认证对粘接剂、粘接性、粘接能力、粘接牢靠性、粘接可能性、粘接工艺人员、粘接监管人员等都进行监督和考核，只有满足相应条件和要求的产品才可获取 DIN6701 粘接认证。

### 5.4.1.6 产品性能指标的检测

以高铁 380A 车型 SMC 墙板为例，产品的材料性能主要检测其力学性能、烟毒性、有害气体甲醛含量、燃烧性能及产品耐久性和可靠性试验。

**1. SMC 墙板材料性能检测**

高铁 380A 车型 SMC 墙板材料的性能应符合铁路行业相关推荐标准的要求。其测试条件如下：

（1）检验依据：TB/T 3138《机车车辆阻燃材料技术要求》；

　　　　　　　　TB/T 3139—2006《机车车辆非金属材料及室内空气有害物质限量》。

（2）主要检验设备：WE-10 液压式万能材料试验机；3367 电子万能试验机；934-1 巴氏硬度计；临界氧指数仪；SD-2A 烟密度测定仪；XJJ-50 冲击试验机；GR-200 分析天平等。

（3）检测项目：拉伸强度；弯曲强度；巴氏硬度；吸水率；冲击韧性（无缺口）；氧指数；45°角燃烧；烟密度 $D_4$；甲醛释放量。

（4）评判依据：见表 5-4-9 相关项。

（5）检验结论：对所送样品依据 TB/T 3138 和 TB/T 3139 的规定检验，所检项目均符合技术条件要求。

（6）检测结果：见表 5-4-9。

表 5-4-9　380A 高铁 SMC 墙板材料性能

| 序号 | 检验项目 | 单位 | 技术要求 | 检验结果 |
|---|---|---|---|---|
| 1 | 拉伸强度 | MPa | ≥70 | 135 |
| 2 | 弯曲强度 | MPa | ≥135 | 218 |
| 3 | 冲击韧性（无缺口） | kJ/m² | ≥70 | 158 |
| 4 | 巴氏硬度 | — | ≥45 | 52 |
| 5 | 吸水率 | % | ≤0.2 | 0.2 |
| 6 | 氧指数 | % | ≥35 | 46 |
| 7 | 45°角燃烧 | 级 | 难燃 | 极难燃 |
| 8 | 烟密度 $D_4$ | — | ≤200 | 13 |
| 9 | 甲醛释放量 | Mg/L | ≤1.5 | 0.3 |

**2. 高速动车组侧墙顶板耐久性及可靠性试验**

由于 SMC 制品是首次在高铁高速动车组中应用，因此要按相关制定的试验大纲进行耐久性和可靠性试验验证。其试验验证的项目、方法、要求见表 5-4-10。

表 5-4-10　高铁 380A 车型侧墙顶板耐久性及可靠性试验

| 序号 | 试验验证项目 | 试验验证目的 | 试验名称 | 试验方法 | 指标 |
|---|---|---|---|---|---|
| 1 | 振动性能 | 在预定工况下不允许出现异常的振动声响 | 振动试验 | 墙板与卷帘组成，根据设计图纸的结构安装墙板，在 0.3g 振动加速度下、5~50Hz 的频率范围内以 5Hz 频率间隔输入条件下，做墙板的单频振动试验。每单频振动试验时间为 10min | 振动状态下，墙板无开裂、卷帘无脱落、与墙板组成后无松动、无异常声响，不产生共振及二次振动放大 |
| 2 | 防火、防毒 | 满足防火要求 | 防火试验 | DIN 5510-2；2009-05 | 防水：≥S4、SR2、ST2<br>防毒：30mim（FED≤1） |
| 3 | 材料老化性能（含油漆老化性能实验） | 验证墙板材料经过加速老化试验后不能出现变色、鼓泡、开裂 | 人工加速老化性能试验 | 采用透过窗玻璃试验方法，在光源波长 420nm，光强度 0.7W/m²，标准温度（65±3）℃，相对湿度（65±5）%，喷水周期［每次喷水时间（18±0.5）min，两次喷水之间的无水时间为（102±0.5）min］试验条件下进行老化性能试验，试验时间为 500h | ① 漆膜无掉色，失去光泽，起泡或其他可见腐蚀现象<br>② 墙板表面不出现开裂<br>③ 墙板拉伸强度、弯曲强度性能指标下降不超过 15% |
| 4 | 部件质量 | 满足图纸要求 | 称重试验 | 将测试部件放置在称重平台上，示数稳定后读数并记录 | 满足图纸要求 |
| 5 | 侧墙板刚度 | 验证在桌面突出墙板面不超过 50mm 的前提条件，窗口墙板安装后下部带凹面的侧桌面承受体重为 65kg 的成年人以整个体重斜靠时，要保证侧桌面的挠曲度不大于 2mm | 刚度试验 | 根据设计图纸的结构安装墙板，在侧桌面施加 64kg 重物，测量侧桌面中点位置的挠曲度 | ① 侧墙板连接牢靠；<br>② 侧墙板制品无损坏；<br>③ 侧桌面挠度不大于 2mm |

### 5.4.1.7　SMC 在高铁中应用实例

近十几年来，SMC 在铁路客车 25G、25T、CRH1、CRH2、CRH3、CRH380 等车型的卫生间、洗漱间、侧墙板、侧顶板、中顶板、商务车座椅、各种卧铺内饰板等方面均获得了广泛的应用。

【例 1】　25 型车 SMC 模压卫生间及 BMC 台面，如图 5-4-16 所示。

图 5-4-16　25 型车 SMC 模压卫生间及 BMC 台面

【例2】　25 型车 SMC 侧墙板、顶板产品（中顶和侧顶），如图 5-4-17 所示。

图 5-4-17　25 型车 SMC 侧墙板、顶板产品

【例3】　25T 客车 SMC 模压侧墙板（表面贴附 PVC 装饰膜），如图 5-4-18 所示。

图 5-4-18　25T 客车 SMC 模压侧墙板

【例4】　CRH380A 动车组 SMC 侧墙板、顶板产品，如图 5-4-19 所示。

图 5-4-19　CRH380A 动车组 SMC 侧墙板、顶板

【例5】　CHR3 车型和谐号动车组内装产品（SMC 侧顶板、侧墙板），如图 5-4-20 所示。

图 5-4-20　CHR3 车型和谐号动车组 SMC 侧顶板、侧墙板

### 5.4.2　SMC 在铁路、城轨交通工程中的应用

前已指出，到 2022 年全国铁路营业里程达到 15.5 万千米，其中，高速铁路营业里程达到 4.2 万千米。全国铁路路网密度 161.1km/万平方千米。因此，复合材料及 SMC 不仅在铁路客车等车型上有着显著的应用，而且在铁路工程建设及城市轨道交通工程中也有其重要的应用市场。在本部分中，主要介绍 SMC 在城轨交通中获得广泛应用的电缆支架和铁路隧道防护门中的应用。在此领域中，国内的宁波华缘新材料公司和山东新明玻璃钢公司多年来做了大量的工作。本部分的资料主要由他们提供。根据本书的需要，对其进行了改编。

随着我国的城市规模和经济建设的快速发展，城市化进程在逐步加快，城市人口和人均机动车保有量水平逐年增加，道路拥堵现象日益严重。城市轨道交通具有载客量大、运送效率高、能源消耗低、相对污染小和运输成本低、人均占用道路面积小等优点，是解决大城市交通拥挤问题的最佳方式。我国政府也在加快城市轨道交通的建设，提升轨道交通技术水平，解决城市交通拥堵问题。我国城市轨道交通的建设是从北京地铁开始的，中国城市轨道交通发展用 15 年走过了发达国家 100 年的发展历程。纵观我国城市轨道交通发展历程，可发现如下特点：第一，建设速度快。除了建设里程、营业里程在快速增长，有人预测，未来十年，城市轨道交通车辆平均年需求将超过 5000 辆。第二，制式多样。虽然采用地铁制式的城市较多，公里数占 75% 以上，但轻轨、单轨、有轨电车、磁悬浮等其他制式也不同程度地根据需要存在。第三，由单线向网络发展。多个主要大城市的城市轨道交通网络已建成多条线路，并已形成基本框架。这标志着我国的城市轨道交通已形成网络化趋势。第四，城市轨道交通车辆及机电设备中的国产比例不断上升，产业初步具有了一定规模。第五，城市轨道交通从中心市区逐渐扩展到城市边缘和卫星城。为了实现城市空间转移和卫星城的建设要求，北京、上海、广州等一线大城市正在规划或建设市郊线路或城际快速轨道交通。近年来，我国政府加大基础设施建设力度，三、四线城市政府也纷纷开始筹建轨道交通，中国已成为世界上城市轨道交通发展最快的国家。

据我国有关部门统计：在 2020 年，我国新增城轨交通运营线路共 1241.99km。截至当年 12 月 31 日，我国内地累计有 45 个城市开通城轨交通运营线路共 7978.19km。其中，地铁占比 79.00%，轻轨占比 2.73%，单轨占比 1.23%，城市快轨占比 10.10%，现代有轨电车占比 6.09%，磁浮交通占比 0.72%，APM 占比 0.1%。2020 年新增 1241.99km 的城轨交通线路中，地铁 1122.19km，城市快轨 51.10km，现代有轨电车 68.70km。2020 年是"十三五"收官之年，"十三五"期间，我国内地城轨交通新增运营线路长度总计 4360km，年均新开运营线路 872km。其五年新增运营线路长度超过"十三五"时期前城轨交通运营线路长度累计总和。我国城轨交通的发展速度由此可见一斑。未来的发展，从 2020 年国家发展改革委批复的新一轮城市轨道交通徐州、合肥、济南、宁波四城市的建设规划和厦门、深圳、福州、南昌四城市轨道交通建设规划调整方案中看，我国轨道交通仍会保持较快的发展速度和较大的规模。新获批的四城市轨道交通建设规划线路长度共计 455.36km，总投资额度 3364.23 亿元。新获批城市轨道交通规划调整方案涉及项目新增线路长度共计 132.59km，新增总计划投资额 1345.63 亿元。

据有关资料统计，到 2022 年底，全国共有 53 个城市开通运营城市轨道交通线路 290 条，运营里程 9584km，车站 5609 座。

2023 年，我国地铁轨道交通前五名的城市见表 5-4-11。

表 5-4-11　我国地铁交通前五名城市排名

| 排名 | 城市 | 地铁总里程（km） | 线路（条） | 站点（个） |
|---|---|---|---|---|
| 1 | 上海 | 825 | 16 | 389 |
| 2 | 北京 | 807 | 22 | 456 |
| 3 | 广州 | 609.8 | 14 | 270 |
| 4 | 深圳 | 558.6 | 11 | 199 |
| 5 | 成都 | 557.8 | 9 | 174 |

到 2023 年 12 月，31 个省（自治区、直辖市）和新疆生产建设兵团共有 55 个城市开通运营城市轨道交通线路 306 条，运营里程 10165.7km。2023 年年底，我国城轨运营线路制式结构如图 5-4-21 所示。其中，地铁占 76%、快轨占 11%、现代有轨电车占 6%、轻轨占 4%、单轨占 2%、磁悬浮占 1%。

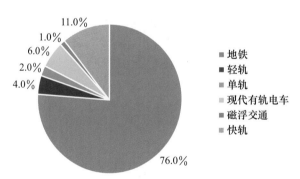

图 5-4-21　2023 年我国城轨运营线路制式结构

重点产品进入欧美发达国家市场；到 2025 年，我国轨道交通装备制造业形成完善的、具有持续创新能力的创新体系，在主要领域推行智能制造模式，主要产品达到国际领先水平，境外业务占比达到 40%，服务业占比超过 20%，主导国际标准修订，建成全球领先的现代化轨道交通装备产业体系，占据全球产业链的高端。在国家利好政策引导和市场强劲需求拉动下，我国轨道交通装备制造业正进入高速成长期，到 2020 年，轨道交通装备行业销售产值超过 6500 亿元的市场需求为轨道交通装备产业持续快速发展提供了广阔前景。

近十几年来，SMC 不仅在铁路客车（也包括在城轨车厢）中获得了广泛的应用，而且在我国城轨建设工程中也有大量的应用。其主要应用有：电缆槽、救生平台、信号箱罩、电缆支架、回流轨支座和隧道防护门等。随着我国城轨交通的大规模建设，SMC 材料的应用量也会越来越大。在本部分主要介绍 SMC 电缆支架及 SMC 回流轨的应用。

### 5.4.2.1　SMC 在城轨交通工程中电缆支架的应用

随着我国城市轨道交通事业的快速发展，地铁工程领域的技术进步也在不断加快。地铁根据工程实际需要，在新线建设中采用新技术、新工艺和新材料，多项技术创新成果填补了国内空白，应用于城市地铁建设工程中，有力地推动了国内轨道交通领域的技术进步。

新技术和新材料的开发和应用，使地铁领域长期存在的一些难题能够得到解决。例如，隧道内金属材料的腐蚀问题已经比较突出地表现出来，运营部门的维护保养负担日渐加重，随着新线的不断建成和投入运行，这种状况将加剧。有效解决隧道内金属材料带来的腐蚀问题、减轻运营维护部门的工作量并降低运营成本，已经成为全世界地铁领域所普遍关注的问题。另外、地铁工程中新技术的应用也需要以轻质高性能的材料为基础。新材料的开发及应用除了对材料科学领域具有重要意义，还能够为解决工程实际中的技术难题和技术创新提供基础条件。

地铁隧道的潮湿环境和采用走行轨回流的特殊工况使隧道内的金属支架和金属构件，甚至隧道主体结构钢筋非常容易腐蚀。随着投入运营时间的增加，这种腐蚀情况不断恶化，终将成为影响地铁运营安全的一大隐患。例如，在列车运行产生的震动和活塞风的作用下，已被严重腐蚀的金属支架或构件如果断裂就可能会侵入行车限界而导致意外事故发生。目前解决这类隐患的主要手段是加强运营检查与维护工作。除了日常的检查维护工作，运营部门每年还必须对这些设施进行彻底检查并根据具体情况进行更换或全面防腐维护。然而，随着新线不断投入运营和隧道内设施的不断老化，运营维护工作量将成倍增加，如此循环下去，运营单位将难以承受由于金属材料制品腐蚀带来的巨大的检查与维护工作量，这些危及地铁运营安全的隐患也就难以有效消除。

如何解决隧道内金属材料制品带来的腐蚀问题，目前已成为国内外地铁领域所普遍关注的重点问题之一。在国内，上海地铁在隧道内改用铸铁支架，同时将所有的盾构管片结构钢筋引出并连为一体。根据美国 Dialog 系统交通类数据库检索，国外已有许多采用高分子复合材料制作各类支架和构件代替金属材料的相关文献。例如，英法海底隧道采用高分子复合材料制作电缆支架。同铸铁支架相比，采用高分子复合材料制作支架能够更有效和更彻底地解决金属材料制品带来的腐蚀问题。

按照《地铁杂散电流防护设计规范》的规定，为了有效地防止隧道结构钢筋在杂散电流的作用下发生腐蚀，地铁钢轨与地之间必须有足够的绝缘电阻（新建隧道不小于 15Ω·km）。然而，出于对人身和设备的安全考虑，《地下铁道设计规范》还规定各类金属支架和构件必须接地。同时满足上述两项要求的唯一方法就是采用绝缘安装法来安装隧道内的全部金属支架和构件。但是，绝缘膨胀螺栓造价昂贵，并且在大规模施工安装时很难避免由于螺栓的绝缘套破损导致被安装金属构件与隧道结构钢筋之间发生接触的现象，使结构钢筋通过支架或构件的接地装置直接接地，而这些接触点在实际工程中是无法检测到的。因此，"绝缘法安装"这一杂散电流防护措施在实际工程中效果难以保证，迄今为止很少被采用。

如何有效地提高隧道结构钢筋和钢轨的绝缘水平，减少杂散电流对金属构件的腐蚀，已成为长期困扰地铁界的难题之一。高分子复合材料本身具有良好的绝缘性能，如果用于制作各类支架和构件，绝缘安装问题自然就解决了。

另外，金属材料支架和构件设计寿命一般为 30 年，在隧道内特殊的环境下，使用寿命会有所降低。电缆设计寿命一般为 20 年，如果支架与电缆在同一时期更换，工程量相当大，会对运营工作造成很大的干扰和影响。因此，从运营方面考虑，各类支架应尽可能采用使用寿命长的材料来制作。

根据国内外同类制品的使用经验，高分子复合材料在隧道内老化的速度极慢，使用寿命至少为 50 年，并且正常运营过程中基本免维护。由于高分子复合材料最初应用于军事领域和尖端技术领域，造价是比较高的，一般说来，相当于金属材料制品的 2～3 倍，因此在一般工业与民用领域中推广应用有一定困难。目前，由于材料技术的进步和成型工艺水平的提高，高分子复合材料制品的造价由于 SMC 材料的出现已大幅度降低，大约相当于同等使用条件下金属材料制品的 1.3 倍，因此，采用高分子复合材料，将有利于降低地铁工程的全寿命周期成本。图 5-4-22 所示为各种类型的电缆支架。表 5-4-12 列出了宁波华缘公司近年来 SMC 地铁电缆支架部分业绩。

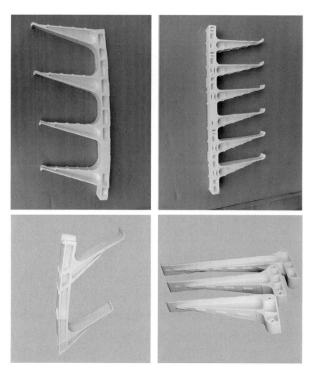

图 5-4-22    各种 SMC 电缆支架

表 5-4-12    采用宁波华缘公司 SMC 电缆支架的部分地铁工程

| 地铁工程 | 已配备的 SMC 电缆支架数量（只） |
|---|---|
| 广州地铁 | 1402426 |
| 广佛线地铁 | 42193 |
| 宁波地铁 | 404733 |
| 合肥地铁 | 4000 |
| 长沙地铁 | 336616 |
| 厦门地铁 | 153559 |
| 呼和浩特地铁 | 129049 |
| 佛山地铁 | 118048 |
| 合计 | 2591532 |

以下将根据宁波华缘公司生产的 SMC 电缆支架为例，介绍与该产品相关的要求及生产技术。

1. SMC 电缆支架材料的性能要求

（1）地铁电缆支架的使用环境。

SMC 地铁电缆支架的工作环境见表 5-4-13。SMC 材料必须经受得住表中的环境条件的长期考核。

表 5-4-13    地铁电缆支架的使用环境

| 序号 | 项目 | 条件 |
|---|---|---|
| 1 | 工作条件 | 隧道内、隧道外 |
| 2 | 正常环境温度 | 隧道内（-5~+45）℃；隧道外（-5~+60）℃（阳光直射） |
| 3 | 最大风速 | 35m/s |
| 4 | 海拔高度 | ≤1000m |
| 5 | 空气中杂质 | 二氧化硫、硫酸、盐雾、臭氧、酸雨 |

| 序号 | 项目 | 条件 |
|---|---|---|
| 6 | 覆冰厚度 | 2mm |
| 7 | 相对湿度 | 30%～100% |
| 8 | 地下水 | 呈弱酸、弱碱性 |
| 9 | 振动 | $f<10Hz$ 时，振幅为 0.3mm；$10Hz<f<150Hz$ 时，加速度为 $1m/s^2$ |
| 10 | 地震烈度 | 7 度 |

（2）地铁电缆支架的布置图。

地铁电缆支架的布置和隧道断面结构有关，不同断面类型的隧道，其电缆支架的布置方式也有所不同。图 5-4-23 所示为不同隧道断面结构的电缆支架的布置。

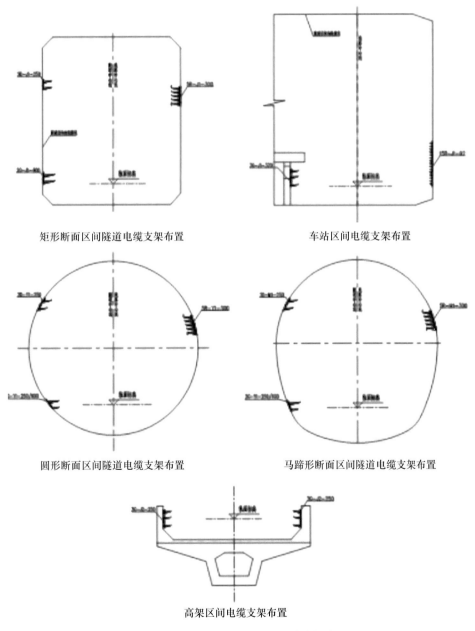

矩形断面区间隧道电缆支架布置　　　　车站区间电缆支架布置

圆形断面区间隧道电缆支架布置　　　　马蹄形断面区间隧道电缆支架布置

高架区间电缆支架布置

图 5-4-23　不同断面隧道结构的电缆支架布置图

（3）用于地铁支架生产的热固性复合材料应具备以下性能。

① 良好的防火性能。

地铁不同使用场合对材料防火性能的要求也不同。结合材料性能设计和大规模生产所能够达到的条件及成本等因素，研究并选择合理的成型工艺。SMC 电缆支架材料燃烧性能应该按一定的指标进行控制，以便在性能满足地铁使用要求的前提下，使产品获得更加合理的性价比。

② 轻质高强。

SMC 材料的密度一般为 $1.7\sim1.9g/cm^3$，是普通碳钢的 $1/4\sim1/5$，比铝还轻 $1/3$ 左右。但是，弯曲强度、弯曲弹性模量及冲击强度、压缩强度等各方面的机械力学性能都可以根据产品性能要求进行设计。经设计的 SMC 材料的性能可以获得比较高的力学性能，以满足电缆支架的要求。

③ 电气绝缘强度高。

SMC 电缆支架对材料的各项电气性能有一定的要求。从各项电气性能指标测试结果来看，已表明 SMC 材料具优良的电气绝缘材料，尤其在湿态环境下仍保留较高的绝缘强度。因此，应具有很强的抗电化腐蚀的性能，完全满足地铁的工作环境要求。

④ 良好的耐热性能。

考虑到材料在地铁隧道的应用环境，要求 SMC 材料在高温下仍保持有良好的力学性能。表 5-4-14 为铁路系统对地铁隧道电缆支架材料的基本性能要求。

表 5-4-14　SMC 电缆支架材料的基本性能要求

| 项目 | | 单位 | 指标要求 |
|---|---|---|---|
| 耐久性能 | 使用年限 | 年 | 隧道内≥30 年，户外≥25 年 |
| | 1000h 加速老化后弯曲强度 | MPa | — |
| | 1000h 加速老化后弯曲模量 | MPa | — |
| 机械性能 | 弯曲强度 | MPa | ≥220 |
| | 弯曲弹性模量 | MPa | ≥1.1×10⁴ |
| | 压缩强度 | MPa | ≥80 |
| | 冲击强度 | kJ/m² | ≥150 |
| | 吸水率 | % | <0.2 |
| | 耐水试验后弯曲强度保留率 | % | >90 |
| 热性能 | 150℃ 1h 后弯曲强度保留率 | % | ≥90 |
| | 热变形温度 | ℃ | ≥200 |
| 绝缘性能 | 绝缘电阻 | Ω | ≥1.0×10¹² |
| 防火性能 | 燃烧性能等级 | 级 | B（不允许有燃烧滴落物引燃滤纸，GB 8624） |
| | 燃烧增长率指数 | W/s | ≤120 |
| | 火焰横向蔓延长度 | m | <试样边缘 |
| | 时间为 600s 时总放热量 | MJ | ≤7.5 |
| | 燃烧长度 | m | ≤150 |
| | 烟气生成速率 | m²/s² | ≤30 |
| | 时间为 600s 时总产烟量 | m² | ≤50 |
| | 燃烧滴落物、微粒 | d0 级 | 600s 内无燃烧滴落物 |
| | 产烟毒性 | t0 级 | 达到 ZA₁ |

2. SMC 电缆支架的制造工艺

SMC 电缆支架的成型工艺的基本过程和其他 SMC 制品的成型工艺过程大同小异。由于电缆支架种类较多，在讨论其成型工艺时，仅以两层支架为例加以说明。图 5-4-24 所示为某款电缆支架的结构。

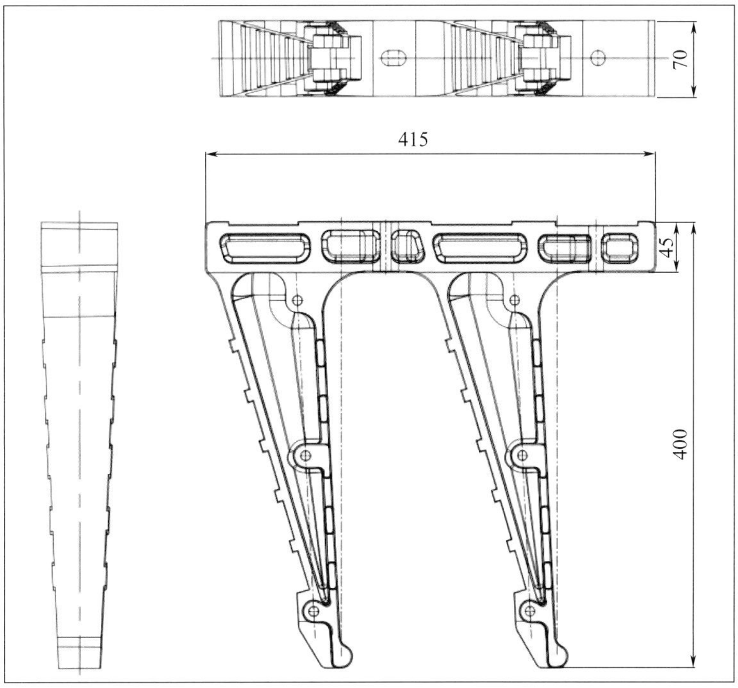

图 5-4-24　某款 SMC 电缆支架结构

（1）产品成型工艺流程。

① 检查上缸表压、温度、固化时间等参数是否符合工艺规定。

② 检查材料标识，所用料应是规定规格。在标识有效期限内使用。

③ 按加料量称足用量，用颜色料手套分开使用，防止杂物和异色进入料内。

④ 压制前每次先用压缩空气吹净上下模内飞边，顶杆复位。

⑤ 按规定把 SMC 材料放入模腔，如有零头碎料可放在四处椭圆位置。

⑥ 合模加压，并保温保压。

⑦ 保压结束，压机回程，顶出产品。

⑧ 操作工自检外观，产品表面光洁，无气泡、开裂、烧黑等缺陷为合格品。

⑨ 合格品装入周转箱或堆放于木托盘上，进入转序。缺陷产品视情况转入修整工序或直接报废。

（2）基本成型工艺参数。

成型设备：500t 液压机；成型压力：≥18MPa；加料量：（3600±100）g×2；

成型温度：（155±10）℃；

保温、保压时间：300s；

成型周期：380s。

（3）工艺过程中的注意事项。

① 产品的强度是一个重要的因素。因此，在材料的选择上要兼顾产品强度和成型性（即材料充模能力）。

② 加料方式要根据产品结构分析的结果，视产品不同部位的受力情况适当进行料的分配和布局。

③ 模压成型过程的切料形状，铺料位置，成型温度和成型时间的一致性，是保证批次稳定性的关键。

3. 产品性能及检测

产品的性能和检测主要包括材料性能的检测和产品的型式试验检测。其主要检测内容如下。

（1）SMC 材料性能试验。其内容包括：

① 机械性能试验（弯曲强度测试、弯曲模量测试、压缩强度测试、冲击强度测试、耐水性试验、吸水性试验和密度测试）。

② 防火性能试验（燃烧性能测试、烟密度测试、烟气毒性测试、氧指数测试和阻燃性测试）。

③ 热性能试验（热值测试、热释放量测试等）。

④ 电气绝缘性能试验。

材料基本性能试验的结果见表 5-4-15。依据 GB 8624—2012《建筑材料及制品燃烧性能分级》检验材料燃烧性能 B1 级适用项目的试验结果见表 5-4-16。

表 5-4-15　电缆支架材料基本性能试验

| 序号 | 检测性能/项目 | 单位 | 检测方法 | 要求 | 检测结果 |
|---|---|---|---|---|---|
| 1 | 耐久性能/使用年限 | 年 | 隧道内≥30 年，户外≥25 年 | 隧道内≥30 年，户外≥25 年 | — |
| 2 | 1000h 加速老化后弯曲强度 | MPa | — | ≥220 | — |
| 3 | 1000h 加速老化后弯曲模量 | MPa | — | ≥$1.1×10^4$ | — |
| 4 | 密度 | g/cm³ | GB/T 1033.1—2008 方法 A | — | 1.79 |
| 5 | 吸水性 | % | GB/T 1034—2008 方法 1 | <0.2 | 0.16 |
| 6 | 弯曲强度（常态） | MPa | GB/T 1449—2005 | ≥220 | 379 |
| 7 | 弯曲模量（常态） | MPa | | ≥$1.1×10^4$ | $1.7×10^4$ |
| 8 | 弯曲强度保留率 ［（150±2）℃/1h 后］ | % | — | ≥90 | 104 |
| 9 | 压缩强度 | MPa | GB/T 1448—2005 | ≥80 | 259 |
| 10 | 简支梁冲击强度（无缺口） | kJ/m² | GB/T 1043.1 | ≥150 | 190 |
| 11 | 负荷变形温度（$T_{ff}1.8$） | ℃ | GB/T 1634.2 | ≥200 | >240 |
| 12 | 绝缘电阻（常态） | Ω | GB/T 10064—2006，现行为 GB/T 31838.4—2019 | ≥$1.0×10^{12}$ | $2.2×10^{14}$ |
| 13 | 氧指数 | % | GB/T 2406.1—2008 | ≥32 | >50 |

表 5-4-16　电缆支架材料的燃烧性能

| 序号 | 检验项目 | | 检验方法 | 标准要求 | | 检验结果 |
|---|---|---|---|---|---|---|
| 1 | 可燃性 | 60s 内焰尖高度（mm） | GB/T 8626—2007 | | ≤150 | 35 |
| | | 燃烧滴落物引燃滤纸现象 | | | 过滤纸未被引燃 | 过滤纸未被引 |
| 2 | 单体燃烧性能 | 燃烧增长速率指数（W/s） | GB/T 20284—2006 | B 级 | ≤120 | 23 |
| | | 600s 总热释放量（MJ） | | | ≤7.5 | 2.6 |
| | | 火焰横向蔓延 | | | 未达到试样长翼边缘 | 过滤纸未被引 |
| | | 烟气生成速率指数（m²/s²） | | S₁ 级 | ≤30 | 1 |
| | | 600s 总烟气生成量（m²） | | | ≤50 | 27 |
| | | 燃烧滴落物、微粒 | | d₀ 级 | 600s 内无燃烧滴落物、微粒 | 600s 内无燃烧滴落物、微粒 |
| 3 | 烟气毒性等级 | | GB/T 20285—2006 | t₀ 级 | 达到 ZA1 级 | ZA1 级 |

结论：经检验，该制品所检项目符合燃烧性能 B-s₁、d₀、t₀ 级的规定要求，按 GB 8624—2012 判定，该制品燃烧性能达到难燃 B1（B-s₁、d₀、t₀）级。

（2）电缆支架产品试验。其中包括：

① 结构负载试验。

② 耐久性试验（防老化）。

③ 破坏荷载试验。

包括两种情况下的破坏荷载试验，即集中荷载（按 150kg 考虑）作用在支架托臂最远端的破坏荷载试验和耐久性试验（老化试验）后，集中荷载（按 150kg 考虑）作用在支架托臂最远端破坏荷载试验。

以矩形二层复合材料电缆支架为例，进行 SMC 电缆支架承载力测试，其检测依据按 GB/T 34182—2017 进行。要求测试每一层施加两种力量后的结果（图 5-4-25），一层一层测试（每个位置不同时测）。测试条件及结果见表 5-4-17。

图 5-4-25　支架测试加力备注图

表 5-4-17　电缆支架产品承载试验条件及结果

| 项目编号 | 检验项目 | 技术要求 | 检验结果 |
| --- | --- | --- | --- |
| 1 | 在 $F_1$＝320kg 垂直向下力的作用下，产品不破坏 | 产品不破坏 | 在 $F_1$＝320kg 垂直向下力的作用下，力保持 10min 后，支架未断裂，表面无裂纹 |
| 2 | 在 $F_2$＝320kg 垂直向下力的作用下，产品不破坏 | 产品不破坏 | 在 $F_2$＝320kg 垂直向下力的作用下，力保持 10min 后，支架未断裂，表面无裂纹 |
| 3 | 在 $F_1$ 点同时受垂直向下力 120kg 和斜向下 45°力 142kg 作用下，产品不破坏 | 产品不破坏 | 在 $F_1$ 点同时受垂直向下力 120kg 和斜向下 45°力 145kg 作用下，力保持 10min 后，支架未断裂，表面无裂纹 |
| 4 | 在 $F_2$ 点同时受垂直向下力 120kg 和斜向下 45°力 142kg 作用下，产品不破坏 | 产品不破坏 | 在 $F_2$ 点同时受垂直向下力 120kg 和斜向下 45°力 145kg 作用下，力保持 10min 后，支架未断裂，表面无裂纹 |

**4. SMC 电缆支架应用实例**

SMC 电缆支架的使用状态如图 5-4-26 所示。图 5-4-27 和图 5-4-28 分别为安装在宁波地铁一号线和广州地铁 5 号线上的电缆支架照片。

图 5-4-26　SMC 电缆支架使用状态

图 5-4-27　七层 SMC 电缆支架产品安装在宁波地铁 1 号线上

图 5-4-28　四层 SMC 电缆支架安装在广州地铁 5 号线上

### 5.4.2.2　SMC 在地铁回流轨绝缘支座的应用

国内外地铁一般采用架空接触网或接触轨（第三轨）供电，走行轨回流。架空接触网或第三轨安装在具有高绝缘强度的陶瓷绝缘底座或玻璃钢绝缘支架上，限制对地的电流泄漏，而走行轨必须安装在高强度的金属底座上，以支撑列车的质量，导致走行轨对地绝缘无法达到相同的强度。虽然走行轨与道床之间增加了绝缘橡胶垫，隔离了一部分可能泄漏的回流电流，但是由于橡胶垫绝缘强度不高，且容易受铁屑、灰尘或水分污染，走行轨不可能完全绝缘于道床，因此，牵引回流电流通过走行轨向道床及其他金属结构泄漏并产生杂散电流。

杂散电流对钢轨、土建结构钢筋，以及地铁沿线的金属管道和电气设备产生腐蚀。其腐蚀程度比自然腐蚀强烈得多，具有强度大、危害大、范围广、随机性强等特点，直接影响地铁土建结构和设备安全及使用寿命。

目前在地铁线路中，独立轨回流技术主要在英国（伦敦地铁北线）、意大利、马来西亚（Kerana-Jaya 系列）等国家应用。我国部分地铁公司联合相关单位已展开初步研究，目前尚无独立轨回流技术的实际应用工程。独立轨回流技术的应用研究具有必要性和可行性。另外，根据相同的原理，若采用架空接触网向列车供电，通过独立轨（此时为第三轨）回流，也可产生相同的效果。这种方式比四轨系统更便于实施，具有较高的推广价值。

　　国内近几年新建的宁波地铁四号线线路，也开始采用回流轨技术。其中的绝缘支座就采用了具有高强度、良好的绝缘性能的SMC材料来制造。该线路的绝缘支座由宁波华缘新材料股份有限公司研发生产。图5-4-29为SMC回流轨支座产品。

绝缘支座

图5-4-29　宁波华缘新材料公司生产的SMC回流轨绝缘支座

　　1. SMC回流轨绝缘支座材料的基本性能要求（注意：本部分内容中依据的标准是参考生产时的标准，部分废止，仅供参考）

　　（1）对材料的性能要求。

　　SMC绝缘支座产品本体采用玻璃纤维增强不饱和聚酯片状模压料即通常所说的SMC制造。回流轨绝缘支座用SMC材料的基本性能要求见表5-4-18。

表5-4-18　绝缘支座用SMC的基本性能要求

| 序号 | 项目 | 单位 | 性能要求 | 试验方法 |
|---|---|---|---|---|
| 1 | 密度 | g/cm³ | 1.85~1.9 | GB/T 1463 |
| 2 | 吸水率 | % | ≤0.2 | GB/T 1462 |
| 3 | 弯曲强度 | MPa | ≥200 | GB/T 1449 |
| 4 | 冲击强度 | J/m | ≥700 | GB/T 1451 |
| 5 | 体积电阻率 | Ω·m | >1×10¹³ | GB/T 1410 |
| 6 | 耐漏电起痕指数 | V | PTI600 | GB/T 4207 |
| 7 | 工频电击穿强度 | kV/mm | ≥6 | GB/T 1408.1 |
| 8 | 热变形温度 | ℃ | ≥150 | GB/T 1634.1 |
| 9 | 苯乙烯残余量 | % | ≤0.7 | GB/T 15928 |
| 10 | 耐燃性能 | — | V-0 | GB/T 2408 |
| 11 | 玻璃纤维含量 | % | ≥30 | GB/T 2577 |
| 12 | 燃烧时卤酸气体逸出量 | mg/g | ≤5 | GB/T 17650.1 |

　　（2）对产品的性能要求。

　　作为地铁用回流轨绝缘支座产品，除了产品的制造、试验和验收满足绝缘支座技术规格书的要求外，相关性能检测均应符合但不限于下列标准，所有采用的标准都要考虑采用最新版本的可能性，产品中的元部件还应符合它们各自的国标或铁标的规定。相关标准列举见表5-4-19。

表 5-4-19　绝缘支座产品性能检测需符合的标准规定

| 标准号 | 标准名称 |
| --- | --- |
| GB/T 1449—2005 | 纤维增强塑料弯曲性能试验方法 |
| GB/T 1408.1—1999 | 固体绝缘材料电气强度试验方法 工频下的试验 |
| GB/T 1462—2005 | 纤维增强塑料吸水性试验方法 |
| GB/T 2576—2005 | 纤维增强塑料树脂不可溶分含量试验方法 |
| GB/T 2572—2005 | 纤维增强塑料平均线膨胀系数试验方法 |
| GB/T 15928—2008 | 不饱和聚酯树脂基增强塑料中残留苯乙烯单体含量的测定 |
| GB/T 1463—2005 | 纤维增强塑料密度和相对密度的试验方法 |
| GB/T 12666.1-3—2008 | 单根电线电缆燃烧试验方法 |
| GB/T 17650.1-2—1998 | 取自电缆或光缆的材料燃烧时释出气体的试验方法 |
| TB/T 2074—2010 | 电气化铁路接触网零部件试验方法 |
| GB/T 775.2—2003 | 绝缘子试验方法 第2部分：电气试验方法 |

对 SMC 绝缘支座产品的性能要求包括基本性能要求、外观要求、基本技术参数要求和对制造工艺的要求。

① 基本性能要求。

a. 满足地铁衔接要求。

b. 满足专用回流轨自由伸缩的要求。

c. 供货商应保证其所提供产品的配套性和完整性。

d. 满足安装地气候环境条件下，在隧道内、外使用安全可靠地运行不少于 30 年的要求，且在 1000V 的条件下，直流电阻大于 $100M\Omega$，并应充分考虑耐候措施及使用化学制剂（如盐水、润滑剂、油、酒精和各种清洗剂）对绝缘支座的影响。

e. 成品应表面光滑、平整，无毛刺、裂纹、疗疤及凹凸不平现象，内部无气孔、缩孔等缺陷。

f. 绝缘支座满足对专用回流轨、膨胀接头及端部弯头的支撑、定位和绝缘，能承受系统中所有静态（包括专用回流轨自重、伸缩引起的摩擦力、防护罩支架及防护罩自重、风载、弯头冲击荷载等）、动态（绝缘支架能够承载动态和震动负荷，由于车辆的运行造成轨道或土建结构的震动以及由于短路造成的冲击，短路电流按 110kA 考虑）负荷。

g. 上接触绝缘支座应能够在垂直线路的水平方向上调节，调节范围不小于 $\pm12mm$，可以适应由于安装或轨道等原因造成的偏差，并考虑在铅垂方向调整方式，满足高度误差的安装要求。

h. 水平与铅垂面的垂直公差 $\leqslant1mm$。

i. 绝缘支座应满足在不同道床上及不同高度的轨枕上的安装：在整体道床上（走行轨按 60 轨考虑）采用后植螺栓；在碎石道床上（走行轨按 50 轨和 60 轨两种情况考虑）采用预留螺栓孔。安装孔满足 M16 螺栓的安装。

在最短绝缘距离处，产品耐受电压 $\geqslant10kV$，漏电流 $\leqslant1\mu A$。

j. 绝缘支座应自熄、阻燃，在火焰或高温条件下不会释放有毒气体。按照 GB/T 12666.1 和 GB/T 17650.1 要求，燃烧时产生的烟浓度透光率不小于 $60\%$，燃烧时产生的卤酸气体逸出量不大于 5mg/g。

k. 应充分考虑防止雨、雪、粉尘散落及堆积在绝缘支座表面引起的漏电。

l. 绝缘支座应便于清扫，可以用普通清洁剂清洗，且不需要特别的表面处理，并能方便地进行定期表面喷涂维护。

m. 绝缘支座静态抗压载荷 $\geqslant500kg$，绝缘支座无变形。

② 外观要求。

SMC 绝缘支座产品外观表面均应光滑，无裂纹、飞边、毛刺、凹凸不平等陷，后加工位置不应有开裂、分层现象，外观质量应满足表 5-4-20 的要求。绝缘支座玻璃钢产品的尺寸规格按用户要求的尺寸确定。

表 5-4-20　SMC 绝缘支座外观质量要求

| 项目 | | | 要求 |
|---|---|---|---|
| 表面缺陷 | 纤维外露 | | 无 |
| | 表面缺料 | | 无 |
| | 表面烧焦 | | 无 |
| | 表面杂斑 | | $\leqslant\phi$3mm，$\leqslant$5 处 |
| | 表面划伤 | 长度 | $\leqslant$20mm |
| | | 深度 | $\leqslant$0.5mm |
| | | 宽度 | $\leqslant$2mm |
| 同一产品表面缺陷及损伤累计 | | | $\leqslant$2 处 |

③ 技术参数要求。

SMC 绝缘支座的技术参数要求包括机械性能指标和电性能指标。

a. 机械性能指标。

最大垂直工作载荷$\geqslant$2.5kN；

顺线路方向最大水平工作载荷$\geqslant$2kN；

垂直线路方向最大水平工作载荷$\geqslant$2kN；

静态抗压载荷$\geqslant$500kg，无变形。

b. 电气性能指标。

SMC 绝缘支座产品的电性能指标见表 5-4-21。

表 5-4-21　SMC 绝缘支座产品的电性能指标

| 序号 | 项目 | | 单位 | 性能指标 DC1500V | 试验方法 |
|---|---|---|---|---|---|
| 1 | 工频干耐受电压 | | kV | $\geqslant$60 | GB/T 775.2 |
| 2 | 工频湿耐受电压 | | kV | $\geqslant$30 | |
| 3 | 耐污秽电压（盐密度 0.35mg/cm$^3$） | | kV | $\geqslant$10 | GB/T 4585 |
| 4 | 全雷波冲击闪络电压 | | kV | $\geqslant$125 | GB/T 4585 |
| 5 | 爬电距离 | | mm | $\geqslant$250 | GB/T 775.2 |
| 6 | 最短距离处 | 耐受电压 | kV | $\geqslant$10 | |
| | | 泄漏电流 | $\mu$A | $\leqslant$1 | |

c. 制造工艺要求。

绝缘支座产品本体采用 SMC 模压成型工艺生产制造。

2. SMC 绝缘支座的制造工艺

回流轨绝缘支架的制造工艺采用 SMC 模压工艺。首先要根据最终产品的性能要求，在材料及配方的设计上着重电气性能和耐候性能设计。选用耐候性好、电气性能优秀的树脂基体。由于制品有承载要求，因此在强度方面也应做高玻纤含量考虑。另外，在产品的结构设计方面，要充分考虑产品使用状态下装配和承载要求。绝缘轨支座的简要工艺流程描述如下。

（1）检查压力、温度和固化时间等参数是否符合工艺规定。

（2）检查材料标识，所用料应是规定规格并在标识有效期限内使用。

（3）按工艺要求的质量和尺寸裁切 SMC 材料。其中尺寸 700mm×100mm 约 5150g，300mm× 100mm 约 5500g。

（4）用压缩空气吹净上下模内飞边，顶杆复位。

（5）按工艺要求装好销子和嵌件。然后，将大料平铺放入模腔，小料放在下模模芯上，迅速加压、排气操作多次。

（6）保压结束后，按要求取出产品取，并准备下一操作循环。

（7）检查产品外观，产品表面光洁无气泡、开裂、气孔、嵌件深等缺陷。

（8）卸掉销子，清洁嵌件周边毛刺并完成修边，然后装入周转箱或堆放于木托盘上，转入下道工序。

在整个成型过程中，要注意避免出现成型中的开裂问题，裂缝会随着户外环境的湿热变化而扩大，最终影响整体受力要求。

成型工艺中，应按如下的主要参数进行控制：

加料量（10650±200）g；成型压力≥15MPa；成型温度分上、中、下，模具温度在（140±10）～ （155±10）℃之间控制；保温、保压时间≥500s；单模产品生产周期 720s。

3. 产品性能的检测

出厂试验中产品外观检查为全数检验，其他项目施行抽查检验，绝缘支座按照 1000 件作为一个批次，进行 1% 的抽检；当数量不足时则按照一个批次进行抽检；当抽检项出现不合格项时，再进行 2% 的抽检。判别方案执行 GB/T 2829。机械性能试验、电性能试验取 $AQL=1.0$；主要尺寸检验取 $AQL=2.5$；次要尺寸检验取 $AQL=4.0$。

（1）基本性能检测结果。

① 绝缘支座材料的基本性能检测结果见表 5-4-22。

表 5-4-22　绝缘支座材料的基本性能检测结果

| 序号 | 项目 | 单位 | 检测结果 | 试验方法 |
|---|---|---|---|---|
| 1 | 密度 | g/cm³ | 1.89 | GB/T 1463 |
| 2 | 吸水率 | % | 0.08 | GB/T 1462 |
| 3 | 弯曲强度 | MPa | 446 | GB/T 1449 |
| 4 | 冲击强度 | J/m | 2408 | GB/T 1451 |
| 5 | 体积电阻率 | Ω·m | $4.6×10^{13}$ | GB/T 1410 |
| 6 | 耐漏电起痕指数 | V | 600 | GB/T 4207 |
| 7 | 工频电击穿强度 | kV/mm | 23.9 | GB/T 1408.1 |
| 8 | 热变形温度 | ℃ | ＞240 | GB/T 1634.1 |
| 9 | 苯乙烯残余量 | % | 未检出 | GB/T 15928 |
| 10 | 耐燃性能 | — | V-0 | GB/T 2408 |
| 11 | 玻璃纤维含量 | % | 37.4 | GB/T 2577 |
| 12 | 燃烧时卤酸气体逸出量 | mg/g | ≤5 | GB/T 17650.1 |

② 部分性能测试采用的标准。

专用回流轨绝缘支座产品应按 TB/T 2074、GB/T 2423 规定分别进行型式试验、出厂试验及现场试验。执行 TB/T 2074 标准的项目见表 5-4-23。

表 5-4-23　执行 TB/T2074 标准的项目

| 序号 | 试验项目 | 标准 |
|---|---|---|
| 1 | 外观检验 | TB/T 2074 |
| 2 | 主要尺寸检验 | TB/T 2074 |
| 3 | 最大垂直工作荷重 | TB/T 2074 |
| 4 | 垂直线路最大水平工作荷重 | TB/T 2074 |
| 5 | 顺线路最大水平工作荷重 | TB/T 2074 |
| 6 | 静态抗压荷重 | TB/T 2074 |

（2）绝缘支座产品部分型式试验的测试方法。

① 工频干闪电压测试。

工频干闪电压测试按如下要求进行。测试现场如图 5-4-30 所示。

测试标准：GB/T 775.2—2003 中 6.3.2（注意：本标准已废止，测试方法和内容仅供参考）。

试验方法：先施加 75% 的规定闪络电压，然后以每秒约 2% 试验电压的速率上升至闪络，闪络电压以 5 个连续测定的闪络值的算数平均数计算。

试验频率：50Hz。

施加部位：上下端面之间。

判定要求：工频干闪电压应≥60kV。

图 5-4-30　工频干闪电压测试现场

测试结果见表 5-4-24。

表 5-4-24　工频干闪电压测试结果

| 试样编号 | 工频干闪电压（kV） | | 试验判定 |
|---|---|---|---|
| | 平均值（5个试样） | 校正值 | |
| 1 | 88.8 | 88.1 | |
| 2 | 88.4 | 87.7 | 通过 |
| 3 | 89.7 | 89.0 | |

注：大气校正因数 $Kt=1.0078$。

② 工频湿闪电压测试。

工频湿闪电压测试按如下要求进行。测试现场如图 5-4-31 所示。

测试标准：GB/T 775.2—2003 中 4.4（注意：本标准已废止，测试方法和内容仅供参考）。

试验方法：试样按规定条件至少预淋 15min，雨水条件应在试验开始前进行测量。

平均淋雨率：水平分量、垂直分量（1.0～2.0）mm/min。

电阻率：（100±15）Ω/m。

雨水温度：周围环境温度±15℃。

电压施加部位：上下端面之间。

判定要求：工频湿闪电压应≥30kV。

图 5-4-31　工频湿闪电压测试结果

测试结果见表 5-4-25。

表 5-4-25　工频湿闪电压测试结果

| 试样编号 | 平均淋雨率（mm/min） | | 工频湿闪电压（kV） | | 试验判定 |
| --- | --- | --- | --- | --- | --- |
| | 水平 | 垂直 | 平均值 | 校正值 | |
| 1 | | | 51.2 | 51.1 | |
| 2 | 1.56 | 1.65 | 50.5 | 50.4 | 通过 |
| 3 | | | 49.7 | 49.6 | |

注：大气校正因数 $K_t = 1.0020$。

③ 耐污秽电压测试。

耐污秽电压测试按如下要求进行。测试现场如图 5-4-32 所示。

测试标准：GB/T 4585—2004 中 18.1。

试验方法：采用程序 A 带电前和带电期间湿润的情况，污液由 100g 高岭土、10g 高度分散的二氧化硅、1000g 水和适量商业纯 NaCl 制备而成。将污液采用喷射或浇流的方法涂覆到清洗过的干的试样上，以得到适当均匀的表层；将准备好的试样放入雾室中安装好，污层电导率在起雾开始后 20～40min 内达到最大值，然后瞬时地对试样上施加电压并维持至闪络，如果不出现闪络则维持 15min。

图 5-4-32　耐污秽电压测试现场

将试样从雾室中取出并让其干燥，再次湿润直至污层电导率达到它的最大值，此时污层电导率不低于基准值的 90%，再一次施加电压并维持至闪络，如果不出现闪络则维持 15min。

判定要求：耐污秽电压≥10kV。

测试结果见表 5-4-26。

表 5-4-26　耐污秽电压测试结果

| 样品编号 | 试验次数 | 试验电压（kV） | 附盐密度（mg/cm²） | 灰度（mg/cm²） | 15min 耐受电压 | 试验判定 |
| --- | --- | --- | --- | --- | --- | --- |
| 18X3720-S | 第一次 | 10 | 0.37 | 2.5 | 未出现闪络 | |
| | 第二次 | 10 | 0.36 | 2.3 | 未出现闪络 | 通过 |
| | 第三次 | 10 | 0.33 | 2.2 | 未出现闪络 | |

④ 全雷波冲击闪络（耐受）电压测试。

全雷波冲击闪络（耐受）电压测试按如下要求进行。测试现场如图 5-4-33 所示。

测试标准：GB/T 775.2—2003 中 6.2.1（注意：本标准已废止，测试方法和内容仅供参考）。

试验方法：试验时调整冲击地压发生器所需要的波形，然后升高电压至规定的耐受电压。正极性和负极性两种冲击波分别施加 15 次。

施加部位：上下端面之间。

脉冲电压：125kV。

试验电压波形：波前时间 1.2（1±30%）$\mu$m，平峰值时间 50（1±20%）$\mu$m。

图 5-4-33　全雷波冲击闪络（耐受）电压测试现场

判定要求：全雷波冲击电压≥125kV。

测试结果见表5-4-27。

表5-4-27 全雷波冲击闪络（耐受）电压测试结果

| 样品编号 | 试验结果 | 试验判定 |
|---|---|---|
| 1 | 正极性、负极性各施加15次冲击耐受电压，未出现击穿 | |
| 2 | 正极性、负极性各施加15次冲击耐受电压，未出现击穿 | 通过 |
| 3 | 正极性、负极性各施加15次冲击耐受电压，未出现击穿 | |

注：试验电压值已校正到标准大气压条件下。

⑤ 爬电距离测试。

爬电距离测试按如下要求进行。测试现场如图5-4-34所示。

测试标准：GB/T 20142—2006 中 7.1。

试验方法：在自然光线下，将试样放置于水平工作台上进行爬电距离测量。沿试样上下端面导电部件之间绝缘表面最短距离进行测量，测量三次，取平均值。

判定要求：爬电距离≥250mm。

测试结果见表5-4-28。

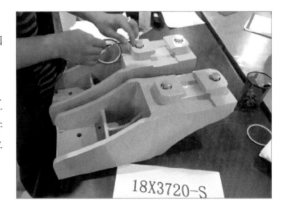

图5-4-34 爬电距离测试现场

表5-4-28 爬电距离测试结果

| 样品编号 | 爬电距离（mm） | | | | 试验判定 |
|---|---|---|---|---|---|
| | 1 | 2 | 3 | 平均值 | |
| 1 | 252.0 | 252.1 | 251.9 | 252.0 | |
| 2 | 251.3 | 251.2 | 251.2 | 251.2 | 通过 |
| 3 | 251.1 | 251.4 | 251.2 | 251.2 | |

⑥ 最短距离处耐受电压测试。

最短距离处耐受电压测试按如下要求进行。

测试标准：GB/T 775.2—2003 中 6.3.1（注意：本标准已废止，测试方法和内容仅供参考）。

试验方法：试验时，先施加约75％的规定试验电压，然后以每秒约2％试验电压的速率上升至规定的耐受电压，保持1min。不应发生闪络或绝缘体击穿，然后迅速降压。

试验频率：50Hz。

加压次数：1次。

施加部位：上下端面之间。

判定要求：最短距离处耐受电压≥10kV。

测试结果见表5-4-29。

表5-4-29 最短距离处耐受电压测试结果

| 样品编号 | 施加电压（kV） | 试验结果 | 试验判定 |
|---|---|---|---|
| 1 | 10 | 试验中无闪络、击穿 | |
| 2 | 10 | 试验中无闪络、击穿 | 通过 |
| 3 | 10 | 试验中无闪络、击穿 | |

注：试验电压值已校正到标准大气条件下。

⑦ 最短距离处泄漏电流测试。

最短距离处泄漏电流测试按如下要求进行。

测试标准：GB/T 775.2—2003 中 6.3.1（注意：本标准已废止，测试方法和内容仅供参考）。

试验方法：试验时，先施加约 75% 的规定试验电压，然后以每秒约 2% 试验电压的速率上升至规定的耐受电压，保持 1min，测量高压回路泄漏电流。

加压次数：1 次。

加压频率：50Hz。

施加部位：上下端面之间。

判定要求：最短距离处泄漏电流 ≤1μA。

测试结果见表 5-4-30。

表 5-4-30　最短距离处泄漏电流测试结果

| 样品编号 | 施加电压 | 泄漏电流 | 试验判定 |
| --- | --- | --- | --- |
| 1 | 10 | 1 | |
| 2 | 10 | 1 | 通过 |
| 3 | 10 | 1 | |

3. SMC 绝缘支座应用案例

宁波中车基地试运线专用回流轨如图 5-4-35 所示。

图 5-4-35　宁波中车基地试运线专用回流轨

### 5.4.2.3　复合材料在铁路隧道防护门中的应用

中国拥有世界上里程最长的铁路隧道，也是世界上铁路运营隧道规模最大的国家。据统计，截至 2020 年底，中国铁路营业里程达 14.5 万千米，其中，投入运营的铁路隧道共有 16798 座，总长约 19630km。其中，特长铁路隧道（长度在 10km 以上）共 209 座，总长 2811km。长度 20km 以上的特长铁路隧道 11 座，总长 262km。主要分布在甘肃、青海、山西等中西部地区。截至 2020 年年底，中国已投入运营的高速铁路总长约 3.7 万千米，投入运营的高速铁路隧道共 3631 座，总长约 6003km，其中特长隧道 87 座，总长约 1096km。

中国铁路隧道发展极为迅速，尤其是在"十一五"到"十三五"期间，如图 5-4-36 所示，共建成铁路隧道 9270 座，总长约 15321km（占中国铁路隧道总长度的 78%）。2008—2020 年间，中国建成投入运营的高铁隧道情况如图 5-4-37 所示。到 2020 年年底，2020 年我国已投入运营的长度 20km 以上的铁路特长铁路隧道情况列于表 5-4-31。

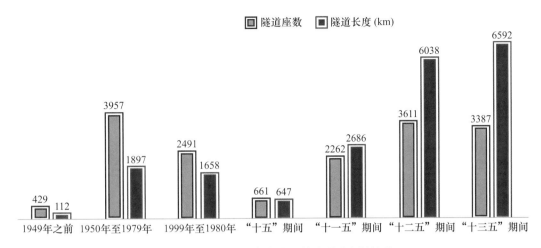

图 5-4-36　至 2020 年底我国铁路隧道发展情况

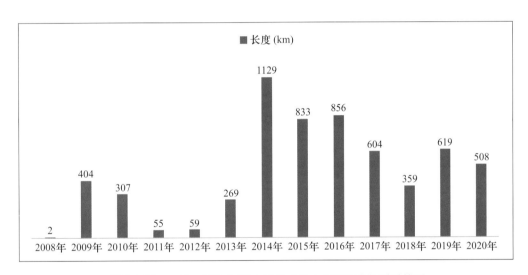

图 5-4-37　2008～2020 年间中国建成投入运营的高铁隧道情况

表 5-4-31　至 2020 年我国长度 20km 以上铁路隧道情况

| 隧道名称 | 隧道长度（km） | 线别 | 目标速度（km/h） | 单洞/双洞 | 投入运营时间（年） |
|---|---|---|---|---|---|
| 新角关隧道 | 32.690 | 西格线 | 160 | 双洞 | 2014 |
| 中天山隧道 | 22.449 | 南疆线 | 160 | 双洞 | 2015 |
| 乌鞘岭隧道 | 20.050 | 兰武二线 | 160 | 双洞 | 2006 |
| 西秦岭隧道 | 28.236 | 兰渝线 | 200 | 双洞 | 2016 |
| 当今山隧道 | 20.100 | 敦格铁路 | 120 | 单洞、双线 | 2019 |
| 太行山隧道 | 27.839 | 石太线 | 250 | 双洞 | 2009 |
| 吕梁山隧道 | 20.785 | 太中银 | 120（预留 200） | 双洞 | 2011 |
| 燕山隧道 | 21.153 | 张唐线 | 120 | 双洞 | 2015 |
| 青云山隧道 | 22.175 | 向莆铁路 | 200 | 双洞 | 2013 |
| 崤山隧道 | 22.751 | 浩吉铁路 | 120 | 双洞 | 2019 |
| 南吕梁山隧道 | 23.443 | 瓦日铁路 | 120 | 双洞 | 2014 |

　　随着铁路建设运营中隧道的日益增加，给铁路维护及检修人员和铁路相关工作人员、乘客带来的安全风险也随之而增加。考虑到防灾救援需要，隧道内尤其是长大隧道内均需配备隧道防护门。目前，

既有的隧道防护门大多为钢筋混凝土密闭门，存在重量大、门扇强度低、门板易脱落、开关困难；门扇开启方向朝向轨道侧，脱落后发生事故；抗风压、抗爆、防火等性能不足；闭锁、铰页及锁具等附件适用性差、金属部件锈蚀、耐久性差、强度不足；无抗疲劳性能、无远程可视化监控等问题。铁路隧道内的安全对于保证铁路行车安全具有重要的意义。与此同时，由于其使用年限短，维护管理费用高。现在许多在运行的线路上，防护门由于年久失修，或更换，或停用，不仅影响整体工程装修、装饰的和谐美观，而且给平时维修带来了困难，既增加了工作量，又增加了国家的二次投资费用。

由于既有隧道防护门存在以上的不足，自 2014 年至 2017 年间就曾因为防护门的原因出现过多次行车事故。其中，有因防护门倾倒导致撞击列车，列车防撞停车，防护门倾斜危及行车安全，防护门面板脱落撞击列车底部造成长时间停车等。为此，铁路系统相关部门联合复合材料生产制造商一起投入了新型隧道防护门的开发工作。

隧道防护门不仅在大铁路中广泛采用，而且在城市轨道交通领域也有更为迫切的需求。隧道内尤其是城市轨道交通的运营环境普遍湿度较大。这种条件下对金属材料的腐蚀性更为严重。据统计，截至 2020 年末，我国地铁运营线路长度为 6303km，较 2019 年增长 22％，占城轨交通运营线路总数的79％。2020 年，我国地铁新增线路约为 1122km，同比增长 36％，占城轨交通运营线路新增里程的90％。2021 年，地铁建设持续加速，已经进行的地铁建设项目至少达到 60 项。可见，隧道防护门的发展前景相当可观。

新型隧道防护门是针对现有隧道防护门存在重量大、强度低、易腐蚀、耐久性差、配件质量差等问题研发的。该门具有轻质高强、防火性好、造型美观、耐腐蚀耐久性好、开关灵活、免维护等优点，还具有门扇异常开启、本地及远程声光报警功能。与此同时，用复合材料智能化铁路隧道防护门替换一些年久失修以至损坏的铁路隧道钢筋混凝土密闭门，方便、省时、省力，可以有效地保证铁路工程效能的实现。因此，新型隧道防护门填补了复合材料在铁路隧道防护门中应用的空白。

新型隧道防护门的开启方向均为内开式，背离轨道方向，安全性高。该防护门按材质分为全玻璃钢防护门和钢骨架与玻璃钢面板复合门两种型式的门；按结构分为单扇平开式、双扇平开式、双扇带通风窗平开式、双扇带防爆悬板平开式、双扇滑动式、双扇带通风窗滑动式等六种型式的门。其产品结构如图 5-4-38 所示。

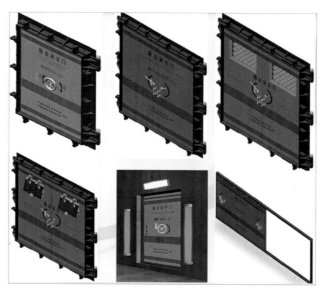

图 5-4-38　隧道防护门的主要结构类型

注：上层自左至右分别为单扇平开式、双扇平开式、双扇带通风窗平开式；

下层自左至右分别为双扇带防爆悬板平开式、双扇滑动式、双扇带通风窗滑动式。

山东元德复合材料有限公司（山东新明玻璃钢公司）系生产复合材料制品的专业厂家，专业从事铁路系列产品研发和生产，是中国铁道科学研究院指定的新型隧道防护门生产厂家之一。已建成年产能达十万余套隧道新型防护门的生产线，如图 5-4-39 所示。

图 5-4-39　山东元德复合材料公司铁路隧道防护门生产线

近年来，该公司隧道门生产情况如下：2018 年产量为 22000 套，使用片材量为 9500t，年营业收入为 16723 万元；2019 年产品已达到 30000 套，使用片材达 12000t，年营业收入达 25652 万元；2020 年营业额超 3 亿元。2021 年年营业额约 5 亿元。

下面将根据山东元德复合材料有限公司的生产实践，对铁路隧道防护门的生产技术及其性能要求进行讨论和介绍。图 5-4-40 所示为某一隧道防护门的结构。

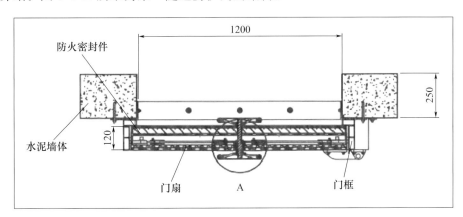

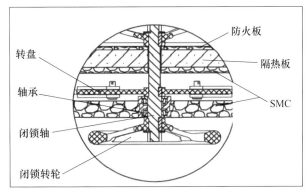

图 5-4-40　隧道防护门结构示意

1. 铁路隧道门对材料的性能要求

隧道防护门所用的原材料包括常用的金属材料槽钢、角钢、方管和不锈钢，SMC 材料和防火隔热材料三大类。其具体的性能指标要求见表 5-4-32。

表 5-4-32　防护门原材料应用部位及技术要求

| 原材料 | 性能 | 单位 | 检测标准及数值指标 |
|---|---|---|---|
| Q235B 槽钢、角钢、方管 | 尺寸、外形、质量及允许偏差 | — | 应符合 GB/T 706、GB/T 6728 的规定 |
| SMC | 燃烧性能 | 级 | 符合 GB 8624—2012 规定的 B1 级 |
| | 产烟毒性危险分级 | 级 | 符合 GB/T 20285—2006 规定的 ZA2 级 |
| | 烟密度等级（SDR） | 级 | GB/T 8627—2007，≤30 |
| | 氧指数 | % | GB/T 2406.2—2009，≥32% |
| | 拉伸强度 | MPa | GB/T 1462，≥52 |
| | 弯曲强度 | MPa | GB/T 1447，≥120 |
| | 冲击韧性 | kJ/m² | GB/T 1451，≥45 |
| | 吸水率 | % | GB/T 1449，≤0.25 |
| | 巴柯尔硬度 | — | GB/T 3854，≥48 |
| | 耐腐蚀性能 温度为（23±2）℃，浓度为 3% 的盐酸溶液浸泡 24h 后拉伸、弯曲、冲击强度保留率（%） | | GB/T 3857，≥90% |
| | 温度为（23±2）℃，浓度为 5% 的氯化钠溶液浸泡 24h 后拉伸、弯曲、冲击强度保留率（%） | | |
| | 温度为（23±2）℃，浓度为 5% 的氢氧化钠溶液浸泡 24h 后拉伸、弯曲、冲击强度保留率（%） | | |
| 防火隔热材料 | 燃烧性能（级） | | 符合 GB 8624—2012 规定的 A1 级 |
| | 产烟毒性危险分级 | | 符合 GB/T 20285—2006 规定的 ZA2 级 |
| 304 不锈钢 | 机械性能 | | 符合 GB/T 3098.6 的规定 |

**2. 对产品的性能要求（产品标准及数据）**

产品的标准采用 Q/CR 700—2019《隧道防护门》，其主要数据要求见表 5-4-33。

图 5-4-33　隧道防护门的测试标准及有关数据

| 项目 | 标准 | 数值 |
|---|---|---|
| 防护门整体耐火性能 | GB/T 7633—2008 | 耐火极限不小于 3.0h |
| 防护门整体抗爆性能 | — | 整体抗爆载荷不低于 0.1MPa |
| 整体抗疲劳性能 | 防护门整体抗疲劳性能试验应在不小于 6kPa 的均布荷载作用 2×10⁶ 次 | 试验后门框、门扇无松动、无开裂，铰页机构螺栓无松动或无脱落，铰页机构、铰页轴、门锁锁舌无滑移或无脱落，门扇与门框无裂缝，门整体可正常工作 |
| 铰页机构抗疲劳性能 | JG/T 125—2007 | 按照实际承重质量进行 1×10⁵ 次启闭试验后，门扇自由端竖直方向位置变化值不应大于 2 mm，铰页机构无松动、无脱落、无严重变形和启闭卡阻现象 |
| 密封性能 | 门框与门框安装墙之间的缝隙目测检验 | 门扇与门框的贴合间隙不应大于 4mm |
| | 密封件性能按 GB 16807 的方法进行检验 | |
| 涂层性能 | 耐湿热性能按 GB/T 1740—2007 进行检验 | 不应低于标准规定的 2 级 |
| | 耐冲击力按 GB/T 1732 进行检验 | 涂层经定质量重锤 50cm 高度冲击，不应有裂纹、皱纹和剥落 |
| | 涂层硬度按 GB/T 6739 进行检验 | 不应低于标准规定的 H |
| | 涂层附着力按 GB/T 1720 进行检验 | 不应低于标准规定的 2 级 |
| | 涂层不可挥发物含量 | 不应小于 65% |

3. 产品的制造工艺

该产品实际上是一种由多种复合材料组成的复合结构产品。隧道防护门由门框、门扇、铰页、闭锁、填充物、锁具等结构组成。所选用的材料及其在隧道防护门的应用部位见表 5-4-34。

表 5-4-34 隧道防护门所用材料及其应用部位

| 原材料 | 应用部位 |
|---|---|
| Q235B 槽钢、角钢、方管 | 门框、钢骨架 |
| 玻璃钢 | 门扇内外面板、铰页及铰页座 |
| 防火隔热材料 | 门扇内部 |
| 304 不锈钢 | 门紧固件、闭锁机构、铰页轴、锁具、执手 |

隧道防护门的制造工艺过程，包括金属门框和门扇骨架的焊接工艺；SMC门框、门扇外面板、铰页、铰页座的模压成型工艺；防火、隔热材料及其他附件的组装工艺。其工艺流程如图 5-4-41 所示。

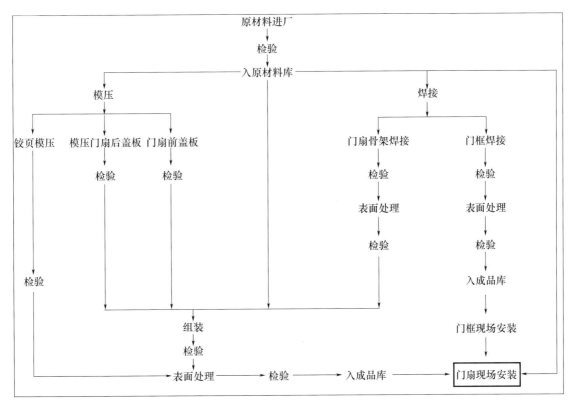

图 5-4-41 隧道防护门生产工艺流程

（1）门扇骨架焊接工序。

按图纸要求施焊，控制焊接电流，焊接速度。焊接前做预变形。

（2）SMC 模压工艺过程。

隧道防护门的门扇前、后盖板和铰页都采用特种 SMC 材质模压成型。其基本工艺过程和其他产品的 SMC 模压成型工艺过程大致相同。具体包括材料准备、设备准备、工艺参数设定、加料操作、压制成型、保温保压、开模取出产品、清理毛刺、产品定型和进行必要的二次加工。其工艺流程如图 5-4-42所示。产品成型开模后的状况如图 5-4-43 所示。

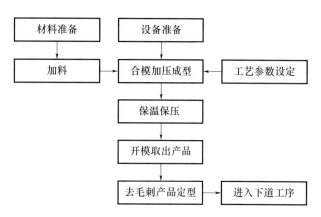

图 5-4-42　隧道门 SMC 部件成型工艺流程　　　　图 5-4-43　隧道门 SMC 门框面板成型后开模

（3）隧道防护门门扇的组装工艺。

隧道防护门门扇的组装流程如图 5-4-44 所示。先将按图纸要求焊接好并经检验合格的门扇骨架摆放在安装平台上，然后将门扇相关的各种附件［如：防火锁及其推杆机构、防火合页（铰链）防火闭门装置、防火密封件］安装到位，再将门扇前后盖板组合到门扇骨架上，经检验合格包装入库。

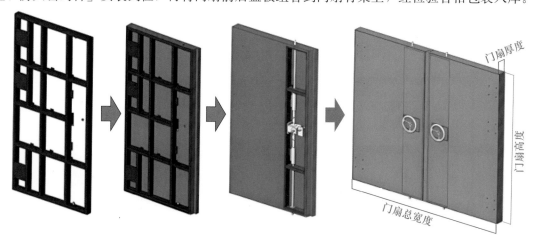

图 5-4-44　隧道防护门门扇的组装流程

（4）施工现场隧道防护门的安装。

在工厂生产合格的隧道门的门扇和门框，运送到铁路相关隧道现场并进行安装。其安装过程如图 5-4-45所示。施工过程的流程比较复杂，相关的工序与流程如图 5-4-46 所示。

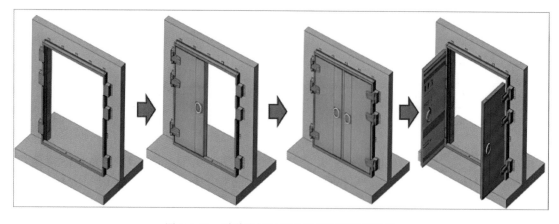

图 5-4-45　隧道防护门施工现场安装过程示意

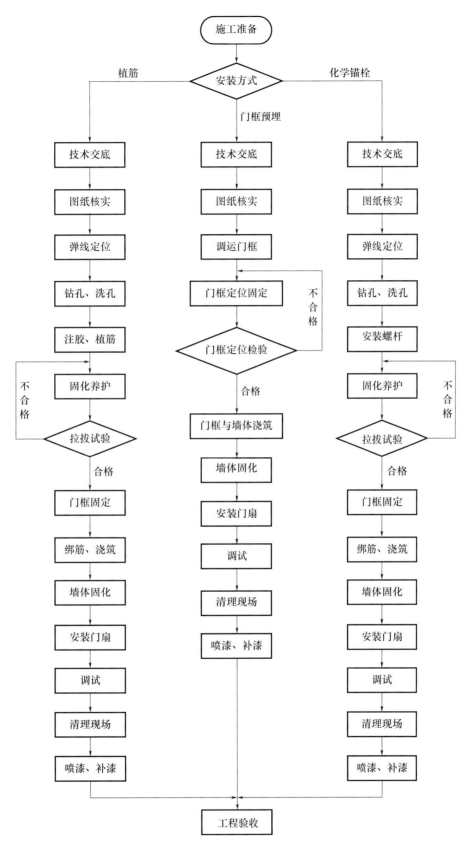

图 5-4-46 隧道防护门施工现场的安装工序及流程

**4. 产品性能要求及部分检测方法**

隧道防护门产品的检测包括外观质量、几何尺寸及偏差、配合公差；型式试验主要包括整体耐火试验、抗爆性能试验、抗风和疲劳试验和铰链启闭试验等。上述性能的检测均按照 QCR 700—2019 标准进行并符合 RFJ 04—2009 及 TB 10063—2016 的相关规定。

（1）产品外观质量。

产品在喷涂前，门框、门扇表面应无明显凹凸、擦痕、划伤等缺陷。喷漆后，门框应均匀、平整、光滑，色泽基本一致，不应有油漆堆积、麻点、气泡、漏涂等现象。不应有明显的流挂、脱落、露底等缺陷。焊缝外形均匀，焊道与焊道、焊道与基本金属之间过渡平滑，焊渣和飞溅物清除干净。焊缝不应有表面气孔、裂纹、焊瘤、烧穿、弧坑等缺陷，不应有咬边、未焊满等缺陷。门扇外观质量应符合表 5-4-35 中的规定。

表 5-4-35　门扇外观质量要求

| 缺陷名称 | 质量要求 | | |
| --- | --- | --- | --- |
| | 门扇外表面 | 门扇内表面 | 门扇侧面 |
| 气泡 | 不允许 | 每 0.15m² 面积内允许有 1 个 1.00mm² 以下的气泡。 | 每 0.02m² 面积内少于 5 个气泡，且每个气泡小 mm² |
| 针孔 | 每 0.02m² 面积内 针孔数小于或等于 1 个 | 每 0.30m² 面积内 针孔数小于或等于 5 个 | 每 0.01m² 面积内 针孔数小于或等于 1 个 |
| 剥离、龟裂 | 不允许 | 不允许 | 长度小于 5.00mm |
| FRP 裂口 | 不允许 | 不允许 | 长度小于 5.00mm |
| 鼓包 | 不允许 | 不允许 | 不允许 |
| 异物 | 每 0.15m² 面积内小于或等于 1 个，每个小 0.30mm² | 每 0.15m² 面积内小于或等于 1 个，每个小于 0.50mm² | 每 0.02m² 面积内小于或等于 1 个，每个小于 1.00mm² |
| 划痕 | 不允许 | 不允许 | 小于总面积的 10% |
| 凹坑 | 凹坑深度小于 0.10mm | 凹坑深度小于 0.50mm | 凹坑深度小于 0.50mm |
| 收缩痕 | 不允许 | 不明显 | 不明显 |

（2）门框和门扇之间几何尺寸公差和形位公差。

门扇与门框的尺寸极限偏差应符合表 5-4-36 的规定。门扇与门框的形位公差应符合表 5-4-37 的规定。

表 5-4-36　门扇与门框尺寸极限偏差（mm）

| 名称 | 项目 | 尺寸极限偏差 |
| --- | --- | --- |
| 门扇 | 高度 | ±2 |
| | 宽度 | ±2 |
| | 厚度 | +2 −1 |
| 门框 | 内裁口高度 | ±3 |
| | 内裁口宽度 | ±2 |
| | 侧壁厚度 | ±2 |

表 5-4-37　门扇与门框的形位公差

| 名称 | 项目 | 形位公差 |
|---|---|---|
| 门扇 | 两对角线长度差（mm） | ≤3 |
| | 扭曲度（mm） | ≤5 |
| | 宽度方向弯曲度 | ≤2‰ |
| | 高度方向弯曲度 | ≤2‰ |
| 门框 | 净空两对角线长度差（mm） | ≤3 |

（3）门扇和门框的配合公差。

门扇与门框的搭接尺寸：门扇与门框的搭接尺寸不应小于 12mm。

门扇与门框的配合活动间隙：门扇与门框有合页一侧的配合活动间隙不应大于设计图纸规定的尺寸公差；门扇与门框有锁一侧的配合活动间隙不应大于设计图纸规定的尺寸公差；门扇与上框的配合活动间隙不应大于 3mm；门扇与门框贴合面间隙均不应大于 3mm。

门扇与门框的平面高低差：隧道抗风压防火门开面上门框与门扇的平面高低差不应大于 1mm。

（4）防护门整体型式试验要求及检测方法。

铁路隧道防护门的整体型式试验主要包括门扇反复启闭性能试验、抗风压性能试验、防护门抗疲劳性能检测、防护门整体耐火性能、整体防护门的抗爆性能检测等。

① 门扇反复启闭性能试验。

门扇应启闭灵活、无卡阻现象。在进行 1500 次启闭试验后，不应有松动、脱落、严重变形和启闭卡阻现象。其具体步骤如下：

可靠性：试验框架为可调框架，以适合安装不同规格尺寸的防火门，框架应有足够的刚度，以免在试验过程中产生影响试验结果的变形。试件包括门框、门扇及实际使用中应配备的防火五金配件如防火锁、闭门器和顺序器等所组成的防火门。

试验步骤：将试件固定在试验框架上。门扇开启、关闭为运行一次，运行周期为 8～14s，门扇开启角度为 70°，记录运行次数。

试验过程中应记录：防火门的各个配件是否松动、脱落、严重变形、启闭卡阻等现象。试验后门框、门扇无松动、开裂，门框与门扇连接处螺栓无松动或脱落，铰页机构、铰页轴、门锁锁舌无滑移或脱落，门扇与门框无裂缝，门整体可正常工作。门扇与门框形位偏差应满足表 5-4-37 的规定。

② 抗风压性能试验。

试验标准参考 GB/T 50344、GB 5020（现行 GB/T 5019.1）、Q/CR 700—2019 隧道防护门，对防护门的抗风性能进行检测和判断。考核其在 6000Pa 风压作用下的风致响应情况。其试验装置如图 5-4-47 所示。

将防护门分别按正面和背面迎风安装，根据试验要求得知，需测试在±（0～90）m/s 的风速范围内的风致响应。试验过程，以 0～90m/s 试验风速范围内，以 5m/s 为增量对该装置的震动情况进行测试。安装测试现场如图 5-4-48 所示。测试结果，隧道门正面和背面位移随风速的变化曲线如图 5-4-49 所示。

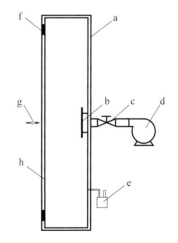

图 5-4-47　装置示意图

a—压力箱；b—进气口挡板；c—压力控制装置；d—加压；e—差压计；f—安装框架；g—位移计；h—试件

图 5-4-48　防护门正负风压测试现场

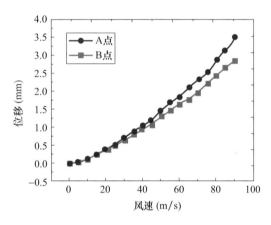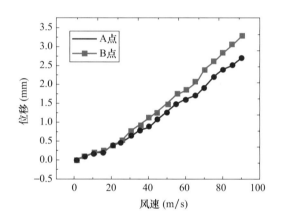

图 5-4-49　隧道门正面和背面测试中位移随风速变化曲线

抗风压性能应满足在标准试验方法下，门框、门扇无松动、开裂，门框与门扇连接锁点处无松动或脱落，合页机构、合页轴、门锁锁舌无滑移或脱落，门扇与门框无裂缝，门整体可正常工作。抗风压变形检测过程中，门扇的变形最大相对面法线挠度值（角位移值）不应超过 $\pm\dfrac{1}{150}$；抗风压疲劳检测后，门扇与门框形位偏差应符合表 5-4-38 的规定。

表 5-4-38　抗风压疲劳测试后防护门门扇、门框形位偏差要求

| 名称 | 项目 | 形位偏差 |
|---|---|---|
| 门扇 | 两对角线长度差（mm） | ≤5 |
| | 扭曲度（mm） | ≤5 |
| | 宽度方向弯曲度 | ≤3‰ |
| | 高度方向弯曲度 | ≤3‰ |
| 门框 | 净空两对角线长度差（mm） | ≤5 |

试验结果表明，山东元德公司（山东新明玻璃钢公司）提供的复合材料铁路隧道防护门在 0～6000Pa 正向风压和在 -6000Pa～0 负向风压测试中，未发现明显移位和震动现象。在 6kPa 最大试验正风压作用下，最大位移值 3.52mm；在 -6kPa 最大试验负风压作用下，最大位移值 3.32mm。组件系统结构完好，各部分无松动、变形，安全门能正常打开和锁定。与此同时，检测试件在压力差为 P 值（每级升降压力差值不超过 250Pa，每级检测压力差稳定作用试件约为 10s）的交替正负压冲击 2×106 次作用下，抵抗损坏和功能障碍的能力。试验结束后，测量门扇、门框的形位偏差。

③ 防护门抗疲劳性能检测。

铁路隧道防护门为板状结构，其结构受荷特点为，在隧道内长期承受活塞风周期性正负风压疲劳作用。疲劳载荷对门的使用性能会产生负面影响，会导致防护门产生结构扭曲变形和各连接件产生松动等。因此，复合材料隧道防护门也必须进行疲劳性能的考核。试验根据《隧道防护门》中的试验方法，并参照 GB 12955—2008《防火门》标准对门扇的弯曲度、扭曲度的检测方法进行检测。

防护门整体抗疲劳性能试验在不小于 6kPa 的均布载荷，拉压频率不小于 2Hz 的条件下，进行 $2\times10^6$ 次。防护门抗疲劳性能试验装置由液压泵站、电磁换向阀、拉压油缸、脉冲发生电路及试件安装平台等组成。安装平台用于固定门试件，可以适应各种形式的防护门试件；油缸用于对门扇施加交变拉压载荷，当油缸活塞杆伸出时对门扇施加向上的推压力，模拟正风压载荷；当油缸活塞杆收回时对门扇施加向下的拉力，模拟负风压载荷。脉冲发生电路输出周期性方波驱动电磁换向阀换向，改变进入油缸的油液流动方向，实现活塞杆伸出或收回，对门扇上下面板进行拉压作用。图 5-4-50 所示为防护门疲劳试验安装平台。图 5-4-51 所示为防护门正在进行疲劳试验。

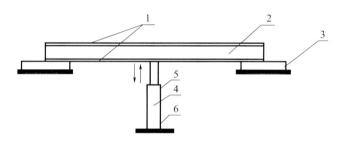

图 5-4-50　防护门疲劳试验安装平台示意
1—承力面板；2—防护门；3—支架；4—油缸；5—拉进油口；6—推进油品口

图 5-4-51　防护门正在进行疲劳试验

试验每循环 $2\times10^5$ 次，停机检查门体的状况，并做好记录，以便及时发现门体出现故障的时间或循环次数。

试验循环 $2\times10^6$ 次后，停机检查门体的状况，并做好记录。

经检测，隧道防护门在等级要求的气动荷载作用后：

a. 门框与门扇连接处螺栓没有松动或脱落现象，门扇、机构及部件没有出现明显不可恢复变形；

b. 铰页机构、铰页轴、门锁锁舌未出现滑移或脱落；

c. 门扇、门框未出现裂缝；

d. 门整体能正常启闭。

防护门进行疲劳试验后，所测得的尺寸偏差结果列于表 5-4-39。检测结果表明，尺寸偏差指标满足标准要求。

表 5-4-39　疲劳试验后尺寸偏差检测结果

| 序号 | 检测项目 | 标准要求 | 疲劳试验次数 | | | | | | | | | |
|---|---|---|---|---|---|---|---|---|---|---|---|---|
| | | | $2\times10^5$ | $4\times10^5$ | $6\times10^5$ | $8\times10^5$ | $1\times10^6$ | $1.2\times10^6$ | $1.4\times10^6$ | $1.6\times10^6$ | $1.8\times10^6$ | $2\times10^6$ |
| 1 | 门扇对角线长度差（mm） | ≤5 | 2 | 2 | 2 | 3 | 2 | 2 | 3 | 3 | 3 | 3 |
| 2 | 门扇扭曲度（mm） | ≤5 | 0 | 1 | 1 | 1 | 0 | 1 | 1 | 2 | 1 | 2 |
| 3 | 门扇宽度方向弯曲度 | ≤3‰ | 1‰ | 2‰ | 1‰ | 1‰ | 2‰ | 1‰ | 1‰ | 2‰ | 2‰ | 2‰ |
| 4 | 门扇高度方向弯曲度 | ≤3‰ | 0‰ | 1‰ | 1‰ | 2‰ | 2‰ | 1‰ | 2‰ | 2‰ | 3‰ | 2‰ |
| 5 | 门框净空对角线长度差（mm） | ≤5 | 1 | 1 | 2 | 2 | 1 | 1 | 1 | 3 | 3 | 3 |

④ 防护门整体耐火性能。

防护门的耐火性能试验步骤应符合 GB 12955 的规定，并按按照 GB/T 7633—2008 的方法进行检验。耐火完整性、耐火隔热性应按标准 GB/T 7633—2008 判定。

其检测方法和判定标准列于表 5-4-40。

表 5-4-40　防护门整体耐火性能检测方法和判定标准及结果

| 检验项目 | 标准条款 | 判定标准 | 检验结果 | 结论 |
|---|---|---|---|---|
| 耐火完整性 | GB/T 9978.1—2008 第 10.2.2 条、第 8.4 条 | 试件在耐火试验期间能够持续保持耐火隔火性能的时间。试件发生以下任何一限定情况均认为试件丧失完整性：<br>a. 棉垫试验，棉垫被点燃<br>b. $\phi$6mm 的缝隙探棒穿过试件进入炉内，并沿裂缝长度方向移动 150mm；$\phi$25mm 的缝隙探棒穿过试件进入炉内<br>c. 背火面出现火焰并持续时间超过 10s | 未发生 | ≥181min |
| 耐火隔热性 | GB/T 7633—2008 第 11.2 条 | a. 试件背火面平均温升超过试件背火面初始平均温度 140℃<br>b. 试件背火面（除门框外或导轨）最高温升超过试件表面初始平均温度 180℃<br>c. 门框上的最高温升超过其表面初始平均温度 360℃ | 181min 时，背火面门扇平均温升 29.5℃＜140℃门扇最高温升 40.8℃＜180℃ | ≥181min |
| | GB/T 9978.1—2008 第 12.2.2 条 | 如果试件的"完整性"已不符合要求，则自动认为试件的"隔热性"不符合要求 | — | |

结果表明，耐火试验进行到 180min 时：

背火面最高平均温升 51℃，最高单点（除门框外）温升 81℃，门框上最高单点温升 170℃，未丧失隔热性。耐火性能大于 3.0h。

试件背火面平均温升超过试件表面初始平均温度 140℃，则判定试件失去耐火隔热性。

试件背火面（除门框或导轨）最高温升超过试件表面初始平均温度 180℃；门和卷帘（隔热）门框或导轨上的最高温升超过其表面初始平均温度 360℃，即判定试件失去耐火隔热性。

⑤ 整体防护门的抗爆性能检测。

根据铁路安全运行的要求，既要防止意外的发生，又要在恶性事故一旦发生时，防护门能保护人员的安全撤离。因此，对隧道防护门有一定的抗爆性能要求。当隧道防护门进行抗爆性能试验时，参照 RFJ 04—2009《人民防空工程防护设备试验测试与质量检测标准》，隧道防护门上实测的反射作用荷载值应达到 RFJ 04—2009 中 3.1.4 规定的隧道防护门的爆破荷载设计值。

化学爆炸试验应在爆坑内进行，试验隧道防护门应能平式安装在墙体上，墙体浇筑时，应在靠近门框处预留 4 个以上的压力传感器联接底座和管道，底座外表面与门框墙支撑面平齐，管道用于传感器接线。

各类传感器应与试验隧道防护门或墙体可靠联结，各类线缆宜敷设在爆炸冲击波作用区外，敷设在爆炸冲击波作用区内时，应有安全的防护措施，数据采集系统应处于爆炸冲击波作用区域外并有可靠的防震等措施。

隧道防护门在高抗力爆坑中进行加载试验，加载试验装置如图 5-4-52 所示。引燃均匀设置的导爆索爆炸后，其产生的高压气体迅速充满整个空腔，形成较均匀的模拟爆炸压力荷载作用于隧道防护门。

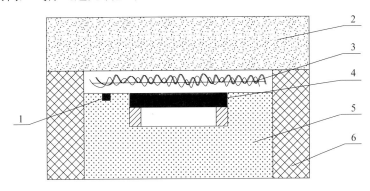

图 5-4-52　防护门防爆试验装置示意
1—空压传感器；2—顶盖；3—导爆索；4—试件；5—砂介质；6—坑壁

试验步骤如下：

a. 安装试验隧道防护门。隧道防护门安装后应进行安装质量检测，各项尺寸偏差和使用性能应达到本标准要求。

b. 测点布置。布设压力测点、应变测点、加速度测点和位移测点等，测点布设应牢固可靠。

c. 布设线缆。对应各个测点敷设好相应的线缆，线缆应确保导通。

d. 连线测试。测试系统连接后，应对测试系统进行预爆调试。试验数据处理应符合 RFJ 04—2009 中 3.5 的规定。

e. 布置炸药。装药可设置于隧道防护门的正前方，装药量和装药位置根据模拟计算结果确定。

f. 起爆。优先选择安全的起爆方式，起爆前后爆区应有严格的警戒措施。

g. 爆后检查。爆后对隧道防护门进行检查，检查记录包括宏观情况、整体和局部破坏、变形情况等。

试验表明：经符合等级要求的压力作用后的产品，门扇、机构及部件未出现明显不可恢复变形；门扇、机构及部件未出现裂缝；整体能正常工作。

# 6 SMC/BMC 在电气/电器工业中的应用

树脂基玻璃纤维增强复合材料由于其本身的特性，具有理想的电绝缘性能。其应用领域包括各类电机的绝缘材料；输变电线路设备如电力变压器互感器、高压开关设备、电力电容器、电子组件、治具、夹具、垫板的绝缘；印制线路板的基板；低压电器，一般包括配电电器、控制电器、终端电器、电源电器和仪表电器。SMC/BMC 材料多用于制造断路器、熔断器、绝缘子、开关、电能计量箱、电缆（光缆）分配箱等；在白色家电如大家电空调、冰箱、冷柜、洗衣机，在小家电如微波炉、空气炸锅、煎烤机、洗碗机等中的塑封电机、电控盒等，BMC/SMC 材料也有大量应用。

## 6.1 SMC 在绝缘板材中的应用

绝缘材料的市场需求与其下游应用行业的市场需求密切相关，主要应用于发电设备、输变电设备、牵引机车、电机、电器、电子、家电、通信、新能源（风能、太阳能和核能）等行业，这些行业的稳定发展，推动了绝缘材料市场的增长。它的应用量主要取决于我国电机的产量、我国输变电线路的增速和其下游行业的发展。图 6-1-1 和图 6-1-2 为绝缘材料在电机及输变电领域中的应用。图 6-1-1 中，左图为电机中的绝缘应用，右图为电力电容器、电子组件中的绝缘应用。图 6-1-2 中左图代表电力变压器、互感器、高压开关设备中的绝缘应用，右图为在电力系统中治具、夹具、垫板中的绝缘应用。

图 6-1-1　电工层压板在电机、电力电容器、电子组件中的绝缘应用

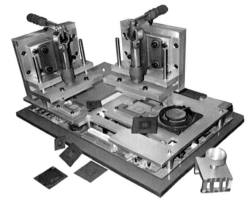

图 6-1-2　电工层压板在变压器、互感器、高压开关、治具、夹具、垫板中的绝缘应用

电机是工业领域的动力之源。通过电和磁的相互作用，实现电能和动能之间的相互转换。狭义的电机主要是指电动机，广义上来说可以包括电动机和发电机。电机在全球工业自动化市场中占据着举足轻重的地位，广泛应用于冶金、电力、石化、煤炭、矿山、建材、造纸、市政、水利、造船、港口装卸等领域。根据中小型电机分会资料，2018 年 63 家企业完成工业总产值 584.4 亿元，产品销售收入达到 643.52 亿元。2019 年一季度实现工业总产值 124.0 亿元，同比增长 7.5%；实现销售收入 134.9 亿元，同比增长 9.9%。2019 年第一季度小型交流电动机总产量为 4352.3 万千瓦，同比增长 4.7%。大中型交流电动机产量 1231.4 万千瓦，同比增长 14.4%；一般交流发电机产量 116.9 万千瓦，同比增长 13.5%；直流电机产量 83.1 万千瓦，同比减产 16.7 万千瓦，下降 16.7%。2018 年我国微特电机产量达 132 亿台，2019 年达 136 亿台。

根据中电联发布的数据显示，截至 2020 年年底，全国全口径发电装机容量 22 亿千瓦，同比增长 9.5%，增幅较上年提升 3.7 个百分点。2023 年末全国发电装机容量 29.2 亿千瓦，比上年末增长 13.9%。2020 年，全国新增发电装机容量 19087 万千瓦，同比增加 8587 万千瓦，增速大幅提升。据国务院统计公报，2023 年我国新增发电机组 23442.7 万千瓦，比上年增加 28.5%。我国过去十年全社会用电量复合增速约 5%，从而带动装机规模持续性增长。发电量的急剧增长，离不开风电、太阳能发电等新能源新增装机容量的贡献。2023 年风力发电量和太阳能发电量分别为 8858.7 亿千瓦·时和 5841.5 亿千瓦·时，比上年分别增长 16.2% 和 36.7%。

与此同时，我国输变电线路的长度已实现了高速增长。2015—2020 年全国 35kV 及以上输电线路回路长度呈持续上升趋势，2019 年达 197.51 万千米，初步估计 2020 年达到 205 万千米。新增交流 110 千伏及以上输电线路长度呈波动变化趋势，2019 年达 5.79 万千米，2020 年受新冠疫情防控影响，初步估计增加 5 万千米。

绝缘材料广泛应用于发电设备、输变电设备、牵引机车、电机、电器、电子、家电、通信、新能源（风能、太阳能和核能）、航天军工等不同领域。绝缘材料应用领域很广，是各行业发展的基础之一。绝缘材料行业的发展有助于其他行业的发展。反之，其他行业的发展也将带动绝缘材料行业的发展。我国绝缘材料产品主要有八大类、48 个系列、约 500 个品种。绝缘材料行业相关的电力、电子和信息产业等行业是国家的基础工业，是国家重点发展的产业，这些行业的产业政策也对绝缘材料行业产生重大的影响。对电力工业而言，绝缘材料是保证电气设备特别是电力设备能否可靠、持久、安全运行的关键材料，它的水平将直接影响电力工业的发展水平和运行质量。我国绝缘行业经过 60 多年的发展，已初步形成一个产品比较齐全，配套比较完备，具有相当生产规模和科研实力的工业体系。据市场调研公司 Market Watch 的数据，2018 年全球绝缘材料市场规模约为 85.6 亿美元。2021 年超过 100 亿美元。据前瞻产业研究院整理预测，未来五年全球绝缘材料市场规模将保持 5.5% 以上的平均复合增产率，到 2026 年市场规模将超过 130 亿美元。据报道，在 2020 年中美两国约占全球绝缘材料市场规模的近 3/4。其中，我国占 45%，美国占 28%。另据统计，2015 年我国绝缘材料 188.65 万吨，销售收入就达到 585.81 亿元，2016 年我国绝缘材料 195.33 万吨，销售收入达到 642.59 亿元，同比增长 9.7%。规模以上企业 421 家。另外，根据市场调研公司 Market Watch 的数据，2019 年，中国绝缘材料行业销量为 141 万吨（不包括绝缘气体和液体材料），同比增长 3.6%，2020 年，初步测算为 147 万吨左右。2020 年，中国绝缘材料市场规模约为 43.3 亿美元，换算人民币为 281 亿元，同比上升 12.4%，2021 年中国绝缘材料市场规模约为 298 亿元。绝缘材料的种类主要包括固体绝缘材料、液体绝缘材料、气体绝缘材料，目前市场上销售的绝缘材料基本上为固体绝缘材料。固体绝缘材料主要包括电工薄膜材料、电工柔软复合绝缘材料、电工层（模）压制品、电工塑料等。

中国绝缘材料企业数量较多，根据企查猫的数据，截至 2021 年 4 月，国内与绝缘材料相关研发、生产、销售企业数量共有 10 万家左右，其中所属行业为"制造业"的，有 5.5 万家左右。

在本章节中主要介绍电工层（模）压制品和电工塑料类绝缘材料。前者涉及各种层压板材，后者涉及各种低压电器。在电力系统中应用的复合材料绝缘板材主要包括各种类型的层压板，如玻璃纤维布等增强材料增强的环氧树脂、三聚氰胺树脂、酚醛树脂和不饱和聚酯树脂等树脂系统的层压板。而在各种类型的层压板中，本文仅涉及玻纤布（毡）层压板。而低压电器方面的情况，将在以后的章节中再进行讨论。

以下部分的资料主要由北京新福润达绝缘材料有限责任公司、北京福润德复合材料有限责任公司提供。结合本文的需要，对部分内容对进行了修改、补充和改编。

### 6.1.1 层压板的成型工艺及应用

在层压板成型工艺的讨论中，尽管其树脂系统可以是环氧树脂、酚醛树脂，也可以是其他类型的树脂如三聚氰胺、不饱和聚酯等树脂，增强材料可以是玻璃纤维布（毡）、木浆绝缘纸，也可以是棉布等材质，但是，它们的层压板制造工艺的基本流程、控制参数的类型都是大致相同的。只是由于所采用的树脂系统不同，在工艺参数如材料半成品的生产工艺的参数选定和成型工艺中的参数如成型温度的高低、加压方式和条件、保温时间的长短的选定有所不同。因此，以下层压板的成型工艺的介绍，对不同类型的层压板的成型均有参考价值。北京福润达集团公司旗下的北京新福润达绝缘材料有限责任公司长期从事各种复合材料层压板等电工绝缘材料的研究、开发和生产，已具有 20 多年的历史。该公司生产的层压板类型主要有：酚醛纸层压板、酚醛棉布层压板、环氧玻璃布层压板、环氧玻璃毡板、有机硅玻璃布层压板、三聚氰胺玻璃布板、电机用导磁板、聚酰亚胺玻璃布板和不饱和聚酯树脂毡板等产品。

#### 6.1.1.1 电工用层压板对材料性能的要求

其性能要求包括以下各项：外观，尺寸及公差，密度，平直度，吸水性，马丁耐热性，热变形温度，其他耐热性，燃烧性，热稳定性，耐丙酮，抗弯强度，压缩强度，冲击强度，剪切强度，抗张强度，黏合强度，电气强度，电阻介电常数，介质损耗因数，相比漏电起痕指数，冲剪性，机械加工性。具体指标随用途、品种不同而异。电工用材料重点关注材料的耐电压、浸水电阻、耐温、机械强度等性能，电子用绝缘材料重点关注材料的加工性能、洁净度、平直度、阻燃等性能。材料的性能取决于组成中的树脂系统和增强材料的选择及配方的设定。

1. 树脂的选择

树脂作为材料的胶粘剂，主要影响材料的电性能和其他特殊性能。不同的要求可以选择不同的树脂类型。比如高耐热的层压制品，可以选用酚醛树脂、多官能团的环氧树脂，也可以选用双马来酰亚胺、聚酰亚胺树脂等；阻燃的层压制品，可以选用含溴的环氧树脂，也可以选用含磷或者含氮的树脂；耐电弧、耐漏电起痕的层压制品，可以选用三聚氰胺树脂；冷冲加工性能好的层压制品，可以选用桐油改性的酚醛树脂；等等。

2. 增强材料的选择

增强材料作为材料的骨架，主要影响材料的机械性能和其他特殊性能。比如高强度的层压制品，可以选用无捻粗纱的方格布；各向同性的层压制品，可以选择玻璃纤维短切毡；低介点常数的层压制品，可以选择 D 玻璃纤维布或者石英玻璃纤维布等。

### 6.1.1.2 层压板的成型工艺

1. 层压板的生产工艺流程

层压板制备的简要工艺流程如图 6-1-3 所示。

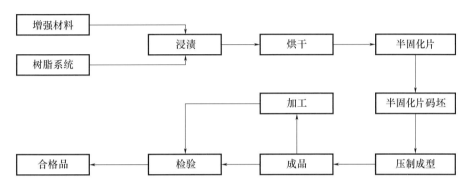

图 6-1-3　层压板制备的工艺流程

整个流程分为两个阶段。

第一阶段是半固化片的制备。其制备过程在一台立式或卧式浸胶机内进行（图 6-1-4）。其设备工作原理如图 6-1-5 所示。其过程是，增强材料首先经过盛有按要求配制好的树脂系统的胶槽上胶，通过调节胶液黏度、车速和刮胶辊间隙控制半固化片的含胶量。然后，经过烘干箱后即成半固化片，其中通过烘干箱的温度、车速及在烘干箱内的时间控制半固化片的挥发分含量和树脂的固化程度等质量指标，以满足下道工序压制成型的要求。

图 6-1-4　立式（左侧）和卧式浸胶机（右侧）

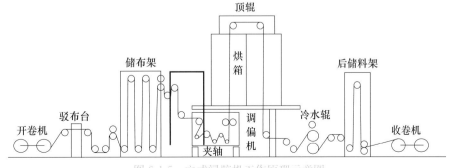

图 6-1-5　立式浸胶机工作原理示意图

第二阶段是半固化片的成型。其过程是，将半固化片按工艺要求码放成垛并送入压机，再按工艺要求进行加压、升温、保温等工序。为了减轻劳动强度和提高生产效率，有的企业在此阶段也采用一些辅助设备如装卸机、模板回转机、模板清洗机、铺模清理机（叠铺机）等设备。半固化片压制成型过程中，一般都按图 6-1-6 所示的工艺曲线进行操作。

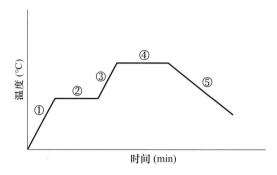

图 6-1-6　半固化片层压板生产工艺控制曲线

该控制曲线表明，层压板成型时由于采用的树脂系统的特性和产品的厚度较大，增强材料传热较慢等原因，通常采用分阶段升温、保温保压的模式，以利于材料性能的充分发挥和产品质量的提高。一般采用五段升温/保温/降温模式。

第一阶段是预热阶段，通过热板将热量逐渐使半固化片升温，树脂熔化、开始反应排出部分挥发物和/或反应副产物。在第二阶段即保温阶段，使树脂以较低的速度进一步反应固化。

当半固化片各部分的温度均匀并固化速度接近时为加速反应过程，进入第三阶段，进一步升温达到树脂系统理想的固化温度，并进入第四阶段保温保压，直至树脂系统充分完成固化反应。

当保温阶段完成后，停止加热并在保压的情况下，让成型好的层压板开始缓慢降温冷却。如冷却速度过快，由于板材各部分降温速度差别过大，在产品内部容易产生内应力，从而使产品在泄压脱模后容易发生翘曲变形，影响制品表面的平整度。因此，应对冷却速度进行控制，尤其是在开始冷却阶段不宜过快，一般情况下，温度降至 60℃ 以下可以进行脱模操作。

2. 主要工艺参数控制范围

在层压板整个生产工艺过程中，对半固化片的生产和成型参数与产品的品种及树脂类型密切相关。表 6-1-1 仅列出了一个参数范围，根据产品要求可以在所列的范围内进行选择。

表 6-1-1　层压板生产工艺过程中主要参数的控制范围

| 工艺过程 | 序号 | 主要参数 | 单位 | 控制范围 |
|---|---|---|---|---|
| 半固化片的生产过程 | 1 | 树脂固体含量 | % | 视不同需求而定，一般为 45~70 |
| | 2 | 树脂黏度 | mPa·s | 视不同需求而定，一般为 60~500 |
| | 3 | 树脂凝胶时间 | s | 视不同需求而定，一般为 60~300 |
| | 4 | 烘箱温度 | ℃ | 视不同需求而定，一般为 120~190 |
| | 5 | 半固化片树脂含量 | % | 视不同需求而定，一般为 30~40 |
| | 6 | 半固化片流动度 | % | 视不同需求而定，一般为 5~20 |
| | 7 | 车速 | m/min | 视不同需求而定，一般为 2~20 |
| 半固化片的成型过程 | 8 | 压制成型压力 | MPa | 视不同需求而定，一般为 60~80 |
| | 9 | 压制成型温度 | ℃ | 视不同需求而定，一般为 150~170 |
| | 10 | 保温时间 | min/mm | 视不同需求而定，一般为 2~10 |

**3. 层压板的机械加工**

由于作为绝缘材料的层压板的应用范围十分广泛，而且即使是同类产品，其尺寸形状千差万别，因此作为供应商必须根据用户的要求对层压板进行机械加工。通常层压板的加工都是通过多轴数控机床完成的，图6-1-7所示为层压板加工车间和产品类型。

图6-1-7　电工层压板绝缘材料加工设备及加工件

### 6.1.1.3　层压板的基本性能

作为绝缘板材，各项性能必须满足同类型材料性能相对应的国家或电工行业的标准。以下仅以北京新福润达绝缘材料公司生产的典型绝缘板材为例，对我国现行的绝缘材料品种和性能进行简要介绍。

**1. 层压板牌号3240为环氧酚醛层压板，耐热等级F级**

在中温下机械性能高，在高温下电气性能稳定。适用于机械、电器及电子用高绝缘结构零部件，具有高的机械和介电性能以及较好的耐热性和耐潮性。高湿下电气性能稳定性好，可在潮湿环境及变压器油中使用。其典型性能见表6-1-2。

表6-1-2　3240层压板的基本性能及试验值

| 项目 | 性能 | | 单位 | 要求 | 试验结果 | 试验方法 |
|---|---|---|---|---|---|---|
| 1 | 垂直层向<br>弯曲强度 | A向 | MPa | ≥340 | 403 | |
| | | B向 | | ≥340 | 499 | |
| 2 | 平行层向冲击强度<br>（简支梁、缺口） | A向 | kg/m² | ≥33 | 54.7 | |
| | | B向 | | ≥33 | 97.0 | |
| 3 | 垂直层向击穿电压［（90±2）℃，25号变压器油中，20s逐级升压 ∮130mm/∮130mm，平板电极］ | | kV | ≥12.5 | 15.4 | |
| 4 | 平行层向击穿电压［（90±2）℃，25号变压器油中，20s逐级升压 ∮130mm/130mm，平板电极］ | | kV | ≥35 | >100 | GB/T 1303.4—2009中规定的试验方法 |
| 5 | 相对介电常数（50Hz） | | — | ≤5.5 | 4.74 | |
| 6 | 介质损耗因数（50Hz） | | — | ≤0.04 | $3.24×10^{-2}$ | |
| 7 | 浸水后绝缘电阻 | A向 | Ω | ≥$10^8$ | $7.4×10^9$ | |
| | | B向 | | ≥$10^8$ | $4.3×10^9$ | |
| 8 | 密度 | | g/cm³ | 1.7～1.9 | 1.88 | |
| 9 | 吸水性 | | mg | ≤23.7 | 12.8 | |

**2. EPGC202（881A）为B级阻燃环氧玻璃布层压板**

该板由电子级无碱玻璃纤维布浸渍以阻燃环氧树脂经热压而成，具有较高的力学性能和电气性能以及低燃烧性。耐热等级为B级。适用于有阻燃要求的B级电机还可在电器设备中做绝缘结构零部件等。其基本性能及试验结果见表6-1-3。

表 6-1-3 EPGC202 层压板的基本性能和试验值

| 项目 | 性能 | | 单位 | 要求 | 试验结果 | 试验方法 |
|---|---|---|---|---|---|---|
| 1 | 垂直层向弯曲强度 | A 向 | MPa | ≥350 | 673 | GB/T 1303.4—2009 中规定的试验方法 |
| | | B 向 | | ≥350 | 509 | |
| 2 | 平行层向冲击强度（简支梁、缺口） | A 向 | kg/m² | ≥37 | 71.9 | |
| | | B 向 | | ≥37 | 48.6 | |
| 3 | 垂直层向击穿电压［（90±2）℃，25 号变压器油中，20s 逐级升压∮130mm/∮130mm，平板电极] | | kV | ≥13.0 | 15.3 | |
| 4 | 平行层向击穿电压［（90±2）℃，25 号变压器油中，20s 逐级升压∮130mm/∮130mm，平板电极] | | kV | ≥45 | >100 | |
| 5 | 相对介电常数（50Hz） | | — | ≤5.5 | 4.40 | |
| 6 | 介质损耗因素（50Hz） | | — | ≤0.04 | $1.36×10^{-2}$ | |
| 7 | 浸水后绝缘电阻 | A 向 | Ω | ≥$5.0×10^{10}$ | $3.0×10^{14}$ | |
| | | B 向 | | ≥$5.0×10^{10}$ | $1.4×10^{14}$ | |
| 8 | 密度 | | g/cm³ | 1.7~2.1 | 2.04 | |
| 9 | 吸水性 | | % | ≤2.0 | 0.05 | |
| 10 | 燃烧性（垂直法） | | 级 | V-0 | V-0 | |
| 11 | 黏合强度 | | N | >6500 | 8727 | GB/T 1303.6—2009 中规定的试验方法 |

### 3. EPGC203（F882A）层压板

该层压板由电子级无碱玻璃纤维布浸渍以耐热环氧树脂经热压而成，产品具有较高的力学性能和电气性能，热态机械强度保持率高。适用于 F 级电机，还可在电器设备中做绝缘结构零部件等。其基本性能及试验结果见表 6-1-4。

表 6-1-4 EPGC203 的基本性能和试验结果

| 项目 | 性能 | | | 单位 | 要求 | 试验结果 | 试验方法 |
|---|---|---|---|---|---|---|---|
| 1 | 垂直层向弯曲强度 | （23±2）℃ | 纵向 | MPa | ≥350 | 489 | GB/T 1303.4—2009 中规定的试验方法 |
| | | | 横向 | | ≥350 | 465 | |
| | | （150±2）℃ | 纵向 | | ≥207 | 297 | |
| | | | 横向 | | ≥207 | 301 | |
| 2 | 平行层向冲击强度（简支梁、缺口） | | A 向 | kg/m² | ≥37 | 113 | |
| | | | B 向 | | ≥37 | 66.2 | |
| 3 | 垂直层向击穿电压［（90±2）℃，25 号变压器油中，20s 逐级升压∮25mm/∮75mm，圆柱电极] | | | kV/mm | ≥14.2 | 18.3 | |
| 4 | 平行层向击穿电压［（90±2）℃，25 号变压器油中，20s 逐级升压∮130mm/∮130mm，平板电极] | | | kV | ≥45 | 95.0 | |
| 5 | 相对电容率（1MHz） | | | — | ≤5.5 | 4.15 | |
| 6 | 介质损耗因素（1MHz） | | | — | ≤$4×10^{-2}$ | $9.40×10^{-3}$ | |
| 7 | 浸水后绝缘电阻（锥销电极，间距 25.0mm） | | 纵向 | Ω | ≥$5.0×10^{10}$ | $8.8×10^{13}$ | |
| | | | 横向 | | ≥$5.0×10^{10}$ | $1.9×10^{14}$ | |
| 8 | 密度 | | | g/cm³ | 1.7~2.1 | 2.03 | |
| 9 | 吸水性 | | | mg | ≤23 | 57.3 | |
| 10 | 黏合强度 | | | N | >6500 | 8304 | GB/T 1303.6—2009 中规定的试验方法 |

**4. F889 高强度导磁级层压板**

该板由电工无碱玻璃纤维布浸渍耐热、导磁环氧树脂经热压而成，具有较高的力学性能和导磁性能，耐热性好，热态机械强度保持率高，适用于风力发电等 F 级电机的磁性槽楔。其基本性能及试验结果见表 6-1-5。

表 6-1-5　F889 导磁级层压板的基本性能及试验结果

| 序号 | 检测性能/项目 | | | 单位 | 要求 | 检测结果 | 检测方法 |
|---|---|---|---|---|---|---|---|
| 1 | 密度 | | | g/cm³ | 3.2±0.2 | 3.12 | |
| 2 | 垂直层向弯曲强度 | (23±2)℃ | 纵向 | MPa | ≥220 | 290 | GB/T 1303.2—2009 |
| | | | 横向 | | ≥220 | 271 | |
| | | (155±2)℃ | 纵向 | | ≥180 | 220 | |
| | | | 横向 | | ≥180 | 221 | |
| 3 | 平行层向冲击强度（简支梁） | 缺口 | 纵向 | kJ/m² | ≥33 | 35.1 | |
| | | | 横向 | | ≥33 | 37.5 | |
| | | 无缺口 | 纵向 | | ≥70 | 102 | |
| | | | 横向 | | ≥70 | 121 | |
| 4 | 体积电阻率 | | | Ω·cm | ≥1.0×10⁶ | 6.0×10¹⁴ | GB/T 1410（现行为 GB/T 31838.2—2019） |
| 5 | 玻璃化温度 | DMA 法 | | ℃ | ≥160 | 198 | IEC 61006—2004 |
| | | DSC 法 | | | ≥160 | 182 | |

**5. EPGC308 层压板**

该板由电子级无碱玻璃纤维布浸渍以耐热环氧树脂经热压而成，具有较高的力学性能和电气性能，热态机械强度保持率高。耐热等级 H 级。适用于 H 级电机、电器设备中做绝缘结构零部件，以及其他用途。其基本性能及试验结果见表 6-1-6。

表 6-1-6　EPGC 308 层压板的基本性能及实验结果

| 序号 | 检测性能/项目 | | | 单位 | 要求 | 检测结果 | 检测方法 |
|---|---|---|---|---|---|---|---|
| 1 | 垂直层向弯曲强度 | (23±2)℃ | 纵向 | MPa | ≥340 | 588 | GB/T 1303.4—2009 |
| | | | 横向 | | ≥340 | 474 | |
| | | (180±2)℃ | 纵向 | | — | 321 | |
| | | | 横向 | | — | 271 | |
| 2 | 平行层向简支梁冲击强度（缺口） | | 纵向 | kJ/m² | ≥33 | 80.6 | |
| | | | 横向 | | ≥33 | 52.9 | |
| 3 | 垂直层向电气强度［(90±2)℃，25 号变压器油中，20s 逐级升压 φ25mm/φ75mm，圆柱电极］ | | | kV/mm | ≥13.2 | 16.8 | |
| 4 | 平行层向击穿电压［(90±2)℃，25 号变压器油中，20s 逐级升压 φ130mm/φ130mm，平板电极］ | | | kV | ≥20 | >100 | |
| 5 | 密度 | | | g/cm³ | — | 1.93 | |
| 6 | 吸水性 | | | mg | ≤23 | 8.0 | |
| 7 | 浸水后绝缘电阻（锥销电极，间距 25.0mm） | | 纵向 | MΩ | ≥5×10⁴ | 1.2×10⁷ | |
| | | | 横向 | | ≥5×10⁴ | 6.4×10⁷ | |

### 6. EPGM203（F876）环氧玻璃毡层压板

该板由无碱玻璃毡浸渍以耐热环氧树脂经热压而成，具有较高的力学性能和电气性能，热态机械强度保持率高，加工性能好，各向同性。耐热等级为 F 级。适用于 F 级电机、电器设备中的绝缘结构零部件，以及绝缘螺杆、垫块等。其基本性能及试验结果见表 6-1-7。

表 6-1-7 EPGM203 环氧玻璃毡层压板的基本性能及试验结果

| 序号 | 检测性能/项目 | | 单位 | 要求 | 试验结果 | 试验方法 |
|---|---|---|---|---|---|---|
| 1 | 垂直层向弯曲强度 | 常态 | MPa | ≥320 | 351 | IEC 60893-3-2：2003/AMDI：2011 中规定的试验方法 |
| | | （150±2）℃ | | ≥160 | 273 | |
| 2 | 平行层向冲击强度（简支梁、缺口） | | kJ/m² | ≥50 | 92.1 | |
| 3 | 垂直层向电气强度［（90±2）℃，25 号变压器油中，20s 逐级升压 ⌀25mm/⌀75mm，圆柱电极］ | | kV/mm | ≥10.1 | 17.4 | |
| 4 | 平行层向击穿电压［（90±2）℃，25 号变压器油中，20s 逐级升压 ⌀130mm/⌀130mm，平板电极］ | | kV | ≥35 | ＞100 | |
| 5 | 浸水后绝缘电阻 | | M·Ω | ≥5.0×10³ | 3.0×10⁶ | |
| 6 | 密度 | | g/cm³ | — | 1.99 | |
| 7 | 吸水性 | | mg | ≤30.8 | 7.7 | |

### 7. F875 H 级耐电痕玻璃毡层压板

该板由无碱玻璃纤维毡浸渍以耐热、低残碳率的环氧树脂经热压而成，具有较好的电气性能，优异的力学性能和耐电痕性能，热态机械强度保持率高，加工性能好，各向同性。适用于 H 级电机、电器设备中的绝缘结构零部件，槽绝缘垫块材料、槽楔、绝缘螺杆等，尤其适合在潮湿、易污染的环境下使用。其基本性能及试验结果见表 6-1-8。

表 6-1-8 F875 H 级耐电痕玻璃毡层压板的基本性能及试验结果

| 序号 | 检测性能/项目 | | 单位 | 要求 | 试验结果 | 检测方法 |
|---|---|---|---|---|---|---|
| 1 | 密度 | | g/cm³ | 1.80～2.0 | 1.95 | 企业标准 |
| 2 | 垂直层向弯曲强度 | 常态 | MPa | ≥320 | 483 | |
| | | （150±2）℃ | | ≥160 | 313 | |
| 3 | 拉伸强度 | | MPa | — | 316 | |
| 4 | 平行层向冲击强度（简支梁、缺口） | | kJ/m² | ≥50 | 104 | |
| 5 | 垂直层向压缩强度 | | MPa | ≥450 | 488 | |
| 6 | 平行层向压缩强度 | | MPa | ≥250 | 372 | |
| 7 | 平行层向击穿电压［（90±2）℃，25 号变压器油中，20s 逐级升压］ | | kV | ≥35 | 80 | |
| 8 | 垂直层向击穿电压［（90±2）℃，25 号变压器油中，20s 逐级升压］ | | kV/mm | ≥12 | 19 | |
| 9 | 吸水性（2mm 厚） | | mg | ≤26 | 15 | |
| 10 | 漏电起痕指数 | | V | ≥600 | 600 | |

### 8. UPGM203（GOP-3）绝缘板

该板由无碱玻璃毡浸渍不饱和树脂经热压而成，具有较高的力学性能和良好的电气性能，加工性能好，各向同性。耐热等级适用于 B、F 级电机还可在电器设备中做绝缘结构零部件。其基本性能及试验结果见表 6-1-9。

表 6-1-9　UPGM203（GOP-3）绝缘板的基本性能及试验结果

| 序号 | 检测性能/项目 | | 单位 | 要求 | 试验结果 | 试验方法 |
|---|---|---|---|---|---|---|
| 1 | 弯曲强度 | 常态 | MPa | ≥130 | 262 | |
| | | (130±2)℃ | | ≥65 | 168 | |
| | | (155±2)℃ | | — | 156 | |
| 2 | 平行层向冲击强度（简支梁、缺口） | | kJ/m² | ≥40 | 46.6 | |
| 3 | 垂直层向电气强度〔(90±2)℃，25号变压器油中，20s逐级升压⌀25mm/⌀75mm，圆柱电极〕 | | kV/mm | ≥10.5 | 14.6 | GB/T 1303.7—2009 中规定的试验方法 |
| 4 | 平行层向击穿电压〔(90±2)℃，25号变压器油中，20s逐级升压⌀130mm/⌀130mm，平板电极〕 | | kV | ≥35 | 90.0 | |
| 5 | 绝缘电阻（锥销电极） | 常态 | M·Ω | — | $1.6×10^8$ | |
| | | 浸水24h后 | | $≥5.0×10^2$ | $5.4×10^7$ | |
| 6 | 耐电痕化指数（PTI 600） | | — | ≥500 | PTI 600 | |
| 7 | 耐电痕化和蚀损 | | 级 | 1B2.5 | 1B2.5 通过 | |
| 8 | 燃烧性（垂直法） | | 级 | — | V-0 | |
| 9 | 吸水性 | | mg | ≤49 | 36.4 | |
| 10 | 密度 | | g/cm³ | — | 1.89 | GB/T 1303.2—2009 |

### 9. UP-SMC-25a 电工绝缘板

该板是按电工产品性能要求而特殊配制的 SMC 配方经热压而成的电工绝缘用板材，这类板材可以按不同的绝缘性能要求进行不同的配方设计从而获得具有不同绝缘性能的产品。这是一类电气用纤维增强不饱和聚酯模塑料（即电气级 SMC），适用于机械和电气领域。它可以具有高湿下电气性能稳定性好、中温下机械性能好，低燃烧性，改进耐电弧和耐电痕化和获取较好的高温下机械性能等特点。它具有良好的后机械加工特性，可以很轻松地进行冲压、钻孔、机械加工、剪切和磨砂等工作；可以根据需要加工成各种形状、尺寸的产品。UP-SMC-25a 仅是其中的一个品种，其基本性能及试验结果见表 6-1-10。

表 6-1-10　UP-SMC-25a 电工绝缘板的基本性能及试验结果

| 序号 | 检测性能/项目 | | 单位 | 要求 | 试验结果 | 试验方法 |
|---|---|---|---|---|---|---|
| 1 | 拉伸弹性模量 | | MPa | $≥1.0×10^4$ | $1.5×10^4$ | GB/T 1040.2 |
| 2 | 断裂拉伸应力 | | MPa | ≥60 | 117 | |
| 3 | 弯曲弹性模量 | | MPa | $≥1.0×10^4$ | $1.48×10^4$ | GB/T 1449—2005 |
| 4 | 弯曲强度 | | MPa | ≥180 | 194 | |
| 5 | 冲击强度（简支梁、无缺口） | | kJ/m² | ≥75 | 916 | GB/T 1043.1—2008 |
| 6 | 负荷变形温度（$T_g$=1.8） | | ℃ | ≥240 | >240 | GB/T 1634.2 |
| 7 | 线性热膨胀系数（23~55℃） | | $10^6$/K | ≤30 | 19.1 | GB/T 1036—2008 |
| 8 | 电气强度 | | kV/mm | ≥22.0 | 22.4 | GB/T 1408.1—2016 |
| 9 | 相对介电常数（100Hz） | | — | ≤4.8 | 4.77 | GB/T 1409—2006 |
| 10 | 介质损耗因数（100Hz） | | — | $≤2.0×10^{-2}$ | $1.17×10^{-2}$ | |
| 11 | 绝缘电阻 | 常态 | Ω | $≥1.0×10^{13}$ | $1.2×10^{14}$ | GB/T 10064—2006（现行为 GB/T 31838.4—2019） |
| | | 浸水后 | | $≥1.0×10^{12}$ | $2.8×10^{13}$ | |

续表

| 序号 | 检测性能/项目 | 单位 | 要求 | 试验结果 | 试验方法 |
|------|---------------|------|------|----------|----------|
| 12 | 体积电阻率 | Ω·m | ≥1.0×10¹² | 2.4×10¹³ | GB/T 1410—2006（现为 |
| 13 | 表面电阻率 | Ω | ≥1.0×10¹² | 2.2×10¹³ | GB/T 31838.2—2019） |
| 14 | 耐电痕化指数（PTI 600） | — | ≥600 | PTI 600 | GB/T 4207 |
| 15 | 耐电弧 | s | ≥180 | 185 | GB/T 1411—2002 |
| 16 | 燃烧性（垂直法） | 级 | 不次于 V-0 | V-0 | GB/T 5169.16—2017 |
| 17 | 炽热棒燃烧试验 | s | 燃烧时间不超过80 | 52 | GB/T 2407—2008 |
| 18 | 氧指数 | % | ≥31 | 47.2 | GB/T 2406.2—2009 |
| 19 | 密度 | g/cm³ | 1.60~2.00 | 1.92 | GB/T 1033.1—2008 方法 A |
| 20 | 模塑收缩率 | % | ≤0.15 | 0.09 | ISO 2577—2007 |
| 21 | 玻璃纤维含量 | % | 25±2.5 | 27.1 | GB/T 2577—2005 |

### 6.1.2 绝缘板材的典型应用案例

（1）UPGM203（GOP-3）绝缘板的应用：典型应用领域是轨道机车行业。

其中，在框式断路器中，主要用作安全挡板、安全遮板、间隔衬垫、相间隔板等；在塑壳式断路器中主要用作相间隔板、灭弧室隔弧板等。

在电机马达中用于电机电枢部件、活动盖板、槽楔定子、定垫片、薄垫片、碳刷座等。

在开关设备中用于隔板系统中的前端、后端、上端、底端、相间隔板等。

其还可应用于耐弧结构件。同理，SMC绝缘板主要用于高、中、低压开关柜的各种绝缘隔板。

（2）EPGM205层压板应用行业：主要用于高强度医疗机械设备。

（3）F889应用行业：主要用于大电机槽楔，减少电机热量消耗。

（4）F882B应用行业：主要用于泵阀密封。

（5）F881A应用行业：主要用于传统的输配电（柜体控制等）使用。

（6）F817.1应用行业：主要用于军（核）工行业。

## 6.2 SMC 在低压电气/电器中的应用

据资料介绍，低压电器是用于交流 50Hz（或 60Hz），额定电压 1000V 以下、直流电压 1500V 以下电路中的电器。在电路中起通断、保护、控制或调节作用。低压电器的市场容量与电力事业的发展密切相关。以 2006—2010 年为例，五年间年均新增装机容量约为 21GW。按经验配套比计算，每年需要低压框式断路器约 48 万台，塑壳式断路器约 482 万台，对其他各类低压电器产品的需求量也相当可观。

中国低压电器行业从简单装配、模仿制造到自行开发设计，已拥有生产企业两千家左右，近一千个产品系列。主要集中在沿海的广东、浙江和上海等省市，年产值近千亿。据锐观网 2020 年 5 月发布的资料，2018 年我国低压电器行业工业总产值达 980.5 亿元。当年万能式断路器产量规模达 145 万台、塑壳式断路器 7560 万台、小型断路器 143000 万台、交流接触器 17100 万台（极）。一般情况下，电能的 80% 通过低压电器配送或控制，按经验配套比测算，结果为每新增 1 万千瓦发电量约需要 6 万件低压电器产品配套。按我国 2020 年新增发电装机容量 19087 万千瓦计算，当年约需要 11.5 亿件低压电器产品与之配套。

低压电器行业规模增速也与用电量、房地产投资增速等相关度较高。低压电器下游应用广泛，按照下游需求占比排列，包含电力系统、房地产、制造业、新能源、通信等领域。其中，电力系统占比40%，建筑（含房地产）占比28%，制造业占比14%，新能源和通信占比约5%，其他占比13%。

低压电器市场一般分为高、中、低端三类，分别占比20%、30%、50%。当前国内高端市场主要由施耐德、ABB、西门子等国际品牌垄断，特点为技术先进、产品品质高；中高端市场主要由正泰电器、良信电器、常熟开关等国内头部品牌掌控，特点为研发实力较强、技术持续跟进、产品线相对完整；低端市场由众多中小企业竞争，特点为产品同质化严重、低价策略竞争。总的市场份额前三排行分别是正泰电器（19%）、施耐德（17%）和ABB（10%）；占比10%以下规模比较大的企业分别是德力西、天正电气、常熟开关、上海人民电器和良信电器。又据北京格物致胜咨询有限公司2021年7月发布的《中国低压电器市场白皮书》统计：正泰与施耐德是100亿～150亿级企业，其中，施耐德占中国低压电器市场15%份额，正泰占14%。50亿级企业，以德力西领衔；20亿～30亿级企业中，代表企业是天正；10亿～20亿级企业中，主要是上海人民；5亿～10亿企业中，环宇集团是温州企业的代表；5亿以下级别中，温州企业更是不计其数。

2020年，全球低压电器市场总份额（包括中国市场在内）约为4011.2亿元。其中，施耐德占1201.3亿元，市场占有率高达30%。排在施耐德后面的依次为西门子、ABB、正泰。

SMC/BMC在低压电器中的应用主要有：各种电力/电器/通信（计量）箱体、各类开关组件、各类断路器外壳或组件、各类绝缘子等。每年消耗SMC/BMC材料近40万吨。据业内人士介绍：2020年，某集团公司总配电开关数8470万台，产值约50个亿，估计塑壳断路器、绝缘子、刀开关等产品，涉及复合材料类有20多亿；某电气股份有限公司主营高低压电气。其中，塑壳断路器（BMC模压）年销量2.5亿元，刀开关（底坐BMC模压）销量4000万元，小型熔断器（BMC注塑）销量1000万元；某高科有限公司的销量：塑壳2.2亿元，小型（小型有热固、热塑两种，都是加纤的）2.4亿元，闸刀开关0.5亿元，熔断器0.2亿元；又如：某电网公司空中线缆入隧道工程，SMC防火槽盒、防火板每次招标约60000m。

在低压电器中，各种计量箱占比较大，尤其是电能计量箱。电能计量箱是电网公司营销物资的重要组成部分，是除智能电表、用电信息采集设备之外重要的基础设备。电能计量箱的物资归类属于：二次设备大类、低压屏（柜）、箱中类。

电能计量箱的产品种类有多种分类维度：按相数分，可以分为单相和三相（单相表箱中SMC占比18.6%）（三相表箱中SMC占比28.1%）；按表位分，可以分为单表位和多表位；按材质分，可以分为PC、SMC、不锈钢、热镀锌钢板；按安装方式分，可以分为悬挂式、嵌入式、落地式。

我国SMC材料电能计量箱最早源于1998年第一次农城网改造。SMC模压电能计量箱的使用，解决了金属计量箱用电性能不安全的问题，无须接地操作，绝缘性能高，安装简便，使用寿命比金属计量箱仅2～3年的寿命期长。经调查，安装使用了20年的SMC电能计量箱现在仍能正常使用，且完好无损。BMC材料由于其冲击强度、弯曲强度较低的原因，一般只适合生产一些1～2表位的箱体。

通常，国内两大电网公司每年都对各省电表箱需求进行多次招标。根据电力喵"2020年度电能计量箱市场情况解析"报告：2020年，国家电网公司范围共有24个网省开展了49次电能计量箱设备招标活动。据统计，不含流标数量，单三相各类电能计量箱累计招标数量为7211078只，合计21142047个表位，累计金额约35.56亿元。

SMC材质表箱需求来源：福建、甘肃、河南、黑龙江、吉林、内蒙古东部、宁夏、山西、天津、新疆和浙江等11个地区的单位。

安徽、福建、甘肃、河南、黑龙江、湖南、冀北、江苏、江西、辽宁、内蒙古、上海、四川、天津和浙江等15个地区的单位有多种材质的计量箱产品需求。

单相非金属材质（PC＋ABS 和 SMC）需求数量占比 90.2％（SMC 占比 18.6％），三相非金属材质（PC＋ABS 和 SMC）需求数量占比 86.0％（SMC 占比 28.1％）。国网近三年电能计量箱的需求变化如图 6-2-1 所示。

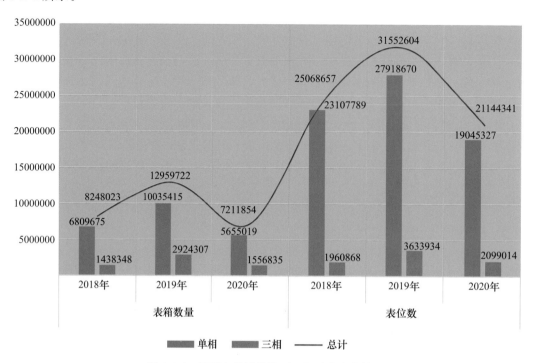

图 6-2-1　国网电能计量箱近三年需求变化情况

2020 年，南方电网公司范围共有 4 个省开展了 4 次电能计量箱设备招标活动（不含流标项目）。据统计，单三相各类电能计量箱累计招标金额约 2.56 亿元。其中，贵州电网占比 61.98％；海南电网占比 30.22％；广州供电局占比 4.61％。南方电网所招表箱以非金属材质为主。

据报道，2021 年国网招标电能计量箱的总规模 53 亿元，SMC 材质的约占 20％，总金额 10 亿多元。需要 SMC 片材 6～8 万吨。销售额 6 亿多元（计量箱壳）。

南方电网方面，内蒙古电力集团有限责任公司使用 SMC 计量箱、PC＋ABS 塑料表箱 1 年招投标金额 1～1.5 亿元。其他省电力公司大多采用透明 PC 塑料表箱。

2021 年 9 月，国家能源局公布全国整县推进分布式光伏试点名单，共计 676 个县市，以后逐年跟进，数量很大。试点农村、城市中需要大量 SMC 计量箱，发展前景很好，约需计量箱 5000 万只。SMC 电能计量箱 1000 万只，估计需 SMC 片材 4 万吨、产值约 3.2 亿元，潜力很大。

2022 年度，国网范围全部 27 个省电力公司安排了电能计量箱产品招标，通过各种招标方式产生了 9593689 只电能计量箱需求。市场总体规模约为 64 亿元。北京、福建、河南、黑龙江、吉林、内蒙古东部、宁夏、青海、山西、天津、新疆和浙江等 12 个项目单位的电能计量箱材质以 SMC 材料为主。

在国网项目中，产品材质选择方面，以 PC＋ABS 为主，占比 62.12％。SMC 占比 27.84％（图 6-2-2）。从产品的相数分布来看，单相产品最多，占比约为 69％（图 6-2-3）。

2022 年度，南方电网范围共有 7 个省级电力公司安排了电能计量箱产品招标，除去流标项目之外，2022 年度市场总体规模约为 3.8 亿元。

浙江乐清地区是我国低压电器主要产区，从事生产 BMC 企业约有 90 家，每天 BMC 材料用量在 600～800t。年产各类 BMC 材料约 25 万吨。BMC 材料年产值 15 亿元，成品产值 400 亿元左右。年生产各类 SMC 片材 6 万～8 万吨，年销售额 6 亿多元。BMC 材料在低压电气中也得到了广泛的应用，如小型断路器、小型熔断器、空气开关、交流接触器、框架式断路器、闸刀开关、空调外机开关罩、绝缘子等。

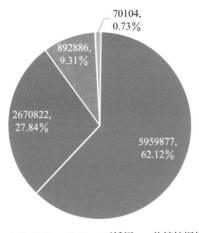

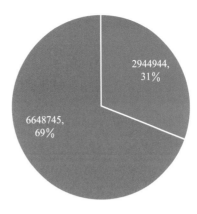

图6-2-2　国网电能计量箱产品材质分布情况　　　图6-2-3　国网电能计量箱产品相数分布情况

典型的 SMC 电能计量箱照片如图6-2-4所示。自左、右上和右下分别为单相1表、单相2表、三相2表 SMC 电能计量箱。

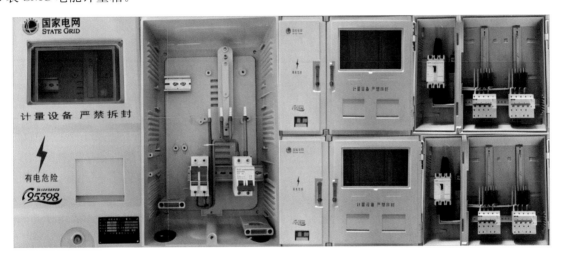

图6-2-4　SMC 电能计量箱（单相1表、单相2表、三相2表）

## 6.2.1　SMC 电能计量箱箱体材料的性能要求

根据国家电网公司企业标准 Q/GDW 11008—2013《低压计量箱技术规范》，非金属 SMC 材质电能计量箱主要应用于单相和三相两类表箱中。单相分别由1表、2表、4表、6表、9表、12表、15表组成，三相分标1表、2表、3表、4表、带互感器等组成。计量箱外壳材料性能参数应满足标准 GB/T 23641、GF25. Q. M 的性能要求（即玻纤含量为25%——试验试样在壳体外壳上切取）。计量箱 SMC 外壳材料性能参数见表6-2-1。

表6-2-1　计量箱 SMC 外壳材料性能参数

| 材料名称 | PC＋ABS | SMC | PC（观察窗） |
|---|---|---|---|
| 材料相关标准 | — | GB/T 23641 | HG/T 2503 |
| 材料代号 | PC＋ABS（阻燃） | SMC | PC |
| 密度（g/cm³） | 1.20 | 1.78 | 1.20 |

续表

| 材料名称 | PC＋ABS | SMC | PC（观察窗） |
|---|---|---|---|
| 拉伸强度（MPa） | ≥42 | ≥55 | ≥55 |
| 弯曲强度（MPa） | ≥65 | ≥140[a] | ≥95 |
| 简支梁冲击（无缺口）（kJ/m$^2$） | ≥42 | ≥55[b] | ≥45 |
| 负荷变形温度（$T_f$＝1.8℃） | ≥100 | ≥180 | ≥130 |
| 电气强度（常态油中）（kV/mm） | ≥15 | ≥20 | ≥16 |
| 阻燃等级 | V—0 | V—0 | V—0 |
| 屈服强度（MPa） | — | — | — |
| 断裂伸长率（%） | — | — | — |
| 参考型号 | 优级品 | GF25. Q. M | 一级品 |
| 材料板厚（mm） | ≥3（单表位） | | ≥2.5 |
| | ≥4（多表位） | | |

### 6.2.2　SMC 电能计量箱的制造工艺

SMC 电能计量箱的制造工艺包括：SMC 材料的生产、计量箱外壳的成型和计量箱的组装。它的工艺过程和普通的 SMC 制品的工艺过程相似。其主要区别在于产品性能要求（特别是电气性能和机械性能要求）的特殊性，而对工艺要求较普通产品要高。现对其工艺过程简述如下。

1. SMC 材料的生产

SMC 材料的生产工艺流程和其他产品用 SMC 生产工艺流程相同，如图 6-2-5 所示。

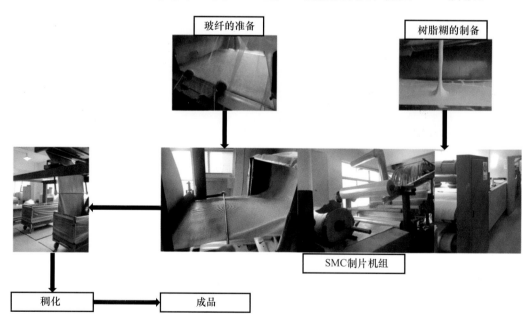

图 6-2-5　SMC 片材生产工艺流程

2. 电能计量箱箱体的成型与组装

箱体的成型工艺及组装流程如图 6-2-6 所示，包括：片材的准备、箱体模压成型、毛刺清除、产品丝印、电线裁剪、线路及相关附件安装、产品包装出厂。

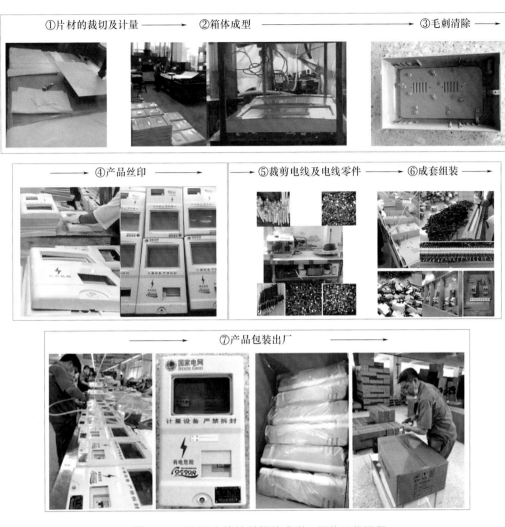

图 6-2-6　SMC 电能计量箱的成型、组装工艺流程

### 6.2.3　SMC 电能计量箱的性能检测及要求

低压电气计量箱的性能试验依据是：主要参照 Q/GDW 11008—2013 中的相应条款，同时也参考相应国家标准进行。根据上述标准，其检验项目分类如下。

（1）一般检查：包括外观检查、结构尺寸检查和计量箱配件检查。

（2）绝缘材料性能试验：热稳定性试验、耐热性试验、耐受非正常发热和火焰试验、耐老化试验、温度冲击试验、塑料冲击性能试验、塑料弯曲性能试验。

（3）机械性能试验：静载能力试验、动态载荷试验、冲击载荷试验、螺纹紧固连接件机械强度试验、计量箱外壳封闭防护等级验证、门锁性能试验、开关操作试验、过盈配合接插件性能试验。

（4）理化性能试验：计量箱标志试验、计量箱金属材质耐腐蚀试验、计量箱外壳表面涂层附着力试验。

（5）电气性能试验：电气间隙、爬电距离检测、保护电路有效性试验、绝缘电阻试验、介电性能试验、温升极限试验、电气开关性能检验。

有关各项检验具体的性能判定要求如下所述，其中所依据标准为生产时的标准，部分废止，仅供参考。

（1）一般检查。

① 外观检查：对计量箱结构和外观进行检查。其主要包括：功能机构、型式符合相应要求；外观

及涂层平整，无脱层、气泡、流痕、划痕或凹凸不平等缺陷；标识、警示语、铭牌、电气图应清晰、牢固、内容正确、完整；计量箱活动件、连接件功能正常无缺陷；颜色与色卡间无肉眼能观察到的色差。计量箱外壳颜色配置见表6-2-2。

表 6-2-2　计量箱外壳颜色配置表

| 结构件 | | 颜色 | 色卡号 |
|---|---|---|---|
| 外壳涂覆层、材质 | 面色、底色 | 灰色 | PANTONE Cool Gray 1U |
| | 底色、配色 | 灰色 | PANTONE Cool Gray 4U |
| 外壳丝印、装饰 | 警示语 | 红色 | PANTONE 485C |
| | 提示语、标识 | 绿色 | PANTONE 3292C |

② 结构尺寸检查：计量箱外壳几何尺寸、接线等空间距离应符合相应型式图纸要求。

③ 计量箱各种配件、附件完整；资料齐全。

（2）绝缘材料性能试验，适应于计量箱内绝缘材料部件、非金属计量箱外壳，依据 Q/GDW 11008—2013《低压计量箱技术规范》中的相应条款。

① 热稳定性试验参考 GB/T 20641—2006 中 9.8.1 的要求进行。目测计量箱外壳或样品应没有可见的裂缝，其材料不应变得具有黏性或油脂性。

② 耐热性试验适应于计量箱内绝缘材料部件、非金属计量箱外壳。试验参考 GB/T 20641—2006 中 9.8.2 的要求进行。耐热试验后，压痕球的压痕直径不得超过 2mm。

③ 耐受非正常发热和火焰试验适应于计量箱内绝缘材料部件、非金属计量箱外壳。试验参考 GB/T 20641—2006 中 9.8.3 的要求进行。提取外壳最薄处样品，灼热丝顶端温度（650±15）℃。在使用灼热丝期间和之后的 30s 之内，应观察试样及铺在试样下面的绢纸，并记录试样起燃的时间和火焰熄灭的时间。试验结果：如果没有明显的火焰和持续不断的亮光或样机的火焰或亮光在灼热丝移开 30s 之内熄灭，铺于底层的绢纸不起燃，松木板无烧焦现象，则认为该样品能够耐受灼热丝试验。

④ 耐老化试验适应于非金属计量箱外壳、有涂层的金属计量箱外壳。试验参考 GB/T 20641—2006 中要求进行。技术条件按照 Q/GDW 11008—2013 第 6.5 条执行。氙灯光照试验后，样条样品应无破裂和损坏，观察窗样品无破裂和损坏。样块样品应无破裂和损坏。

同时，在老化试验后非金属材料冲击强度和弯曲强度减少不大于 30%，观察窗透光率降低不大于 10%。

⑤ 温度冲击试验适应于非金属计量箱，测试非金属计量箱对于温度的适应性。试验参照 GB/T 2423.22—2002 的要求进行。高温 70℃、30min，低温 -40℃、30min，温度转换时间为 2～3min，共进行 5 个循环。试验后，计量箱在常温下恢复 24h。试验结果：被试样品应没有粘连、变形、破裂或损坏等现象。

⑥ 塑料冲击性能试验适应于计量箱外壳塑料部分（外壳、观察窗，金属计量箱外壳塑料部件）。试验也参照 GB/T 1043.1—2008 的要求进行。该试验适用于计量箱外壳塑料材料部分，以测试材料的脆性和韧性。采用机械加工方法从外壳适宜部位提取样品。试验结果：其冲击强度应≥45kJ/m²。

⑦ 塑料弯曲性能试验适应于计量箱外壳塑料部分（外壳、观察窗，金属计量箱外壳塑料部件）。试验参照 GB/T 9341—2008 的要求进行。该试验适用于计量箱外壳塑料材料部分，以测试材料的弯曲性能。采用机械加工方法从外壳适宜部位提取样品。试验结果：其弯曲强度应≥120MPa。

（3）机械性能试验依据 Q/GDW 11008—2013 中的相应条款进行。

① 静载能力试验包括：对计量箱外壳、铰链式计量箱门、计量箱安装板等进行试验。其中，计量箱外壳试验参照 GB/T 18663.1—2008 中 5.2.2 的方法，选择 SL5、刚度试验力为 500N、持续 1min，对外壳测试点施加相应载荷，以测试外壳刚度。试验结果：箱体不应有形状、配合或功能部件、影响

安装的变形；电气间隙仍能保持；相线与零线之间、不同电位的带电部件之间、带电部件与裸露导电部件之间，电气间隙≥5.5mm。

试验也参照 GB/T 7251.5—2008 中的方法，对外壳测试点施加相应载荷，以测定外壳耐受力情况。试验结果应和刚度的测试结果相同。

试验也参照 GB/T 7251.5—2008 中的方法，对外壳测试点施加相应载荷，以测定外壳耐扭力情况。试验结果应和刚度、耐受力的测试结果相同。

上述试验后，计量箱的防护等级仍为 IP34D。

铰链式计量箱门试验：在计量箱门完全打开状态下，水平开启计量箱门按照 GB 7251.5—2008 中的方法，施加相应水平载荷力，之后再在门的垂直中心线上施加 30N 的载荷，持续 1min；对上下开启铰链式门，按另外的加载力及保持时间。试验结果：箱体门、铰链、限位装置无损坏及变形；门开闭功能正常，且门在开闭过程中无损坏涂覆层现象；防护等级不变。门锁试验能通过。

计量箱安装板试验：试验参考 GB/T 20641—2006 中的方法对安装板施加 $n$（表位数）倍的 40N 的负荷，持续 1h。试验后，试验负荷仍保留住原位置。

② 对电气设备、门安全安装及门锁封闭状态下的计量箱进行动态载荷试验。其目的是衡量计量箱中电气设备安装牢固程度、安装附件功能性、运输试验要求。试验参考 GB/T 18663.1—2008 中 5.3.1 的规定进行。将计量箱固定在振动台上，进行动态负荷试验。按照 DL4 规定的性能等级，振动试验设置振动频率范围为 2～9Hz、位移振幅 1.5mm、9～200Hz、加速度振幅 5m/s²，扫描速率 1oct/min，进行 10 次循环；冲击试验设置峰值加速度 300mm/s²，持续时间 18ms，进行 3 次。试验结果：部件不允许有影响形状、配合或功能的变形或损坏及安装部件脱落、松动；保护短路连续性及性能指标仍能保持。

③ 冲击载荷试验：将计量箱外壳固定在刚性支撑体上。试验参考 GB/T 20641—2006 中的方法，选择防撞等级 1K09，对外壳各结构部位施加相应的冲击载荷。对最大尺寸不超过 1m 的正常使用的每个外露面冲击三次；对最大尺寸超过 1m 的正常使用的每个外露面冲击五次，最少能承受的撞击能力为 10J。试验结果：IP 代码相应数字和介电性能不变；门及铰链无破裂、损坏，且能正常开闭；电气间隙无变化；保护短路连续性及性能指标仍能保持。

耐钢质角状物撞击试验按照 GB/T 7251.5—2008 中的方法，将质量为 5kg 的钢制角状物提升到 0.2m 的高度时再使其落下，撞击计量箱的每个面，能量为 10J。试验结果：由撞击导致的裂纹直径不超过 15mm，如果撞击物的尖端穿透了计量箱的表面，则所形成的孔径应不能插入 4mm 塞规（塞规施加 5N 的力）。

④ 螺纹紧固连接件机械强度试验按照 GB 7251.3—2006 中的方法进行。试验过程中，螺钉连接不应出现松动和损坏，也不应发生类似螺钉破碎或裂变，螺纹、垫圈等或外壳和盖板的损坏。

⑤ 计量箱外壳封闭防护等级验证。计量箱在闭锁及防雨措施完善状态下进行 IP34D 防护等级验证试验。试验参照 GB 4208 的相应内容和 GB/T 20641—2006 中的要求进行。

防溅水试验经过摆管进行，摆管在垂直方向±180°范围内淋水，最大距离为 200mm，每孔 0.07（1±5%）L/min，持续 10min。试验结果：试验针（$\phi$2.5mm）施加 3N 力，不能插入缝隙；进水应不影响计量箱安全性，水滴不应积聚在可能导致爬电距离引起漏电起痕的绝缘部件上；直径 1.0mm、长 100mm 的金属线被施加 1N 力时不应进入，或虽进入但与危险部件之间保持足够的间隙；$\phi$50mm×50mm 的档盘不能进入开口。试验应满足防护等级的介电性能要求。

⑥ 门锁性能试验、开关操作试验。门锁性能试验参照 GB/T 25293—2010 的要求进行。试验结果：门、门锁、电气开关操作 50 次后，其功能保持正常。

⑦ 过盈配合接插件性能试验包括：耐热性试验、耐受非正常发热和火焰试验、机械振动试验、机械冲击试验、螺纹紧固连接件机械强度试验、金属材料耐腐蚀试验、插拔力测定试验、插拔寿命试验。

接插件性能应能满足上述性能试验要求。

插拔力验证试验用 $\phi7.4/\phi8.4$ 标准端子盒/专用电能表及专用测力计进行。用测量端子盒/专用电能表扣合接插件电气插头，启动测力计，缓缓施加压力，测量端子盒被压入到完全配合或压力到设定极限值，读取测力计读数；之后，施加相反拉力，直至测量端子盒完全拔出，读取测力计读数。单向电能表接插件极限值为 300N、500N，三相电能表接插件极限值为 525N、700N。试验结果：测量端子盒/专用电能表能够利用套入、接插件插头无裸露金属部分并能顺利拔出、测量端子盒/专用电能表插孔保留在原位，则为合格。

接插件寿命试验用测量端子盒及加力循环机进行，往复 1000 次。试验结果：接插件状态无变化；螺丝、插头无松动，支撑件无裂纹，重做温升试验合格。

（4）理化性能试验依据 Q/GDW 11008—2013 中的相应条款进行。

① 计量箱标志试验参照 GB/T 20641—2006 中的规定进行。试验结果：试验后，标志仍能被辨认。

② 计量箱金属材质耐腐蚀试验对象包括金属计量箱外壳、计量箱外露金属安装件、五金连接件等金属器件。试验参照 GB/T 20641—2006 中的要求进行，以验证防护层是否耐腐蚀，试验以 24h 为一个周期，共进行 14 个周期。试验结果：外观检查应无肉眼可见锈痕、破裂或其他损坏现象，允许保护涂层表面的损坏；门、铰链、锁、紧固件和入口设施可正常使用。

③ 计量箱外壳表面涂层附着力试验对象为外壳涂覆涂层的计量箱。试验参照 GB/T 9286—1998 标准进行。试验结果：附着力等级不低于 1 级，涂层脱落或碎片剥离面积不大于 5%。

（5）电气性能试验依据 Q/GDW 11008—2013 中的相应条款进行。

① 电气间隙、爬电距离检测按照 GB/T 7251.1—2013 中标准附录 F 的要求进行测量。分别测量电气间隙和爬电距离。试验结果：各试验部位之间的电气间隙、爬电距离分别大于 5.5mm、6.3mm。

② 保护电路有效性试验按照 GB/T 7251.1—2013 中的要求进行。对计量箱裸露的箱门、把手、铅封装置、门锁与保护电路金属部分之间施加不低于 10A 交流或直流电流，在 5s 内测量电阻。试验结果：试验后测得的电阻值应不大于 0.1Ω。

③ 绝缘电阻试验参照 GB/T 7251.1—2013 中的要求进行。计量箱内相间、相与地间施加 500V 电压。试验结果：试验后，绝缘电阻应大于 1000Ω/V。

④ 介电性能试验也参照 GB/T 7251.1—2013 中的要求进行。在计量箱内相间、相与外壳间、相与地间分别施加 50Hz、2500V 交流电压 1min，在非金属计量箱外壳与金属门锁、铅封螺钉、金属铰链等金属部件之间施加 50Hz、1.5×2500V 交流电压 1min。试验结果：试验中无闪络、击穿现象，试验后样品应无破损，泄漏电流不超过 100mA。

⑤ 温升极限试验适用于电器、电能表完全安装及门锁封闭状态下的计量箱。温升试验参照 GB/T 7251.1—2013 中规定，在插头插座温升试验后采用热电偶测试表 6-2-3 中各部件的温升。试验结果：试验后，各部位的温升极限应满足表中的要求。

表 6-2-3 温升极限值要求

| 序号 | 计量箱部件 | | 温升（K） |
|---|---|---|---|
| 1 | 电能表接插件 | $\phi8.5$ | 70 |
| | | $\phi6.0$、$\phi7.5$ | 60 |
| 2 | 进、出线端子 | 断路器（MCCB） | 70 |
| | | 新型断路器（MCB） | 65 |
| 3 | 母排、导线，连接到母排上的可移式部件和抽出式部件插接式触点（如果有） | | 70 |
| 4 | 操作手柄（锁体）、把手 | | 15 |
| 5 | 外壳表面 | | 30 |

⑥ 电气开关性能检验参照 GB 10963.1—2005、GB/T 14048.3—2008、GB/T 14048.2—2008 的规定进行。依次进行电气开关的耐燃试验、分断能力、脱扣性能试验。试验结果：试验结果应符合相应技术指标的要求。

### 6.2.4　应用案例

SMC/BMC 材料由于其在电气/电器领域具有独特的性能，因此在各种低压电气/电器等方面，有着广泛的应用，如 SMC 配电箱、SMC 电缆分支箱、SMC 环网柜等产品的箱/柜体获得普遍的应用。各种小型 BMC 产品（小型断路器、小型熔断器、空气开关、交流接触器、塑壳断路器、闸刀开关、BMC 绝缘子等）应用也十分广泛。

图 6-2-7～图 6-2-9 分别为 SMC 配电箱、SMC 线缆分支箱、SMC 环网柜的产品照片；图 6-2-10～图 6-2-13 分别为 BMC 框架式断路器，BMC 外壳注塑灭弧罩，各种小型 BMC 产品和 BMC 绝缘子的产品照片。

图 6-2-7　SMC 配电箱

图 6-2-8　SMC 电缆分支箱

图 6-2-9　SMC 环网柜（广东智信电气有限公司）

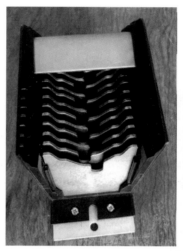

图 6-2-10　BMC 框架式断路器
（浙江正雁电器有限公司）

图 6-2-11　BMC 外壳注塑灭弧罩

图 6-2-12　各种小型 BMC 产品

图 6-2-13　BMC 绝缘子

## 6.3　BMC 在白色家电中的应用

　　我国的所谓白色家电可以细分为：家用空气调节器、家用制冷电器具、家用厨房电器具、家用清洁卫生电器具和美健个护类。"十三五"期间，我国家电企业积极针对用户需求开发新产品，优化产品结构，努力满足消费升级需求，变频、节能、智能、大容量等中高端产品快速增长，新兴品类不断涌现。满足消费升级需求的新兴品类产品发展很快，洗碗机、干衣机、电饭煲、破壁机、推杆式无线吸尘器、扫地机器人、洗地机、多功能料理机、家用美容仪、电动牙刷、高速电吹风等零售规模增长迅猛，市场非常活跃。

据国家统计局数据显示，2019年全年，家电全行业累计主营业务收入达到1.6万亿元，同比增长4.31%；累计利润总额达1338.6亿元，同比增长11.89%。

2019年家用空调累计产/销量预计分别为1.5亿台/6180万台；冰箱累计产/销量分别约为7600万台/3377万台；洗衣机累计产/销量分别约为6500万台/3844万台；吸油烟机全年产/销量分别约为3600万台/1709万台。2019年，中国家电业累计出口额709.2亿美元，增长3.3%。

"十三五"期间，家电工业转型升级和结构调整取得显著成效，经济效益增幅大大高于主营业务收入增幅，经济运行质量明显提升。2020年，家电工业完成主营业务收入14811亿元，完成利润总额1157亿元，比2015年增长16.5%。2020年，中国家电出口额为837亿美元，比2015年增长48.1%，"十三五"期间年均增长8.17%；进口额为45.1亿美元，比2015年增长35.2%。

根据中国电子信息产业发展研究院发布的《2022年中国家电市场报告》，2022年，我国家电线上市场零售额达4861亿元，同比增长4.24%。其中，2022年我国彩电市场零售额为1218亿元，空调市场为1638亿元，冰箱市场为1024亿元，洗衣机市场为701亿元，厨房电器市场为1492亿元，生活家电市场为2279亿元。

家电产品进一步向高端化、智能化、绿色化升级，家电消费稳步迈向"数智化"时代。"新家电"体现出家电品质化、高端化、健康化、便利化的趋势，成为消费升级的重要指标。2022年，"新家电"销售规模迅猛增长，整体增速远超行业平均水平。其中，游戏电视零售额同比增长202%，自清洁扫地机器人同比增长150%，新风空调同比增长237%，射频美容仪同比增长110%，空气炸锅同比增长174%，低音破壁机、果蔬净化清洗机同比增长分别高达2370%、457%。

2023年，随着家电刺激性消费政策加码，房地产定位引导信心回暖，城镇化进程不断提升，积压的家电替换需求释放，家电企业对产品创新不断和扩大内需战略深入实施，市场规模有望恢复至2021年水平。据国务院统计公报显示，2023年我国生产彩色电视机19339.6万台（同比下降1.3%），家用电冰箱9632.3万台（同比增长14.5%），房间空调调节器24487.0万台（同比增长13.5%）。我国家电市场规模变化如图6-3-1所示。

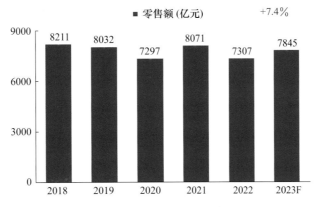

图6-3-1 我国家电市场规模变化

SMC/BMC在家电领域中应用中，应用量最大的典型产品是家电产品中广泛应用的塑封电机和空调电器盒。采用的材料主要是BMC。以下我们将对这两项产品进行介绍，其主要资料来源是来自伽顿（浙江）新材料公司、佛山市顺德区荔昌五金电子复合材料有限公司和网络的公开报道。

### 6.3.1 BMC 在塑封电机中的应用

塑封电机在 20 世纪 80 年代初期和中期首先在美国研制成功并发展起来，随后在日本获得了广泛应用。在日本生产塑封电机的有松下、三菱、芝浦、草津、日立等公司。松下、芝浦、草津三家公司的产品占领了大部分的日本市场。使用团状模塑料代替金属和环氧树脂制马达外壳，从而达到提高尺寸精度、降低成本并提高绝缘性能的要求。塑封电机在家用电器中应用较多，其最大优点是噪声小，因而它首先用在空调器上。分体式空调的室内风机已大多采用塑封电机。据报道，某款空调室内机轻载时噪声 23dB、运转时则为 34dB；洗衣机为防潮及吸振减振也采用塑封电机；厨房用品如垃圾粉碎机等上也较多采用塑封电机。20 世纪末，松下和芝浦先后在中国国内开设工厂从事空调洗衣机等家电马达的生产，从而将塑封电机对 BMC 材料的应用需求也带到了中国，并形成了一个巨大的市场。国内包括海尔、美的等企业也先后采用了这一技术，给国内的复合材料生产厂商带来了新的机遇。从最初日系的茂利马、昭和高分子到国内的民营企业绍兴金创意、捷敏、伽顿（浙江）和佛山荔昌等企业在内，都经历了塑封电机行业高速发展的红利期。我国研制塑封电机始于 20 世纪 90 年代初，塑料封装技术在微电机中的应用曾被微特电机行业列为"八五"期间重点推广应用项目。国内研制生产塑封电机的厂家多集中在沪、粤、苏、浙、闽等地。BMC 材料用于电机塑封行业具有先天的优势，BMC 材料良好的加工性能和快速注射成型大幅度地提高了生产效率，零收缩率的材料更好地帮助电机实现更高的尺寸精度和稳定的运转性能，卓越的阻燃和绝缘性能也提升了电机运行的安全系数，良好的隔声性和热传导性更是降低了电机在运行时的噪声和热量集聚。保守估计，国内家电生产用电机月生产量可以达到每个月 1000 多万台，仅塑封电机一项产品，BMC 材料总体使用量可以高达每月 3000t 以上。图 6-3-2 为典型的塑封电机产品结构组成和产品照片图。

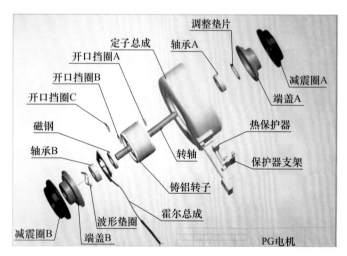

图 6-3-2　塑封电机的结构组成和产品照片

塑封电机由塑封定子、轴、转子、轴承、端盖及热保护器、引出线、插座等组成。塑封电机的定子铁芯系两个半圆铁芯拼合成一个整圆而制成。半圆型铁芯结构拼合方式有 3 种，即焊接结构、分半铁芯扣合结构和压合结构。半圆型铁芯制成后，用两个半圆形的绝缘护套分别从半圆型铁芯两端套上，然后再绕线，拼合，即可进行塑封。塑封时先把嵌好线圈的定子铁芯和引出线等装入注塑的金属模中，然后注塑成型。

塑封电机与普通电机相比有如下优点。

（1）外形美观，体积小，质量轻，机身长度和质量比金属外壳电机均减小 25％左右。仅金属用量方面，塑封电机比金属外壳电机材料用量就少 12.6％，见表 6-3-1。由于 BMC 塑封电机比原结构的轻，因此其运转平衡性更好，且装配方便，适用大批量自动化生产。

表 6-3-1　各种材料塑封电机的质量比较

| 项目 | BMC 塑封电机 | 普通钢板电机 | 材料节省 | 节省比例 |
|------|------------|------------|---------|---------|
| 铜用量 | 0.74 | 0.78 | 0.04 | 5.1% |
| 铁用量 | 2.25 | 2.64 | 0.39 | 14.8% |
| 铝用量 | 0.052 | 0.058 | 0.006 | 10.3% |
| 合计 | 3.0 | 3.47 | 0.436 | 12.6% |

（2）噪声低。由于采用对称同心囊封定子铁芯和塑型结构，从而提高了定子的刚度，降低了噪声；在工频电源下，塑封电机比钢壳电机的声压强度降低 7dB；在变频电源下则降低了 9dB。

（3）振动小。因为电机定子已成为一个整体，转子的不平衡量小抑制了振动的产生。

（4）电机的绝缘性能好。例如，某公司的塑封电机的注塑定子与浸漆定子浸水试验后，前者的绝缘性能一直保持在 $\geqslant 10\Omega$，而后者却立即降至 $10\Omega$ 以下，两者的电晕放电特性比较，注塑绝缘后的电晕开始电压（CSV）是浸漆绝缘前的 1.3 倍，而浸漆绝缘后是浸漆绝缘前的 1.1 倍。

（5）塑封电机具有耐腐蚀、耐潮湿、耐高温等特点。

（6）塑封电机比普通电机可节电 10% 左右。国内某款 BMC 塑封电机的优势见表 6-3-2。

表 6-3-2　国内某款 BMC 塑封电机的优势比较

| 项目 | BMC 塑封电机 | 普通钢板电机 | BMC 塑封电机对性能的改善 |
|------|------------|------------|---------------------|
| 结构 | 螺旋管式线圈结构 | 嵌入式线圈结构 | |
| 噪声（dB） | 38 | 42.5 | 降低 10% |
| 输入功率 | 370 | 440 | 能耗降低约 15% |
| 质量（kg） | 4.2 | 4.6 | 整机平衡性高 |
| 安全性 | BMC 塑封材料封装 | 开放型钢板电机 | 防潮、防锈 |
| 电机的温升指标和电机功率、效率 | | | 14% |

塑封电机一系列的优点使其在家用电器中获得了广泛应用。塑封电机是微特电机，按电动机的分类，微特电机是指电机轴中心高度 <71mm，定子铁芯外径 <100mm 的电动机。家用电器用微电机是我国微电机制造业中的主导产品。主要家电产品如空调、洗衣机、电表箱、微波炉、电风扇、吸尘器、跑步机、抽油烟机、洗碗机、面包机、榨汁机、电动牙刷、电吹风、厨房废物处理器、搅拌器等，都采用塑封电机这类的微型电机。据报道，我国 2018 年微型电机产量为 132 亿台，2019 年为 136 亿台。据此计算，2018 年和 2019 年在该类微型电机即塑封电机中，BMC 的消耗量分别为 26.4 万吨和 27.2 万吨。另据报道，2019 年我国主要家用电器如空调、冰箱、洗衣机和抽油烟机四类产品的产销量分别为 3.27 亿台和 1.5877 亿台。根据以上数据，在这四类家电中，仅塑封电机一项 BMC 材料的年消耗量为 3.18~6.54 万吨。2020 年我国家电产量总计 142176.1 万台，BMC 消耗量约为 28.5 万吨。其分类统计见表 6-3-3。

表 6-3-3　2020 年我国家电产量分类统计

| 家电类型 | 2020 年产量（万台） |
|---------|------------------|
| 家用电冰箱 | 9014.7 |
| 家用洗衣机 | 8041.9 |
| 家用电热水器 | 4237.5 |
| 家用抽油烟机 | 3412.3 |
| 家用冷柜 | 2714.4 |

| 家电类型 | 2020 年产量（万台） |
|---|---|
| 空气调节器 | 21064.6 |
| 家用吸尘器 | 13382.9 |
| 电冷热饮水机 | 1634.1 |
| 家用电风扇 | 23160.6 |
| 微波炉 | 9321.6 |
| 电饭锅 | 15098.5 |
| 电热烘烤器具 | 31093 |

### 6.3.1.1  BMC 塑封电机对材料性能的要求

作为塑封电机的 BMC 材料，其基本性能要求必须具有以下特点，即：

（1）绝缘性能优异；

（2）尺寸稳定性好，特别是在受热时可以保持刚性，RTI（相对温度指数）在 105℃以上；

（3）可以注射成型以提高生产效率；

（4）材料具有长期耐老化性能，使用过程中无异味产生；

（5）阻燃性能好，具有 UL94 V-0 难燃认定；

（6）符合 RoHs、REACH 等有害物质控制要求。

塑封电机对 BMC 材料具体的性能指标要求见表 6-3-4。

表 6-3-4  塑封电机用 BMC 材料基本性能指标

| 试验项目 | 单位 | 参考值 | 测试标准 |
|---|---|---|---|
| 成型性 | 无 | 限度样本 | 目视 |
| 凝胶化时间 | s | 3 | JIS K 6911—1995 |
| 螺旋流动性 | cm | 36 | — |
| 成形品比重 | — | 2.00 | JIS K 6911—1995 |
| 收缩率 | % | 0.02 | — |
| 煮沸吸水率 | % | 0.15 以下 | JIS K 6911—1995 |
| 线膨胀系数 | $10^{-5}$/℃ | 2.5 以下 | JIS K 6911—1995 |
| 弯曲强度 | MPa | 60 以上 | JIS K 6911—1995 |
| 弯曲弹性系数 | GPa | 8 以上 | JIS K 6911—1995 |
| 夏比冲击强度 | kJ/m² | 8 以上 | JIS K 6911—1995 |
| 引张强度 | MPa | 20 以上 | JIS K 6911—1995 |
| 压缩强度 | MPa | 80 以上 | JIS K 6911—1995 |
| 绝缘抵抗（常态） | Ω | $10^{13}$ | JIS K 6911—1995 |
| 绝缘抵抗（煮沸） | Ω | $10^{11}$ | JIS K 6911—1995 |
| 耐电压（短时间法） | kV/mm | 12 | JIS K 6911—1995 |
| 耐电弧性 | s | 180 | JIS K 6911—1995 |
| 耐漏电性 | CTI | 600 | IEC 112 |
| 难燃性 | mm | 1.6 | UL 94 V-0 |

### 6.3.1.2 塑封电机产品的总体性能要求

家电用塑封电机的基本性能要求为：

（1）外观无裂纹、杂质等缺陷，转子线圈内金属导线的保护要好，不漏电，保证绝缘；

（2）满足对马达轴承尺寸精度配合及高转速的要求，能实现长期稳定运转；

（3）运转时低噪声、高功率，稳定输出无振动；

（4）产品阻燃，符合RoHs、REACH等有害物质控制要求，且长时间运转无气味产生；

（5）家用电器马达的其他电气性能要求。

### 6.3.1.3 塑封电机的制造工艺

1. 塑封电机用BMC的配方

表6-3-5列出了塑封电机用BMC材料的基本配方。

表6-3-5　BMC塑封电机材料基本配方

| 组分 | 不饱和聚酯树脂+低收缩添加剂 | 助剂 | 填料 | | 玻璃纤维 |
| --- | --- | --- | --- | --- | --- |
| | | | 1号 | 2号 | |
| 比例（%） | 20 | 3 | 24 | 47 | 6 |

2. 材料工艺性能检测

BMC塑封电机材料的某些工艺性能与产品的成型及性能关系非常密切，如成型性、离型性、外观好坏、凝胶化时间的长短及流动性等。以某公司检测方法为例，在测定材料成型收缩率的标准模具上，按标准的成型工艺参数成型试件。

测定材料的成型收缩率，用目测方式检验试件脱模的难易程度，外观是否平滑，色彩、光泽以及是否有异物混入等。若在规格以内则以"良"判定。其成型工艺参数见表6-3-6。

表6-3-6　测试材料收缩率等工艺性能成型工艺参数

| 成型温度（℃） | 成型压力（MPa） | 硬化时间（s） | 材料投入量（g） |
| --- | --- | --- | --- |
| 140±3 | 4 | 180~300 | 75 |

凝胶化时间按标准JIS K 6911的5.3.2项所规定的材料、形状、尺寸，选用两块压板作为模具，工艺参数见表6-3-7。

表6-3-7　材料凝胶化测定所用的工艺参数

| 成型机 | 成型温度（℃） | 成型压力（MPa） | 材料投入量（g） |
| --- | --- | --- | --- |
| 5t压缩成型机 | 140±1 | 125（全压力） | 5（握成球状） |

往模具投入物料后，加足全压，保持一定时间后开模，观察试料（平板状）是否已经固化。用秒表测定从加足压力到撤去压力的时间。试料若已经固化就缩短时间，若没有固化就延长时间，反复操作，经差试法得出试料固化的最短时间就是固化时间，用s表示。

材料流动性采用ASTM相应的螺旋法测定。该法使用50t成型压机，利用传递（也称压注）成型的原理将一定质量的材料从小孔中压入螺旋状的模具型腔中。通过读取成型品（图6-3-3）表面相应的长度数据（cm），作为螺旋流动性的值。该方法能够测试材料在某一温度下的模腔内的流动长度，是测试材料流动性的一个非常重要的指标。

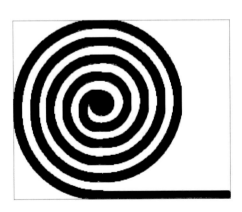

图6-3-3　BMC流动性测试的螺旋形成型品

### 3. BMC 材料的制造工艺

BMC 材料的制造工艺主要包括原材料准备、树脂糊充分混合、树脂糊与玻纤的捏合及成品等工序。其工艺流程如图 6-3-4 所示。

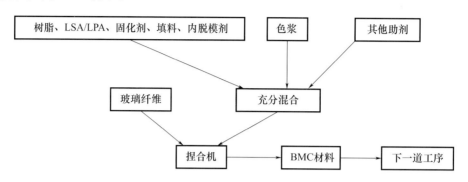

图 6-3-4　BMC 制备工艺流程图

如图 6-3-4 所示，其工艺过程是：先将配方中经精确计量的各种液体材料在高速分散机中混合，再加入配方中的固体组分混合。将混合好的材料倒入捏合机中，与按配方比例加入的粉状填料进一步充分混合成树脂糊状物。最后加入经计量的玻璃纤维，并在捏合机中和树脂糊状物进行充分的混合。将混合好的物料在另一设备上按客户需求，挤出成一定尺寸和形状的 BMC 半成品。在 BMC 制备过程中，需要注意的是：材料加入的次序是先液体后固体；在混炼过程中需要控制捏合机的混炼时间和混炼时的材料温度，以免效率受到影响同时破坏玻纤的强度。另外，捏合机内材料温度过高会影响后续材料的增稠，严重情况下会导致材料寿命缩短。

一般情况下对塑封马达用 BMC 材料加入玻纤后捏合机运转三四分钟即可，同时需要控制捏合机内温度不要超过 60℃。在制备树脂糊阶段，为保证液/固两相的均匀混合，一般混合时间在 30～50min，加入玻纤后再混合的时间视最终产品的不同，一般控制在 3～5min。BMC 材料制备完成后一定要用不透气的薄膜包装密封。新制备的 BMC 材料在常温状态下，经 3～5d 的稠化过程即可投入使用。

### 4. BMC 塑封电机的制造工艺

前文已指出，塑封电机由塑封定子、轴、转子、轴承、端盖及热保护器、引出线、插座等组成。而在本部分所讨论的制造工艺，仅涉及 BMC 塑封部分。为了便于对制造过程的理解，对塑封电机的结构有必要作进一步的了解。

（1）BMC 塑封电机的结构如图 6-3-5 所示。电机结构的固定部分是定子，定子部分由铁芯、定子绕组、机壳（塑封料）等组成，这部分是我们制造塑封电机中的主要环节。其他如转子部分、支承部分都是在装配过程中导入的。图 6-3-6 所示为塑封电机定子部分结构。

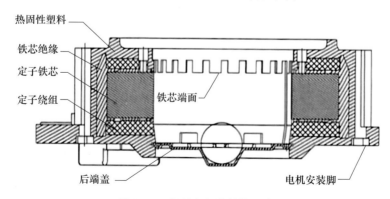

图 6-3-5　塑封电机的结构示意

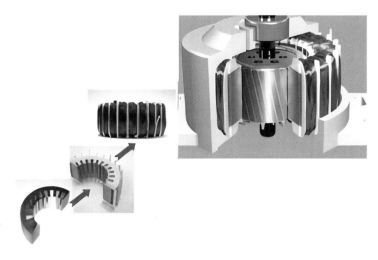

图 6-3-6　塑封电机定子部分结构

塑封电机的定子绕组为环形螺旋管式，用微机控制的环形螺旋式电机定子绕线机和专用夹具，将漆包线直接高速盘绕在半圆形定子铁芯上。由于绕线转速高达 2500r/min，因此要求漆包线质量稳定，线的塑性、强度、漆膜牢固度等在绕制拉力作用下不得破坏；线的排列要紧密均匀，以免产生匝间短路或对地击穿；绕好线拼成整圆时，各线圈及主副绕组间的接线要准确无误；线间的连接处均需套上绝缘漆管并包扎牢固，以防被拉断。

当定子绕组完成后，再将线路板、DMD 绝缘纸、绝缘胶带、绑扎线、线夹和引出线组件在定子适当位置就位，成为塑封前的组合定子（图 6-3-7）。

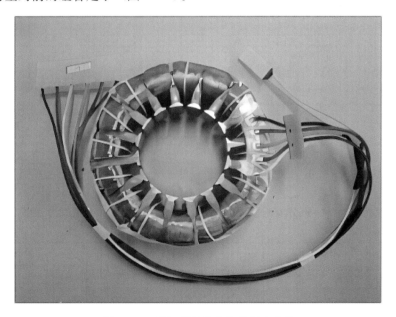

图 6-3-7　进行塑封操作前的组合定子

（2）电机组合定子的塑封成型通常采用注射成型工艺。其工艺流程如图 6-3-8 所示。

注射成型时，由于使用的是快速固化的材料，同时为了防止 BMC 材料固化时产生的高温熔化导线外的热塑性塑料外皮，需要降低成型时模具的温度，一般控制在 120℃左右。塑封电机注射成型时工艺控制要点如下。

① 模具温度控制在 116～130℃，温度太高会有导线烧坏现象产生，温度太低会影响 BMC 的充分固化，同时影响生产效率；

② 射出初速不能太快，射速太快，材料进入模腔会冲断细铜丝导线，破坏塑封电机的整体；

③ 具体成型工艺视各生产厂成型机型号及塑封电机制品的尺寸大小不同而有所不同，一般是遵循先慢速射入，再快速、慢速的注射速度设定进行；

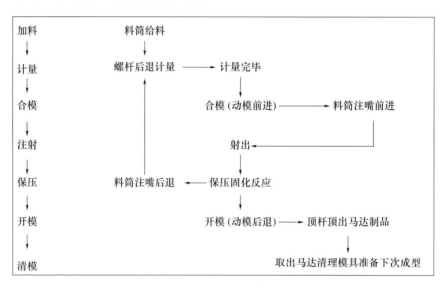

图 6-3-8　典型的 BMC 马达注射成型工艺流程

④ 射出成型时设定压力也不能太大，不然材料在模腔内会挤压铜导线甚至端盖，同时从后端引线处冲出，会产生对电机尺寸及电性能上的影响。轻则增加飞边影响修边，严重时直接造成最终产品的报废。一般设定在 2.2～3.5MPa 范围内。

⑤ 一般注射时间为 10～15s；固化时间为 120～160s。

塑封好的定子总成如图 6-3-9 所示。

图 6-3-9　塑封好的定子总成

（3）塑封电机的组装过程是先将转轴用压机压入转子并经过精加工、刷绝缘漆、装卡簧等附件后成为转子总成（图 6-3-10 左上角图），然后如图 6-3-10 左下角图所示，用气动工装在转子轴上装入轴承。把转子总成装入定子总成中，再装入端盖、调垫和波垫。最后，成为前已提及的塑封电机产品（图 6-3-2 右侧图）。

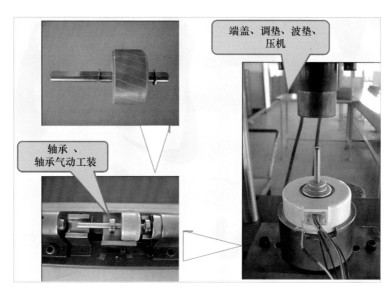

图6-3-10　塑封电机的总装工艺过程

#### 6.3.1.4　塑封电机的性能要求及检测

塑封电机的性能检测，通常采用JB/T 4270《房间空调器风扇用电容运转异步电动机 技术条件》、GB 12350《小功率电动机的安全要求》。此外，作为塑封电机的主要材料，需要关注它的导热性能，导热性能的高低与塑封电机运行过程中的温升密切相关。其他性能在塑封电机交付前也要进行必要项目的检测。

1. 塑封材料性能检测

（1）导热系数测试方法。塑封电机采用BMC料进行塑封，BMC料与电机绕组直接接触，绕组产生的热量通过BMC料传递出去，因此BMC料导热性高低将直接影响塑封电机的温升，过高的温升对塑封电机的性能及使用寿命产生影响。衡量热传导介质热性能的物理量是导热系数。目前，塑封电机用BMC料的导热系数普遍在1.0W/(m·K)左右，如果提高BMC料的导热系数，理论上可以降低塑封电机的绕组和表面的温升。

BMC材料导热系数的检测按GB 10295—2008《绝热材料稳态热阻及有关特性的测定 热流计法》规定进行。导热系数测试采用（50±2）mm×（50±2）mm×（10±0.5）mm尺寸的试样。先调节主加热板与副加热板以及主加热板与低加热板之间的温差，使之达到平衡；达到稳定状态（稳定状态是指在主加热板功率不变的情况下，20min内试样表面温度波动不大于试样两面温差的1%，且最大不得大于1℃）后，测量主加热板功率和试样两面的温差，试验即可结束。按下列公式计算导热系数。

$$\lambda = \frac{\varPhi \times d}{A \times (t_1 - t_2)}$$

式中　$\lambda$——导热系数，单位为W/(m·K)；

　　　$\varPhi$——主加热板稳定时的功率，单位为W；

　　　$d$——试样厚度，单位为m；

　　　$A$——试样横截面积，单位为m$^2$；

　　　$t_1$——试样热面温度，单位为℃；

　　　$t_2$——试样冷面温度，单位为℃。

BMC材料中填料的导热系数和采用不同BMC配方的塑封电机产品的导热系数比较列于表6-3-8。

表 6-3-8　BMC 常用填料及不同配方材料的导热系数

| 主要填料 | BMC 料型号 | 导热系数［W/（m·K）］ |
|---|---|---|
| 碳酸钙 | — | 2.7 |
| 球形氧化铝 | — | 30 |
| 正常配方 | B9－3 | 1.0272 |
| 改进配方 1 | B15－1 | 1.6257 |
| 改进配方 2 | B15－3 | 1.9249 |

结果表明：三种配方产品外观整体光亮，固化良好，未发现性能不良，成型性相当。通过配方的调整，可以显著提高材料的导热性能。B15-1 的导热系数达到 1.6W/（m·K），B15-3 的导热系数达到 1.9W/（m·K），均比目前量产 BMC 料 B9-3 1.0W/（m·K）左右导热系数高，从而使其适应不同使用要求的塑封电机。

为了验证材料导热系数对塑封电机温升的影响，对用不同配方材料 B9-3、B15-1、B15-3 制成的塑封电机进行温升测试。电机型号为 40010-59。

测试采用温度计法：$V_m=380V$，$V_{cc}=15V$，$V_{sp}=4.5V$ 带模拟负载（JP 风盘 $\phi230$）连续运行至温度稳定。用温度记录仪记录表面、绕组、环境温度。电机在常温下电压 AC230V/50Hz 带模拟负载［FC－7$\phi$214（SP）］连续运行至温度稳定。用温度记录仪记录表面、绕组、环境温度。其试验结果见表 6-3-9。

表 6-3-9　不同材料塑封电机 40010－59 的温升试验结果

| 材料型号 | 序号 | 绕组温度平均值（℃） | 表面温度平均值（℃） | 环境温度平均值（℃） | 绕组温升平均值（K） | 表面温升平均值（K） | 不同材料塑封电机绕组温升变化（K） | 不同材料塑封电机表面温升变化（K） |
|---|---|---|---|---|---|---|---|---|
| B9-3 | 1 号 | | | | | | — | — |
| | 2 号 | 69.7 | 58.2 | 24.60 | 45.1 | 33.57 | | |
| | 3 号 | | | | | | | |
| B15-1 | 1 号 | | | | | | — | — |
| | 2 号 | 64.7 | 56.8 | 24.10 | 40.6 | 32.70 | | |
| | 3 号 | | | | | | | |
| B15-3 | 1 号 | | | | | | — | — |
| | 2 号 | 61.30 | 55.10 | 26.00 | 35.3 | 29.13 | | |
| | 3 号 | | | | | | | |
| B9-3→B15-1 温升变化 | | | | | | | ↓4.50 | ↓0.87 |
| B15-1→B15-3 温升变化 | | | | | | | ↓5.30 | ↓3.57 |
| B9-3→B15-3 温升变化 | | | | | | | ↓9.80 | ↓4.44 |

试验结果表明：随着塑封电机用 BMC 料导热系数的增加，电机温升逐渐降低。如导热系数 1.6W/（m·K）材料 B15-3 制成的塑封电机比导热系数 1.0W/（m·K）B9-3 材料制成的塑封电机，其绕组温升降低 5.3K。同比，用导热系数 1.9W/（m·K）材料 B15-3 制成的塑封电机的绕组温升降低达到 9.77K。同样，电机的表面温升效果也相同。

（2）塑封电机 BMC 配方的信赖性试验。调整后的配方需按国标 GB/T 23641《电气用纤维增强不饱和聚酯模塑料（SMC/BMC）》进行信赖性试验。其试验结果见表 6-3-10。

表 6-3-10　新配方信赖性试验结果

| 序号 | 测试项目 | 测试方法 | 单位 | 技术要求 | 实测结果/平均值 | | |
| --- | --- | --- | --- | --- | --- | --- | --- |
| | | | | | B9-3 | B15-1 | B15-3 |
| 1 | 拉伸强度 | 采用哑铃状尺寸试样，以 5mm/min 加载速率进行破坏<br>拉伸强度为：$\delta = F/A$<br>拉伸强度应满足：$\delta \geqslant 30MPa$ | MPa | $\geqslant 20$ | 27.1 | 24.6 | 23.5 |
| 2 | 弯曲强度 | 采用 80mm×10mm×4.0mm 尺寸试样，以 5mm/min 加载速率进行破坏，试样跨度为 40mm<br>弯曲强度 $\delta = 3PL/(2b \times h_2)$ | MPa | $\geqslant 60$ | 88.2 | 69.5 | 71.4 |
| 3 | 简支梁无缺口冲击强度 | 采用 80mm×10mm×4.0mm 尺寸试样，试样跨度为 62mm，进行摆锤式试验<br>冲击强度为 $\delta = E/(b \times h) \times 10^3$<br>冲击强度应满足 $\delta \geqslant 25kJ/m^2$ | kJ/m$^2$ | $\geqslant 10$ | 17.5 | 13.6 | 14.8 |
| 4 | 常态下绝缘电阻 | 采用 50mm×75mm×4mm 尺寸试样，将圆锥插销电极到试样圆孔处，施加 DC500V，施压 1min 后读数；<br>电阻值应满足 $\geqslant 10^{12}$ | Ω | $\geqslant 10^{12}$ | $5.7 \times 10^{12}$ | $3.7 \times 10^{12}$ | $4.5 \times 10^{12}$ |
| 5 | 阻燃性 | 进行 UL94 测试，试验应达到 UL-94/3.0 V$_0$ | 级 | V$_0$ | V$_0$ | V$_0$ | V$_0$ |
| 6 | 成型收缩率 | 通过圆盘模具制备，冷却至 25℃，计算试样的收缩率：<br>$S = 1/2 \times (D_1 - d_1)/D_1 + (D_2 - d_2)/D_2 \times 100$<br>收缩率应在 0.02%～0.08%范围内 | % | 0.02～0.08 | 0.0471 | 0.0362 | 0.0467 |
| 7 | 流动性 | 按照基准工艺制备。测定挤出长度为流动性；<br>流动性应满足 700～850mm | mm | 700～850 | 811 | 797 | 824 |

试验结果表明：所制备的 B15-1、B15-3 收缩及流动性相当，力学性均有下降，但均在技术要求范围内。

（3）塑封电机 BMC 配方的可靠性试验包括环境适应性试验和耐久性试验。

① 环境适应性试验。

B15-3 材料塑封电机环境适应性分别检测了在高温、低温、湿热及高低温冲击条件下测定其漏电流和绝缘性能。

其测试条件是：漏电流测试条件为 1800V/2s；绝缘电阻为 500V/1min。其试验结果见表 6-3-11。

从测试结果可以看出，B15-3 材料塑封电机符合环境适应技术要求。

表 6-3-11　B15-3 材料制塑封电机的环境适应性试验结果

| 型号 | 条件 | 项目及技术要求 | | 试验样品编号 | | | |
| --- | --- | --- | --- | --- | --- | --- | --- |
| | | | | 1 号 | 2 号 | 3 号 | 4 号 |
| B15-3 | 高温试验<br>155℃×240h | 漏电流<br>$\leqslant 3mA$ | 试验前 | 0.174 | 0.165 | 0.162 | 0.163 |
| | | | 试验后 | 0.159 | 0.160 | 0.158 | 0.161 |
| | | 绝缘电阻<br>$\geqslant 500M\Omega$ | 试验前 | >10000 | >10000 | >10000 | >10000 |
| | | | 试验后 | >10000 | >10000 | >10000 | >10000 |
| | 低温试验<br>−40℃×240h | 漏电流<br>$\leqslant 3mA$ | 试验前 | 0.146 | 0.155 | 0.137 | 0.133 |
| | | | 试验后 | 0.155 | 0.163 | 0.151 | 0.164 |
| | | 绝缘电阻<br>$\geqslant 500M\Omega$ | 试验前 | >10000 | >10000 | >10000 | >10000 |
| | | | 试验后 | >10000 | >10000 | >10000 | >10000 |

续表

| 型号 | 条件 | 项目及技术要求 | | 试验样品编号 | | | |
|---|---|---|---|---|---|---|---|
| | | | | 1号 | 2号 | 3号 | 4号 |
| B15-3 | 湿热试验<br>85℃/RH85％×720h | 漏电流<br>≤3mA | 试验前 | 0.157 | 0.165 | 0.149 | 0.153 |
| | | | 试验后 | 0.205 | 0.203 | 0.198 | 0.206 |
| | | 绝缘电阻<br>≥500MΩ | 试验前 | >10000 | >10000 | >10000 | >10000 |
| | | | 试验后 | 1737 | 1417 | 1982 | 1377 |
| | 温度冲击试验<br>（130℃×2h～−40℃×<br>2h）×200 循环 | 漏电流<br>≤3mA | 试验前 | 0.165 | 0.163 | 0.160 | 0.159 |
| | | | 试验后 | 0.198 | 0.199 | 0.190 | 0.208 |
| | | 绝缘电阻<br>≥500MΩ | 试验前 | >10000 | >10000 | >10000 | >10000 |
| | | | 试验后 | >10000 | >10000 | >10000 | >10000 |

② 耐久性试验。采用电阻法，参考 QMAD-J 070.0001—2018《电机产品单体耐久试验标准》进行，检测其耐久性试验后电机温升。其测试结果列于表 6-3-12。

表 6-3-12　耐久性试验后电机温升

| 塑封电机用<br>材料型号 | 耐久时间 | 1号试样 | | 2号试样 | | 平均值 | |
|---|---|---|---|---|---|---|---|
| | | 主相 | 副相 | 主相 | 副相 | 主相 | 副相 |
| B15-3 | 0h | 55.0 | 51.5 | 56.7 | 55.6 | 55.9 | 53.6 |
| | 720h | 56.6 | 55.5 | 62.5 | 60.0 | 59.6 | 57.7 |
| | 1440h | 56.1 | 53.5 | 63.3 | 61.5 | 59.7 | 57.5 |
| B9-3 | 0h | 68.4 | 67.4 | 70.1 | 72.3 | 69.2 | 69.8 |
| | 720h | 66.7 | 64.7 | 68.4 | 65.9 | 67.5 | 65.3 |
| | 1440h | 70.5 | 68.9 | 66.3 | 64.2 | 68.4 | 66.6 |
| B9-3→B15-3<br>温升变化 | 0h | ↓13.3 | ↓15.8 | ↓13.5 | ↓16.7 | ↓13.4 | ↓16.3 |
| | 720h | ↓10.1 | ↓9.3 | ↓5.9 | ↓5.9 | ↓8.0 | ↓7.6 |
| | 1440h | ↓14.4 | ↓15.4 | ↓3.1 | ↓2.7 | ↓8.7 | ↓9.1 |

试验结果表明：B15-3 材料制成的塑封电机降低温升的能力在 720h 后趋于稳定。同时，其主相和副相绕组温升比 B9-3 材料制成的塑封电机平均降低 7～10K。

2. 塑封电机的型式试验

塑封电机的型式试验主要由客户方按需进行。其型式试验按 JB/T 4270—2013 所属章、条和 GB/T 12350 所属章、条执行。其检验项目、要求、试验方法和不合格类别见表 6-3-13。

表 6-3-13　单向电容异步电机型式试验项目、要求和不合格类别

| 序号 | 项目 | JB/T 4270—2013 所属章、条 | | GB/T 12350<br>所属章、条 | 不合格类别 |
|---|---|---|---|---|---|
| | | 技术要求 | 试验方法 | | |
| 1 | 标志 | 7.1 | 视检 | 第 4 章 | A |
| 2 | 外观检查 | 4.2.1 | 5.2 | — | C |
| 3 | 转动检查 | 4.2.2 | 5.2 | — | B |
| 4 | 安装尺寸、外形尺寸 | 4.2.3 | 5.2 | — | B |
| 5 | 轴向窜动 | 4.3 | 5.3 | — | C |
| 6 | 轴伸径向圆跳动 | 4.4 | 5.4 | — | C |
| 7 | 基座与外壳 | — | — | 第 5 章 | A |

续表

| 序号 | 项目 | JB/T 4270—2013 所属章、条 | | GB/T 12350 所属章、条 | 不合格类别 |
|---|---|---|---|---|---|
| | | 技术要求 | 试验方法 | | |
| 8 | 温升与限值 | 4.9 | 5.9 | 第 17 章 | A |
| 9 | 绝缘电阻 | — | — | 第 20 章 | A |
| 10 | 电气强度 | — | — | 第 20 章 | A |
| 11 | 匝间绝缘冲击耐电压 | 4.13 | 5.13 | 第 26.2 条 | A |
| 12 | 泄漏电流 | — | — | 第 21 章 | A |
| 13 | 湿热要求 | — | — | 第 22 章 | A |
| 14 | 起动 | 4.7 | 5.7 | — | B |
| 15 | 非正常工作 | — | — | 第 18 章 | A |
| 16 | 电容器端电压 | 4.8 | 5.8 | — | A |
| 17 | 爬电距离、电气间隙 | — | — | 第 15 章 | A |
| 18 | 接地 | — | — | 第 16 章 | A |
| 19 | 振动 | 4.10 | 5.10 | — | B |
| 20 | 噪声 | 4.11 | 5.11 | — | B |
| 21 | 空载电流、空载损耗 | 4.12.1 | 5.12 | — | B |
| 22 | 堵转转矩 | 4.12.2 | 5.12 | — | B |
| 23 | 堵转电流 | 4.12.3 | 5.12 | — | B |
| 24 | 最大转矩 | 4.12.4 | 5.12 | — | B |
| 25 | 效率和功率因数 | 4.12.5 | 5.12 | — | B |
| 26 | 电气连接 | — | — | 第 8 章 | A |
| 27 | 内部布线 | — | — | 第 10 章 | A |
| 28 | 元件 | — | — | 第 24 章 | A |
| 29 | 电气绝缘支持 | — | — | 第 11 章 | A |
| 30 | 绝缘结构评定 | — | — | 第 12 章 | A |
| 31 | 连接件 | — | — | 第 9 章 | A |
| 32 | 耐热 | — | — | 第 14.1 条 | A |
| 33 | 耐燃 | — | — | 第 14.2 条 | A |
| 34 | 耐漏电痕迹 | — | — | 第 14.3 条 | A |
| 35 | 防腐蚀 | — | — | 第 7 章 | A |
| 36 | 电磁兼容性 | — | — | 第 25 章 | A |

### 6.3.2　BMC 在空调电器盒中的应用

空调电控盒是安装在空调室内机内部用于隔离开关和电气部分的一个塑料制品，由上下两部分组合后成为一个盒状整体。PCB电路板安装在电器盒内，所以电器盒的作用有：保护PCB电路板，将电路板及相关电器元件与外界隔离；电路板在正常运行中会产生热量，电器盒结构需通风好，确保散热正常，保证电路板正常工作；当电器元件老化、电路板短路等产生着火时，能起到隔绝火势蔓延的作用。

在家用产品中，如卧室空调的电器盒，需要达到国家防火标准要求；因此，一般电器盒外部都需要用钣金件进行包裹，才可勉强达到这一防火要求。传统的电器盒组件，由于装配、防火需求，均由注塑ABS电器盒与钣金屏蔽盖组成。传统电器盒结构如图6-3-11所示。

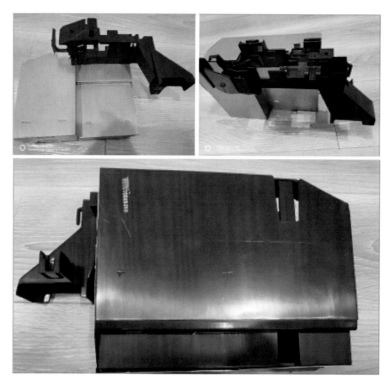

图 6-3-11　传统由塑料/金属屏蔽盖组成的电器盒

其中，由电器盒、电器盒盖两部分组成结构主体；再加上左右两个电器盒钣金屏蔽盖，顶部 1 个电器盒钣金屏蔽盖组成防火辅体。因此，有必要对此结构进行研究简化，以提高防火性能，提高生产效率。

从以上描述中可以看出，传统的电器盒存在较多的问题。它至少由 5 个零件组成；其加工工艺涉及塑料的注塑成型、钣金冲压成型、钣金点焊工艺和多道工序，既影响生产效率，又导致产品成本的增加。由于塑料的防火性能的局限、钣金件焊缝致密性等的影响，在电器盒内部一旦产生火苗时难以阻止火焰的蔓延，从而会引发更为严重的后果。若注塑件防火性能优越，则 3 个钣金屏蔽盖都是多余零件。同时，火焰泄漏的问题也就得以解决。改进后的电器盒由 BMC 整体注射成型，内部安装 PCB线路板及各种控制线路。其结构如图 6-3-12 所示。

图 6-3-12　空调机 BMC 电器盒

目前，业界已普遍采用 BMC 材料用于空调电器盒的生产制造。其主要原因是鉴于 BMC 材料相对传统热塑性塑料具有更为良好的物理机械性能和优良的防火性能。其基本性能的对比见表 6-3-14。

表 6-3-14　BMC 材料和传统热塑性塑料的性能对比

| 性能 | 单位 | 材料 | | |
| --- | --- | --- | --- | --- |
| | | BMC | PP | ABS |
| 弯曲强度 | MPa | 120～180 | 50～100 | 50～80 |
| 拉伸强度 | MPa | 30～70 | 30～50 | 35～55 |
| 热变形温度 | ℃ | ＞200 | 100～130 | 120～130 |
| 成型收缩率 | % | 0～0.02 | 1.0～2.1 | 0.3～0.5 |
| 耐电弧性 | s | 180～200 | 130～180 | 120～130 |
| 耐漏电痕迹 | CTI | ＞600 | 600 | 600 |

另外，防火是电器盒的关键性能，ABS 材料阻燃等级仅是 V-0 级，而 BMC 材料的阻燃等级则是达到塑料最高阻燃标准的 5VA 级。

采用 BMC 热固性材料制成分体式室内机电器盒，与传统电器盒的阻燃 ABS＋热镀锌板进行防火试验对比，防火性能提升效果也非常明显。

其一，盐水短路试验。试验目的是模拟电器在使用过程中出现的短路意外时，电器盒仍能保持完好的防火安全性。某公司曾在自制的强短路电板上，接 220 V 电压，在其上喷洒盐水发生电气短路，进行强烈拉弧实验。试验表明，BMC 电器盒比传统电器盒的防拉弧效果更好，在电器发生短路起火后也不会有火焰漏出，点燃电器盒周围其他零件。

其二，灼烧试验。主要是模拟空调在遭受外来火源时，即使其他部件已经全部烧完，电器盒内的主板和线路仍不会发生燃烧，从而保护空调的电气安全。某公司曾进行过对比 BMC 和阻燃 ABS＋热镀锌板的灼烧试验。结果表明，前者 BMC 材料不起火、不变形，而后者阻燃 ABS 材料出现了起火燃烧现象，最终化为灰烬。空调室内机的电器盒采用 BMC 热固型材料，可以取消传统电器盒外侧面热镀锌板材料的电器盒屏蔽盒、电器盒屏蔽盖，从而简化了工艺、节约了材料并降低了成本；BMC 电器盒防火等级达到最高标准 5VA，具有防火性能高、成本低、效率高等明显优势。

自 2017 年起，BMC 电器盒在 TCL、美的、格力公司迅速开始量产。目前，大多数空调生产厂家的空调室内机都采用了 BMC 电器盒，从长远看，有可能在室外机和其他家用电器方面推广应用。

据国家统计局数据，我国在 2020 年共生产空调 21064.6 万台。仅空调电器盒就消耗 BMC 材料大约 14.75 万吨。2023 年生产空调 24487 万台，消耗 BMC 材料约 17.14 万吨。以佛山市顺德区荔昌五金电子复合材料有限公司为例，该公司在 2020 年生产阻燃 BMC 电控盒约 3000 万套。目前从事空调电器盒 BMC 材料及制品生产的企业很多。

### 6.3.2.1　BMC 电器盒对材料的性能要求

前文已指出，空调室内机的安全问题涉及千家万户人家的财产、生命安全。防止电气短路、起火及火势蔓延是对电器盒综合性能的首要要求。因此，用于电器盒的 BMC 材料必须具有以下性能：

（1）电器盒对控制元件起固定、支承和保护作用，应能安全地承受装配和使用过程中的负载及本身的应力，要求电器盒用 BMC 材料具有良好的韧性、刚度和机械强度；

（2）在电气安全性方面，BMC 材料必须具有良好的电绝缘性能与电气零部件安装应符合相关要求；

（3）在空调运行过程中会产生热量，在电器盒的结构上必须考虑散热，所用 BMC 材料必须耐热，尺寸稳定性好，特别是在受热时可以保持刚性，RTI 温度要≥105℃；

（4）电器盒材料必须具有优良的阻燃性能，其阻燃等级应达到 5VA 等级；

（5）材料有害物质的含量必须符合 RoHs、REACH 法规等对有害物质控制要求；

（6）能够快速固化，满足注射成型高效生产方式的要求；固化后无异味。

具体的性能要求见表 6-3-15。

表 6-3-15　空调电器盒用 BMC 材料性能要求

| 项目 | 性能 | | 单位 | 要求 | 试验方法 |
|---|---|---|---|---|---|
| 1 | 外观 | | — | 应均匀一致，不得混有外来杂质；成型后制品表面应平整、光滑、色泽均匀、无气泡、无裂纹 | GB/T 23641 |
| 2 | 简支梁冲击强度（无缺口） | | kJ/m² | ≥25 | |
| 3 | 简支梁冲击强度（缺口） | | kJ/m² | — | |
| 4 | 弯曲强度 | | MPa | ≥100 | |
| 5 | 弯曲弹性模量 | | MPa | ≥7×10³ | |
| 6 | 断裂拉伸应力 | | MPa | ≥30 | |
| 7 | 断裂拉伸应变 | | % | ≥0.3 | |
| 8 | 负荷变形温度（$T_g$=1.8） | | ℃ | ≥220 | |
| 9 | 球压试验（180℃） | | mm | ≤2 | GB/T 20641 |
| 10 | 线性热膨胀系数（35～50℃） | | $10^{-6}$/K | ≤20 | GB/T 23641 |
| 11 | 电气强度（90℃，变压器油） | | MV/m | ≥11 | |
| 12 | 绝缘电阻 | 常态 | Ω | ≥$10^{12}$ | |
| | | 浸水 24h 后 | | ≥$10^{11}$ | |
| 13 | 介质损耗因数（100Hz） | | — | ≤0.02 | |
| 14 | 相对介电常数（100Hz） | | — | ≤4.8 | |
| 15 | 耐电痕化指数（PTI） | | V50 | PTI600 | |
| 16 | 耐电弧性 | | s | ≥180 | |
| 17 | 灼热丝可燃性试验 | | — | 750℃不燃，通过 850℃ | |
| 18 | 密度 | | g/cm³ | 1.78～2.1 | |
| 19 | 吸水性 | | % | <0.2 | |
| 20 | 模塑收缩率（圆盘形试样成型后，冷却至 25℃。测量相关部位尺寸，然后计算收缩率） | | % | ≤0.1 | LC-QW-0402-5.22 内部法 |
| 21 | UL94 燃烧性（5VA） | | 级 | 5VA | GB/T 5169.17—2017 |
| 22 | 温度指数（RTI）（在不同温度下，经 10000h 后，在不同条件下，其相关性能降低不大于 1/2） | | ℃ | ≥105 | — |
| | | | ℃ | ≥130 | |
| | | | ℃ | ≥130 | |
| 23 | 耐候性〔室温（23±2）℃，相对湿度 50%±5%〕 | | 100h | 表面无明显褪色、龟裂、粉化等现象（$\Delta E$≤2） | GB/T 1766—2008 |
| 24 | 凝胶时间（采用凝胶仪，样品 15g，检测温度 125℃） | | s | 85±5 | LC-QW-0402-5.24 内部法 |
| 25 | 苯乙烯含量（试样在 90℃恒温 2h，然后用气体采集仪采样检测） | | ×$10^{-6}$ | ≤200 | LC-QW-0402-5.25 内部法 |

注：部分性能检测方法将在以后相关部分介绍。

### 6.3.2.2　对电器盒产品的性能要求

对电器盒产品的基本性能要求是：

（1）阻燃；

（2）机械强度好，耐冲击；

（3）电性能优异；

（4）安装尺寸稳定；

（5）具有热稳定性、刚性；

（6）无异味臭气；

（7）满足 RoHs、Reach 对环境有害物质的限度要求；

（8）满足客户的信赖性要求。

具体的主要性能要求见表 6-3-16。

表 6-3-16 BMC 电控盒的主要性能要求

| 序号 | 项目 | 测试方法 | 单位 | 技术要求 |
|---|---|---|---|---|
| 1 | 外观质量 | LC-QW-0402-6.1 内部法 | — | 产品整体结构与样品一致；部品颜色与图纸颜色一致；水口高与平面齐平；无缺料、批锋、毛刺、表面油污、混色、气纹、伤痕、熔接痕，黑点不大于 2.0mm |
| 2 | 红外光谱相似度 | GB/T 6040 | % | 红外光谱相似度≥90 |
| 3 | 尺寸 | LC-QW-0402-6.2 内部法〔采用千分尺测量电控盒冷却后尺寸（尺寸序号①②③④），测量时电控盒需在室温条件下冷却 4h 后进行，需符合图纸及相关技术文件的要求〕 | mm | ①165.1±0.5 ②6.1±0.15 ③70.9±0.25 ④188.2±0.5 |
| 4 | 抗高温变形性能 | LC-QW-0402-6.3 内部法（测试高温条件为 125℃ 恒温 2h，试验后取出电控盒在室温条件下冷却 4h，检测尺寸需符合尺寸要求） | mm | ①165.1±0.5 ②6.1±0.15 ③70.9±0.25 ④188.2±0.5 |
| 5 | 单体强度 | LC-QW-0402-6.4 内部法 | N | ≥600 |
| 6 | 力矩检测 | LC-QW-0402-6.5 内部法 | cN·m | 200±30 |
| 7 | 模拟拆卸试验 | LC-QW-0402-6.6 内部法 | 次 | ≥10 |
| 8 | 气味试验（苯乙烯浓度检测） | LC-QW-0402-6.7 内部法 | ×10⁻⁶ | ≤200 |
| 9 | 材料性能检测 | 依据 LC900A 信赖性实验要求进行试验 | | |

注：部分性能检测说明将在以后相关部分介绍。

### 6.3.2.3 电器盒 BMC 材料的生产

电器盒 BMC 材料的生产包括材料配方的设定和 BMC 材料的生产两部分。其基本工艺过程与前面所介绍的 BMC 生产过程类似。

（1）电器盒用 BMC 的基本组成见表 6-3-17。

表 6-3-17 电器盒用 BMC 材料的基本组成

| 组分 | 配比（%） |
|---|---|
| 树脂系统 | 24 |
| 填料 | 58 |
| 玻璃玻纤 | 15 |
| 其他 | 3 |

（2）BMC 生产工艺流程。

电器盒用 BMC 材料的生产工艺流程如图 6-3-13 所示。

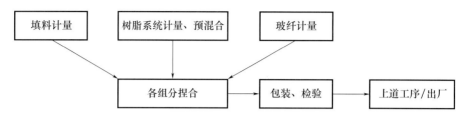

图 6-3-13　BMC 生产工艺流程

如图 6-3-13 所示，BMC 生产工艺过程是：将树脂及各种添加剂加入搅拌机内，进行高速混合，均匀待用。然后，将计量好的各种粉状填料倒入捏合机内进行初步的捏合。最后，往捏合机内加入经混合均匀的树脂系统，再行捏合。在捏合过程中，适时加入玻璃纤维。经过设定的捏合时间后停止操作。经捏合好的 BMC 料装袋或挤出成一定尺寸和形状的料块，包装出货。

在 BMC 生产过程中，要根据配方、组分及最终产品对成型工艺性及物理性能要求的不同，严格控制高速搅拌机和捏合机的速度和时间以及物料系统的温度。过高的搅拌或捏合强度对材料的工艺性和物理性能会带来不同的影响。

（3）BMC 材料的质量检测项目和标准。

生产出来的 BMC 在出货之前要对产品进行基本性能的检测。其检测项目及要求见表 6-3-18。

表 6-3-18　BMC 出货前检测项目及要求

| 序号 | 项目 | 要求 | 检测频次 | 检测方法 |
|---|---|---|---|---|
| 1 | 外观 | 成型前应均匀一致，不得混有外来杂质；成型后制品表面应平整、光滑、色泽均匀、无气泡、无裂纹 | 100% | 目视 |
| 2 | 收缩率 | ≤0.1 | 2个/批 | LC-QW-0402-5.22 内部法 |
| 3 | 阻燃性 | UL94/3mm，满足 5VA 级 | 2个/批 | GB/T 5169.17—2017 |
| 4 | 弯曲强度 | ≥100MPa | 2个/批 | GB/T 23641 |
| 5 | 拉伸强度 | ≥30 | 2个/批 | |
| 6 | 冲击强度 | ≥25 | 2个/批 | |
| 7 | 凝胶时间 | （85±5）s | 2个/批 | LC-QW-0402-5.24 内部法 |
| 8 | 苯乙烯含量 | ≤200×10$^{-6}$ | 1个/批 | LC-QW-0402-5.25 内部法 |

#### 6.3.2.4　BMC 电器盒的成型工艺

1. BMC 电器盒的成型工艺

由于 BMC 是热固性材料，因此其注射成型所用的注塑机及工艺流程和热塑性塑料的注射成型有所不同。BMC 进入料筒后受热软化，随着料筒温度的升高和螺杆旋转推进力及物料与料筒壁的摩擦作用下，使 BMC 进一步成黏流状态。当其经喷嘴和流道注射入高温模具中时，在高温和压力下一边充满模腔一边发生进一步的固化反应，成型制品。从 BMC 进入料筒开始到充满模腔的过程中，它既发生物理变化又发生化学变化。其成型工艺过程如图 6-3-14 所示。

BMC 电器盒注射成型过程中，其基本工艺参数包括：模具温度；分级注射速度、压力位置的设定和控制；保压压力；成型时间（包括加料、合模、注射时间、保压时间和冷却时间）等。

2. BMC 电器盒的质量控制

电器盒成型后，要进行必要的性能检测。以判定其是否达到出货标准。其主要检测项目及要求见表 6-3-19。

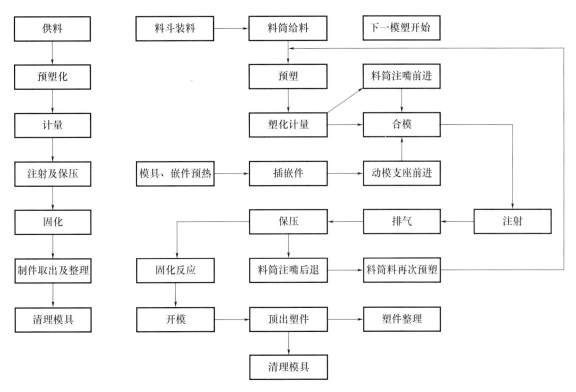

图 6-3-14　BMC 注射成型工艺流程

表 6-3-19　电器盒质量检测项目及要求

| 序号 | 项目 | 要求 | 检测方法 | 检测频次 |
|---|---|---|---|---|
| 1 | 外观 | 不能出现缺料、有气孔、裂纹、燃焦、不充分等缺陷 | LC-QW-0402-6.1 内部法 | 100% |
| | | 部品颜色用色差仪检测，色差 $\Delta E \leqslant 4.0$ | | |
| | | 不能出现混色、油污等缺陷 | | |
| | | 黑点不可 $>2.0mm$ | | |
| 2 | 尺寸 | ① $165.1 \pm 0.5$ | LC-QW-0402-6.2 内部法 | 2 个/批次 |
| | | ② $6.1 \pm 0.15$ | | |
| | | ③ $70.9 \pm 0.25$ | | |
| | | ④ $188.2 \pm 0.5$ | | |
| 3 | 单体强度 | $\geqslant 600N$ | LC-QW-0402-6.4 内部法 | 2 个/批次 |
| 4 | 力矩检测 | $(200 \pm 30)$ cN·m | LC-QW-0402-6.5 内部法 | 2 个/批次 |
| 5 | 模拟拆卸试验 | $\geqslant 10$ 次 | LC-QW-0402-6.6 内部法 | 2 个/批次 |
| 6 | 气味（苯乙烯浓度） | $\leqslant 200 \times 10^{-6}$ | LC-QW-0402-6.7 内部法 | 1 个/批次 |

### 6.3.2.5　BMC 及电器盒部分检测方法简介

1. BMC 材料收缩率检测

检测依据：QW－0402－5.22 内部法。检测方法：成型收缩率测试采用图 6-3-15 尺寸的试样，试样按表 6-3-20 工艺进行，成型后制品表面应平整、光滑、色泽均匀、无气泡、无裂纹，待试样冷却到常温时，使用千分尺测量圆盘 A－C、B－D 位置的外径，按下列公式计算试样的成型收缩率 S。

$$S = \left[ \frac{\text{AC 间模具尺寸} - \text{圆盘 AC 间的值}}{2 \times \text{AC 间模具尺寸}} + \frac{\text{BD 间模具尺寸} - \text{圆盘 BD 间的值}}{2 \times \text{BD 间模具尺寸}} \right] \times 100$$

式中　S——试样成型收缩率，单位为％。

收缩率制样工艺条件见表6-3-20。

表 6-3-20　收缩率制样工艺条件

| 收缩率 | 上下模温度（℃） | 成型压力（MPa） | 注射时间（s） | 固化时间（s） | 料量（g） | 测定频率 |
|---|---|---|---|---|---|---|
| | 130±5 | 8 | 15 | 120 | 85±5 | 2个/批次 |

收缩率试样如图6-3-15所示。

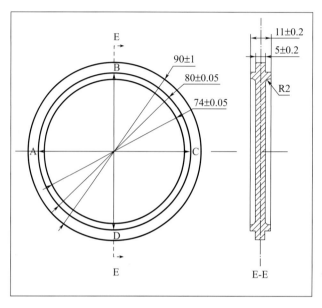

图 6-3-15　收缩率试样

2. BMC材料5VA级垂直燃烧性能试验（UL94/3mm）

检测方法：UL 94/3mm测试采用（125±2）mm×（13±0.5）mm×（3±0.2）mm尺寸的试样。将样条按要求垂直夹在试验台上（图6-3-16），点燃试样。接触到火焰5s后移开样条，记录燃烧时间$t_1$，$V_0$重复第2次（$t_1-t_2$），5VA重复第5次（$t_1-t_5$），记录燃烧时间和观察结果。根据表6-3-21判断试样是否达到UL94 $V_0$/ 5VA要求。

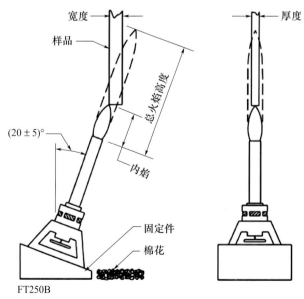

图 6-3-16　垂直燃烧试验装置示意

表 6-3-21　试样垂直燃烧性能判定标准

| 标准条件 | $V_0$ | 5VA |
|---|---|---|
| 每根试样的余焰时间（$t_x$） | ≤30s | ≤10s |
| 一组试样的总余焰时间（$t_1-t_2$） | ≤50s | — |
| 一组试样的总余焰时间（$t_1-t_5$） | — | ≤30s |
| 每根试样的余焰或余辉能否蔓延夹具 | 否 | 否 |
| 燃烧滴落物能否点燃棉花 | 否 | 否 |

3. BMC 材料凝胶时间（GT）的检测

检测依据：LC-QW-0402-5.24 内部法。测试方法：采用凝胶仪进行凝胶时间（GT）的检测。测试设备如图 6-3-17 所示。

图 6-3-17　凝胶时间的检测

凝胶测试实验条件见表 6-3-22。

表 6-3-22　凝胶测试实验条件

| 油浴温度（℃） | 凝胶下限（℃） | 凝胶上限（℃） | 称重（g） |
|---|---|---|---|
| 125 | 80 | 150 | 15 |

测试结果如图 6-3-18 所示。从图中可以看出凝胶时间为 82s；固化时间为 88.5s；峰值温度为 154.9℃。

4. BMC 材料苯乙烯含量检测

检测依据：LC-QW-0402-5.25 内部法；检测方法：苯乙烯含量检测，采用 50mm×50mm×10mm 的试样，气体采集仪、苯乙烯检测管进行。

压制好的样品放置 6h 后放入 1000mL 烧杯中用 PET 膜密封好，将密封烧杯放入温度为 90℃鼓风干燥箱中加热 2h，取出烧杯，在 2min 内使用气味测量仪抽取烧杯中部 100mL 气体，测试其中的苯乙烯的浓度。采集气体后浓度检测试纸会以黄色呈现，苯乙烯的含量通过检测管的刻度进行判定，不大于 $200×10^{-6}$（图 6-3-19）。

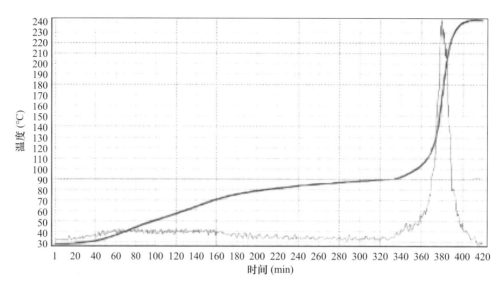

图 6-3-18　凝胶时间曲线

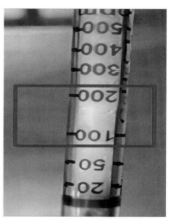

(a) 1000mL烧杯　　　　　　(b) 气体采集仪　　　　　　(c) 苯乙烯检测管

图 6-3-19　苯乙烯检测装置及判定

### 5. BMC 电器盒红外光谱相似度检测

检测依据：GB/T 6040；检测方法：采用确认合格的样品，测试其红外光谱。该红外光谱将作为后期监控图进行备案。在后期监控中，将以该特征图谱作为基准图谱，和监控的产品样品的红外光谱图进行比对分析。比较材料主要特征峰、特征峰峰值波数、特征峰峰形和相对强度。其红外光谱比对评判相似度阈值定为90%。其测试条件见表 6-3-23。测试所得的基准图谱如图 6-3-20所示。

表 6-3-23　红外光谱相似度测试条件

| 制样方法 | 溴化钾压片法 | 波数范围 | $400\sim4000cm^{-1}$ |
|---|---|---|---|
| 扫描次数 | 32 | 分辨率 | $4.0cm^{-1}$ |
| 采样增益 | 1.0 | 动镜速度 | 0.4747 |
| 检测器 | DTGS KBr | 分束器 | KBr |

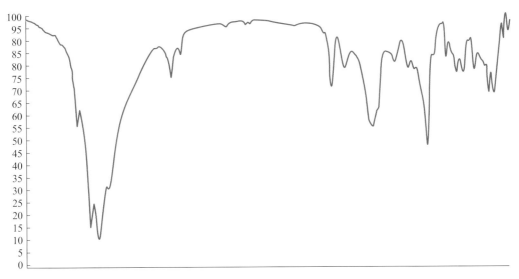

图 6-3-20　红外光谱相似度图谱

6. BMC 电器盒抗高温变形性能检测

检测依据：QW-0402-6.3 内部法。

检测方法：测试高温条件为 125℃恒温 2h，试验后取出电控盒在室温条件下冷却 4h，检测尺寸。

判定标准：所测尺寸应满足表 6-3-24 的要求。

表 6-3-24　电器盒的尺寸要求

| 尺寸序号 | 单位 | 尺寸要求 |
| --- | --- | --- |
| ① | mm | 165.1±0.5 |
| ② | mm | 6.1±0.15 |
| ③ | mm | 70.9±0.25 |
| ④ | mm | 188.2±0.5 |

7. BMC 电器盒结构薄弱部位强度检测

根据不同产品设计结构中的薄弱部位，分别进行产品单体强度检测，如对上螺丝柱、卡线槽、过线槽部位等进行检测。

（1）螺丝柱部位单体强度检测依据：QW-0402-6.4 内部法。

检测方法：试验采用万能试验机测试材料弯曲强度的工装，检测电器盒结构薄弱点孔序号（图 6-3-21 左侧）断裂最大力单位为 N，以 5mm/min 的加载速率对试样进行破坏。

判定标准：≥600N。

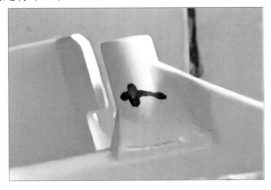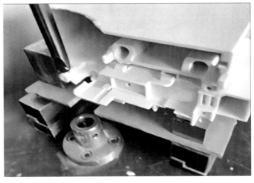

图 6-3-21　螺丝柱单体强度中孔序号取点及测试

（2）卡线槽、过线槽断裂最大力试验技术要求达到设计图纸的卡线槽、过线槽断裂最大力 500N 的要求。

注：断裂最大力为单体跌落试验、电源线拉拔 25 次合格的零件断裂力平均值再增加 100N。试验方法：卡线槽试验工装参考相应的电器盒固线方式进行设计，模拟固线夹打螺钉的实际受力方向和力臂长短，能保证测出卡线槽断裂所需的最大力，试验工装采用 Q235 或铸铁等金属材料制成，工装尺寸按图纸技术要求。过线槽试验工装采用电子万能试验机测试材料压延强度的工装。图 6-3-22 所示为某型电器盒的过线槽和卡线槽试验工装照片。

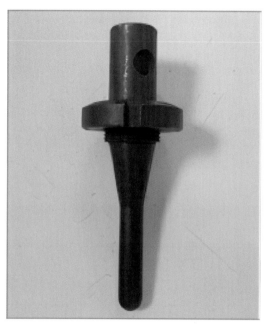

图 6-3-22 某型电器盒过线槽和卡线槽试验工装照片

卡线槽试验将试验工装按照固线夹的装配方式装配在卡线槽内，使用电子万能试验机按照 GB/T 9341 进行性能检测，弯曲试验头顶住工装边缘开始运行，直到卡线槽断裂结束，记录最大力数值，平行测量 3 次，试验结果取平均值，如类似某型正装方式的电器盒，试验如图 6-3-23 所示；其他装配方式电器盒需要调整施力方向，与实际受力方向一致。

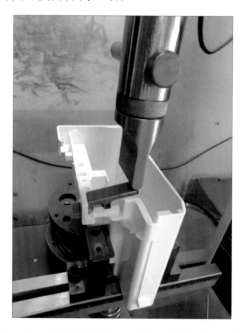

图 6-3-23 卡线槽断裂最大力试验（某型正装电器盒）

　　过线槽试验将测试工装直接顶在预设测试点进行测试，入口力为 10N，测试速率为 20mm/min，实验结果取最大力数值，平行测试 3 次，要求每次试验结果均满足技术图纸要求，如类似某型正装方式的电器盒，试验见图 6-3-24 所示；其他装配方式电器盒需要按照断裂方向进行调整。

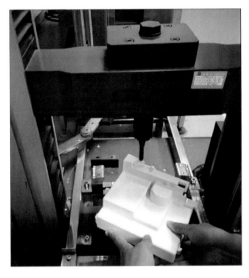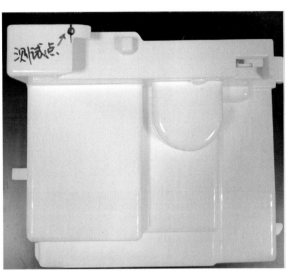

图 6-3-24　过线槽断裂最大力试验及测试点（某型正装电器盒）

8. 电器盒力矩检测

　　检测依据：LC-QW-0402-6.5 内部法。

　　检测方法：使用扭矩器 FTD2-S 型检测（孔序号 a）的紧固力，螺钉规格 XTT4＋14GFJ。检测方法如图 6-3-25 所示。

　　判定标准：紧固力应符合（200±20）cN·m 的要求。

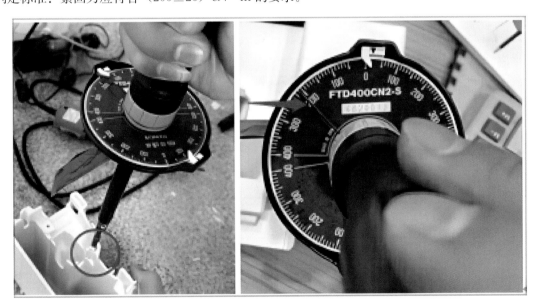

图 6-3-25　力矩检测方法及读数

9. 电器盒模拟拆卸试验

　　检测依据：QW-0402-6.6 内部法。

　　检测方法：使用螺钉 XTT4＋14GFJ 测试（孔序号 a、b、c、d）按生产装配力矩打紧螺钉，然后卸下螺钉，循环 10 次。试验方法如图 6-3-26 所示。

判定标准：不滑丝、不开裂。

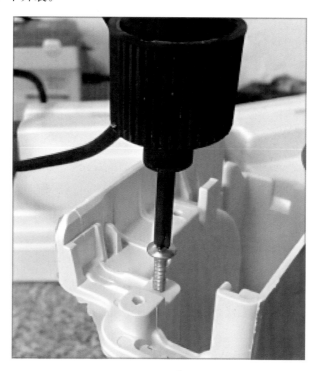

图 6-3-26　电器盒模拟拆卸试验

10. 电器盒气味检测

检测依据：LC-QW-0402-6.7 内部法。

检测仪器：采用气体采集仪、苯乙烯检测管进行检测。检测仪器如图 6-3-27 所示。

检测方法：电控盒成型后常态放置 4h 放入 8L 密闭的玻璃罐中封好，放置 24h，使用气味测量仪抽取玻璃罐中 100mL 气体，检测苯乙烯的浓度。采集气体后浓度检测试纸会以黄色呈现，通过检测管的刻度进行判定。判定标准：苯乙烯浓度 $\leqslant 200 \times 10^{-6}$。

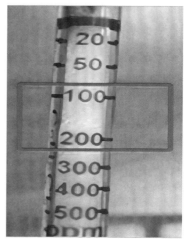

图 6-3-27　电器盒气体采集仪及判定

11. BMC 材料光老化试验——氙灯辐射曝露试验

测试标准：GB/T 16442.2—2014；GB/T 1766—2008、GB/T 11186.1—1989、GB/T 11186.2—1989、GB/T 11186.3—1989。

试验条件：试验循环辐照度（0.51±0.02）W/（m² · nm）@340nm；光照102min；黑板温度（63±3）℃；相对湿度（50±10）%；箱体温度（38±3）℃；光照和喷淋18min滤镜Boro/Boro；曝露时间100h。

试验设备：氙弧灯日晒老化机Ci5000，积分球光度计Color i7。

试验结果见表6-3-25。

表6-3-25　BMC材料光老化试验结果

| 样品 | $\Delta E_{ab}^*$ | 变色等级 | 外观 |
| --- | --- | --- | --- |
| A | 1.6 | 1 | 无其他可见变化 |

注：$\Delta E_{ab}^*$用积分球分光光度计测量，使用D50标准光源，100观察角，结果为包含镜面反射，25mm孔径。

变色等级的评定参照GB/T 1766—2008表5仪器测定法（表6-3-26）。

表6-3-26　变色等级的评定标准

| 等级 | 色差值/$\Delta E_{ab}^*$ | 变色程度 |
| --- | --- | --- |
| 0 | ≤1.5 | 无变色 |
| 1 | 1.6～3.0 | 很轻微变色 |
| 2 | 3.1～6.0 | 轻微变色 |
| 3 | 6.1～9.0 | 明显变色 |
| 4 | 9.1～12.0 | 较大变色 |
| 5 | >12.0 | 严重变色 |

注：评定标准$\Delta E_{ab}^* \leq 2$。

## 12.BMC材料的性能检测

以下性能检测是来自第三方检测结果数据，表6-3-27列举了空调电器盒用BMC材料的性能检测项目及结果。

表6-3-27　空调电器盒用BMC材料的性能检测项目及结果

| 项目 | 性能 | 单位 | 要求 | 检测结果 | | 试验方法 |
| --- | --- | --- | --- | --- | --- | --- |
| | | | | 公司1产品 | 公司2产品 | |
| 1 | 外观 | — | — | 成型后试样表面平整、光滑、色泽均匀，未见气泡和裂纹 | | |
| 2 | 简支梁冲击强度（无缺口） | kJ/m² | ≥25 | 33.1 | 23.9 | |
| 3 | 简支梁冲击强度（缺口） | kJ/m² | | 40.6 | | |
| 4 | 弯曲强度 | MPa | ≥100 | 132 | 125 | GB/T 23641 |
| 5 | 弯曲弹性模量 | MPa | ≥7×10³ | 1.54×10⁴ | | |
| 6 | 断裂拉伸应力 | MPa | ≥30 | 42.4 | 30.1 | |
| 7 | 断裂拉伸应变 | % | ≥0.3 | 1.25 | | |
| 8 | 负荷变形温度（$T_g$=1.8） | ℃ | ≥220 | >240 | | |
| 9 | 球压试验（180℃） | mm | ≤2 | 符合要求 | 通过（GB/T 5169.21—2006） | GB/T 20641 |

续表

| 项目 | 性能 | | 单位 | 要求 | 检测结果 | | 试验方法 |
| --- | --- | --- | --- | --- | --- | --- | --- |
| | | | | | 公司1产品 | 公司2产品 | |
| 10 | 线性热膨胀系数（35~50℃） | | $10^{-6}/K$ | ≤20 | 15 | 14（40~55℃） | GB/T 23641 |
| 11 | 电气强度（90℃，变压器油） | | MV/m | ≥11 | 18.5 | 22.2 | |
| 12 | 绝缘电阻 | 常态 | Ω | ≥$10^{12}$ | $3.6×10^{14}$ | $2.2×10^{14}$ | |
| | | 浸水24h后 | | ≥$10^{11}$ | $6.8×10^{13}$ | | |
| 13 | 介质损耗因数（100Hz） | | — | ≤0.02 | $1.15×10^{-2}$ | $1.96×10^{-2}$ | |
| 14 | 相对介电常数（100Hz） | | — | ≤4.8 | 4.27 | 4.66 | |
| 15 | 耐电痕化指数（PTI） | | V50 | PTI600 | 600 | | |
| 16 | 耐电弧性 | | s | ≥180 | 243 | 190 | |
| 17 | 灼热丝可燃性试验 | | — | 750℃不燃，通过850℃ | GWFI：960/4.0 | — | |
| 18 | 密度 | | g/cm³ | 1.78~2.1 | 1.92 | 1.87 | |
| 19 | 吸水性 | | % | <0.2 | 0.08 | 0.31 | |
| 20 | 模塑收缩率 | | % | ≤0.1 | 0.04 | | |
| 21 | UL94燃烧性 | | 级 | 5VA | 5VA | 垂直法 V-0 | GB/T 5169.17—2017 |
| 22 | 温度指数（RTI）（在不同温度下，经1万小时后，在不同条件下，其相关性能降低不大于1/2） | | ℃ | ≥105 | 130 | — | — |
| | | | ℃ | ≥130 | 130 | — | |
| | | | ℃ | ≥130 | 130 | — | |
| 23 | 耐候性 | | 100h | 表面无明显褪色、龟裂、粉化等现象（ΔE≤2） | | | — |

# 7 SMC 在建筑领域中的应用

玻璃钢/复合材料在一般的建筑市场应用可分为两大类别：住宅和商业/基础设施。与居住住宅有关的应用有：浴缸、浴室组件和装置、环保设施、露天平台、游泳池、预制住宅等；与商业/基础设施有关的应用有：电线杆、玻璃钢板、桥梁及桥梁构件、结构框架系统、木桩、栅栏、栏杆、过道及类似产品等。此外，在房屋结构中，也可以作为承载构件的柱、梁、屋面板、楼板。尤其是对于有化学腐蚀性的车间厂房更能体现复合材料的优势。复合材料也可用作各种建筑围板如墙板、隔断等。作为建筑门窗也显示出材料的隔热、隔声和装饰效果。此外，复合材料在建筑给排水工程、采暖通风、卫浴洁具方面都大有可为。

作为建筑材料/制品，复合材料与其他材料相比具有以下特点：可美学设计，具有制造复杂形状的能力，可进行各种表面装饰；强度高、质量轻——可减少支撑结构、容易安装；耐腐蚀——长时间不需维护；耐久性好、寿命长——降低了生活成本；零件集成性好——降低了组装成本、可快速安装、成本效率高；另外还具有绝缘、隔热、透光性及透无线电波等诸多特殊性能。因此，世界各国复合材料在建筑领域的应用占比都较大。根据 JEC 资料报道，2018 年全球 GRP 产量为 1140 万吨，其中汽车占比 28%，而建筑应用占比 20%，约 228 万吨，位居第二。欧洲 2020 年 GRP 产量为 99.6 万吨，建筑领域应用占据份额达 37%，达 36.9 万吨。2019 年，日本建筑领域应用占当年 GRP 产量的约 63.8%。

2022 年年底，全球复合材料市场估计为 1270 万吨（用于生产复合材料制品的复合材料），它代表了价值 410 亿美元的复合材料市场。对应于由复合材料部件制成的组件市场价值为 1050 亿美元。在价值方面，19% 用于建设（建筑和设备、土木工程、水管等）。

按用量计，2022 年全球复合材料 1270 万吨中，约 26% 用于建筑、基础建设。该领域主要应用热固性复合材料，在全球热固性复合材料产量 630 万吨中，建筑、基础建设领域应用占 44%，约为 277 万吨，为各应用领域之首。而热塑性复合材料在建筑领域中的应用仅占该种材料应用的 8%。在 JEC 统计数据分类中，复合材料在建筑/基础建设领域中的应用主要包括住宅（浴缸、浴室部件和固定装置、面板、游泳池、预制住宅）和商业/基础设施（电线杆、桥梁和桥梁部件、结构框架系统、桩结构、格栅、栏杆、T 台等）。

根据前瞻产业研究院数据，2019 年中国复合材料应用领域中，建筑占比 30%，交运输占比 28%，工业应用占比 20%。

在我国，SMC 在建筑领域中的应用主要有：水箱、农用沼气池、屋面瓦、化粪池、建筑模板、游泳池、整体卫浴、厨房台面板和橱柜、住宅（别墅）门、人防门、加油站井及井盖等。

目前，我国大力推进建筑工程化，持续关注装配式建筑的发展。装配式建筑能够节约资源，节省装配时间，提高效率，实现经济效益与社会效益的统一。在政策层面，国家近来大力推广装配式建筑和装修，出台了一系列有关发展装配式建筑的国家政策。而作为装配式建筑中一部分的整体卫浴行业也随之迎来了广阔的发展前景。据统计，2016—2020 年我国装配式建筑占新建建筑比例不断提升。2019 年，我国装配式建筑占新建建筑比例为 13.4％，2020 年我国装配式建筑占新建建筑比例达到15％。这在一定程度上促进了我国整体卫浴行业的发展。2016 年中共中央、国务院印发的《关于进一步加强城市规划建设管理工作的若干意见》重点提出，要发展新型建造方式，大力推广装配式建筑，力争用 10 年左右时间，使装配式建筑占新建建筑的比例达到 30％。发达国家在房屋建造中广泛采用装配式建筑的理念，图 7-0-1 对我国与部分及地区国家装配式建筑的渗透率进行了比较。

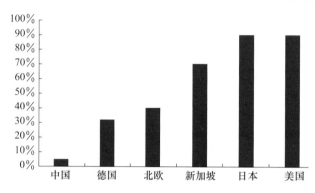

图 7-0-1　部分国家及地区装配式建筑渗透率

## 7.1　SMC 在卫浴、厨房的应用

整体卫浴起源于 20 世纪 50 年代。日本东京承办奥运会时，为缩短工期，短时间建造了大规模配套住宅设施。此后的大阪世博会以及政府出台的相关规范和标准为整体卫浴的实践、反馈和推广流通提供了平台。至今，日本超过 90％的宾馆、医院和住宅采用了整体卫浴。日本整体卫浴渗透率提升较快的根本原因在于，日本住户户型小，结构单一，类型趋同，方便整体卫浴厂商标准化生产。而美国、澳大利亚和欧洲等发达国家和地区整体卫浴的需求也在不断增长。

整体卫浴是指"由一件或一件以上的卫生洁具、构件和配件经工厂组装或现场组装而成的具有卫浴功能的整体空间"（整体卫浴国家标准《住宅整体卫浴间》JG/T 183—2011），即将居室中的卫浴间拿出来进行标准化、规模化生产。其基本组成包括：控制形态的装配式构件——顶板、壁板、防水盘、门窗；控制使用功能的功能性配件——连接件、洁具、设备以及各类实用配件。相较于传统卫浴施工周期较长、排水管道突出导致美观性差的缺点，整装卫浴优势明显。其具有防水防渗、安装便捷、使用寿命长等特点。此外，整装卫浴通常统一采购、生产、安装，相对传统卫浴的分散采购、独立安装，整装卫浴验收标准更加严格，工业化与标准化程度更高。

据来自 WIND、东兴证券的信息，估算 2018—2025 年整体卫浴主要市场（酒店、公寓、住宅）规模从 16 亿元扩张到 165 亿元，复合年增长率达到 39.6％。据估算，2018—2025 年整体卫浴（酒店、公寓、住宅）年需求量将从 30 多万套增加到 230 多万套，其 SMC/BMC 材料年用量将从 6 万吨增加到 43 万吨（图 7-1-1）。

我国 SMC 卫浴的研发始于 20 世纪 80 年代中期，受日本 SMC 整体卫浴在 20 世纪 70 年代末开始大规模商品化应用的影响，北京二五一厂开始了 SMC 浴缸模具的引进、试制和小批量生产，并于 90 年代初开始逐步向市场进行了探索性推广应用。到 1997 年，远大铃木住房设备有限公司斥资5000 万美元，建立了我国首条年产 20 万套 SMC 整体浴室的生产线。到 2012 年，销量首次达到 10万套。

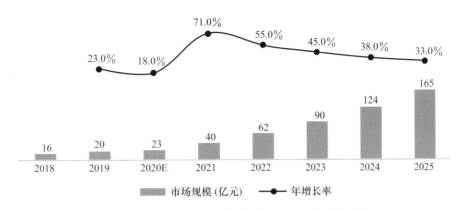

图 7-1-1  2018—2025 年我国整体卫浴市场规模预测

在 2006 年，另一个 SMC 整体卫浴生产巨头芜湖科逸住宅设备有限公司（以下简称科逸）正式成立。科逸以整体浴室、集成厨房为核心，拥有完整的工业化内装九大系统的研发、生产能力。服务于精装修地产、酒店公寓、医疗养老、旅游产业及户外设施等行业。目前，科逸为中国广大地区乃至世界五大洲范围内超过 30 个国家和地区的用户服务，向广大用户提供住宅工业化内装整体解决方案。科逸秉承"虹云 2025"环保理念，践行"500 千米一工厂，2 小时配送"的产业战略布局规划，投产安徽芜湖产业园、江苏苏州相城产业园、湖北广水产业园、河北衡水产业园、重庆荣昌产业园、广东龙川产业园、河南新乡产业园、山东济宁产业园等，完成了公司中国装配式内装部品全产业链布局。平均产能为 10 万套/产业园。

其他品牌有维石、惠达、禧屋、海鸥、睿住优卡、华科、海骊等，各基地规划年产能均在 10 万套以上的整体卫浴生产制造规模。2018 年，惠达住工投入建设整体浴室科技创新基地，占地 200 亩（1 亩≈666.7 平方米），厂房面积 9.6 万平方米，投资 3 亿元。目前，项目已经竣工并投入生产。项目建成后，规划年产整体浴室 15 万套。

在"十三五"装配式建筑行动方案与精装房市场的双重推动之下，整体卫浴也迎来了发展新机遇。据相关数据预测，2025 年，整体卫浴市场规模将在 200 亿以上。根据不完全统计，2020 年行业整体卫浴产能在 110 万套/年以上，若每套整体卫浴定价 6000 元，2020 年市场规模在 66 亿元以上。由此可见，整体卫浴市场容量很大，也让一众知名房企跨界发展、陶卫企业提前布局（如以碧桂园为代表的房地产厂商布局整体卫浴市场），进入整体卫浴市场。这预示着，大家都在抢先分占整体卫浴这一"百亿大蛋糕"。本部分资料来自苏州科逸住宅设备股份有限公司、惠达住宅工业设备（唐山）有限公司提供的资料和网络公开资料。

SMC 整体卫浴和传统卫浴之比较见表 7-1-1。

表 7-1-1  SMC 整体卫浴和传统卫浴之比较

| 对比项 | 整体卫浴 | 传统卫浴 |
|---|---|---|
| 部件误差 | 标准化误差小 | 质量和寿命不一 |
| 装配时间 | 干法施工，当天安装当天使用（仅需两人×天/套），最快 4h | 传统施工粉尘重、工期长、15d 以上 |
| 人工成本 | 标准化生产降低人工成本 | 采购、装配人工成本高 |
| 能耗 | 180kW·h/t | 341kW·h/t |
| 总成本 | 低 | 高 |
| 环保性能 | SMC 绿色材料，环保安全，无建筑垃圾 | 水泥、瓷砖等非绿色材料，有辐射危害 |
| 使用性能 | 寿命 20 年以上 | 寿命 5～8 年 |
| | 清爽洁净，无卫生死角，易于清洁 | 有卫生死角，有异味 |

| 对比项 | 整体卫浴 | 传统卫浴 |
|---|---|---|
| 防漏性能 | 一体化设计防漏水，整体成型、滴水不漏 | 材料拼接有缝隙易渗漏霉变，有安全隐患 |
| 保温性能 | SMC保温隔热性能好，触感温润 | 热量容易丧失、能耗高、湿气重 |
| 安全性能 | SMC缓冲撞击 | 水泥、瓷砖碰撞易受伤 |
| 生产产业化、设计个性化 | 可实现生产工业化和设计个性化的需求 | 难以实现工业化、个性化 |

据报道，装配式整装卫浴与传统方式对比，装配式整装卫浴可以节约材料30%，减少装修垃圾90%，施工效率提高10倍，二次装修成本降低30%。

我国整体卫浴市场大体可划分为公装和家装两个方面。公装方面，长租公寓、保障房、快捷酒店的发展带动了整体卫浴的需求，主要合作对象是开发商和装修商，包括汉庭、锦江之星、168连锁旅店、速8、7天等酒店，万科、绿地、万达等房地产公司以及齐家网、土巴兔等家装公司。国内知名地产商中，2012年，万科第一个开始批量使用整体浴室，从此推广应用量明显加大。另外，随着卫浴行业互联网化改造的深化，客户个性化需求的释放，整体卫浴产品在个性化设计、快速施工、售后保障等方面的优势有望不断提升产品竞争力，加快在家装市场的普及。

绿色建筑是产业演化的最终方向，第一步是发展整装卫浴。建筑产业的演化阶段主要包括内装工业化、住宅产业化以及最终实现绿色建筑。实现内装工业化、住宅产业化与绿色建筑，整装卫浴是产业发展的第一步。

整装卫浴经历三次迭代产品逐渐升级：第一代FRP、第二代SMC/彩钢板、第三代瓷砖整装卫浴。传统整装卫浴以SMC材质为主，SMC材质技术最为成熟，行业内主要竞争对手的产能以SMC产品为主，其具备质量轻、强度大、耐用性强且性价比高的特征，但由于塑料观感以及敲触空洞感不受中国消费者喜爱，广泛应用于偏低端的经济型酒店、长租公寓、公租房、政府保障房等，在市场推广中难以切入住宅市场。此外，国内户型多样化，空间尺寸多变也对产品规模化生产构成挑战。整体卫浴对于长租公寓和政策性保障房最为契合，伴随用户使用习惯、装修设计等方面的提升，未来整体卫浴将逐渐普及到精装修住宅。为此，科逸为克服现有SMC传统技术模具只能单一生产一种产品的缺陷，2019年开发了高精密组合化万能模具，使投资成本下降20%以上，生产效率提升30%，发货周期缩短20%。与此同时，各生产厂家也纷纷推出各种改良型材质或新结构的整体卫浴，以便进一步提高在住宅、高端住宅中的渗透率。彩钢板产品以镀锌钢板为基材，外附VCM和PET膜，使产品外观可以模拟木纹、瓷砖、石材等花纹，但触感仍与实际瓷砖相差较远。第三代瓷砖产品通过高密度发泡复合瓷砖和石材，使得产品外观、质感与传统卫浴无异，高度符合我国消费者喜好。

目前，整装卫浴行业的主要参与者有科逸、海鸥住工、鸿力、禧屋、鑫铃、惠达卫浴等，按照目前收入规模划分，科逸处于第一梯队，海鸥住工、禧屋、鸿力处于第二梯队。据报道，未来上述从事整装卫浴生产的企业将面临激烈的竞争，其中包括低端产品竞争加剧。由于各家产能充裕，未来低端产品可能先经历一段供过于求的价格竞争阶段；瓷砖类产品为新蓝海，已成功切入住宅市场，且进入壁垒相对较高，在这方面的优势企业有望凭借瓷砖产品成功成为行业龙头；一体化制造、产品自供自足能力强弱即除了SMC部品外其他配套陶瓷洁具、五金产品生产配套能力也将面临更大的竞争和价格挑战；企业现金流管理能力也将决定各公司的业务扩张速度。

除整装卫浴外，科逸还针对国内大部分住宅厨房湿气大、温度高、多油烟环境下，传统厨房大理石台面易开裂、耐污性差、拼接缝隙藏污纳垢等问题，针对木制橱柜泡水易鼓胀、易发霉、易腐蚀、易变形的问题，研制了新型CMMA厨房台面和SMC一体化橱柜，进一步开拓了新材料在住宅领域中的应用范围。

### 7.1.1 SMC 整体卫浴应用

整体卫浴常被称为整体浴室、集成卫浴、整体卫生间、系统卫浴等，是采用一体化防水底盘或浴缸和防水盘组合、壁板、顶板构成的整体框架，配上各种功能洁具形成的独立卫生单元，具有淋浴、盆浴、洗漱、便溺四大功能或这些功能之间的任意组合。整体卫浴的基本结构及 SMC 材料在其中的应用如图 7-1-2 所示。

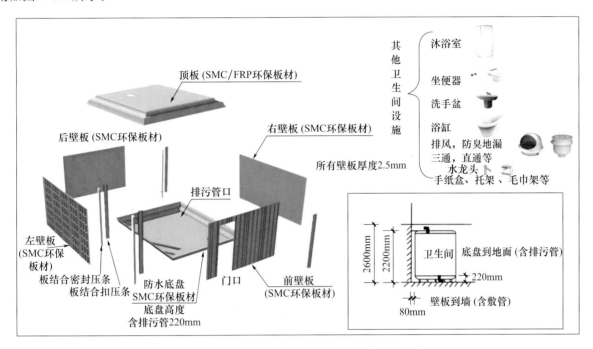

图 7-1-2　整体浴室拆分图示及 SMC 的应用部分

从图中我们可以看出，SMC 在整体卫浴中的应用主要是浴缸、防水盘、墙板、天花、洗面盆、淋浴底座等部件。较大的部件有一体化浴缸防水盘。SMC 材料在整体卫浴中的应用，主要是因为它具有强度高、质量轻、环保绿色等优点。图 7-1-3 为 SMC 整体卫浴的图片及部分零部件照片。

图 7-1-3　SMC 整体卫浴（左图）和整体卫浴中部分 SMC 零部件（右图）照片

#### 7.1.1.1　SMC 整体卫浴的性能要求

SMC 整体卫浴的性能要求包括对 SMC 材料本身的性能要求和对 SMC 卫浴产品的性能要求。自整体卫浴开始在我国出现并得以快速发展以来，为确保行业的健康发展以及在建筑领域应用的不断扩大，国家及相关行业在此领域出台了一系列的产品标准，如 GB/T 13095《整体浴室》、JG/T 183—2011《住宅整体卫浴间》、JGJ/T 467—2018《装配式整体卫生间应用技术标准》等，用以规范行业的行为和确保产品的质量。2018 年开始实施的 GB/T 51129—2017《装配式建筑评价标准》，也较好地推动了整体卫浴在住宅建筑中的应用。因此，对 SMC 卫浴产品来说，无论是材料、产品的性能，还是施工、安装都必须符合上述的标准规范。

1. SMC 整体卫浴材料性能要求

作为室内卫浴部品，首先需要环保健康、易清洁、美观等。其次，对产品的强度、耐久性等方面也有较高的要求。例如：

健康环保性方面，作为日常居家产品，材料必须不会对人体健康产生不利的影响。SMC 卫浴产品需符合国家关于如甲醛等有害物质容许含量的控制标准。

防霉性方面，由于卫生间长期处于潮湿环境，通常卫浴部品的防霉性能应受到关注。

清洁性方面，产品要求表面光洁、无微孔，没有藏污纳垢的凹坑，对各类常见污染物较易清理干净，以降低日常维护的难度。对不同的有色物品有足够的耐污染性。

强度方面，卫浴产品在使用过程中，不允许出现结构或非结构性的损坏，能经受住日常发生的意外冲撞。

耐水性方面，对浴缸及洗面盆来说，必须具有长期的耐热水性能。在各种冷热水的冲击浸泡下，材料表面仍需保持易清洁、无明显变色、长期机械性能不下降、美观等特性。

外观方面，因为卫浴产品是居家产品，对外观质量要求较高，不允许产品表面存在任何微小的表观缺陷。从经济和使用方面来说，生产过程中采用后修整工艺又不是一种合理的选择。这样的要求就决定了 SMC 卫浴产品生产过程中质量管理的难度。另外，美观是卫浴产品永恒的话题，SMC 产品表面花色多样化，以及仿大理石、仿木纹等各种精美纹理装饰效果，是卫浴的产品日益受到消费者认可的关键。

卫浴产品用 SMC 材料的基本性能要求见表 7-1-2。

表 7-1-2　卫浴产品用 SMC 材料的基本性能 * 要求

| 项目名称 | 单位 | 技术指标 |
|---|---|---|
| 外观 | — | 颜色均匀、浸渍良好、无杂质、薄膜无破损，平整 |
| 单位质量 | kg/m² | 4±0.3 |
| 纤维含量 | % | 25±1.5 |
| 薄膜剥离性 | — | 无树脂糊粘在薄膜表面 |
| 密度 | g/cm³ | 1.7～1.9 |
| 色差 | — | $\Delta E \leqslant 1.3$（与标准样板比较） |
| 模塑收缩率 | % | ≤0.1 |
| 弯曲强度 | MPa | ≥120 |
| 弯曲模量 | GPa | ≥8 |
| 拉伸强度 | MPa | ≥40 |
| 冲击强度（无缺口） | kJ/m² | ≥35 |
| 巴柯硬度 | — | ≥35 |
| 氧指数 | % | ≥27 |
| 耐水煮性能 | — | 表面无裂纹，无鼓泡，无明显变化（80℃×100h） |
| | % | ≤1.5（80℃×24h） |

* 视产品类型不同，性能指标会有一定差异，将在以后相关产品性能要求中列出。

2. SMC卫浴产品的性能要求

以下介绍SMC卫浴产品的性能要求，其中包括浴缸、防水盘、壁板和顶板。对它们的性能要求，将分别加以介绍。

（1）玻璃纤维增强塑料浴缸性能应符合建材行业标准JC/T 779—2010的规定要求。其具体指标列于表7-1-3。

表 7-1-3　玻璃纤维增强塑料浴缸性能要求

| 项目 | 性能 | 试验方法 |
|---|---|---|
| 耐日用化学品 | 试验后，浴缸应无永久污染和损坏 | 按JC/T 858的规定进行，针对每一种试剂，自浴缸平坦部位裁取两块试样或取一个整体浴缸 |
| 耐污染 | 试验前后应不大于3.5 | 用黑色鞋油作污染剂 |
| 巴氏硬度 | 不低于35 | — |
| 吸水率 | 不大于0.5% | 常温（25℃）水24h浸泡 |
| 耐荷重性 | 表面应无裂纹和剥离，背面无影响使用的缺陷 | 底面中央部位150kgf（1kgf＝9.8N），3min，上绝缘面加木板均匀施力160kgf，3min；内侧面中内部位20kgf |
| 浴缸内壁耐荷载破坏强度 | 50kg以上 | 浴缸的内壁中央垫 $\phi23$、厚度5mm的橡皮垫，然后增加荷载，调查当内壁变形时候的荷载 |
| 耐冲击性 | 无裂纹或其他明显损坏 | 在浴缸底部大约中央部位的上方，用一个直径为30mm质量为（112±1）g的钢球，从2m的高度自由落下，在钢球冲击处，进行粉笔试验 |
| 耐热水性 | 试验后表面裂纹不多于5条，气泡不多于10个，其中大的气泡不超过5个且应无明显变色褪色 | （90±2）℃水连续浸泡100h |
| 满水变形 | 底面排水口处变形小于1mm，上缘面小平部中央变形小于2mm | 刚性水平支撑上，上缘面保持水平。在各测量点上安装百分表，然后慢慢地灌水至距离浴缸上缘面10mm处，保持3min，测量底面排水口处的挠度和上缘面水平部中央4个点的纵向挠度。上缘面的挠度取4个点中的最大绝对值 |

（2）SMC防水盘及一体化浴缸防水盘性能性能要求应符合GB/T 13095《整体浴室》标准的性能要求。具体的性能要求及测试方法列于表7-1-4。

表 7-1-4　SMC防水盘及一体化浴缸防水盘性能要求

| 检测项目 | 检测方法 | | 性能要求 | |
|---|---|---|---|---|
| 外观 | 各部位不允许存在的缺陷 | 内表面 | 小孔、裂纹、气泡、缺损、固化不良 | |
| | | 外表面 | 缺损、毛刺、固化不良 | |
| | | 切割面 | 分层、毛刺 | |
| | 使用面上其他各种缺陷允许程度 | | 针孔、修补痕迹、颜色不均 | 肉眼观察无明显缺陷 |
| | | | 变形 | 不大于5mm |
| 巴氏硬度 | GB/T 1854 | | ≥35 | |
| 防霉性 | GB/T 24128 | | 防霉等级0级 | |
| 吸水率 | GB/T 1462 | | ≤0.15% | |
| 耐酸性 | 将1mL浓度为3%的盐酸滴在试样表面上，1h后擦去 | | 耐酸试验后，表面的巴氏硬度应不小于35，且无裂纹、分层等缺陷 | |
| 耐碱性 | 将1mL浓度为5%的氢氧化钠滴在试样表面上，1h后擦去 | | 耐碱试验后，表面的巴氏硬度应不小于35，且无裂纹、分层等缺陷 | |

续表

| 检测项目 | 检测方法 | 性能要求 |
|---|---|---|
| 耐污染性 | 将耐热水性试验后的试样擦拭干净，干燥后用白度仪测出试样待测表面中央部的白度值 $Y_0$，用医药白色凡士林加入10％的颜料碳黑，涂在试样片表面，30min 后用抹布擦去，并用5％的肥皂水擦洗，干燥后用白度仪测出试样测试表面中央部的白度值 $Y_1$。然后，按 GB/T 11942 测定色差。污染回复率 $R＝（Y_0/Y_1）×100％$ | 试验后，色差 $\Delta E \leqslant 3.5$，回复率在90％以上 |
| 耐热水性 A | 将试样片放在水温为（80±5）℃的槽内连续浸泡24h，然后取出 | 表面无裂纹、鼓泡或明显变色、断面无分层 |
| 耐热水性 B | 将一体化浴缸防水盘放在平整的平台上，浴缸内水位高度为浴缸深度的80％以上，将水温升至90℃，保持水温在（90±2）℃，水煮8h，在此过程中用适当方法补水，保持水量为浴缸容量的80％以上。水煮结束后，直接排水，一体化浴缸防水盘冷却至室温。按上述方法进行4个循环 | 浴缸表面无裂纹、鼓泡或明显褪色、变色现象 |
| 挠度 | 在浴室外底面中央部位支放百分表，再在内底面相应的部位放置橡胶板，在橡胶板上加放质量100kg 的砝码，并将浴室内的浴缸加水至80％，1h 后测量防水盘中央挠度 | 最大挠度应小于3mm |
| 防水底盘板面的破坏荷载 | 2354N 以上。参考弯曲变形量为4mm 程度 | 洗场的中央部放 $\phi$150mm 的承载板之后，加荷载，测量板的弯曲变形产生激变时的荷载和弯曲变形量 |
| 防水底盘板面的冲击（重锤） | 不可以有漏水，玻璃纤维的漂浮现象。出现裂纹的最小高度为20cm 以上 | 洗场中央往上高1m 处坠落1kg 的茄子型重锤。另外，在背面加强筋之间的位置上也自由落下茄子型重锤，调查产生裂纹的最小高度。裂纹要使用污损布来检查 |
| 耐砂袋冲击 | 在浴室内防水盘中央部位的上方（1000±10）mm，用质量为（7±0.5）kg 的沙袋半球部朝下自由落下，反复5次。检查底板及连接部位 | 表面无变形、破损及裂纹等缺陷 |
| 耐落球冲击 | 在产品中央部位，1kg 钢球1m 高度自由落下 | 表面无裂纹及玻璃纤维露出等缺陷 |
| 防水底盘板面上的蹦跳 | 板面上不可以出现异常 | 体重为60kg 的人员在30cm 的高度自由落下 |
| 耐渗水性 | 密封地漏，将防水盘注满水，24h 后检查 | 无渗漏现象 |
| 耐磨性 | 耐磨性能用转数按 GB/T 18102 中规定进行。耐磨性能用磨耗量按 GB/T 18103 中规定进行，但磨耗转数应为1000r 时的单位磨耗量，研磨轮用砂布转过500 圈后，应调换砂布 | 耐磨层表面耐磨等级应不低于5000r 或不大于20mg/100r |
| 防滑性 | GB/T 4100—2015 附录 M | 潮湿状态下，防滑系数应≥0.5 |

（3）SMC 壁板的性能应符合 GB/T 13095《整体浴室》的相关标准要求。SMC 壁板顶板性能测试项中仅比壁板少测耐沙袋冲击项。具体的要求见表7-1-5（其相关项目的测试方法）。

表 7-1-5　SMC 壁板/顶板的性能要求

| 序号 | 项目 | 性能要求 |
|---|---|---|
| 1 | 巴氏硬度 | ≥35 |
| 2 | 防霉性 | 防霉等级0 级 |

续表

| 序号 | 项目 | 性能要求 |
|------|------|----------|
| 3 | 吸水率 | ≤0.15% |
| 4 | 耐酸性 | 耐酸试验后，表面的巴氏硬度应不小于 35，且无裂纹、分层等缺陷 |
| 5 | 耐碱性 | 耐碱试验后，表面的巴氏硬度应不小于 35，且无裂纹、分层等缺陷 |
| 6 | 耐污染性 | 色差 $\Delta E \leq 3.5$，回复率在 93% 以上 |
| 7 | 耐热水性 | 温水 80℃ 浸泡 24h 后，表面应无裂纹、鼓泡或明显变色 |
| 8 | 挠度 | 安装状态下，中央施加 100N 水平载荷，最大挠度应小于 7mm |
| 9 | 耐砂袋冲击 | 15kg 砂袋，1m 高度 30°角冲击壁板中间部位 5 次，试验后表面无裂纹、剥落、破损等异常现象 |

（4）产品整体要求。SMC 整体浴室除了上述浴缸、防水盘、壁板和顶板等构件必须满足相关标准的要求之外，作为一个整体浴室交付给用户前，还必须满足一定的外观和使用要求。具体的要求列于表 7-1-6。

表 7-1-6 整体浴室的基本性能要求

| 项目 | | 性能要求 |
|------|------|----------|
| 外观 | | FRP 浴缸外观应符合 JC/T 779 要求，其他材质浴缸应符合相应的标准 |
| | | 天花板、壁板内表面应光洁平整，无皱纹、裂纹、气泡、固化不良、浸渍不良，颜色均匀。外表面没有缺损、毛刺、固化不良、浸渍不良等缺陷。切割面应无分层，边缘完整 |
| | 金属件外观 | 表面加工良好，无毛刺、伤痕、锈蚀、气孔等明显缺陷 |
| | | 喷漆部分无脱落、斑点、创伤、锈蚀等明显缺陷 |
| | | 电镀部分无电镀层剥落等明显缺陷 |
| | | 需防锈部分做防锈处理 |
| | | 其他各部分外观无明显缺陷，无异味 |
| 使用功能 | | 可洗浴、浴缸有冷热水、有淋浴器 |
| | | 可洗漱、洗面盆可供冷热水，备有镜子等设施 |
| | | 可便溺、便后可冲洗 |
| | | 有通风设施，能够换气 |
| | | 应设有带锁的门，意外时可由外部开启 |
| | | 浴缸、坐便器及洗面盆排水通畅、不渗漏 |
| | | 防水盘表面便于清洗，清洗后地面无积水 |
| | | 可实现同层排水，无须洞穿楼层即可安装排水设施，管道无干涉交叉现象 |
| | | 无其他不安全及影响使用故障 |
| | | 电器设备工作正常、安全，无漏电现象 |
| | | 整体浴室内光照度大于 70lx，洗面盆上方大于 150lx |
| | | 耐湿热性试验后，表面无裂纹、气泡、剥落，没有明显变色 |
| | | 耐湿热性试验后，带电部位与金属配件之间绝缘电阻大于 5MΩ。施加 1500V 电压，1min 后无击穿、烧焦现象 |
| | | 密封地漏，将防水盘注满水，24h 后检查，无渗漏现象 |
| | | 各连接部位连接后无渗漏现象 |
| | | 给水管、排水管及排污配管无渗漏现象 |

### 7. 1. 1. 2  SMC 整体浴室的制造工艺

本部分主要讨论整体浴室构件如 SMC 防水盘、浴缸、壁板和顶板的制造工艺。其组装都在现场进行。建筑安装要求及注意事项不在本书的介绍范围内。

SMC 整体浴室用各构件的制造工艺过程雷同，区别只是在产品结构和尺寸和所用的模具、工装有所不同，在此就不一一介绍了。以下仅介绍其通用的工艺流程。

1. SMC 整体浴室构件的成型设备

SMC 整体卫浴各部件的模压成型生产线如图 7-1-4 所示。

图 7-1-4　SMC 整体浴室构件模压成型生产线

2. SMC 整体浴室中浴缸、防水盘生产线和各类板材生产线

图 7-1-5 和图 7-1-6 分别为 SMC 浴缸、防水盘和各类板材正在运行的生产线。

图 7-1-5　正在运行的 SMC 浴缸、防水盘生产线

图 7-1-6 各类整体浴室用板材生产线各工位

### 3. SMC 整体浴室构件的生产流程及工艺简介

构件的生产工艺流程包括产品成型和后加工两部分。

SMC 整体浴室构件模压成型生产工艺流程如图 7-1-7 所示。

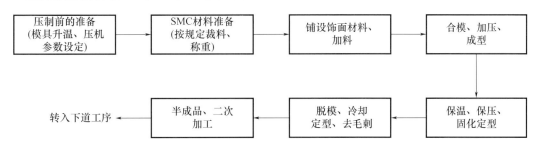

图 7-1-7 SMC 整体浴室构件生产工艺流程示意

SMC 构件半成品的二次加工工艺流程如图 7-1-8 所示。

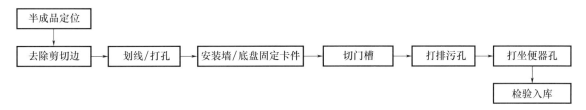

图 7-1-8 SMC 构件半成品的二次加工流程

### 4. SMC 构件成型工序的简要说明

SMC 浴室构件与一般工业产品有所不同，由于其使用环境比较特殊，频繁与热、水及人直接接触，因此不仅对物理性能有较高的要求，而且对产品外观、表观微小瑕疵都比较敏感。因此，对材料的品质及成型工艺的严格控制无疑至关重要。对 SMC 材料的质量各工艺性能必须严格把关，需控制的主要项目和要求见表 7-1-7。具体的 SMC 浴室构件模压成型工序的说明与控制列于表 7-1-8。

表 7-1-7 SMC 整体浴室构件用 SMC 材料的控制项目及要求

| 项目 | 内容 |
| --- | --- |
| 薄膜剥离性 | 需要有优良的薄膜剥离性，膜与料不能有粘连附带，剥离时也不能有白色絮状飞舞。为此，需要加强对增稠及防止相分离等方面的管理 |
| 单重玻纤含量均匀性 | 材料单重误差一般需控制在±2%以内，某些情况下要严格到±0.3%。玻纤含量控制在±1.5%以内 |

| 项目 | 内容 |
|---|---|
| 防治污染 | SMC生产过程中应全程对所有物料工艺进行把控，做到材料内没有杂物混入，否则一旦材料中混入杂物，后续工序难以处理 |
| 材料的硬度 | SMC黏度要达适当的硬度，既不能粘手，材料成型时又要尽量保证玻纤分布均匀 |
| 浸渍性 | 浸渍不良会造成产品着色不均、表面小孔、气泡、机械强度不够等缺陷。特别严重的情况下，会极大地降低产品的表观效果 |
| 成型加工性能 | 模压时必须易于成型和脱模。在正常的模压工艺条件下能得到合格的产品 |
| 颜色控制 | 作为壁板类材料，通常要求批次色差控制在1.0以内。必须与原材料供应商检讨物料的色差波动 |

表 7-1-8　SMC整体浴室模压成型工序的说明与控制

| 工序 | 说明与控制 |
|---|---|
| 压制前的准备 | 模具温度通常视产品不同，一般控制在130~150℃；成型压力一般按每平方米施加600t左右的压力进行设定 |
| SMC材料的准备 | 材料厂家、条形码（批号、型号）的验证；片材外观、颜色、浸渍性、黏度、保质期、色差、污染、异物的检查；按下料参数设定并裁料、严格矫正加料量（质量公差：±0.2kg） |
| 饰面材料的铺放、加料 | 饰面纸四边与模具对齐、端正、表面平整；SMC材料严格按规定摆放，位置要准确。铺料面积视产品不同，通常投料面积控制在50%~90% |
| 合模、保温、保压 | 模具闭合后，保持高温高压，直至产品固化完全。通常保持时间根据产品要求不同在2~10min |
| 脱模、定型、去毛刺 | 严格按操作规程操作，机械手从模具内取出产品；必要时在专用工装上进行产品矫正定型；矫正时，工作台表面平整度：±5mm；矫正时间：8~10min。四边毛刺清理干净、无棱角。四边平直、手触不割手 |
| 自检/品检 | 检查饰纸偏移、饰纸皱褶、异物、污染、裂纹、缺料、气泡、伤疤、色差、固化不良、毛刺、分层、集合不良等。品检按图纸加检产品尺寸如外形、厚度和孔径。测试规定的性能 |
| 入库 | 经质检合格的产品转运入库或转入下道工序 |

此外，还需要强调的是：SMC压制过程中，压机速度分高速下行、预压减速、慢速加压、保压等阶段，模具上模型腔开始接触到材料后的慢速加压到保压这段的速度非常重要。加压速度直接影响到SMC材料的流动状态。因此，若选择不当，会影响到产品的性能、外观质量和纤维的取向。成型时需根据SMC材料的特性、产品结构等因素进行实际测试选择。

另外，对成型模具也有一些严格的要求，如除了对成型面的光洁度、尺寸精度、剪切边的淬火硬度要求较严格外，上下模剪切边的溢料间隙在成型过程中保持一致性也非常重要。轻微的溢料间隙波动也会对产品质量造成较大影响。在成型整体浴室SMC构件时，最佳范围是在模具上下模温差10~15℃时，模具的溢料间隙控制在0.10~0.20mm范围内。

模具的温度控制非常重要，这也是模压成型当中易被忽略的地方，通常模具同一型腔各部位要求温度相差在2℃以内，实际模压中模具温度会随生产产生一定的波动，此波动也造成了模压工作的质量控制的复杂性。

因为SMC卫浴产品模压后不需进行喷涂处理，这就要求模具要有很高的表面质量，无论是光洁的镜面还是无光的哑光表面，都要求模具表面色泽均匀一致。为了产品具有优良的耐污性，对于模具表面来说，应尽量避免形成尖锐的毛刺。如果有这种现象，在表面电镀前后均应进行打磨处理工作，以保证达到耐污合格。

模压成型中，应特别强调对模具、压机的保护。应防止任何可能伤害模具的行为或操作。

在整体浴室部件模压生产完成后，由于需要进行必要的二次加工，在这些后续的工作中要特别注意保护产品表面不会受到任何的意外损伤。

### 7.1.2　CMMA 厨房台面板和 SMC 一体化橱柜的应用

前文已指出，由于传统的大理石等材料制成的厨房台面耐污性差、易开裂、易藏污纳垢等弊病和木制橱柜易鼓胀、发霉、变形等问题，需要开发新的材料以克服上述不足、满足市场的需要。科逸的 CMMA 台面和 SMC 一体化橱柜也就应运而生了。

#### 7.1.2.1　CMMA 厨房台面

CMMA 材料是采用不饱和聚酯树脂、天然大理石或方解石、白云石、硅砂等无机物粉料等，经配料混合、熟化后采用模压工艺成型固化制成的一种厨房台面材料。其具有质地致密、密度低、吸水率低、韧性好、无毒、无辐射绿色环保等优点。与传统大理石台面相比，CMMA 一体化厨房台面具有明显的优势，见表 7-1-9。

表 7-1-9　CMMA 厨房台面和传统大理石台面材料的优势比较

| 序号 | 对比性能 | 传统大理石台面材料 | CMMA 台面材料 |
|---|---|---|---|
| 1 | 材料性能 | 长度受限，长台面需拼接，接缝处易藏污纳垢 | 一体模压成型，长度可达1.8m，转角拼接能无缝处理 |
| 2 | 易清洁性 | 卫生死角多，难以清洁。柜体表面脏物不易清除 | 质地致密，一体化结构，脏物无法进入。表面光滑，容易清洁，耐污染性能好 |
| 3 | 质量 | 大理石质量大，需要结实支撑。弹性不足，重击下易产生裂缝，修补困难。一些肉眼难见的裂纹遇温度急剧变化会产生破裂 | 材料密度较低，产品薄，质量轻。表面致密性高，韧性高，表面硬度较低 |
| 4 | 安全环保性 | 天然石材部分材料可能有放射性和散发有毒气体，不符合环保要求。需进行特殊工艺处理，以免对人体造成伤害 | 无毒、无辐射。该材料可用来制作茶具，是环保产品 |

CMMA 台面和传统的石英石/大理石台面的主要性能区别见表 7-1-10。

表 7-1-10　CMMA 台面和传统台面的主要性能比较

| 序号 | 项目 | 单位 | 传统石英石/大理石台面 | CMMA 台面 |
|---|---|---|---|---|
| 1 | 吸水率 | % | 0.39 | 0.10 |
| 2 | 密度 | g/cm³ | 4.913 | 1.69 |
| 3 | 产品厚度 | mm | 15～25 | 6～11 |
| 4 | 镜面光泽度 | % | 91.975 | 94.755 |

需要指出的是，为发挥该种材料及工艺对传统材料的优势和便于材料性能的充分发挥、改善安装环境、简化安装工艺，CMMA 厨房台面和前后挡边进行了如图 7-1-9 所示的一体化结构设计。CMMA 台面和前后挡边可以通过采用一体化模压成型技术进行制备。该 CMMA 厨房台面边缘采用弧形过渡，台面边缘设计了挡水翻边，台面主体厚度只需 6～7mm，可实现长度 2.4m 一体模压成型，无须在台面长度方向进行拼接，方便清洁，更加美观。

1. CMMA 厨房台面的性能

CMMA 厨房台面需符合 GB/T 26696—2011《家具用高分子材料台面板》的相关性能标准。由于某型性能和上述的整体卫浴构件性能相似，这里就不一一列举了。表 7-1-11 列举了厨房台面的主要性能要求。

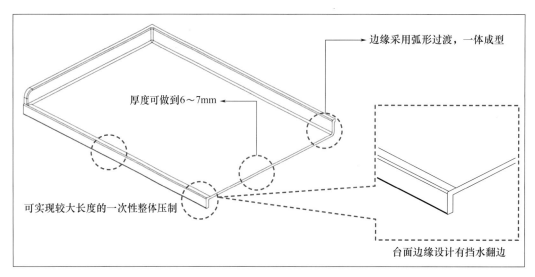

图 7-1-9　CMMA 厨房台面前后挡边一体化结构设计

表 7-1-11　CMMA 厨房台面的主要性能要求

| 序号 | 项目 | 单位 | 要求 | 测试结果 | 参照标准 |
|---|---|---|---|---|---|
| 1 | 耐污染性 | 级 | ≥1 | 一级（无明显变化） | GB/T 26696—2011《家具用高分子材料台面板》 |
| 2 | 弯曲强度 | MPa | ≥20 | 81.2 | |
| 3 | 弯曲模量 | MPa | ≥5000 | 11000 | |
| 4 | 耐干热性 | 级 | ≥1 | 一级（无鼓泡、色变、光退等现象） | |
| 5 | 抗球冲击 | — | 无裂纹和破损 | 无裂纹和破损 | |

2. CMMA 厨房台面耐污染性、耐干热性及抗球冲击等性能的测试

CMMA 厨房台面性能的测试，参照 GB/T 26696—2011《家具用高分子材料台面板》的相关项目测试方法进行。

（1）产品尺寸要求。

产品尺寸应符合明示标识要求，厚度允差在±2mm；边缘直线度应不大于 0.5mm；平整度应不大于 0.2mm；边缘垂直度不大于 0.5mm。

（2）理化性能要求。

CMMA 厨房台面的理化性能应符合表 7-1-12 的要求。

表 7-1-12　CMMA 厨房台面的理化性能

| 序号 | 检测项目 | 厨房家具 | 单位 |
|---|---|---|---|
| 1 | 耐香烟灼烧 | ≥2 | 级 |
| 2 | 抗球冲击 | 无裂纹和破损 | — |
| 3 | 表面耐干热 | ≥1 | 级 |
| 4 | 耐污染性 | ≥1 | 级 |
| 5 | 弯曲强度 | ≥20 | MPa |
| 6 | 弯曲模量 | ≥5000 | MPa |

（3）部分测试方法简述。

① 耐香烟灼烧。

点燃一支香烟，吸气直到香烟头上燃烧发光。在点燃过程中，香烟燃耗应在 5～8mm，将点燃的香烟沿着试件水平面的结合部放置。香烟与本次试验之前在试件上所留下的任何痕迹的距离不小于50mm。在放置香烟的同时，开始计时。观察燃烧过程，令香烟燃烧（120±2）s后拿开香烟，试样不得有明火式燃烧或阴燃，待灼烧区冷却，用蘸有乙醇的软布擦净燃烧区，检测是否有明显污迹残留。测试结果分为五级：一级为无明显变化；二级为在某一角度光泽有轻微变化或有棕色斑；三级为光泽或棕色斑都是中等程度；四级为明显的色斑；五级为鼓泡或裂纹。

② 抗球冲击。

在冲击试验机或其他等效装置上，用直径为（42.8±0.2）mm、质量为（324±5.0）g表面无损坏的抛光钢球冲击试样，试样［长（230±5）mm、宽（230±5）mm］四角平稳卡在试验夹具上，钢球从300mm的高度自由降落在距离试样中点50mm的范围内。记录落球高度，观察样品是否有裂纹或破损。

③ 表面耐干热。

本试验采用的试体尺寸为：长（100±1）mm，宽（100±1）mm；试验过程是，在铜质油锅内放入（350±10）mL的甘油或蓖麻油。容器口盖上盖板，插入温度计，温度计的水银球离底部约6mm。在不断搅拌下将油温升至185℃，然后将油锅放到绝热板上面。不停搅拌使其温度降至（180±1）℃，取下盖板，立即将油锅放入试体表面，压上质量为5kg的铁块并记录时间，在不断搅拌的情况下放置20mim，温度不得低于105℃，移去油锅让试件冷却45min，使光线从各种角度投射到试件表面上，用肉眼观察试件表面有无鼓泡、开裂、色变、光退等现象。结构可分为三级：一级为无鼓泡、开裂、色变、光退等现象；二级为有轻微色变、光退等现象；三级为有明显鼓泡、开裂、色变、光退等现象。

④ 耐污染性。

本试验是为了确定试件表面与常用的引起污染的材料接触并清洗后表面的变化。试件尺寸为：长（100±2）mm，宽（100±2）mm。试验过程是，用脱脂棉将试件表面擦拭干净。在试件表面分别滴加2滴或少许检测用物，并用表面皿盖住。在室温下放置24h后，用清水或乙醇、丙酮溶剂清洗试件表面并用脱脂棉擦干净。在自然光线下，距试件表面约40mm处，从各个角度观察试件表面的情况。试验结果一般分为四级：一级为无明显变化；二级为光泽有轻微变化或有痕迹；三级为光泽中等程度、痕迹中等程度；四级为有明显痕迹。

### 7.1.2.2　一体化SMC橱柜

针对传统橱柜存在的不足，科逸开发了一体化SMC橱柜。所开发的异型SMC橱柜柜体一体化模压成型技术，可以实现具有折角、凹槽等复杂形状柜体的高精度一体化成型。可以根据对用户适应性、实用性、工艺性和人性化的原则，通过创新研发的SMC一体化橱柜，从根本上解决传统橱柜存在的各种问题。同时，具备即装即用、经久耐用的特点。所生产出的SMC一体式橱柜柜体，可以达到防潮、防腐、防霉的"三防"效果。与传统木质橱柜柜体相比，SMC一体化柜体具有显著优势。其具体的比较特性见表7-1-13。和金属橱柜相比，SMC橱柜不会氧化，价格较低，无须进行接缝处理。而且，人的皮肤触感不会有像金属材料那样冰冷生硬的感觉。

表 7-1-13　传统木质橱柜和 SMC 一体化橱柜的比较

| 序号 | 项目 | 传统木质柜体 | SMC 一体化柜体 |
|---|---|---|---|
| 1 | 材料性能 | 多采用刨花板等木质材料，材料含水量高，易吸潮变形 | 为热固性材料经高温高压而成。具有优良的力学、防潮防水性能 |
| 2 | 防霉性 | 材料本身易吸潮霉变。洁具本身表面裂缝和粗糙也会积留脏物，产生霉菌 | 材料本身吸水率极低。易成型表面坡度，不积水，保持柜体干燥；表面光滑，无裂缝，不容易沾污 |
| 3 | 易清洁性 | 卫生死角多，难以清洁；柜体材料表面脏物不易清除 | 材料质地致密。一体化结构，脏物无法进入；柜体表面光滑，容易清洁 |

| 序号 | 项目 | 传统木质柜体 | SMC一体化柜体 |
|---|---|---|---|
| 4 | 安全环保性 | 传统橱柜板由于采用化学粘接材料，易产生VOC释放 | 无毒、无辐射，已通过欧盟REACH-SVHC测试，是环保产品 |
| 5 | 使用寿命 | 容易腐烂，局部容易损坏 | 机械强度高，耐用性、抗老化性好，使用寿命超过20年 |

所谓一体化橱柜，实际上就是一种柜体可以根据标准设计和个性化需要，对柜体整体成型、柜体数量可以按需在左、右、上、下四个方向进行多件拼装、隔板等附件进行标准化生产组装的一种新颖的橱柜生产模式。其中，SMC柜体的整体成型是其他材料难以实现的。这种生产方式和结构非常适应我国整体厨房应用的扩展需要。它和各种厨房电器有着良好的适配性，可以根据需要预留位置和空间。考虑到SMC材料的强度、耐腐蚀、耐候等特性，一体化橱柜在未来我国整体厨房的规模化生产中会有较好的发展前景。

1. SMC一体化模压柜体性能

一体化橱柜包括地柜和吊柜两类产品。由于都是用SMC材料模压成型，因此其基本性能都属于同一类材料，其性能指标都具有一致性。SMC一体化橱柜的基本性能需符合GB/T 13095《整体浴室》标准、GB/T 26696—2011《家具用高分子材料台面板》和ASTM D-570《塑料吸水率的试验方法》的要求。主要性能的项目、要求和检测结果见表7-1-14。结果如下：各项指标检测结果均符合并优于相应标准的要求。

表7-1-14 SMC一体化模压柜体性能

| 序号 | 性能 | 单位 | 性能要求 | 测试结果 |
|---|---|---|---|---|
| 1 | 吸水率 | % | $\leqslant 0.2$ | 0.178 |
| 2 | 耐污染性 | 级 | $\geqslant 1$ | $\Delta E=1.6$ |
| 3 | 回复率 | % | $\geqslant 90$ | 93 |
| 4 | 弯曲强度 | MPa | $\geqslant 20$ | 131.31 |
| 5 | 弯曲模量 | MPa | $\geqslant 5000$ | 9766.39 |
| 6 | 耐干热 | 级 | $\geqslant 1$ | 一级 |
| 7 | 抗球冲击 | — | 无裂纹和破损 | 无裂纹和破损 |

2. SMC一体化橱柜的基本结构

SMC一体化橱柜的基本单元/组合结构如图7-1-10所示。该柜体包括顶板、左侧板、右侧板、底板以及背板，柜体上设置有用于插入置物隔板的插槽，插槽内部的边角设置成圆角，柜体的外表面上设置了加强筋，底板上设置了调节脚，能实现与现有传统柜体的通用性和互换性。柜体采用内圆弧设计，防滑落隔板，一体压制，美观实用易清理。图7-1-11为SMC一体化地柜、吊柜实例。

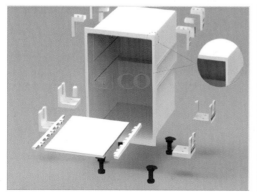

图7-1-10 SMC一体化橱柜的基本单元/组合结构

图 7-1-11　SMC一体化地柜、吊柜实例

### 3. SMC一体化橱柜的制造

整体来说，SMC一体化橱柜的制造工艺流程和整体浴室中相关产品的成型相似。主要区别在于所用的模具结构有所不同。图 7-1-12 所示为 SMC 柜体整体一次成型的模具结构和生产设备图。其中，左右两侧是模具三维结构示意图，中间为柜体实际生产设备。

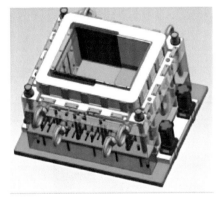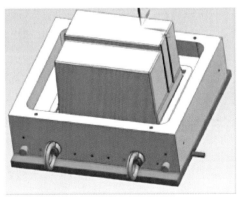

图 7-1-12　SMC柜体的模具结构和生产设备图

### 4. SMC整体浴室、一体化橱柜应用案例

以科逸为代表的 SMC 整体浴室生产企业，在其开发过程中，由于它在酒店业、医疗养老机构、房地产建筑、抗震救灾活动房屋、应急防疫救援设施建设中，显示的结构紧凑、安装快速、高效、实用和耐久等特性，因此逐步获得了日益广泛的应用。例如，在汉庭、锦江之星、莫泰驿居、7 天、日本东横 INN、法国宜必思等酒店，北京复兴、深圳福田、天津血液病、浙江人民、湖北武警、苏州广慈

肿瘤、聊城人民、新疆医科大、西交大医学院等医院,万科、碧桂园、龙湖地产等房地产开发商的民用住宅中,有不少工程都用到了整体卫浴。另外,SMC 整体卫浴在武汉火神山、雷神山等医院的快速建设起到了重要的作用等。

东横 iNN 是日本最大的连锁酒店,近年来它在国际上开始扩张。除日本外,美国、欧洲、亚洲都已经开店营业,公司每年新开设酒店房间数超过 6000 间。其客房全部采用典型的 SMC 整体浴室,型号有 1317、1417 等。SMC 部品为一体化浴缸底盘,墙板、天化板、洗面台、检修盖。1417 型每套浴室 SMC 部品质量约 135kg。

华住集团汉庭酒店 2013 年起使用 ALL-IN-ONE 整体浴室。整个浴室的防水盘、墙板、天花、洗面台、台板、隔板、门板、外墙板等 19 件部品全部采用 SMC 部品,每套浴室 SMC 用量 212kg。该系列产品在 2013—2018 年共安装使用 4 万套以上。

万科是房地产商中第一家大胆使用整体浴室的 TOP10 企业,从 2012 年起开始试用 SMC 整体浴室,2015 年后逐步增加用量,2017 年开始在公寓系列住房中大量使用,其新开楼盘的浴室主要型号有五种,各种型号的浴室 SMC 用量见表 7-1-15。

表 7-1-15　万科使用各型号 SMC 整体卫浴及其所用 SMC 质量

| 浴室型号 | 1326 | 1416 | 1616 | 1620 | 1624 |
|---|---|---|---|---|---|
| 单套浴室部品件数(件) | 21 | 16 | 16 | 20 | 20 |
| SMC 质量(kg) | 195 | 166 | 184 | 226 | 245 |

维多利亚系列游轮中,“公主号”“明珠号”“长江一号”“乾隆号”“神舟号”上用了上百套 SMC 整体卫浴。新世纪游轮集团“钻石号”“宝石号”“神话号”“传奇号”游轮也采用了 SMC 整体卫浴。此外,南极泰山科考站、高 132m 的北京奥运玲珑塔都成功应用了 SMC 主要卫浴设施等。

图 7-1-13 为 SMC 整体卫浴的几种结构应用图例。

图 7-1-13　为 SMC 整体卫浴的几种结构应用图例

近几年来,一体化厨房的应用也越来越广泛。图 7-1-14 仅举例展示了部分产品的应用结构案例。

图 7-1-14　SMC 一体化橱柜在整体厨房中的应用（自左至右分别为一字形、U 形和 L 形模式）

## 7.2　SMC 在沼气池、化粪池/净化槽等产品中的应用

我国是个农业大国，至今仍有五亿多人口生活在农村。农业、农村和农民问题是关系中国改革开放和经济社会发展全局的重大战略问题，也是现代化进程中长期面临的问题。在振兴乡村、改善农村环境的国家政策导向下，早在 20 年前就开始着手解决农村普遍存在的生物垃圾如人畜家禽排泄物、废弃农作物、污水的净化处理问题。最典型的实例就是在农村开展建立清洁能源沼气池和使粪便无害化的化粪池等设施。其目的都是使各种农村产生和存在的各类废弃物无害化、资源化处理，同时大大改善农民的生活环境。复合材料在此领域中发挥着重要的作用。复合材料沼气池和化粪池/净化槽在振兴农村、改善农村生活环境中起到了重要的作用，也获得了广泛的应用。两者的区别在于：沼气池主要是用来生产沼气，所用原材料一般为农家肥、秸秆、粪便等。沼气是一种混合气体，它的主要成分是甲烷，其次有二氧化碳、硫化氢（$H_2S$）、氮及其他一些成分。沼气的组成中，可燃成分包括甲烷、硫化氢、一氧化碳和重烃等气体。利用沼气的可燃性，沼气可以做很多与燃烧有关的事情，例如，代替煤气烧饭，代替煤炭发电等。

有观点认为，沼气池产生沼气所用的材料一般为农家肥、秸秆、粪便等。但是，现在农村人口越来越少，所以原材料的来源就成了问题。沼气池还没有净化水质功能，材料选择不当或施工不当池体还会产生渗漏，对地表水造成污染，所以综合种种原因来说不提倡使用沼气池。而化粪池是处理粪便并加以过滤沉淀的设备。其原理是固化物在池底分解，上层的水化物体进入管道流走，防止管道堵塞，给固化物体（粪便等垃圾）充足的时间水解。化粪池指的是将生活污水分格沉淀，对污泥进行厌氧消化的小型处理构筑物。

### 7.2.1　SMC 沼气池的应用

以下内容主要来自成都泓奇股份公司、成都顺美国际复合材料公司和网络资料。

我国沼气发展在从中央到地方的各级政府支持下，自 2003 年起，中央每年投入 10 亿元国债资金用于发展农村沼气工程建设，2006 年提高到 25 亿元。当年全国沼气用户 2200 万户，年产沼气 85 亿立方米，相当于 1330 万吨标准煤，为农户直接增收节支 110 亿元，7500 万农民直接受益。农村沼气上至养殖业，下至种植业，正在以投资少、功能多、效益高等优势，改变着农民的生产和生活方式。沼气是有机物质如秸秆、杂草、人畜粪便、垃圾、污泥、工业有机废水等在厌氧条件下通过少量厌氧微生物的分解代谢而产生的可燃气体。在沼气成分中，甲烷含量为 55%～70%，二氧化碳含量为 28%～44%，硫化氢平均含量为 0.034%。在农村沼气池产生的沼气主要用作生活燃料和照明。而沼液、沼渣在农业生产中可以作为农药、肥料、饲料等，在生态农业、无公害瓜果蔬菜种植中得以应用。

甲烷是结构简单的有机化合物，是优质的气体燃料。燃烧时呈蓝色火焰，最高温度可在 1400 ℃左右。纯甲烷每立方米发热量为 36.8kJ。沼气每立方米的发热量约 23.4kJ，相当于 0.55 千克柴油或

0.8kg煤炭充分燃烧后放出的热量。从热效率分析，每立方米沼气所能利用的热量，相当于燃烧3.03kg煤所能利用的热量。另有资料介绍，每建设一个$8m^3$的户用沼气池，年均产沼气$385m^3$，相当于605kg标准煤，可解决一个4口之家80%的生活燃料问题，也相当于1204kg薪柴，折合45亩林地。按2003年全国2200万已用沼气农户计，相当于保护了1亿亩林地，减少$CO_2$排放3100万吨。

此外，一年所产生的10~15t沼渣，可满足23亩无公害瓜果蔬菜的用肥需要，减少农药和化肥使用20%，使粮食增产15%~20%，蔬菜增产30%~40%。每户减少各项支出约500元。

农村沼气的应用大大改善了农村的卫生条件和农民的生活环境。沼气的应用不仅有较好的经济效益，而且其社会效益也十分明显。

据报道，在2019年我国农村沼气池用户已达2300万户，按每台$6m^3$的沼气池SMC用量计算，累计SMC用量达345万吨。年均SMC用量38.3万吨。

### 7.2.1.1　SMC沼气池的结构和工作原理

SMC沼气池的结构如图7-2-1所示。其工作原理大致如下。

由于该池体上部气室完全封闭，随着沼气的不断产生，沼气压力相应提高。这个不断增高的气压，迫使沼气池内的部分料液进到与池体相通的水压间内，使得水压间内的液面升高。这样一来，水压间的液面跟沼气池内的液面就产生了一个水位差，这个水位差就叫作水压。用气时，沼气开关打开，沼气水压下排出；当沼气减少时，水压间的料液又返回池体内，使得水位差不断下降，导致沼气压力也随之相应降低。这种利用部分料液来回串动，引起水压反复变化来储存和排放沼气的池型，就称为水压式沼气池。农村户用沼气池及附具如沼气灶、沼气灯系统组成如图7-2-2所示。

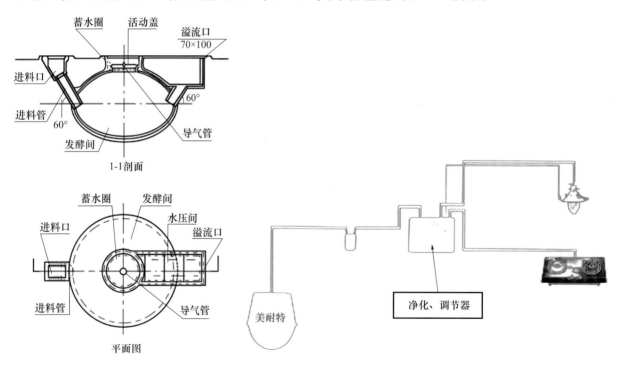

图 7-2-1　水压式沼气池结构示意　　　　图 7-2-2　农村户用沼气池及辅具系统示意

农村家用沼气池有砖砌/水泥、混凝土、玻璃钢/SMC等几种类型。相比其他材料的沼气池来说，SMC沼气池生产效率、安装效率都比较高。其具有整体成型、不漏气；生命周期基本不用维修，使用寿命长；强度和韧性较好；质量轻，便于运输；结构紧凑不受安装环境限制等优势。所以，比较受用户欢迎。

### 7.2.1.2 SMC沼气池的性能要求

SMC户用沼气池所用材料及成品的各项相关性能应符合NY/T 1699—2016《玻璃纤维增强塑料户用沼气池技术条件》；GB/T 4750—2016《户用沼气池设计规范》；GB/T 4751—2016《户用沼气池质量检查验收规范》等相关标准的要求。

1. 沼气池用SMC材料的力学性能

沼气池用SMC材料的力学性能还应符合GB/T 15568—2008《通用型片状模塑料（SMC）》中M2型的标准。具体的性能指标要求及部分试验结果见表7-2-1。

表7-2-1 沼气池用SMC材料的性能要求

| 序号 | 性能 | 单位 | 要求 |
|---|---|---|---|
| 1 | 拉伸强度 | MPa | ≥60 |
| 2 | 弯曲强度 | MPa | ≥135 |
| 3 | 弯曲模量 | GPa | ≥8 |
| 4 | 冲击强度 | kJ/m² | ≥50 |
| 5 | 热变形温度 | ℃ | ≥70 |
| 6 | 相对密度 | — | 1.8～2.0 |
| 7 | 巴氏硬度 | — | ≥40 |
| 8 | 吸水率 | % | ≤1.0 |
| 9 | 耐化学性能 | 试验条件 | 试验结果 |
| | 硝酸 | 5%浸泡一年 | 弯曲强度保留率69.8% |
| | | 30%浸泡一年 | 弯曲强度保留率57% |
| | 盐酸 | 5%浸泡一年 | 弯曲强度保留率70.5%，试样质量无变化 |
| | | 30%浸泡一年 | 弯曲强度保留率50.6%，试样质量无变化 |
| | 硫酸 | 5%浸泡一年 | 弯曲强度保留率50.6%，试样质量无变化 |
| | | 30%浸泡一年 | 弯曲强度保留率58.5%，试样质量无变化 |
| | 氢氧化钠 | 5%～30%浸泡一年 | 弯曲强度保留率差，试样质量无变化 |
| 10 | 自然老化性能 | 哈尔滨地区十年 | 弯曲强度保留率>77% |

2. 对沼气池的性能要求

农村户用沼气池应符合表7-2-2中所列的各项要求。

表7-2-2 户用沼气池的性能要求

| 序号 | 性能 | 要求 |
|---|---|---|
| 1 | 外观 | 应平整、光滑，不应有明显的划痕、褶皱。外表面不得有纤维裸露，不得有针孔、中空气泡、浸渍不良、不均匀等缺陷 |
| | | 内表面应光滑、均匀，不允许有明显气泡。各部件和连接部位边缘应整齐。厚度均匀、无分层 |
| 2 | 整体结构 | 应符合GB/T 4750的规定。应满足生产沼气、储存沼气、方便进料、出料和维修要求 |
| 3 | 沼气池容积 | 4～10m³，容积偏差率应不大于5% |
| 4 | 容积产气率 | 不小于0.3m³/（m³·d） |
| 5 | 池壁最小厚度 | 沼气池容积4～6m³为4mm；容积7～8m³为5.0mm；容积9～10m³为6mm |
| 6 | 密封性能 | 沼气池加压8kPa，保压24h，修正压力降应不大于3% |
| 7 | 荷载能力 | 加载试验后，沼气池应无破裂和损坏 |

修正压力降按下列公式计算：

$$\Delta P'_0 = \left[ 1 - \frac{(P'_0 + P_2)(273.15 + t_1)}{(P_0 + P_1)(273.15 + t_2)} \right] \times 100$$

式中　$\Delta P'$——修正压力降，单位为百分率（%）；

　　　$P'_0$——气密性试验结束时大气压力，单位为帕（Pa）；

　　　$P_2$——气密性试验结束时压力表读数，单位为帕（Pa）；

　　　$t_1$——气密性试验开始时密封气体温度，单位为摄氏度（℃）；

　　　$P_0$——气密性试验开始时大气压力，单位为帕（Pa）；

　　　$P_1$——气密性试验开始时压力表读数，单位为帕（Pa）；

　　　$t_2$——气密性试验结束时密封气体温度，单位为摄氏度（℃）。

荷载能力试验：沼气池荷载能力试验可在生产现场进行，加载物为沙袋，加载方法如图 7-2-3 所示。空载试验时，沼气池应为空池。试验载荷按表 7-2-3 执行；载荷试验 4h 后检查沼气池各部分破坏情况。承载面积为主池体垂直面积减去活动盖和水压间所占用的垂直投影面积。

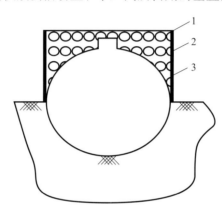

图 7-2-3　荷载试验加载方法示意

1—沙袋；2—铁箍；3—沼气池

表 7-2-3　单位承载面积上的最小试验载荷

| 项目 | 玻璃钢沼气池 | | | | | | |
|---|---|---|---|---|---|---|---|
| 沼气池容积（m³） | 4 | 5 | 6 | 7 | 8 | 9 | 10 |
| 最小荷载 [kPa（kN/m²]） | 17.0 | 18.0 | | 19.0 | | 20.0 | |

3. 对沼气池的其他要求

水压式沼气池的水压间有效容积不小于日产气量的 50%；

水压池正常工作压力≤8kPa，池内最大气压限值≤12kPa；

SMC 沼气池强度安全系数 $k \geq 1.3$（空池上拱静荷载≥20kN/m²）；

水压式沼气池最大投料量不大于发酵间池容的 85%；

户用沼气池主要建筑物设计使用年限应在 25 年以上。

### 7.2.1.3　SMC 沼气池的生产工艺

SMC 沼气池的生产工艺流程如图 7-2-4 所示。压制成型前首先做好相关设备如压机和成型模具的准备。按工艺要求调整好各种工艺参数，如成型温度、成型压力和保温/保压时间和压机速度，并清洁模具、按需涂抹脱模剂，然后选择合格的 SMC 材料，并按工艺要求裁剪、叠合，核准所需重量后按要求放入模具内，最后加压合模成型；保温/保压一定的时间后开模并取出产品。再按工艺要求进行必要的二次加工操作后即为产品。经检验合格即可包装出厂。

图 7-2-4　SMC 沼气池的成型工艺流程

#### 7.2.1.4　沼气的应用

农村沼气在种植业、养殖业等领域都有较广泛的应用。其应用范围列于表 7-2-4。

表 7-2-4　沼气的应用事例

|  | 种植业 | 养殖业 | 其他应用 |
|---|---|---|---|
| 沼气 | 塑料大棚增温、增二氧化碳 | 孵禽、幼禽、养鸡、鸭鱼房增温、点灯诱蛾 | 储粮、水果保鲜；补胎、沼气冰箱、热水器、喷灯、灭菌灯、金属切割、炒茶、烤烟、烘干、化工原料、发电等 |
| 沼液 | 浸种、喷肥、农作物底肥、追肥、补营养配制农药、保花果剂、无土栽培母液、生产食用菌、配方滴灌 | 养鱼、养猪、养鸡、养牛、养羊 | 养花及苗木生产 |
| 沼渣 | 种植粮、棉、油、茶、各种瓜果蔬菜、育苗、育秧、生产食用菌 | 养各种鱼类、猪、泥鳅、蚯蚓 | 养花卉、苗木生产 |

### 7.2.2　SMC 化粪池/净化槽的应用

厕所的状态是衡量一个国家文明程度的重要标志之一。改善厕所卫生状况也直接关系到人民的健康和环境。推动农村厕所革命是落实乡村振兴战略的一项具体行动，也是一项重要的民生工程。2018年，中共中央办公厅、国务院办公厅印发了《农村人居环境整治三年行动方案》，进一步以农村垃圾、污水治理和村容村貌为主攻方向，推进农村人居环境突出问题治理。"十三五"时期，新增完成 12.5万个建制村环境整治，占总目标任务的 96%。中央财政累计安排农村环境整治资金 258 亿元，带动地方财政和村镇自筹资金近 700 亿元，建成农村生活污水治理设施 50 余万套。《农村人居环境整治三年行动方案》实施以来，全国 90% 以上的村庄开展了清洁行动，截至 2020 年年底，全国农村卫生厕所普及率在 68% 以上，累计改造农村户厕 4000 多万户。东部部分地区农村无害化卫生厕所普及率超过90%；生活垃圾收运处置体系已覆盖全国 84% 以上的行政村；2021 年，中央一号文件进一步提出乡村振兴战略。"产业兴旺、生态宜居、乡风文明、治理有效、生活富裕"，这是党的十九大报告中提出的实施乡村振兴战略的总要求。2024 年，中央一号文件提出增强乡村规划引领效能、深入实施农村人居环境整治提升行动、推进农村基础设施补短板、推进农村基础设施补短板、加强农村生态文明建设、加强农村生态文明建设。其中，农村人居环境的改善，就包括农村厕所革命的推进，提高了农民的生活质量；农村生活垃圾治理的加强，改善了农村的卫生环境；农村生活污水处理设施的建设，提升了农村的水环境质量等方面。2024 年，乡村振兴战略迈出更大步伐。农业农村部关于落实中共中央、国务院关于学习运用"千村示范、万村整治"工程经验有力有效推进乡村全面振兴工作部署的实施意见中提出，深入实施农村人居环境整治提升行动。稳步推进农村改厕。指导中西部资源条件适宜且技术模式成熟地区稳步推进户厕改造，积极开展干旱寒冷地区适用技术产品研发与试点，探索农户自愿按标准改厕、政府验收合格后补助到户的奖补模式。具备条件的，推进厕所与生活污水处理设施同步建设、一并管护。协同推进农村生活污水垃圾治理。分类梯次推进农村生活污水治理，开展农村黑臭水体动态排查和源头治理。推进农村基础设施补短板。据国家统计局数据，2022 年我国总用水量 5998 亿立方米，农业用水量 3781 亿立方米，占比 63.04%；用好水资源、节约用水十分重要。完善农村供水工程体系，有条件的，推进城乡供水一体化、集中供水规模化，暂不具备条件的，加强小型供水工程规范化建设改造，加强专业化管护，深入实施农村供水水质提升专项行动。整体提升村容村貌。建立健全常态化清洁制度，有序推进村庄清洁行动。开展美丽宜居村庄创建示范。复合材料尤其是 SMC 材料仍将会在乡村振兴中发挥重要的作用。

化粪池和前面介绍的沼气池的区别在于：户用化粪池主要是专门用于处理家庭生活产生的粪便，使其进行无害化处理的设施。而沼气池主要是将农村的废弃物如农家肥、秸秆、各类生物粪便等进行发酵处理产生沼气的设施。沼气主要用作燃料、发电、农家肥。近年来，由于社会的发展和进步，沼气的材料来源越来越少，而且沼气池还没有污水处理功能，因此，在今后的农村环境改造和振兴农村的活动中，其作用会越来越小。而化粪池的情况恰恰相反，自 2018 年以来化粪池在农村厕所改造中的推广应用作出了重大的贡献。目前，由于化粪池的功能仅限于将粪便作无害化处理，不能解决农村生活污水的处理问题，因此，下一阶段必然会进一步发展其农村生活污水的处理功能，也就是向净化槽的方向转变。

净化槽的概念来源于日本，日本由于在 20 世纪 60、70 年代经济大发展造成环境及水质的严重污染，从而开始重视环境问题，重视污染控制的一系列立法工作。到 20 世纪 80 年代，日本成功研制出可用于处理粪便污水和生活排水的家用净化槽，这种新型净化槽在郊区新开发的小区以及不适合下水道建设的乡村地区得到迅速普及。可以说，净化槽的出现，使日本所有不同地区的生活污水治理变为可能，极大地促进了日本水环境的改善和水资源循环的形成。净化槽包括以家庭为单位的生活污水的小型家用净化槽、处理楼房和学校、医院、超市等排放的生活污水的大中型净化槽。现在使用中的净化槽绝大部分都是小型家用净化槽。据资料报道，截至 2013 年末，日本污水处理设施普及人口 11216 万人，全国平均污水处理率达 88.9%，其中下水道普及率 76.98%，净化槽普及率 8.88%，农业村落排水设施普及率 2.82%。净化槽的发展经历了单独处理、合并处理、深度处理等几个阶段。目前，深度处理净化槽技术已经非常成熟，出水可以实现 $BOD_5$（五日生化需氧量）$<10mg/L$、TN（总氮含有量）$<10mg/L$、TP（总磷含有量）$<1mg/L$ 的水平。到 20 世纪 80 年代初期为止，由于日本净化槽的法律体系及补助金制度的完善和日本民众追求更加舒适的生活方式，对冲水马桶的需求急剧上升，用于处理厕所污水的单独式净化槽得到迅速发展。净化槽一直作为处理厕所和粪便污水的有效设备而得到普及。2000 年《净化槽法》再次修改，单独式净化槽从定义上被删除；2006 年单独式净化槽从构造标准上被删除。日本单独处理净化槽和合并处理净化槽的处理流程如图 7-2-5 所示。

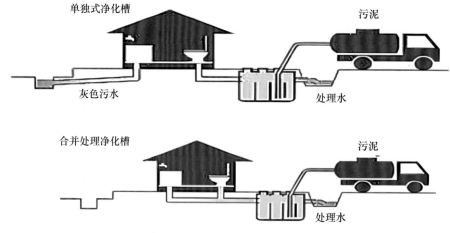

图 7-2-5　单独处理、合并处理净化槽的处理流程

从此以后，在日本单独式净化槽的安装及生产均被禁止。也就是说，从那时起，净化槽的功能从主要处理粪便的单独式净化槽转向既能够处理粪便等排泄物又能处理厨房、洗浴、洗衣等所有生活污水的合并处理净化槽。自 2000 年《净化槽法》修订，单独处理净化槽从定义上被删除；2004 年促进合并处理净化槽发展的推进事业部设置以及法令的修改，极大地促进了合并处理净化槽的发展。2001—2012 年，合并处理净化槽安装台数由 176 万台增长到 323 万台，增长了 84％；而单独处理净化槽安装台数由 705 万台减少为 453 万台，减少了 36％。2012 年，合并处理净化槽与单独处理净化槽安装数量比例基本接近 1：1。2013 年至 2019 年，日本净化槽 FRP（SMC）消耗量的具体数据见表 7-2-5，每年的产量基本上保持在一种稳定的状态。

表 7-2-5　日本近年来净化槽用 FRP 消耗量

| 年代 | 2013 | 2014 | 2015 | 2016 | 2017 | 2018 | 2019 |
|---|---|---|---|---|---|---|---|
| 净化槽用 FRP 量（t） | 29407 | 27868 | 27862 | 27624 | 28089 | 27912 | 26085 |
| 与上一年相比（％） | 93 | 95 | 100 | 99 | 102 | 99 | 93 |

我国近年来在农村大力推广的化粪池的功能和日本初期的单独处理净化槽类似，主要用于农村厕所的粪便处理。据统计，我国在 2018—2020 年底累计改造 4000 多万户。2018—2019 年为 3400 万户，2020 年为 600 万户；按保守估计，仅 SMC 化粪池一项 SMC 的用量累计就达到约 300 万吨。年均消耗 SMC 近百万吨，是目前我国 SMC 模压行业用量最大的单项产品。

农村污水处理是我国打造农村美丽村庄的关键环节。近年来，我国不断推动农村污水处理。而我国农村污水处理政策的侧重点也随着国内农村污水处理现状而不断变化。自 2005 年以来，国家开始重视农村环境保护问题，并开始制定相应的政策推进农村环境保护。2009 年以来，国家发展改革委、环境保护部、住房城乡建设部等多部门加快印发了有关农村污水处理的相关鼓励类、指导类、规范类政策文件。内容涉及农村污水处理的技术指南、技术规范、农村污水处理项目建设与投资指南、规划目标等。多年来，尽管国家对农村污水处理投入了大量的资金，兴建了不少的污水处理场和管道，使我国农村污水处理得到了迅速的发展，但是，目前我国农村污水处理渗透率仍较低。据资料报道，截至 2020 年底，全国对污水进行处理的建制镇及乡的渗透率仅分别为 63％和 36％。乡的农村污水处理渗透率与国家在《全国农村环境综合整治"十三五"规划》中提出的 2020 年经过整治的村庄的生活污水处理率≥60％的目标仍有较大差距。在"十四五"开年之际，国家出台的《关于全面推进乡村振兴加快农业农村现代化的意见》《关于推进污水资源化利用的指导意见》、"十四五"规划中均明确提出未来五年要加快推进农村污水处理。其中，在"十四五"规划中提到，我国将开展农村人居环境整治提升行动，稳步解决"垃圾围村"和乡村黑臭水体等突出环境问题。推进农村生活垃圾就地分类和资源化利用，以乡镇政府驻地和中心村为重点梯次推进农村生活污水治理。支持因地制宜推进农村厕所革命。推进农村水系综合整治。依据 2018 年 11 月生态环境部、农业农村部《农业农村污染治理攻坚战行动计划》的目标要求，充分考虑农村的实际情况，提出到 2020 年，以打基础为重点，建立规章制度，完成排查，启动试点示范。到 2025 年，形成一批可复制、可推广的农村黑臭水体治理模式，加快推进农村黑臭水体治理工作。到 2035 年，基本消除我国农村黑臭水体。与此同时，国家也多次提到农村污水处理要与农村改厕相结合，减少农村生活污染排放、提高水资源利用率和粪污资源化利用率。因此，未来农村污水处理将会更加重视与农村改厕有效衔接。因此，本部分对我国前几年农村改厕、粪便资源化大量采用的 SMC 化粪池和近年来开始的农村粪便资源化、生活污水处理无害化的净化槽一起进行介绍。本部分资料主要来自湖北通耐复合材料科技有限公司、山东中车同力达智能机械有限公司、江苏中车环保设备有限公司、江苏兆瓾新材料股份有限公司、河北恒瑞复合材料有限公司和网络资料。

### 7.2.2.1　化粪池/净化槽的结构和工作原理

农村用化粪池和净化槽规格较多，一般来说，现在农村最常用的 SMC 化粪池是三格式化粪池，而净化槽根据设计和使用的人数来决定其大小。一般在十人槽以内也多用三格式净化槽。三格式化粪池大致结构如图 7-2-6 所示。

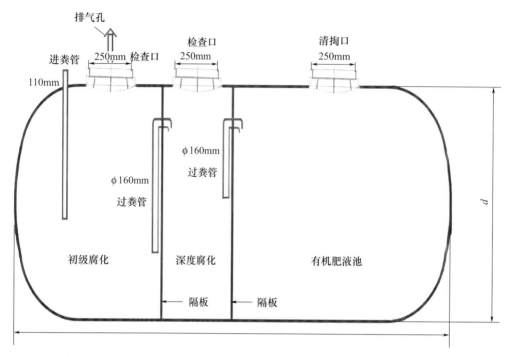

图 7-2-6　农村常用的 SMC 三格化粪池的结构

如图所示，SMC 化粪池由三个相连的池子组成，中间由过粪管联通。其主要利用厌氧发酵、中层过粪和寄生虫卵比重大于一般混合液比重而易于沉淀的原理工作。粪便在池内经过 30 天以上的发酵，中层的粪液依次从 1 池流到 3 池，达到沉淀或杀灭粪便中寄生虫卵和肠道致病菌的目的，于是第 3 池粪液成为优质的化肥。当新鲜的粪便从进粪口进入 1 池，池内粪便开始发酵分解，比重不同的粪液自然分成三层。上层为糊状粪皮，下层为块状或颗状粪渣，中层为比较澄清的粪液。初步发酵后中层粪液经过粪管溢流至 2 池，大部分未经充分发酵的粪皮和粪渣阻留在 1 池内继续发酵。流入 2 池的粪液进一步发酵，虫卵继续下沉，病原体逐渐死亡，产生的粪皮厚度比 1 池显著减少。流入 3 池的粪液一般已经腐熟，病菌和寄生虫卵基本杀灭，3 池主要起储存基本无害化的粪液的作用。腐化好的粪液可以从第三池直接抽/流出来浇菜园子或者树木，粪液就地就近消纳，做到资源化利用。

家庭户用小型合并处理净化槽，适合在没有下水管网地区的家庭综合生活污水的处理，包括厨房、厕所、洗浴、洗菜、洗漱等户排污水。该设备是一体式的 SMC 结构，具有质量轻、设备轻便、耐水、耐腐蚀、使用寿命长、占地面积小、施工安装简单、管理简便、无运行费用等优点。处理后的水质可达 GB 18918—2002《城镇污水处理厂污染物排放标准》一级排放标准。其工作原理大致如图 7-2-7 所示。

净化槽内分隔的各室/槽都具有各自不同的功能。其中，厌氧滤床室在分离除去污水中浮游物的同时，通过附着在滤材上的厌氧微生物，分解污水中的有机物。经过在厌氧滤床室处理过的污水，进入接触曝气

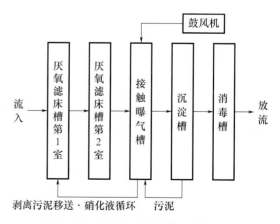

图 7-2-7　合并处理净化槽的工作原理

室，在填料间循环。填料采用网状的球形填料，中心放置塑料编织丝，在污水的生化处理中具有全立体结构、比表面积大、直接投放、无须固定、易挂膜、不堵塞的特点。工作时，通过附着在填料表面的好氧微生物，分解污水中的有机物。沉淀室是对处理水中含有的污泥剥离沉淀，上部的澄清水流入消毒室。消毒室是将沉淀室上部的澄清水，在消毒室内经消毒后排放，从而完成了家用的生活污水的处理。净化槽结构和处理方式不同，所排放的经处理过的污水根据其不同用途，可以分别达到不同的标准。

日本家庭用小型净化槽的尺寸（厌氧滤床接触曝气工艺）见表7-2-6。

表 7-2-6　日本家用小型合并处理净化槽的规格

| 人数 | 净化槽宽度（mm） | 净化槽长度（mm） | 净化槽高度（mm） |
|---|---|---|---|
| 5 | 1200 | 2400 | 1800 |
| 7 | 1500 | 2700 | 1800 |
| 10 | 1700 | 3200 | 2000 |

### 7.2.2.2　SMC化粪池对材料的性能要求

我国南北跨纬度广，对于寒温带、中温带、暖温带都需要考虑把化粪池埋到冻土层以下，防止化粪池内部污水的结冰及旱厕化粪池保证菌群的存活。对于水资源丰富的湿润区和半湿润区可以水冲厕所，对于水资源紧张的干旱地区和半干旱地区适合用旱厕。因此，在不同地区使用时，无论是化粪池还是净化槽在结构和地下掩埋工程中都要有适当的考虑。这两类污物处理设施只是功能不同，其材料类型、性能要求及成型工艺基本相似。在最后的型式试验方面也有所区别。

1. 化粪池构造的基本要求

根据我国 GB 50015—2019《建筑给水排水设计标准》，化粪池的构造应符合以下要求。

（1）化粪池的长度与深度、宽度的比例应按污水中悬浮物的沉降条件和积存数量、经水力计算确定。深度（水面至池底）不得小于1.3m，宽度不得小于0.75m。长度不得小于1.00m，圆形化粪池直径不得小于1.00m。SMC化粪池的有效容积不小于公称容积。

（2）双格化粪池第一格容量宜为计算总容量的75%，三格化粪池第一格的容量宜为总容量的60%，第二格和第三格各宜为总容量的20%。根据 GB/T 38836—2020《农村三格式户厕建设技术规范》要求，第一池、第二池、第三池的容积比宜为2：1：3。第二池宽度不足500mm时，应加大至500mm。

（3）化粪池格与格、池与连接井之间应设通气孔洞。

（4）化粪池进水口、出水口应设置连接井与进水管。

（5）化粪池进水管应设导流装置，出水口处及格与格之间应设拦截污泥浮渣的设施。

（6）化粪池池壁和池底应防止渗漏。

（7）化粪池顶板上应设有入口和盖板。

2. 对SMC材料性能要求

由于国内从事SMC化粪池、净化槽的企业众多，地区不同，大多根据用户的要求，执行不同的行业或国家标准，因此，对所用的SMC材料性能要求也有一定的区别。

（1）根据我国城镇建设行业标准 CJ/T 409—2012《玻璃钢化粪池技术要求》，主要对封头材料提出了力学性能要求。因为该标准发行时以缠绕成型玻璃钢化粪池为主。该标准对封头材料的性能要求见表7-2-7。

表 7-2-7　化粪池封头材料性能要求*

| 序号 | 性能 | 要求 | | | |
|---|---|---|---|---|---|
| | | 试件厚度（mm） | | | |
| | | ≥3.2～5.0 | >5.0～6.5 | >6.5～10 | >10 |
| 1 | 拉伸强度（MPa） | ≥60 | ≥83 | ≥93 | ≥108 |
| 2 | 弯曲强度（MPa） | ≥109 | ≥127 | ≥137 | ≥147 |
| 3 | 巴氏硬度 | ≥34 | | | |
| 4 | 吸水率（%） | ≤1 | | | |

注：*该力学性能不作为设计依据，仅用于检验制品材料性能和工艺质量管控。

（2）根据 GB/T 38836—2020《农村三格式户厕建设技术规范》，对化粪池材料的性能仅作出描述性要求。其中要求，玻璃钢整体式施工化粪池等产品的壁厚和材料要求应符合 CJ/T 409 的规定；化粪池、管材、连接件应采用高强度、抗老化、防腐性能好的材料；化粪池不应采用易腐蚀的金属材料做加强筋；化粪池清渣口和清粪口处的口盖应采用抗老化、耐腐蚀、抗压性能好的材料；化粪池选用的材料应保证上盖化粪池设计寿命大于 20 年。

（3）根据 GB/T 39549—2020《纤维增强热固性复合材料化粪池》，它包括缠绕成型和模压成型户厕用 1.5～4.0m³，掩埋深度不大于 2m 的三格化粪池的要求。深度大于 2m 的地区可参考执行。采用 SMC 材料生产的化粪池，其力学性能不低于 GB/T 15568—2008 中 M2 型材料的要求。其具体的性能要求指标见表 7-2-8。

表 7-2-8　SMC 化粪池对材料的性能要求

| 序号 | 检测项目 | 单位 | 要求 |
|---|---|---|---|
| 1 | 池体弯曲强度 | MPa | ≥135 |
| 2 | 隔板弯曲强度 | MPa | ≥135 |
| 3 | 池体弯曲弹性模量 | GPa | ≥8.0 |
| 4 | 隔板弯曲弹性模量 | GPa | ≥8.0 |
| 5 | 池体纤维质量含量 | % | ≥25 |
| 6 | 巴柯尔硬度 | — | ≥45 |
| 7 | 吸水率 | % | ≤0.5 |
| 8 | 耐水性* | — | 弯曲强度保留率不小于85% |
| 9 | 耐腐蚀性** | — | 弯曲强度保留率不小于85% |

注：*耐水性试验：按照 GB/T 2573—2008 中 4.3.4.1 的规定，从化粪池池体取样进行浸泡，水温为（23±2）℃，试验周期为 30d，然后测试其弯曲强度。计算弯曲强度的保留率。

　　**耐腐蚀性试验：参照 GB/T 3857 的规定，从池体取样，将试样切割面用原树脂或者合适的耐腐蚀树脂封边，按表 7-2-9 要求的所有介质进行浸泡，到达试验周期后，进行弯曲强度测定，介绍弯曲强度保留率。

表 7-2-9　耐腐蚀性试验条件

| 序号 | 介质 | 试验温度 | 试验周期 |
|---|---|---|---|
| 1 | 0.1%氢氧化钠溶液 | （60±2）℃ | 5h |
| 2 | 0.1%硝酸溶液 | | |
| 3 | 1.0%次氯酸钠溶液 | | |
| 4 | 1.0%氨水 | （20±3）℃ | |

（4）湖北通耐复合材料公司生产的化粪池对 SMC 材料的某些性能要求见表 7-2-10。

表 7-2-10  湖北通耐公司 SMC 净化槽对材料性能的某些要求

| 序号 | 项目 | 检测条件 | 性能要求 |
|---|---|---|---|
| 1 | 耐老化性能 | 样品在（60±5）℃、Y 灯及雨淋下 500h 后 | 弯曲强度变化≤3 |
| 2 | 耐摩擦性能 | 用化粪池盖面与橡胶摩擦 5h | 摩擦系数>0.35 |
| 3 | 耐腐蚀性能 | 常温下，样品在腐蚀介质中浸泡 2h | 观察样品无龟裂、膨胀、表面发白等现象 |
| 4 | 耐冷热性能 | 样品在 60℃烘箱内放置 16h，然后再把样品放入－40℃的冷箱内放置 2h，然后，检测相关性能 | 膨胀率≤0.2%，收缩率≤0.09%，冲击强度≥65kJ/m³，弯曲强度≥130MPa/m² |

3. 化粪池产品的性能要求

根据国家标准 GB/T 38836—2020《农村三格式户厕建设技术规范》，三格式化粪池的基本结构如图 7-2-8 所示。该化粪池和户厕便器通过进粪管相连。本身分为三个格池。化粪池中粪污的有效停留时间，第一池应不少于 20d，第二池应不少于 10d，第三池应不少于第一池、第二池有效停留时间之和。化粪池顶部设置的清渣口和清粪口，直径不应小于 200mm，同时应高出地面不小于 100mm，化粪池顶部有覆土时应加装井筒。化粪池清渣口、清粪口应加盖。对化粪池的性能要求为：

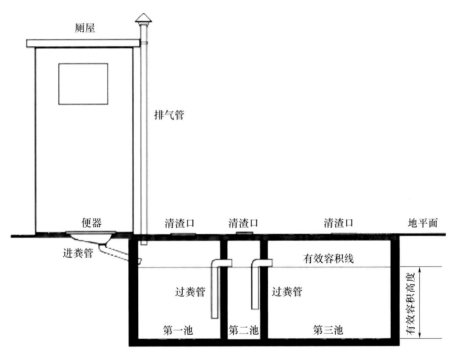

图 7-2-8  农村户用三格式化粪池的基本结构

（1）外观要求。SMC 整体式三格化粪池产品外壁应色泽均匀，光滑平整、无可见裂纹、裂痕，无鼓包、分层，无玻璃纤维裸露，无穿透性沙眼。100mm×100mm 面积内直径大于 1mm 的砂眼不超过 3 个。加强筋应完整无缺损，边缘应整齐，扣槽应严密，壁厚均匀，无分层现象。

（2）SMC 化粪池的整体结构性能要求。SMC 化粪池的整体结构性能要求应满足表 7-2-11 所列的各项性能要求。

表 7-2-11  SMC 整体结构性能要求

| 序号 | 性能 | 检测过程简述（GB/T 39549—2020） | 要求 |
|---|---|---|---|
| 1 | 井盖承载性能 | 室温环境下，将所有井盖盖好后，逐一在化粪池井盖中心位置直径 150mm 圆形范围内，施加 150kg 的载荷，静置 10min，观察井盖是否有破坏 | 无裂纹等破坏 |

| 序号 | 性能 | 检测过程简述（GB/T 39549—2020） | 要求 |
|---|---|---|---|
| 2 | 静载荷 | 室温环境下，将装配好的化粪池水平放在厚度为（100±10）mm的沙土上，用聚氨酯泡沫将化粪承压面北田平整，通过使用刚性平板在化粪池顶部以（50±5）mm/min的加载速度加载至试验载荷，保持5min，卸载后观察化粪池整体是否有裂纹等破坏，然后根据拟定的公式介绍静载荷 | 化粪池池体和隔板无损坏 |
| 3 | 冲击性能 | 室温环境下，将经静载荷试验后的化粪池放在稳固的平面上，在化粪池池体上方（避开清渣口和清粪口），用一个质量（1000±50）g的钢球，从2.5m高度自由落下，选择不同部位，分别位于顶部、侧面、底部等重要承力点位置，冲击次数不少于6次，观察钢球冲击处 | 池体表面无断裂性裂纹、穿透性破坏 |
| 4 | 渗漏性 | 室温条件下，将经冲击试验后的化粪池安装好并放在水平稳固的地面上，将进粪管和出水管密封后，向化粪池内注水至清粪口上沿，不得溢流，静置24h后观察池体是否有渗漏、变形 | 池体无渗漏现象、且无明显变形 |
| 5 | 串水 | 在室温条件下，将经渗漏性试验后的化粪池安装好并放在水平稳固的地面上，二池与三池两个过粪管密封后，向一池注水至清渣孔上沿，放置24h后观察一池与二池是否发生串水、渗水现象。可同时向三池注水至过清粪孔上沿，放置24h后观察三池与二池是否发生串水、渗水现象。将一池、三池的水排空，向二池注水至清渣孔上沿，放置24h后观察二池与一池或三池是否发生串水、渗水现象 | 三格间无渗漏、串水现象 |
| 6 | 埋坑承载 | 将经以上2、3、4、5试验后的化粪池水平放入基坑，将化粪池进粪管、过粪管及出水管密封后，用原土回填至化粪池顶部并夯实，向化粪池一池和三池注水至清渣孔和清粪孔上沿，不得溢流，随后在清渣孔和清粪孔安装井筒，继续回填至规定的覆土深度，观察二池是否有串水现象，当无串水时，将二池注水至清渣孔上沿，不得溢流。静置24h后挖出化粪池，观察池体是否发生渗漏或裂纹等破坏情况 | 化粪池三格间及整体无渗漏、破坏现象 |

### 7.2.2.3　SMC净化槽对材料的性能要求

SMC净化槽技术在我国仍在起步阶段。近几年，国内有几家企业已经在市场开发之中。和日本已经发展了四十多年的成熟技术相比，无论在涵盖的品种范围还是在污水净化技术、SMC净化槽材料性能及其量产技术方面都还有一定的差距。

在日本，存在有几种不同的污水处理系统，用来处理从每一个家庭排放的粪便污水和灰色污水（厨房、浴室、洗衣等产生的污水）。根据污水的种类，污水处理设施的规模以及补助金制度的不同，日本主要的生活污水处理设施可划分为公共下水道、农村下水道和净化槽三种类型。下水道主要是用于城市污水的处理，通过管道将家庭污水和工业污水收集到污水厂，在污水厂集中进行处理，是典型的集中式污水处理设施。净化槽则主要设计用来处理一家一户或楼房排放的生活污水，是一种分散式污水处理设施。净化槽可分为主要用于处理小至一家一户生活污水的小型净化槽和用于处理楼房、住宅小区生活污水的大中型净化槽。

日本的净化槽从构造和性能上净化槽可大致分为两大类：一种是根据净化槽构造标准来设计制造的净化槽，这种净化槽被称为标准构造型净化槽；另一种是净化槽厂家自主设计制造，其性能经国土交通大臣认定的净化槽，这种净化槽被称为性能认定型净化槽。就拿应用比较普遍的小型SMC净化槽来说，根据净化槽构造标准的规定，标准构造型净化槽的小型净化槽有三种处理工艺：沉淀分离接触曝气工艺、厌氧滤床接触曝气工艺和脱氮滤床接触曝气工艺。厌氧滤床接触曝气工艺小型净化槽是小型净化槽采用并安装数量最多的一种净化槽。这种工艺简要流程如图7-2-9所示，其基本结构如图7-2-10所示。图中，污水通过管道流入厌氧滤床池，由于里面填装有滤材，污水中的固体杂物的大部分通过滤材时被去除。

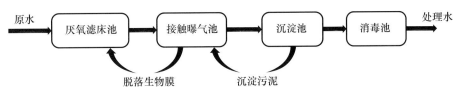

图 7-2-9　厌氧滤床接触曝气工艺流程简图

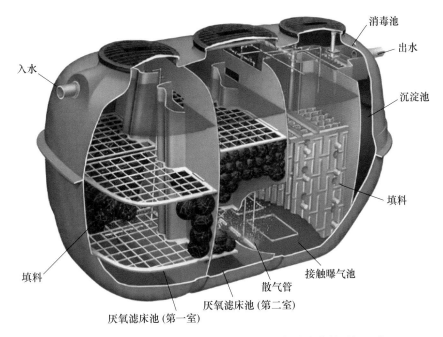

图 7-2-10　日本小型家用净化槽的结构（厌氧滤床接触曝气工艺）

厌氧滤床池的主要功能是储存被分离的固体杂物和污泥，也兼备 BOD 分解和通过滤材里的厌氧微生物的厌氧消化来降低污泥的产量的功能。在接触曝气池，由鼓风机将空气注入水中，在好氧微生物的帮助下，水里的有机物得到降解，氨氮被氧化。经过曝气处理后的水流入沉淀池，在这里悬浮物沉入池底，上面干净的处理水流入消毒池，在那里经过氯片消毒后排放。

1. SMC 净化槽对材料的性能要求

根据我国的具体情况，在农村，污水处理工艺的选择应满足处理规模、污水特征、出水水质及排放水体等要求。这与农村村落的地形条件、农户分布、风俗习惯以及生活污水收集方式等紧密相关。还应结合当地污水特点有针对性地选择适宜的处理工艺。从目前的情况来看，广大农村生活污水处理模式可以概括为如下三种：城乡统一处理模式、村落集中处理模式、农户分散处理模式。第一种模式，是指城镇污水处理管网可以延伸到邻近市区或城镇周边的村落，将农村生活污水集中收集后，进入市政污水管网，由城镇污水处理厂集中处理。对村落的地理位置等条件具有较高的要求，适合经济相对发达的农村地区。第二种模式要求农户集中居住程度较高，具备管网铺设或者修建暗渠条件和地理坡度，需要占用较大的处理空间，且由于处理水的排出需要人工湿地和稳定塘，处理效果不够稳定。第三种模式即农户分散处理模式，主要适用于无法集中铺设管网或集中收集处理的村落，特别是居住较为分散的山区、丘陵地带的农村。基层调研发现，当前一些地方采用农村生活污水与厕所革命一体化处理的农户分散处理模式，取得了较好的效果。这种处理模式中，最典型的方式就是利用净化槽对农村生活污水和厕所污水进行处理的模式。

由于多数村庄不具备统一铺设污水管网的条件，为改善村庄卫生状况，提升整体面貌，非常适合采用 SMC 净化槽进行分散式污水处理。可以将每户的洗浴用水、冲厕用水、厨房用水收集到该净化槽中,处理好的污水可达到国家一级或二级排放标准,可以就地直接排放,也可用于街道绿化和灌溉。农村污水处理户用分散式 SMC 净化槽来处理一家一户或几家几户排放的生活污水,是种分散式污水处理设施,在工厂批量生产,适合安装在各种地形。目前国内用量较大的小型农村家用净化槽的净化原理及产品照片如图 7-2-11 所示。

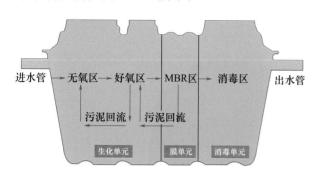

图 7-2-11　国内小型农村家用 SMC 净化槽的工作原理示意图及产品

从示意图中我们可以看出,当污水进入 SMC 净化槽后,沉淀分离槽进行预处理,去除比重较大的颗粒及悬浮物,提高污水的可生化性;预过滤槽内装有填料,在填料上的厌氧生物膜的作用下,去除可溶性有机物;曝气槽集曝气,高滤速,截留悬浮物和定期反冲洗为一体。沉淀槽溢水堰设置了消毒装置,对出水进行消毒处理。

分散式净化槽是靠风机对污泥进行气体回流,将污泥室内的活性污泥提取到厌氧滤床一室进行生化再处理,对污泥形成不断的循环消耗,从而大大减小污泥量,并可显著节约净化槽提升污泥所消耗的电能,可使净化槽污泥清理降至三年一次。净化槽内污泥一般由真空抽粪车来清运,可将运出污泥进行再生资源化利用,比如用污泥做堆肥、污泥碳化、沼气生产、辅助燃料、水泥添加剂及磷生产的原料等。江苏兆鋆新材料公司生产的 ZL 智能五格式净化槽的结构如图 7-2-12 所示。该净化槽专门处理经过化粪池处理过的污水,其特点是对除氮、磷的功能更强,同时,经过处理的污水可以达到更高的标准。

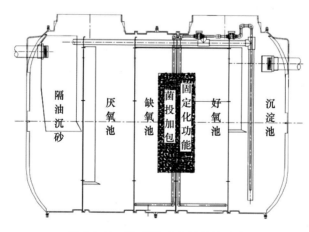

图 7-2-12　ZL 智能净化槽结构示意

这种地埋式污水处理设备的工艺较多。市场上最常见的工艺有三种,分别是 A/O 工艺、MBR(膜生物反应器)工艺、SBR 工艺,也有 A2O 及各种 MBR 组合工艺。各种工艺都有自己明显的优势和特征。不同的污水处理设备企业,不同的污水环境,不同的地区可以根据实际的情况及要求进行不同处理工艺的选择。

国内SMC净化槽对材料的性能要求大致有三种情况。第一种情况就是从农村化粪池转为净化槽的生产制造。这是目前国内大多数净化槽的生产方式，相当于日本的合并处理净化槽的功能。第二种情况是企业根据市场需要自行开发的小型、中型净化槽。第三种情况是引进国外的技术，在国内根据市场需要开发的净化槽。

由于技术来源和应用环境不同，客户对材料的性能要求也有所不同。常用的净化槽其材料的力学性能基本上和前面介绍的化粪池所用的材料基本相同。而其他有的企业由于用户的要求，自行订立了更高的性能标准；对于从国外引进的净化槽技术的企业，原则上采用了国外较高的材料性能标准，同时会进行更严格的产品型式试验。以江苏兆鋆新材料公司为例，该企业净化槽所用材料的基本性能标准见表7-2-12。江苏中车环保设备公司引进的SMC净化槽对SMC材料的性能要求见表7-2-13。

表7-2-12　江苏兆鋆新材料净化设备壳体用SMC材料物性指标

| 性能 | 参照标准 | 单位 | 要求指标 |
| --- | --- | --- | --- |
| 密度 | GB/T 1463—2005 | g/cm³ | 1.75~1.85 |
| 吸水率 | GB/T 1462—2005 | % | ≤0.1 |
| 拉伸强度 | GB/T 1447—2005 | MPa | ≥70 |
| 抗压缩强度 | GB/T 1448—2005 | MPa | ≥125 |
| 弯曲强度 | GB/T 1449—2005 | MPa | ≥130 |
| 巴氏硬度 | GB/T 3854 | bar | 40~55 |
| 热变形温度 | GB/T 1634.2 | ℃ | ≥230 |
| 耐湿热老化 | GB/T 2573—2008 | — | 地下30年以上 |
| 阻燃性 | GB/T 2406.1—2008 | — | ≥20 |
| 耐化学介质腐蚀 | GB/T 3857 | — | 二级 |

表7-2-13　江苏中车环保设备公司引进的SMC净化槽对SMC材料的性能要求

| 项目 | 单位 | 要求指标 |
| --- | --- | --- |
| SMC材料工艺性 | 薄膜揭去性能 | 塑料薄膜强度、韧性可用于自动揭膜机。片材黏度合适，塑料薄膜易剥离 |
| | 成型性 | 产品不允许填充不良、缺料。片材流动性满足净化槽壳体成型要求 |
| | 生产性 | 为保证生产率，要求保压时间240s 片材凝胶固化时间小于90s |
| | 成型品外观 | 材料原色（无杂色）产品外观A级表面不能有气泡、鼓包、裂痕、污渍、灼烧痕迹 |
| 玻纤含量 | % | 29.5±1.0 |
| 拉伸强度 | MPa | >100 |
| 弯曲强度 | MPa | >220 |
| 弯曲弹性 | GPa | >12.0 |
| 悬臂梁冲击强度 | kJ/m² | >70.0 |
| 巴氏硬度 | — | >50 |

注：1. 最终强度评价，用最终产品的强度试验（内压强度·外压强度·黏合强度等）的结果判断。
　　2. 以上力学性能是采用标准样板切片取样进行测试的结果。

考虑到净化槽的使用环境，材料除了应具有良好的物理力学性能外，还应考虑其耐水和耐化学腐蚀性能。表7-2-14列举了SMC净化槽对材料的耐腐蚀性能的要求。

表7-2-14　净化槽对SMC材料的耐腐蚀性能的要求

| 试验介质 | 试验条件 | 要求 |
| --- | --- | --- |
| 蒸馏水 | 在（60±2）℃下浸泡5h后检测其质量变化 | （浸泡后的质量变化）±2.0mg/cm²以内 |
| 氢氧化钠 | 在（60±2）℃的0.1%溶液下，浸泡5h后检测其质量变化 | （浸泡后的质量变化）±2.0mg/cm²以内 |

续表

| 试验介质 | 试验条件 | 要求 |
|---|---|---|
| 硝酸 | 在（60±2）℃的0.1%溶液下，浸泡5h后检测其质量变化 | （浸泡后的质量变化）±2.0mg/cm²以内 |
| 次氯酸钠 | 在（60±2）℃的1.0%溶液下，浸泡5h后检测其质量变化 | （浸泡后的质量变化）±2.0mg/cm²以内 |
| 氨水 | 在（20±3）℃的1.0%溶液下，浸泡5h后检测其质量变化 | （浸泡后的质量变化）±2.0mg/cm²以内 |
| 耐久性评价 | 用耐热水性试验替代。热水温度分别为：70℃、80℃、92℃、98℃；浸泡时间分别为：0h、100h、350h、700h、1000h | 测试其不同条件下的性能和材料初期性能对比。测定其性能降低率，以评价其耐久性能 |

**2. 净化槽制品的性能评价**

对净化槽制品的性能评价首先是对其处理效果的评价。其处理效果通过比较净化槽进水（来水）的指标和经过净化槽处理后，在净化槽出口排出的水（出水）的对应指标的比较来进行评价。按 GB 18918—2002《城镇污水处理厂污染物排放标准》见表 7-2-15。

表 7-2-15　城镇污水处理厂污染物排放标准　　　　　　　　　　　　　单位：mg/L

| 基本控制项目 | $CODCr$ | SS | $NH_3-N$ | TN | TP | $BOD_5$ |
|---|---|---|---|---|---|---|
| 一级标准 A | ≤50 | ≤10 | ≤5（8） | ≤15 | ≤0.5 | ≤10 |
| 一级标准 B | ≤60 | ≤20 | ≤8（15） | ≤20 | ≤1.0 | ≤20 |

注：下列情况按去除率指标执行：当进水 COD 大于 350mg/L 时，去除率应大于 60%；BOD 大于 160 时，去除率大于 50%。

括号外数值为水温＞12℃时的控制指标，括号内数值为水温≤12℃时的控制指标。

一般情况，仅具有处理粪便功能的化粪池的进水比具有处理粪便和生活污水的净化槽的进水污染物的浓度更高。通常其悬浮物固体浓度（SS）为100～350mg/L，生物化学需氧量（$BOD_5$）在100～400mg/L，其中，悬浮性的生物化学需氧量（$BOD_5$）为50～200mg/L；经净化槽处理后需要达到我国各地农村水污染物排放标准。如 BFS-T1.0 型号的净化槽，采用循环厌氧/生物滤床工艺，可使进水 $BOD_5$200、总氮（T-N）50、SS250mg/L 经处理后的出水水质成为 $BOD_5$20、总氮 20 和 SS 20mg/L 的中水水质。江苏中车环保设备公司 HJA-10 型净化槽的处理效果见表 7-2-16。

表 7-2-16　HJA-10 型净化槽的污水处理效果（厨房、浴室、清洗和厕所排放的污水）

| 序号 | $CODcr$（mg/L） | | $BOD_5$（mg/L） | | $NH_3-N$（mg/L） | | SS（mg/L） | |
|---|---|---|---|---|---|---|---|---|
| | 进水 | 出水 | 进水 | 出水 | 进水 | 出水 | 进水 | 出水 |
| HJA-10 型 | ≤350 | ≤60 | ≤200 | ≤20 | ≤30 | ≤8 | ≤160 | ≤15 |
| 某示范工程 | 300 | ＜50 | 150 | ＜10 | 25 | ＜5 | 200 | ＜10 |

由于我国幅员辽阔，各地情况有很大的不同，污水净化时来水和出水的情况和要求也不相同，因此，在污水净化处理时，处理方式的选择上要因地制宜。表 7-2-17 列举了我国部分地区污水处理后的排放允许标准，供从事污水净化企业参考。

表 7-2-17　各地农村污水允许排放最高浓度限值

| 项目 | 河北 DB13/2171—2015 一级标准 | | 北京 DB11/1612—2019* | | | | | 广东 DB44/2208—2019 | | |
|---|---|---|---|---|---|---|---|---|---|---|
| | A | B | 现有处理设备执行 | | | 新、改、扩建执行 | | 一级 | 二级 | 三级 |
| | | | 一级 | 二级 | 三级 | 一级 A | 三级 | | | |
| 化学需氧量 $CODCr$（mg/L） | 50 | 60 | 50 | 60 | 100 | 30 | 100 | 60 | 70 | 100 |
| 生化需氧量 $BOD_5$（mg/L） | 10 | 20 | 10 | 20 | 30 | 6 | 30 | | | |
| 悬浮物 SS（mg/L） | 10 | 20 | 20 | 20 | 30 | 15 | 30 | 20 | 30 | 50 |
| 氨氮 $NH_3$-N（mg/L） | 5（8） | 8（15） | 5 | 8 | 25 | 1.5 | 25 | 8（15） | 15 | 15 |

续表

| 项目 | 河北 DB13/2171—2015 一级标准 | | 北京 DB11/1612—2019* | | | | | 广东 DB44/2208—2019 | | |
| --- | --- | --- | --- | --- | --- | --- | --- | --- | --- | --- |
| | | | 现有处理设备执行 | | | 新、改、扩建执行 | | | | |
| | A | B | 一级 | 二级 | 三级 | 一级 A | 三级 | 一级 | 二级 | 三级 |
| 总氮 T-N（mg/L） | 15 | 20 | 20 | — | — | 15 | — | 20 | — | — |
| 总磷 T-P（mg/L） | 0.5 | 1 | 0.5 | 1.0 | — | 0.3 | — | 1 | — | — |
| 动植物油（mg/L） | 1 | 3 | 1.0 | 3.0 | — | 0.5 | — | 3 | 5 | 5 |

注：规模小于 500m³/d（不含）执行此标准；出水排入北京市Ⅱ类、Ⅲ类功能水体执行一级标准。其中，规模在 50～50mm³/d（不含）执行 B 标准；排入其他水体执行二级标准；规模小于 5m³/d（不含），执行三级标准。

关于 SMC 净化槽产品的型式试验目前还没有统一的国家标准。我国的现状是，各企业根据不同地区和客户的使用要求，建立自己的试验方法和标准。江苏中车环保设备公司生产的产品，由于其技术来源的关系，其净化槽产品检测项目繁多。该净化槽产品必须进行 23 项试验，全部合格后方可批量生产、销售安装。试验包括：材料拉伸性能试验、材料弯曲性能试验、材料冲击性能试验、材料表面硬度试验、材料耐药品性试验（上述测试从壳体上切割取样）、净化槽内压试验、隔板压力试验、净化槽外压实验、容量实验、灌水试验、噪声试验、注水抽水反复试验、胶粘剂强度试验（法兰强度和隔板强度）、胶粘剂与 FRP 物性试验（拉伸剪切和十字剥离）、阀门及风机性能试验、加高筒承压试验、人孔盖试验、载荷强度（滤材托板及压板）、回流管刚性、耐运输冲击试验、耐落下冲击试验、吊装试验、载体耐久性试验、库存净化槽雨水存留试验、净化性能试验等。

其中，外压试验为净化槽核心试验，可测试存在外部水压时，净化槽是否存在漏水、出现裂缝及计算壳体的变形量。主要测试安装施工时，挖开的坑中出现渗水或者周围土压给净化槽壳体带来的压力对其壳体的影响。

江苏兆翌新材料公司生产的净化槽进行了单舱承压、渗漏和曝气试验。其中：

（1）单舱试验。在单舱灌水过程中，隔板受水压变形。要求变形最大处≤20mm；隔板无开裂，未出现脱胶、渗漏等现象。

（2）渗漏试验。罐体满水至水口高度，保持在该水位 12h 以上。要求罐体无变形，罐体接缝、螺丝孔、地脚及罐体本体外表面等部位无渗漏现象。

（3）曝气试验。在曝气试验过程中，各曝气管路气体畅通无堵塞，无漏气；调节气阀各舱同时都有曝气现象，并曝气均匀；混合液回流管能同时回流通畅；连续曝气 10min 以上，要求曝气稳定。曝气及气泡大小均匀，无断断续续状态。

### 7.2.2.4　化粪池/净化槽制造工艺

这两类产品从形状、结构都十分相似，仅因为功能的差异导致内容物及各种附件有所区别，但其 SMC 壳体及隔板生产工艺基本相同，都采用模压成型。

1. SMC 材料的生产

化粪池、净化槽用 SMC 的生产工艺和前面介绍的产品用 SMC 相同。其工艺流程如图 7-2-13 所示。

SMC 模压化粪池承载能力的高低主要取决于化粪池的结构和化粪池材料的强度。前期开发过程中的结构设计起到决定性的作用。当结构确定后，后期生产过程的关键控制点是片材中玻纤含量的高低和下一阶段模压成型对产品密实度的高低工艺控制。这三方面因素直接决定了化粪池的后期使用性能。

生产过程中的质量控制是确保化粪池质量稳定性与一致性的有效手段，质量控制如果做不好，会使前期开发设计的优势大打折扣。对主要原材料（如不饱和树脂、玻纤、重钙）和关键原材料（固化剂、增稠剂）进行质量控制，确保合格原材料投入 SMC 片材生产过程。SMC 片材生产过程中实时对片材的玻纤含量、玻纤是否浸透进行监测。每个批次的片材都要对其进行拉伸、弯曲、冲击力学性能

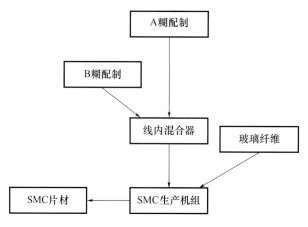

图 7-2-13  化粪池、净化槽用 SMC 生产流程示意

检验，以保证片材的质量稳定性。在下一个模压成型阶段，要严格控制铺料方式、模具温度、保温时间、加压压力等技术参数，每个生产班组需安排专人检验，以降低次品率的产生。确保次品不入库、不出厂。

2. 化粪池、净化槽 SMC 壳体、隔板及封头的制造

目前，在我国化粪池和净化槽的制造工艺基本上有两种类型：机械化成型辅以人工操作工艺路线和基本过程自动化的工艺路线。前者企业投资成本比较低，但操作人员劳动强度比较大，操作环境条件比较差。产品质量稳定性较难控制；后者恰恰相反，产品在自动化生产线上生产，每道工序都按程序自动由相应机器人（手）完成。所以，产品质量的稳定性能得以保证。同时，大大减轻了操作人员的劳动强度，大大改善了作业环境，但需要较高的投资。以下对两种工艺路线进行介绍。

（1）SMC 化粪池、净化槽的机械化成型。

SMC 化粪池壳体、隔板和封头的机械化模压成型典型的工艺过程如图 7-2-14 所示。

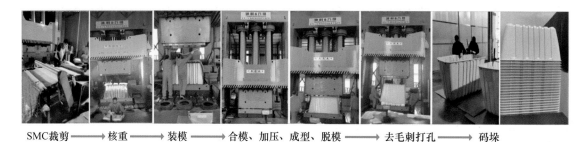

SMC裁剪 ——→ 核重 ——→ 装模 ——→ 合模、加压、成型、脱模 ——→ 去毛刺打孔 ——→ 码垛

图 7-2-14  SMC 化粪池相关零部件的机械化模压成型工艺

其主要过程为：按要求对合格的 SMC 原材料进行裁剪、叠放、核重后，按工艺要求将其放入具有预设温度的模具内，然后合模、加压成型。经保温、保压一定时间后，开模并取出产品。将经过定型、去毛刺、开孔等二次加工后的合格品进行码垛，然后进入下道工序。

在整个成型工艺过程中，成型压力、温度和保压时间是需要严格控制的三个主要工艺参数。一般情况下，提高成型温度可提高固化速度，从而提高生产效率。但由于产品尺寸较大、流程较长，成型温度过高容易使制品的表面发生过热或鼓包，也影响材料的充满模腔的能力。温度太低，保温时间不足，则会出现固化不完全影响生产效率、产品力学性能下降和外观变差等缺陷。总之，成型温度应在最高固化速度和最佳成型条件之间进行权衡选定。成型压力的作用主要是迫使模塑料流动充满型腔，使低分子物及气体及时排出，压实制品，提高模压制品的致密性。成型压力受材料配方如玻纤含量高低、SMC 增稠程度、成型工艺参数的选择、产品结构形状等很多因素的影响。模压化粪池根据成型产

品的类型、玻纤含量、制品结构的不同，最低成型单位压力可达 3MPa，最高模压压力可达 12MPa。保压时间指产品充分固化所需的时间。和成型温度一样，它主要和配方有关，也和成型温度、产品厚薄相关。产品的充分固化与发挥材料的各项性能密切相关。总之，成型压力、温度和保压时间三个工艺参数，它们选择当否均影响着最终产品的质量和性能。它们彼此相关，互相作用又相互影响。

（2）SMC 化粪池、净化槽的组装。

当化粪池的各种 SMC 零部件成型后，一般都会在施工现场进行组装程序。化粪池的组装也是关系到化粪池使用质量的关键因素。现在市面上常见的户用化粪池都由上壳体、下壳体、和隔板三部分组成。这三部分主要通过在上下两壳体的法兰位置使用螺栓紧固的方式连接。化粪池组装完成后要求三格之间不相互渗漏，只能通过过粪管互通，化粪池组装后整体不得渗漏，检查口和清掏口与连接管之间不得渗漏。现在市面上化粪池隔板及连接管管口的密封分为两种方式：一种是打胶密封；另一种是密封条密封（图 7-2-15）。

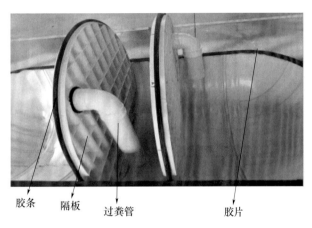

胶条　　隔板　　过粪管　　　　　胶片

图 7-2-15　江苏兆堃公司隔板及过粪管安装密封条后的状况

打胶密封的安装方式是先把隔板插入下底的隔板槽内，然后在隔板槽内插入隔板，在隔板上插入过粪管，盖上上盖，安装好四周法兰的螺栓，把隔板固定好后，通过检查孔的位置往隔板四周打密封胶，由于人在化粪池外面打胶非常困难，现场安装时非常难以保证密封。

河北恒瑞复合材料有限公司生产的供冻土层厚 1.8m 的净化槽采用密封条密封的方式，该方式的安装步骤是，在隔板上安装胶条；进行隔板上过粪管的安装；将两隔板安装到下壳体内；在下壳体四周粘贴胶片；进行上壳体与下壳体、两隔板的安装；最后分别进行密封胶圈的安装、进粪管的安装和清掏口连接管的安装。装配好的化粪池的现场照片如图 7-2-16 所示。国内非寒冷地区大量采用的化粪池如图 7-2-17 所示。

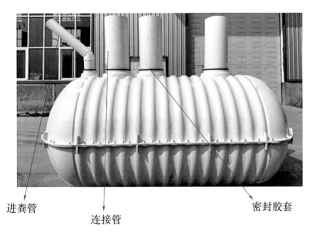

进粪管　　　　连接管　　　　　　密封胶套

图 7-2-16　装配好的高寒地区用 SMC 化粪池

二八式SMC化粪池　　　　　　　五五式SMC化粪池

图 7-2-17　国内非高寒地区大量采用的两种 SMC 化粪池

（3）SMC 净化槽的成型自动化。

SMC 净化槽壳体、隔板和封头的模压成型的工艺过程，另一种工艺路线采用的是自动化的生产过程，以降低生产人员工作强度，改善工作环境，提高产品质量稳定性。山东中车同力达智能机械有限公司、江苏中车环保设备有限公司设计使用的 SMC 净化槽自动化生产模压线的布局如图 7-2-18 所示。其实际的生产工艺过程如图 7-2-19 所示。

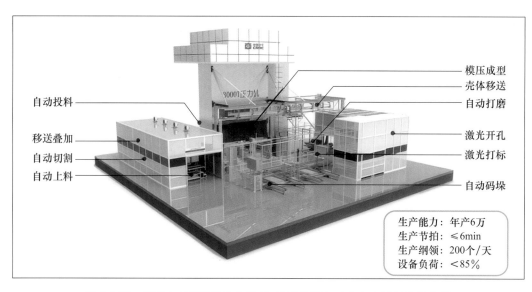

图 7-2-18　江苏中车环保设备公司 SMC 净化槽自动化生产线的整体布局

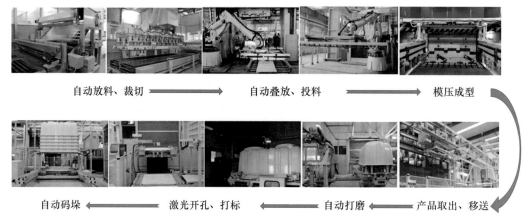

图 7-2-19　SMC 净化槽及相关零部件自动化模压成型工艺过程

从以上工艺过程中可以看出，和机械化成型工艺的主要区别是：全过程的每道工序，从SMC料放卷、揭膜、裁切称量，材料的码堆、按设计方式往模内铺放投料，压制成型过程各参数的调节、运行、开模取产品、移送、毛刺打磨、开孔、打标及最终产品码垛，都由各种自动化设备或机械手自动完成。这种工艺的最大好处是改善了工作环境，降低了劳动强度，增加了产品的质量稳定性，提高了产品的加工精度。这种工艺对我国模压行业的发展具有示范性作用。

（4）组合式净化槽的组装。

净化槽各单元零件成型完成后，需要进行现场组装。对较大型的净化槽如容积$5m^3$以上的净化槽，其组装工艺更复杂。以江苏兆鋆新材料公司产品（ZL智能五格式净化槽）为例，图7-2-20为净化槽的各种主要的SMC零件，自左至右分别为：壳体、封头和装有隔板仓的组装好的一组壳体。

以$8m^3$净化槽为例，它由三组壳体组装而成。其主要组装程序是：组装好三块下壳体→装隔板仓→加装填料、悬浮球及相关附件→装上壳体并用工具及螺栓锁紧→安装封头及相关附件。主要过程如图7-2-21所示，左上、右上、左下、右下分别为下壳体组装、装隔板仓、加装填料和悬浮球及附件、安装封头及附件。组装好的净化槽如图7-2-22所示。

图7-2-20　净化槽SMC零件和组装件

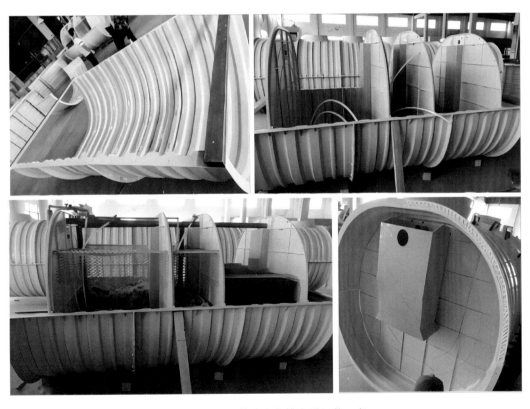

图7-2-21　组装式净化槽主要组装工序

图 7-2-22　完成组装后的组合式 SMC 净化槽

组合式 SMC 净化槽在安装过程中的主要操作及注意事项如下。

① 上壳体件与下壳体组件合接。

a. 砂纸打磨和清洗上壳体与隔板粘接的槽和隔板的粘接表面，表面无釉面，无翻边毛刺，表面出现基体本色，并有均匀粗糙度。

b. 砂纸打磨和清洗上壳体与下壳体粘接的表面，表面无手纹，无灰尘和其他印迹。

c. 将上壳体与下壳体进行合对试装，检查是否与隔板吻合入槽，上壳体与下壳体螺孔对正，隔板与上壳体槽能对正入位。

d. 粘接表面涂胶，胶体丰满、连续无断胶，涂胶为两条胶体。

e. 合对粘接上壳体，隔板安装入槽，与下壳体粘接面和相邻上壳体粘接面及螺孔对正。

用大力钳均匀将两粘接体面压紧，并安装和紧固尼龙螺栓。粘接胶体从粘接面挤出，保证两粘接面缝隙有一定厚度胶层，两粘接件合拢粘接必须在工艺要求的时间内完成大力钳、螺栓紧固；上道连接缝粘接达到工艺规定的时间以后才能粘接该件的另一端接缝。

f. 放置足够的时间使胶固化充分。胶固化期间，不允许移动工件，以免影响胶层固化。

g. 拆卸大力钳，检查接缝，修整接缝。去掉接缝周边多余胶，接缝处挤出胶层保留符合工艺规定要求。

② 隔板安装。

a. 砂纸打磨和清洗下壳体与隔板粘接的槽体表面和隔板的粘接表面，表面无釉面，无翻边毛刺，表面出现基体本色，并有均匀粗糙度。

b. 将隔板组件先放入下壳体槽比对，检查隔板是否均匀放入槽体，隔板安装保持水平，均匀入槽，宽度不超过下壳体槽宽度而影响上主体装配。

c. 对隔板粘接槽底和一方槽边涂胶，涂胶均匀连续。

d. 将各隔板组件安装到下壳体各自的槽中，用橡胶锤敲打安装到位，各隔板组件安装位置正确、安装保持水平。

e. 修整隔板与下壳体槽接缝胶体，挤出的多余胶涂入隔板另一方的接缝，胶固化期间不能移动隔板。

③ 曝气管安装。

a. 曝气装置选择：目前市场常用的有曝气盘、穿孔曝气、微孔曝气等，在选择曝气装置时要充分考虑其防堵性、使用寿命。

b. 兼氧仓和好氧仓需安装曝气装置。厌氧仓和沉淀池不需要安装曝气装置。

④ 回流管安装。

a. 污泥回流，采用气提回流，从沉淀池回流至厌氧仓。

b. 混合液回流，采用气提回流，从好氧仓回流至兼氧仓。

⑤ 填料安装。

厌氧仓采用塑料网格填料，投加量符合规范要求，除了厌氧污泥作床生长，还可以过滤进水中的大颗粒悬浮物和其他杂质。

兼氧仓和好氧仓采用聚氨酯球状填料，投加量为有效体积，符合规范要求。

### 7.2.2.5　典型应用案例

**案例一**：江苏常熟市分散式污水处理 PPP 项目（图 7-2-23）。该项目采用江苏中车环保设备公司 HJA 系列净化槽，涉及 330 个自然村，污水处理量 4129.4t/d，受益具名 12268 户，解决了当地近 5 万人的生活污水处理问题。其中，常数市虞山镇汪家宅基污水处理示范项目所用的 HCZ-50 净化槽，污水日处理量 10t，共 37 户。出水指标：$CODCr \leqslant 60mg/L$，$NH_3\text{-}N \leqslant 8$（15）$mg/L$，$SS \leqslant 15mg/L$，$T\text{-}N \leqslant 20mg/L$。上海市崇明区农村污水处理工程约惠及 12 万户。

图 7-2-23　江苏常熟市分散式污水处理 PPP 项目

**案例二**：浙江义乌市某区核心区域水体修复项目（图 7-2-24）。该项目采用江苏兆鋆新材料公司生产的净化槽。该工程涉及多条河道，工程治理水域总面积有 6 万多平方米，总投资 1000 余万元。河道安装了一体化净化设备系统，采用"河道曝气＋固定式多功能菌微生态修复"技术，加入了人工水草、漂浮型人工湿地，从而使辖区河道水质得到了明显的改善。

图 7-2-24　浙江义乌市某区核心区域水体修复项目

案例三：句容茅山管委会李塔村项目（图 7-2-25）。该项目采用江苏兆錾新材料公司生产的净化槽。服务农户 220 户，受益人口 432 人，化粪池改造采用 ZJ-SMC 一体化三格式化粪池，农村污水处理终端采用固定化微生物污水处理一体化 SMC 净化槽，设计规模 40m³/d，设计出水达到 GB 18918—2002《城镇污水处理厂污染物排放标准》一级 A 标准。

图 7-2-25　句容茅山管委会李塔村农村污水处理项目

案例四：黑龙江省绥化市兰西县后唐窑家村项目（图 7-2-26），地处东北三江平原湿地地区。该地区地下水线仅在 2 米左右，冻土层在 1.8m 左右，施工时化粪池上面覆土深度在 1.9～2.0m。因此，其安装难度大，对产品性能要求高。该项目采用河北恒瑞公司生产的化粪池，其材料性能为：拉伸强度为 209MPa，弯曲强度为 290MPa，产品平均壁厚达 6mm。

图 7-2-26　黑龙江省绥化市兰西县后唐窑家村项目

## 7.3　SMC 在其他建筑领域中的应用

SMC 在建筑领域中的应用，除了以上介绍的在卫浴、厨房用品、化粪池、净化槽沼气池等处的应用外，SMC 在其他相关领域如住宅门、屋面瓦、加油站、体育设施及用品、物流托盘、建筑模板及养殖业设施上也有较为广泛的应用。

### 7.3.1　SMC 在住宅门中的应用

当前，当人们在选择住宅或其他住户建筑住宅门时，一般会在木材门、玻璃纤维增强塑料门（以下简称玻璃纤维门，通常国内称为 SMC 门）和钢门三种材料之间进行选择（图 7-3-1）。图 7-3-2 为我国生产的 SMC 入户门。

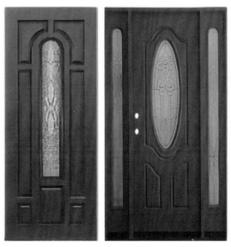

图 7-3-1　入户门门板材质（自左至右分别为　　　图 7-3-2　国内生产的 SMC 入户门
　　　　　　木材门、SMC 门和钢门）

上述各种材质生产的入户门中，每一种都有其独特的属性。在选择住宅门尤其是入户门的时候，有几个决定因素：外观、成本、耐用性、能源效率和安全性等。多年来，木质入户门确实是唯一的选择，但随着过去 30 年的创新，钢制和玻璃纤维入口门已经成为其真正的竞争者。下面对这三类门的以上特性进行比较。

1. 外观

木制入口门以视觉上吸引人、传统性和易于定制而闻名。它们有丰富、自然的颜色，常常使它们成为买家一个很有吸引力的因素。此外，它们有多种构型和尺寸，其宽度和高度比钢和玻璃纤维门更容易定制。另外，钢门被广泛认为是适应性最差的。大多数钢门的特点是光滑的表面和不太显眼的面板浮雕，导致比木材和玻璃纤维的外观吸引力更小。钢门还容易产生凹痕和生锈，不能像木头或玻璃纤维一样着色，它们需要喷漆，在长期使用中，可能还会多次重新喷漆。玻璃纤维门提供了更好的方案，可以作为木材门和钢门之间的一个良好的折中。现在，它们的技术进步已经到了仿木纹理的外观可以做到以假乱真的程度。这种门也有多种风格，并可以根据门皮材料的情况进行着色或油漆，以适合房主的偏好或建筑风格。

2. 价格

价格是决定选择住宅门的一个重要因素，尤其是入户门。入户门既要考虑外观的喜好，也要考虑长期使用的成本。所以，决定入户门的价格支柱有两方面：第一，材料的前期投入成本；第二，门的寿命和每次使用成本，即在需要修补、维修或全面更换之前可以使用多久。在比较木材和玻璃纤维和钢制门时，这些成本都很重要。影响整套门价格的还有其他的因素，如门板材料、尺寸、门的造型、门窗玻璃、五金件、门框材料和其他定制特点。

3. 维护成本

在美国，目前木板门的价格在 500～5000 美元。木制门如果用更高品质的木材，木门的起步价格通常比钢或玻璃纤维要高。同时，木门非常容易受到天气的影响，并且容易产生划痕、凹痕、翘曲变形和产生霉变、腐烂等水分损伤。到一定的使用年限后，可能需要整体更换，无形中又增加了门的成本。钢门有最低的初始成本，其基本价格从 200 美元到 1500 美元或以上不等。虽然钢门比木材门需要的保养更少，但是恶劣的天气条件下也会导致门板凹痕和生锈。这很难修复，可能需要完全更换钢门。在使用期间，有时可能还需要对其表面重新喷漆，以保持较好的外观。

玻璃纤维入户门的起步价可能在 500 美元左右，更精致的门也可能高达 3000 美元。但是，即使玻璃纤维门的前期成本略高，也可以以其高性能和耐用性对此得以弥补。玻璃纤维门可以持续几十年，几乎不需要维护，从而使它们成为住户最有投资价值的一种选择。

4. 耐久性

成本效率和门的耐用性是相辅相成的——门越耐用，它就越能承受恶劣的条件，从长远来看，它就越能降低使用成本。

前文已指出，木门极易受天气影响，并有划痕、凹痕、翘曲和水分损坏，它们的平均使用寿命仅在 10～30 年，这取决于木材的类型、地区天气条件以及它的持续保存时间。这是假设它们不会遇到重大的、未预料到的损害前提下估算的，因为高热量和高湿度会使木材扭曲，暴露在潮湿状态中会导致在更快的时间线内腐烂或发霉，从而导致完全更换。

钢门在其使用寿命的初期，似乎是一种比木材和玻璃纤维更经济和坚固的选择，但从长期来看，钢比其他材料更容易受到损坏，更容易产生凹痕或划伤。钢门受芯材影响，门内部可能产生冷凝水，导致门从内部生锈。钢门内部和外部生锈，会导致外观的损伤以及其他水分损害。钢门也不容易修复，所以这些耐久性问题往往最终需要整门更换。如果不受影响和维护良好，钢门应该至少可以使用 30 年。钢门还有一个特别令人烦恼的地方，它们在安装和施工过程中由于操作不当，极易产生不易修复的损伤。

玻璃纤维门具有良好的耐候性，不容易发生像木门和钢门类似的损坏，使其成为在三类材料门中最耐久的门，尤其是成为入户门更佳选择。这些门具有耐用性，具有玻璃纤维复合材料门皮的外观，可以防止水、扭曲、腐烂和外观损坏。这种设计可以延长寿命，如果处理得好，它们可以使用 50 年或更长时间。特别是在极端飓风条件下的地区，作为耐撞击的入户门，它们可以承受因飓风产生的空中碎片和高风速等因素的冲击。更长的材料生命周期减少了浪费和制造所需的资源。

5. 能量效率

对于入户门来说，节能的入户门有助于降低家庭的取暖和制冷成本，因此，在进行入户门的类型的选择时，门的节能性能导致家庭长期能源成本负担的大小是需要考虑的另一个重要因素。寻找一个节能的门可能很复杂，主要比较各类门与节能有关的几个关键因素，即太阳热增益系数（SHGC）、U 因子和 R 值。SHGC 反映了该产品抵抗间接太阳辐射的能力。在较温暖的气候下，较低的 SHGC 将有助于保持室内凉爽。但在较冷的气候中，较高的 SHGC 可以帮助家庭保持家庭温暖。这个等级的范围是 0～1。U 值评级衡量的是一种产品保持热量滞留的效果，通常 U 值越低，门的节能效果越好。其范围为 0～2W/（m² · K）。R 值测量一个产品对热损失的阻力，和 U 值相反，R 值越高，门的节能效果越好。经测试的结果来看：在比较木门、玻璃纤维门和钢门时，木门节能效果最低，绝热性能相对较差。天然木材门比钢门或玻璃纤维门更容易将热量从室内散发到户外，反之亦然。钢门比木材更节能，如果有良好的热隔断面和填充高密度聚氨酯泡沫，也可以优于玻璃纤维。但是，钢是最强的温度导体，这意味着它最有可能受到天气的影响，在冬天可能感觉非常冷，在夏天也可能感觉非常热——这也会传导到户内。因此，如果一个钢门建造不当，它就不能很好地节约能源。尽管一些钢门在 U 值方面的表现优于玻璃纤维，但玻璃纤维门在能源效率方面仍然是顶级的。就像钢门一样，当它们的泡沫芯质量好、包装紧密时，它们也会提供强大的绝热性，有助于保持户内恒定的温度，这最终会降低家庭在一年四季中的能源成本。

6. 安全性

门的安全性在很大程度上取决于所用的材料和金属附件的选择。木门在张力下耐破坏的能力取决于木材的质量和类型——较软的木材最不安全，最有可能在冲击下断裂。钢材十分致密、强度大，所以钢门很难强行打开。但是，尽管铁门被视为安全的，但并非所有的铁门都具有同等的强度。大多数生产商销售的钢门的厚度非常薄，并不能达到理想的安全性。玻璃纤维门由于其耐用性和采用了致密的芯材，对于提高前门的安全性来说，是一个成功的选择。较厚的玻璃纤维门皮，结合一个刚性、紧密包装的泡沫核心将加强玻璃纤维门，可以防止他人的强行进入。再如，有些公司如 Plastpro 玻璃纤维门的结构上，也做了一些改进，进一步增强了门的安全型。采用的复合材料门框，明显比木框架更耐用和更具有刚性，也可以更可靠地加强门和铰链的连接强度。

综上所述，玻璃纤维门相对于木门和钢门而言，由于它们具有美观、设计灵活和良好的功能，特别是考虑到节省能源和更换成本等特点，因此近年来受到了市场的广泛关注。尽管如此，在选择应用玻璃纤维门的时候，注意产品的品牌十分重要。玻璃纤维门离开了良好的设计、制造和正确的安装维护保养，它们的特长同样会得不到充分的发挥。

玻璃纤维门是在 20 世纪初使用聚酯树脂开发出来的，国内普遍称为 SMC 门，SMC 门是用片状模塑料在模具内经高温高压而成型的门皮，并和门框、芯材及各种门的附件组装而成的产品。从 21 世纪初起，SMC 门已经成为美国住宅用门中的热门项目，成为美国家庭的普遍选择。据报道，美国各类材质的住宅型入户门每年市场销量大约 3000 万个，SMC 门约 300 万个，金额约 14 亿美金，但其年成长率高达 28%（钢/木门的年成长率仅 5%），即每年将新增近 10 万扇 SMC 门的需求量。据资料介绍，在美国从事 SMC 门生产的企业主要有 Therma Tru、Masonite、Pella、Jeld Wen、Stanley 和 PlastPro 等公司。其中，有些公司的 SMC 门的年生产能力可达一百万扇。他们的产品主要通过家装零售商 Hone Depot 及 LOWes 进行销售。前者 2021 财年的销售额为 1512 亿美元，后者总销售额约为 950 亿美元。除了美国外，SMC 门在欧洲如英国和德国早在 20 世纪末也在生产、销售。美国玻璃纤维入户门单元的典型应用如图 7-3-3 所示。

图 7-3-3 美国玻璃纤维入户门的典型应用

在我国，SMC 模压玻璃钢仿木门是继木门、钢门、铝型材门、塑钢门之后的第五代产品。它是以不饱和树脂为基础材料，以玻璃纤维为增强材料，以填料及各种添加剂组成的材料，经过高温、高压模塑而成面板，并经组合加工、发泡充填、表面喷漆等一系列工序制作而成的住宅门产品。它和国内其他不同材料的门相比有明显优势：木门资源短缺、易变形、不耐候；钢门太重，且易腐蚀；一般的铝门保温、隔音效果有限；塑料门易老化、寿命短。尤其是我国作为一个耗能大国，建筑直接消耗的能源占全社会能源消费量的 46%~50%，而门窗的能源损失又占到建筑能耗的 50%，所以减少门窗的能源损失是当前建筑节能的主要途径之一。根据我国制定的《民用建筑节能管理规定》《公共建筑节能设计标准》等一系列的有关建筑节能法规和标准，部分城市明确将门窗保温性能指标由原外窗传热系数（$U$ 值）3.5W/（$m^2 \cdot K$）限制到了 2.8W/（$m^2 \cdot K$）以内，以确保住宅建筑节能水平达到 65%。影响门窗保温、隔热性能的主要因素有：门窗整体通过热传导进行热能的传递、门窗内部和与周边构件的逢隙形成空气渗透随之带来的热量交换及渗漏造成的热损失、通过玻璃的热辐射进行的热传导。因此，要想让建筑门窗获得良好的保温隔热性能就要从门窗材料、结构设计、附件选择及安装方法、安装质量等因素进行综合的考量才能获得理想的结果。据有关部门测算，欧洲现行门窗标准传热系数值为 1.3，而我国门窗平均约为 3.5。目前市场上见到的隔热铝合金窗、塑钢窗与钢窗、普通铝合金窗相比其保温节能性能虽然大有好转，但是都存在一定问题，不能完全满足外窗整窗传热系数（U 值）小于 2.8W/（m² · K）的指标要求，比较结果表明，如果按正常的门窗结构，唯有玻纤复合材料门窗的传热系数可以在 2.8W/（m² · K）以下，它可根据不同建筑设计要求，采用不同节能措施来满足不同的使用要求。该门窗的外窗采用常规配置，整窗的传热系数小于 2.4W/（m² · K），如果将其门材构造或配用的玻璃进行稍加调整改进，其传热系数可以达到 2.2W/（m² · K）、2.1W/（m² · K）。传热系数也有 1.8、1.3W/（m² · K），相当于国家标准 7 级和 8 级水平的报道。以下重点讨论的是 SMC 入户户门的材料要求及其结构特点。

关于 SMC 门的情况，我国近十几年来已经拥有成熟的 SMC 门的生产技术和相关的生产设备，而且也有不少厂家在规模化生产 SMC 门，如振石集团华美新材、安徽鑫煜门窗有限公司等，但其产品主要还是面向的国外市场。产品出口北美、欧洲、澳大利亚、日韩市场居多。国内市场目前尚不成熟，应用较少，主要是因为对 SMC 门的认识不足。但随着时间的推移，人们对新材料的认识不断深入，再考虑到我国是一个木材极端匮乏的国家，木门的应用会越来越少。因此，可以断定，在不久的将来 SMC 门也会出现较高的需求。基于 SMC 门的特性，它主要用于使用条件最为苛刻的住宅入户门。

### 7.3.1.1 SMC 入户门的基本结构

SMC 入户门的基本结构如图 7-3-4 所示。它主要由门板、门挺、门冒、门框、门槛组成。门板由 SMC 门皮、聚氨酯泡沫芯材构成。此外，有不少门的结构可以带门窗玻璃（包括侧门窗）。

图 7-3-4　SMC 入户门的基本结构
①—门板；②—铰链；③—锁孔；④—饰件；⑤门框；⑥—门槛
□—门挺（门锁挺、铰链挺）；□—门冒（上冒、底冒、中冒）

#### 7.3.1.2　SMC 入户门对门皮材料的性能要求

由于 SMC 入户门和其他材质入户门相比，具有轻质高强、尺寸稳定、色彩丰富，密封、隔音、隔热、节能保温，防火，耐腐蚀、耐候性好、使用寿命长等特点，因此，在其生产制造过程中，对材料有一些特殊的要求。

（1）受门的总体厚度尺寸和节能保温、刚度的限值，要求 SMC 门皮厚度尺寸较薄。因此，要求 SMC 材料具有优异的流动特性和较好的力学性能，以满足 2～2.5mm 厚度的大尺寸薄壁制品的成型要求。

（2）由于门皮尺寸大而薄，成型后容易产生变形，因此，要求材料具有良好的低收缩性和平顺性能，从而使 SMC 门皮产品具有优良的平整度，以便于后道粘接工序得以顺利进行。

（3）制作门皮的 SMC 材料韧性要好，以便于后期的二次加工工艺及组装操作。

（4）根据需要，SMC 材料应具有良好的内着色能力和外涂装性能，以便门皮具有良好的装饰性和抗意外损伤能力。

（5）由于 SMC 门应用于住宅建筑领域，必须具有满足建筑构件相关的防火要求。门皮根据应用环境及条件的不同，可以具备不同等级的阻燃特性，如 UL-94V0 级、5VA 级或 GB/T 8624 标准中的 B1 级。

#### 7.3.1.3　SMC 入户门的制造工艺

SMC 整体门（门单元）的生产工艺流程如图 7-3-5 所示。

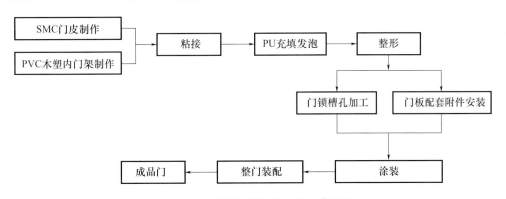

图 7-3-5　SMC 整体门的生产工艺流程

从流程图我们可以看出，整体门的生产制造主要分成 SMC 门皮制作、PVC 内门架制作、粘接、灌注 PU 泡沫塑料、整形、二次加工、配套附件安装和最终涂装、整门装配等工序。其中，粘接工序是将内外两侧门皮和内门架粘接成整体空框，以便下道工序向内灌注 PU 泡沫塑料。经泡沫塑料灌注后，为保证门具有良好的平整度，必须经过整形工序，以便于后续工序的顺利进行。整门装配工序，主要是根据用户的需要进行玻璃安装、门套组装和成品门的组装。

在整个生产工艺过程中，对成品门表面的平整性控制和门玻璃安装后的防水要求都要严格遵守工艺技术文件的规定。同时，要确保产品表面光滑平整。仿木纹要通畅自然，符合用户的要求。在此要特别强调的是，为了生产出高品质并受客户欢迎的 SMC 整体门，除了在其工艺过程中进行严格控制之外，对关键设备成型模具的要求要放在重点关注的地位。其中，合理的模具结构设计、严格的制造公差控制和高品位的仿木纹表面的精细加工是必不可少的重要因素。图 7-3-6 所示为浙江振石集团华美新材生产的 SMC 复合材料成品门。

#### 7.3.1.4　SMC 入户门的性能要求

首先，SMC 复合材料门在常规使用性能方面，也能满足不低于木门的指标要求。对于成品门而言，由于其主要用途为户外进户门，因此要求具备良好的气密、水密、抗风压性以及低传热系数与高保温性。阻燃性能和防火性能也是成品门的重要性能要求。

图 7-3-6　浙江振石集团华美新材生产的部分 SMC 成品门

**1. SMC 入户门的常规力学性能要求**

SMC 成品门的力学性能应该符合木质及塑料门的性能要求。具体的性能、简要过程、要求和沿用标准见表 7-3-1。

表 7-3-1　SMC 成品门的力学性能要求

| 序号 | 项目 | 主要过程描述 | 技术要求 | 参照标准 |
|---|---|---|---|---|
| 1 | 锁紧器开关力 | 在锁紧器手柄上距其转动轴心 100mm 处，挂 0~150N 测力弹簧秤，沿垂直手柄运动方向顺时针方向加力，直到门扇松开和紧闭，记录锁显示的最大力 | 不大于 100N（力矩不大于 10N·m） | JG/T 180—2005（已废止，仅供参考） |
| 2 | 开关力 | 打开闭锁装置，使用具有最大值功能示值精度为 1N 的弹簧秤，钩住执手处。用手通过弹簧秤拉动门扇，使其开启或关闭，读取过程中弹簧秤显示的最大读数 | 不大于 80N | GB/T 11793—2008 |
| 3 | 悬端吊重 | 门开启 90°±5°，在其中心线加载 500N。卸载 60s 后，检测并计算其变形情况 | 500N 作用下残余变形不大于 2mm，试样不损坏，仍保持使用功能 | GB/T 11793—2008 |
| 4 | 翘曲 | 模拟门一角被卡住时，以 300N 的力强行打开，保持一定时间后，前后两次。检测并计算其变形情况 | 300N 作用下，允许有不影响使用的残余变形，试样不损坏，仍保持使用功能 | GB/T 11793—2008 |
| 5 | 开关疲劳 | 模拟正常使用的方法，对门进行不少于十万次的开关试验。观察试验过程中及试验后门及其附件的情况 | 经不少于十万次开关试验，试件及五金件不损坏，固定处及玻璃压条不松脱，仍保持使用功能 | GB/T 11793—2008；JG/T 162—2017 |
| 7 | 垂直载荷强度 | 在开启状态的门扇顶端拟定位置，对门扇施加 30kg 载荷 15min。测定门下垂方向变形量 | 门扇卸荷后的下垂量不应大于 2mm | GB/T 11793—2008 |
| 8 | 软物撞击 | 在门扇一侧表面预定的薄弱部位上，用重 30kg、直径 350mm 装有表观密度 1500kg/m³ 砂子的球状皮袋，垂直于门扇平面进行撞击试验，检验其是否损坏 | 无破损，开关功能正常 | GB/T 14155—2008 |
| 9 | 硬物撞击 | 500g 钢球于 0.5m 下自由下落撞击门扇，检验其是否损坏 | 无破损 | GB/T 22632—2008 |

注：1. 垂直荷载强度适用于平开门、地弹簧门。
　　2. 全玻璃门不检软、硬撞击性能。

2. SMC 入户门的物理性能

根据入户门的使用特点，它必须经过气密性、水密性、抗风压、隔热性和防火性能试验并满足相关标准的要求。

（1）入户门气密性、水密性、抗风压性能试验。

本项试验根据 GB/T 7108—2019《建筑外门窗气密、水密、抗风压性能检测方法》进行。试验采用模拟静压箱法，对安装在压力箱上的试件进行测试。气密性检测即在稳定压力差状态下通过空气收集箱收集并测量试件的空气渗透量；水密性能检测即在稳定压力差或波动压力差作用下，同时向试件室外侧淋水，测定试件不发生渗漏的能力；抗风压性能检测即在风荷载标准值作用下，测定试件不超过允许变形的能力，以及风荷载设计值作用下，试件抗损坏和功能障碍的能力。检测装置如图 7-3-7 所示。它由压力箱、空气收集箱、供压装置、淋水装置及测量（含空气流量、差压测量及位移测量装置）装置组成。

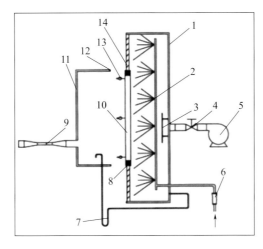

图 7-3-7　本试验检测装置示意

1—压力箱；2—淋水装置；3—进气口挡板；4—压力控制装置；5—供风设备；6—水流量计；7—差压测量装置；
8—安装框架；9—空气流量测量装置；10—试件；11—空气收集箱；12—密封条；13—位移测量装置；14—封板

建筑入户门的气密性能、水密性能和耐风压性能的性能分级分别见表 7-3-2～表 7-2-4。

表 7-3-2　建筑入户门气密性能分级

| 分级 | 1 | 2 | 3 | 4 | 5 | 6 | 7 | 8 |
|---|---|---|---|---|---|---|---|---|
| 单位缝长分级指标值 $g_1$/ [$m^3$/ (m·h)] | $4.0 \geq g_1$ $>3.5$ | $3.5 \geq g_1$ $>3.0$ | $3.0 \geq g_1$ $>2.5$ | $2.5 \geq g_1$ $>2.0$ | $2.0 \geq g_1$ $>1.5$ | $1.5 \geq g_1$ $>1.0$ | $1.0 \geq g_1$ $>0.5$ | $g_1 \leq 0.5$ |
| 单位面积分级指标值 $g_2$/ [$m^3$/ ($m^2$·h)] | $12 \geq g_2$ $>10.5$ | $10.5 \geq g_2$ $>9.0$ | $9.0 \geq g_2$ $>7.5$ | $7.5 \geq g_2$ $>6.0$ | $6.0 \geq g_2$ $>4.5$ | $4.5 \geq g_2$ $>3.0$ | $3.0 \geq g_1$ $>1.5$ | $g_2 \leq 1.5$ |

表 7-3-3　建筑入户门水密性能分级

| 分级 | 1 | 2 | 3 | 4 | 5 | 6 |
|---|---|---|---|---|---|---|
| 分级指标 $\Delta P$ | $100 \leq \Delta P < 150$ | $150 \leq \Delta P < 250$ | $250 \leq \Delta P < 350$ | $350 \leq \Delta P < 500$ | $500 \leq \Delta P < 700$ | $\Delta P \geq 700$ |

注：第 6 级应在分级后同时注明具体检测压力差值。

表 7-3-4　建筑入户门抗风压性能分级

| 分级 | 1 | 2 | 3 | 4 | 5 | 6 | 7 | 8 | 9 |
|---|---|---|---|---|---|---|---|---|---|
| 分级指标值 $P_3$ | $1.0 \leqslant P_3$ $<1.5$ | $1.5 \leqslant P_3$ $<2.0$ | $2.0 \leqslant P_3$ $<2.5$ | $2.5 \leqslant P_3$ $<3.0$ | $3.0 \leqslant P_3$ $<3.5$ | $3.5 \leqslant P_3$ $<4.0$ | $4.0 \leqslant P_3$ $<4.5$ | $4.5 \leqslant P_3$ $<5.0$ | $P_3 \geqslant 5.0$ |

注：第 9 级应在分级后同时注明具体检测压力差值。

国内如浙江振石集团华美新材生产的 SMC 入户门的气密、水密和抗风压性能经第三方检测，其性能检测结果见表 7-3-5。

表 7-3-5　SMC 入户门的气密性能、水密性能和抗风压性能测试结果

| 性能 | 依据标准 | 检测结果 | |
|---|---|---|---|
| 气密性能 | GB/T 7106—2019 | 正压 | 第 8 级 |
| | | 负压 | 第 6 级 |
| 水密性能 | GB/T 7106—2019 | 第 3 级 | |
| 抗风压性能 | GB/T 7106—2019 | 第 5 级 | |

（2）SMC 入户门的保温性能。

门窗的保温性能通常以其传热系数为其表征指标，表示在稳定传热条件下，外门窗温差 1K，单位时间内，通过单位面积的传热量。门窗传热系数的检测根据 GB/T 8484—2020 标准进行。该标准是基于稳定传热原理，采用标定热箱法检测门窗的传热系数。试件一侧为热箱，模拟采暖建筑冬季室内气候条件；另一侧为冷箱，模拟冬季室外气温和气流速度。在对试件缝隙进行密封处理，试件两侧各自保持稳定的空气温度、气流速度和热辐射条件下，测量热箱中加热器的发热量，减去通过热箱外壁和试件框的热损失（两者均由试验确定，标定试验应符合附录 A 的规定），除以试件面积与两侧空气温差的乘积，即可计算出试件的传热系数 K 值。门窗保温性能即 K 值的检测装置如图 7-3-8 所示。外门窗保温性能即传热系数 K 的分级标准共分为十级。具体分级见表 7-3-6。

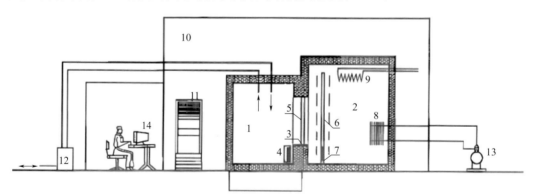

图 7-3-8　门窗保温性能检测装置示意

1—热箱；2—冷箱；3—试件框；4—电加热器；5—试件；6—隔风板；7—风机；8—蒸发器；

9—加热器；10—环境空间；11—空调器；12—控湿装置；13—冷冻机；14—温度控制与数据采集系统

表 7-3-6　门窗传热系数 K 值分级　　　　　　　　　　单位：W/（m²·K）

| 分级 | 1 | 2 | 3 | 4 | 5 | 6 | 7 | 8 | 9 | 10 |
|---|---|---|---|---|---|---|---|---|---|---|
| 分级指标值 K | $K \geqslant 5.0$ | $5.0 > K$ $\geqslant 4.0$ | $4.0 > K$ $\geqslant 3.5$ | $3.5 > K$ $\geqslant 3.0$ | $3.0 > K$ $\geqslant 2.5$ | $2.5 > K$ $\geqslant 2.0$ | $2.0 > K$ $\geqslant 1.6$ | $1.6 > K$ $\geqslant 1.3$ | $1.3 > K$ $\geqslant 1.1$ | $K < 1.1$ |

注：第 10 级应在分级后同时注明具体分级指标值。

国内如浙江振石集团华美新材生产的SMC入户门的保温性能，经第三方检测结果为：传热系数$K$值为0.9W/（$m^2 \cdot K$），保温性能为十级。

（3）SMC入户门的耐火性能检测。

建筑构件的耐火极限性能一般按其是否失去稳定性、完整性和隔热性来判断。建筑构件的类型不同，要求的判断条件、项目也不相同。对于建筑分隔构件如隔墙、吊顶、门窗而言，其耐火性能即判断其经耐火试验后的完整性和隔热性。完整性是指，在标准耐火试验条件下，建筑构件当某一面受火时，在一定时间内阻止火焰和热气穿透或在背火面出现火焰的能力。而隔热性是指，在标准耐火试验条件下，建筑构件当某一面受火时，在一定时间内背火面温度不超过规定极限值的能力。SMC入户门的耐火性能试验根据GB/T 9978.1—2008《建筑构件耐火试验方法 第1部分：通用要求》、GB/T 7633—2008《门和卷帘的耐火试验方法》进行。

试件中耐火试验期间能够持续保持耐火隔火性能的时间，试件发生以下任一限定情况，均认为试件丧失完整性，即：棉垫被点燃；缝隙探棒可以穿过；背火面出现火焰并持续时间超过10s。

试件在耐火性能试验期间持续保持耐火隔热性能的时间，试件背火面温度温升发生超过以下任一限定的情况，均认为试件丧失隔热性，即：试件背火面平均温升超过试件表面初始平均温度140℃；试件背火面任一点位置的最高温升超过试件表面初始平均温度180℃。

国内如浙江振石集团华美新材生产的SMC入户门的耐火性能经第三方检测，其性能检测结果见表7-3-7。

表7-3-7　SMC入户门的耐火性能

| SMC门的类型 | 检测标准 | 性能要求 | | 检测结果 |
|---|---|---|---|---|
| 类型Ⅰ-16 | GB/T 7633 | 完整性 | 无棉垫被点燃或背火面串火在10s以上 | 16min，符合要求 |
| | | 隔热性 | 试件背火面的平均温升≤140℃或背火面上任何一点的最高温升≤180℃ | 16min，试件背火面的平均温升75℃，最高温升180℃ |
| 类型Ⅱ-60 | GB/T 7633 | 完整性 | 无棉垫被点燃或背火面串火在10s以上 | 60min，符合要求 |
| | | 隔热性 | 试件背火面的平均温升≤140℃或背火面上任何一点的最高温升≤180℃ | 60min，试件背火面的平均温升59℃，最高温升66℃ |

（4）SMC入户门的燃烧性能检测。

SMC入户门的燃烧性能试验及分级判定根据GB/T 8626—2007《建筑材料可燃性试验方法》和GB/T 8624—2012《建筑材料及制品燃烧性能分级》标准进行。在上述标准中，平板状建筑材料及制品的燃烧性能等级和分级判据（部分数据见表7-3-8）：A1、A2级即为A级，满足B级、C级即为$B_1$级，满足D级、E级即为$B_2$级。对墙面保温泡沫塑料除满足表7-3-9规定外，应同时满足以下要求：$B_1$级氧指数值OI≥30％；$B_2$级氧指数值OI≥26％。

表7-3-8　平板状建筑材料及制品的燃烧性能等级和分级判据（部分数据）

| 燃烧性能等级 | | 试验方法 | 分级判据 |
|---|---|---|---|
| $B_1$ | B、C* | GB/T 8626，点火时间30s | 60s内焰尖高度$F_s$≤150mm；60s内无燃烧滴落物引燃滤纸现象 |
| $B_2$ | D* | GB/T 8626，点火时间30s | 60s内焰尖高度$F_s$≤150mm；60s内无燃烧滴落物引燃滤纸现象 |
| | E | GB/T 8626，点火时间15s | 20s内焰尖高度$F_s$≤150mm；20s内无燃烧滴落物引燃滤纸现象 |

注：* $B_1$级中B、C和$B_2$级中的D，试验方法还需根据GB/T 20284中相应的分级判据进行衡量分级。

建筑材料及制品的燃烧性能等级对应名称见表7-3-9。

表 7-3-9　建筑材料及制品的燃烧性能等级

| 燃烧性能等级 | 名称 |
|:---:|:---:|
| A | 不燃材料（制品） |
| $B_1$ | 难燃材料（制品） |
| $B_2$ | 可燃材料（制品） |
| $B_3$ | 易燃材料（制品） |

国内如浙江振石集团华美新材生产的 SMC 入户门的燃烧性能经第三方检测，其性能检测结果为 $B_1$ 难燃级。

### 7.3.1.5　SMC 入户门的应用实例

我国生产的 SMC 入户门产品主要出口北美、欧洲、澳大利亚、日韩市场，广泛用于住宅、别墅等的进户门，在国内也有少量应用。别墅应用如图 7-3-9 所示。图 7-3-10 所示为巨石集团智能制造基地的生产车间 SMC 大门、内门和振石集团振石大酒店的 SMC 厨卫门。图 7-3-11 为 SMC 入户门在国外建筑住宅中的应用。

图 7-3-9　SMC 入户门在别墅中的应用

图 7-3-10　SMC 户门在智能制造基地车间大门（左图）及酒店厨卫门中的应用（右图）

图 7-3-11　国外 SMC 入户门在建筑住宅中的应用

### 7.3.2　SMC 在建筑屋面瓦中的应用

屋面瓦是广泛应用于坡屋面建筑的屋面覆盖材料。瓦作为最古老的建筑材料之一，千百年来被广泛使用。瓦是最主要的屋面材料，它不仅起到了遮风挡雨和室内采光的作用，而且有着重要的装饰效果，对建筑起到装饰的外观效果，让建筑更加丰富多彩。随着现代新材料的不断涌现，瓦的其他功能也不断出现。

房子的屋面系统大致可以分成坡屋面和平屋面两个系统。坡屋面系统的历史可以追溯到远古，我国自有史记载以来至清末，房屋建筑几乎都是坡屋面的。国外也大致如此，不过更具特色和多样性，如有各种尖屋顶、圆球屋顶等。平屋面系统实际是从古代城堡结构演化而来，伴随着现代混凝土构件的发展，在许多高层建筑上获得了广泛的采用。坡形屋面大都使用了屋面瓦。

坡屋面结构建筑具有优良的防水、隔热、保温性能，而且具有远优于平屋面的外观，有利于房屋本身和周围环境的美化，因而其应用面越来越广。屋面瓦种类很多，主要的分类方法是根据其原料来分类。其中，黏土瓦、彩色混凝土瓦、玻璃瓦、玻纤镁质波瓦、玻纤增强水泥波瓦、油毡瓦主要用于民用建筑的坡型屋顶；聚碳酸酯采光制品、彩色铝合金压型制品、彩色涂层钢压型制品、采钢保温材料夹芯板等多用于工业建筑，石棉水泥波瓦、钢丝网水泥瓦等多用于简易或临时性建筑。琉璃瓦主要用于园林建筑和仿古建筑的屋面或墙瓦。

自古以来，作为屋面瓦的制作材料，曾经有木板、树皮、竹条、茅草、麦秆，甚至还有石片等。但是，这些材料防水性差、寿命很短，直到后来人工烧制的黏土瓦出现后，才算有了真正的屋面材料。所谓"秦砖汉瓦"，说的就是我国两千多年前就出现黏土瓦。长期以来，人们一直多使用黏土瓦作为屋面瓦。但是由于黏土瓦的自重大、不环保、能耗大、质量差、装饰效果差等缺点，且受国家环保政策的影响，黏土瓦才逐渐淡出屋面瓦市场，逐渐被其他产品替代。瓦的种类不同，规格也不相同，用途和价格也存在差异。表 7-3-10 比较了常见的几种屋面瓦的性能。

表 7-3-10　几种常见屋面瓦的性能比较

| 性能 | 黏土瓦 | 彩钢瓦 | 石棉瓦 | 玻璃钢瓦 |
|---|---|---|---|---|
| 密度（g/cm³） | 2.6 | 7.8 | 2.0 | 1.8 |
| 耐候性 | 较好 | 一般 | 一般 | 良好 |
| 外观 | 表面粗糙，小缺陷多 | 色彩单一 | 造型简单 | 外观良好，造型美观，可设计性强 |
| 强度 | 一般 | 好 | 较好 | 好 |
| 保温性能 | 好 | 一般 | 一般 | 较好 |
| 安装效率 | 较慢 | 较快 | 较快 | 较快 |

从上表可以看出，和其他屋面瓦相比，玻璃钢瓦具有一定的特点。它不仅外观优势明显，而且质量轻、强度大、生产及安装效率更高。由于玻璃钢瓦品种及外形可以根据不同的使用场合及客户的要

求，进行配方、性能和外形的调整，近十多年来，国内玻璃钢屋面瓦的生产以 SMC 屋面瓦为主流工艺，产品具有良好的性价比。其中，北京汽车玻璃钢公司、成都顺美国际复合材料公司及河北、广东等地的企业都在 SMC 屋面瓦的生产、推广应用方面做了大量的工作。本部分的资料、图片主要来源于北京汽车玻璃钢公司、成都顺美国际复材公司及网络资料。2001 年，北京汽车玻璃钢制品总公司与日本朝日株式会社合作开发的和风屋面瓦系列产品已在日本住宅市场得到了广泛的应用。该产品适宜各类平顶及坡顶建筑，尤其适用于小楼改造及新型别墅的应用，在日本市场及国内市场均有广阔的开发前景。其开发出了年产 70 万件、40 多个品种的新型屋面瓦（又称彩色玻璃纤维增强塑料瓦）生产技术及生产线。该产品自 2001 年底投入生产，2002 年生产了约 64 万件，其中屋面瓦 58 万件、脊瓦约 6 万件；2003 年共生产 20 万件，其中屋面瓦 18 万件、脊瓦约 2 万件。这些产品全部销往日本，从而开创了国内外应用玻璃钢材料开发、生产屋面瓦系列产品的先例。成都顺美在 2019 年生产了约 300 万平方米纤维增强复合材料瓦（BMC 屋面瓦）。

图 7-3-12、图 7-3-13 分别为以上两家公司生产的 SMC/BMC 屋面瓦在日本及国内应用的实例。

图 7-3-12　北京汽车玻璃钢公司生产的 SMC 屋面瓦在日本的应用

图 7-3-13　成都顺美国际复材生产的 BMC 屋面瓦在国内的应用

彩色纤维增强塑料（SMC）瓦按用途分为屋面瓦和脊瓦，与传统瓦相比，该产品具有以下优点。

（1）形状和外观十分美观：主体产品为波浪式设计，脊瓦产品加刻凹凸花纹，立体感强，产品无变形，连接牢靠，配合精密，防水性能好。

（2）能制造各种复杂形状。

（3）通过外涂装几乎可以实现所有颜色和纹理：产品表面喷涂金属闪光漆，根据用户要求确定颜色效果，并具有良好耐老化性能。

（4）质量轻：本产品每平方米质量仅为4kg，而水泥、混凝土浇铸件每平方米质量达到28kg，产品轻便，可以大大降低房屋承重，产品强度高，拆卸方便，可重复使用。

（5）防老化，耐腐蚀性能优良。

（6）节能、隔声、隔热性、防水性更佳：玻璃钢瓦的导热系数约为12mm厚的黏土瓦的1/3、0.5mm厚的彩钢瓦的1/2000。同时，玻璃钢瓦具有明显的振动衰减特性，因而其隔音性能也优于其他材料。

（7）综合成本较低，几个部件可以集成为一个部件：该系列产品根据国内外房屋斜坡顶的要求设计，由60余种规格、型号产品根据屋顶结构拼装而成，安装施工方便、易拆卸，可重复使用；经试验，安装100m² 面积的屋面，用黏土瓦约需一个月，而用SMC屋面瓦仅需7～10天。

（8）不导电，可透过电磁波。

（9）强度更高。SMC瓦具有良好的抗荷载能力。在支撑间隔600mm情况下，加载150kg时，屋面瓦没有裂纹、破坏；1kg重钢球自1.5m高度自由落在瓦面上，瓦面没有裂纹产生；低温下落球冲击10次无破坏；经过10个冷冻循环，无气泡、剥离、裂纹等现象产生。

### 7.3.2.1 SMC屋面瓦的性能要求

SMC屋面瓦的性能要求，既包括材料性能要求，也包括对产品的基本性能要求。但是，对于屋面瓦产品而言，其型式试验包括了材料性能试验中所有的检测项目。因此，以下仅列出原SMC屋面瓦（按生产当年实施的标准、依据和数据仅供参考）的技术性能要求，见表7-3-11。

表 7-3-11　SMC 屋面瓦的基本性能要求

| 序号 | 性能 | 按JC/T 944—2005 要求 | 检测依据 | 按DB13/T 1366—2010 要求 | 检测依据 |
|---|---|---|---|---|---|
| 1 | 玻璃纤维含量（%） | ≥23 | JC 658.1—1997 | 27～30 | JC 658.1—1997 |
| 2 | 密度（g/cm³） | 1.75±0.10 | GB/T 1463 | 1.80～1.85 | GB/T 1463 |
| 3 | 面密度a（kg/m²） | 4.55±0.50（屋面瓦的单位面积质量3～5.5kg/m²，脊瓦的单位面积质量为4.0～6.5kg/m²） | JC/T 944—5.5.3 | 线膨胀系数 ≤5.0×10⁻⁴℃⁻¹ | GB/T 1036—1989 |
| 4 | 吸水率（漆后）（%） | ≤0.20 | GB/T 1462 | ≤0.5 | GB/T 1462 |
| 5 | 固化度（%） | ≥90 | GB/T 2576 | | |
| 6 | 弯曲挠度a（mm） | 试件跨距275mm，200N荷载下，产生的变形不大于2.5mm，≤2.5 | 按附录B测试 | 弯曲强度≥170MPa 弯曲模量≥10GPa | GB/T 1449—2005 |
| 7 | 氧指数（%） | ≥32 | GB/T 8924 | ≥27 | GB/T 8924 |
| 8 | 导热系数［W/m·K］ | ≤0.82 | GB/T 3139 | ≤0.5 | GB/T 10297—1998 |
| 9 | 冲击性能 | 质量1kg的钢球从1m高的距离冲击，产品无裂纹、变形 | 按附录A测试 | 落锤冲击（GB/T 8814—2004 高度1500）无破裂 冲击韧性≥50kJ/m² | GB/T 1451—2005 |
| 10 | 漆面耐老化性能（500h） | 失光率不大于1级、变色不大于2级 | GB/T 1865—1997 | 耐冻融10次无变化 | JB 149—2003，6.2.4 |

注：a 脊瓦对面密度和弯曲挠度不作要求。

### 7.3.2.2 SMC 屋面瓦生产成型工艺

**1. SMC 屋面瓦的基本结构**

出口的 SMC 屋面瓦的种类主要包括主体瓦、脊瓦、右瓦、栋巴瓦（即檐瓦）。主体瓦和脊瓦又有不同的结构类型。国内 SMC、BMC 屋面瓦随各企业的设计不同，结构也有区别。图 7-3-14 和图 7-3-15 分别为典型的 SMC、BMC 屋面瓦的照片、结构示意图及基本尺寸。

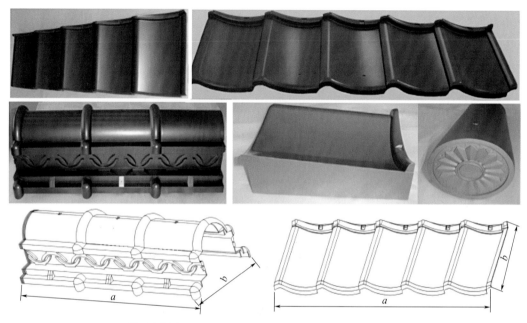

脊瓦示意图 *a*=828mm; *b*=300mm 质量：5.0kg；
主体瓦 *a*=1385mm; *b*=410mm 质量：2.8kg

图 7-3-14　SMC 屋面瓦主要品种的照片及结构示意

主瓦700mm$L$×480mm$W$×6mm$T$；
檐瓦450mm$L$×480mm$W$×6mm$T$

图 7-3-15　BMC 屋面瓦主要品种装饰雕龙翘角、脊瓦及尺寸

**2. SMC 屋面瓦的生产工艺**

SMC 屋面瓦的生产工艺简要流程如图 7-3-16 所示。新建立的年产 70 万件、40 多个品种的新型屋

面瓦的生产线如图 7-3-17 所示。该生产线为了提高生产效率，其投料及成品取件操作采用了机械手进行。SMC 屋面瓦生产过程中的主要工艺参数列于表 7-3-12。

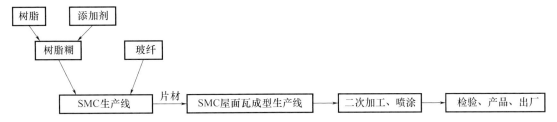

图 7-3-16  SMC 屋面瓦的生产工艺流程

图 7-3-17  SMC 屋面瓦机械手投取料生产线

表 7-3-12  SMC 屋面瓦主要成型工艺要求及参数

| 操作工序 | SMC 主体瓦 | SMC 脊瓦 |
|---|---|---|
| 备料操作（按要求进行裁料、称料） | 1. 选取正确牌号及经检查无瑕疵的 SMC 材料；<br>2. 备料尺寸/数量：(1200mm±50mm)×(180mm±10mm)/(1～2)P；<br>3. 加料量：(2.80±0.30)kg/模腔； | 1. 选取正确牌号及经检查无瑕疵的 SMC 材料；<br>2. 备料尺寸/数量：左右两侧（800mm±10mm）×(100mm±10mm)/3P；中间（800mm±10mm）×(100mm±10mm)/3P；<br>3. 加料量：5.0kg，其中，左右两侧(1.5±0.05)kg，中间(1.8±0.05)kg |
| 投料/取件操作（把铺料工作台上的料平行移到取料工作台指定位置。启动机械手取出上一模产品、投料操作；机械手回复） | 1. 从备好料到机械手吸料、投料的时间：3～6min；<br>2. 小料要避开吸盘位置；<br>3. 要求对中投料 | 人工投料即取件 |
| 成型及工艺参数（快速闭合压机并加压保温） | 1. 加压时机：≤15s；<br>2. 模具加热方式：蒸气、热油；<br>3. 成型温度：阳模（140±5）℃；阴模（145±5）℃；<br>4. 成型压力：25MPa/500t 压机；<br>5. 保温/压时间：100s；<br>6. 班产量：≥140 模 | 1. 加压时机：≤15s；<br>2. 模具加热方式：蒸气、热油；<br>3. 持续成型温度：阳模（140±5）℃；阴模（142±5）℃；<br>4. 成型压力：25MPa/630t 压机；<br>5. 保温/压时间：180s；<br>6. 班产量：≥110 模 |
| 产品检验（检查产品的完整性及外观质量，初判产品合格性） | 要求产品表面及下沿无明显开裂、大缺料、气泡、崩皮、针眼等缺陷，并且无薄膜等杂质及硬料混入 | 要求产品表面及下沿无明显开裂、大缺料、气泡、崩皮、砂眼等缺陷，并且无薄膜等杂质及硬料混入 |

### 7.3.2.3  产品部分性能要求及检测方法

本部分产品性能检测符合生产当时的 JC 944—2005 和 DB13/T 1336—2010 标准的要求。

1. 外观要求

SMC 屋面瓦的表面应光滑，颜色均匀一致；无砂眼、起包、斑点、划伤、异物压入、纤维外露、裂纹翘曲变形、穿透性针孔、分层等缺陷。

2. 规格尺寸及允许偏差

SMC 屋面瓦基本尺寸及尺寸允许偏差列于表 7-3-13。

表 7-3-13  SMC 屋面瓦基本尺寸及尺寸允许偏差

| 项目 | 屋面主体瓦 | | 脊瓦 | | 最大允许变形（mm） |
|---|---|---|---|---|---|
| | 公称尺寸（mm） | 尺寸允许偏差（mm） | 公称尺寸（mm） | 尺寸允许偏差（mm） | |
| 长度 | 300～1400 | ±2 | 250～1000 | ±3 | ±2～±3 |
| 宽度 | 400～450 | ±2 | 200～450 | ±5 | |
| 厚度 | 2～3 | ±1.5 | 2.5～3.5 | ±1.5 | |
| 搭接 | 33.0 | ±2.5 | — | — | |

3. SMC 屋面瓦面密度的计算方法

SMC 屋面瓦的面密度按下式计算：

$$\rho_s = \frac{m}{ab}$$

式中   $\rho_s$——面密度，单位为千克每平方米（kg/m²）；

  $m$——产品质量，单位为千克（kg）；

  $a$——产品长度，单位为米（m）；

  $b$——产品宽度，单位为米（m）；

计算结果精确到 0.01kg/m²。

4. SMC 屋面瓦冲击性能的检测

SMC 屋面瓦冲击性能的检测过程应符合生产当时的 JC/T 944—2005 标准或 GB/T 8814—2004 的要求，现在产品性能应符合现行标准要求，本部分仅供参考。

检测方法一（JC/T 944—2005）：随机抽取 3 片瓦作为一组试件；将屋面瓦放到工装架上，脊瓦放在平坦的水泥地面上 [图 7-3-18]，使钢球位于试件中心位置的正上方；将质量为 1kg 的实心钢球从 1m 高度上自由落下，冲击试件表面，检查受冲击部位有无裂纹和变形。

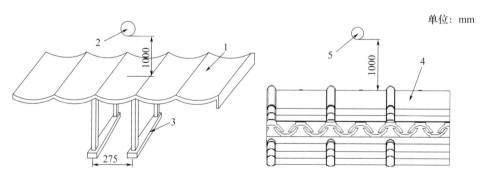

图 7-3-18  SMC 屋面瓦冲击试验（左图），SMC 脊瓦冲击试验（右图）

1—产品；2—钢球；3—工装架；4—产品；5—钢球

检测方法二（GB/T 8814—2004 6.7）：将试样可视面向上放在支撑架上（图 7-3-19），使质量为（1000±5）g，锤头半径为（25±0.5）mm 的落锤冲击在试样的中心位置上，上下可视面各冲击 5 次，每个试样冲击一次，共 10 个试样。落锤高度为（15000＋10）mm，观察并记录试样可视面破裂、分离试样个数。

判定依据：试验后，试样应无破裂、变形。

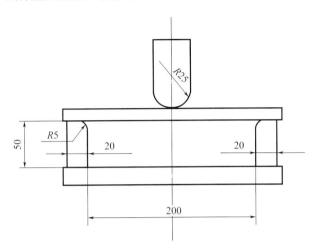

图 7-3-19　试样支撑物及落锤位置

5. SMC 屋面瓦挠度的测试

SMC 屋面瓦挠度试验在图 7-3-20 所示装置中进行。其试验步骤是：将试件放在专用工装架上，并放到试验机台面上，调整工装架，使球状加载压头（如右图所示）对准跨中试件中心。

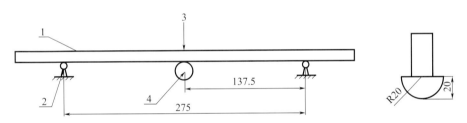

图 7-3-20　SMC 屋面瓦弯曲挠度试验
1—试件；2—支架；高 300mm 球状加载压头；3—载荷；4—百分表。

在工装架上固定百分表，使其测头接触产品下表面正对受力点的位置，并保证传动杆垂直，然后将百分表调零。

调整试验机到试验状态，加载速度 0.5mm/min，连续加载 200N 并记录百分表的示数 $X_1$。

卸载，将百分表调零重复测试两次并记录百分表示数 $X_2$、$X_3$。

试验结果按下式计算：

$$X=\frac{X_1+X_2+X_3}{3}$$

式中　$X$——弯曲挠度，单位为毫米（mm）；

$\quad$ $X_1$——第一次测量的弯曲挠度，单位为毫米（mm）；

$\quad$ $X_2$——第二次测量的弯曲挠度，单位为毫米（mm）；

$\quad$ $X_3$——第三次测量的弯曲挠度，单位为毫米（mm）；

计算结果精确到 0.1mm。

6. SMC 屋面瓦耐冻融试验

SMC 屋面瓦耐冻融试验按照生产当时的 JG 149—2003 标准 6.2.4 项进行。

试验仪器：冷冻箱，最低温度−30℃，控制精度±3℃；干燥箱，控制精度±3℃。

试样：150mm×150mm，3个。

试验过程：试样放在（50±3）℃的干燥箱中16h，然后浸入（20±3）℃的水中8h，试样表面向下，水面应至少高出试样表面20mm；再将试样置于（−20±3）℃冷冻箱内24h，为一循环。每一个循环观察一次，试样经10个循环，试验结束。

试验结果判定：试验结束后，观察试样表面有无空鼓、起泡、剥离现象，并用五倍放大镜观察有无裂纹。试样经10个循环试验后，应无变化。

### 7.3.3 SMC在加油站设施中的应用

随着国民经济的快速发展、交通基础设施的不断改善和机动车保有量机动车驾驶人的快速增加，加油站已成为民众生活中不可或缺的一部分。根据交通运输行业发展统计公报，2022年年末全国公路总里程535.48万千米，公路养护里程535.03万千米。公路密度55.78km/百平方千米。据国家统计局数据，2023年，我国公路全年完成营业性客运量45.7亿人次，同比增长28.9%。旅客周转量3517.6亿人千米，同比增长46.1%；全国公路完成营业性货运量403亿吨，同比增长8.3%。货物周转量73950.2亿吨千米，同比增长6.9%。

据公安部统计，截至2022年3月底，全国机动车保有量达4.02亿辆，其中汽车3.07亿辆；机动车驾驶人4.87亿人，其中汽车驾驶人4.50亿人。

2020年中国汽柴油消费总量超3亿吨，依旧处于高位，其消费主体依旧是以加油站为主，其中汽油消费几乎九成以上通过加油站零售，柴油最终消费也有七成左右通过加油站环节零售。

近十年来，由于我国经济的高速发展，客货物流快速增长。截至2020年，中国境内加油站总量达11.9万座，其中两大主营加油站数量超过5.3万座，占据了中国境内加油站总数量的45%左右，民营等加油站约5.7万座，占据50%左右，中海油、中化及外资加油站占据剩余的5%左右。

在加油站中，过去主要采用钢制的地下储油罐。但根据美欧等国研究和调查表明，大部分加油站钢制地下储油罐，因长期锈蚀而发生渗漏，从而对城市地下水造成严重污染。因此从21世纪头十年起，美欧等国开始采用FRP储油罐，并实践证明FRP储油罐可以解决油罐的渗漏问题。因此，到2010年前后，美国、加拿大有50%以上的地下油罐采用玻璃钢，其余大部为玻璃钢/钢夹层罐。仅在美国就安装有超过40万个玻璃钢地下油罐。此外，欧洲各国普遍采用双壁油罐，新加坡、澳大利亚、新西兰、日本，使用时间超过15年以上。

在我国，早在十多年前也在开始试用FRP双壁罐作为加油站的地下储油罐。2015年4月2日，国务院发布了《国务院关于印发水污染防治行动计划的通知》，通知要求，所有加油站要改造为双壁罐、双层管道、安装在线监测仪器，避免污染地下水。与FRP储油罐相匹配并用SMC材料制成的人孔井以安装快捷、密封好、外观漂亮受到客户一致好评；SMC人孔井盖因不会产生静电火花让加油站更安全等优点，也成为加油站特殊领域必选产品。近几年来，这两种产品的研制成功，使SMC在加油站设施中获得了较好的应用。根据近几年来的数据统计，SMC在此细分领域中的市场规模可达20万吨。

同理，在城市规划建设中，数量巨大的检查井是为城市地下基础设施的供电、给水、排水、排污、通信、有线电视、煤气管、路灯线路等维修、安装方便而设置的。SMC加油站人孔井/盖的成功应用，也可为SMC在以上各类公用工程中的检查井的井/盖更大规模应用起到示范性作用。

加油站FRP储油罐及SMC人孔井及井盖的应用局部分解图例如图7-3-21所示。加油站的人孔井材料，一般有砖砌人孔井、水泥人孔井、钢板人孔井、手糊玻璃钢人孔井、PE人孔井和SMC人孔井等。国外大多为PE材质，分整体式和分体式。分体式采用热熔法将分体连接为一整体，效率较低。PE人孔井的制造工艺为吹塑成型。图7-3-22列举了几种人孔井的实用照片。其中，上图左侧为钢板人孔井，右侧为PE人孔井；下图左侧砖砌人孔井，右侧照片为SMC人孔井，井盖为承重井盖。非金属专用承重井盖有用RTM工艺内填充聚氨酯泡沫的玻璃钢井盖和SMC井盖。RTM井盖厚度较大，质量轻，便于开启，因工艺问题精度不良，易因漏水或车轮压偏而发生翘起。表7-3-14列举了几种人孔井的特点并进行了比较。

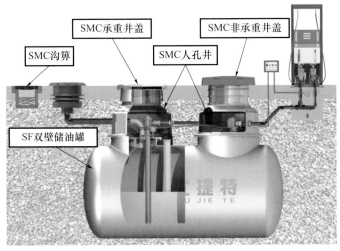

图7-3-21　SMC在加油站储油罐中的应用分解图　　　图7-3-22　用各种材料制作的人孔井

表7-3-14　几种人孔井的特点比较

| 序号 | 人孔井类型 | 优点 | 缺点 | 寿命 |
|---|---|---|---|---|
| 1 | 砖砌、水泥人孔井 | 施工简单 | 安装管线不方便，管线密封困难 | 短 |
| | | 初期成本低 | 维修不便；易出现裂纹、漏水 | |
| | | | 不易实现人孔井、井盖一体化 | |
| 2 | 钢板人孔井 | 初期不易损坏 | 不耐腐蚀 | 2年左右 |
| | | | 工艺管线不易密封 | |
| | | | 腐蚀后维修困难 | |
| | | | 不易实现人孔井及井盖的一体化 | |
| 3 | PE人孔井 | 韧性好<br>不易损坏产生裂纹 | 刚性差、易变形 | 中等 |
| | | | 工艺管线密封困难 | |
| | | | 后期地坪变形易渗漏，不易维修 | |
| | | | 不太美观，耐高低温性差 | |
| 4 | SMC人孔井 | 产品一致性好，适用批量供货 | 比PE人孔井重、韧性差 | 至少20年的寿命 |
| | | 产品强度高，耐候性好，可防静电、耐腐蚀 | 运输过程要防磕碰 | |
| | | 安装便捷、工期短、密封方便可靠 | 生产设备投资大、成本高 | |
| | | 可实现人孔井和井盖一体化 | | |

国内加油站中人孔井和井盖80％以上都采用SMC结构，不同厂家的产品只是细节有所差别，国内供加油站用SMC人孔井及井盖公司主要有：优捷特、优必得、飞博来特、瑞森、康巴莱特等，占有市场约80％，其他公司有少量供货。以下介绍关于人孔井及井盖等的资料主要来源于优捷特公司和网络。

### 7.3.3.1　加油站人孔井及井盖对SMC材料的性能要求

在加油站中由于人孔井及井盖位于地面部位。在安装及使用过程中，会遇到砂石磨损、挤压、车辆碾压载荷、相关管线移位等环境条件的影响，必须保证产品长期埋于地下而不会发生变形和开裂等现象。因此，对材料及其产品都必须满足相应的性能要求。

**1. 人孔井主体材料的基本力学性能要求**

人孔井用 SMC 材料必须满足表 7-3-15 所列的基本力学性能要求。

表 7-3-15　加油站人孔井用 SMC 的基本性能要求

| 序号 | 性能 | 单位 | 要求 | 标准 |
|---|---|---|---|---|
| 1 | 外观 | | 色泽均匀、平整、浸渍良好、不沾薄膜 | 目测 |
| 2 | 单重 | kg/m² | 2.15±0.25 | 称重 |
| 3 | 密度 | g/cm³ | 1.8~2.0 | GB/T 1033.1—2008 |
| 4 | 吸水性 | % | ≤0.2 | GB/T 1034—2008 |
| 5 | 玻纤含量 | % | 23~33 | GB/T 15568 |
| 6 | 收缩率 | % | ≤0.15 | ISO 2577 |
| 7 | 巴氏硬度 | — | ≥35 | GB/T 3854 |
| 8 | 拉伸强度 | MPa | >75 | GB/T 1447—2005 |
| | 拉伸模量 | MPa | >1.0×10⁴ | GB/T 1447—2005 |
| 9 | 弯曲强度 | MPa | ≥200 | GB/T 1449—2005 |
| | 弯曲模量 | MPa | >1.1×10⁴ | GB/T 1449—2005 |
| 10 | 压缩强度 | MPa | ≥100 | GB/T 1448—2005 |
| 11 | 冲击强度 | kJ/m² | ≥80 | GB/T 1043.1—2008 |
| 12 | 表面电阻 | Ω | ≤1.0×10⁸ | GB 16413—2009 |

（1）人孔井主体材料的耐温性能要求。

由于加油站人孔操作井安装地域较为广阔，加上季节变化，有可能需要承受环境温度在 $-40$~$100$℃范围内的条件下工作，因此，材料必须具有良好的高低温力学性能。具体要求列于表 7-3-16。

表 7-3-16　人孔井及井盖用 SMC 材料的耐高低温性能要求

| 序号 | 性能 | 单位 | 试验依据及条件 | 要求 |
|---|---|---|---|---|
| 1 | 热变形温度 | ℃ | GB/T 1634.2（A 法） | >150 |
| 2 | 线膨胀系数 | ℃ | GB/T 2572—2005（26~100℃） | >1.5×10⁻⁵ |
| 3 | 弯曲强度 | MPa | GB/T 9979—2005（－40℃） | >180 |
| | 弯曲强度保留率 | % | | >90 |
| 4 | 弯曲模量 | MPa | GB/T 9979—2005（－40℃） | >1.1×10⁴ |
| | 弯曲模量保留率 | % | | >90 |

（2）材料的防静电性能要求。

加油站要求有较高的防火要求，尤其要防止静电火花的发生，以避免人孔操作井因接地不良或内表面静电积聚而产生油汽爆炸的安全隐患。普通非金属复合材料产品属于绝缘体，易产生表面静电。应选用具备防静电性能的特种非金属复合材料。要求人孔井及井盖用 SMC 材料的表面电阻≤$1.0×10^8$Ω，测试依据为 GB 16413—2009。

（3）油罐人孔井主体材料的耐水性能。

人孔操作井因地区的不同，有长期浸泡于水中的使用环境，所以它应具良好的耐水性能。该性能的好坏一般按国标 GB/T 2573—2008 的要求，测量其加速试验后的弯曲强度、保留率，以反映材料的耐水能力。就人孔井 SMC 材料而言，其耐水性能的要求列于表 7-3-17。

表 7-3-17　人孔井用 SMC 材料的耐水性能要求

| 性能项目 | 检测依据及试验条件 | 单位 | 性能指标 |
|---|---|---|---|
| 弯曲强度 | GB/T 2573—2008<br>浸泡温度为（95±2）℃、<br>浸泡时间为 240h | MPa | >55 |
| 弯曲模量 | | MPa | >7.0×10³ |
| 弯曲强度保留率 | | % | >25 |
| 弯曲模量保留率 | | % | >50 |

（4）油罐人孔井主体材料的化学性能。

人孔操作井在埋地使用过程中，可能会接触到油品和包含了上述化学介质的地下水，因此，选用具有良好耐化学性能的 SMC 材料有利于延长其使用寿命。人孔井用 SMC 的耐化学性能要求列于表 7-3-18。

表 7-3-18　人孔井用 SMC 材料的耐化学性能要求

| 性能项目 | 检测依据及试验条件 | 单位 | 性能指标 |
|---|---|---|---|
| 弯曲强度 | GB/T 3857<br>（20%硫酸），26℃，360h | MPa | >180 |
| 弯曲模量 | | MPa | >1.1×10⁴ |
| 弯曲强度保留率 | | % | >80 |
| 弯曲模量保留率 | | % | >85 |
| 弯曲强度 | GB/T 3857<br>（10%氢氧化钠），26℃，360h | MPa | >160 |
| 弯曲模量 | | MPa | >1.0×10⁴ |
| 弯曲强度保留率 | | % | >70 |
| 弯曲模量保留率 | | % | >80 |
| 弯曲强度 | GB/T 3857<br>（92 号汽油），26℃，360h | MPa | >160 |
| 弯曲模量 | | MPa | >1.0×10⁴ |
| 弯曲强度保留率 | | % | >80 |
| 弯曲模量保留率 | | % | >85 |
| 弯曲强度 | GB/T 3857<br>（0 号柴油），26℃，360h | MPa | >180 |
| 弯曲模量 | | MPa | >1.0×10⁴ |
| 弯曲强度保留率 | | % | >80 |
| 弯曲模量保留率 | | % | >85 |
| 弯曲强度 | GB/T 3857<br>（二甲苯），26℃，360h | MPa | >180 |
| 弯曲模量 | | MPa | >1.0×10⁴ |
| 弯曲强度保留率 | | % | >80 |
| 弯曲模量保留率 | | % | >85 |

（5）油罐人孔井主体材料的耐老化性能。

人孔井长期在自然环境中使用，所用的 SMC 材料应具有良好的耐大气老化性能。人孔井用 SMC 材料性能需满足表 7-3-19 所列举的要求。

表 7-3-19　人孔井用 SMC 材料的耐老化性能要求

| 性能项目 | 检测依据及试验条件 | 单位 | 性能指标 |
|---|---|---|---|
| 弯曲强度 | GB/T 16422.2 辐照度 60W/m²，<br>温度 65℃，相对湿度 65%<br>降水周期：18min/102min<br>（喷水时间不光照/不喷水周期）<br>暴露时间 500h | MPa | >180 |
| 弯曲模量 | | MPa | >1.0×10⁴ |
| 弯曲强度保留率 | | % | >80 |
| 弯曲模量保留率 | | % | >80 |

**2. 承重井盖材料要求**

人孔井和井盖的试样环境在很多情况下是比较相似的。但是，井盖由于位置在加油站的地面上，尤其是承重井盖，在要求的力学等性能方面，会有比人孔井主体材料更高的要求。SMC承重井盖的性能必须满足表7-3-20所列的指标要求。

表 7-3-20　加油站承重井盖的基本性能要求

| 项目 | 单位 | 性能指标 | 试验方法 |
|------|------|---------|---------|
| 弯曲强度 | MPa | $\geqslant 500$ | GB/T 1449 |
| 巴氏硬度 | — | $45\pm 5$ | GB/T 3854 |
| 表面电阻率 | $\Omega$ | $\leqslant 1.0\times 10^8$ | GB/T 16413 |
| 玻纤含量 | % | $36\pm 2$ | GB/T 15568 |
| 阻燃性 | 级 | V0 | GB/T 2408 |
| 耐热性 | — | 弯曲强度/模量保留率$\geqslant 90$ | GB/T 9979 |
| 耐老化 | — | 弯曲强度/模量保留率$\geqslant 80$ | GB/T 16422.2 |

### 7.3.3.2　SMC人孔井及井盖的制造工艺

SMC人孔井及井盖的通用制造工艺流程如图7-3-23所示。尽管人孔井结构上分为上节、中节和下节三部分，分别成型，井盖也因用途不同也分为几种类型，但是，它们的成型工艺过程类似，都有其共同的工序和类似的操作程序。比如，材料的的准备、设备准备、投料操作和合模成型、产品定型、二次加工等。其具体的工艺流程及工艺参数的异同点见表7-3-21。

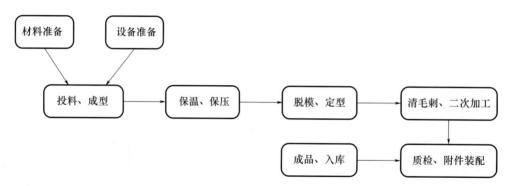

图 7-3-23　SMC人孔井及井盖生产工艺流程

表 7-3-21　SMC人孔井、井盖各成型工序的异同点

| 工艺流程 | 承重井盖 | 人孔井上节 | 人孔井中节 | 人孔井下节 |
|---------|---------|-----------|-----------|-----------|
| 材料准备 | 原材料品种，型号，批次，生产日期的确认；品质及性能合格；清除局部不合格材料 | | | |
| 设备准备 | 确认模具类型、压机、温控等相关成型设备运行正常，参数设置正确 | | | |
| 加料量 | 62~67kg | 13.5kg | 26.8kg、44.5kg | 60.5kg、64.5kg |
| 加料方式 | 按规定的形状、尺寸裁剪和铺放SMC材料 | | | |
| 成型温度 | 不同产品成型温度控制在130~145℃范围内（上下模分别采用不同的成型温度并保持合理温差） | | | |
| 成型压力 | 1500t | 900t | 1500~1650t | 1600~1650t |
| 保温时间 | 30~35min | 7min | 8~9min | 9~10min |
| 脱模后操作 | 定型、清理毛刺、二次加工、贴标记等 | | | |

续表

| 工艺流程 | 承重井盖 | 人孔井上节 | 人孔井中节 | 人孔井下节 |
|---|---|---|---|---|
| 检验、产品 | 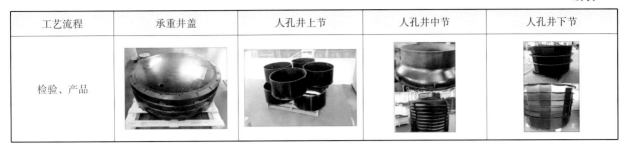 | | | |

图 7-3-24 所示为 SMC 人孔井及井盖成型生产线。图 7-3-25 所示为 SMC 人孔井、井盖部分产品的照片。

图 7-3-24　SMC 人孔井及井盖产品的成型生产线

优捷特外翻SMC人孔井　　　　优捷特内翻SMC人孔井　　　　优捷特SMC人孔井承重井盖

图 7-3-25　SMC 人孔井、井盖部分产品

### 7.3.3.3　SMC 人孔井、井盖的性能检测

SMC 人孔井、井盖的性能检测主要包括外观质量、尺寸公差及井盖和人孔井的型式试验检测。

根据国标 GB/T 23858—2009《检查井盖》，对检查井盖的使用场所共分为六组。不同使用场所的井盖，对应不同的承载能力要求。表 7-3-22 和表 7-3-23 分别为检查井承载等级分类和检查井井盖使用场所。

表 7-3-22　检查井承载等级分类

| 等级 | A15 | B125 | C300 | D400 | E600 | F900 |
|---|---|---|---|---|---|---|
| 承载试验载荷（kN） | 15 | 125 | 300 | 400 | 600 | 900 |

加油站人孔井井盖属于第四组最低选用 D400 类型，适用于城市主路、公路、高等级公路、高速公路等区域。

表 7-3-23　检查井井盖使用场所及最低选用等级

| 组别 | 一 | 二 | 三 | 四 | 五 | 六 |
|---|---|---|---|---|---|---|
| 使用场所 | 绿化带、人行道等机动车禁行区域 | 人行道、非机动车道、小车停车场和地下停车场 | 住宅小区、背街小巷，仅有轻型车辆、小车行驶的区域，道路两边路缘石开始 0.5m 以内 | 城市主路、公路、高等级公路、高速公路等区域 | 货运站、码头、机场等区域 | 机场跑道等区域 |
| 最低选用等级 | A15 | B125 | C300 | D400 | E600 | F900 |

**1. SMC 井盖性能检测**

（1）SMC 井盖外观质量的检测。

SMC 井盖产品外观应完整，颜色均一，无纤维裸露、外表粗糙、断裂、裂纹等可见的缺陷。根据 GB/T 6414—2017《铸件 尺寸公差、几何公差与机械加工余量》中 CT10 的规定，SMC 部件的尺寸公差应在表 7-3-24 所列的数据规定的范围内。

表 7-3-24　SMC 井盖的尺寸公差范围

| 项目 | 公差 | | |
|---|---|---|---|
| | 977 | 660 | 450 |
| 最小净开口 | ±7mm | ±6mm | ±5mm |
| 井盖公称直径 | ±7mm | ±6mm | ±5mm |
| 嵌入深度 | ±2.5mm | ±2.5mm | ±2.5mm |

（2）SMC 井盖承载力性能试验。

SMC 井盖承载力试验对承重型井盖尤为重要。SMC 井盖用于加油站油罐区，由承重井盖/盖与承重井盖/座等要素组成。其结构如图 7-3-26 所示。根据检查井口的大小与承载力的不同，按石油公司标准要求采用不同尺寸的井盖，井盖上有区分不同井盖尺寸与承载力的标志，例如 977D400 、977C250 、660C250 、450C250 等。

SMC 检查井井盖的承载力试验，应按成套检查井盖进行试验。参照国家标准 GB/T 23858—2009 及 CJ/T 121—2000 进行。

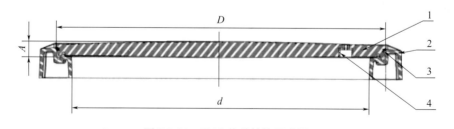

图 7-3-26　SMC 井盖结构示意图

1—承重井盖/盖；2—承重井盖/座；3—井盖密封圈；4—井盖预埋件

① 试验设备。

承载力试验设备主要为加载系统和量具。加载系统包括加载设备、刚性垫块和橡胶垫片等。其装置如图 7-3-27 所示。加载设备所能施加的载荷应不小于 500kN，其台面尺寸必须大于承重井盖/座最外圆尺寸，测力仪器误差应低于 ±3%；刚性垫块尺寸为：直径 356mm，厚度≥40mm，要求上下表面平整；在刚性垫块与井盖之间放置一片弹性橡胶垫片，垫片的平面尺寸应等于或大于刚性垫块的尺寸，垫片厚度应为 6～10mm。

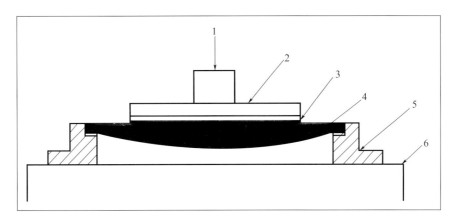

图 7-3-27　井盖承载力试验装置示意
1—加载设备；2—刚性垫块；3—橡胶垫片；4—井盖；5—井座；6—试验台

② 试验程序。

调整刚性垫块的位置，使其中心与井盖的几何中心重合。

在施加 2/3 试验载荷后，测量承重井盖的残留变形量（第一次加载前与第 3 加载后的变形之差为残留变形）。

以 1～3kN 速度加载，加载至 2/3 试验载荷，然后卸载，此过程重复进行 3 次。

③ 判定依据。

以上述相同的速度加载至表 7-3-27 中的试验载荷，30s 后卸载，井盖不得出现任何裂纹。承载试验所测得的残余变形量需满足表 7-3-25 所规定的标准。

表 7-3-25　SMC 井盖承载力试验判定标准

| 检查井盖等级 | 试验载荷（kN） | 允许残留变形（mm） |
| --- | --- | --- |
| C250 | 250 | (1/500) D |
| D400 | 400 | (1/500) D |

（3）井盖水密封试验 。

① 试验设备。

检查承重井盖的防水密封性能，试验装置如图 7-3-28 所示。模拟井盖的正常使用环境，将井座固定在一个中空的水槽内，安装好密封圈、配合井座，使井座与水槽之间要保证良好的密封性。

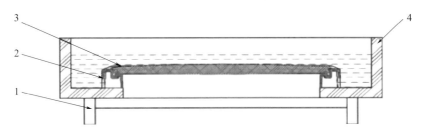

图 7-3-28　水密封试验装置示意
1—试验台；2—承重井盖/座；3—承重井盖/盖；4—试验水槽

② 试验程序。

将井盖预埋件安装好并用密封胶将缝隙填满以防渗水。

正确安装好井盖密封圈。

将井盖正确放置试水装置内的井座上，井盖面要平行于井座上沿。

向试验装置内注入一定量的水，使水面高出承重井盖20mm左右，保持30min。

③ 判定依据。

试验保持30min不漏水为合格。

④ 井盖及人孔井材料的抗静电性能。

材料的抗静电性能往往通过检测其表面电阻率和体积电阻率，然后根据其数值的大小来加以判断。井盖及人孔井的表面电阻率和体积电阻率的测定，根据标准 SJ/T 10694—2022 进行。其判定标准是：表面电阻率，静电耗散型为 $1 \times 10^{5} \sim 1 \times 10^{12} \Omega$；体积电阻率，静电耗散型为 $1 \times 10^{4} \sim 1 \times 10^{11} \Omega \cdot cm$。经检测，优捷特公司的产品，其表面电阻率和体积电阻率分别为 $9.21 \times 10^{5} \Omega$ 和 $4.06 \times 10^{6} \Omega \cdot cm$。

⑤ 井盖及人孔井其他性能的检测。

根据国家标准 GB/T 23858—2009 和我国城镇建设行业标准 CJ/T 121—2000 的要求，井盖/人孔井材料的性能检测还应包括表 7-3-26 所列之性能。

表 7-3-26  井盖所需测试的其他性能及要求

| 序号 | 性能 | 要求 | 执行标准 GB/T 23858—2009 |
|---|---|---|---|
| 1 | 耐热性 | 承载能力不低于试验荷载的95% | A.2.2.1 |
| 2 | 耐候性 | 承载能力不低于试验荷载的95% | A.2.2.2 |
| 3 | 抗冻性 | 承载能力不低于试验荷载的95% | A.2.2.3 |
| 4 | 抗油性 | 沾油后质量变化≤0.5% | — |
| 5 | 疲劳性能 | A.2.2. 表 A.4 | A.2.2.4 |

试验方法：

① 耐热性能试验。

试验装置为高低温试验箱，试验控制温度为（70±2）℃。试件在高低温试验箱中（70±2）℃条件下保温24h，迅速取出测试其承载能力。

② 耐候性能试验。

试验装置为气候模拟试验箱。试件在灯照及雨淋的条件下，保持500h，在常温下室内放置24h，取出测试其承载能力。

③ 抗冻性能试验。

试验装置为高低温试验箱，试验控制温度为（-40±2）℃。试件在高低温试验箱中（-40±2）℃条件下保温24h，迅速取出，测试其承载能力。

④ 抗疲劳性能试验。

试验装置为动态结构试验机。按表 7-3-27 的循环载荷等条件进行疲劳试验。经疲劳试验后，井盖的承载能力和残留变形应满足表 7-3-27 中的规定。

表 7-3-27  井盖疲劳试验的试验条件

| 承载力等级 | 循环次数 | 试验载荷 | 加载速率（kN/S） |
|---|---|---|---|
| A15 | 1000 | | 1~5 |
| B125 | 10000 | 1/3F（承载力） | 5~10 |
| C250 | 50000 | | 28~56 |
| D400 | 1500000 | | >28 |

**2. 人孔操作井的性能试验**

优捷特公司的人孔操作井有两种规格，即1355人孔操作井和1400人孔操作井。其结构及尺寸如图 7-3-29 和图 7-3-30 所示。每种人孔操作井均由人孔井下节、人孔井中节、人孔井上节组成，然后通过紧固件组合成一个作业空间。人孔井上面为作业空间的入口，一般与井盖配合，下面与油罐法兰面对接。人孔操作井下节与油罐法兰直接连接的部分，是人孔井的主腔体。内部可安装油泵、进出油阀门、管线等设施，侧面为多边形，可以安装各种管线。人孔操作井中节是人孔井的收口件，承插于井筒下节上面，用于联接人孔井上节与人孔井下节。人孔井上节的上方的入口，为人孔井升高筒体，可以根据现场油罐的埋地深度进行高度调整。人孔井上节上端加有防尘盖，用于封闭人孔井的上口，防止灰尘、杂物、回填材料等进入井内。此外，人孔井还包括防水用密封件和固紧件。

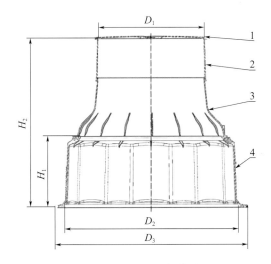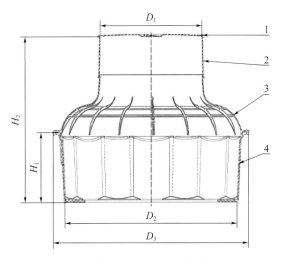

图 7-3-29　1355 人孔操作井
($D_1 = 826$、$D_2 = 1355$、$D_3 = 1510$、$H_1 = 515$、$H_2 = 1300$)

图 7-3-30　1400 人孔操作井
($D_1 = 826$、$D_2 = 1118$、$D_3 = 1590$、$H_1 = 515$、$H_2 = 1300$)

1—人孔井盖；2—人孔井上节；3—人孔井中节；4—人孔井下节

　　人孔井主体材料的性能要求在前面第 1 部分材料的基本力学性能要求中已有介绍。人孔井产品的型式试验主要包括水密封试验和承载力试验。

　　人孔井的水密封试验是将人孔操作井安装于相应配套的底封件上，向产品内部注水至井口处，静置 24h。观察试验样品是否有任何水渗漏现象。没有发生渗漏，则判定试验合格。

　　人孔井承载力试验是模拟产品在接近真实使用环境下的承载能力。其试验装置如图 7-3-31 所示。加载设备千斤顶所能施加的试验荷载应不小于 200kN。刚性垫块尺寸为：直径 250mm，厚度等于或大于 30mm，要求上下表面平整。橡胶垫片放置在刚性试块与人孔操作井上方井盖之间，尺寸与刚性试块相同，厚度为 6～10mm。称重传感器测量范围应不小于 200kN，精度 0.01kN。

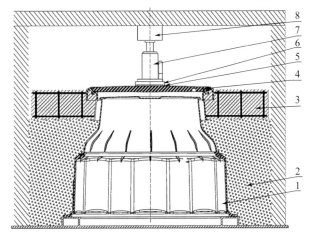

图 7-3-31　承重实验示意

1—人孔操作井；2—级配砂石；3—钢筋混凝土地坪；4—承重井盖；5—橡胶垫；6—刚性垫块；7—千斤顶；8—压力传感器

其试验程序是：调整刚性试块的位置，使其中心与井盖几何中心重合。如果以千斤顶作为加载设备，压机作为试验框架，则要保证压机上梁完全锁定。

以 1～3kN/s 的速度加载，至 100kN，保持该载荷 30s 后卸载。承载力试验判定标准为，试验后，试验样品不应出现任何损坏和裂缝。

### 7.3.3.4 人孔井/井盖现场组装机应用

SMC 人孔井及井盖在工厂生产的合格产品将运送到各加油站现场，进行组装和现场安装。在施工现场首先分别进行人孔井和井盖的组装、与储油罐及其他相关设备的接合、安装各种管线和仪表、填埋、地面层增强和做地面，如图 7-3-32 和图 7-3-33 所示。图 7-3-32 安装的井盖为承重型井盖，而图 7-3-33 安装的井盖为非承重型井盖。

图 7-3-32　SMC 承重型井盖及人孔井的安装过程

图 7-3-33　SMC 非承重型井盖及人孔井的安装过程

### 7.3.4　HPCC 在市政检查井中的应用

市政检查井是指在市区内为了地下管道的排放、疏通、检修和维护等工作而设立的井口。市政检查井是城市基础设施的重要组成部分，对于保障市民的生活、维护城市的正常运转具有至关重要的作用。因此，了解市政检查井的基本状况，对于维护城市基础设施的建设与管理具有重要的意义。

根据住建部发布的最新统计数据：2020 年我国城市管道长度约 310 万千米，其中供水管道总长度为 100.69 万千米，天然气管道长度为 85.06 万千米，供热管道长度为 42.60 万千米，排水管道长度为 80.27 万千米。2022 年，我国城市管道长度和 2020 年基本持平。其中，城市供水管道长度 110.30 万千米；供气管道长度：人工煤气管道长度 0.67 万千米、天然气管道长度 98.04 万千米、液化石油气管道长度 0.25 万千米；城市排水管道总长度 91.35 万千米。排水管道长度是指所有市政排水总管、干管、支管、检查井及连接井进出口等长度之和。城市道路长度 55.22 万千米，同比增长 3.70%。城市人均道路面积 19.28m²，北京和上海不足 10m²。

市政道路上检查井，包括并分属给水、排水、电力、电信、信息管网、燃气、路灯和公安交管等 8 个不同行业，没有统一的管理部门，并采用不同的建设标准。

有资料介绍，根据 2019 年安徽理工大学、武汉桥建集团等单位对某中心城市三镇有代表性的各两条道路上共 1755 个检查井的调研结果"市政道路检查井病害调研与成因分析"显示：检查井的分布，以人行道上分布的检查井比例最高，约占总数量的 44%；机动车道上分布的检查井占比 24%。非机动车道上和绿化带内分布的检查井数占比分别为 18%、14%；平均每百米内的检查井数量为 13～23 个，平均每隔 5～7m 就设置 1 个检查井。按此推算，以 2022 年城市道路 55.22 万千米计，全国的检查井数量在 0.7 亿～1.27 亿个范围内。

据资料介绍，不同行业检查井的分布也有所不同（表 7-3-28），排水行业检查井占比 33%，给水行业占比 17%。电信燃气行业检查井占比比较少（约 5%），公安交管占比 13%，电力占比 12%，路灯占比 9%，信息管网占比 7%。

表 7-3-28　调查道路区域不同行业检查井数量分布

| 检查井类别 | 给水 | 排水 | 电力 | 电信 | 路灯 | 公安交警 | 燃气 | 信息管网 |
|---|---|---|---|---|---|---|---|---|
| 占比（%） | 17 | 33 | 12 | 5 | 9 | 13 | 5 | 7 |

不同行业检查井井身结构有所不同，在所有行业中，砖砌体井身结构相较于其他形式的井身结构在数量上明显占优势。路灯行业几乎全部采用砖砌井，公安交管行业占比为 97%；电信和信息管网行业占比分别为 61% 和 57%，使用最多的是混凝土井身结构，占比分别为 39% 和 43%；排水和电力行业，占比分别为 17% 和 32%。

给水和排水这两个行业占所有行业砖砌体结构检查井的 50%，燃气行业砖砌体结构检查井的数量最少，占比仅为 4%。检查井井盖方面，球墨铸铁材质的井盖在机动车道上的使用数量达到了 90.7%；非机动车道上占比为 66.9%；人行道上占比 49.4%；绿化带上占比仅为 10.5%。混凝土材质的井盖在机动车道、非机动车道、人行道以及绿化带中的占比由低到高，分别为 0%、4%、29% 以及 61%。其他材质的井盖，除了复合材料有少量使用外，其他使用量均比较少。

此次调查可知，检查井的平均病害率高达 91%，完好率仅为 9%。井周路面破损以及沉陷为主要病害类型，占检查井病害的 91%。其他表现为井周路面开裂或隆起，井口倾斜或沉降，井盖损坏或丢失等现象。市政道路上检查井的病害主要为机动车道上给水和排水行业检查井的病害，且病害类型主要为沉陷和井周路面破损问题。

从设置场合来看，机动车道承载车辆的荷载远大于其他位置的检查井。从井身结构来看，给水、排水行业的检查井大多采用砖砌体结构，砌体之间的砂浆层由于抗剪能力较低，从而容易导致路面检查井沉陷。检查井井盖大多数采用的是球墨铸铁材质，当车辆荷载通过时，沥青路面材料和球墨铸铁材质井盖的变形不一致会导致它们之间的衔接处产生应力集中现象，在车辆荷载对井盖的瞬时冲击作用下，井座下部的砌体结构加速破坏，导致路面检查井沉陷。

当然，这和设计超前性不足、施工质量管理不严等因素也有一定关系。但核心问题还是在检查井材料和结构本身存在的弊病有关。

此外，除了市政大量使用检查井外，更广阔的检查井市场在农村。2024年中央一号文件《中共中央 国务院关于学习运用"千村示范、万村整治"工程经验有力有效推进乡村全面振兴的意见》的公布，使乡村治理水平能获得进一步的提升。其中第十六条明确指出"深入实施农村人居环境整治提升行动。……因地制宜推进生活污水垃圾治理和农村改厕……分类梯次推进生活污水治理，加强农村黑臭水体动态排查和源头治理"，更是为检查井在农村污水治理、水环境改造中的应用提供了有力的支撑。据报道，我国2020年有近60万个行政村和260多万个自然村，农村人口7亿多。2021年乡村人口虽然减少了16436万人，但仍然保持有50979万人。每年生产污水90多亿吨，处理率却仅为22%左右。截至2018年年底，依托农村环境综合整治项目实施农村生活污水治理的行政村数量达57974个。在全国55万个行政村中，开展生活污水治理的比例仅为10.5%。农村生活污水成分复杂，不仅包括冲厕、洗涤、餐厨等居民生活用水，还包括散养畜禽的排泄物、高浊度的雨水等。排放特点是排放总量较大，但排放时间分散，排放区域分散，单次排量较小，难以通过大规模管网收集。据华北地区农村检查井的调查情况，每村需要100套集中井，集中井每十户一套检查井，而单户井则是一户一套。由此可见，农村检查井的需求量远大于市政检查井的数量。

我国长期使用的检查井的结构大部分为砖砌检查井和混凝土检查井。在使用中普遍存在井周路面开裂或隆起，井盖周边路面沉降，井口倾斜或沉降，井盖损坏或丢失等现象。传统的检查井基本上用砖砌而成，需要水泥砖或红砖等大量砂土建材；砖砌检查井的建设周期比较长，施工期间的质量监管难度大，因施工质量问题造成检查井塌方的事故也时有发生；砖砌检查井对井的密封性一般没有要求，也基本没办法实现。黏土砖的生产过程会产生大量的有害废气、废水和垃圾，既污染了环境，又消耗大量的能源，会导致大量的二氧化碳排放。直径1m、高1.2m的检查井隐形碳排放大约437kg。并且，严重违背了我国禁止在建筑行业使用黏土砖的规定。在使用过程中，砖砌检查井极易渗漏，容易导致井环境污臭乱，浸泡设备及有毒气体的形成危害身体健康。由于砖砌井存在以上弊病，随后就出现了混凝土井、塑料检查井等，以克服砖砌井的不足。

预制混凝土检查井省去了现场砌砖或浇筑成型的施工过程，一般是在工厂根据设计用混凝土材料把检查井先行做好，运送到现场直接进行安装施工。这种检查井比直接的砖砌井施工快，质量也比较有保证。难点是装卸运输和施工过程基本都需要吊车等工程机械支持，否则很难完成施工作业。这无疑加大了检查井的整体建设难度和成本，密封性也难以实现。

我国最早研究开发塑料检查井是在2002年。2006—2009年，塑料检查井产品标准、技术规程、设计图集逐步发布实施，为塑料检查井的市场应用打下了良好基础。据相关统计，2009年国内塑料检查井市场需求约8万套，2014年塑料检查井市场需求约200万套。在我国，建筑小区排水用塑料检查井市场渗透率约7%，市政排水用塑料检查井市场渗透率仅约为2%。对于塑料检查井的出现，市场反应一直比较平淡没有起色。其主要原因在于塑料收缩率大、刚度不足容易变形，对我国南北方气候条件适应性较弱。造成井口井盖无法紧密密封配合，时间一长井内就会积累污水，对检查井中安装的相关设备容易造成损害。在地下水位比较高的地方安装会受浮力作用，需要专门进行加固处理。另外，和混凝土预制检查井一样，塑料检查井也需要整体运输，无法叠放，运输成本高，除非本地化制造，否则就降低了塑料检查井的性价比。

河北益泽电讯科技公司于2012年开发了一种新型的复合材料检查井即高性能模塑复材检查井（英文名HPCC）并于2017年投入市场。

### 7.3.4.1 HPCC 检查井的结构及特点

1. HPCC 检查井的结构

HPCC 检查井如图 7-3-34 所示，主体由用于相互结合能形成密闭腔室的上井具和下井具或多体组成。图 7-3-35 所示为 HPCC 检查井各部分的装配。

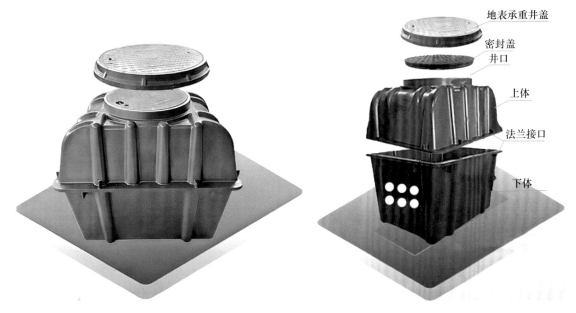

图 7-3-34　HPCC 双层井盖检查井　　　　图 7-3-35　HPCC 检查井装配

2. HPCC 检查井的特点

HPCC 检查井可达到密封、保温、防水的功能且对通信信号具有很好的传输作用的技术优势。其主要特点是：

（1）高强度防腐蚀：采用高强度树脂，强度高，韧性强，耐腐蚀。

（2）易安装：树脂检查井重量轻、体积小，易于搬运和安装，可大大缩短工期。（传统井：1 套/天/2 人；HPCC 检查井、人（手）孔：8~10 套/天/2 人）

（3）外观美观：检查井表面光滑、井内无脏乱差，不会产生有害气体。

（4）耐用：确保在 −50~150℃ 环境中无变形，无开裂，不渗漏，使用寿命长，可在 30 年以上。

和其他类型的检查井相比，HPCC 检查井的主要优势是：

（1）密封性好：具有防水功能，因此不会出现沼气等有害气体。

（2）标准化：模块化设计，生产施工标准化，降低施工难度，提高完工水准。

（3）环保低碳：取缔黏土砖、水泥钢筋，节约土资源。

（4）降本增效：免维护，寿命长（传统井：3 年小维修，5~8 年更换）。

（5）新型检查井根据需要可设计为智慧型井具：支持 NB-IoT 联网，近场蓝牙，4G 或 NB-IoT 远程、线控开锁；支持多种通信方式、多种开锁方式、多种应急方式、多种外盖检测方式，防水、防堵、防破坏。可设置有增强版液位探测器、无线数据终端和防爆型可燃气体探测器。可以"及时发现问题、及时处置问题、及时解决问题"。从而实现：

① 窨井异常打开：井盖被打开，异常打开或者忘记闭合，设备自动定位报警上传至管理平台。

② 井盖损坏：井盖因车辆碾压、使用寿命到期或人为损坏，井盖自动报警上传至管理平台。

③ 井盖位移：井盖因车辆碾压倾斜移动或者人为移动，井盖自动报警上传至管理平台。

④ 井盖丢失：井盖丢失，设备自动报警上传至管理平台。

⑤ 水位监测：实时监测井盖下的水位，水位高于报警阈值时，触发水位报警。

3. 几种类型检查井某些性能比较见表 7-3-29。

表 7-3-29　几种类型检查井某些性能比较

| 类别 | 轴向抗压能力 | 韧性 | 密封性能 | 使用寿命 |
|---|---|---|---|---|
| 砖砌检查井 | — | 差 | 差 | 良 |
| 塑料检查井 | 15kN | 变形量＞50mm | 良 | 良 |
| 玻璃钢检查井 | 30kN | 耐冲击性差 | 良 | 佳 |
| 混凝土检查井 | 易移位、错位 | 受季节影响 | 一般 | 优 |
| HPCC 检查井 | 可达 100KN | （−50～150）℃下实验<br>变形率低于 0.3mm | 优 | 优 |

### 7.3.4.2　HPCC 检查井的性能要求

1. HPCC 检查井所用材料的性能要求见表 7-3-30。

表 7-3-30　HPCC 检查井用材料性能要求

| 性能 | 测试方法 | 指标 | 备注 |
|---|---|---|---|
| 巴氏硬度 | GB/T 3854—2017 | ≥40 | |
| 冲击强度 | GB/T 1043.1—2008 | ≥9.0kJ/m² | |
| 低温冲击强度 | GB/T 1043.1—2008 | （−20±2）℃下保持 2h，冲击强度≥7.2kJ/m² | |
| 高温老化后冲击强度 | GB/T 1043.1—2008 | （100±2）℃下保持 168h，冲击强度≥7.2kJ/m² | |
| 纵向回缩率 | YD/T 4085—2022 | （100±2）℃下保持 1h，纵向回缩率不大于 3% | |
| 耐酸性 | YD/T 4085—2022 | 试样在 20%硫酸溶液中浸泡规定时间后，<br>表面应无明显腐蚀，质量损失小于 1% | |
| 耐碱性 | YD/T 4085—2022 | 试样在 20%氢氧化钠溶液中浸泡规定时间后，<br>表面应无明显腐蚀，质量损失小于 1% | |
| 耐盐性 | YD/T 4085—2022 | 试样在 10%氯化钠溶液中浸泡规定时间后，<br>表面应无明显腐蚀，质量损失小于 1% | |

2. HPCC 检查井型式试验性能要求。

（1）外观要求。

密封塞和井室的整体应完整，材质均匀，无毛刺、裂纹、凹陷等缺陷；密封塞上表面不应有拱度，密封塞与井筒口的接触面应平整、光滑；井室拼接处连接后应紧密牢固，不得有松动、滑脱和安装孔错位现象。

（2）结构尺寸要求。

检查井的井壁尺寸和积水罐尺寸的公差要求，必须满足表 7-3-31 和表 7-3-32 的要求。

表 7-3-31　井壁尺寸及公差要求

| 井室尺寸（mm） | | | 井室规格允许偏差<br>（mm） | 井室厚度（mm） | 井筒口净开孔直径<br>（mm） |
|---|---|---|---|---|---|
| 长 L | 宽 W | 高 H | | | |
| L≤600 | W≤400 | H≤700 | ±5 | ≥4.0 | （560±2）* |
| 600＜L≤1200 | 400＜W≤900 | 700＜H≤1200 | | ≥5.5 | （620±2） |
| 1200＜L≤2200 | 900＜W≤1400 | 1200＜H≤1800 | | ≥7.0 | |
| ＞2200 | ＞1400 | ＞1800 | | ≥7.0 | |

注：＊当供需双方达成一致时，小尺寸人（手）孔也可采用带倒角的方形井筒口。

表 7-3-32　积水罐尺寸及公差要求

| 积水罐尺寸项目 | 要求 |
|---|---|
| 积水罐高度（mm） | 150±4.0 |
| 积水罐下底外径（nm） | 230±5.5 |
| 积水罐上边缘外径（mm） | 250±5.5 |
| 积水罐厚度（mm） | ≥2 |

（3）井体主要强度指标。

井体主要强度指标必须符合表 7-3-33 的性能要求。

表 7-3-33　井体主要性能指标

| 项目 | 检验依据 | 技术要求 | | | |
|---|---|---|---|---|---|
| 低温条件下冲击实验 | 按 GB/T 14152—2001 方法检测（−15±2）℃，1kg 质量，d90 型落锤，2.5m 高落下 | 无破裂，无损坏 | | | |
| 压力试验（轴向/侧向压力试验） | 按 CJ/T 326 规定方法 | 轴向压力 | | 侧向压力 | |
| | | A 型 | B 型 | A 型 | B 型 |
| | | ≥40 | ≥70kN | ≥15 | ≥25kN |
| | | 不塌陷、不开裂 | | | |
| 体积电阻率 | 按 GB/T 31838.2 规定方法 | ≥1.0×10^{14} | | | |
| 巴氏硬度 | 按 GB/T 3854 鉴定方法检测 | ≥40 | | | |
| 密封性 | 井体密封性检测按 CJ/T 326 实验方法 | 在给水井内注满清水，放置 24h 后井体及密封处无渗透、无物理浸透 | | | |
| | 井口密封性检测* | 将给水井井口子盖密封，安装加深管，在子盖上方注清水 10～20cm，放置 24h 后，井内无清水渗漏 | | | |

注：* 适用于 600mm×400mm×500mm 及 600mm×400mm×700mm 小型检查井以外的检查井。

（4）密封塞强度仅针对承重式人（手）孔进行试验。

要求密封塞强度试验荷载为 20kN，试验结束后，密封塞不应出现裂纹、塌陷及无法开启现象。

（5）密封性。

人（手）孔的防护等级应达到 GB/T 4208—2017 中 IPX8 级要求。允许有清水渗入井室内，但渗入井室内的清水应全部流入积水罐内，井室底部及积水坑内应无积水。在试验周期内，积水罐不得被清水注满。

（6）井室温度循环性能。

井室应能通过低温为（−25±3）℃、高温为（55±2）℃的温度循环试验。试验结束后，井筒口、井室和管材开孔处不应有变形、裂纹和分层现象。浸水结束后，井室内无清水渗入。

（7）井室低温冲击性能。

井室在（−15±2）℃条件下保持 2h 后，按规定的落锤质量及高度进行冲击，试验结束后，密封塞和井室应不破裂，无损坏。

### 7.3.4.3　检查井主要性能的检测方法

1. 检查井井盖承载能力试验

承载能力试验设备宜满足以下要求：

（1）承载能力的试验设备采用 GB/T 23858—2009 中 7.1 规定的试验设备。试验速率控制在 3kN/s。

（2）承载能力试验按照试验荷载要求，在被试样品测试面的垂直方向上分级增加砝码，每级增加砝码的质量为试验荷载的25％并保持30s，直至增加至试验荷载规定值。

（3）在试验过程中，试验设备与样品接触面的刚性垫片厚度应为150mm。

2. 密封塞强度试验

密封塞安装在井筒口，井筒口方向水平于试验台方向放置在试验设备上，将直径为250mm的刚性垫片放在被测密封塞的几何中心位置。刚性垫片与密封塞之间放置缓冲垫。缓冲垫应由橡胶材料制成，其直径应大于刚性垫片。施加荷载至规定的20KN。在试验荷载应力下保持30s后，卸载力值并检查密封塞破坏情况。

3. 井室强度试验

井室强度试验包括井室轴向强度试验和井室侧向强度试验。

（1）井室轴向强度试验。

将井室井筒口方向水平于试验台方向放置在试验设备上。在井室上体周围和密封塞上方放置缓冲垫。缓冲垫应由橡胶材料制成，刚性垫片和缓冲垫的长度和宽度不得小于井室上下体连接处。整体试验装置如图7-3-36所示。试验装置搭建完成后，施加载荷至表7-3-33中压力试验中规定的相应试验荷载，在试验荷载应力下保持30s后，卸载力值并检查井室破坏情况。

（2）井室侧向强度试验。

井室井筒口方向垂直于试验台方向放置在试验设备上，井室宽度平面与试验台接触。井室周围放置缓冲垫，使用缓冲垫将井室与试验台垫至水平。缓冲垫应由橡胶材料制成，刚性垫片和缓冲垫的长度和宽度不得小于井室与试验台接触的平面。整体试验装置如图7-3-37所示。试验装置搭建完成后，施加荷载至表7-3-35中压力试验中规定的相应试验荷载，在试验荷载应力下保持30s后，卸载力值并检查井室破坏情况。

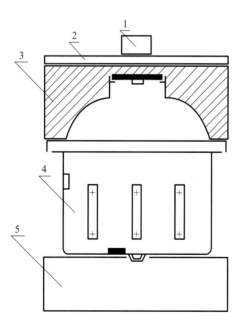

图7-3-36 井室轴向强度试验示意

1—加载设备；2—刚性垫块；
3—橡胶缓冲材料；4—井室；5—试验台

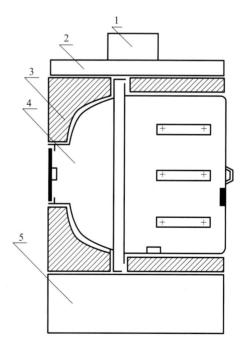

图7-3-37 井室侧向强度试验示意

1—加载设备；2—刚性垫块；
3—橡胶缓冲材料；4—井室；5—试验台

#### 7.3.4.4　HPCC检查井的制造工艺

前面已经提到，传统的砖砌或者混凝土检查井砖砌结构的支撑强度低，尤其是靠近路面的砖砌结构变径缩口部分因受横向作用力冲击易塌陷；其次，井体施工周期长，施工复杂，由于必须手工现场堆砌或支护模板，对土建要求高，标准化、通用化、系列化程度差，工人的技术和用料的多少是影响质量的重要因素；此外，还存在不能更换、易破裂和渗漏而造成污染，以及易受地下水侵蚀等缺陷，需频繁维修；预制混凝土给水井虽然可以解决施工工期长的问题，但是仍不能实现密封功能，井内积水仍然十分严重，长期腐蚀井内设备，增加维修成本。

塑料检查井虽然在建筑小区等小口径检查井得到了较为广泛的应用，但受制于热塑性塑料检查井的冻胀收缩大、壁薄厚不一，无法密封保温，竖向承载力差，大口径井（DN1000以上）的环向承载力低等缺陷，因此在管网中的应用特别是主干给水管网中的应用受限，而且市场上出现了用回收再生塑料加工的检查井，更是问题较多。

HPCC检查井采用的新型材料是高性能的模塑复合材料，强度大、刚性好、耐腐蚀且有良好的密封、保温、防水的功能且对通信信号具有很好的传输作用，是传统检查井的升级换代产品。

HPCC材料与常用的SMC材料的生产工艺流程基本相似。首先做出用于成型检查井部件的预浸渍料。预浸料的基本组成也包括热固性树脂、增强材料、特种填料和各种助剂、添加剂。配方中的主要特点是：根据使用环境的不同如受力大小，腐蚀介质品种、强度，气候条件，安装精度，要求使用寿命等情况选择不同类型的树脂系统和采用混合型增强材料。根据需要在玻璃纤维、玄武岩纤维和碳纤维中选择不同的混用型式和比例。其在配方中增强材料的含量也根据需要而变化。

HPCC检查井部件的成型是将准备好的合格的预浸料放在相应的金属模具中，然后进行高温高压成型。其工艺过程和其他热固性模压产品的成型工艺基本相似。当HPCC检查井各部件成型后，和其他模压产品一样，再经过清理毛刺、钻孔等二次加工工序，即可包装入库，等待运往施工现场进行最后的安装。

#### 7.3.4.5　HPCC检查井产品照片举例

HPCC检查井的典型产品照片如图7-3-38所示。

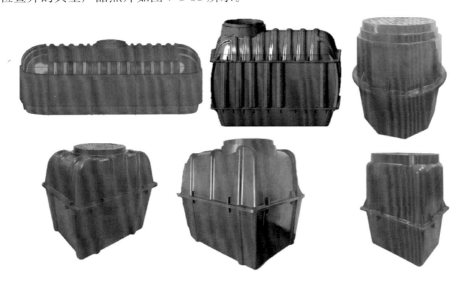

图7-3-38　HPCC检查井的典型产品

#### 7.3.4.6　HPCC检查井的安装施工

HPCC检查井的现场安装施工主要工序为基坑与基础处理、井体安装、连接管件与配件安装、回填、井口处理和井盖安装。

1. 基坑与基础处理

井底座基坑开挖时，其主轴线应与管道主轴线保持一致；基坑和沟槽不得超挖和扰动原状地基土。当受到扰动时，应按相关规定采取相应的加强或补救措施；在地下水位较高的地区或雨季施工时，应有排水、降低水位的措施；基坑基础做法，应根据相关资料的规定执行。

2. 井体安装

检查井安装前，应进行井室、井筒等主要部件的预拼装，并应做好标记；井室下沟后，先用临时垫块对井室中心、主轴线、井底标高和井室水平进行调整。符合设计要求后，采用砂土袋等稳固措施进行临时固定，并填充粗砂，取出垫块；安装时应注意井室的垂直，连接管孔与管道应在同一轴线上；井室安装完毕后，应根据沟槽内地下水的状况，及时采取防漂浮的措施。

3. 连接管件与配件安装

井室与管道连接时，根据施工图纸要求，对应管道高低，现场用手电钻及开孔器在井壁钻眼开孔，安装相应的各种管道；安装井内设备和仪器；采用合理的连接方式，连接井内外管道。

4. 回填

当管线验收合格后，管道沟槽的回填同时进行。回填前，应对井室、井筒进行临时固定，并排除基坑、沟槽内积水；夯实回填至井口以下 10cm 处，注意保护井体和管线；井室（筒）周围回填时，应采用分层、对称回填，每层回填高度为 30cm。

5. 井口处理

回填土层后浇筑 C25 混凝土盖板，浇筑厚度为 20cm；在井圈上安装并调整盖座使井盖与道路高程平齐；对该倒梯形圆环状空间浇筑井圈混凝土；填充面积单边大于基坑四周 400mm，盖座与井圈采用膨胀螺栓固定。在沥青路面附近施工时，混凝土浇筑距沥青面顶层以下 60mm。

6. 井盖安装

井盖不能偏移，并与井筒的轴心对准，安装后应将周围均匀回填至设计要求高度。井盖的安装应与道路路面施工同时进行。

7. 特殊环境条件下的安装要求

在冻土层使用时，在检查井周围安装一定的缓冲层如橡塑板、苯板等，如图 7-3-39 所示。

在地下水层使用时，要采取措施井上下体连接处安装固定装置，将井体固定在地下水隔水层中，如图 7-3-40 所示。

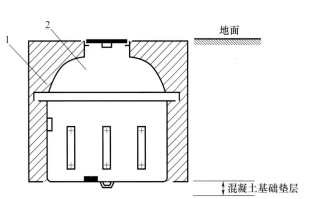
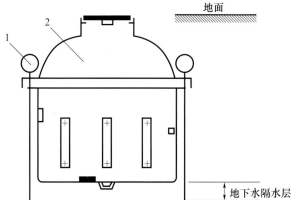

图 7-3-39　冻土层安装方式　　　　　　　　　图 7-3-40　地下水层安装方式
1—缓冲层；2—检查井　　　　　　　　　　　1—井体固定装置；2—检查井

### 7.3.4.7　HPCC 检查井典型应用案例

近几年来，HPCC 检查井在各地移动、电信、联通和广电工程，市政检查井和乡镇水源提升，农村生活水源江水置换，农村饮水安全巩固提升项目，农村江水村村通工程智能水表、分表井改造，水务一体化建设，水体综合整治工程中都有较为广泛的应用。其应用效果均得到了用户的良好评价。

图 7-3-41 和图 7-3-42 分别为国内部分省市地区 HPCC 检查井的施工现场应用案例。

图 7-3-41　各地区检查井施工现场应用案例

图 7-3-42　国内部分省市地区检查井施工现场应用案例

## 7.3.5　SMC 在体育用品领域中的应用

随着人们生活水平的提高，健康意识的不断增强，越来越多的人走进运动场所投入健身运动，对优质、安全的运动器材的需求日益增加。而复合材料由于其具有质量轻、强度高、寿命长、可设计自由度大、易加工成型等优势，长期以来在体育器材方面获得了广泛的应用，如钓鱼竿、羽毛球、网球拍、高尔夫球杆、自行车架、滑雪板、冲浪板、皮划艇及划桨、撑杆跳的撑杆、篮球板、乒乓球台、游泳池等。根据 JEC 资料，2022 年全球复合材料产量 1270 万吨。运动/消费品市场约 102 万吨，占比 8%，为复合材料第五大市场。

我国在"发展体育运动，增强人民体质"的号召下，几十年来，人民的身体健康和平均寿命都得到了极大的改善与提高。近年来，在国家一系列政策支持下，大众的健康意识及健身的欲望不断增强。2019 年 9 月，国务院办公厅发布《关于促进全民健身和体育消费推动体育产业高质量发展的意见》，提出实施全民健身行动，努力打造百姓身边的健身组织和"15 分钟健身圈"；此外，根据国务院发布的《关于加快发展体育产业促进体育消费的若干意见》，到 2025 年经常参加体育锻炼的人数要达到 5 亿人，而庞大的体育人群基础将是驱动体育用品行业快速发展的主要动力。

根据我国的具体情况，复合材料在体育运动器材方面有着广泛的应用。早在 20 世纪 70 年代就有用复合材料制作撑高跳的撑杆、双杠的杠杆等运动器材。21 世纪以来，也开始生产鱼竿、高尔夫球杆、冲浪板、滑雪板、划桨、乒乓球台、篮球板、游泳池等。其中，SMC 材料的应用集中在乒乓球台、篮球板和游泳池方面。

根据知网公开资料的调查来看，在我国，大众选择更多的健身方式还是跑步运动、家庭健身与徒步运动；而受场地限制，乒乓球、篮球和游泳等运动选择人群相对较少。但随着政策的加持，势必将通过修建场所和更新设施设备等措施，大力发展受场地限制的运动。

据资料介绍，2015—2019 年全国体育产业总规模从 1.71 万亿元跃升至 2.95 万亿元，年均增长率达 14.6%。2019 年，在对大众选择运动健身方式调查数据中，选择篮球、游泳和乒乓球三项运动的比例分别为 36.7%、5.1% 和 3.2%。对以上三项中大众选择参与度人数最少的乒乓球运动来说，2019 年，乒乓球行业市场规模约为 213 亿元，预计到 2025 年乒乓球行业市场规模将达到 327 亿元左右。

根据我国"十四五"体育发展规划中的数据，2020 年底，我国人均体育场地面积达到 2.2m²，经常参加体育锻炼的人数比例达到 37.2%。到 2025 年，我国人均体育场地面积达到 2.6m²，经常参加体育锻炼的人数比例达到 38.5%。体育产业总规模达到 5 万亿元，居民体育消费总规模超过 2.8 万亿元。

根据国家体育总局数据，2021 年、2023 年相关运动项目建设状况的数据变化如下：全国篮球场地 105.36/117.64 万个，其中，室外篮球场 96.02 /106.12 万个，占 91.14%/90.21%；室外三人篮球场 6.60 /7.66 万个，占 6.26%/6.51%；室内篮球馆 2.74 /3.86 万个，占 2.60%/3.28%；全国游泳场地 3.25/4.02 万个。其中，室外游泳池 1.80/2.1 万个，占 55.38%/53.48%；室内游泳馆 1.39 万 / 1.79 个，占 42.77%/44.53%；天然游泳场 619 /864 个，占 1.85%/1.99%；全国乒乓球场地 88.48 /101.49 万个。其中，室外乒乓球场 78.31/90 万个，占 88.51%/88.68%；室内乒乓球馆 10.17/ 11.49 万个，占 11.49%/11.32%；由此可见，只要我们认真地深耕上述市场，SMC 在乒乓球、篮球及泳池方面的应用还是大有可为的。据资料介绍，在 2018 年，我国在 SMC 乒乓球台、篮球板及泳池方面，SMC 总用量分别约 13200、5800 和 300 多吨，总计约两万吨。其中，德州盛邦集团占有率约为 38%。随着 SMC 泳池应用的拓展，SMC 在泳池方面的用量将会大大增加。2018 年，四方游泳集团开发了池壁无膜的 SMC 泳池。2019 年末，SMC 材料全面替代原有泳池材料，泳池部件改用 SMC 模压成型，并且进行了工艺改进，新一代的无膜化各零部件都用 SMC 材料制造的 SMC 装配泳池诞生，使得 SMC 材料在游泳池中得以更为广泛应用。如上所述，目前，乒乓球、篮球、游泳三大运动领域是 SMC 在体育用品应用的主要市场。本部分资料主要来自德州盛邦集团、江阴四方泳池集团及部分网络资料。

### 7.3.5.1　SMC 在乒乓球台及篮球板中的应用

乒乓球台按用途分家用和商用两类。2020 年，中国乒乓球台商用占比超 9 成。商业用途是乒乓球台的主要应用，在 2020 年占全球总量的 3/4 左右。2020 年全球乒乓球台总产量为 1424232 台，预计到 2027 年达到 1766933 台。乒乓球是中国的国球，众多优秀选手推动了中国乒乓设备市场发展。2020 年中国乒乓球台总产量为 57 万台，居全球市场的首位，占比 40.1%。欧洲、日本和美国分别占比 37.61%、13.77% 和 7.46%。据估算，2020 年全球乒乓球台产值约 45 亿元，其中德国 GEWO 是产值最高的企业，达到 6.69 亿元。在中国地区主要有红双喜、双鱼等企业生产乒乓球台，其中，红双喜占全国总产值份额超过 20%。总体来看，全球乒乓球台行业产能过剩，产能利用率在 80% 左右。据统计，亚太地区乒乓球运动爱好者达 3.5 亿人，美国爱好者 1500 万人，英国 200 万人。预计未来亚太地区仍将会继续主导全球乒乓球设备市场，因为乒乓球在亚洲最受欢迎。

篮球运动传入中国后按照社会变迁及篮球技、战术发展和竞赛活动分为三个阶段：第一个阶段在 1949 年以前，篮球运动主要在天津、上海及北京等有限的城市青年会组织和某些中等以上较少数学生中开展。篮球在广大城乡人民群众中未能得到普及，推广面极窄，竞赛活动较少。第二阶段在 1949—1995 年，在政府"发展体育运动，增强人民体质"的健身方针倡导下，篮球运动因其简便易行，富有对抗性、趣味性、健身性和教育性等功能，在各级政府的计划和组织下迅速成为广大人民喜闻乐见的体育项目，是中国篮球事业第一个辉煌发展的历史阶段。到 20 世纪 70 年代中后期，中国恢复了在国际篮球组织的合法席位，从此开始走上国际竞技舞台。特别是自 20 世纪 80 年代中期至 90 年代中期，中国篮球事业进一步得到了全面的大普及、大发展、大提高。1996 年至今为第三个阶段，改革传统的竞赛体制，先后举办了甲 A、甲 B 和乙级队主客场制联赛，逐步向职业化过渡，进而有序地推动篮球运动产业化进程。目前，篮球运动已成为家喻户晓及大众喜闻乐见的运动项目。据 2021 年中国篮协发布的《中国篮球运动发展报告》，目前，篮球是我国集体球类第一运动，74.9% 的公众选择篮球作为主要体育技能，93.6% 的家长为子女选择篮球，96.6% 的青少年认为打篮球是自己的选择。篮球培训市场规模在千亿元水平。中国篮球人口约 1.25 亿人，其中，核心篮球人口约为 7610 万人。15～25 岁年龄段中，男性打篮球比例为 28.8%，女性打篮球比例为 8.3%。据调查，篮球运动在中国城市、城镇和农村的城乡分布差异不明显，有 76.3% 的公众认为打篮球可以让身体更健康，有 65% 的公众认为打篮球让自己更开心。

综上所述，由于我国人口众多，与乒乓球及篮球相关的产业会有良好的发展前景。自 2006 年一款 SMC 球台、SMC 篮球板问世至今，已有 18 年的发展历程。由于该产品独特的性能优势，一经问世便得到了市场的认可。2006—2008 年是上述两项产品的市场培养期。在 2009 年 5 月 21 日，国家体育总局下发"关于全民健身器材招标采购的指导意见"中指出，"室外健身器材各项技术指标须满足 GB 19272—2003《健身器材 室外健身器材的安全 通用要求》的有关规定；户外篮球架的篮板和户外乒乓球台台面应采用 SMC 材料"，从而大大加快了 SMC 球台、篮球板的市场发展。

2006 年年初，市场上销售 SMC、BMC 球台篮球板的企业只有五六家，其中深圳华达玻璃钢制品有限公司、山东格瑞德集团有限公司、烟台丰和塑业有限公司以及烟台丰源健身器材有限公司、天津方成金利复合材料有限公司等 5 家企业在市场上有较高的知名度。SMC 体育制品市场的年销售额总计约为 7000 万元。2008 年，德州盛邦复合材料有限公司成立，在刚成立 1 年的时间中，销售额就达到 3000 万元，约占当时的市场销售估值（1 亿元）的三分之一。2011 年 10 月，国家室外健身器材安全通用标准颁布——GB 19272—2011《室外健身器材的安全 通用要求》，由于 SMC 材料的强度质量比、尺寸精度、生产效率、耐腐蚀、耐候性等优于其他材料的特性，从而大大促进了 SMC 材料在乒乓球台和篮球板上的推广应用。2012—2014 年，上述市场的规模约 10 亿元。仅德州盛邦复合材料公司每年的销售额就达 1 亿元，三年累计 3 亿多元。图 7-3-43 为典型的 SMC 篮球板及乒乓球台面板。

1. SMC 乒乓球台面板的特点及对材料的性能要求

（1）SMC 乒乓球台面板、篮球板的特点。

SMC 乒乓球台面板和篮球板同其他材料生产的乒乓球台面板相比：

SMC 乒乓球台面板采用创新型的台面板 50mm 双边框、背部网格加强筋结构设计，能满足 GB 19272—2011《室外健身器材的安全 通用要求》的标准要求；

图 7-3-43　典型的 SMC 篮球板及乒乓球台面板

采用国内独特的工艺配方与自行研制的零收缩助剂生产的 SMC 片材，制作的球台面板的品质稳定性好，具有表面平滑、平整度高、强度及稳定性好的优点。

SMC 台面板具有该材料特有的耐酸碱、抗腐蚀、防水、抗紫外线等优点，可适应室外任何广泛、多变的恶劣环境。面板表面独特的室外用油漆配置，能长期保持球台表面色泽艳丽、经久耐用，正常使用状态下户外使用寿命可在 15 年以上。

SMC 台面板具有超强的柔韧性，质量轻、抗冲击、耐压，弥补了大理石球台易碎、手糊玻璃钢球台寿命短、铁质球台易生锈、弹性差的先天不足，被体育界称为户外产品的一次革命，成为户外健身运动的更新换代产品，被各省、市体育局、教育厅列为体育器材招标采购推荐产品。

SMC 篮球板的应用也具有类似于 SMC 乒乓球台面板的情况。由于 SMC 材料是优良的耐腐蚀材料，其使用寿命长，因此用它制成的 SMC 篮球板耐腐蚀、抗老化，从而能满足篮球板长期在户外使用要求。此外，其制造过程中，生产效率及成品尺寸精度、质量稳定性都比较好，从而在规模化生产时其成本较低；由于采用整体模压成型工艺，成品的致密性、表面硬度能耐受篮球的冲击和摩擦，不会影响篮板的美观与寿命；SMC 模压篮球板耐冲击，不会产生破裂像某些材料篮球板那样产生碎片造成伤害，不会产生设备及人身事故，所以安全性较好。

尽管 SMC 模压篮球板有许多优点，但目前国内篮球板市场，人们对 SMC 模压篮球板的特点知之甚少，再加上和全民健身和休闲篮板中比较流行的简易篮板相比，SMC 篮球板初次投资较大和产品成本较高、制造技术包括产品设计技术尚有一定难度，所以 SMC 篮球板的大规模推广应用还有一段距离。

（2）SMC 乒乓球台面板、篮球板用 SMC 材料的性能要求。

SMC 乒乓球台面板用 SMC 材料的性能必须符合 GB/T 15568—2008《通用型片状模塑料（SMC）》。根据各部分的应用要求，可在表 7-3-34 中进行选择。

表 7-3-34　乒乓球台面板及篮球板用 SMC 材料的性能要求

| 性能 | 要求 | | |
|---|---|---|---|
| | 弯曲强度（MPa） | 弯曲模量（GPa） | 冲击韧性（kJ/m²） |
| 力学性能 | ≥100～≥170 | ≥7.0～≥10.0 | ≥35～≥60 |
| 收缩性能 | S1 型（%） | S2 型（%） | S3 型（%） |
| | <0 | 0～0.05 | >0.05～0.1 |
| 燃烧性能 | | 燃烧等级 | 氧指数（%） |
| | F1 型 | FV-0 | ≥36 |
| | F2 型 | FV-1 | ≥32 |
| | F3 型 | FV-2 | ≥28 |
| | F4 型 | HB | ≥20 |

2. SMC 乒乓球台、篮球架的生产工艺

SMC 乒乓球台及篮球架的生产工艺主要包括 SMC 乒乓球台面板、篮球板的生产、相关金属构件的制作和现场安装三大部分。其中，SMC 乒乓球台面板及 SMC 篮球板的生产工艺流程如图 7-3-44 所示，而相关金属构件的生产工艺流程如图 7-3-45 所示。

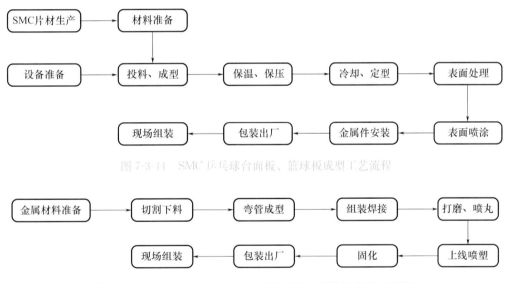

图 7-3-44　SMC 乒乓球台面板、篮球板成型工艺流程

图 7-3-45　SMC 乒乓球台面板、篮球板用金属附件成型工艺流程

在乒乓球台面板、篮球板生产过程中，选取符合标准的 SMC 材料、合理的材料剪裁及物料在模具中的铺放方式、严格执行正确的成型工艺条件，对生产出合格的产品非常重要。产品的表面二次加工工艺，包括表面处理及涂装质量对产品外观与使用寿命有重大影响。

无论是 SMC 乒乓球台面板还是篮球板都只有在安装上相关的金属构件后才能成为实用的乒乓球台和篮球架。SMC 乒乓球台面板、篮球板用金属附件成型工艺流程如图 7-3-45 所示。相关金属构件制造中，所选用的金属材料规格尺寸及性能要求必须符合国家的相关标准。在现场安装过程中，也必须满足相关产品标准的要求，经各种型式试验合格后才能交付用户使用。

3. SMC 乒乓球台面板、篮球板主要性能试验

SMC 乒乓球台必须符合 GB 19272—2011《室外健身器材的安全 通用要求》、GB/T 19851.7—2005《中小学体育器材和场地 第 7 部分：乒乓球台》及 QB/T 2700—2005《乒乓球台》相关要求和标准。

（1）SMC 乒乓球台面板的性能要求及试验。

① 外观尺寸要求。乒乓球台基本参数和尺寸应符合表 7-3-35 的要求。

表 7-3-35　乒乓球台的基本参数和尺寸　　　　　　　　　　　单位：mm

| 项目 | | 基本尺寸 |
|---|---|---|
| 台长 | | $2700^{+5}_{0}$ |
| 台宽 | | $1525\pm3$ |
| 台面离地高度 | 少年 | $660\pm3$ |
| | 成年 | $760\pm3$ |
| 球台边框高度（含球台面板厚度） | | $15\sim100$ |
| 半张台面两对角线之差 | | $\leqslant4$ |
| 半张台面平面度 | | $\leqslant5$ |
| 端、边线宽度 | | $20\pm1.5$ |
| 中线宽度 | | $3\pm1$ |
| 中线对称度 | | $\leqslant3$ |
| 中线与网间距离 | | $\leqslant50$ |
| 中线与端线距离 | | $\leqslant10$ |

② 外观质量要求。乒乓球台的外观质量要求中，对球台面的颜色应为深暗色（如蓝色、绿色）；漆色应均匀一致、无脱漆、斑点、气泡、凹凸等缺陷；球台油漆应牢固，在正常使用过程中以乒乓球不染上球台台面颜色为准；端、边线为白色，漆膜厚度不应有手感凸起；球台整体应无开裂、脱胶、明显翘曲等缺陷；球台脚架体颜色不应用白色或荧光色。

③ 乒乓球台物理性能要求及检测方法。乒乓球台（含台面）的一般物理性能包括弹性、弹性均匀度、台面光泽度、台面暗度、台面与球的摩擦系数、球台稳定性、斜面稳定性、球体静载荷、台面冲击强度、台面防水试验、台面预埋件结合强度等。其具体的性能指标及检测方法列于表 7-3-36。

表 7-3-36　乒乓球台（含台面）的性能要求及检测方法

| 项目 | 单位 | 要求 | 沿用标准、方法描述 |
|---|---|---|---|
| 弹性 | mm | $230\sim260$ | QB/T 2700—2005 中 5.4 |
| 弹性均匀度 | mm | $\leqslant5\sim10$ | QB/T 2700—2005 中 5.4 |
| 台面光泽度 | 度 | $\leqslant8\sim15$ | QB/T 2700—2005 中 5.5 |
| 台面暗度 Y 值 | % | $\leqslant30$ | QB/T 2700—2005 中 5.6 |
| 台面与球的摩擦系数 | COF | $\leqslant0.6$ | QB/T 2700—2005 中 5.7 |
| 球台稳定性 | mm | $\leqslant10$ | QB/T 2700—2005 中 5.8 |
| 斜面稳定性 | — | 球台在 8°的斜面上保持稳定 | GB 19272—2011 中 4.6 |
| 球台静载荷 | — | 不应有损坏或失去平衡而倒塌的现象 | GB 19272—2011 中 4.7；6.12.1.2.6 球台在 3700N 静载荷下，保持 1min。承载面为 $\phi$300mm 的圆面积 |
| 台面冲击强度 | — | 不应有开裂、破损等现象 | GB 19272—2011 中 6.12.1.2.3 将质量为 $(1040\pm2)$ g 的刚性球体距台面 1000mm 高处自由落下 |
| 台面防水试验 | — | 其质量变化应不大于 1% | GB 19272—2011 中 6.12.1.2.4 从台面取 150mm×150mm 试样，浸入清水中 12h |
| 台面预埋件结合强度 | — | 不应有开裂、破损等现象 | GB 19272—2011 中 6.12.1.2.5 每个预埋件施加 25N·m 的力矩，保持 1min |

（2）SMC 篮球板（含架）的性能要求。

SMC 篮球板（含架）的性能要求需符合 GB 19272—2011《室外健身器材的安全 通用要求》、GB/T 23176—2008《篮球架》和 GB/T 19851.3—2005《中小学体育器材和场地 第 3 部分：篮球架》中相关部分的要求。篮球架按型式不同分为移动篮球架、固定篮球架、悬挂式篮球架。根据用途范围可分为中学用篮球架和小学用篮球架。成人用篮球架一般也分为比赛用和练习用篮球架。不同用途的篮球架，沿用的标准有所不同，其要求的性能标准也有所差异。近几年来，SMC 材料制作的的篮球板多半用在中小学用篮球架上。因此，在本部分介绍资料中，主要介绍中小学用篮球架。

① SMC 篮球板（含架）的尺寸要求。

前已指出，根据国家的相应标准，SMC 篮球板的尺寸成人用的篮球板尺寸要大于中小学用的篮球板尺寸。成人版的篮球板尺寸一般为 1800mm×1050mm，篮球板下沿离地面的高度为 3050mm。篮球板与立柱的距离等其他某些参数也有一定差别。图 7-3-46 为中小学用篮球板的基本尺寸。图 7-3-47 为中小学用篮球架位置的基本尺寸。表 7-3-37 比较了成人用篮球板和中学用篮球板的基本尺寸差。

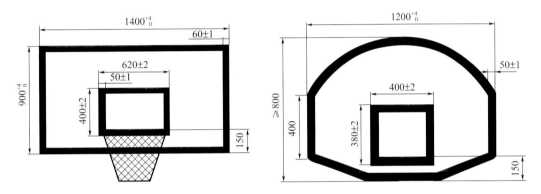

图 7-3-46　中小学用篮球板的基本尺寸（左侧为中学用篮球板）

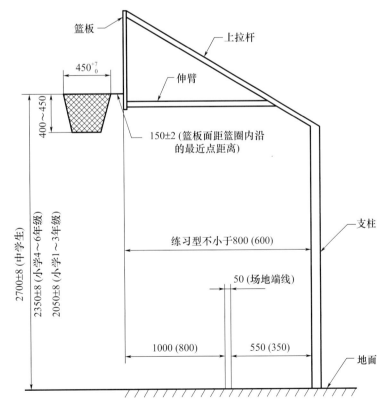

图 7-3-47　中小学用篮球架位置的基本尺寸

表 7-3-37　成人用篮球板和中学用篮球板尺寸差

| SMC 篮球板的基本尺寸 | | |
|---|---|---|
| 项目名称 | 成人用 | 中学用 |
| 篮板长（mm） | 1800～1830 | 1400～1404 |
| 篮板宽（mm） | 1050～1070 | 900～904 |
| 小框宽（mm） | 590～610 | 518～522 |
| 小框高（mm） | 450～458 | 398～402 |
| 边框宽（mm） | 50 | 50 |
| 篮板低边距小框下沿边框上端距离（mm） | 148～150 | 150 |

② 外观性能要求。

篮球板外观正平面与水平面保持垂直；正表面应平整、光滑、无裂纹缺角、掉块；篮板成矩形，其相邻框边应相互垂直，两对角线之差不应超过 6mm，且边缘不应有尖锐的棱角；篮球板上应印有内外边框线，非透明篮球板的边框为黑色，内边框线的底线上应与上沿齐平。

③ SMC 篮球板（含架）的基本性能及部分检测方法。

SMC 篮球板（含架）的基本性能包括：外观质量、垂直度、篮球板刚性、弹性、安全性、稳定性、涂饰层附着力、硬度、耐腐蚀性、阻燃性、凸出物、静载荷、背部连接件强度、抗冲击强度、防水性等。各项性能应符合标准 GB 19272—2011《室外健身器材的安全 通用要求》的要求。表 7-3-38 列举了 SMC 篮球板（含架）的性能要求及检测标准。

表 7-3-38　SMC 篮球板（架）性能要求及检测方法

| 项目 | 要求 | 沿用标准、方法描述 |
|---|---|---|
| 冲击强度 | 不应有开裂、破损等现象 | GB 19272—2011 中 6.12.1.1.3 将篮球板平放，将质量为（1040±2）g 的刚性球体从距板面 1000mm 高处自由下落，分别在篮球板四角及中心区域 5 个薄弱（避开筋板）位置进行试验 |
| 防水性能 | 质量变化应不大于 1% | GB 19272—2011 中 6.12.1.1.4 从篮球板上取 150mm×150mm 试样 1 块，使用精度为 0.1g 天平称重后，将试样完全浸入水中 12h，取出试样后将表面水珠擦净，重新称重 |
| 预埋件结合强度 | 不应有开裂、破损等现象 | GB 19272—2011 中 6.12.1.1.6 任意选取 5 个篮球板预埋件，每个预埋件施加 25N·m 的力矩，保持 1min |
| 阻燃性能 | 当燃烧火焰和余辉熄灭后测量在试样表面留下的燃烧斑块的直径大小（精确到 1mm），材料表面留下的燃烧斑块的直径应不大于 50mm | GB 19272—2011 中 6.2.1 将质量为 0.8g 的重叠的纤维层圆片用 2.5mL 的酒精均匀浸泡后放置在试样（从篮球板上取 150mm×150mm 为试样 1 块）的中部，然后点燃并使其自然燃烧 |
| 凸出物检查 | 凸出物不超出检验环端面判定合格，否则不合格 | 在检测凸出物是采用 3 种不同直径大小的检测环，从小至大依次检验，旋转检验环，使凸出物处于最大伸入状态 |
| 篮板刚性 | 其中，挠度应不超过 6mm，取消外力后 1mim 篮板应恢复原状 | GB 23176—2008 中 5.3 篮板受到 500N 静载荷 1min |
| 竞赛用篮板弹性 | 反弹高度最少应有其下落高度的 50% | GB/T 23176—2008 中 4.2.7 当一个竞赛篮球落在篮板上时 |

续表

| 项目 | 要求 | 沿用标准、方法描述 |
|---|---|---|
| 篮板支撑构架刚性 | 构架外力卸载后，其永久性水平变形量应不超过 10mm | GB/T 23176—2008 中 5.7 根据篮球架应用场景不同，分别施加 900N、130N、1000N 的力，保持 1min |
| 篮板支撑构架稳定性 | 构架外力卸载后，从原始位置计算其永久性垂直变形量应不超过 10mm | GB/T 23176—2008 中 5.8 根据篮球架应用场景不同，分别施加 3200N、2700N 的静载荷，保持 1min |
| 涂饰层附着力 | 按 GB/T 9286 规定进行试验和评价 | |
| 涂饰层硬度 | 按 GB/T 6739 进行测定和评价 | |
| 电镀件耐腐蚀性能 | 按 QB/T 3832—1999 评价 | 按 QB/T 3826—1999 规定试验 |
| 涂饰层耐腐蚀性能 | 按生产时 GB/T 1771—2007 进行测定 | |

### 7.3.5.2　SMC 在游泳池中的应用

游泳运动经过 100 多年的发展已成为人们喜爱的体育运动之一。由于游泳对人们的身体健康、培养勇敢的性格有较大的帮助，而且由于游泳融合了知识性、权威性和实用性为一体，因此成为现代社会人群所崇尚的生活方式之一。对青少年来说，游泳不仅是一项体育运动，还是一种求生的技能。在我国，据国家卫生健康委和公安部不完全统计，每年约有 5.7 万人死于溺水，其中少年儿童溺水死亡人数占总数的 56％。学校游泳池建设可以有效避免学生溺亡事件的发生。游泳不仅有利于青少年身心的健康成长，还能改善青少年的呼吸系统、血液循环系统、有氧代谢能力、防病治病等诸多方面，从而增强其体质，具有其他锻炼方式无法替代的特殊作用。

我国游泳运动的开展和国外相比还有一定差距。以校园泳池为例，美国校园泳池建设普及率在 90％以上，日本小学普及率在 86.7％，初中在 78％，高中在 67％。我国有 47 万所中小学，25 万所幼儿园，8 万所职高、大学，目前有泳池的学校还不到 1％。截至 2019 年，全中国所有泳池总共才 27000 多个，到 2021 年发展到 35000 个，仍有很大的发展空间。

近几年来，由于 SMC/FRP 等新型材料在游泳池中的应用，大大加快了我国泳池建设的速度和游泳运动在国内的发展。传统的游泳池都是用土建的方式建造，具有工作量大、作业环境差、劳动强度大和建设周期长等缺点。其维护的周期短、费用大、使用寿命较短，而且很容易产生渗漏，滋生各种影响健康的微生物等问题。因此，为了更快速、高质量地建造游泳池，世界各国都在开发不同材质及结构的游泳池，其中包括竞赛类泳池和普通类泳池。以下仅就目前比较流行的三类不同材质及结构的游泳池进行简要介绍。

第一类是钢结构的胶膜游泳池。早在 1961 意大利美莎公司开始运营专门设计的比赛用美莎泳池。它是一种钢结构的游泳池。美莎公司在 1987 年开始做国际比赛用泳池。自 2010 年起，专注于研究在建造泳池方面的创新，并与多国泳协、游泳联合会等全球 10 家重要泳协有着紧密的联系。同时，邀请了高校及知名游泳运动员就新泳池的设计方法参与相关研究，包括通过电脑对水流的分析计算以及实验验证等，对布水的角度、速度进行改进，使泳池在混合效果测试中能超越欧洲的规范，从而在竞技游泳中，能更好地发挥运动员的速度水平。同时，精准的泳池建造技术可使泳池的尺寸长度的误差≤15mm（按国际泳联的标准是≤3cm）。另外，由于美莎泳池采用带有热滚压的强化的 PVC 膜钢板、扶壁支撑和池底防水胶膜等的专利组合式设计，不仅具有良好的耐水及防渗水性，使防水保修期可以长达 10 年，而且同一个 25m 泳池相比，比混凝土泳池要轻约 100t。美莎泳池的安装过程差错少、时间短。临时性 25m 泳池的安装仅需 4～5d。永久式泳池一般仅需五周时间，而传统混凝土泳池一般需要 3 个月，而且维护简单、容易清洗、使用寿命长。

美莎公司每年在世界范围内建造约 2000 个泳池。其中，包括 350～400 个公共游泳池。其工程遍布欧美及东南亚各国。

第二类是 FRP 材质建造的游泳池。20 世纪 70 年代开始，日本雅马哈公司于 1974 年发售了首座 FRP 材质游泳池，正式开启了游泳池制造商的历史。从此，雅马哈开始销售"家庭游泳池"。雅马哈的最初 10 年，是不断拓展产品领域的 10 年。从面向幼儿的家用游泳池到学校游泳池、教育设施等，充实了产品类型。1978 年，设置了第一座 25m 学校游泳池"School 25"。2001 年，国立体育科学中心开幕，启用了雅马哈的游泳比赛单体游泳池；2007 年"国际训练中心"开业，设置了雅马哈的 25m 游泳池。2007 年学校游泳池设置总数实现 5000 座的巨大规模。自 2010 年起进一步开发新技术，适应多样化的应用，不断追求更高的"安全性""经济性"和"功能性"。2015 年到 2020 年左右，School 系列交付数量超 6000 座。雅马哈 School 系列游泳池遍布日本全国的学校、市町村民游泳馆、民间游泳学校和健身俱乐部等各种场所，为孩子们的成长、挑战以及人们的健康作出贡献。雅马哈 FRP 游泳池另一个颇具特色的优势是具有很强的抗地震功能。这是和日本的国情密切相关的。前几年，由于山东德州盛邦集团和雅马哈正式签约成为合作伙伴，这类泳池也在国内开始流行。2021 年，深圳首座用于婴幼儿教育的 FRP 泳池建设完成。盛邦集团仅用几年的时间，就将拼装式游泳池销售网络遍及京、津、冀、鲁、豫、晋、皖、湘、赣、陕、宁、沪等 20 多个省、自治区、直辖市，承建了许多省份的泳馆建造游泳池、旧厂房改造加装游泳池、学校新建游泳池（含大、中、小学生）、俱乐部加装、体育场馆室内建造、别墅室内建造等众多泳池建设项目，以及山东、山西、河南、河北、广东、福建、海南等 20 多个教育局项目。

第三类是比较新颖的泳池——SMC 材质的装配式泳池。这项技术是由江阴四方游泳集团于 2020 年推出的一项对泳池行业来说有着革命性意义的新产品。它采用高性能纤维增强复合材料（SMC）的装配式泳池概念。它具有彻底无膜化、逆流式循环等特点，使其成为泳池行业关注的焦点。它既不用钢筋混凝土与锚固装置、膨胀螺栓，也不用胶膜，不用泳池瓷砖，并采用逆流式循环设计。产品规格可以变化，主要优势是用传统土建池三分之一的价格和时间实现了奥运标准的游泳池建造。该公司自 1992 年起就开始从事与泳池及相关产品的开发工作。20 多年来，专注于游泳装备系列产品的制造与研发。所开发的产品泳池开放装备、拆装式游泳池、更衣室产品、游泳竞赛和游泳救生等五大产品系列同步规模化生产。先后成功开发游泳池垫层、室内外拆装式游泳池、全塑更衣柜、拆装式短池比赛浮桥、游泳池保温盖膜等特色产品，显著提升了中国游泳设备制造的产业水平。该公司早在 2002 年就提出拼装式泳池的设计概念，并于 2009 年参加起草并于 2012 年开始实施的 GB/T 28935—2012《拼装式游泳池》、GB/T 28939—2012《游泳池垫层》两项国家标准。多年来为 18 个省份提供了 600 余套各种类型的游泳池。首个 SMC 拼装式游泳池，产品安装在浙江杭州黄龙体育中心。该场馆在 2022 年杭州亚运会中作为比赛场馆使用。该公司计划在未来三年在全国完成 300～500 套 SMC 装配式泳池的建设交付。

可以预测，目前山东德州盛邦集团及江苏江阴四方集团的游泳池生产产业，正处在向上发展的前期。随着我国国家相关政策的强力支撑，全民健康运动事业的蓬勃发展，游泳池的建设规模将有更加广阔的前景。

上面就目前流行的游泳池类型的特点进行了简单的介绍。以下将简要介绍上述三种游泳池的结构特点。

1. 美莎组装式钢结构的胶膜游泳池

意大利美莎游泳池的剖面结构如图 7-3-48 所示。该钢结构拼装式游泳池的池体为钢板，经铆钉和螺栓拼接而成。其最大的优势在于可拆装重复使用。其技术开发理念是提供一个使用寿命长、维护成本低、安装拆卸容易、设计适应性高并具有最高水准美观效果的游泳池建设方案。美莎组装式游泳池系统解决了传统钢筋混凝土结构游泳池的许多限制，为体育场馆的设计和建造提供了全新的思路和视野，是目前世界上公认的新建游泳馆和旧场馆改造优秀方案选择。与传统的混凝土瓷砖池相比，美莎泳池建设方案能实现节能 50%。

图 7-3-48　美莎游泳池的剖面结构

美莎游泳池的基本结构如下：

① 美莎游泳池的基本结构主要由底架结构、池壁结构、扶壁支撑、溢水沟、防水、基本安装面等组成。各部位的位置及特点如图 7-3-49 所示。美莎泳池池壁采用的是优质的不锈钢板，其正面有专用的 PVC 膜通过热滚压与钢板紧密结合在一起。同时，正反两面都有保护膜包覆。根据设计要求，钢板在工厂内进行折弯打孔等操作，再运到现场进行安装。安装时，首先将泳池壁板安装在支撑框架上并用螺栓固定，然后将溢水槽安装在支撑框架上，同样用螺栓固定。使用结构胶、橡胶条和防水胶膜将泳池壁和溢水槽的缝隙进行密封以达到不漏水的效果。最后，在泳池底铺上强化 PVC 防水胶膜，并用热熔滚压一体机将胶膜熔接在一起。美莎泳池还可采用专用品牌的瓷砖、马赛克以便在泳池中加入竞赛标线和安全标志。美莎泳池为要求严苛的国际泳联所认可，在安全和质量方面都能达到根据相关章程的要求。

池底安装面是光滑平整度高的标准钢筋混凝土平面。池底用专用的强化加固 PVC（Alkorplan2000）提供防水。坚固的不锈钢结构池壁代替传统的钢筋混凝土池壁。开发的特别铺垫，能为光滑的强化 PVC 膜提供平整的底垫，同时允许在 PVC 膜与钢筋混凝土平面之夹层中的水气排走。美莎游泳池提供的 Softwalk 软地板，能为多用途及有浅水区的游泳池提供理想的安全保护。使用 PVC 膜或专用马赛克，泳池可以容易加上竞赛标线及安全标记。

为了提供完全防水的泳池结构，使用高强的条状 PVC，用热风器焊接复合钢板。然后再加上二层以上的专用液态 PVC 把接口完全密封焊接，保证一个完美持久的密封。

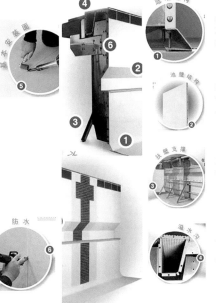

游泳池周边的底架采用不锈钢材，用螺栓连结，作为支撑莎复合钢板结构。底架用大量的带螺纹的钢条及化学锚钉固定在钢筋混凝土平面上。带螺纹的钢条允许微调整，结构可达到完美的水平面。

池壁使用复合钢板结构。其上有一层经热滚压在钢板上的强化 PVC 膜。复合钢板安装在底架结构上，用螺栓连结组装。使用不锈钢为结构材料和 PVC 为防水材料，可实现最小的结构腐蚀风险和最大的防水效果。

在每个板结构的连接口上，有坚固的不锈钢扶壁支撑为结构提供稳固的负载支撑。每支扶壁支撑连接一块可调整的不锈钢板，并固定在池底安装面上。这设计能提供一个非常坚固，同时有相当弹性的结构，适合在所有情况下建造泳池。

泳池溢水沟是用相同的复合钢板制造的，同时有多种标准款式以供选择。溢水沟中的"斜角流动"设计，能减少化学制品蒸发，并且减少噪声。专利的格栅设计，能通过最严格的防滑及负载测验。泳池系统亦能提供专利的遏声器，消除溢水沟内所产生的噪声。

图 7-3-49　美莎游泳池的结构说明

② 美莎泳池的优点 。

第一，美莎游泳池技术是能适应任何大小、形态、深度等不同类型的游泳池项目，既能建造极精确的竞赛游泳池，又能建造最复杂的自由形态游泳池。

第二，由于各零部件的制造都是根据相关标准在工厂自动化过程制造，产品尺寸精度高，加上完美的组装设计，因此安装周期非常短而且极少有差错风险。

第三，泳池维护简单，容易清洗，维护成本低，维修周期和泳池寿命远比混凝土结构泳池长。

第四，由于美莎泳池既轻又坚固，加上广泛的设计适应性，它可以在大厦高层平台、狭小空间内、不稳定的土壤或高地下水位区域、在地震区域和气候或地质变化极大等各种困难的环境中建造。

第五，与传统的混凝土和瓷砖池相比较，美莎游泳池技术的碳足迹（$CO_2$ 的数量）显著降低 50%。使用美莎游泳池所节省的热量，可为一个 $100m^2$ 的公寓提供至少 45 年热量。

2. 雅马哈 FRP 泳池的基本结构

自从雅马哈 FRP 游泳池问世以来，和钢结构、混凝土结构泳池相比，由于使用了 FRP 材料，省去了贴瓷砖、防水胶膜等工序，还具有耐腐蚀、抗震抗菌抗藻类等优点，因此使用寿命更长，也备受市场欢迎。图 7-3-50 为正在使用中的 FRP 组合式游泳池。

图 7-3-50　FRP 组合式游泳池

（1）FRP 泳池所用的 FRP 结构单元。

如图 7-3-51 所示，其基本结构由玻璃纤维、不饱和聚酯树脂及泡沫塑料组成，在表面有一层胶衣树脂，以提供泳池环境必需的特殊功能表面。

由于采用了 FRP 材料，从而使其与其他材料泳池相比，赋予了泳池更理想的某些特性。

① 质量轻且相对硬度高。

用于泳池的 FRP 的密度分别约为钢铁的 20% 和铝的 60%。相比其他泳池材料质量轻且比强度高，水密性好，能满足在有承重限制要求如屋顶等场所上的设置要求。

② 不会生锈。

不锈钢和铝材虽说是不易生锈，但长期在游泳池这种严

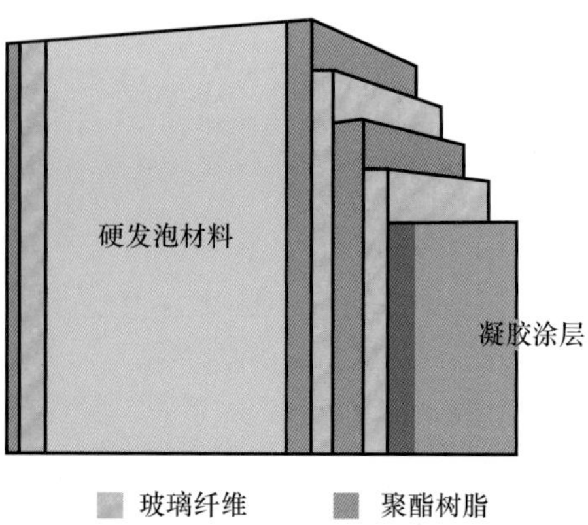

FRP结构单元断面构成

硬发泡材料

凝胶涂层

■ 玻璃纤维　　■ 聚酯树脂

图 7-3-51　泳池用 FRP 结构单元组成

苛的环境中使用，仍有可能产生锈蚀。而 FRP 是非金属复合材料，长期大量的应用已经证明了其具有优异的耐腐蚀、耐候性能。因此，非常适合在泳池的水环境中长期使用。

③ 保温性好。

FRP 有较低的导热系数，具有良好的隔热、保温性能。如前所述，雅马哈 FRP 游泳池采用在 FRP 材质中夹入硬质发泡材料的三明治结构，从而进一步提升了温水游泳池的保温性能，在一定程度上可以降低运营成本。

④ 高洁净性。

FRP 具有光滑的表面。污垢不易附着，即使有少量污垢附着也容易去除。

⑤ 塑形自由度高。

FRP 材质可以适应各种各样的设计需求。其生产制造工艺可以灵活按照不同的泳池环境、不同的曲线造型泳池的制作。

⑥ 易于维修。

泳池任一部位意外受损，很容易用相同的 FRP 材质修复受损区域。修复过程快速并且不易显露修复痕迹。

（2）雅马哈 FRP 泳池的结构特点。

雅马哈 FRP 游泳池除了使用材料及其制造工艺带来的上述优势，采用独创的拼装式（或称之为组合式）工艺，其 95% 以上的工序在工厂内完成。结构单元的制造在严格实施质量管理的工厂内基本完成。

所谓组合结构，是将 FRP 游泳池主要分割为池壁结构单元和池底结构单元在工厂进行制造并在现场进行组装以完成游泳池的设置过程。游泳池结构单元化制造及现场组装具有一系列的优点。

① 结构适应性强、可自由拼装。

FRP 泳池部件在严格实施质量管理的工厂内完成所有工序，可根据场地特点制定造型，现场直接进行组装，自由拼接，不受场地和尺寸大小限制。图 7-3-52 所示为德州盛邦集团的组合式 FRP 泳池的结构。

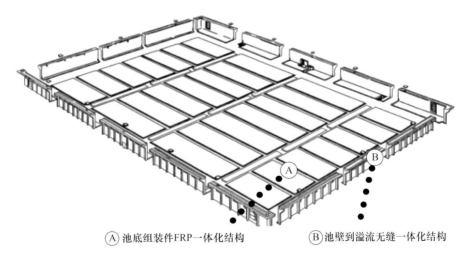

Ⓐ 池底组装件FRP一体化结构　　　Ⓑ 池壁到溢流无缝一体化结构

图 7-3-52　德州盛邦集团组合式 FRP 泳池结构示意

② 水密性好。

水密性是游泳池的基本要素，对此雅马哈尤为谨慎。池底结构单元的各接续部位采用铆钉及 FRP 材质一体化衔接，接缝处用带色浆的 FRP 封闭。此外，池壁结构单元采用无接缝的 L 型一体化结构，相互通过螺栓连接，用硅胶填缝密封解决了池壁与池底的转折。采用结构单元化让游泳池具有良好的防水效果，让泳池没有漏水的后顾之忧。图 7-3-53 和图 7-3-54 分别展示了 FRP 泳池池底结构和池壁结构的组装方式及其防水处理。

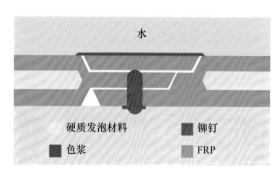

图 7-3-53　池底结构单元接续部位断面

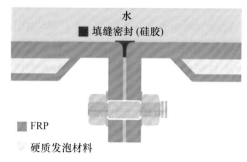

图 7-3-54　池壁结构单元接续部位断面

③ 抗震性好。

日本是一个多地震的国家，因此在游泳池的设计方面，需要对泳池的抗震性能特别关注。雅马哈FRP泳池和其他材质泳池相比，其抗震性能是特别突出的一项特色。据雅马哈公司关于游泳池在东日本大地震灾害受损情况调查中，329 所学校 FRP 泳池在强地震中由于地震、地基下沉、海啸等原因，对泳池也发生了不同程度的损伤。但是，经确认，其中 310 件泳池本体仍可使用，占比 94%（图 7-3-55）。日本政府也根据该国国情，提出了游泳的抗震强化工程必须包括游泳池周边管道与游泳池本体接口处的减震处理、机器设备的防倾倒措施和游泳池本体的抗震强化。

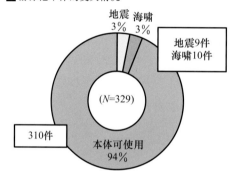

图 7-3-55　游泳池本体在地震中的受损情况

为此，雅马哈 FRP 泳池在设计上也采取了多种措施来强化其抗震性能。

a. 岸板、池壁、池底采用一体化的结构。

如图 7-3-56 所示，使其可以承受正常水压以及地震时猛烈的震动。受力最多的侧壁下方通过池底与 FRP 实现无接缝一体化结构，因而池底可以承受较大的水平力，可充分抵抗地震发生时的压力。

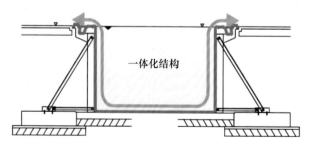

图 7-3-56　FRP泳池一体化结构示意

b. 池壁结构单元如图 7-3-57 所示，辅以加强材料达到韧性平衡，能保护游泳池抵抗住震动、水压、土压等外部压力，形成稳定的抗疲劳性和抗震性。

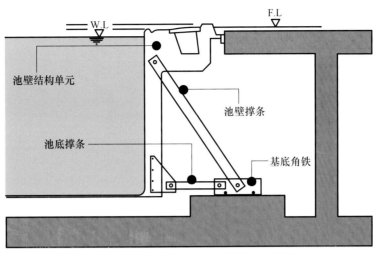

图 7-3-57　实现池壁结构韧性平衡的设计

c. 在泳池岸边浇注混凝土和在泳池底部以下铺设砂砾减震垫。

d. 在排水口、水循环口的五金件采用柔性凸缘；采用固定在地板或天花板上的金属件，防止机器在晃动中倾倒；设置防震橡皮或防震支架，抑制机器在地震时的晃动，并能减少运行时的噪声。采用这种结构后，即使游泳池本体发生摇晃，也不会造成管道破损，是可以有效防止漏水的结构设计。该结构如图 7-3-58 所示。在地震多发的日本，雅马哈 FRP 游泳池获得了抗震性高的评价。

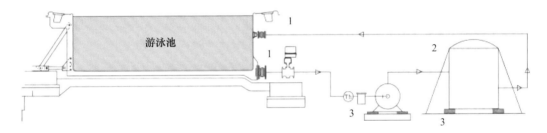

图 7-3-58　与泳池相关设施的减震设计示意
1—设置柔性凸缘；2—防止机器倾倒；3—防震支架

④ 外表美观、维护成本低。

FPR 泳池比传统的地下池需要更少的维护。FRP 材料有抗藻类的特性，且表面光滑，无细微缝隙和小孔，细菌及藻类难以固床生长，也便于清洗。FRP 泳池的表面有胶衣层，能有效对抗紫外线、酸雨、氯气消毒剂等严酷的游泳池环境，发挥强大的耐久性，始终保持 FRP 材质的外表美观。

⑤ 施工周期短。

FRP 组合式泳池 95% 的结构单元在严格实施质量管理的工厂内完成制造。以 School 25 为例，从基础工序到竣工完成，整个施工周期仅需约 70d。而游泳池本体的制造工序仅需约 14d。管道接续所需的五金件已事先安装在结构单元中，从而使管道接续工序可以顺利推进，不会影响到总的施工时间。

⑥ FRP 组合式泳池可以再利用。

由于采用分体的结构单元、游泳池本体可以进行异地重新安装再利用。只需把游泳池分解为各个结构单，就可以转移到新的场地重新设置。

⑦ 完善的水质清洁设施和安全设计。

FRP 泳池为了保证泳池水质的清洁，引入"防止污染源被带入游泳池"和"让游泳池的水均一循环"设计理念。设置确保使用者在入水前达到清洁状态的清洁设施。同时，独创的池底排水方式将排水口分布在整个池底，这不仅可以减少吸力，还能实现整池水的充分循环，让泳池中氯气浓度均一和泳池整体水质均一。泳池水的循环系统如图 7-3-59 所示。

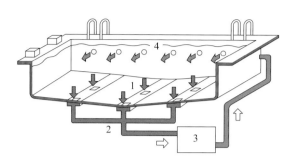

图 7-3-59　FRP 泳池的水循环系统

1—游泳池池底多处分布排水口进行排水；2—通过管道流向过滤设备；3—过滤设备对水进行过滤；4—游泳池池壁多处分布进水口进行放水

另外，为保证安全，在排水口处安装了防吸入的五金件和 L 型盖板（排水口面板）。在盖板内侧的凸缘部分还设置了横杆，以有效防止人或物体被排水口吸住。

3. SMC 装配式游泳池

SMC 装配式游泳池是一种能够快速组装与拆卸的游泳池。它通过异地生产游泳池部件，在现场装配成游泳池。早在 2001 年世界游泳锦标赛上，国际泳联首次在重大国际赛事上使用可拆装游泳池。

在我国，创立于 1992 年的江阴四方游泳康复产业股份有限公司 2009 年参加起草国家标准 GB/T 28935—2012《拆装式游泳池》。2014 年装配式游泳池项目被国家体育总局列入推广项目，在全国范围内进行推广。2017 年模块式拼装式游泳池景观无边泳池、模块式造流泳池、模块化拼装式比赛（训练）游泳池分别在北京水立方、上海体博会和全国第十三届学生运动会亮相。但是直到 2020 年杭州黄龙体育中心场馆改造项目中，SMC 装配式游泳池才真正在国内外首次问世。它的问世，主要是根据多年来客户反馈意见中，如钢材、PVC 塑料等，这些材料耐候性、耐腐蚀性指标不尽如人意，尤其是在泳池的水环境下寿命堪忧，也无法实现更合理的结构设计以及更美观的外形设计要求。而恰恰是 SMC 材料具有轻质高强、耐腐蚀、阻燃及其可设计性等优点，而且从材料的成型及生产工艺特点来说，既符合我们泳池模块化设计，又能适应规模化生产的要求。这种新兴的游泳池设施，完全克服了普通游泳场馆在专业审批、建设周期、投资规模、土地需求等方面严苛的限制条件，具有造价经济、安装简便、施工快捷、合理利用一般平整场地的原生系统优势，发展势头十分迅猛。传统的钢筋混凝土游泳池造价昂贵、占地面积大、审批程序复杂、维护费用高、投资回报慢，所以很难在我国全面推广。而拆装式游泳池以其便捷的安装、快速的施工、个性的建造、方便的维保等优势迅速占领市场，特别适合游泳场所资源比较缺乏的区域。通过评估表明，拼装式游泳池在社区、学校广受欢迎，具备门槛低、建设周期短、审批程序简单、体验度强、群众受益快等特点。在推动群众游泳健身场地设施建设、满足群众游泳健身需求、提高游泳技能普及率、扩大游泳项目人口、促进体育产业发展等方面都取得了较好效果并起到了积极的作用。该产品的主要优势简单来说就是用传统土建池三分之一的价格和时间实现了奥运标准的游泳池建造。图 7-3-60 为我国第一个 SMC 装配式游泳池——浙江杭州黄龙体育中心游泳池。

图 7-3-60　SMC 装配式游泳池

（1）SMC 装配式游泳池的基本结构。

国内四方游泳集团开发的 SMC 装配式游泳池的基本组成如图 7-3-61 所示。

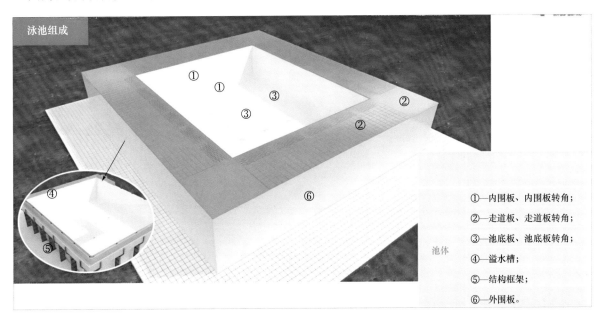

图 7-3-61　四方游泳集团的 SMC 游泳池的泳池基本组成

SMC 装配式游泳池由池体和全套水处理/消毒系统组成。水处理设备主要由循环水泵、高效过滤器、投药消毒系统、管道系统及电控系统组成。而池体部分主要包括钢结构支架、安全护栏、下水扶手、走道板、溢水槽、内外围板和池底板及其他部件等。其中，走道板、溢水槽、内外围板和池底板都是用 SMC 材料，经机械化模压成型的产品。因此，其产品强度、致密性、外观质量都会比其他复合材料工艺的性能更好，生产效率更高。以下简要介绍 SMC 装配式泳池主要部分的结构特点。

① 池底板、内围板（池壁板）。

池底板和内围板的结构如图 7-3-62 所示。各组合单元采用传统的榫卯结构连接在一起构成泳池池体，既安装简便又能确保泳池不漏水。无须采用胶膜，降低了维护成本，同时延长了泳池使用寿命。

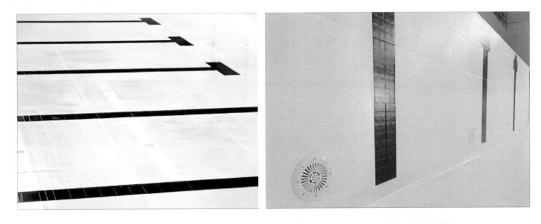

图 7-3-62　SMC 池底板和内围板照片（左侧图为池底板，右侧图为内围板）

② 走道板、溢水槽。

走道板和溢水槽的结构如图 7-3-63 所示。走道板表面设有防滑纹路，静摩擦系数<0.5。既防滑、美观又不易积水、易清洁。走道板的池岸边设有消浪坡和扣手条，以消除池水的回浪，减少对泳者的

干扰。扣手条方便泳者训练和休息。溢水槽侧壁设有斜坡，以起到静音的作用。

③ 外围板、外围板。

外围板、外围板的结构照片如图 7-3-64 所示。其表面设计为亚光效果。如图右侧所示，可以根据客户的需求有不同纹路，以匹配泳池周边环境，造型美观，给人以舒适感。

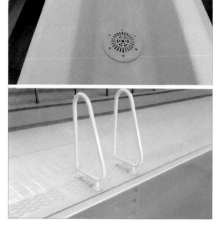

图 7-3-63　SMC 走道板、溢水槽结构照片
（上图为溢水槽，下图为走道板）

图 7-3-64　泳池外围板的结构照片
（右侧为不同的纹路设计）

④ 池体尺寸可变化。

SMC 泳池的池体尺寸，其长度、宽度和池深都可以变化。就是说，泳池在使用一段时间后，根据客户的需要可进行后续延伸改造，调整泳池尺寸，改变其使用环境或用途。例如，室外使用改为室内使用、休闲泳池改为竞赛泳池、景观泳池改为儿童泳池等。

⑤ 独特的泳池用水的循环设计。

为了确保泳池水的质量及其均匀性和清洁性，装配式泳池的池底板内部设有循环给水管道及排空装置，可实现泳池水的给排水功能。同时，可以根据客户需要实现逆流式、顺流式和混合式多种水处理循环方式。既可以采用单一循环方式，也以实现多种循环方式并存使用。免除了平衡水箱/水池的使用。泳池用水循环推荐使用逆流式，其工作原理如图 7-3-65 所示。在该设计中，泳池水每 4h 循环一次，水流垂直向上，不会出现死水区；能有效做到已净化水与未净化水的替换，又能尽快使泳池上层较脏的水快速溢流到池岸再到溢水槽，并送至泳池水净化设备中进行净化。由于装配式泳池在池底的布水口比混凝土泳池更多，因此池水加温和消毒更加均匀，使水质的安全、卫生更能得以保障。

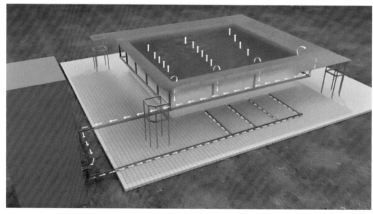

图 7-3-65　装配式游泳池池水逆流式循环示意

⑥ 装配式泳池的出风方式。

装配式泳池的出风方式和传统的出风方式不同。传统的出风方式为上出风或侧出风，而前者采用的是地出风的方式。新风采用下送上回的方式，使气流组织更合理，泳者舒适度更高。另外，在需要暖风的地区，可在走道板下方扩充成为暖通空调空间，将传统悬挂在高空中的暖通空调设备隐藏在其中。

（2）SMC装配式游泳池的制作、安装流程。

SMC装配式游泳池的整个制作、安装流程大体上是：先将合格的SMC片材放在金属模具内，经高温高压成型成泳池所需要的池底板、走道板溢水槽用板和内外池壁板等结构单元。经检验合格后，各结构单元及相关零部件运送到施工现场。安装过程是：先进行池底板及进/排水沟的铺设，然后进行支撑框架及池壁板的安装，板材之间相互扣合，连接处及接缝进行密封处理，接下来在排水孔的位置架设溢水槽和排水管道，最后铺上带有排水孔的走道板。泳池安装完成后，进行整池的放水调试。为加深对过程的了解，以下是上述过程的图解说明。

① 装配式结构单元的成型。

图7-3-66所示为泳池用SMC结构单元的成型设备与过程。

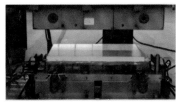

图 7-3-66　泳池用 SMC 结构单元的成型

② 池底板的安装。

图7-3-67为池底板、池壁板的安装、拼接和接缝的密封处理。

图 7-3-67　池底板、池壁板的安装、拼接及接缝的密封处理

③ 溢水槽（含排水管道）、走道板的安装。

图7-3-68所示为溢水槽、走道板的安装。

图 7-3-68　溢水槽（含排水管道）、走道板的安装

④ 泳池放水调试。

图 7-3-69 所示为 SMC 装配式游泳池在放水调试中。

图 7-3-69　SMC 装配式游泳池在放水调试中

（3）装配式游泳池的性能要求。

SMC 装配式游泳池的基本尺寸必须符合国家相关规定，同时，应符合国家体育总局游泳中心、装备中心和中国游泳中心《拆装式游泳池建设示范项目验收实施细则（暂行）》、GB 19272—2011《室外健身器材安全 通用要求》、GB/T 28935—2012《拆装式游泳池》、CJ/T 244—2016《游泳池水质标准》、CJJ 122—2017《游泳池给水排水工程技术规程》等规定和相关标准。

根据国家体育总局文件体群字〔2016〕87 号的要求，拼装式游泳池项目以 25m×15m×1.2m 泳池为主，也可选择 50m×25m×1.2m 泳池。两种建设标准的游泳池均需符合 GB/T 28935—2012《拆装式游泳池》要求，包含池体（池岸、上下水扶梯、安全护栏）和全套水处理消毒系统（循环过滤设备、消毒、自动投药泵），根据运营需要配备遮阳棚及相关附属用房。

① 对材料的性能要求。

a. 泳池水水质的要求。

拼装式游泳池应选用无毒环保材料，所用型材材质、连接件及紧固件等卫生要求应符合 GB/T 17219—1998《生活饮用水输配水设备及防护材料安全性评价标准》中表 2、3.4.1 及 3.5 的要求，即与饮用水接触的防护材料浸泡水的卫生要求中，急性经口毒性试验：LD50 不得小于 10g/kg 体重；生产与饮用水输配水设备和防护材料所用原料应使用食品级。根据我国城镇建设行业标准 CJ/T 244—2016《游泳池水质标准》，游泳池水质常规和非常规检验项目及要求见表 7-3-39。

表 7-3-39　泳池水质检测项目及要求

| 常规性检验 | | | 非常规性检验 | | |
|---|---|---|---|---|---|
| 序号 | 项目 | 要求 | 序号 | 项目 | 要求 |
| 1 | 混浊度 | ≤0.5NTU | 1 | 溶解性总固体（TDS） | ≤原水 TDS＋1500mg/L |
| 2 | pH 值 | 7.0～7.8 | 2 | 氧化还原电位（ORP） | ≥650mV |
| 3 | 尿素 | ≤3.5mg/L | 3 | 氰尿酸 | ≤150mg/L |
| 4 | 菌落总数（36℃±1℃，48h） | ≤100CFU/mL | 4 | 三卤甲烷（THM） | ≤200mg/L |
| 5 | 总大肠菌群（36℃±1℃，24h） | 每 100mL 不得检出 | | | |
| 6 | 游离性余氯 | 0.3mg/L～1.0mg/L | | | |
| 7 | 化合性余氯 | ≤0.4mg/L | | | |
| 8 | 臭氧（采用臭氧消毒时） | ≤0.2mg/m³（水面上空气中）<br>＜0.05mg/L（池水中） | | | |
| 9 | 水温 | 20～30℃ | | | |

b. 其他相关材料的要求。

结构件和紧固件（螺栓）根据使用环境应选用相应的防水、防锈材料；池体所使用金属件（不锈钢除外）应采用热镀锌防腐处理或采用耐腐蚀性能不低于热镀锌防腐处理的材料；拼装式游泳池使用的塑料、橡胶部件应具有抗老化、耐腐蚀性能。

c. 泳池内围板、内衬材料的性能要求。

拆装式泳池对围板及内衬材料的性能要求，见表 7-3-40 和表 7-3-41。

表 7-3-40　泳池围板物理性能要求及检测方法

| 序号 | 性能 | 要求 | 测试标准 |
|---|---|---|---|
| 1 | 拉伸强度（MPa） | ≥35 | GB/T 1040.2 |
| 2 | 弯曲强度（MPa） | ≥65 | GB/T 1449—2005 |
| 3 | 维卡软化点（℃） | ≥80 | GB/T 1633 |
| 4 | 断裂伸长率（%） | ≥80 | GB/T 1040.2 |
| 5 | 燃烧性能（氧指数）（%） | ≥30 | GB/T 2406.2 |
| 6 | 硬度（HRR） | ≥70 | GB/T 2411 |
| 7 | 简支梁冲击强度（23℃/kg/m²） | ≥7 | GB/T 1043.1 |

表 7-3-41　泳池内衬性能要求及检测方法

| 序号 | 性能 | | 要求 | 测试标准 | 序号 | 性能 | | 要求 | 测试标准 |
|---|---|---|---|---|---|---|---|---|---|
| 1 | 单位面积质量（kg/m²） | | 1.90±10% | 按实际厚度检测 | 8 | 热处理尺寸变化率（%，80℃处理 6h） | 纵向 | ≤0.2 | GB 12952 |
| | | | | | | | 横向 | | |
| 2 | 密度（g/cm³） | | 1.23±10% | GB/T 1033.1 | 9 | 剪切状态下粘接性（N/mm） | | ≥800 | GB 12952 |
| 3 | 拉力（N/cm） | 纵向 | ≥180 | GB 12952 | 10 | 色泽稳定性 | 蓝色 | 7 | GB/T 11982.1 |
| | | 横向 | | | | | 灰色 | 4 | |
| 4 | 断裂伸长率（%） | 纵向 | ≥120 | GB 12952 | 11 | 不透水性（0.3MPa、3h） | | 不渗水 | GB 12952 |
| | | 横向 | | | | | | | |

| 序号 | 性能 | | 要求 | 测试标准 | 序号 | 性能 | 要求 | 测试标准 |
|---|---|---|---|---|---|---|---|---|
| 5 | 撕裂强度<br>（kN/m） | 纵向 | ≥75 | GB/T529 | 12 | 吸水率（%） | ≤0.5 | GB/T 1462 |
| | | 横向 | | | | | | |
| 6 | 硬度（邵氏 A） | | 75～80 | GB/T 531.2 | 13 | 耐老化（氙灯<br>照射 5000h） | 性能下降<br>≤10% | GB/T 18244 |
| 7 | 低温弯折性 | | −25℃<br>无裂纹 | GB 12952 | 14 | 重金属溶出量（Pb，Cd，<br>Sb，Cu）/mg/L | 不得检出 | GB/T 17219—1998<br>附录 B/附录 C |

d. 泳池用 SMC 板材的基本性能要求。

根据德州盛邦集团装配式泳池关于 SMC 板材的性能要求，应符合表 7-3-42 中的要求。

表 7-3-42　装配式泳池用 SMC 板材的基本性能要求

| 项目名称 | 技术要求 |
|---|---|
| 不透水性 | 平台板在 0.3MPa 压力下，3h 不透水 |
| 吸水率 | ≤0.5% |
| 摩擦系数 | 游泳池平台板的静摩擦系数应不小于 0.5 |
| 承载力 | 在平台板 250mm×100mm 的范围内施加 240kg 的垂直承载力，保持 1min，台面应无断裂、破损，卸载后应无断裂破损明显变形 |
| 抗老化 | 装配式游泳池平台板进行紫外汞灯照射 60h 后，在平台板 250mm×100mm 的范围内施加 240kg 的垂直承载力，保持 1min，台面应无断裂、破损，卸载后应无断裂破损明显变形 |
| 耐腐蚀 | 装配式游泳池平台板在大气盐雾含量为 5mg/m 的环境下，放置 8h 后，台面无破损、腐蚀现象 |

② 对泳池产品的性能要求。

a. 对尺寸的要求。

根据用途的不同，游泳池尺寸应符合表 7-3-43 的规定。误差范围为 0～10mm。两端池壁自水面上 30～80cm 的范围内，必须符合此要求。

表 7-3-43　拆装式游泳池尺寸要求　　　　　　　　　　　　　　单位：m

| 游泳池类型 | 长 | 宽 | 水深 | 池岸宽度 |
|---|---|---|---|---|
| 标准游泳池（比赛用） | 50 或 25 | 25 或 21 | ≥2 | 边线≥4*<br>底线≥5 |
| 标准游泳池（公众用） | 50 或 25 | 25 或 21 | ≤1.35*** | 边线≥2<br>底线≥3 |
| 非标准游泳池** | — | — | ≤1.35*** | ≥1.5 |

注：*国家级比赛池岸宽度应不小于 5m；

*　*泳池尺寸可以根据需要确定，不宜大于标准游泳池的规模；

*　*　*游泳池浅水区水深应不大于 1.2m。儿童游泳池水深不应大于 0.8m。

b. 泳池结构稳定性要求。

拆装式游泳池结构应由斜撑、泳池围板、支撑件和/或泳池内衬等部分组成。结构型式如图 7-3-70 所示。

拆装式游泳装配完成后结构应稳定，尺寸误差不应超过±10mm。注满水后，管路系统应无渗漏。池体十天内变形不应超过±10mm。

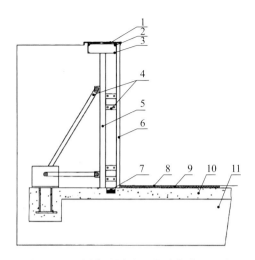

图 7-3-70　拆装式游泳池的池体截面示意
1—格栅；2—内衬专用扣件；3—泳池溢水槽；4—池体；5—泳池外围板；6—泳池内围板；
7—排水沟；8—泳池内衬；9—池底保护垫；10—混凝土基础；11—地坪

c. 泳池的安全性能要求。

游泳池池壁及池底光洁、不渗水，呈浅色。池底平面不应有明显的坡度。泳池表面不应有可触及且与使用功能无关的突出物，无法避免的凸出物应加以安全防护，除使用工具外，应不可拆卸。所有可触及池角、棱边及零部件应予以圆滑过渡或加以防护。圆滑过渡半径应不小于 5mm。除使用工具外，防护应不可拆卸、移动。如使用防滑垫，当防滑垫移除后不应暴露任何尖角、棱边和毛刺。

溢水槽、池岸地板、布水口的格栅间隙均应小于 8mm。

游泳池池岸地板、泳池表面、游泳池外边缘、楼梯等应防滑，在湿润状态下静摩擦系数不小于 0.5。

池岸平台为 SMC 高分子复合材料加工而成，厚度要求≥25mm，间隙应小于 8mm，牢固稳定，受力不起浮。它的承载能力在 250mm×100mm 的面积上施加 240kg 的垂直力，应无断裂、破损，卸载后无永久性变形。

泳池内围板的承载力如图 7-3-71 所示，在跨度较大的两支点中间 250mm×100mm 的面积上施加 300kg 垂直力，应无断裂、破损，卸载后应无明显永久变形。

泳池溢水槽的承载力测试如图 7-3-72 所示，在格栅 250mm×100mm 的面积上施加 240kg 垂直力，应无断裂、破损，卸载后应无明显永久变形。

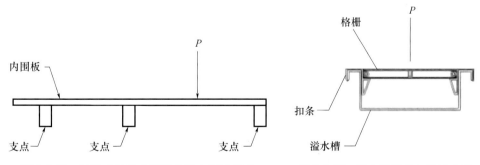

图 7-3-71　拆装式泳池内围板承载力测试示意　　　图 7-3-72　溢水槽承载力测试示意

d. 其他性能要求。

安全护栏、楼梯和出入水扶梯、消毒池全套水处理消毒循环系统等其他配套设施要求安全、美观、稳定、可靠，并符合国家相关标准 GB/T 28935—2012《拆装式泳池》、体育总局相关部门颁发的《拆装式游泳池建设试点项目验收实施细则（暂行）》。游泳池其他辅助设施如配备符合照度要求的照明设施、救生器材的配置、露天泳池具有开合功能的遮阳棚、避雷设施、合理的更衣、淋浴、卫生间设施等也应符合上述国家标准和相关部门的规定。

4. 装配式游泳池的应用实例

**案例一：** 图 7-3-73 所示为镶嵌式游泳池。

图 7-3-73　镶嵌式游泳池

**案例二：** 图 7-3-74 所示为深浅式游泳池。

图 7-3-74　为深浅式游泳池

**案例三：**图7-3-75所示为气膜游泳馆。

图7-3-75 为气膜游泳馆

**案例四：**图7-3-76所示为第13届全国学生运动会游泳项目比赛泳池。

图7-3-76 第13届全国学生运动会游泳项目比赛泳池

## 7.3.6 LFT-D在畜牧业养殖场、建筑围板及物流托盘中的应用

我国LFT-D材料及工艺的发展，自2010年上海耀华大中新材料有限公司从德国引进的LFT-D生产线安装调试完成投入生产和福建海源复合材料于2012年成功研发中国首条LFT-D生产线以来，获得了较快的发展，在汽车、物流业托盘、建筑围板及畜牧业养殖场等领域都获得了成功的应用。

### 7.3.6.1 LFT-D养殖场用漏粪板应用

在我国，近年来随着国内粮食生产迅速发展，粮食生产满足了十多亿人口粮问题。满足人们食物上各种需求的畜牧业也得到了迅速发展。畜牧业在国内国民经济中占有极其重要的地位。据报道，畜牧业产值已占我国农业总产值的34%，从事畜牧业生产劳动力就有1亿多人。在畜牧业发展快地区，畜牧业收入的已占到农民收入的40%以上。许多地方畜牧业已经成为农村经济的支柱产业，在保障城乡食品价格稳定、增进农民增收方面发挥了至关重要作用。近些年来，随着国家强农惠农政策实行，畜牧业呈现出加快发展势头，畜牧业生产方式发生积极转变，规模化、产业化和区域化步伐加快。一大批畜牧业先进品牌不断涌现，为增进当代畜牧业发展作出了积极贡献。

据国家统计局数据，2021 年全国猪牛羊禽肉产量 8887 万吨，比上年增加 1248 万吨，增长 16.3%。猪肉产量大幅增长，牛羊禽肉产量稳定增长，牛奶产量较快增长，禽蛋产量有所减少。以猪肉生产为例，2021 年全国生猪出栏 67128 万头，同比增长 27.4%。年末，全国生猪存栏 44922 万头，同比增长 10.5%。全国猪肉产量 5296 万吨，同比增长 28.8%。同样，2021 年我国全国家禽、肉牛、羊出栏存栏数量，禽肉、禽蛋产量、牛肉、牛奶、羊肉产量，同比都有不同程度的增长。

2022 年我国猪牛羊禽肉产量 9227 万吨，比上年增长 3.8%，且达到近十年最高水平，年均复合增长率为 0.67%。其中，猪肉产量 5541 万吨，增长 4.6%。从近年的肉类产量结构来看，除 2019 年和 2020 年外，猪肉产量占肉类总产量的比重为 60%～65%。

2023 年全年猪牛羊禽肉产量 9641 万吨，比上年增长 4.5%。其中，猪肉产量 5794 万吨，增长 4.6%；牛肉产量 753 万吨，增长 4.8%；羊肉产量 531 万吨，增长 1.3%；年末生猪存栏 43422 万头，比上年末下降 4.1%；全年生猪出栏 72662 万头，比上年增长 3.8%。

畜牧业发展对于建设当代农业，增加农民收入和加快社会主义新农村建设，提高人民群众生活水平都具备十分重要的意义。

在现代化畜牧养殖场如猪、鸡、鸭、鹅、鸽、兔、羊羔的养殖都在广泛使用漏粪板。漏粪板是现代养殖业中不可缺少的一项设施。尤其是现代化高床集约化养殖场，从妊娠、产仔、断奶幼仔到育肥，都采用全漏缝地板或半漏缝地板的铺置。采用缝隙地板不仅便于粪便的收集，做到通风和干湿分离，还能改善家畜卫生和防疫条件。漏粪板在我国具有广泛的市场。仅以猪舍为例，2021 年底我国生猪存栏数为 44922 万头。按每头猪占用猪舍面积 2.5～4m² 计算，需要漏粪板 112305～179688 万平方米，若按 LFT-D 漏粪板平均质量 9.75kg/m³，需要漏粪板 1095～1752 万吨。由于目前塑料漏粪板生产约占 20%，即塑料漏粪板年需求量为 219～350.4 万吨，因此，用 LFT-D 漏粪板取代普通塑料漏粪板的市场前景比较乐观。

目前市场上漏粪板分为四类，主要为铸铁漏粪板、水泥漏粪板、塑料漏粪板、新型复合材料漏粪板。其中铸铁、水泥漏粪板占据 70% 以上的市场。铸铁、水泥制造的漏缝地板接触面粗糙，定位栏饲养的哺乳母猪奶头与其产生摩擦，造成各种乳腺疾病，引起乳质变性，也会导致仔猪发病，严重影响母猪的繁殖性能和种用寿命。仔猪断奶期间，由于和母猪同住，仔猪乳头不可逆转的坏死和变性也时而发生，尤其是种用仔猪，有效奶头受到严重影响；铸铁、水泥漏粪板重量过大，给运输以及标准化养殖场建设带来不便。同时，其原材料需要消耗大量矿产资源，与我国资源节约型社会发展方向严重不符。

塑料漏粪板是近年来随着逐渐兴起的新型漏粪板，正在取代铸铁、水泥漏粪板市场，通过生产企业的推广，其市场份额已经占到 20% 左右。但是，纯塑料漏粪板的缺点是不能火焰消毒，承重力较差，塑料会降解风化，使用寿命短。主要用于乳猪或保育猪舍，不能用于中大猪。工程塑料漏粪板一般用于保育舍地板。而且，板块尺寸相对较小，从而增加了安装成本。

LFT-D 养殖场用漏粪板，从原理上讲，它也是塑料漏粪板的一类产品。只不过它是用玻璃纤维增强的聚丙烯产品。产品中，玻纤长度较长、含量较高。和其他材质漏粪板相比，LFT-D 漏粪板具有以下特点。

（1）赋予了此材料低密度、质量轻、耐腐蚀、有较高的强度、刚度强度和抗冲击性等特性。

（2）可以制作尺寸达 3000mm×600mm 的单元制品。如加入某些特种添加剂，可使表面细菌的繁殖受到抑制。

（3）由于产品表面平整、光滑，下粪效果好，易清刷，可减少用水冲刷量及人工。

（4）LFT-D 漏粪板最大优点还在于安装简单，施工迅速，为养殖户在养殖机遇中赢得更多的时间。

（5）LFT-D 漏粪板中所用的原材料常用于食品包装，安全性能高，对生物无任何排异；产品还可回收，完全符合国家对养殖行业环保要求。

（6）LFT-D漏粪板表面有不规则防滑纹理颗粒及防滑条，可增加畜禽的安全感。

（7）采用LFT-D漏粪板的猪舍，夏季可打开地窗降温，解决了猪在该季节只吃不长的问题；而在冬季气温低时可利用漏粪地板部位的加温装置，使猪舍内干燥温暖舒适，有利于猪的生长。

（8）该漏粪板系统含粪固液分离技术与设备，通过自动集粪设备，达到粪尿干湿分离，集中排出处理。科学合理的处理方案，不仅净化了养殖场的环境，还能使废弃物得以再利用，增加了养殖场的经济效益。

（9）LFT-D漏粪板生产自动化程度和生产效率高、产品尺寸精度及质量稳定性好，适合漏粪板的规模化生产。

目前，LFT-D漏粪板主要在生猪养殖方面得以较为广泛的应用，可以满足作各种母猪产床漏粪板、母猪分娩栏漏粪板、公猪舍板漏粪板、育肥猪专用板、仔猪保育栏漏粪板、限位栏漏粪板等的需求，是未来养猪设备中的首选漏粪板。

以下讨论的主要内容，多涉及LFT-D在漏粪板中的应用。目前我国从事LFT-D漏粪板研制和规模化生产的企业主要有郑州翎羽新材料有限公司和陕西新智汇科技股份有限公司。本部分资料主要来自上述公司的相关资料及网络。

1. LFT-D漏粪板的性能要求

LFT-D漏粪板的性能要求包括基本尺寸、结构外观、材料性能及产品性能要求等。

（1）尺寸及结构要求。

LFT-D漏粪板的主要尺寸及结构见表7-3-44。

表7-3-44　LFT-D漏粪板的基本尺寸及结构

| 项目 | 规格（mm） |
|---|---|
| 长度 | 600、900、1200、1500、1800、2100、2400、2700、3000 |
| 宽度 | 600 |
| 孔宽 | 11、22 |
| 孔距 | 17.3、95 |
| 安装拼接方式 | 相邻两块漏粪地板通过挂耳与支撑横梁相互搭接 |
| 结构 | 长方形或正方形结构，设有长条状漏粪孔，背部为井字交叉的加强筋，两侧设有挂耳 |

注：漏粪地板尺寸误差不大于标注尺寸的3‰。

（2）外观要求。

LFT-D漏粪板表面不得有缺料、破损、色差等不良现象。猪舍用漏粪地板不得有飞边、毛刺等可能损伤养殖物的缺陷。

（3）承载力要求。

LFT-D漏粪板的承载力分为单筋承重和平方承重。漏粪板的承重要求和猪舍用途有关。

猪舍用漏粪地板单筋承重：不低于200kg。

平方承重：对仔猪舍（养殖质量15kg以内小猪）及保育舍（养殖质量在10～60kg范围以内的猪）漏粪地板不低于300kg；育肥舍（养殖质量在40～150kg以内的成年猪）漏粪地板不低于600kg。

（4）漏粪板的其他物理、化学性能要求。

LFT-D漏粪板的基本物理化学性能要求及测试方法见表7-3-45。

表7-3-45　LFT-D漏粪板的基本物理化学性能要求及测试方法

| 项目名称 | 测试方法 | 单位 | 要求 |
|---|---|---|---|
| 密度 | GB/T 1033.1—2008 | g/cm³ | 1.13～1.2 |
| 玻纤含量 | GB/T 15568—2008 | % | 30±5 |

| 项目名称 | 测试方法 | 单位 | 要求 |
|---|---|---|---|
| 冲击韧性 | GB/T 1043.1—2008 | kJ/m² | ≥30 |
| 拉伸强度（常温） | GB/T 1040.2 | MPa | ≥45 |
| 断裂伸长率 | | % | >5 |
| 弯曲强度 | GB/T 1449—2005 | MPa | ≥70 |
| 弯曲模量 | GB/T 9341—2008 | MPa | ≥3800 |
| 落球冲击 | GB/T 14485—1993 | — | 冲击无破裂 |
| 低温冲击 | | — | |
| 耐腐蚀性能（在盐酸 5%、氢氧化钠 10%、氨水 10% 的介质溶液中常温浸泡 15d） | GB/T 3857 | | 表面无明显褪色，无裂纹，无明显失光，无明显腐蚀，无气泡，无软化现象 |
| 吸水率 | GB/T 1462—2005 | % | ≤0.03 |
| 导热系数 | GB/T 3139—2005 | W/(m·K) | ≤0.2 |
| 燃烧性能 | GB/T 8410—2006 | mm/min | ≤25 |

2. LFT-D 漏粪板的成型工艺

LFT-D 漏粪板的成型工艺流程如图 7-3-77 所示。从图中可以看出，LFT-D 漏粪板成型工艺包括两部分，分别是 LFT 材料的制备工艺和漏粪板的成型工艺。其自动化生产线如图 7-3-78 所示。漏粪板成型生产线主要由 LFT-D 自动化生产线、成型用压机/模具及取/加料、取产品用机器人等设备组成。

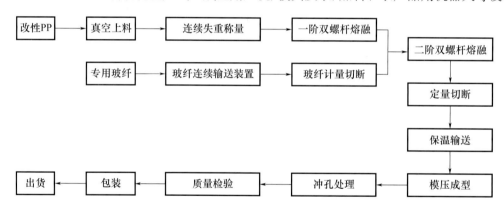

图 7-3-77　LFT-D 漏粪板成型工艺流程

图 7-3-78　LFT-D 漏粪板生产线

（1）材料配方的设计。

首先，选取密度 1.13～1.2g/cm³、熔融指数＜30 的高抗冲的 PP 树脂，玻纤含量设置为 30%。增强纤维采用专用的热塑型玻璃纤维无捻粗纱。根据产品性能要求及使用环境，选择合适的色母粒、抗氧化剂、光老化吸收剂、相容剂等助剂材料并进行配方设计。LFT-D 漏粪板的基本配方见表 7-3-46。

表 7-3-46 LFT-D 漏缝板配方比例

| 物料类别 | PP | 玻纤 | 改性母粒 | 色母 | 抗氧剂 | 其他助剂 |
|---|---|---|---|---|---|---|
| 配方比例 | 40～50 | 25～35 | 10～15 | 1～2 | 4～6 | 0.5～1 |

原料配方是决定制品性能高低的根本。根据漏粪板应用工况要求，筛选物料并进行试验，定制设计材料配方，同时满足漏粪地板刚性与韧性需求，以及疏水抗菌的功能要求。

（2）LFT-D 漏粪板的制备工艺流程。

基体树脂 PP 与其他助剂，通过不同料仓自动真空上料，经过连续失重称量，实现在线配料，树脂混合料经一阶双螺杆挤出机进行熔融共混，挤出料送至二阶双螺杆喂料口。

LFT-D 专用玻纤通过连续上纱装置，经纤维切断计量装置进行定长切断、计量下料，进入二阶双螺杆喂料口。

基体树脂与玻纤在二阶双螺杆机内进行共混，挤出料团，根据制品单重设置，实现定量切断，并由带保温的输送带输送至模压机前取料机位移位置。

采用机器人自动上料，将料团转移至模具上，然后进行模压成型（图 7-3-79）。成型后的漏粪板经清理飞边和图 7-3-80 所示的自动冲孔等后处理工序后，经检验合格包装入库。最终漏粪板产品如图 7-3-81 所示。

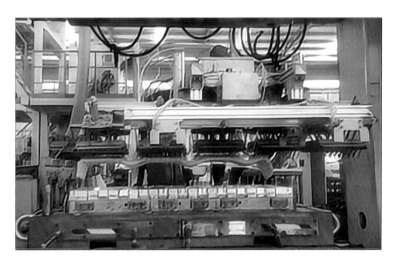

图 7-3-79 机器人将 LFT 材料送入安装在液压机上之漏粪板成型模具内

图 7-3-80 漏粪板在专用设备上进行二次加工　　　　图 7-3-81 LFT-D 漏粪板

（3）基本成型工艺参数。

LFT-D漏粪板的成型工艺参数包括双阶挤出机的工艺参数和漏粪板成型工艺参数。表7-3-47为双阶挤出机的工艺参数。

表7-3-47　LFT-D挤出机工艺参数

| 阶次 | 挤出机各温区温度设定（℃） | | | | | | 螺杆转速（r/min） |
| | 一区 | 二区 | 三区 | 四至五区 | 六区 | 机头 | |
| --- | --- | --- | --- | --- | --- | --- | --- |
| 一阶 | 180（180～220） | 195（190～230） | 210（210～240） | 215（215～240） | 215（215～240） | 215（215～240） | 250～400（130～180） |
| 二阶 | 210（180～220） | 220（215～240） | 230（215～240） | 235（215～240） | 235 | 230（225～250） | 180～290（100～140） |

注：括号内数字为漏粪板工艺中螺杆机适用的控制范围。切断装置转速可设定为30～60r/min。

当LFT生料取放至压机模具内进行模压成型时，视产品的不同，其主要的工艺参数是：成型总压力为1200～2000t；上模温度为15～45℃，下模温度为15～30℃；保压时间为65～85s。

在LFT-D漏粪板的成型工艺中，各种工艺参数的控制对产品最终性能都会有一定的影响。

LFT-D工艺制品的性能优势就在于其较长的玻纤保留长度以及纤维在基体树脂中的良好分散，可大大提高纤维的增强效果。而纤维长度保留及良好分散的关键，在于双螺杆挤出机合理的螺纹元件组合，这也是LFT-D工艺的一个核心技术。

合理的螺纹元件组合，可实现玻纤在树脂基体中实现良好分散，同时使物料中玻纤长度维持在可控范围，满足漏缝板成型及性能需要。

合理的螺杆温度、螺杆转速参数设置，也直接影响玻纤在基体树脂中的保留长度、分散效果，以及基体树脂、助剂等的性能保留，从而影响制品的各项性能。

模温、成型压力、保压时间是生产出合格产品的另一关键因素，其直接影响到产品的成型周期、生产效率、成本以及脱模后的变形翘曲等。如果参数选择不当，会影响熔融料团在模腔内的流动速度及充模情况，产品能否成型及密实程度，以及产品在模具中的冷却及脱模后的变形翘曲情况。同时，合模速度过快、压力过大，会使玻纤在料团流动过程进一步受损，从而使制品性能下降。

（4）漏粪板型式试验检测方法。

漏粪板型式试验主要进行承重试验，包括单筋承重试验和平方承重试验。产品承重测试，按照企业标准或客户要求进行。该试验装置分别如图7-3-82、图7-3-83所示。

检测程序如下：

① 将待测畜牧养殖猪舍用漏粪地板平整稳定放置在配套横梁上，与漏粪地板测试仪检测头垂直。

② 每件畜牧养殖猪舍用漏粪地板测点不少于7点，测点在畜牧养殖猪舍用漏粪地板中心线长度上均匀分布。

图7-3-82　漏缝板单筋承重测试中　　　　　　　　图7-3-83　漏粪板平方承重试验

③ 从零开始缓慢加载至额定载荷，每件畜牧养殖猪舍用漏粪地板测试三遍。每次试验开始时都应将测试仪器调至零位。

④ 加载方向应与畜牧养殖猪舍用漏粪地板平面垂直，预加载至最小试验载荷，重复三次后卸载。

⑤ 记录承重测试测点位置，施加载荷并到预设载荷后，观察漏粪地板的破坏情况。产品在加载过程中，加载到预设载荷时如听到塑料断裂声音，并且产品测量点出现裂纹时，即可判定该产品不合格；产品在加载过程中，加载到预设载荷时未出现漏粪板有裂纹情况，即可判定该产品为合格。

（5）LFT-D漏粪板在生猪养殖场中的应用实例。

LFT-D漏粪板广泛用于牧原集团、正邦农牧、雏鹰农牧、正大集团、双汇牧业、丰源集团等国内大型畜牧养殖企业。应用范围包括仔猪舍、保育舍、育肥舍等猪舍。图7-3-84为LFT-D漏粪板在各种猪舍中的应用实例。仅以郑州翎羽新材料公司为例，目前，该公司研发生产的LFT-D复合材料漏粪地板已在雏鹰农牧、新大牧业、湖南鑫广安等多家公司应用，累计使用面积60余万平方米。试用后，养殖环境得到改善，猪舍地面铺设周期平均缩短二分之一以上，猪淘汰率降低1%。

图7-3-84　LFT-D漏粪板在各种猪舍中的应用

### 7.3.6.2　LFT-D在建筑模板中的应用

在建筑领域中，离不开我们常说的混凝土结构工程。混凝土结构工程由模板工程、钢筋工程和混凝土工程组成。模板工程是指支承新浇筑混凝土的整个系统。模板结构主要由模板、支撑结构和连接件三部分组成。模板是直接接触新浇筑混凝土的承力板；在现浇混凝土结构工程中，模板工程一般占混凝土结构工程造价的20%～30%，占工程用工量的30%～40%，占工期的50%左右。模板技术对于提高工程质量、加快施工进度、降低工程成本和实现文明施工都具有重要的影响。模板施工质量直接影响混凝土表面质量。

模板按所用的材料不同，分为木模板、钢木模板、钢模板、钢竹模板、胶合板模板、塑料模板、玻璃钢模板、铝合金模板等。根据资料统计，我国主要建筑模板市场占有率分布如图7-3-85所示。目前建筑市场中木模板的占有

图7-3-85　我国各种建筑模板市场占有率分布

率依然在60%以上，其次是铝模板和钢模板，分别占20%和15%左右，塑料模板占比约5%。近几年来，开发商、施工单位越来越重视绿色施工，随着绿色地产、绿色建材的逐步发展，塑料模板将在全国各地的建筑应用中持续渗透。

由于我国对森林资源的严格管控，木材产量严重不足。近十年产量最高值的2019年产量达1.0046亿立方米，2020年产量大幅下降。到2020年，木材进口依赖度已达55%。再加上制作成本较高、使用寿命短、对技术工人的技术依赖性较强等，木模板的应用将会逐年下降。而钢模板由于质量过大（46~80kg/m²）、易锈蚀、受尺寸限制等不足，应用也不受市场欢迎。我国木胶合板与竹胶合板模板都采用现锯、现配、现拼、现支、现拆等以手工操作为主的落后传统施工方法。木胶合板模板通常使用5次左右、竹胶合板模板使用10次左右就报废了，只能作为周转材料。有观点认为，木胶合板模板、竹胶合板模板根本不可能作为一种专业的工具化模板，钢模板也不是理想的工具化模板。铝合金模板在国际上已使用多年，由于其诸多优点，受到了建筑施工部门广泛欢迎。铝合金材料的相对密度是钢的1/3，不用重型吊运工具。铝合金模板可以整体浇筑、一次成型，从而缩短工期（正常情况下4~5d一层），保证建筑物的整体强度和使用寿命。施工简便，不依赖木工（技术工人），施工效率高，熟练工人每工日可装拆20~25平方米，有较高的回收价值。铝合金模板在一般情况下使用寿命可达300次，使用60次左右就可以收回投资，此外还有约30%的材料残值。这也预示着铝合金模板是我国模板今后发展重要方向之一。

塑料模板是一种全新的绿色环保建筑模板产品。建筑塑料模板的生产和应用能耗都远低于其他材料，仅为钢材的1/5，铝模的1/8。它以产量众多的塑料为原材料，产品前景广阔。它具有重量轻、拼装方便、周转率高、耐腐蚀、节能环保、摊销成本低等特点。目前我国塑料建筑模板整体收入较低，2020年生产销售、租赁承包收入为66.7亿元，2021年上半年收入为35.02亿元，随着渗透率持续提高，我国塑料模板建筑收入有望持续增长。

目前我国塑料建筑模板仍处于早期市场阶段，整体渗透率较低，市场认可度有待提高。预计随着市场持续发展，"以塑代木"趋势渗透，市场监管趋严，行业逐步标准化，我国塑料建筑模板行业前景广阔。目前，我国塑料模板以PP中空板和PVC板为主，二者之和占比达78%。其中，PP中空板占比最高，达46.3%。而组合板因整体价格较高导致整体市场占比较低，仅为12.2%左右。整体而言，中空板虽然整体价格相较于PVC板较高，但是整体效果更好，可使用次数更长，性价比更高。2021年上半年PP中空板、PVC板价格分别为85.2元（78.7元）、74.7元（69.1元）（括号内为2020年价格），随着渗透率持续提高，我国塑料模板建筑收入有望持续增长。应用建筑塑料模板的另外一个原因，主要是利用塑料抗水性好的特性，即使完全浸泡在水中也不会膨胀变形，更不会腐烂、生锈，与水泥不亲和、不粘连等。

塑料模板在我国经历了近30年的发展历程，至今仍未得到广泛应用，除因聚丙烯价格较高外，还由于模板的承载力和刚度较低（表7-3-48），不能满足施工要求。

表 7-3-48　塑料模板与其他非金属模板的性能比较

| 名称 | 密度（g/cm³） | 弯曲强度（MPa） | 弹性模量（MPa） | 备注 |
|---|---|---|---|---|
| 木胶合板模板 | — | 24.0（顺纹） | 5000（顺纹） | 国家标准 |
| 竹胶合板模板 | 0.85 | 80（顺纹） | 6500（顺纹） | 行业标准 |
| 强塑PP模板 | 1.25 | 49 | 2000 | 唐山瑞晨 |
| 木塑模板 | 1.20 | 35 | 4200 | 鑫隆塑业 |
| GMT模板 | 1.27 | 220 | 9100 | 韩华 |

此外，普通塑料模板热胀冷缩问题比其他材料模板大。有资料介绍，长度3m的塑料模板，在昼夜温差达40℃的季节，模板伸缩量可在3~4mm，对混凝土的施工质量带来较大的影响。其耐候性等

性能也有待提高。

LFT-D材料制作的建筑模板是近年来新出现的模板品种。和普通塑料及一般的短纤维增强热塑性塑料不同，它是一种长纤维增强热塑性复合材料在线直接模压生产产品的技术，过程完全实现自动化。如图7-3-86所示，LFT-D建筑模板生产线由材料制备和产品成型两部分组成，两部分有机地结合在一起，形成一条完整的生产线，使产品的生产连续进行。

图7-3-86　LFT-D建筑模板自动化成型线

1. LFT-D建筑模板的性能要求

LFT-D建筑模板的性能要求主要包括外观质量、尺寸精度和基本物理力学性能等。

（1）外观质量要求。

LFT-D建筑模板的外观质量要求见表7-3-49。

表7-3-49　LFT-D建筑模板外观质量要求

| 项目 | 质量要求 |
|---|---|
| 板面 | 表面光滑平整、无裂纹、划伤，无明显的杂质和未分散的辅料 |
| 波纹与条纹 | 不应有明显的波纹和条纹 |
| 凹槽 | 允许离板材纵向边缘不超过板材宽度的五分之一的范围有深度不超过厚度极限偏差、宽度不超过10mm的凹槽两条 |
| 凹凸 | 不应有超过1mm的凹凸，10mm×10mm以下的轻微凹凸每平方米不应超过5个，且呈分散状 |
| 缺料痕迹 | 不应有明显的缺料痕迹 |
| 刮痕 | 允许有轻微手感的刮痕，但不应呈网状 |

（2）建筑模板的尺寸偏差控制。

建筑模板的尺寸允许偏差，按以下的要求执行：模板的长度和宽度允许偏差为0～－2mm。板的四边边缘直角偏差不应大于1mm/m。板的翘曲度不应大于0.5%。每张板对角线允许偏差不应大于2mm。模板的厚度偏差控制则按表7-3-50执行。

表7-3-50　LFT-D建筑模板厚度允许偏差　　　　　　　　　　　　单位：mm

| 公称厚度 | 允许偏差 |
|---|---|
| ≤10 | ±0.2 |
| 12 | ±0.3 |
| 15 | ±0.4 |
| 18 | ±0.5 |
| ≥20 | ±1.0 |

（3）LFT-D 建筑模板的物理力学性能要求。

对 LFT-D 建筑模板的物理力学性能要求及沿用标准见表 7-3-51。

表 7-3-51　LFT-D 建筑模板的物理力学性能要求

| 项目 | 单位 | 测试依据 | 性能要求 |
|---|---|---|---|
| 吸水率 | % | GB/T 1462—2005 | ≤0.5 |
| 表面硬度（邵氏硬度） | $H_D$ | GB/T 2411—2008 | ≥58 |
| 简支梁无缺口冲击强度 | kJ/m² | GB/T 1043.1—2008 | ≥25 |
| 弯曲强度 | MPa | GB/T 1449—2005 | ≥45 |
| 弯曲弹性模量 | MPa | GB/T 1449—2005 | ≥4500 |
| 维卡软化点 | ℃ | GB/T 1633—2000 | ≥80 |
| 加热后尺寸变化率 | % | JG/T 418—2013 | ±0.2 |
| 施工最低温度 | ℃ | | —10 |
| 燃烧性能等级 | 级 | GB 8624—2012 | ≥E |

2. LFT-D 建筑模板的生产工艺

LFT-D 建筑模板的生产在一条自动生产线上进行。如图 7-3-87 所示，其大致的工艺过程是：

（1）材料配方设定——PP 树脂系统各组分计量、投料进入一阶挤出机中，经混炼均匀后输送到二阶挤出机入料口。

（2）增强材料（玻璃纤维）通过纱架、导管经短切或连续喂入二阶挤出机入料口；PP 树脂系统和玻璃纤维在二阶挤出机中充分混合后在出料口材料。

（3）经增强的 PP 材料按规定的尺寸、规格要求自动裁切，物料在保温状态下送至机械手的取料位置。

（4）由机械手将物料抓取并送入模板成型模具内，同时由机械手将模具内上一循环已成型的产品取出，送到定型、二次加工之工装上进行二次加工。

（5）经检验合格的产品将进入下道工序。

图 7-3-87　LFT-D 建筑模板的自动化生产线

图 7-3-88 为 LFT-D 建筑模板部分组装后的产品照片。

3. LFT-D 建筑模板的拼装工艺

LFT-D 建筑模板本身属于绿色环保材料，能够循环利用，和普通胶合板模板、钢模板具备较大差别，模板本身体系非常完整。组合模板由墙体模板、腋角专用模板及连接手柄组成。连接手柄是各块

图 7-3-88　LFT-D建筑模板

模板之间能够相互连接和传力的桥梁所在，种类繁多、规格齐全。模板有墙体模板、柱模板、梁模板、连接手柄、紧固螺母等多种形式。由于LFT-D建筑模板的结构特殊性，因此在施工过程中也有自己特殊的施工工法。实践证明，该工法适用于市政工程雨水方沟和综合管廊、建筑工程、桥梁工程承台、箱涵及方形柱墩、城市轨道交通地下连续墙、铁路工程箱涵、住宅产业化等工程的施工。

（1）模板的种类。

在建筑施工中，所用的建筑模板按结构分大致有以下类型：墙体模板、方柱模板、封头模板、嵌补模板和内、外角模板。

组合模板的结构采用双层边肋设计，两层边肋中间用短加强筋连接。在结构性能上具有刚度大、承载力高、变形小等独特优点。面板厚度5.4mm，模板厚度8cm，板肋厚度4cm，同时中间设置对拉螺栓孔，螺栓孔灵活装卸按需使用。墙体模板与墙体模板之间，采用连接手柄L80进行连接。墙体模板与腋角模板之间采用连接手柄L45A进行连接。

方柱建筑用方柱模板具有三种规格，每一规格以100mm为模数变换，任相邻两列第二连接孔的间距为100mm，其对应的方柱边长变化。这样可以根据柱体尺寸任意调节，能基本覆盖柱模所需尺寸。中部对应有6个对拉孔，可根据需要选择使用，如图7-3-89所示。

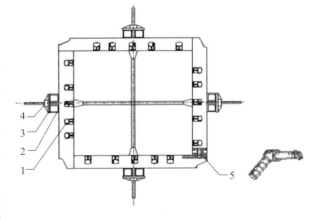

图 7-3-89　方柱模板拼装、加固示意
1—柱模；2—方钢；3—垫圈；4—螺杆；5—手柄

封头模板可用于墙端及梁底，通过不同产品及孔位的使用，适用于墙、梁厚200mm、250mm、300mm、400mm。

嵌补模板与墙体模板结构类似，但尺寸结构较小（如200mm×300mm），主要用来局部尺寸进行调整和补充。

内、外角模板主要使用在转角处，该系列模板主要用于内外拐角，包括墙、梁、柱、顶板，经过改进后的内角模板为长孔通槽，很好地解决了孔位错位的问题。

（2）几种模板的连接方式。

在 LFT-D 建筑模板的连接方式中主要有墙体模板的拼装，内、外角模板的拼装和模板与钢、铝倒角模板的拼装。

① 墙体模板的拼装。如图 7-3-90 所示，首先将两块模板对齐，通过 L80 手柄连接，当手柄锁满即完成墙体模板的初步连接。

图 7-3-90　墙体模板的连接

其次，墙体模板调平：用方木紧贴模板拼缝，使用铁锤敲击方木对模板进行调平并对齐模板。

再次，打通模板对拉孔：在模板对拉孔位置，用钢筋移除小堵头，打通对拉孔，并将捅落的小堵头收集备用。

最后，模板加固：用对拉螺杆穿过捅开的对拉孔安设加固件，并使用平垫片和蝴蝶扣锁紧，完成加固操作。类似操作以此类推。

② 外、内角模板的拼装。外角模板的拼装如图 7-3-91 所示。外角模板和墙板模板呈 90°角对齐，用 L80 连接手柄锁紧外角模板，即完成外角模板与墙板模板的连接。类似操作以此类推。

内角模板的拼装如图 7-3-92 所示。内角模板和墙板模板呈 90°角对齐，用 L80 连接手柄锁紧内角模板，即完成内角模板与墙板模板的连接。类似操作以此类推。

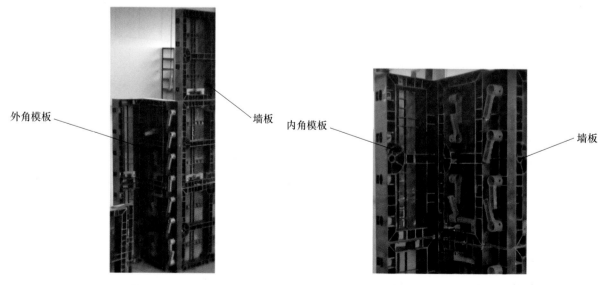

图 7-3-91　外角模板的拼装　　　　　图 7-3-92　内角模板的拼装

③ 钢铝倒角模板和墙板的拼装。倒角模板的拼装如图 7-3-93 所示。LFT-D 模板与钢、铝倒角模板对齐。用螺栓穿过连接孔，穿设垫片并拧紧螺母。

板钢、铝倒角模

LFT-D模板

图 7-3-93　墙板与钢、铝倒角模板的拼装

以上几种模板连接方式，在工程施工过程中，根据需要可重复上述操作，直到模板的连接完成。

4. LFT-D 建筑模板的施工范例

LFT-D 建筑模板的施工工法优势有以下几个。

（1）LFT-D 模板质量轻（每块仅重 15kg）拼装简单，无须专业木工操作，较少使用铁钉、铁丝等耗材和电钻、台锯等材料机具，提高了施工效率，还保证了项目整体的工期进度。

（2）LFT-D 模板防水、耐腐蚀、强度高、性能稳定，不仅减少了拉杆、钢管等加固材料的使用量，加固简单方便，而且使用寿命较长，可达 100 次，降低成本。达到使用寿命极限后，可回收处理，符合国家绿色环保、节能减排的政策要求。

（3）LFT-D 模板自身的材料特性，不和混凝土发生氧化作用，板面不亲和混凝土，拼缝平整度较好，浇筑成型效果好，免除大量后期二次处理的费用。当混凝土凝固后，拆模时模板与混凝土自动分离，脱模十分容易。

（4）采用 LFT-D 模板施工现场便于管理、环境整齐、卫生，容易实现文明、生态发展。

5. LFT-D 建筑模板的应用案例

LFT-D 建筑模板自 2015 年问世以来，由于在施工中其具有省工节材（改变传统施工结构，节省加固辅材，模板周转次数 60 次以上）、质量优良（模板质量好，混凝土成型平整度高，观感佳，达到清水墙效果）、灵活便捷［模板质量轻（15kg/m），拆装便捷，模板通用率高］、安全环保（施工现场无大量高危机具，降低施工风险，模板可回收再利用，方便施工环境管理）等优点，因此，在路桥工程、铁路工程、市政工程和城市轨道交通等工程中都有广泛的应用。如：路桥过程中，三明厦沙高速A10 标段盖板涵项目、广西青山大桥承台项目、南平延顺高速边坡护梁、上饶至万年高速项目、广西南百城际铁路桥墩、承台项目、遵贵高速公路项目；铁路工程中，南三龙抗滑桩项目、南百城际铁路盖板涵项目、昌赣铁路项目、江西瑞九铁路客运专线项目、深茂铁路项目；市政工程中，中铁三局白马路河道侧墙、中铁四局深圳前海双界河路市政工程项目、贵安新区黔中大道项目；城市轨道交通中，深圳地铁 11 号线松岗站、深圳前海综合交通枢纽车站改造工程、长沙地铁项目、合肥地铁三号线项目、南宁地铁三号线项目等都已获得了应用，深得施工方和客户的好评。其应用如图 7-3-94 所示。

### 7.3.6.3　LFT-D 在物流托盘中的应用

托盘（pallet）是物流产业最为基本的集装单元，是静态货物转变为动态货物的媒介，在商品流通中具有广泛的应用价值，是货物装卸、运输、保管和配送中的装卸用垫板，被物流世界誉为"活动的地面""移动的货台"，是 20 世纪物流产业中两大关键性创新之一。十年前，美国就有 80% 的商品贸易由托盘运载，在欧洲每年有 2.8 亿个托盘在企业间循环。当年，我国仅有一亿个托盘。在传统物流向现代物流转变的过程中，托盘的应用是提高物流机械化作业，增强供应能力，缩短供应时间，改善物流服务质量的基础，是降低物流成本的关键。托盘是物流产业中最为基本的集装单元和物流器具，并随着产品在生产企业、物流企业和用户之间流通。

图 7-3-94　LFT-D 建筑模板在各类工程中的应用

一个企业生产的产品从生产商、分销商、零售商到最终用户的供给链过程中都需要用托盘来实现运输和存储。托盘化作业是快速提高搬运效率、掌握物流治理过程的有效手段。

托盘应用水平是一个国家现代物流进展的重要标志。一般来说，一个国家托盘的拥有总量是衡量这个国家物流现代化运作水平高低的标志之一。

据资料介绍，2019 年主要发达国家和地区物流托盘的拥有量分别为：美国现拥有托盘总量为 21亿片，欧盟 30 亿片，日本 8 亿片，韩国 2 亿片。而中国拥有 14.5 亿片。2020 年我国托盘年产量、托盘市场保有量和循环共用托盘池规模均以较高速度增长。2020 年，我国托盘年产量约为 3.4 亿片，同比增长 13.3%；托盘市场保有量达到 15.5 亿片，同比增长 6.9%；循环共用托盘池规模超过 2800 万片，同比增长 12.0%。根据中国物流与采购联合会资料显示，目前我国人均拥有 1 片托盘，远低于日本（人均 6 片）、韩国（人均 4 片）和美国（人均 6.5 片）等发达国家。随着托盘行业进一步地发展，托盘市场的潜力将会被进一步释放，行业发展前景广阔。

从使用状况看，目前我国绝大多数托盘都没有形成一个顺畅合理的周转流通机制，托盘的使用范围主要仅限于仓库内部和运输环节之间的搬运作业，即便是从事物流效劳的企业，托盘也仅限于企业内部周转。据国外托盘权威组织公布的数字说明，一个托盘从投入使用到报废，在所承载的产品流通过程中，可平均节省贮存、装卸和运输费用 500 多美元，相当于其自身价值的几十倍，但是这需要有一个前提条件，即托盘必须在全社会范围内屡次循环使用。目前我国托盘的循环利用率特别低，托盘社会化应用的步伐非常缓慢。因此，大力推动托盘的社会化应用，提高托盘的循环利用率，不仅可以降低企业产品储运成本，提高物流运作效率，而且对于爱护我国生态环境，节省自然资源有着重大的意义。托盘的社会化应用必须以托盘标准化为前提。我们所提倡的托盘化作业是利用托盘作为贮存和运输单元，使货物在不同企业之间、不同地区之间，运用不同的贮存和运输方式实现联运，也就是要大力提高托盘的社会化应用水平。与此同时，随着我国改革开放及共建"一带一路"的实施，我国物流还需要考虑托盘的国际流通即托盘标准的国际化，以降低物流成本。尽快规范我国的托盘标准，并与国际标准接轨已成为我们的当务之急。国际标准化组织（ISO）制定的托盘标准经过 ISO/TC51 托盘标准化技术委员会屡次分阶段审议，国际标准化组织已于 2022 年对 ISO 6780《联运通用平托盘主要尺寸及公差》标准进行了修订，在原有的 1200mm×1000mm、1200mm×800mm、1219mm×1016mm（即 48in×40in）、1140×1140mm 四种规格的根底上，新增了 1100mm×1100mm、1067mm×1067mm两种规格，现在的托盘国际标准共有六种。实际上，每种规格都是不同来源，是不同地区和不同国家集团利益的折中结果。对比分析 6 种国际标准自身的特性还会发现，托盘国际标准 1200mm×1000mm 具有许多优越的兼容特性。对标准 1200mm×800mm、1219mm×1016mm，也能兼容 1100mm×1100mm。正是它的这种兼容特性，使得这种国际标准越来越受到发展中国家的普遍欢迎，也为我国选用一种托盘国际标准提供了可能。有数据表明，2018 年底我国托盘保有量约为 13.62 亿片，其中，标准托盘保有量占比持续上升，占 30% 左右。

物流托盘的种类繁多，一般按照样式、材质、台面和叉车叉入方式可以分为多种类型，如：平托盘、柱式托盘、箱式托盘；塑料托盘、木托盘、塑木托盘、钢托盘；单面型、单面使用型、双面使用型和单向叉入型、双向叉入型、四向叉入型等。在我国，现在企业使用的托盘多为平面四向进叉双面型，约占托盘使用总数的 60% 左右。其余的还有平面双向进叉双面使用托盘、单面使用平式托盘、箱式托盘和柱式托盘。长期以来，木质托盘在托盘中占据绝对优势地位。在托盘总数中占 90% 左右。塑料托盘占 8% 左右，钢托盘、塑木托盘及其他材质的托盘约占 2% 左右。近年来，由于我国是木材资源缺乏的国家，在许多领域已经禁止使用木材，因此木质托盘的使用量逐年下降，而塑料托盘的用量在不断上升。

我国塑料托盘主要规格为 1200mm×1000mm 和 1100mm×1100mm 两种，占塑料托盘的 50% 左右。

有资料介绍，2013 年我国塑料托盘行业产量为 2825.6 万片，2018 年产量为 5272.9 万片，2019 年增至 5811.1 万片。其在托盘业总产量的比重亦呈逐年上涨趋势。和其他材质托盘相比，我国企业之所以大量生产和使用木制托盘，主要缘由是钢制和塑料材质的托盘价格偏高，假如不能反复循环使用，企业边际成本难以降低。木制托盘由于大部分都是一次性使用，材质要求不严格，价格也较低，企业比较容易承受。但木质托盘的规格比较混乱，目前的规格主要是使用单位根据自己产品的规格定制，这与木质托盘制造工艺相对比较简单有关。而且，据资料介绍，由于一棵成才树木最多只能生产 6 个托盘，因此，木托盘的采用会耗费大量宝贵的木材资源。钢制托盘的规格不是很多，集中在 2~3 个规格，本身质量比较大，主要用于港口码头等单位，它对于托盘的承载质量要求比较高。和木质托盘相比，塑料托盘一般用 HDPE（高密度聚乙烯）或者 PP（聚丙烯）制成。其使用寿命是木质托盘的十倍；塑料托盘结构的可靠性大大减少了托盘的损害消耗，也减少了由于托盘损害造成托盘上物料的损害；塑料托盘比同样的木制托盘质量轻，因而减少了运输的质量及费用；塑料托盘可以清洗并再利用，大大减少了垃圾和处理费用并可以防止每年成千上万亩森林的损失，环保性好；塑料托盘可制成各种颜色，加入相应的公司徽标和标记；用过的塑料托盘可按原值 30% 的价格销售，残值高；由于塑料托盘具有以上一系列优点，十多年前就在美国、欧盟、韩国等国家和地区作为托盘材质的首选。

LFT-D 托盘是近十年内在我国兴起的一种新型塑料托盘。它是用一种长玻璃纤维增强的聚丙烯（PP）材料经模压成型工艺生产的物流托盘。研究表明，它不仅具有上述塑料托盘的各种优点，而且采用了玻璃纤维增强后，LFT-D 的弹性模量达到 4500MPa，较普通塑料要高一倍以上；LFT-D 采用同等质量的设计方案，在受力一致的情况下，LFT-D 托盘变形量降低 45%，承质量将会提高 40% 以上。而且，其使用寿命可在 3~5 年，使用温度可在 100℃以上。线膨胀系数比未增强的塑料低 25%~50%，导热系数为 0.3~0.36W/（m·K），与热固性复合材料十分相近。而且，其耐候性能也比未增强的 PP 塑料更好。国内有报道的从事 LFT-D 托盘研制的厂家有福建省海源智能装备有限公司、福建海之信新材料公司、山东海之信新材料公司和河北立格新材料科技股份有限公司。其中，山东海之信新材料公司项目总投资 2 亿元，建设有四条 LFT-D 托盘生产线的复合材料行业"黑灯工厂""无人车间"即将在近 200 亿元的托盘市场上大放异彩。

各种材质托盘的特点比较见表 7-3-52。

表 7-3-52  各种材质托盘的特点比较

| 项目 | 木托盘 | 塑料托盘 | 热固性复材托盘 | LFT-D 托盘 |
|---|---|---|---|---|
| 主要原材料 | 主要为杨木、松木等木材 | 主要为聚乙烯、聚丙烯 | 不饱和聚酯树脂、玻璃纤维 | 改性聚丙烯＋玻璃纤维 |
| 成型工艺 | 木材经过干燥定型、去水，然后进行切割、刨光、抽边、装订等加工处理完成 | 塑料材料熔融，然后将其注入膜腔，在模腔内成型 | 玻璃纤维经不饱和聚酯树脂浸润后，经模具先成型为拉挤型材，再经铆接或螺栓连接组装成型 | 塑料熔融后与玻纤混配成坯料，机器人抓取坯料进入压机模压成型 |
| 可靠性 | 自重大，加大物流成本，外露钉子及毛刺存在安全隐患 | 容易搬运和操作，耐摔碰，质轻坚固 | 自重大，加大物流成本，托盘表面易磨损，从而产生粉末 | 容易搬运和操作，轻质高强抗冲击。基体中加入纤维进行增强，力学性能更佳 |
| 耐久 | 使用寿命半年至 1 年 | 使用寿命 2～5 年。耐低温性差，抗老化差 | 使用寿命约 3～5 年 | 使用寿命 5～10 年 |
| 市场售价 | 一次性包装配货托盘，50～100 元；质量好周转次数多的需要 150 元以上 | 全新料的材料成本在 10～11 元/千克，市面上常分为轻载和重载，售价 150～450 元（重载托盘内置钢管）等 | 材料成本在 10～13 元/千克，售价 270～450 元不等 | 材料成本 70%PP＋30%玻纤，材料成本为 11～13 元，PP 和玻纤配方成本可控 |
| 适用范围 | 适用范围受限，外观单一，主要用于物流行业 | 可适用于各种行业（如医药、食品等行业），托盘颜色可选，定制标识 | 适用范围受限，主要用于物流行业 | 可适用于各种行业（如医药、食品等行业），托盘颜色可选，定制标识 |
| 卫生指标 | 容易受潮、发霉、虫蛀，木屑脱落及螺钉锈蚀，难以清洗，出口需要熏蒸等处理 | 无钉无刺，无毒无味，耐酸碱，无火花，防白蚁，易清洁。满足出口要求，防虫蛀、免熏蒸；但回料使用卫生指标不可控 | 无毒无味，耐酸碱，无火花，防白蚁，易清洁。满足出口要求，防虫蛀，免熏蒸 | 无钉无刺，无毒无味，耐酸碱，无火花，防白蚁，易清洁。满足出口，防虫蛀，免熏蒸 |
| 日常维护 | 易断裂损坏，需要经常维护 | 耐摔碰，损伤小，无须维护 | 局部受力过大易断裂损坏，需要经常维护 | 耐摔碰，抗冲击，无须维护 |
| 资源消耗与回收 | 消耗森林资源，损坏后常当废品处理，回收工序烦琐 | 石油衍生物，低承重托盘可直接回收。承重要求高的情况下，托盘常预置钢管、回收不方便 | 难以回收再利用 | 石油衍生物，承重效果佳，托盘无预置钢管，粉碎后可完全重复使用。可与厂家协商回收价值 |
| 未来发展趋势 | 目前约占全国托盘数量的 90%，但近年木托盘数量占比在全国托盘占比逐年下降 | 塑料托盘在全国托盘数量占比中逐年上升，逐步受到客户认可 | 市场占比非常小 | 市场新产品，产品性价比优于木托盘和塑料托盘，发展潜力巨大 |

注：本表摘自河北立格新材资料。

本部分以下介绍的资料中，部分来自河北立格新材公司和网络。本部分所介绍的托盘产品以外形尺寸 1200mm×1000mm×140mm 的防滑田字托盘为例，其叉孔尺寸满足标准要求，托盘单面使用、四向进叉。

托盘可用于货架存放、堆垛。可使用叉车、液压手动车（地牛）；托盘的使用承载能力为：动载，1.5t；静载，6t；货架载，1t。

其产品如图 7-3-95 所示。其结构如图 7-3-96 所示。另外一种 LFT-D 托盘结构如图 7-3-97 所示。

图 7-3-95　单面使用、四面进叉托盘产品

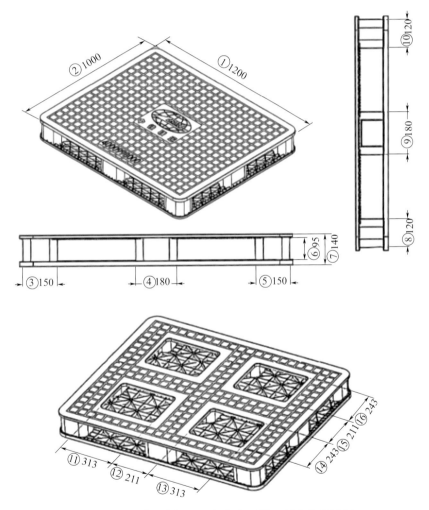

图 7-3-96　单面使用、四向进叉 LFT-D 托盘结构示意

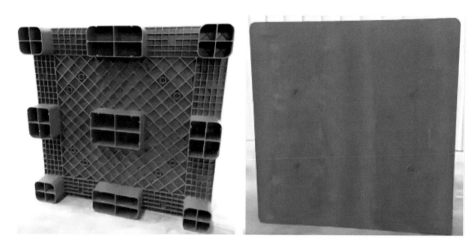

图 7-3-97　1000mm×1000mm 的 LFT-D 托盘

1. LFT-D 托盘的性能要求

LFT-D 托盘的性能要求包括对 LFT 材料的性能要求和对托盘产品的性能要求。托盘的性能要求及检测方法必须符合标准 GB/T 15234—11994《塑料平托盘》、GB/T 4995—2014《联运通用平托盘性能要求和试验选择》、GB/T 4857.3—2008《包装 运输包装件基本试验 第 3 部分：静载荷堆码试验方法》和 GB/T 4996—2014《联运通用平托盘 试验方法》。

（1）对 LFT 材料的性能要求。

用于生产 LFT-D 托盘的材料，主要由聚丙烯（PP）、玻璃纤维、改性色母（色母、助剂等）等组成；经 LFT-D 生产线生产出的长纤维增强改性 PP 材料需具有表 7-3-53 所示的性能要求和检测方法。

表 7-3-53　LFT-D 托盘所用材料的基本性能要求和检测依据

| 序号 | 性能 | 检测依据 | 单位 | 性能指标 |
|---|---|---|---|---|
| 1 | 密度 | GB/T 1463—2005 | g/cm³ | 1.1±0.05 |
| 2 | 拉伸强度 | GB/T 1447—2005 | MPa | ≥45 |
| 3 | 断裂伸长率 | GB/T 1447—2005 | % | ≥1.5 |
| 4 | 弯曲强度 | GB/T 1449—2005 | MPa | ≥100 |
| 5 | 弯曲模量 | GB/T 1449—2005 | MPa | ≥4500 |
| 6 | 冲击韧性 | GB/T 1451—2005 | kJ/m² | ≥40 |
| 7 | 邵氏硬度 | GB/T 2411—2008 | HD | ≥70 |
| 8 | 吸水率 | GB/T 1462—2005 | % | ≤0.2 |
| 9 | 环境试验（温度变化试验） | GB/T 2423.22—2012 | — | 高温 80℃烘烤 8h，低温−40℃冰冻 8h，高低温测试各循环 10 次，放置 24h 无明显色差及开裂 |

（2）LFT-D 托盘的性能要求。

LFT-D 托盘的性能要求及测试项目、沿用标准需满足表 7-3-54 所列举的要求。

表 7-3-54　LFT-D 托盘的性能要求、检测项目及沿用标准

| 序号 | 项目 | 装载操作或试验目的 | 性能要求 | | 试验依据 | 备注 |
|---|---|---|---|---|---|---|
| 1 | 堆码试验 | 压挤垫块或纵梁的任何作业，包括堆码 | 变形量 | ≤4mm | GB/T 15234—1994 | 试验载荷：每个脚 1.65t |
| | | | 外观 | 无影响使用的裂纹或变形 | | |

续表

| 序号 | 项目 | 装载操作或试验目的 | 性能要求 | | 试验依据 | 备注 |
|---|---|---|---|---|---|---|
| 2 | 抗弯强度试验 | 货架存取 | 挠度值 | ≤70mm | GB/T 15234—1994 | 试验载荷：1.25t，按照双面托盘判定 |
| | | | 残余挠曲率 | ≤1.5% | | |
| | | | 外观 | 无影响使用的裂纹或变形 | | |
| 3 | 下铺板强度试验 | 双轨运输机 | 挠曲率 | ≤5% | GB/T 15234—1994 | 试验载荷：1.1t，按照双面托盘判定 |
| | | | 外观 | 无影响使用的裂纹或变形 | | |
| 4 | 角跌落试验 | 抗冲击能力 | 对角线变化率 | ≤1% | GB/T 15234—1994 | — |
| | | | 外观 | 无影响使用的裂纹或变形 | | |
| 5 | 均载强度试验 | 货架存取 | 挠曲率 | ≤5% | GB/T 15234—1994 | 试验载荷：1.1t |
| | | | 外观 | 无影响使用的裂纹或变形 | | |
| 6 | 叉举试验 | 叉车或托盘搬运车叉举 | 变形量 | ≤20mm | GB/T 4996—2014 | 试验载荷：1.65t |
| | | | 残余挠度值 | ≤7mm | GB/T 4995—2014 | |
| 7 | 静载试验 | 实际应用 | 静载 | >6t | GB/T 4857.4—2008 | 试验载荷：8t |
| 8 | 动载试验 | | 动载 | >1.5t | GB/T 4857.3—2008 | 试验载荷：1.65t |
| 9 | 使用性能 | 托盘应在 40～−25℃ 的温度范围内具有足够的强度和刚度，并应有防滑性能，保证在运输、装卸、堆码过程中安全作业。载货托盘允许在贮存时平整堆码三层，空托盘应能稳定地多层堆码 | | | GB/T 15234—1994 | |
| 10 | 外观要求 | 托盘表面应平整、无飞边，无影响使用的裂纹和变形，单个托盘上不应有明显色差，同批产品色泽基本一致 | | | GB/T 15234—1994 | |

2. LFT-D 托盘的部分检测方法说明

（1）堆码试验。

试样结构尺寸：单面使用，四向进叉田字型托盘；1200mm×1000mm×140mm。

额定载荷：1500kg。

试验依据：GBT 15234—1994《塑料平托盘》。

试验环境温度，湿度：17℃，72%。

试验过程：将试样置于压力机下压板中心位置，按标准要求同时放置 4 个试验负荷块在托盘的四个角垫块上。压力试验机的上压板的下压速度为 12.7mm/min。逐渐增加载荷至 1P（P=1500kg），记录高度值 $y_1$。继续增加载荷至 4.4P，保持此试验负荷 24h，记录高度值 $y_2$。

试验结果：变形量及外观均按照 GB/T 15234—1994，相关部分规定认定。变形量≤4mm，外观无影响使用的裂纹和变形。

（2）弯曲强度试验。

试样结构尺寸：单面使用，四向进叉田字型托盘；1200mm×1000mm×140mm。

额定载荷：1250kg。

支座内间距：$L_1$=1050mm。

试验依据：GB/T 15234—1994《塑料平托盘》。

试验环境温度，湿度：23℃，50％。

试验过程：将试样顶铺板长度方向朝上放置于两个支座上，支座的内边缘离托盘的外边缘75mm。支座内间距为$L_1$。在试样上方放置加载杠。逐渐增加载荷至准载荷38kg，记录此时挠度值，继续增加载荷至满载1250kg，记录此时挠度值，24h后，记录加载挠度值，卸载至准载荷38kg，2h后，记录残余挠度值。

试验结果：试验结果按照GB/T 15234—1994相关部分规定认定。挠度值≤70mm，残余变形量≤1.5％。外观无影响使用的裂纹和变形。

（3）下铺板强度试验。

试样结构尺寸：单面使用，四向进叉田字型托盘；1200mm×1000mm×140mm。

额定载荷：1000kg。

试验依据：GB/T 15234—1994《塑料平托盘》。

试验环境温度，湿度：22℃，46％。

试验过程：将样品沿长方向顶铺板朝下放置于压力机的下压板中心，并在下铺板上放置两个加载杠。调整压力试验机的上压板下压速度为12.7mm/min。逐渐增加载荷到0.1P（$P=1000$kg），记录此时到挠度值。逐渐增加载荷至1.15P，记录此时的挠度值。

试验结果：试验结果按照GBT 15234—1994，相关部分规定认定。挠曲率≤5％，外观无影响使用的裂纹和变形。

（4）角跌落试验。

试样结构尺寸：单面使用，四向进叉田字型托盘；1200mm×1000mm×140mm。

试验依据：GB/T 15234—1994《塑料平托盘》。

试验环境温度，湿度：22℃，46％。

试验过程：托盘对角线距离端角40mm处设定A、B测量点，测量A、B点之间对角线长度（H）。按标准要求将托盘一个角吊起500mm，将同一角连续自由跌落3次。跌落3次后，测量A、B点之间对角线长度（$H_1$）。

试验结果：试验结果按照GB/T 15234—1994，相关部分规定认定。对角线变化率≤1％，外观无影响使用的裂纹和变形。

（5）均载强度试验。

试样结构尺寸：单面使用，四向进叉田字型托盘；1200mm×1000mm×140mm。

额定载荷：1000kg。

托盘长度：1000mm。

试验依据：GB/T 15234—1994《塑料平托盘》。

试验环境温度，湿度：15℃，48％。

试验过程：将试样放置在支撑杠上，记录此时高度值$y_1$。将1.1P（$P=1000$kg）的试验负荷均匀分布在上铺板上，保持此负荷48h，记录此时的高度值$y_2$。

试验结果：试验结果按照GB/T 15234—1994，相关部分规定认定。挠曲率≤5％，外观无影响使用的裂纹和变形。

（6）叉举试验。

试样结构尺寸：单面使用，四向进叉田字型托盘；1200mm×1000mm×140mm。

试验依据：GB/T 4995—2014《联运通用平托盘 性能要求和试验选择》，GB/T 4996—2014《联运通用平托盘 试验方法》。

试验环境温度，湿度：21℃，38％。

试验过程：将试样长度方向顶铺板向上置于间距为690mm的支撑杠上，在试样上方放置加载杠。

动态压力试验机的上压板的下压速度为 12.7mm/min。逐渐增加载荷至准载荷 45kg，记录此时挠度值，继续增加载荷至满载 1500kg，记录此时挠度值，30min 后，记录加载挠度值，卸载至准载荷 45kg，30min 后，记录残余挠度值。

试验结果：试验结果按照 GB/T 4995—2014、GB/T 4996—2014 相关部分规定认定。加载挠度值≤20mm，残余挠度值≤7mm。

（7）动、静载试验（压力试验、叉车运输试验）。

试样结构尺寸：单面使用，四向进叉田字型托盘；1200mm×1000mm×140mm。

试验依据：GB/T 4857.4—2008《包装 运输包装件基本试验 第 4 部分：采用压力试验机进行的抗压和堆码试验方法》、GB/T 4857.3—2008《包装 运输包装件基本试验 第 3 部分：静载荷堆码试验方法》。

试验环境温度，湿度：21℃，38％。

客户要求：压力试验；加压到 8t，保压 24h，无影响使用的双线形变形。叉车运输试验；加配重 1.65t，进行叉车运输 1000m，无影响使用的裂纹和变形。

试验过程：进行压力试验。将试样长度方向顶铺板向上放置于压力机中心位置。动态压力试验机的上压板的下压速度为 10.0mm/min。逐渐增加载荷至准载荷 8000kg，保持 24h。叉车运输试验；将试样配重 1650kg，叉车运输 1000m。

试验结果：结果按 GB/T 4857.4—2008、GB/T 4857.3—2008 相关部分规定认定。无影响使用的裂纹和变形。

3. LFT-D 托盘生产工艺

LFT-D 托盘的生产在一条 LFT-D 托盘自动化生产线上进行。大部分工厂在直至托盘成型之前的工序，都是自动进行的。区别只是在托盘产品成型后的二次加工、组装等工序是否用到人工或全部由设备自动进行。目前，只有山东海之信新材料公司生产的 LFT-D 模板由自动化生产线完成。无论是哪种方法，其工艺过程基本上由 LFT（长纤维增强 PP）托盘用材料的准备工序、托盘成型工序和托盘后加工、组装工序组成。其流程分别如图 7-3-98～图 7-3-100 所示。

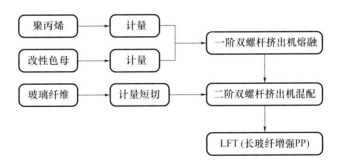

图 7-3-98　LFT（长玻纤增强 PP）制造工序

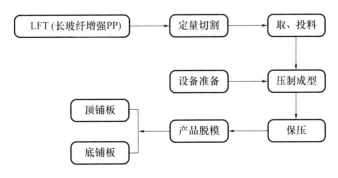

图 7-3-99　LFT-D 托盘成型工序

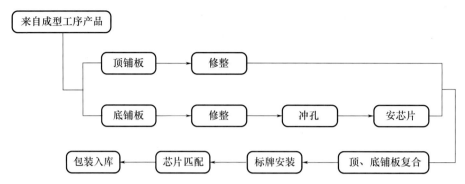

图 7-3-100　托盘二次加工及组装工序

从以上托盘工艺流程可以看出，托盘的制备包括以下工艺步骤。

（1）一阶塑化。

将聚丙烯和改性色母精确混合，得到改性聚丙烯；其中，利用真空泵将聚丙烯、改性色母分别加入料斗内，根据工艺要求设置加料量，利用失重计量秤定量加入一阶段双螺杆挤出机。改性 PP 在一阶段双螺杆挤出机内经加热使其完全熔融。

（2）长纤维自动上料，切断，实现增强材料的定长切断。

其中，连续无碱玻璃纤维经输送管道输送到切割装置上，根据工艺要求设置其占有总材料的百分比，对玻璃纤维进行定量切割。

（3）二阶熔融、混配。

将所述改性聚丙烯和增强材料混合，使玻璃纤维完全浸润。

（4）将混合好的坯料定量切断、输送、取放料。

混合坯料进入保温输送带，通过保温输送通道输送到合适的位置，利用机械手将材料从保温输送带上取下，放置到模具中。

（5）铺料结束后压机下行压制并加压、保温、取出产品。

达到规定的压力值后进行保温保压，根据产品的厚度及形状确定保压时间。到规定时间后，打开压机/模具组合并顶出产品。待产品完全脱离模具后，使用机械手将产品从模具上取出，放置到输送带上。取出产品后（顶铺板或底铺板），对模具进行清模处理，再重复以上工艺过程，进入下一次工艺循环。

（6）后处理。

在后处理过程中，产品毛边的修整处理时，注意用勾刀修整边缘，禁止磕碰划伤产品，使产品边缘光顺。

在产品冲孔操作中，使用冲孔模具进行切除，然后对切边进行打磨处理，做到顺滑、无毛刺；冲孔、芯片及标牌的安装位置要符合相关规定。冲孔部位如图 7-3-101 所示。芯片安装位置如图 7-3-102。标牌安装位置如图 7-3-103 所示。

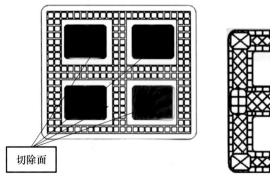

图 7-3-101　冲孔部位

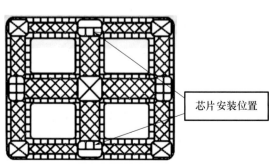

图 7-3-102　芯片安装位置

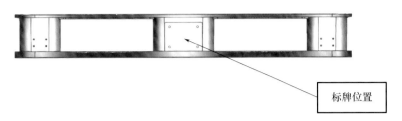

图 7-3-103　托盘标牌位置

4. LFT-D 托盘生产线相关工序及设备实录。

（1）LFT-D 托盘生产线成型部分的设备如图 7-3-104 所示。

图 7-3-104　LFT-D 托盘生产线成型部分的设备

（2）托盘生产线取、放料操作。

PP 料各组分经一阶双螺杆挤出机混炼均匀后，并经二阶挤出机与玻璃纤维混合使玻纤充分浸渍成 LFT 坯料，再定量切断进入保温输送带，利用机械手将材料从保温输送带上取下，放置到模具中。相关设备如图 7-3-105 所示。

图 7-3-105　托盘生产线取、放料操作

（3）LFT 坯料在模具内合模、加压、保温操作。相关设备如图 7-3-106 所示。

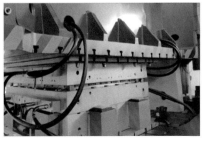

图 7-3-106　LFT 坯料合模加压保温操作

（4）托盘成型后的开模、取产品操作。相关设备如图 7-3-107 所示。

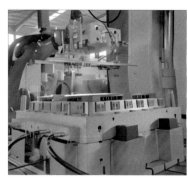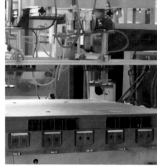

图 7-3-107　托盘成型后自动取出产品

（5）托盘产品冲孔、组装操作。

当托盘需要冲孔、组装操作时，采用专用工装及设备，如图 7-3-108 和图 7-3-109 所示。

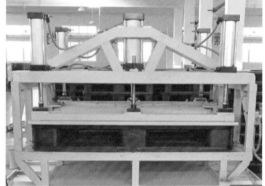

图 7-3-108　托盘冲孔操作　　　　　　　图 7-3-109　托盘组装操作

（6）LFT 托盘产品照片。

单面使用四向进叉 LFT-D 托盘如图 7-3-110 所示。

图 7-3-110　单面使用四向进叉 LFT-D 托盘

# 后　　记

回顾与记忆

1963 年，首批分配到建材部玻璃陶瓷研究院玻璃钢室
（北京二五一厂前身）的大学毕业生

1965 年，建材部玻璃陶瓷研究院玻璃钢室五组
部分研究人员合照（含胶合、层压、模压组）

1985 年，从美国 WJS 公司引进 SMC 成套技术
及相关设备合同签字现场（日本东京）

1986 年，美国 FINN&FRAM 公司讨论
我国引进首台 SMC 生产机组实施方案

1986 年，美国 Akron Mold 公司讨论我国
引进首台 SMC 浴缸模具实施方案

1986 年，美国 Akro Mold 公司讨论
SMC 浴缸模具技术方案

20 世纪 80 年代，日本复材同行来访

2003 年，全国 SMC、BMC 研讨会

2024 年，全国复材模压行业年会